Physical
Chemistry

U0338026

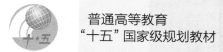

普通高等教育
"十五"国家级规划教材

物理化学

（第六版）上册

南京大学化学化工学院

傅献彩　侯文华　编

中国教育出版传媒集团

高等教育出版社·北京

内容简介

　　全书重点阐述了物理化学的基本概念和基本理论，同时考虑到不同读者的需求，适当介绍了一些与学科发展趋势有关的前沿内容。各章附有供扩展学习的资源和课外参考读物，拓宽了教材的深度和广度。为便于读者巩固所学知识，提高解题能力，同时也为了便于自学，书中编入了较多的例题，每章末分别有复习题和习题，供读者练习之用。

　　全书分上、下两册，共14章。上册内容包括：气体，热力学第一定律，热力学第二定律，多组分系统热力学及其在溶液中的应用，化学平衡，相平衡和统计热力学基础。下册内容包括：电解质溶液，可逆电池的电动势及其应用，电解与极化作用，化学动力学基础，表面物理化学，胶体分散系统和大分子溶液。

　　本书可作为高等学校化学化工类专业物理化学课程教材，也可供其他相关专业师生及科研人员参考使用。

第六版前言

岁月匆匆，驷之过隙。本书第五版自 2005 年 7 月 (上册) 和 2006 年 1 月 (下册) 由高等教育出版社出版以来，至今已有 16 年了。

斗转星移，物是人非。本书第五版的两位重要编者傅献彩先生和姚天扬教授先后于 2013 年和 2014 年驾鹤西去，他们分别是我的博士学位论文指导教师以及学习和从事物理化学教学的指导教师，亦师亦友；从学生到同事，从学习、工作到生活，几十年里，我曾奢侈地享受了他们太多的关爱、培养、提携和帮助。因此，在他们辞世后的相当一段时间内，我一直沉浸在相对孤独封闭的世界里，无力自拔，仿佛天要塌下来一般。好在与他们长期相处的日子里，我多少也熏染了一些他们乐观向上的优良品格，助我走出了这段日子。

两位恩师生前曾多次在不同场合要求我尽快主持完成本书第五版的修改再版工作。傅先生的那句 "这本书以后就交给你了!" 至今犹在耳畔回响；它承载了先生对我的浓情厚意、殷切期望和重重嘱托! 那时的我却并未深刻领会，总是倍感自己资历、能力和精力有限，难堪重任，以至于顾虑重重，找出各种理由委婉推托和拖延。

时间来到 2020 年春，迎来了傅先生 100 周年诞辰。那时正值新冠疫情，我宅在家里，思考着应该做些什么。又想起两位恩师生前的嘱托，霍然觉得是时候有个交代了，于是下定决心要丢弃各种顾虑，尽快完成教材的修订再版工作，也算是对两位恩师的一种告慰和追思吧。

本次修订主要在以下方面做了更新和尝试: (1) 对 "化学平衡" 一章前半部分进行了全新编写，强调了以化学势为主线，藉此导出各类反应的化学等温式和平衡常数；另外，将这一章前移至第五章，以便与第四章介绍的化学势更为紧密衔接。(2) 对原书中出现的一些错误 (包括文字叙述、图表和参考文献等) 进行了较全面的更正。(3) 对每章的习题进行了大幅度的更新。(4) 根据最新的权威手册和参考书，对书中和附录中的表格数据进行了更新。(5) 为使读者能够获取更多优质学习资源，各章后通过二维码给出相关数字化资源，读者可扫码学习。

本书第五版的编者之一沈文霞教授虽然没有参加此次修订工作，但她一直非常关心本书的修订进展。她也是我的物理化学教学的指导教师，我曾经在她主讲的"物理化学"课程中担当助教多年，得到了她的悉心指导、关爱和帮助。在此向她表示衷心感谢！也祝愿她健康、快乐、长寿！

衷心感谢陈懿院士！他一直提倡高等学校要重视本科教学，曾是本书第一版和第二版的两位主编之一，对我的物理化学教学工作和本书的修订工作十分关心，经常给予指导。

南京大学物理化学教学团队的吴强、彭路明和郭琳三位老师帮助更新了书中部分章节的习题、表格和附录中的数据，并指出了书中存在的一些错误。南京大学王志林副校长及化学化工学院的诸多领导和同事给予了大力的支持和鼓励。在此一并表示感谢！

一本好的教材需要历史的积淀，也需要传承和创新，更离不开广大的读者！历年来，广大读者对本书给予了极大的支持和爱护，不少读者还对本书提出了许多建设性的意见，这也是本书第五版能获得首届全国教材建设奖全国优秀教材二等奖的主要原因。编者谨向所有读者表示衷心的感谢！

高等教育出版社的陈琪琳、鲍浩波、郭新华和李颖四位同志为本书的出版提供了大力帮助和支持，并给予了指导；特别是李颖编辑承担了大量具体而又烦琐的工作。编者谨向他们表示由衷的感谢！

由于本人水平有限，书中定有许多不足乃至错误之处，恳请读者批评指正，以期再版时本书得到进一步的改进和提升！

侯文华

2021 年 12 月

第五版前言

本书自 1961 年出版以来, 曾于 1965 年、1979 年和 1990 年分别修订了 3 次, 每次修订都是根据当时教学改革的形势和要求以及 "教育部高等学校理科化学编审委员会" 的有关文件和精神进行的。

20 世纪 80 年代, 教育部高教司在化学学科成立了 "高等学校化学教育研究中心", 规划并开展了一系列有关教学改革的研究课题, 取得了很多可喜的成果。20 世纪 90 年代, 教育部高教司又成立了 "化学学科教学指导委员会", 对化学教育的改革起到了巨大的推动作用。如制订了《化学类专业基本培养规划和教学基本要求》以及《化学类专业化学教学基本内容》等文件, 后者只确定在本科四年中化学教学的全部基本内容, 并不与课程设置直接挂钩。这一举措放开了教师的手脚, 大大推动了化学教学改革的进程。许多学校根据地区和学校的实际情况, 自行组织课程设置, 从而产生了许多不同的课程设置和实施模式, 取得了百花齐放的良好效果。

2004 年岁末, 化学与化工学科教学指导委员会进一步对 "化学教学基本内容" 作了修改, 所发文件中进一步明确并强调本科教学不仅是传授知识, 更重要的是传授获取知识的方法和思维、培养学生的创新意识和科学品德, 使学生具有潜在的发展能力 (即继续学习的能力、表达和应用知识的能力、发展和创造知识的能力)。文件中还指出: 必须重视基本知识和基本能力, 但其内涵也应随着学科的发展和社会的需要而有所变化; 课堂教学不是本科基础教学的唯一形式, 所列基本内容不等于课堂必讲的内容, 应提倡因材施教, 课前自学, 课堂内外相辅相成, 从而可适当减少课堂讲授而辅之以讨论或讲座等形式。

编者认为: 作为一本教材, 其作用只是提供一个能满足文件中 "基本要求" 的素材, 供教师授课时参考, 并使学生在课后有书可读。

此次修订中, 对全书的整体框架基本上没有做大的改动, 对各章的内容作了适当的调整、删节和补充。如个别章节增加了一些加 "*" 号的小节, 其内容对学生不作要求, 仅作为课外阅读的拓展材料。本书仍保留了便于自学的特点, 使学生养成课前自学的习惯, 提高自学能力。在学生自学的基础上, 教师在课堂上也可以集中精力讲授一些更重要的内容。

编者对本书的习题部分也作了一些增删, 并从 Noyes 和 Sherrill 的 Chemical Principles 一书上选编了少量的题目, 这本书多年前是美国 MIT 使用的教材, 我国老一代的许多物理化学家对该书的题目多有赞誉。

在修订本书时, 我们充分考虑上述文件 (或文章) 所指出的精神, 但限于编者的认知水平, 不妥或错误之处在所难免, 希望使用本书的读者不吝指正。

北京大学的韩德刚教授和高盘良教授对本书历年来的修订, 都曾提出不少宝贵意见; 陈懿教授曾参加本书的第一版和第二版的编写工作, 此后因另有重任, 没有直接参加后续的修订工作, 但他一直非常关心物理化学的教学工作, 并经常提出改进意见; 南京大学化学化工学院的王志林教授和董林教授在本书的修订中也给予了大力支持, 还有曾使用本书前几版的教师和读者们的支持, 编者在此一并表示衷心的感谢。

编　者

2004 年 12 月

第四版前言

 本书自 1961 年初版以来, 曾于 1965 年和 1979 年根据当时的教学大纲和具体情况分别修订过两次。本次修订是依据 1987 年理科化学编委会物理化学编审小组广州会议的精神进行的, 当时曾明确指出在物质结构和物理化学仍分开单独开课的情况下, 在整体结构和体例上不宜做大的变动。根据这一原则, 本书仅在内容取舍上作相应的调整并适当地增加了一些必要的内容。

 随着现代科学的不断发展, 半个世纪以来, 近代化学的发展有明显的趋势和特点, 归纳起来有以下几点, 即: 从宏观到微观, 从体相到表相, 从静态到动态, 从定性到定量, 从纯学科到边缘学科。物理化学作为化学学科的一个重要分支, 基本上由化学热力学、化学动力学和物质结构三个部分所组成, 这些都是在长期的发展过程中所形成的, 同时还在不断地发展着。当前化学热力学和统计热力学已扩展到非平衡态热力学和非平衡态统计力学; 化学动力学已扩展到微观反应动力学和表面化学; 物质结构已发展到结构化学、量子化学。因此, 在经典的物理化学内容中逐步增添一部分现代物理化学的内容是非常必要的, 如何适当反映非平衡态的内容, 如何更好地使宏观与微观相结合, 使理论与应用相结合, 则将成为我们今后一段时间的努力方向。

 本次修订仍分上、下两册。上册包括热力学第一、第二定律, 统计热力学基础, 溶液, 相平衡和化学平衡诸章; 下册包括电解质溶液, 可逆电池电动势及其应用, 电解与极化作用, 化学动力学基础 (I)、(II), 界面现象, 胶体与高分子诸章。在上册中删去了气体一章 (按规定这部分内容已由普通物理课中讲授), 为加强宏观与微观的联系, 把统计热力学基础一章提前, 紧接在热力学第二定律之后讲授, 尽早介绍分子微观运动状态与宏观状态之间的联系, 以期在以后的章节中得以应用并有助于对宏观规律的深刻理解。上册中还增加了不可逆过程热力学一节, 介绍非平衡态方面的基础。在下册中删减了吸附作用与多相催化一章, 部分内容放入化学动力学 (II) 和界面现象中讲授, 有些内容放到有关的专门化课中去讲授。在化学动力学中除了必要的基础知识外, 适当增添了一些微观反应动力学方面的内容。根据当前我国大多数院校的实际设课情况, 本书中仍不包括物质结构。

在学习物理化学的过程中, 经验证明学生必须自己动手演算一定数量的习题, 这是十分必要的, 这非但能提高学生的独立思维能力, 同时也可以提高学生利用所学过的知识去解决实际问题的能力。在本次修订中, 精选更新了部分习题, 同时把题目分为两类: 复习题和习题, 前者供复习时参考, 以利于弄清概念, 后者则以解题为主。对处理过程较繁或有一定难度的题目, 以 "*" 号作记, 不作要求。

本书仍保留了便于学生自学的特点, 经验证明, 在学生课前自学的基础上提纲挈领重点讲授, 收效较好。编者认为, 凡学生能看懂的内容, 只需总结理顺, 分清主次, 明确其来龙去脉, 再辅之以习题和讨论予以巩固, 能收到很好的教学效果, 这有利于提高学生自学和独立思考的能力, 同时也可精简讲课学时, 减轻学生课内负担, 给学生更多的学习主动权。

在各章之后推荐了一些课外参考读物, 大部分取自易于获得的期刊或书籍供读者选读。如能组织学生开展一些小型的讨论会或读书报告会, 则既可提高学生的学习兴趣, 活跃学习气氛, 同时也可扩大学生的知识面并加深对教学内容的理解。

本书中所有物理量的符号和单位, 均来自国家标准局 1986-05-19 发布的《中华人民共和国国家标准》[这个标准参照采用了国际单位制 (SI)]。单位的换算是一项复杂艰巨的工作, 编者对许多符号也还不太习惯, 但国家公布的法定计量单位必须采用, 不容忽视。本书中编者虽作了很大的努力, 但仍不免有疏忽或错误之处, 希望读者随时指出, 以便重印时改正。

参加本书初稿审稿工作的有: 韩德刚教授 (北京大学), 赵善成教授 (南京师范大学), 印永嘉教授、奚正楷副教授 (山东大学), 邓景发教授 (复旦大学), 刘芸教授 (清华大学), 屈松生教授 (武汉大学), 苏文煅副教授 (厦门大学), 金世勋教授 (河北师范大学), 杨文治教授 (北京大学) 和李大珍副教授 (北京师范大学)。编者对他们所提出的宝贵意见表示衷心的感谢。

历年来，不少教师和读者对本书也提出了不少建设性的意见，对本书给予了极大的支持和爱护，编者表示衷心的感谢。

本书第三版编者之一陈瑞华副教授因另有任务，故未参加本版编写工作。

限于编者的水平，书中取材不当、叙述不清甚至错误之处在所难免，希望读者指正，以便再版时得以更正。

编　者

1989 年 4 月

本书物理量及缩写符号说明

1. 物理量符号名称 (拉丁文)

A	Helmholtz 自由能, 电子亲和势, 指前因子, 面积, 频率因子, 振幅, Hamaker 常数
a	van der Waals 常数, 相对活度, 每个成膜分子的平均占有面积, 吸附作用平衡常数 (吸附系数), 表观 (相对) 吸附量
b	van der Waals 常数, 碰撞参数
C	热容, 独立组分数, 分子浓度
c	物质的量浓度, 光速
D	介电常数, 解离能, 扩散系数, 速度梯度 (切速率)
D_e	势能曲线井深
d	直径
E	能量, 电势差, 电动势
E_a	活化能
E_b	能垒
E_0	零点能
e	基本电荷
F	法拉第常数, 力
f	自由度, 力, 逸度, 配分函数, 分布函数, 摩擦系数
G	Gibbs 自由能, 电导
g	重力加速度, 简并度
H	焓, 信息熵
h	高度, Planck 常数
I	电流强度, 离子强度, 光强度, 转动惯量

J	转动量子数, 热力学流
j	电流密度
j_0	交换电流密度
K	平衡常数, 分配系数, 分凝系数
K_{ap}	活度积
K_{cell}	电导池常数
K_M	米氏常数
K_{sp}	溶度积
K_w	水的离子积常数
k	反应速率常数
k_B	Boltzmann 常数
k_b	沸点升高常数
k_f	凝固点降低常数
$k_{c,B}$	Henry 定律常数 (溶质的浓度用物质的量浓度表示)
$k_{m,B}$	Henry 定律常数 (溶质的浓度用质量摩尔浓度表示)
$k_{x,B}$	Henry 定律常数 (溶质的浓度用摩尔分数表示)
L	Avogadro 常数
L_{ij}	唯象系数
l	长度, 距离
M	摩尔质量, 动量, 多重性 (重度)
M_r	物质的相对分子质量
$\overline{M_m}$	质均摩尔质量
$\overline{M_n}$	数均摩尔质量

$\overline{M}_Z$	Z 均摩尔质量
$\overline{M}_\eta$	黏均摩尔质量
m	质量
m_B	物质 B 的质量摩尔浓度
N	系统中的分子数
n	物质的量, 反应级数, 单位体积内的分子数 (数密度), 分子中的原子数, 粒子数, 平动量子数, 折射率
P	概率, 概率因子
p	压力, 熵产生率
Q	热量, 电荷量, 吸附热, 过饱和浓度, 商 (值)
q	配分函数, 吸附量
R	摩尔气体常数, 电阻, 半径, 曲率半径
r	速率, 距离, 半径, 摩尔比
S	熵, 物种数, 铺展系数
s	电子自旋量子数, 溶解度
T	热力学温度
t	时间, 摄氏温度, 迁移数
$t_{1/2}$	半衰期
U	热力学能, 电势差 (电压)
u	离子电迁移率, 均方根速率
V	体积, 作用能
V_B	物质 B 的偏摩尔体积
$V_m(B)$	物质 B 的摩尔体积
v	速度
W	功

w_B	物质 B 的质量分数
X	热力学力
x_B	物质 B 的摩尔分数
y_B	物质 B 在气相中的摩尔分数
Z	压缩因子, 配位数, 碰撞频率
Z_B	物质 B 的某种容量性质 Z 的偏摩尔量
z	离子价数, 电荷数, 碰撞数, 电子的计量系数

2. 物理量符号名称 (希腊文)

α	热膨胀系数, 转化率, 解离度
β	冷冻系数, 对比体积
Γ	表面过剩 (超量)
γ	热容比, 逸度因子, 活度因子, 表面张力
Δ	状态函数的变化量
δ	非状态函数的微小变化量, 距离, 厚度
ε	能量, 介电常数, 键能
ε_c	临界能, 阈能
ζ	电动电势
η	热机效率, 超电势, 黏度
η_r	相对黏度
η_{sp}	增比黏度
$[\eta]$	特性黏度
η_a	表观黏度
η_{pl}	塑性黏度
Θ	特征温度
θ	覆盖率, 角度, 特性温度, 接触角
κ	等温压缩系数, 电导率, 摩尔吸收系数

Λ_m	摩尔电导率		ω	角速度 (转速)

3. 缩写和上下标字符

λ	波长, 绝对活度	a	平均, 吸附, 活化, 黏湿, 吸引, 表观
μ	化学势, 折合质量	ap	活度积
$\overline{\mu}$	电化学势	aq	水溶液
μ_J	Joule 系数	B	任意物质, 溶质, Boyle (波义耳)
$\mu_{J\text{-}T}$	Joule-Thomson 系数	b	沸腾, 反
ν	频率, 单位体积中的粒子数	$C \neq B$	除 B 以外的其他组分
ν_B	物质 B 的计量系数	c	临界, 燃烧, 转变, 冷
ξ	反应进度	cell	电池
$\dot{\xi}$	化学反应的转化速率	D	Debye (德拜)
Π	渗透压	d	脱附
π	对比压力, 表面压	def	定义
ρ	密度, 质量浓度, 电阻率, 电荷密度	dil	稀释
σ	波数, 熵产生率, 反应截面	E	超额
τ	对比温度, 弛豫时间, 时间间隔, 浊度, 单位面积上的切力	e	电子, 平衡, 外, 膨胀
τ_y	塑变值 (开始流动时的临界切力)	f	生成, 凝固, 非膨胀
υ	振动量子数	fus	熔 (融) 化
Φ	相数	g	气态
ϕ	量子产率	h	热
φ	渗透因子, 电势差, 电极电势	IR	不可逆
φ_0	表面电势 (即热力学电势)	i	内, 浸湿
χ	加入 1 mol 溶质 B 引起的作用能变化, 表面电势	id	理想
		iso	隔离 (孤立)
ψ	电位, 外电位	j	接界
Ω	热力学概率	l	液态

m	摩尔, 最概然, 单分子层, 最大		t	平动
mix	混合		trs	晶形转变
n	核		v	振动
Ox	氧化		vap	蒸发
p	势 (位) 能		w	水
R	可逆		+	正的
r	转动, 反应, 相对, 排斥		−	负的
re	实际		±	离子平均
Red	还原		0	基态, 表面, 零点
rms	均方根		⇌	活化络合物或过渡态
s	固态, 表面, 饱和		∞	无限稀释 (极限)
sat	饱和		⊖	标准态 (热力学)
sln	溶液		⊕	标准态 (生物化学)
sol	溶解		*	纯态, 参考态 ($x_B = 1$)
sp	溶度积		□	参考态 ($m_B = 1\ \text{mol} \cdot \text{kg}^{-1}$)
sub	升华		△	参考态 ($c_B = 1\ \text{mol} \cdot \text{dm}^{-3}$)
sur	环境		σ	表面相
sys	系统		$\overline{m}$	上划线表示平均值

目　录

绪　论

0.1　物理化学的建立与发展

人类认识自然、改造自然, 最先是从认识 "火", 即燃烧现象开始的。人们从 18 世纪开始对燃烧现象进行了研究, 从现象到本质, 从提出 "燃素说" 到建立 "能量守恒及其转化定律", 差不多经历了两个世纪, 而物理化学也就是在 18 世纪开始萌芽的。

为了寻求化学反应的规律, 产生了 "化学亲和力" 和 "化学平衡" 的概念, 人们开始注意到化学反应过程中的能量关系以及化学现象与电现象之间的联系和转化。

在 19 世纪, 化学有几个重大理论成就, 如经典的原子分子理论 (包括 Dalton 的原子学说、原子价键的初级理论等), 门捷列夫的化学元素周期律, Guldberg 和 Waage 提出的化学反应的质量作用定律 (成为宏观化学反应动力学的基础), 以及 Arrhenius 的电离学说等。与此同时, 物理学中一些理论研究成果和实验方法被移植到化学领域, 如热力学第一、第二定律的引入, 从而产生了化学热力学; 量子力学的引入, 使价键理论更为充实。所有这些都为物理化学这一学科的形成和发展奠定了基础。

早在 18 世纪中叶, 俄国科学家 Ломоносов 最早曾使用过 "物理化学" 这一术语。到 1887 年, 德国科学家 Ostwald 和荷兰科学家 van't Hoff 合办的德文《物理化学杂志》创刊。从此, "物理化学" 这一名称就逐渐被普遍采用。

进入 20 世纪的前期, 在工业生产和化学的科学研究中, 物理化学的基本原理得到了广泛的应用, 发挥了它的指导作用, 特别是新兴的石油炼制和石油化学工业, 更是充分地利用了化学热力学、化学动力学、催化和表面化学等的成果。而工业技术的发展和其他学科的发展, 特别是物理学的进展和各种测试手段大量的涌现, 极大地影响着物理化学的发展。在物理化学所属的分支领域中, 结构化学、热化学、化学热力学、电化学、溶液理论、胶体与界面化学、化学动力学、量子化学、催化作用及其理论等都得到了迅速的发展。

20 世纪中叶之后, 各类自然科学发展都十分迅速而深入。化学与相邻学科间的关系发生了根本性变化。物理学为人们提供了一些基本原理, 如量子力学和强有力的测试手段, 大大扩展了化学的实验领域。化学理论在计算机科学发展的帮助下迅速发展。分子生物学的进展, 向化学提出了许多挑战性的问题, 要求化学从分子水平上加以解释。客观条件的变化及化学学科自身的变化, 使得近代化学 (指半个世纪以来) 具有明显的发展趋势和特点, 主要是: 从宏观到微观, 从体相到表相, 从静态到动态, 从定性到定量, 从单一学科到边缘交叉学科, 从平衡态的研究到非平衡态的研究。

(1) **从宏观到微观** 化学真正深入微观、深入分子和原子的层次是从量子力学的规律应用到化学领域才开始的。合成化学、结构化学和量子化学结合得更密切。人们在合成一种化合物之后, 还要测定其空间结构, 进行光谱和核磁共振波谱的研究, 以了解分子内电子运动的某些规律。此外, 还要做量子化学的研究, 希望得到结构和性能之间的构效关系。

(2) **从体相到表相** 一般来说, 物体内部叫体相。在多相系统中, 反应总是在表相上进行的, 过去人们无法确知表面层 (如 5~10 个分子或原子层) 的状态。现在由于测试手段的进步, 根据测知表面层的结构和组成, 人们有可能了解表面反应的实际情况, 促使表面化学和催化化学迅速发展。

(3) **从静态到动态** 热力学的研究方法是典型的从静态判断动态的方法, 利用几个热力学函数, 在特定条件下来判断变化的方向, 但却无法给出变化过程中的细节。20 世纪 60 年代以来, 激光技术和分子束技术的出现, 使人们可以真正地研究化学反应的动态问题。分子反应动力学 (即微观反应动力学或化学动态学) 就是在这个基础上发展起来的, 已成为目前非常活跃的学科。

(4) **从定性到定量** 人们总是希望能用更精确的定量关系来描述物质的运动规律。计算机的出现大大缩短了数据处理的时间, 甚至使过去望而生畏、难以着手的计算问题也迎刃而解。计算机的模拟放大及分子设计等, 大大节约了人力和物力。

(5) **从单一学科到边缘交叉学科** 化学与其他学科相互渗透、相互影响和相互结合, 化学学科内部也相互交叉, 紧密相连, 形成了许多边缘交叉学科, 如生物化学、药物化学、地球化学、海洋化学、天体化学、计算化学、表面化学、金属有机化学等。

(6) **从平衡态的研究到非平衡态的研究** 平衡态热力学已经发展得较为成熟和系统, 但其主要不足之处是限于描述处于平衡态和可逆过程的系统, 因此, 它主要用于研究隔离系统或封闭系统。对于开放系统, 由于不平衡力的存在, 构成了非平衡系统。自 20 世纪 60 年代以来, 对非平衡系统的研究发展非常迅速, 形成了一个学科分支 —— 非平衡态热力学。比利时物理化学家 Prigogine 对此有突出的贡献。这门学科与越来越多的相邻学科 (如生物学、化学反应动力学等) 发生密切的联系, 成为当前理论化学发展的前沿之一。

人们对客观世界的认识不断朝着宏观和微观两个层次深入发展, 所谓宏观是指研究对象的尺寸很大, 其下限是人的肉眼可见的最小的物体 (约 1 μm, 上限是无限的); 所谓微观是指上限为原子、分子 (下限也是无限的)。直到 20 世纪 80 年代, 人们才发现介于宏观与微观之间的领域, 即介观领域被忽视了。在这个领域中, 三维尺寸都很小的细小系统出现了既不同于宏观物体, 又不同于微观系统的奇异现象, 纳米系统就属于这个范围, 1~100 nm 的微小系统已经成为材料学、化学、物理学等学科的前沿研究热点和相邻学科的交叉点。

在众多的学科分支中, 目前最受人们重视的问题有: 催化基础的研究、原子簇化学的研究、分子动态学的研究、生物大分子和药物大分子的研究等, 这些领域常被人们看作化学的前沿阵地。

在大体了解化学的发展趋势和特点之后, 我们对物理化学在整个化学学科中的地位和作用, 有了更加明确的认识。

0.2 物理化学的目的和内容

现代物理化学是研究所有物质系统化学行为的原理、规律和方法的学科, 涵盖从宏观到微观物质的结构与性质的关系规律、化学过程机理及其控制的研究, 它是化学及在分子层次上研究物质变化的其他学科领域的理论基础。

化学与物理学之间的紧密联系是不言而喻的。一方面, 化学过程总是包含或伴有物理过程。例如, 化学反应时常伴有物理变化, 如体积变化、压力变化、热效应、电效应、光效应等, 同时, 温度、压力、浓度的变化, 光的照射, 电磁场等物理因素的作用也都可能引起化学变化或影响化学变化的进行。另一方面, 分子中电子的运动, 原子的转动、振动, 分子中原子之间的相互作用力等微观物理运动形态, 则直接决定了物质的性质及化学反应能力。人们在长期的实践过程中注意到这种相互联系, 并且加以总结, 逐步形成一门独立的学科分支 —— 物理化学。物理化学是从物质的物理现象和化学现象的联系入手, 来探求化学变化基本规律的一门科学, 在实验方法上主要采用的是物理学中的方法。

一切学科都是为了适应一定社会生产的需要而出现和发展起来的。不同的历史时期则有不同的要求。化学已经成为一门中心学科, 它与社会多方面的需要有关。

作为化学学科的一个分支, 物理化学自然也与其他学科 (如生物学、材料学等) 之间有着密不可分的联系。这主要是因为物理化学是化学学科的理论基础, 它的成就 (包括理论和实验方法) 大大充实了其他学科的研究内容和研究方法。

这些学科的深入发展, 已经离不开物理化学。

物理化学作为化学学科的一个分支, 它所担负的主要任务是探讨和解决下列几个方面的问题:

(1) **化学变化的方向和限度问题** 一个化学反应在指定的条件下能否朝着预定的方向进行? 如果该反应能够进行, 则它将达到什么限度? 外界条件 (如温度、压力、浓度等) 对反应有什么影响? 如何控制外界条件使人们所设计的新的反应途径能按所预定的方向进行? 对于一个给定的反应, 能量的变化关系怎样? 它究竟能为人们提供多少能量? 这一类问题属于化学热力学的研究范畴, 它主要解决变化的方向性问题, 以及与平衡有关的一些问题。化学热力学也为设计新的反应、新的反应路线提供理论上的支持。

(2) **化学反应的速率和机理问题** 一个化学反应的速率究竟有多快? 反应是经过什么样的机理 (或历程) 进行的? 外界条件 (如温度、压力、浓度、催化剂等) 对反应速率有什么影响? 怎样才能有效地控制化学反应、抑制副反应的发生, 使之按人们所需要的方向和适当的速率进行? 如何利用催化剂使反应加速? 对这类问题的研究构成物理化学中的另一个部分, 即化学动力学, 它主要解决反应的速率和历程问题。

(3) **物质结构和性能之间的关系** 物质的性质从本质上说是由物质内部的结构所决定的。深入了解物质内部的结构, 不仅可以理解化学变化的内因, 而且可以预见到在适当外因的作用下, 物质的结构将发生怎样的变化。根据研究此类问题的方法和手段, 又可分为结构化学和量子化学两个分支。结构化学的目的是要阐明分子的结构, 如研究物质的表面结构、内部结构、动态结构等。由于新的测试手段不断出现, 测试的精度日新月异, 为研究生物大分子、细胞、固体表面的结构等问题提供了有力的工具。量子化学是量子力学和化学相结合的学科, 对化学键的形成理论以及对物质结构的认识起着十分重要的作用。特别是有了电子计算机之后, 通过对模型进行模拟计算, 了解成键过程, 从而可进行分子设计。

以上三个方面的问题往往是相互联系、相互制约的, 而不是孤立无关的。

0.3　物理化学的研究方法

物理化学是自然科学中的一个分支, 它的研究方法和一般的科学研究方法有着共同之处。在实践过程中, 一方面人们积累了大量的实际知识, 另一方面也不断出现大量有待解决的问题。为了解决这些问题需要探讨事物的内在联系。人们在已有知识的基础上，进行了有计划的实验。实验的重要性在于通过实验可以人为地控制一些因素和条件，把自然过程有意识地予以简化，这样就有可能忽略次要因素，抓住其中的主要矛盾，从复杂的现象中找出规律性的东西来。根据实验可以归纳出若干经验定律，然后再对这些定律进一步作出解释或说明。人们利用已有的知识，通过思维、判断和推理，提出假说或建立模型以说明现象发生的原因。根据假说可以进一步预测新的性质和规律，并有针对性地设计新的科学实验。如果这些推论及新的实验结果和客观事实符合，则假说能成为公众所能接受的理论。归纳法 (inductive method) 和演绎法 (deductive method) 作为普遍使用的一对逻辑方法，在化学研究中得到广泛应用。归纳是从个别到一般，由事实到概括。而演绎则是与之相反的推理过程，即从一般推到个别的思维过程。当实验中发现的事实 (包括现象和结果) 用以往的理论不能解释时，就需要根据新的事实，提出新的理论。而新的理论又必须经过新的实验的考验，整个过程就是一个创新的过程，用通俗的话来说就是要 "大胆假设，小心求证"。所谓 "大胆"，就是要具有科学家的创新精神，根据事实勇于提出新的见解，并且勇于接受公众的科学考验。没有创新就没有前进。任何理论在形成之后，都必须继续受到实践的考验和小心求证，才能不断地充实发展。实践是检验真理的唯一标准，此外再无别的标准。这在自然科学的发展史上是显而易见的普通常识。人们的认识就是按照 "实践、认识、再实践、再认识" 的这一形式，往复循环，不断发展。而实践和认识的每一循环的内容，都比前一循环进化到了高一级的程度。这就是辩证唯物论的认识论，一切科学的认识过程都符合这一规律，物理化学当然也不例外。

21 世纪是信息科学、合成化学和生命科学共同繁荣的时代，也是人类理性高度发展的时代，人们的一切活动，都需要用科学技术来武装，需要用一定的科学方法去认识世界。人们研究的对象大到天体，小到原子内部的微观世界，仅仅依靠经验已无济于事，而必须采用一定的科学方法。化学研究的对象主要是分子、原子，而分子、原子一般是不能直接用肉眼看到的，这就需要用思维去把握，并采用合理的方法，例如用模型使其具体化 (理想气体、理想溶液就是实际气体和实际溶液的模型)。实际上，人们直接接触的对象都是大量粒子 (分子或原子) 的集合体，只能采用宏观的方法 (macroscopic method) 或统计的方法 (statistic method)，而研究分子、原子内部的运动状态，则只能用微观的方法 (microscopic method)。

一般来说，对自然科学的研究方法有：实验的方法、归纳和演绎的方法、模型化方法、理想化方法、假设的方法、数学的统计处理方法等。虽然化学研究的对象与其他学科的不尽相同, 但这些方法在物理化学领域中依然是通用的。

例如, 在化学热力学中, 人们以经验概括的两个定律 (即热力学第一定律和热力学第二定律) 为基础, 经过严密的逻辑推理建立了几个热力学函数, 解决了化学变化的方向和平衡条件的问题。化学的研究对象是大量分子 (或原子) 的集合体, 需要用统计的方法, 从而又产生了统计热力学和分子运动的理论。

化学方法论之所以在化学认知、化学发展和化学理论的建立中起着重要的作用, 正是由于它体现了从简单到复杂、从低级到高级的认识活动次序, 或从问题的提出, 明确研究对象, 进行实验考查, 提出化学假说和检验化学理论的认识过程, 从而对新的事物或问题能指明研究的途径和方法, 以避免错误, 少走弯路。在物理化学的学习过程中, 我们能学到前人处理问题的许多方法。了解这些方法, 在我们今后的工作中能起到重要的作用。

过去人们对化学方法的认识不够充分, 实际上化学知识和化学方法是构成化学的两大部分。一部化学史表明无论是较早期的 Lavoisier、van't Hoff 和 Dalton, 还是近代的 Pauling、福井谦一和 Prigogine 等有造诣的科学家, 他们不仅有渊博的科学知识, 而且在化学方法上都各有创新, 各有独到之处。近年来在一些新兴的学科中, 系统论、信息论和控制论等越来越引起化学研究工作者的重视。如果说思维工具 (即化学思维逻辑) 是化学方法中的 "软件", 则技术工具就是化学方法中的 "硬件"。只有两者结合互补, 才能开拓化学研究的新领域。

0.4 物理化学课程的学习方法

物理化学是高等学校化学化工类各专业的一门重要基础课程, 学习这门课程的目的, 主要有两方面:

(1) 进一步扩大知识面, 打好专业基础。了解化学变化过程中的一些基本规律。加深对先行课如无机化学 (普通化学)、有机化学、分析化学的理解, 做到知识面要宽、基础要牢。在基础的物理化学课程中, 重点在于掌握热力学处理问题的方法和化学动力学的基本知识, 了解动力学的一些新进展。

(2) 进一步培养独立工作的能力, 提高自学的能力。学习前人提出问题、考虑问题和解决问题的方法。逐步培养独立思考和独立解题的能力。

关于如何学习物理化学这门课程, 可以提出如下几点建议, 供读者参考 (读者可以结合自己的具体情况灵活掌握)。

(1) 学习过程中要抓住每一章的重点。在学习每一章时要明确了解这一章的主要内容是什么, 要解决什么问题, 采用什么方法解决, 根据什么实验、定律和理论, 得出什么结果, 有什么用处, 公式的使用条件是什么等。这些问题在开始学习某一章时, 可能还不能窥其全貌, 但在每章学完之后, 则应对上述问题有明确的了解。

(2) 物理化学课程中的公式, 相对于前几门先行课来说, 无疑较多一些。要注意数学推导过程只是获得结果的必要手段, 而不是目的, 不要只注意繁杂的推证过程, 而忽视了结论的使用条件 (这些条件往往是推导过程中所引进去的) 以及其物理意义。

除了重要的公式外, 对一般公式及其推导过程, 仅要求理解而一般不要求强记。

(3) 课前自学, 听课要记笔记, 对重要内容要用自己的语言简明扼要记录下来。经验证明, 记笔记可以使注意力更加集中, 锻炼手脑并用, 使思维处于活跃状态。

(4) 注意章节之间的联系, 把新学到的概念、公式与已经掌握的知识联系起来。在每次听课之前, 应复习前次课程的内容, 不积压。学习任何一门课程都是这样, 只有通过前后联系, 反复思考, 才能逐步达到较为熟习或融会贯通的境界。

(5) 重视习题。解题是培养独立思考问题和解决问题能力必不可少的环节之一。通过解题可以检查对课程内容的理解程度或加深对课程内容的理解。

在物理化学中任何有价值的理论, 其提出和建立都具有生产实践和科学实验的基础, 并能对实践起指导作用。科学的发展总是反复不断地经历 "知识的积累和飞跃" 两个阶段。对于一个人的成长来说, 同样有了积累, 才能为今后的飞跃创造条件。就像一个熟练的老工人一样, 他熟悉每一个零件的性能, 机器出了毛病, 他非但能很快地找出毛病之所在并予以修理, 而且有能力利用各种零件创造性地重新组装一部性能更好的新的机器。我国著名数学家华罗庚教授曾说过: "在中学时, 别人花一小时, 我就花两小时。而到工作的时候, 别人花一小时能解决的问题, 我有时可能用更少的时间就解决了。" 这句话意味深长, 值得我们认真思考。

拓展学习资源

课外参考读物	
教学课件	

第一章

气 体[①]

本章基本要求

在本章中通过气体分子运动的模型，从微观的角度了解分子的运动规律。进一步理解宏观性质是微观性质的统计平均值。本章重点在于了解气体分子的性质，如运动公式、速率分布、能量分布、碰撞频率等。在非理想气体中重点了解 van der Waals 方程式及对比状态定律。

具体要求如下：

(1) 了解气体分子运动公式的推导过程，建立微观的运动模型。了解前人对问题的处理方法和过程。

(2) 了解理想气体的微观模型，能熟练使用理想气体的状态方程。知道摩尔气体常数 R 是如何获得的，使用时注意其数值和单位。

(3) 了解分子速率和能量分布公式的推导。明确所得公式的物理意义。

(4) 实际气体与理想气体不同，了解产生差别的原因。知道 van der Waals 是如何提出他的气体状态方程式的。

(5) 理解对比状态的概念，以及为什么要引入对比状态的概念。

(6) 会使用压缩因子图。了解对实际气体的计算。

[①] 本章的内容如与先行课重复，可根据具体情况决定是否讲授，也可以适当安排一些练习以巩固或加深过去所学过的知识。本章中所讨论的部分内容，在以后讨论化学动力学时是很有用的。化学反应本质是分子之间的反应，建立分子运动的微观图像，从微观的角度思考问题，对化学工作者来说是很重要的。

物质的聚集状态通常有气、固、液三种。在研究放电管中电离气体的性质时, 发现了一种新的导电流体, 其中包括带正 (负) 电荷的离子、电子及少量未经电离的分子和原子等, 整体呈电中性, 故称为**等离子态** (plasma state)。它与气、固、液三态在性质上有着本质上的不同, 是物质的另一种聚集状态, 被称为物质的第四态 (闪电、极光等是地球上天然等离子体的辐射现象。等离子体是宇宙间物质存在的主要形式, 它占宇宙间物质总量的绝大部分。电弧、闪光灯中发光的电离气体, 以及实验室中的高温电离气体是人造的等离子体)。广义地讲, 物质的聚集状态远不止这些, 如有人把超高压、超高温下的状态称为第五态。此外, 还有超导态、超流态等。

历史上人们对气态物质的性质研究得比较多, 获得了许多经验定律, 然后对气体分子的运动设计微观运动模型, 从理论的角度深入研究气体分子运动的规律。同时, 由于在气体中分子的数量很大, 需要采用统计学的方法来研究。这种从宏观到微观并利用微观图像使宏观现象得到解释的认识过程, 是正确的科学研究方法, 是我们应该理解和十分关注的。例如, 从物质的微观运动去了解压力、温度等宏观物理量的微观本质等。

1.1 气体分子动理论

对于气体在低压及较高温度下的行为, 在历史上曾经归纳出一些经验定律。如 Boyle – Mariotte 定律, Charles – Gay-Lussac 定律等。从这些经验定律可以导出低压下气体的 p, V, T 之间的关系式, 即

$$pV = nRT \tag{1.1}$$

式中 n 是物质的量, 单位是 mol; p 是压力, 单位是 Pa (帕 [斯卡]); V 是气体的体积, 单位是 m^3; T 是热力学温度, 单位是 K (开 [尔文])。

$$T = (t/°C + 273.15) \ K$$

t 是摄氏温度; R 是摩尔气体常数, 等于 $8.314 \ J \cdot mol^{-1} \cdot K^{-1}$。

这种联系压力、体积和温度三者间的关系式称为**状态方程式** (equation of state)。压力越低, 温度越高, 气体越能符合这个关系式。我们把在任何压力、任何温度下都能严格遵从式 (1.1) 的气体叫作**理想气体** (ideal gas 或 perfect gas)。所以, 式 (1.1) 又叫作**理想气体的状态方程式**。理想气体实际上是一个科学的抽

象概念, 客观上并不存在, 它只能看作实际气体在压力很低时的一种极限情况。但是, 引入理想气体的概念是很有用的。一方面, 它反映了任何气体在低压下的共性; 另一方面, 理想气体的 p, V, T 之间的关系比较简单, 根据理想气体公式来处理问题所导出的一些关系式, 只要适当地予以修正, 就能用于非理想气体或实际气体。

为了进一步说明为什么理想气体的 p, V, T 之间会具有这样简单的关系, 需要深入了解气体分子运动的情况。人们根据对宏观现象的认识, 提出了分子运动的微观模型, 然后根据所设想的运动模型来推导运动的规律。如果据此所推出的结论能与实验事实相符合, 则说明所设想的模型是合理的或正确的。而经过实践反复的考验及修改后, 这种假设就可以上升为一种为公众所接受的理论或学说。

对于**气体分子动理论** (kinetic theory of gases) 有贡献的学者主要是 19 世纪下半叶的 Clausius、Boltzmann 和 Maxwell 等人。

气体分子动理论的基本公式

在近代科学发展的进程中, 模型的方法曾经发挥重要的作用, 并将继续发挥其作用。人们对宏观对象进行了一定的观察、实验, 然后通过概括、综合, 得到了一些经验规律。为了解释这些规律, 深入了解各种因素的内在联系, 人们常常利用想象、类比、抽象、推理等手段, 建立理想化的模型, 略去非本质的次要因素, 使问题简单化, 从而也易于找出基本因素之间的相互关系。然后, 再逐步予以修正, 使之可用于实际系统。这种认识事物的方法行之有效。历史上, 如对原子结构的认识、量子力学的建立、对溶液 (包括电解质溶液) 的认识等, 无不得力于模型的建立。在化学研究过程中, 对一些非常复杂的系统, 也常常使用模型的方法, 这种方法称为**模型拟合** (model fitting), 使尚未十分清楚的问题简单化。

气体分子运动的微观模型可表述为

(1) 气体是大量分子的集合体。相对于分子与分子间的距离及整个容器的体积来说, 气体分子本身的体积是很小的, 可忽略不计。因此, 常可以将气体分子当作质点来处理。

(2) 气体分子不断地做无规则的运动, 均匀分布在整个容器之中。

(3) 分子之间及分子与器壁之间的碰撞是完全弹性的 (即在碰撞前后总动量不损失。倘若不是这样, 如碰撞后能量以热的形式散失, 则结果必将使运动减缓甚至 "冻结", 而不能保持原来的稳定状态。显然, 事实上并非如此)。

这样的微观模型, 当然不是随意设想的, 而是根据一定的事实提炼出来的。例如, 气体的可压缩性很大, 特别是在低压下分子间的距离很大, 分子间的作用力可忽略不计。在外界条件稳定的情况下, 气体总是处于稳定状态, 气体均匀地分布在整个容器中, p 和 T 等都不随时间而改变。这表明气体分子的碰撞是完全弹性的, 当与器壁相碰时, 表现出稳定的压力 (如果不是完全弹性的, 在碰撞时必有能量损失, 最终气体分子将下沉到容器底部, 这显然不是事实)。

设在体积为 V 的容器内, 分子总数为 N, 单位体积内的分子数为 $n(n = N/V)$, 每个分子的质量为 m。设想再把容器中的分子分为很多群, 各群分子的速度大小相等, 方向一致。并令在单位体积中各群的分子数分别是 $n_1, n_2, \cdots$, 则

$$n_1 + n_2 + \cdots + n_i = \sum_i n_i = n$$

先考虑很多群中某一群的情况, 然后再推及全体。设其中第 i 群分子的速度为 u_i, 它在 x, y, z 轴方向上的分速度为 $u_{i,x}, u_{i,y}, u_{i,z}$, 则

$$u_i^2 = u_{i,x}^2 + u_{i,y}^2 + u_{i,z}^2 \tag{1.2}$$

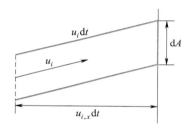

如图 1.1 所示, 设 x 轴与一器壁垂直, 则在 $\mathrm{d}t$ 时间内, 第 i 群分子能够碰撞到该器壁 $\mathrm{d}A$ 面上的分子数, 等于包含在底面积为 $\mathrm{d}A$、垂直高度为 $u_{i,x}\mathrm{d}t$ 的柱形筒内这种分子的数目。柱形筒的轴与 u_i 的方向平行。

图 1.1   单位时间内在 $\mathrm{d}A$ 面上碰撞的分速度为 $u_{i,x}$ 的分子数

这个斜柱形筒的体积为 $u_{i,x}\mathrm{d}t\mathrm{d}A$, 其中包含第 i 群分子的数目为 $n_i u_{i,x}\mathrm{d}t\mathrm{d}A$。这就是在 $\mathrm{d}t$ 时间内, 第 i 群分子碰撞到 $\mathrm{d}A$ 面上的分子数。这一群分子中, 每个分子在垂直于 $\mathrm{d}A$ 面的方向上的动量为 $m u_{i,x}$。所以, 在 $\mathrm{d}t$ 时间内, 第 i 群分子撞击 $\mathrm{d}A$ 面的垂直总动量为

$$(n_i u_{i,x}\mathrm{d}t\mathrm{d}A)m u_{i,x}$$

由于单位时间内碰撞到 $\mathrm{d}A$ 面上的分子不止一群, 所以在 $\mathrm{d}t$ 时间内碰撞到 $\mathrm{d}A$ 面上的垂直总动量 (M_1) 应对各群求和, 即

$$M_1 = m\sum_{i=1}^{g} n_i u_{i,x}^2 \mathrm{d}t\mathrm{d}A \tag{1.3}$$

式中 g 表示碰撞到 $\mathrm{d}A$ 面上的分子群数, 各群的标号为 $1, 2, \cdots, g$; 求和号 $\displaystyle\sum_{i=1}^{g}$ 表示由第一群加到第 g 群。由于器壁的表面不一定是理想的光滑平面, 碰撞前后的入射角与反射角不一定相等, 可能发生散射。每群分子与 $\mathrm{d}A$ 面碰撞散射回来后, 一般可能不再属于原来的那一群, 有可能重新组合成若干新群, 设组合为 g' 群, 各群的标号分别为 $g+1, g+2, \cdots, g+g'$, 这 g' 群分子垂直于 $\mathrm{d}A$ 面上的总动量为

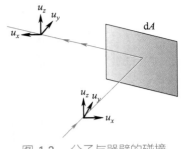

图 1.2   分子与器壁的碰撞

$$M_2 = -m \sum_{i=g+1}^{g+g'} n_i u_{i,x}^2 \mathrm{dtd}A \tag{1.4}$$

式中负号表示这一群分子的速度在 x 轴上的分量, 其方向与原来相反 (参阅图 1.2)。由式 (1.3)、式 (1.4) 可以算出气体分子与 $\mathrm{d}A$ 面碰撞后, 在垂直于 $\mathrm{d}A$ 面方向上的动量的总变化量为

$$M = M_1 - M_2 = m \sum_{i=1}^{g+g'} n_i u_{i,x}^2 \mathrm{dtd}A = m \sum_{i} n_i u_{i,x}^2 \mathrm{dtd}A$$

式中的求和号表示不论入射的分子群或反射的分子群都一齐加和起来了。从方向上来考虑, 无非是一些群的分子运动方向是朝向 $\mathrm{d}A$ 面的, 另一些群的分子是远离 $\mathrm{d}A$ 面的。所以, 在单位体积内, 全部的分子都应包含在这个加和号之内了。

根据压力的定义, 压力是作用在单位面积上的力 (这实际上是压强, 但在通常情况下, 压力和压强这两个名词常混同使用), 或单位面积上、单位时间内动量的变化, 即

$$压力 = \frac{力}{面积} = \frac{质量 \cdot 加速度}{面积} = \frac{质量 \cdot 速度}{面积 \cdot 时间} = \frac{动量}{面积 \cdot 时间}$$

因此有

$$p_x = \frac{m \sum_{i} n_i u_{i,x}^2 \mathrm{dtd}A}{\mathrm{dtd}A} = m \sum_{i} n_i u_{i,x}^2 \tag{1.5}$$

若用 $\overline{u_x^2}$ 表示各分子在 x 方向上分速度平方的平均值[①], 即

$$\overline{u_x^2} = \frac{\sum_{i} n_i u_{i,x}^2}{\sum_{i} n_i} = \frac{\sum_{i} n_i u_{i,x}^2}{n}$$

或

$$\sum_{i} n_i u_{i,x}^2 = n\overline{u_x^2}$$

代入式 (1.5) 得

$$p_x = mn\overline{u_x^2} \tag{1.6a}$$

---

① 本书采用符号上方加 "—" 代表平均值。

同理可得

$$p_y = mn\overline{u_y^2} \tag{1.6b}$$

$$p_z = mn\overline{u_z^2} \tag{1.6c}$$

由于分子运动的无规则性, 当气体处于平衡态时, 分子向各方向运动的机会均等。因此, 各方向的压力应相同。所以有

$$p_x = p_y = p_z = p \tag{1.7}$$

则从式 (1.6) 可得

$$\overline{u_x^2} = \overline{u_y^2} = \overline{u_z^2} \tag{1.8}$$

对某一个分子而言, 根据式 (1.2), $u_i^2 = u_{i,x}^2 + u_{i,y}^2 + u_{i,z}^2$; 若对所有分子而言, 显然应有

$$\sum_i n_i u_i^2 = \sum_i n_i u_{i,x}^2 + \sum_i n_i u_{i,y}^2 + \sum_i n_i u_{i,z}^2$$

上式等号两边同时除以 n, 则得

$$\frac{\sum\limits_i n_i u_i^2}{n} = \frac{\sum\limits_i n_i u_{i,x}^2}{n} + \frac{\sum\limits_i n_i u_{i,y}^2}{n} + \frac{\sum\limits_i n_i u_{i,z}^2}{n}$$

$$= \overline{u_x^2} + \overline{u_y^2} + \overline{u_z^2}$$

若令

$$\sqrt{\frac{\sum\limits_i n_i u_i^2}{n}} = u \tag{1.9}$$

式中 u 称为**均方根速率** (root mean square rate), 则

$$u^2 = \overline{u_x^2} + \overline{u_y^2} + \overline{u_z^2} = 3\overline{u_x^2}$$

根据式 (1.6a) 和式 (1.7), 则得

$$p = \frac{1}{3}mnu^2$$

上式等号两边同时乘以 V, 则得

$$pV = \frac{1}{3}mNu^2 \tag{1.10}$$

这就是根据气体分子动理论所导出的基本方程式。式中 p 是 N 个分子与器壁碰撞后所产生的总效应, 它具有统计平均的意义。式中均方根速率 u 也是一个微观量的统计平均值, 它不能由实验直接测量, 而 p 和 V 则是可以直接由实验量度的

宏观量。因此, 式 (1.10) 是联系宏观可测量与微观不可测量之间的桥梁。

在以上讨论中, 没有考虑到分子在趋向器壁的过程中在没有达到器壁之前可能因与其他分子碰撞而被折回或转向的情形。实际上, 这种情况的存在并不影响讨论的结果。因为就大量分子的统计效果来讲, 当速度为 u_i 的分子因碰撞而速度发生改变时, 必然有其他的分子因碰撞而具有 u_i 的速度。

压力和温度的统计概念

从以上的讨论可以清楚地看出压力的统计平均意义。对气体中的某一个分子来说, 它与器壁的碰撞是不连续的, 而且它的速度也因分子间的互相碰撞而不断地变化, 所以个别分子与器壁碰撞时, 在单位时间、单位面积上所引起的动量变化是起伏不定的。但由于气体是大量分子的集合, 尽管个别分子的动量变化起伏不定, 但是平均压力却是一个定值, 并且是一个宏观可测的物理量。对于一定量的气体, 当温度和体积一定时, 它具有稳定的数值。

式 (1.10) 中的均方根速率 u 是一个统计平均数值, 它与各个分子的速率有关, 但又不等于任何单个分子的速率。所以, 压力 p 是大量分子集合所产生的总效应, 讨论个别分子所产生的压力是没有意义的。压力是一个宏观可测量, 实际上它的均匀性只是相对于观测的尺度来讲的。因为在观测所经历的时间间隔中, 已经有很多分子与器壁相碰撞了。如果设想 (这种设想目前当然是办不到的) 仪器能够分别记录每一个分子的个别碰撞, 则测出的压力将是不均匀的, 而且是非常密集的间歇碰击。

温度的概念来源于**热力学第零定律** (zeroth law of thermodynamics), 这将在下一章中讨论。我们暂时接受这一概念, 仅对温度的统计含义作如下的简要说明。

设想有图 1.3 所示的情况, aa', bb' 是两个半透膜, aa' 仅允许 A 分子出入, bb' 仅允许 B 分子出入, A, B 两种分子在中间的区域可以因互碰而交换能量。如果起始时 A 分子的平均**平动能** (translational energy, 有时也称作直动能) 较 B 分子的大, 则由于 A, B 分子进入中间区域后, 在那里彼此交换能量, 结果 A 分子的平均平动能将减小, B 分子的平均平动能将增大。交换能量后分子又各自有机会再回到原来的区域, 同时又不断有新的 A, B 分子进入交换区; 如此往复, 直到双方气体的平均平动能相等为止。最后净结果是 A 种分子失去了动能, B 种分子得到了动能。这种情况与两个温度不同的物体互相接触时, 温度高者自动降低, 低者升高, 最后温度趋于相等的情况完全一致。因此, 可以认为分子的平均平动能 $\left(\overline{E_t} = \frac{1}{2}mu^2 \right)$ 和温度具有平行的关系, 温度越高则分子的平均平动能就越大, 如用函数的形式来表示, 可写成 $\frac{1}{2}mu^2 = f(T)$。

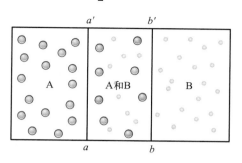

图 1.3　温度与分子动能间关系的示意图

我们还可以从另一角度来理解这一问题。我们知道通常测量气体温度的一种方法是把温度计直接插到气体中, 等到平衡后由温度计的读数来确定气体的温度。当温度计插到气体中时, 运动着的气体分子与构成温度计物质的表面分子发生碰撞而交换能量。当延续到一定时间, 最后达到了热平衡, 气体分子和温度计的宏观状态都不再改变。此时能量的交换虽没有停止, 但由于是等量交换, 所以实际上没有净的能量迁移, 也就是没有净的热传导, 它们处于热平衡状态。当气体与温度计具有相同的温度时, 用温度计的状态作为标记, 来指示气体的温度。此时气体分子的平均平动能应当具有一定的数值, 可以认为, 气体分子的平均平动能是温度的函数。

假如把上面讨论过的温度计插入第二种气体中, 达到平衡后, 如果指示出来的标记与前相同, 即说明第一种气体与第二种气体的温度相同, 两种气体的平均平动能也相同。这进一步说明了温度与平均平动能之间的关系。

如上所述, 温度与大量分子的平均平动能具有函数关系。所以, 温度也具有宏观的统计概念, 它反映了大量分子无规则运动的剧烈程度。和压力一样, 讨论少数或某一个气体分子的温度等于多少是没有意义的。

气体分子运动公式对几个经验定律的说明

早在 17 至 18 世纪, 不少学者研究了低压下气体的行为, 根据实验归纳成若干经验规律, 如 Boyle–Mariotte 定律, Charles–Gay-Lussac 定律, Avogadro 定律, 以及由此而导出的理想气体状态方程式 ($pV = nRT$)。此外, 还有 Dalton 分压定律, 等等。

如果气体分子动理论所提出的关于分子运动的模型及由此而导出的气体分子运动公式是对的, 则它应该经得起实践的考验, 能够对这些经验规律给以说明。

1. Boyle–Mariotte 定律

将式 (1.10) 写作

$$pV = \frac{1}{2}mu^2 \cdot N \cdot \frac{2}{3}$$

对于一定量的气体, 在定温下, N 和 $\frac{1}{2}mu^2$ 均为定值, 所以上式可写作

$$pV = C \tag{1.11}$$

式中 C 是常数。这就是 **Boyle–Mariotte 定律**, 即定温下一定量的气体的体积与压力成反比。这个定律最初是在低压下由实验所总结出来的经验规律。

2. Charles–Gay-Lussac 定律

我们已知温度越高, 分子的平均平动能也越大。即

$$\overline{E_t} = \frac{1}{2}mu^2 = f(T)$$

实验表明, 低压下 pV 与 t (摄氏温度) 之间具有线性关系, 根据气体分子动理论, $pV = \frac{1}{3}mnu^2$, 故而可得分子的平动能与 t 也具有线性关系。由于二者是平行关系, 我们可以选择一种温标, 使二者的关系是线性关系。设温度在 $0\,^{\circ}\mathrm{C}$ 和 t 时平均平动能分别是 $\overline{E}_{t,0}$ 和 $\overline{E}_{t,t}$, 则

$$\overline{E}_{t,t} = \overline{E}_{t,0}(1 + \alpha t) \tag{1.12}$$

根据气体分子动理论的公式, 在 $0\,^{\circ}\mathrm{C}$ 和 t 时, 有

$$V_t = \frac{1}{3p}Nmu_t^2 = \frac{2}{3p}N\overline{E}_{t,t}$$

$$V_0 = \frac{1}{3p}Nmu_0^2 = \frac{2}{3p}N\overline{E}_{t,0}$$

根据式 (1.12), 定压下 V_t 和 V_0 之间应有如下的关系:

$$V_t = V_0(1 + \alpha t)$$

式中 α 就是体积膨胀系数。令

$$T = t + \frac{1}{\alpha} \tag{1.13}$$

则

$$V_t = V_0 T\alpha = C'T$$

式中 C' 为常数。即对一定量的气体, 在定压下, 体积和 T 成正比, 这就是 **Charles 定律**。Charles 和 Gay-Lussac 分别在 1787 年和 1802 年从实验总结出这条定律, 所以也叫作 **Charles–Gay-Lussac 定律**。

3. Avogadro 定律

当温度相同时, 任意两种气体具有相等的平均平动能。即

$$\frac{1}{2}m_1u_1^2 = \frac{1}{2}m_2u_2^2$$

从分子运动公式:

$$p_1V_1 = \frac{1}{3}N_1m_1u_1^2 = \frac{2}{3}N_1\left(\frac{1}{2}m_1u_1^2\right)$$

$$p_2V_2 = \frac{1}{3}N_2m_2u_2^2 = \frac{2}{3}N_2\left(\frac{1}{2}m_2u_2^2\right)$$

因此, 在同温同压下, 对于同体积的气体应有

$$N_1 = N_2 \tag{1.14}$$

即同温同压下, 同体积的各种气体所含有的分子数相同, 这就是 **Avogadro 定律**。

4. 理想气体的状态方程式

既然我们已经由气体分子的运动模型导出了上面三个定律, 则合并后就可得到理想气体的状态方程式, $pV = nRT$。气体的体积随压力、温度及气体分子的数量而变, 写成函数的形式是

$$V = f(p, T, N)$$

或

$$\mathrm{d}V = \left(\frac{\partial V}{\partial p}\right)_{T,N}\mathrm{d}p + \left(\frac{\partial V}{\partial T}\right)_{p,N}\mathrm{d}T + \left(\frac{\partial V}{\partial N}\right)_{T,p}\mathrm{d}N$$

对于一定量的气体, N 为常数, $\mathrm{d}N = 0$, 所以有

$$\mathrm{d}V = \left(\frac{\partial V}{\partial p}\right)_{T,N}\mathrm{d}p + \left(\frac{\partial V}{\partial T}\right)_{p,N}\mathrm{d}T$$

根据 Boyle – Mariotte 定律:

$$V = \frac{C}{p}$$

则有

$$\left(\frac{\partial V}{\partial p}\right)_{T,N} = -\frac{C}{p^2} = -\frac{V}{p}$$

根据 Charles – Gay-Lussac 定律:

$$V = C'T$$

则有

$$\left(\frac{\partial V}{\partial T}\right)_{p,N} = C' = \frac{V}{T}$$

代入上式后得

$$\mathrm{d}V = -\frac{V}{p}\mathrm{d}p + \frac{V}{T}\mathrm{d}T \quad \text{或} \quad \frac{\mathrm{d}V}{V} = -\frac{\mathrm{d}p}{p} + \frac{\mathrm{d}T}{T}$$

上式积分得

$$\ln V + \ln p = \ln T + \text{常数}$$

若所取气体的物质的量是 1 mol, 则体积写作 V_{m}, 常数写作 $\ln R$, 即得

$$pV_{\mathrm{m}} = RT$$

上式两边同乘以物质的量 n, 则得

$$pV = nRT$$

这就是**理想气体的状态方程式**。已知 $n = \dfrac{N}{L}$, N 是分子的数目, L 是 Avogadro 常数。令 $\dfrac{R}{L} = k_{\mathrm{B}}$, k_{B} 称为 **Boltzmann 常数**, 则上式又可写作

$$pV = Nk_{\mathrm{B}}T \tag{1.15}$$

5. Dalton 分压定律

若在定温下, 把几种不同的气体混合于容积为 V 的容器中, 各种气体的分子数目分别为 $N_1, N_2, \cdots$, 总分子数为 $N_1 + N_2 + \cdots = N$。混合气体可设想是通过如下的混合过程来完成的:

混合前有

$$p_1 = \frac{1}{3V}N_1 m_1 u_1^2 = \frac{2}{3}\frac{N_1}{V}\overline{E}_1$$

$$p_2 = \frac{1}{3V}N_2 m_2 u_2^2 = \frac{2}{3}\frac{N_2}{V}\overline{E}_2$$

$$\cdots\cdots\cdots\cdots\cdots$$

诸式相加得

$$\sum_i p_i = \frac{2}{3V}\left[N_1\overline{E}_1 + N_2\overline{E}_2 + \cdots\right]$$

混合后有

$$p = \frac{2}{3V} N_{\text{mix}} \overline{E}_{\text{mix}}$$

由于相同温度下, 各气体分子具有相同的平均动能, 即

$$\overline{E}_1 = \overline{E}_2 = \cdots = \overline{E}_{\text{mix}}$$

而

$$N_{\text{mix}} = N_1 + N_2 + \cdots$$

所以

$$p = p_1 + p_2 + \cdots \tag{1.16}$$

这就是 **Dalton 分压定律** (Dalton's law of partial pressure), 即混合气体的总压等于各气体分压之和。所谓分压, 就是在同一温度下, 个别气体单独存在、并占有与混合气体相同体积时所具有的压力。

若任一种气体的分压除以总压, 则得

$$\frac{p_i}{p} = \frac{\dfrac{2}{3} \times \dfrac{N_i \overline{E}_i}{V}}{\dfrac{2}{3} \times \dfrac{N_{\text{mix}} \overline{E}_{\text{mix}}}{V}} = \frac{N_i}{N_{\text{mix}}}$$

或

$$\frac{p_i}{p} = x_i$$

式中 x_i 是摩尔分数。这是 Dalton 分压定律的另一种形式。

6. Amagat 分体积定律

在一定的 T, p 时, 混合气体的体积等于组成该混合气体的各组分的分体积之和, 即

$$V = V_1 + V_2 + \cdots$$

这就是 **Amagat 分体积定律** (Amagat's law of partial volume)。所谓某一组分的体积, 它等于该气体在温度 T 和总压 p 时单独存在所占据的体积。

设两种气体的混合过程如下所示:

$$V_3 = V_1 + V_2$$

并可由此导出

$$V_i = V x_i \tag{1.17}$$

根据气体的运动公式, 不难导出 Amagat 分体积定律 (读者试自证之)。

由式 (1.17) 可知, 在混合气体中各气体的体积分数就等于它的摩尔分数 (在工业分析中经常使用的气体分析仪, 就使用了这一定律)。

分子平均平动能与温度的关系

已知气体分子的平均平动能是温度的函数, 即

$$\overline{E}_t = \frac{1}{2} m u^2 = f(T)$$

根据气体分子运动的基本公式和理想气体的状态方程式, 可以导出 $\overline{E}_t$ 与 T 的定量关系, 即从

$$pV = \frac{1}{3} N m u^2 = \left(\frac{1}{2} m u^2\right)\left(\frac{2}{3} N\right) = \overline{E}_t \frac{2}{3} N$$

和

$$pV = N k_B T$$

可得

$$\overline{E}_t = \frac{3}{2} k_B T \tag{1.18}$$

对 1 mol 的分子而言, 其平均平动能为

$$\overline{E}_{t,m} = \frac{3}{2} R T \tag{1.19}$$

式中

$$R = k_B L$$

所以气体分子的平均平动能仅与温度有关, 且与热力学温度 T 成正比。在相同温度下, 各种气体分子的平均平动能相等。

同时还可以证明均方根速率 $u = \sqrt{\dfrac{3 k_B T}{m}}$。

1.2 摩尔气体常数 (R)

原则上, 可以对一定量的气体直接测定 p, V, T 的数值, 然后代入 $R = \dfrac{pV}{nT}$ 来计算 R。但这个公式是理想气体的状态方程式, 真实气体只有在压力很低时才接近于理想气体。而当压力很低时, 实验不易操作, 不易得到精确数据, 所以常采用外推法来求出 $(pV)_{p \to 0}$ 的数值。合理的外推是常常被采用的一种科学方法。

如图 1.4 所示, 各种不同的气体不论温度如何, 当压力趋于零时, $(pV_m/T)_{p \to 0}$ 均趋于共同的极限值 R, R 称为 **摩尔气体常数**, 可得到 $R = 8.314 \; \mathrm{J \cdot mol^{-1} \cdot K^{-1}}$。

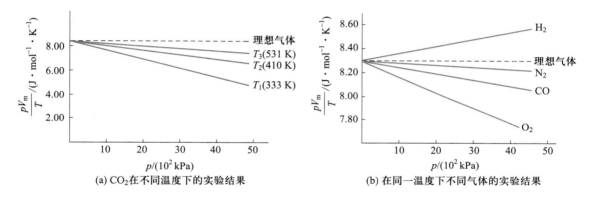

(a) CO_2在不同温度下的实验结果　　　　(b) 在同一温度下不同气体的实验结果

图 1.4　各种气体在任何温度下, 当压力趋于零时, pV_m/T 趋于共同的极限值 R

1.3 理想气体的状态图

对于一定量的理想气体, 有 $pV = nRT$; 由于 n 和 R 一定, 故式中三个变量 p, V, T 中, 只有两个变量是独立的。如以 p, V, T 为空间坐标, 当给定 p, T 值后, V 值就不是任意的, 其值由状态方程来决定。在 p, V, T 空间坐标中就可用一个点来表示该气体的状态。若再给定另一个 p, V, T 值, 则空间坐标中又有一个点代表该状态。于是众多状态点在空间坐标中可构成一个曲面, 所有符合于理想气体的气体都出现在这个曲面上, 且都满足如下的关系:

$$\frac{p_1 V_1}{T_1} = \frac{p_2 V_2}{T_2}$$

这个曲面就是**理想气体的状态图** (见图 1.5)。

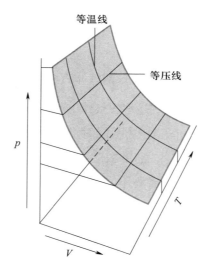

图 1.5　理想气体的状态图

用等温面切割, 就得到**等温线** (isotherm);

用等压面切割, 就得到**等压线** (isobar)。

读者尝试:

(1) 在 $p-V$ 坐标图上画出理想气体在不同温度下的等温线;

(2) 在 $V-T$ 坐标图上画出理想气体在不同压力下的等压线。

1.4　分子运动的速率分布

Maxwell 速率分布定律

　　气体包含为数很多的分子, 它们在容器内做高速的无秩序运动; 不难想象, 它们互碰的次数很多。如果某一个分子被连续碰撞, 速率可能增加得很大, 但也可能因同时受几个分子自不同方向碰撞, 而在瞬息间相对 "静止"。每一个分子的速率都随时间而不断地改变, 并受概率的支配。但分子整体的总动能或平均速率在定温下却保持不变。当气体分子处于稳定状态时, 速率的分布遵循一定的统计规律。

　　我们无法很精确地知道具有某一给定速率的分子究竟有多少, 因为一般地讲在某一瞬间速率正好是 v 的分子可能很少, 甚至可能没有这样的分子。但是, 可以提出这样的问题, 即速率落在一定间隔 $v \sim v + \mathrm{d}v$ 内的分子有多少? 落在哪一个间隔中的分子数最多? (由于分子的数目很多, 即使 $\mathrm{d}v$ 很小, 但在 $v \sim v + \mathrm{d}v$ 间隔内仍包含着为数很多的分子。) 这就是本节中所要讨论的问题。

Maxwell 于 1859 年首先导出分子速率的分布公式, 后来 Boltzmann 用统计力学的方法也得到相同的公式, 从而加强了 Maxwell 公式的理论基础。

设容器内有 N 个分子, 速率在 $v \sim v + \mathrm{d}v$ 间隔内的分子有 $\mathrm{d}N_v$ 个, $\mathrm{d}N_v/N$ 表示分子速率在此间隔中的分子占总分子数的分数。对于一个分子来说, 就是该分子的速率在 $v \sim v + \mathrm{d}v$ 间隔内的概率。$\mathrm{d}N_v$ 显然与 N 和 $\mathrm{d}v$ 有关, 即总分子数越多, 速率间隔越大, 则 $\mathrm{d}N_v$ 必越大。同时 $\mathrm{d}N_v$ 也与速率 v 的大小有关, 即虽然速率间隔相同, 但若速率不同, 则其分子数也不同 (这正如在一个城市的人口, $10 \sim 11$ 岁和 $20 \sim 21$ 岁, 两个年龄段都相差 1 岁, 但这两个年龄段人口在城市总人口中所占的分数可能是不同的)。即

$$\mathrm{d}N_v \propto N\mathrm{d}v \quad 或 \quad \mathrm{d}N_v = Nf(v)\mathrm{d}v \tag{1.20}$$

$f(v)$ 是一个与 v 及温度有关的函数, 称为**分子速率分布函数** (distribution function of molecular speed), 它的意义相当于 $\mathrm{d}v = 1$ 时, 即速率在 $v \sim v + 1$ 的分子在总分子中所占的分数。Maxwell 证得

$$f(v) = \frac{4}{\sqrt{\pi}} \left(\frac{m}{2k_\mathrm{B}T} \right)^{1.5} \exp\left(\frac{-mv^2}{2k_\mathrm{B}T} \right) v^2 \tag{1.21}$$

*Maxwell 速率分布函数的推导

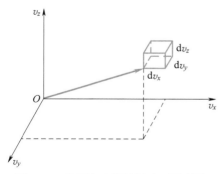

图 1.6 分子在空间的速率 (示意图)

分布函数的获得, 可证明如下: 设分子的速率为 v, 在直角坐标系上可分解为 v_x, v_y, v_z, 设以 v_x, v_y, v_z 为轴, 绘出速率空间 (见图 1.6)。每一个分子都将出现在速率空间中, 并有一个代表点。如令 $\mathrm{d}N_{v_x}$ 代表速率在 $v_x \sim v_x + \mathrm{d}v_x$ 的分子数, 它必然与总分子数 N 有关, 与所取 $\mathrm{d}v_x$ 的间隔大小有关, 且都是正比关系 (N 越大, $\mathrm{d}v_x$ 越大, 则 $\mathrm{d}N_{v_x}$ 也越大)。此外, $\mathrm{d}N_{v_x}$ 还与 v_x 有关, 即同样的间隔 $\mathrm{d}v_x$, 由于 v_x 不同, 所包含的分子数也不同 (例如, 速率在 $100 \sim 101\ \mathrm{m\cdot s^{-1}}$ 和 $200 \sim 201\ \mathrm{m\cdot s^{-1}}$ 的间隔同为 $1\ \mathrm{m\cdot s^{-1}}$, 但其中的分子数不同)。$\mathrm{d}N_{v_x}$ 与 v_x 的关系可用函数 $f(v_x)$ 表示。这个函数就叫作分布函数。

$$\mathrm{d}N_{v_x} = Nf(v_x)\mathrm{d}v_x$$

或

$$\frac{\mathrm{d}N_{v_x}}{N} = f(v_x)\mathrm{d}v_x \tag{1.22}$$

$\dfrac{\mathrm{d}N_{v_x}}{N}$ 代表速率在 $v_x \sim v_x + \mathrm{d}v_x$ 的那些分子占总分子数的分数 (也就是分子落在该速率区间的概率)。同理有

$$\frac{\mathrm{d}N_{v_y}}{N} = f(v_y)\mathrm{d}v_y \tag{1.23}$$

$$\frac{\mathrm{d}N_{v_z}}{N} = f(v_z)\mathrm{d}v_z \tag{1.24}$$

Maxwell 认为 $f(v_x), f(v_y), f(v_z)$ 互不相干, 且具有相似的关系。我们现在要问, 速率在 $v_x \sim v_x + \mathrm{d}v_x$ 的 $\mathrm{d}N_{v_x}$ 个分子中, 同时在 y 方向的分速率在 $v_y \sim v_y + \mathrm{d}v_y$ 的分子有多少? 这样的分子在 $\mathrm{d}N_{v_x}$ 中所占的分数是多少? 如用 $\mathrm{d}^2N_{v_x,v_y}$ 代表这样的分子数, 则 $\dfrac{\mathrm{d}^2N_{v_x,v_y}}{\mathrm{d}N_{v_x}}$ 就代表这样的分子在 $\mathrm{d}N_{v_x}$ 中所占的分数。Maxwell 认为这个分数与总分子中速率在 $v_y \sim v_y + \mathrm{d}v_y$ 的分子分数是一样的, 即

$$\frac{\mathrm{d}^2N_{v_x,v_y}}{\mathrm{d}N_{v_x}} = \frac{\mathrm{d}N_{v_y}}{N} \tag{1.25}$$

可以作一个粗浅的比喻, 这相当于在某个省里面, $5 \sim 6$ 岁的儿童所占该省人口的分数, 与 $5 \sim 6$ 岁儿童在全国人口中所占的分数是一样的。唯一的条件是全国和该省的人口必须很多, 否则就不具有代表性。

已知

$$\frac{\mathrm{d}N_{v_x}}{N} = f(v_x)\mathrm{d}v_x \qquad \frac{\mathrm{d}N_{v_y}}{N} = f(v_y)\mathrm{d}v_y$$

代入式 (1.25), 则得

$$\mathrm{d}^2N_{v_x,v_y} = Nf(v_x)f(v_y)\mathrm{d}v_x\mathrm{d}v_y \tag{1.26}$$

同理, 在所有分子中, 速率同时落在 $v_x \sim v_x+\mathrm{d}v_x, v_y \sim v_y+\mathrm{d}v_y, v_z \sim v_z+\mathrm{d}v_z$ 区间的分子数为

$$\mathrm{d}^3N_{v_x,v_y,v_z} = Nf(v_x)f(v_y)f(v_z)\mathrm{d}v_x\mathrm{d}v_y\mathrm{d}v_z \tag{1.27}$$

接下来的问题就是如何求出这些分布函数。

已知每一个分子在速率坐标空间中都有一个代表点, 在体积元 $\mathrm{d}v_x\mathrm{d}v_y\mathrm{d}v_z$ 中点的 "密度" 为

$$\rho = \frac{\mathrm{d}^3 N_{v_x, v_y, v_z}}{\mathrm{d}v_x \mathrm{d}v_y \mathrm{d}v_z} = N f(v_x) f(v_y) f(v_z)$$

ρ 是 v_x, v_y, v_z 的函数。若改变体积元的位置, 则 ρ 也将发生变化。

$$\mathrm{d}\rho = \frac{\partial \rho}{\partial v_x} \mathrm{d}v_x + \frac{\partial \rho}{\partial v_y} \mathrm{d}v_y + \frac{\partial \rho}{\partial v_z} \mathrm{d}v_z$$

$$= N f'(v_x) f(v_y) f(v_z) \mathrm{d}v_x + N f'(v_y) f(v_x) f(v_z) \mathrm{d}v_y + N f'(v_z) f(v_x) f(v_y) \mathrm{d}v_z$$

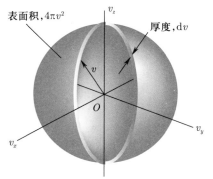

表面积, $4\pi v^2$

厚度, $\mathrm{d}v$

图 1.7　v 和 $v + \mathrm{d}v$ 所夹的壳层

若我们所考虑的体积元处于 v 和 $v + \mathrm{d}v$ 所夹的球壳之内 (见图 1.7), 凡是在这个壳层中, 虽然 $\mathrm{d}v_x, \mathrm{d}v_y, \mathrm{d}v_z$ 有所改变, 方向不同, 但在壳层中的密度不变, 即 $\mathrm{d}\rho = 0$。因此, 上式除以 ρ 后, 可写作

$$\frac{f'(v_x)}{f(v_x)} \mathrm{d}v_x + \frac{f'(v_y)}{f(v_y)} \mathrm{d}v_y + \frac{f'(v_z)}{f(v_z)} \mathrm{d}v_z = 0 \qquad (1.28)$$

当速率指定为 v 时, $v^2 = v_x^2 + v_y^2 + v_z^2 =$ 常数, 所以有

$$v_x \mathrm{d}v_x + v_y \mathrm{d}v_y + v_z \mathrm{d}v_z = 0 \qquad (1.29)$$

式 (1.28) 和式 (1.29) 是分布函数所必须满足的条件。在式 (1.28) 中, $\mathrm{d}v_x, \mathrm{d}v_y, \mathrm{d}v_z$ 是三个独立变量, 则可选 $\mathrm{d}v_x = \mathrm{d}v_y = 0$, 而 $\mathrm{d}v_z \neq 0$, 因此, $\mathrm{d}v_z$ 的系数 $\dfrac{f'(v_z)}{f(v_z)}$ 必为零。同法, 其他几个系数亦必均为零。但是, 实际上 $\mathrm{d}v_x, \mathrm{d}v_y, \mathrm{d}v_z$ 三个变量并不是独立的, 它必须满足式 (1.29) 的限制条件, 即 $\mathrm{d}v_x, \mathrm{d}v_y, \mathrm{d}v_z$ 三个变量只有两个是独立的。参阅附录中关于求条件极值的 Lagrange 乘因子法。

在式 (1.29) 上乘以待定因子 λ 后, 再与式 (1.28) 相加, 则得

$$\left[\frac{f'(v_x)}{f(v_x)} + \lambda v_x \right] \mathrm{d}v_x + \left[\frac{f'(v_y)}{f(v_y)} + \lambda v_y \right] \mathrm{d}v_y + \left[\frac{f'(v_z)}{f(v_z)} + \lambda v_z \right] \mathrm{d}v_z = 0 \qquad (1.30)$$

由于 λ 是任意选定的, 如果选定一个 λ, 使式 (1.30) 中任一个括号等于零, 例如, 令

$$\frac{f'(v_x)}{f(v_x)} + \lambda v_x = 0 \qquad (1.31)$$

则式 (1.30) 就成为

$$\left[\frac{f'(v_y)}{f(v_y)} + \lambda v_y \right] \mathrm{d}v_y + \left[\frac{f'(v_z)}{f(v_z)} + \lambda v_z \right] \mathrm{d}v_z = 0$$

在余下的两个独立变量 $\mathrm{d}v_y, \mathrm{d}v_z$ 中, 任选 $\mathrm{d}v_y = 0$, 而 $\mathrm{d}v_z \neq 0$, 则 $\mathrm{d}v_z$ 的系数应等于零, 即

$$\frac{f'(v_z)}{f(v_z)} + \lambda v_z = 0 \qquad (1.32)$$

同理

$$\frac{f'(v_y)}{f(v_y)} + \lambda v_y = 0 \qquad (1.33)$$

式 (1.31)、式 (1.32) 和式 (1.33) 是相似的, 只需解其中一个即可。根据式 (1.31), 可得

$$\frac{1}{f(v_x)}\frac{\mathrm{d}f(v_x)}{\mathrm{d}v_x} + \lambda v_x = 0$$

即

$$\mathrm{d}\ln f(v_x) = -\lambda v_x \mathrm{d}v_x$$

上式积分后得

$$\ln f(v_x) = -\frac{1}{2}\lambda v_x^2 + \ln \alpha$$

式中 $\ln\alpha$ 是积分常数。上式也可写作

$$f(v_x) = \alpha \exp\left(\frac{-\lambda v_x^2}{2}\right)$$

如令 $\beta^2 = \dfrac{\lambda}{2}$, 则上式可写作

$$f(v_x) = \alpha \exp(-\beta^2 v_x^2) \qquad (1.34)$$

同理可得

$$f(v_y) = \alpha \exp(-\beta^2 v_y^2) \qquad (1.35)$$

$$f(v_z) = \alpha \exp(-\beta^2 v_z^2) \qquad (1.36)$$

将式 (1.34)、式 (1.35)、式 (1.36) 代入式 (1.27), 得

$$\mathrm{d}^3 N_{v_x, v_y, v_z} = N\alpha^3 \exp[-\beta^2(v_x^2 + v_y^2 + v_z^2)]\mathrm{d}v_x \mathrm{d}v_y \mathrm{d}v_z$$

$$= N\alpha^3 \exp(-\beta^2 v^2)\mathrm{d}v_x \mathrm{d}v_y \mathrm{d}v_z \qquad (1.37)$$

这就是速率落在 $v_x \sim v_x + \mathrm{d}v_x,\ v_y \sim v_y + \mathrm{d}v_y,\ v_z \sim v_z + \mathrm{d}v_z$ 区间的分子数。这样的分子在体积元中的密度为

$$\rho = \frac{\mathrm{d}^3 N_{v_x, v_y, v_z}}{\mathrm{d}v_x \mathrm{d}v_y \mathrm{d}v_z} = N\alpha^3 \exp(-\beta^2 v^2)$$

在 $v \sim v + \mathrm{d}v$ 区间的壳层其体积为 $4\pi v^2 \mathrm{d}v$ (见图 1.7), 所以落在该壳层中的这种分子数为

$$\mathrm{d}N_v = N\alpha^3 \exp(-\beta^2 v^2) \cdot 4\pi v^2 \mathrm{d}v \qquad (1.38)$$

dN_v 是速率落在 $v \sim v + dv$ 区间的分子数。在式 (1.37) 和式 (1.38) 中还有两个待定因子 α 和 β, 需要确定 α 和 β 后才能具体表达出分布函数。α 和 β 可用如下方法求得。

若对式 (1.38) 进行速率从 $0 \to \infty$ 的积分, 则全部分子都将包含在这个积分之中, 即

$$N = \int_0^\infty dN_v = \int_0^\infty 4\pi N \alpha^3 v^2 \exp(-\beta^2 v^2) dv$$
$$= 4\pi N \alpha^3 \int_0^\infty v^2 \exp(-\beta^2 v^2) dv$$

由积分表知, 上述积分值等于 $\dfrac{\sqrt{\pi}}{4\beta^3}$, 则

$$N = 4\pi N \alpha^3 \frac{\sqrt{\pi}}{4\beta^3}$$

或

$$\alpha^3 = \beta^3 \pi^{-3/2} \tag{1.39}$$

式 (1.39) 表示 α 和 β 的关系。代入式 (1.38) 后, 得

$$dN_v = \frac{4N}{\sqrt{\pi}} \beta^3 v^2 \exp(-\beta^2 v^2) dv \tag{1.40}$$

又根据均方根速率 u 的定义:

$$u = \left(\frac{\int v^2 dN_v}{N} \right)^{1/2}$$

即, 所有分子速率平方值的加和, 除以分子总数 N, 得到速率平方的平均值, 然后再开方, 称为均方根速率。为了符号的统一, 这时仍用符号 u 代表均方根速率, 将式 (1.40) 代入上式, 得

$$u = \left[\frac{\int_0^\infty v^2 \frac{4N}{\sqrt{\pi}} \beta^3 v^2 \exp(-\beta^2 v^2) dv}{N} \right]^{1/2}$$
$$= \left[\frac{4\beta^3}{\sqrt{\pi}} \int_0^\infty v^4 \exp\left(-\beta^2 v^2\right) dv \right]^{1/2}$$
$$= \left(\frac{4\beta^3}{\sqrt{\pi}} \cdot \frac{3\sqrt{\pi}}{8\beta^5} \right)^{1/2} = \sqrt{\frac{3k_{\mathrm{B}} T}{m}}$$

$\left(\text{经查积分表, 式中的积分值等于 } \dfrac{3\sqrt{\pi}}{8\beta^5}, \text{ 且已知 } u = \sqrt{\dfrac{3k_\mathrm{B}T}{m}}\text{。}\right)$ 所以

$$\beta = \sqrt{\frac{m}{2k_\mathrm{B}T}} \tag{1.41}$$

代入式 (1.39) 得

$$\alpha = \sqrt{\frac{m}{2\pi k_\mathrm{B}T}} \tag{1.42}$$

这就求出了 α 和 β 的值。将 α 和 β 的值分别代入式 (1.38), 则得

$$\mathrm{d}N_v = 4\pi N \left(\frac{m}{2\pi k_\mathrm{B}T}\right)^{3/2} \exp\left(\frac{-mv^2}{2k_\mathrm{B}T}\right) \cdot v^2 \mathrm{d}v \tag{1.43}$$

式 (1.43) 就是 **Maxwell 速率分布公式**。将式 (1.43) 与式 (1.20) 相比较, 则得

$$f(v) = 4\pi \left(\frac{m}{2\pi k_\mathrm{B}T}\right)^{3/2} \exp\left(\frac{-mv^2}{2k_\mathrm{B}T}\right) \cdot v^2$$

即得 Maxwell 速率分布函数, 且速率分布函数应满足如下的条件, 即

$$\int_{v=0}^{\infty} \frac{\mathrm{d}N_v}{N} = \int_{v=0}^{\infty} f(v)\mathrm{d}v = 1$$

这就是上节中的式 (1.21)。

将式 (1.21) 代入式 (1.20), 则得

$$\frac{\mathrm{d}N_v}{N} = \frac{4}{\sqrt{\pi}} \left(\frac{m}{2k_\mathrm{B}T}\right)^{3/2} \exp\left(\frac{-mv^2}{2k_\mathrm{B}T}\right) v^2 \mathrm{d}v \tag{1.44}$$

图 1.8 是根据式 (1.21) 所画出的图形, 图中纵坐标 $\dfrac{1}{N} \cdot \dfrac{\mathrm{d}N_v}{\mathrm{d}v}$ [即 $f(v)$] 代表速率落在 $v \sim v + \mathrm{d}v$ 区间的分子占总分子数的分数, 横坐标代表速率。每一条曲线下的面积恒等于 1。

当温度升高时, 速率分布曲线变得较宽而平坦, 最高点下移。这表明高温时, 分子速率的分布较宽广, 而温度较低时曲线陡峭, 分子速率的分布较为集中。

式 (1.44) 及图 1.8 代表大量分子的速率分布规律。对于单个分子, 它的运动符合经典的力学规律; 而对于大量的分子, 则符合统计的规律。这就表明个别分子和大量分子的运动发生了从量变到质变的变化。个别分子的速率随时间的变化是偶然的, 而大量分子的集合体, 其速率的统计平均值具有一定的分布规律。这就是事物的偶然性与必然性的辩证关系。

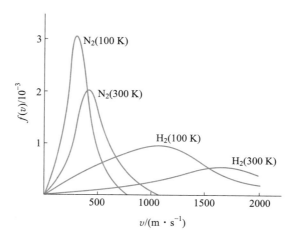

图 1.8   分子速率分布曲线与温度及分子质量的关系

分子速率的三个统计平均值 —— 最概然速率、数学平均速率与均方根速率

在 Maxwell 速率分布曲线上有一最高点, 该点表示具有这种速率的分子所占的分数最大, 这个最高点所对应的速率称为**最概然速率** (most probable rate) v_{m}。根据式 (1.44), 令

$$y = \frac{1}{N} \cdot \frac{\mathrm{d}N_v}{\mathrm{d}v}$$

则

$$y = 4\pi \left(\frac{m}{2\pi k_{\mathrm{B}}T} \right)^{3/2} \exp\left(\frac{-mv^2}{2k_{\mathrm{B}}T} \right) v^2$$

当 y 为极值时, 有

$$\frac{\mathrm{d}y}{\mathrm{d}v} = 0$$

即

$$\frac{\mathrm{d}}{\mathrm{d}v}\left[v^2 \exp\left(\frac{-mv^2}{2k_{\mathrm{B}}T} \right) \right] = 0$$

由此解得

$$v_{\mathrm{m}} = \sqrt{\frac{2k_{\mathrm{B}}T}{m}}$$

或

$$v_{\mathrm{m}} = \sqrt{\frac{2RT}{M}} \tag{1.45}$$

式中 M 为气体的摩尔质量。由此可见, 最概然速率与质量的平方根成反比。在相同的温度下, 摩尔质量小的分子, 其最概然速率大。

分子的**数学平均速率** (mathematical average rate) v_a 为所有分子速率的数学平均值。若具有 v_1 速率的分子有 N_1 个, 具有 v_2 速率的分子有 N_2 个, 余类推, 则

$$v_\mathrm{a} = \frac{N_1 v_1 + N_2 v_2 + \cdots}{N} = \frac{\sum\limits_i N_i v_i}{N}$$

由于分子的数目很多, 它们的速率分布可以认为是连续的, 所以上式中的求和号可以改用积分号, 即

$$v_\mathrm{a} = \frac{\int v_i \mathrm{d}N_i}{N}$$

代入式 (1.44), 则得

$$v_\mathrm{a} = 4\pi \left(\frac{m}{2\pi k_\mathrm{B}T}\right)^{3/2} \int_0^\infty v^3 \exp\left(\frac{-mv^2}{2k_\mathrm{B}T}\right) \mathrm{d}v$$

令

$$x = \frac{mv^2}{2k_\mathrm{B}T}$$

则上式可写作

$$v_\mathrm{a} = \sqrt{\frac{8k_\mathrm{B}T}{\pi m}} \int_0^\infty x\mathrm{e}^{-x}\mathrm{d}x$$

根据定积分公式, 已知 $\int_0^\infty x\mathrm{e}^{-x}\mathrm{d}x = 1$, 所以

$$v_\mathrm{a} = \sqrt{\frac{8k_\mathrm{B}T}{\pi m}} \tag{1.46}$$

又前已证明, 均方根速率

$$u = \sqrt{\frac{3k_\mathrm{B}T}{m}}$$

这三种速率之比值为

$$v_\mathrm{m} : v_\mathrm{a} : u = \sqrt{\frac{2k_\mathrm{B}T}{m}} : \sqrt{\frac{8k_\mathrm{B}T}{\pi m}} : \sqrt{\frac{3k_\mathrm{B}T}{m}} = 1 : 1.128 : 1.224$$

在三者中, 最概然速率最小, 均方根速率最大, 数学平均速率居中。在计算分子运

动的平均距离时要用数学平均速率, 而在计算平均平动能时要用均方根速率。

表 1.1 中列出了几种分子在 298 K 和 1273 K 时的数学平均速率。

表 1.1 几种分子在 298 K 和 1273 K 时的数学平均速率

分子	v_a(298 K)/(m·s^{-1})	v_a(1273 K)/(m·s^{-1})	分子	v_a(298 K)/(m·s^{-1})	v_a(1273 K)/(m·s^{-1})
H_2	1770	3660	CO_2	380	780
He	1260	2600	Cl_2	300	620
H_2O	590	1220	HI	220	450
N_2	470	970	Hg	180	370
O_2	440	910			

*气体分子按速率分布的实验验证 —— 分子射线束实验

Maxwell 的气体分子速率分布规律也可以通过分子射线束实验予以验证。

图 1.9 是测定分子速率分布的实验装置示意图。全部装置放在高真空容器中并保持恒温, 分子源 A 为一真空加热炉, 其中放有金属 (如 Ag 或 Bi 等)。在高温下金属蒸气从 A 的小孔中射出, 经定向狭缝 S 形成一束定向的射线。S_1 和 S_2 是两个可以同轴转动的圆盘, 盘上各开一条狭缝, 两狭缝错开一个小角度 θ (约为 2°)。圆盘转动的角速度 ω 是可以调节的。P 是接受分子的屏。当圆盘每转动一周就有分子射线通过 S_1 上的狭缝。但由于分子的速率大小不同, 从 S_1 到 S_2 所需的时间也不同。所以, 并非任意速率的分子都能通过 S_2 上的狭缝而到达接受屏 P。若两盘之间的距离为 l, 两盘转动的角速度为 ω, 分子的速率为 v, 分子自 S_1 到 S_2 的时间为 t, 则只有满足 $vt = l$ 和 $\omega t = \theta$ 关系的分子才能通过 S_2, 即速率需要满足 $v = \dfrac{\omega}{\theta}l$ 的分子才能通过 S_2 到达接受屏 P。因此, 只要调节不同的旋转角速度 ω, 就可以从分子束中选择出不同速率的分子。由于 S_1 和 S_2 上

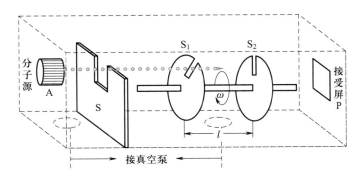

图 1.9 测定分子速率分布的实验装置示意图

的狭缝有一定的宽度, 故所选择的不是恰好是某一速率为 v 的分子, 而是某一速率区间 $v \sim v + \Delta v$ 的分子。在接受屏 P 上安装测微光度计, 用以测量屏上所堆积的金属粒子层的厚度, 就可以求出相应的速率区间内的分子数的比例。如以 $\Delta N/(N\Delta v)$ 为纵坐标, N 是单位时间内穿过第一个圆盘 S_1 狭缝的总分子数, 以分子的速率 v 为横坐标, 就能得到速率分布曲线。

先后从事此项研究工作的有 Stern, Marcuse 等。而早在 1934 年, 我国物理学家葛正权就曾利用转盘实验研究过铋 (Bi) 蒸气分子的速率分布, 并取得了成功。

Maxwell 速率分布公式可以用实验来验证, 而且进行实验的次数越多, 则所得到的结果越符合 Maxwell 速率分布定律。但就各次实验的结果却存在着一定的偏差, 即在任一瞬间, 实际分布在某一速率区间的分子数与统计平均值之间有偏差, 偏差有时大有时小, 有时正有时负, 这种对于统计规律有偏差的现象, 称为**涨落** (fluctuation)。

概率论中指出, 如果按速率分布推出的分布在某一速率区间的分子数的统计平均值为 Δn, 则实际分子数对于这一统计平均值的偏离范围 (即涨落幅度) 基本上是 $\pm\sqrt{\Delta n}$。例如, 若 $\Delta n = 10^8$, 则涨落幅度为 $\pm 10^4$, 即在 1 亿之中可以上下差 1 万, 偏差的分数等于 $\frac{\pm\sqrt{\Delta n}}{\Delta n} = \pm 10^{-4}$, 即相差万分之一。分子数越多, 涨落越不显著。相反, 分子数越少, 则偏差就越大, 统计的规律就失去了具体意义。所以, Maxwell 速率分布公式及以后要介绍的能量分布公式都适用于大量的分子。对少数分子来说, 它们的速率分布或能量分布是没有意义的。

1.5 分子平动能的分布

从速率分布公式, 很容易导出能量 (这里指的是平动能, 下同) 的分布公式。

各分子的能量为 $E = \frac{1}{2}mv^2$, 所以

$$\mathrm{d}E = mv\mathrm{d}v$$

代入式 (1.44), 则得

$$\frac{\mathrm{d}N_E}{N} = \frac{2}{\sqrt{\pi}} \left(\frac{1}{k_\mathrm{B}T} \right)^{3/2} \mathrm{e}^{-E/k_\mathrm{B}T} E^{1/2} \mathrm{d}E \tag{1.47}$$

$\dfrac{\mathrm{d}N_E}{N}$ 是分子能量处于 $E \sim E + \mathrm{d}E$ 的分子占总分子数的分数。将式中 $\mathrm{d}E$ 前的系数写作 $f(E)$,即令

$$f(E) = \frac{2}{\sqrt{\pi}} \left(\frac{1}{k_{\mathrm{B}}T} \right)^{3/2} \mathrm{e}^{-E/k_{\mathrm{B}}T} E^{1/2} \tag{1.48}$$

$f(E)$ 称为**能量分布函数** (distribution function of energy)。

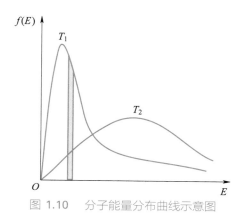

图 1.10　分子能量分布曲线示意图

如以 $\dfrac{1}{N}\dfrac{\mathrm{d}N_E}{\mathrm{d}E}$ 即能量分布函数 $f(E)$ 为纵坐标,以 E 为横坐标作图,得图 1.10。

此图与速率的分布图有大体相似之处,不同的是,能量分布曲线在开始时较陡,升高很快,而速率分布曲线在起始时接近于水平。能量分布曲线通过最高点后,迅即降低 (即比速率分布曲线降低得快)。整个曲线下面的面积等于 1,曲线下任一区间的面积 (如图中的阴影面积),代表能量落在该区间的分子占总分子数的分数。如要知道能量大于某定值 E 的分子的分数,则需将式 (1.47) 积分,积分的下限为 E_1,上限为 ∞。

$$\int_{E_1}^{\infty} \frac{\mathrm{d}N_E}{N} = \int_{E_1}^{\infty} \frac{2}{\sqrt{\pi}} \left(\frac{1}{k_{\mathrm{B}}T} \right)^{3/2} \mathrm{e}^{-E/k_{\mathrm{B}}T} E^{1/2} \mathrm{d}E$$

上式用分部积分法,得

$$\frac{N_{E_1 \to \infty}}{N} = \frac{2}{\sqrt{\pi}} \mathrm{e}^{-E_1/k_{\mathrm{B}}T} \left(\frac{E_1}{k_{\mathrm{B}}T} \right)^{1/2} \left[1 + \left(\frac{k_{\mathrm{B}}T}{2E_1} \right) - \left(\frac{k_{\mathrm{B}}T}{2E_1} \right)^2 + 3 \left(\frac{k_{\mathrm{B}}T}{2E_1} \right)^3 - \cdots \right]$$

$N_{E_1 \to \infty}$ 是能量超过 E_1 的分子数,如果 $E_1 \gg k_{\mathrm{B}}T$ (实际上这个条件是易于满足的),则上式可仅取其第一项,得到

$$\frac{N_{E_1 \to \infty}}{N} = \frac{2}{\sqrt{\pi}} \mathrm{e}^{-E_1/k_{\mathrm{B}}T} \left(\frac{E_1}{k_{\mathrm{B}}T} \right)^{1/2} \tag{1.49}$$

如图 1.10 所示,当温度升高时,曲线变得平坦右移,超过某一给定能量 E 的分子在总分子数中所占的分数明显增加。

式 (1.49) 是三度空间中的公式。通常在物理化学中,常只需用能量分布的近似公式,即在推证过程中,假定分子只在一个平面上运动,从二度空间的速率分布公式导出相应的能量分布公式,其结果为

$$\frac{N_{E_1 \to \infty}}{N} = \mathrm{e}^{-E_1/k_{\mathrm{B}}T} \tag{1.50}$$

同理可得

$$\frac{N_{E_2 \to \infty}}{N_{E_1 \to \infty}} = e^{-(E_2 - E_1)/k_B T} = e^{-\Delta E/k_B T} \tag{1.51}$$

$\dfrac{N_{E_2 \to \infty}}{N_{E_1 \to \infty}}$ 代表能量超过 E_2 与能量超过 E_1 的分子数的比值。

此式可证明如下: 先求出在二度空间中的速率分布, 再把速率分布转化为能量分布。

在二度空间中运动的分子, 其速率在 $v_x \sim v_x + \mathrm{d}v_x, v_y \sim v_y + \mathrm{d}v_y$ 的分子数为

$$\mathrm{d}^2 N_{v_x, v_y} = N f(v_x) f(v_y) \mathrm{d}v_x \mathrm{d}v_y = N\alpha^2 \exp[-\beta^2(v_x^2 + v_y^2)] \mathrm{d}v_x \mathrm{d}v_y$$

$$= N \left(\frac{m}{2\pi k_B T} \right) \exp\left[\frac{-m(v_x^2 + v_y^2)}{2 k_B T} \right] \mathrm{d}v_x \mathrm{d}v_y$$

如图 1.11 所示, 把变数改换为 (v, θ), 则

$$v_x = v\cos\theta \qquad v_y = v\sin\theta$$

$$\mathrm{d}v_x \mathrm{d}v_y = v\mathrm{d}\theta\mathrm{d}v$$

代入上式后得

$$\mathrm{d}N_{v,\theta} = N \left(\frac{m}{2\pi k_B T} \right) \exp\left[\frac{-m(v_x^2 + v_y^2)}{2 k_B T} \right] v\mathrm{d}\theta\mathrm{d}v$$

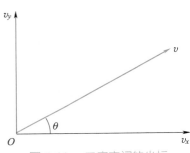

图 1.11　二度空间的坐标

$\mathrm{d}N_{v,\theta}$ 是速率介于 $v \sim v + \mathrm{d}v$, 运动方向介于 $\theta \sim \theta + \mathrm{d}\theta$ 的分子数。考虑到所有运动方向, θ 可以从 $0 \to 2\pi$, 所以

$$\mathrm{d}N_v = \int_0^{2\pi} \mathrm{d}N_{v,\theta} = \int_0^{2\pi} N \left(\frac{m}{2\pi k_B T} \right) \exp\left[\frac{-m(v_x^2 + v_y^2)}{2 k_B T} \right] v\mathrm{d}\theta\mathrm{d}v$$

$$= 2\pi N \left(\frac{m}{2\pi k_B T} \right) \exp\left[\frac{-m(v_x^2 + v_y^2)}{2 k_B T} \right] v\mathrm{d}v$$

这就是在二度空间中运动的分子速率分布公式。据此可以得到能量的分布公式。因为

$$E = \frac{1}{2} mv^2 \qquad \mathrm{d}v = \sqrt{\frac{1}{2mE}} \mathrm{d}E$$

代入上式后, 得能量介于 $E \sim E + \mathrm{d}E$ 的分子数为

$$\mathrm{d}N_E = \frac{N}{k_B T} e^{-E/k_B T} \mathrm{d}E$$

能量大于某一定值 E (即 E 介于 $E_1 \to \infty$) 的分子占总分子中的分数为

$$\frac{N_{E_1 \to \infty}}{N} = \int_{E_1}^{\infty} \frac{1}{k_B T} \mathrm{e}^{-E_1/k_B T} \mathrm{d}E = \mathrm{e}^{-E_1/k_B T}$$

这就是式 (1.50)。

1.6 气体分子在重力场中的分布

通常我们所考虑的容器不是很大, 总认为气体在容器中是均匀分布的, 密度也不随高度而变化, 且各处的压力一样。实际上, 严格地讲, 在重力作用下, 容器中上下层各处的密度并不完全一样, 只不过差别极其微小, 可以忽略不计。如果高度差别较大, 这种差别就不能忽略。

在重力场中, 气体分子受到两种相反的作用。无规则热运动将使气体分子均匀分布于它们所能达到的空间, 而重力的作用则要使重的气体分子向下聚集。由于这两种相反的作用, 达到平衡时, 气体分子在空间中并非均匀地分布, 密度随高度的增加而减小。在研究大气层的问题时, 此类问题就不能忽略。

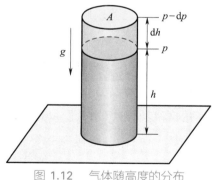

图 1.12 气体随高度的分布

设在高度 h 处的压力为 p, 高度 $h + \mathrm{d}h$ 处的压力为 $p - \mathrm{d}p$ (见图 1.12), 两层的压力差为

$$\mathrm{d}p = -\rho g \mathrm{d}h$$

式中 ρ 代表气体的密度; g 是重力加速度, 其值为 $9.8~\mathrm{m \cdot s^{-2}}$。假定气体符合理想气体公式, 则 $\rho = \dfrac{Mp}{RT}$, 代入上式后得

$$-\frac{\mathrm{d}p}{p} = \frac{Mg}{RT} \mathrm{d}h$$

对上式积分

$$\int_{p_0}^{p} -\frac{\mathrm{d}p}{p} = \int_{0}^{h} \frac{Mg}{RT} \mathrm{d}h$$

假定在 $0 \sim h$ 高度范围内温度不变, 得

$$\ln \frac{p}{p_0} = -\frac{Mgh}{RT}$$

$$p = p_0 \exp\left(-\frac{Mgh}{RT}\right) \quad \text{或} \quad p = p_0 \exp\left(-\frac{mgh}{k_\mathrm{B}T}\right) \tag{1.52}$$

在同一温度下, 某种气体的密度与每单位体积内该种气体的分子数成正比, 与压力也成正比, 即

$$\frac{p}{p_0} = \frac{n}{n_0} = \frac{\rho}{\rho_0}$$

所以式 (1.52) 可以写作

$$\rho = \rho_0 \exp\left(-\frac{mgh}{k_\mathrm{B}T}\right) \quad \text{或} \quad n = n_0 \exp\left(-\frac{mgh}{k_\mathrm{B}T}\right) \tag{1.53}$$

式 (1.52)、式 (1.53) 均称为 **Boltzmann 公式**。它指出了分子在重力场的分布规律, 指出压力、密度、单位体积中的分子数与高度的关系。空气是 N_2, O_2, 以及少量其他气体如 CO_2, Ar 等的混合物, 由于不同气体的摩尔质量不同, 因此在地面上空气的组成与高空中的组成不同。

利用上述几个公式, 可以近似地估计在不同高度处的大气压力, 或者反过来根据压力来计算高度。但由于在上述公式的积分过程中, 均将温度看作常数, 所以只在高度相差不太大的范围内, 计算结果才与实际情况符合。

式 (1.53) 反映了粒子在重力场中由于位能不同而导致不均匀分布, 此式也可以推广使用于其他外力场, 如离心力场、电场或磁场中。例如, 在离心力场中, 在旋转着的离心管的顶端和中心部位, 粒子的浓度是不同的, 这也可以用 Boltzmann 公式来计算。

例 1.1

已知某山区, 其地面的大气压力为 1.013×10^5 Pa, 山顶的大气压力为 7.98×10^4 Pa, 若近似地认为山上和山下的温度一致, 都是 300 K。试计算山顶的高度 (设空气在此高度范围内组成不变, 其摩尔质量为 28.9×10^{-3} kg·mol^{-1})。

解　根据式 (1.52) 得

$$h = \frac{RT}{Mg}\ln\frac{p_0}{p} = \frac{8.314\ \mathrm{J\cdot mol^{-1}\cdot K^{-1}} \times 300\ \mathrm{K}}{28.9 \times 10^{-3}\ \mathrm{kg\cdot mol^{-1}} \times 9.8\ \mathrm{m\cdot s^{-2}}}\ln\frac{1.013 \times 10^5}{7.98 \times 10^4} = 2101\ \mathrm{m}$$

在液体 (或溶液) 中若有悬浮微粒存在, 则这些微粒受重力影响也将随高度不同而分布不同。设悬浮微粒的密度为 ρ, 质量为 m, 体积为 V, 微粒周围液体的密度为 ρ_0, 微粒受到的总的向下的作用力为

$$mg - \rho_0 Vg = m\left(1 - \frac{\rho_0}{\rho}\right)g$$

令 $m^* = m\left(1 - \dfrac{\rho_0}{\rho}\right)$, m^* 是考虑了浮力后微粒的等效质量, 则微粒所受净的向下的作用力为 m^*g。根据 Boltzmann 公式, 微粒随高度 h 的分布为

$$n = n_0 \exp\left(-\frac{m^*gh}{k_{\mathrm{B}}T}\right)$$

空气中尘埃的分布与此有类似的关系。

1.7　分子的碰撞频率与平均自由程

分子的平均自由程

分子以很高的速度做无规则运动, 它们彼此不断地相互碰撞。研究气体分子的碰撞过程, 对了解气体的扩散、热传导、黏滞现象及气相反应的速率等均具有重要的意义。

分子在两次连续碰撞之间所经过的路程叫作**自由程** (free path), 用 l 表示。自由程在不断地无规则地改变着, 如图 1.13(a) 所示, 其平均值叫作**平均自由程** (mean free path), 用 $\bar{l}$ 表示。

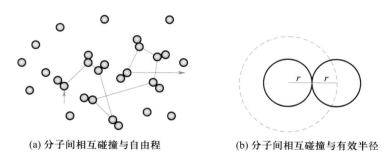

(a) 分子间相互碰撞与自由程　　　　(b) 分子间相互碰撞与有效半径

图 1.13　分子的自由程与有效半径

每一次碰撞过程实质上是在分子作用力下, 分子先是互相接近而后再散开的过程。分子是由原子构成的, 原子是由电子和原子核组成的。当分子相距极近时, 它们之间的相互作用是斥力, 并且这种斥力随着分子间距减小而很快增大。所以当一个分子趋向另一个分子, 它们之间的距离小到某一程度时, 斥力变得很大, 分子就要改变原来的方向而相互远离。这就完成了一次碰撞过程。碰撞时两个分子的质心所能达到的最短距离称为**有效直径** (或称为**碰撞直径**), 其数值往往要稍大

于分子本身的直径。

设单位时间内一个分子的平均速率为 v_a, 在单位时间内与其他分子相碰的次数为 z', 显然

$$\bar{l} = \frac{v_a}{z'} \tag{1.54}$$

在一群分子里 (单位体积内的分子数设为 n), 我们先跟踪某一个分子。这个分子以平均速率 v_a 移动, 先设其他分子都不动, 求出这个分子与其他静止分子的碰撞次数。设分子的有效半径为 r, 有效直径为 d。如果移动着的分子能与静止的分子相碰, 则这两个分子的质心在运动方向的投影距离必须小于 d。如图 1.13(b) 所示, 运动着的分子, 其运动的方向与纸面垂直, 以有效直径 $d(d = 2r)$ 为半径作虚线圆, 这个面积称为**分子碰撞的有效截面积** (πd^2)。若另一分子质心的投影落在虚线所示的截面之内, 其都可能与这个移动着的分子相碰。由于分子与其他分子碰撞, 它移动的轨迹是不规则的, 呈 "之" 字形折线 (如图 1.14 所示, 圆圈代表分子的 "有效截面积")。移动着的分子, 在时间 t 内走过 $v_a t$ 的路程, 其有效截面所掠过的体积为 $v_a t \pi d^2$, 凡是落在这个体积内的静止分子, 都会与移动着的分子发生碰撞。所以, 这个移动着的分子在单位时间内与其他分子发生碰撞的次数 (z') 为

$$z' = \frac{v_a t \pi d^2 n}{t} = v_a \pi d^2 n \tag{1.55}$$

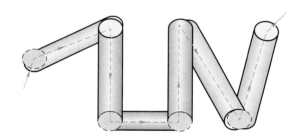

图 1.14   分子运动时有效截面积所掠过的体积示意图

这是假定只有一个分子移动, 其他分子静止不动而得到的结果。实际上每个分子都是移动的, 应该用相对速率 (v_r) 来代替上式中的平均速率。

如果两个分子的运动方向是一致的, 如图 1.15(a) 所示, 则相对速率 $v_r = 0$; 如果运动方向是相反的, 如图 1.15(b) 所示, 则 $v_r = 2v_a$。平均说来, 两个分子以 90° 的角度互相碰撞, 如图 1.15(c) 所示, 每一个分子的速率在两个分子质心连线上的分量为 $\frac{\sqrt{2}}{2}v_a$, 所以相对速率为

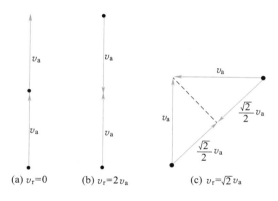

$$v_r = \frac{\sqrt{2}}{2}v_a + \frac{\sqrt{2}}{2}v_a = \sqrt{2}v_a$$

代入式 (1.55) 得

$$z' = \sqrt{2}v_a \pi d^2 n$$

$$\bar{l} = \frac{v_a}{z'} = \frac{1}{\sqrt{2}\pi d^2 n} = \frac{0.707}{\pi d^2 n} \tag{1.56}$$

表 1.2 中列出了一些分子的平均自由程 $\bar{l}$, 有效直径 d, 某一分子与其他分子的碰撞数 z' 及分子之间的互碰数 z。

表 1.2 一些分子的 $\bar{l}, d, z'$ 和 z(298.15 K, 101.325 kPa)

分子	平均自由程 $\bar{l}$/nm	有效直径 d/nm	某一分子与其他分子的碰撞数 $z'/(10^9 \text{ s}^{-1})$	分子之间的互碰数 $z/(10^{34} \text{ m}^{-3} \cdot \text{s}^{-1})$
H_2	123	0.273	14.4	17.7
He	190	0.218	6.6	8.1
N_2	65.0	0.374	7.3	9.0
O_2	71.4	0.357	6.1	7.5
Ar	58.0	0.396	6.9	8.5
CO_2	44.1	0.456	8.6	10.6
HI	74.6	0.350	3.0	3.7

分子的互碰频率

设单位体积内的分子数为 n, 每一个分子在单位时间内与 z' 个分子相碰, 所以单位时间、单位体积内分子碰撞的总次数为 nz' 次。但是, 每一次碰撞都需要

两个分子。所以, 实际上上述总次数多算了一倍。即单位时间、单位体积中分子平均相碰撞的总次数 z 应为

$$z = \frac{1}{2}nz' = \frac{\sqrt{2}}{2}\pi d^2 n^2 v_a \tag{1.57}$$

已知数学平均速率 $v_a = \sqrt{\dfrac{8RT}{\pi M}}$, 代入上式, 得

$$z = \frac{\sqrt{2}}{2}\pi d^2 n^2 \sqrt{\frac{8RT}{\pi M}} = 2\pi d^2 n^2 \sqrt{\frac{RT}{\pi M}} \tag{1.58}$$

z 的数值也列入上表。由表 1.2 可见, 分子的互碰次数很大, 而平均自由程却是很短的。

以上讨论的是指一种气体, 即相同分子间的互碰情形。如果系统是由 A, B 两种分子所构成的, 相关的公式应略加修改。其表达式为 (证明从略)

$$z = \pi d_{AB}^2 \sqrt{\frac{8RT}{\pi \mu}} n_A n_B \tag{1.59}$$

式中 d_{AB} 代表 A, B 分子的有效半径之和; μ 代表**折合质量** (reduced mass); n_A 和 n_B 则为单位体积内 A 分子和 B 分子的数目。

$$d_{AB} = \frac{d_A}{2} + \frac{d_B}{2} \qquad \frac{1}{\mu} = \frac{1}{M_A} + \frac{1}{M_B}$$

不同分子的碰撞与化学反应的速率直接有关。

分子与器壁的碰撞频率

气体分子与器壁碰撞实际上就是气体与某一固定表面的碰撞, 研究这种碰撞频率对讨论气体在固体表面上的吸附、多相催化作用及隙流等密切相关。

参阅图 1.2, 只有速度分量 v_x 为正值的分子才有可能与器壁的面积 $\mathrm{d}A$ 相碰, 我们先求出 v_x 的平均值。设在 x 方向分速度介于 $v_x \sim v_x + \mathrm{d}v_x$ 的分子数为 $\mathrm{d}n(v_x)$, 则

$$\mathrm{d}n(v_x) = nf(v_x)\mathrm{d}v_x$$

式中 $f(v_x)$ 是 x 方向分速度 v_x 的分布函数。已知

$$f(v_x) = \sqrt{\frac{m}{2\pi k_B T}} \exp\left(-\frac{m}{2k_B T}v_x^2\right)$$

v_x 的平均值 $\overline{v_x}$ 为

$$\overline{v_x} = \frac{\int_0^\infty v_x \mathrm{d}n(v_x)}{\int_0^\infty \mathrm{d}n(v_x)} = \frac{\int_0^\infty \left(\frac{m}{2\pi k_{\mathrm{B}} T}\right)^{1/2} v_x \exp\left(-\frac{m}{2 k_{\mathrm{B}} T} v_x^2\right) \mathrm{d}v_x}{\int_0^\infty \left(\frac{m}{2\pi k_{\mathrm{B}} T}\right)^{1/2} \exp\left(-\frac{m}{2 k_{\mathrm{B}} T} v_x^2\right) \mathrm{d}v_x} = \sqrt{\frac{2 k_{\mathrm{B}} T}{\pi m}}$$

已知数学平均速率 $v_{\mathrm{a}} = \sqrt{\dfrac{8 k_{\mathrm{B}} T}{\pi m}}$, 所以

$$\overline{v_x} = \frac{1}{2} v_{\mathrm{a}}$$

设 n 为单位体积中的分子数, 其中只有 $\dfrac{n}{2}$ 的分子, 其 x 方向的分速度为正值 (另一半为负值), 在单位时间内能与 $\mathrm{d}A$ 相碰的分子数应等于在以 $\mathrm{d}A$ 为底、以 $\overline{v_x}$ 为高的柱体内且 v_x 为正值的分子数。所以, 单位时间与单位面积器壁碰撞的分子数 (也即**碰撞频率**) z'' 为

$$z'' = \frac{\overline{v_x} \mathrm{d}A \times \dfrac{n}{2}}{\mathrm{d}A} = \frac{n}{2} \overline{v_x} = n\sqrt{\frac{k_{\mathrm{B}} T}{2\pi m}}$$

已知 $pV = N k_{\mathrm{B}} T$ 或 $n = \dfrac{p}{k_{\mathrm{B}} T}$, 代入上式, 得

$$z'' = \frac{p}{\sqrt{2\pi m k_{\mathrm{B}} T}} \tag{1.60}$$

如果单位时间内碰到单位面积器壁上的分子数以摩尔计, 则

$$z = \frac{z''}{L} = \frac{p}{\sqrt{2\pi M R T}} \tag{1.61}$$

此式在讨论化学反应动力学时有用。

分子的隙流

气体分子通过小孔向外流出称为**隙流** (effusion)。设想器壁上的面积元 $\mathrm{d}A$ 是一个小孔, 则碰撞到 $\mathrm{d}A$ 上的分子都从 $\mathrm{d}A$ 上流出。因此, 式 (1.60) 中的 z'' 就是隙流速率 v', 即

$$v' = n\sqrt{\frac{k_{\mathrm{B}} T}{2\pi m}} = \frac{p}{\sqrt{2\pi m k_{\mathrm{B}} T}} = n\sqrt{\frac{RT}{2\pi M}} \tag{1.62}$$

气体隙流速率与其摩尔质量的平方根成反比, 若两种气体在相同的情况下进行比较, 则得

$$\frac{v'_{\mathrm{A}}}{v'_{\mathrm{B}}} = \sqrt{\frac{M_{\mathrm{B}}}{M_{\mathrm{A}}}} \tag{1.63}$$

式中 v_A', v_B' 分别为气体 A 和 B 的隙流速率。

这就是 Graham 的 **隙流定律** (law of effusion)。它最初只是一个经验公式, 而有了气体分子动理论, 就有了理论上的依据。隙流定律可以用来求气体的摩尔质量。例如, 先测定两种气体的隙流速率的比值, 倘若其中一种气体的摩尔质量是已知的, 就能根据式 (1.63) 来求出另一种气体的摩尔质量。历史上就曾有人用这种方法来测定放射性气体氡的摩尔质量。利用隙流作用也可以分离摩尔质量不同的气体混合物, 这在同位素分离中得到了应用。

1.8　实际气体

实验发现, 在低温高压时, 真实气体的行为与理想气体定律的偏差很大。这是由于在低温高压下, 气体的密度增大, 分子之间的距离缩小, 分子间的相互作用及分子自身的体积就不能略去不计, 不能再把分子看作自由运动的弹性质点。因此, 当研究实际气体时, 理想气体的分子运动模型需要修正。

实际气体的行为

在压力较高或温度较低时, 实际气体与理想气体的偏差较大。可定义 **压缩因子** (compressibility factor) Z 以衡量偏差的大小:

$$Z = \frac{pV_m}{RT} = \frac{pV}{nRT} \tag{1.64}$$

对于理想气体, $pV_m = RT$, $Z = 1$。对于实际气体, 若 $Z > 1$, 则 $pV_m > RT$, 表明在同温同压下, 实际气体的体积要大于按理想气体方程计算的结果。即实际气体的可压缩性比理想气体的小。当 $Z < 1$ 时, 情况则相反。

图 1.16(a) 给出 273 K 时几种气体的 $Z - p$ 曲线。从图中看出, Z 的变化有两种类型: 第一种是 H_2 分子的 Z 随压力增大而单调增大, 第二种是随压力的增大, Z 值先是减小, 然后再增大, 曲线上出现最低点。事实上, 如果再降低 H_2 的温度, 它的 $Z - p$ 曲线也会出现最低点。

图 1.16(b) 所示为 N_2 在不同温度下的 $Z - p$ 曲线。当温度是 T_4, T_3 时, 曲线是第二种类型, 曲线上出现最低点。当温度升高到 T_2 时, 开始转变, 曲线成为第一种类型, 此时曲线以较缓的趋势趋向于水平线, 并与水平线 ($Z = 1.0$) 相切。

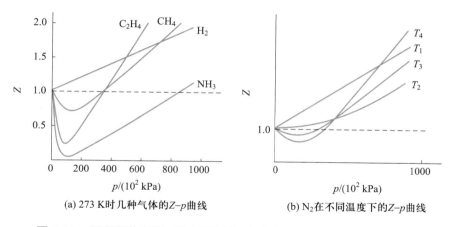

(a) 273 K时几种气体的Z-p曲线　　(b) N₂在不同温度下的Z-p曲线

图 1.16　不同气体在同一温度下和同一气体在不同温度下的 $Z-p$ 曲线

此时在相当一段压力范围内 $Z \approx 1.0$, 随压力的变化不大, 并符合理想气体的状态方程式。此时的温度称为**波义耳温度** (Boyle temperature) T_B, 图形上表现为, 在此温度时等温线的坡度等于零, 即

$$\left[\frac{\partial(pV_m)}{\partial p}\right]_{T,p\to 0} = 0 \tag{1.65}$$

只要知道状态方程式, 就可以根据式 (1.65), 求得波义耳温度 T_B。当气体的温度高于 T_B 时, 气体可压缩性小, 难以液化。

van der Waals 方程式

　　到目前为止, 人们所提出的非理想气体状态方程式有 200 种以上。大体上可分为两类, 一类是在考虑了物质的结构 (例如分子的大小, 分子间的作用力等) 的基础上推导出来的。其特点是物理意义比较明确, 也具有一定的普遍性。但这些公式中的一些参量仍常需要通过实验来确定, 而且有一定的使用范围, 因为经验证明, 实际气体不可能在较大的温度和压力范围内都能用一个较简单的方程式来表示。另一类是经验的或半经验的状态方程式, 这一类状态方程式为数众多, 它一般只使用于特定的气体, 并且只在指定的温度和压力范围内能给出较精确的结果。在工业上人们常常使用后一类方程式。

　　第一类中以 van der Waals (范德华) 方程式最为有名 (可简称范氏方程), 即

$$\left(p + \frac{a}{V_m^2}\right)(V_m - b) = RT$$

它是 1873 年 van der Waals 在前人研究的基础上提出来的。范氏方程之所以特

别受关注, 并不是因为它比其他方程式更为准确, 而是它在修正理想气体状态方程时, 在体积项和压力项上分别提出了两个具有物理意义的修正因子 a 和 b, 这两个因子揭示了真实气体与理想气体有差别的根本原因。此外, 根据范氏方程所导出的对比状态方程式, 在一定程度上可以说明气体和液体互相转变中的某些现象, 以及在计算较高压力下热力学函数时, 也常常要用到对比状态的概念, 这在工业计算中是很有用的。

在理想气体的分子模型中, 把分子看成没有体积的质点, 在 $pV_m = RT$ 中, V_m 应理解为每个分子可以自由活动的空间, 即自由空间, 它等于容器的体积。这在低压下也是正确的, 因为在低压下, 气体的密度小, 分子的活动空间大, 相对来说, 分子自身的体积可以忽略不计, 分子之间的引力也可忽略不计。而当压力较高时, 气体的密度大, 分子的活动空间小, 相对来说, 分子自身的体积就不能忽略, 分子之间的引力也不能忽略。当考虑到分子自身的体积时, 每个分子的活动空间不再是 V_m, 而要从 V_m 中减去与分子自身体积有关的修正项 b, 即应该把 V_m 换为 $(V_m - b)$, 得 $p(V_m - b) = RT$。

设想分子是一个半径为 r 的圆球, 当两个分子相碰时, 它们质心间的最短距离 $d = 2r$。如图 1.13(b) 所示, 以第一个分子的质点为圆心, 以 $2r$ 为半径画出一个球形禁区 (图中的虚线区), 第二个分子的质心就不能进入这个禁区之内, 这个球形禁区的体积等于

$$\frac{4}{3}\pi(2r)^3 = 8 \times \frac{4}{3}\pi r^3$$

即等于分子自身体积的 8 倍。这样, 任一个分子的中心都不能进入其余 $(L-1)$ 个分子的禁区里 (L 是分子数目), 这些禁区的总体积等于

$$8(L-1)\frac{4}{3}\pi r^3$$

由于 L 是很大的数值, 则 $L-1 \approx L$, 即禁区的总体积等于

$$8L \times \frac{4}{3}\pi r^3$$

同时还要注意到, 不论某个分子向什么方向运动, 对分子碰撞来说, 都只有朝向运动方向的一半为禁区。因此, 有效禁区不是分子总体积的 8 倍, 而是 4 倍。即修正项为

$$b = \frac{1}{2}\left(8L \times \frac{4}{3}\pi r^3\right) = 4L \times \frac{4}{3}\pi r^3$$

第二个校正项是分子间引力的校正因素项 a, 我们已知相互作用力正比于

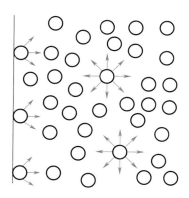

图 1.17 分子间引力对所产生压力的影响

r^{-7} (作用力是客观存在的, 只有在低压下, 分子间距离很大时, 才能略去不计)。

对于气体分子, 由于平均在其周围各个方向都受到其他分子相同的吸引, 所以引力的总作用处于平衡状态, 对于分子运动并不产生特殊的影响。但是, 对靠近器壁的分子来说, 情况就有所不同, 后面的分子对它施加引力, 趋向于把分子向后拉回。所以, 气体施于器壁的压力要比忽略引力时小 (见图 1.17)。这个差额叫作**内压力** (internal pressure) p_i。这样, 当进一步考虑分子引力后, 气体施于器壁的压力应为

$$p = \frac{RT}{V_m - b} - p_i \tag{1.66}$$

既然内压力是由于分子间的互相吸引而产生的, 所以它一方面与内部气体的分子数目 (N) 成正比, 另一方面又与碰撞器壁的分子数目 (N) 成正比, 即 p_i 正比于 N^2。对于定量的气体 (设为 1 mol), 在定温下, 由于分子数目正比于密度 (ρ), 所以 p_i 正比于 ρ^2。ρ 又与体积成反比, 所以

$$p_i \propto \frac{1}{V_m^2} \quad 或 \quad p_i = \frac{a}{V_m^2} \quad (a\ 为比例系数)$$

代入式 (1.66), 得

$$\left(p + \frac{a}{V_m^2}\right)(V_m - b) = RT \tag{1.67}$$

式 (1.67) 两侧同时乘物质的量 n, 则得

$$\left(p + \frac{an^2}{V^2}\right)(V - nb) = nRT \tag{1.68}$$

式 (1.67) 和式 (1.68) 均称为范氏方程。使用时应注意 van der Waals 常数 a, b (见表 1.3) 的单位。

范氏方程可以大体上对实际气体的 $pV_m - p$ 图给予一定的解释。将范氏方程展开, 可得

$$pV_m = RT + bp - \frac{a}{V_m} + \frac{ab}{V_m^2} \tag{1.69}$$

在高温时, 分子间的互相吸引可以忽略, 即含 a 的项可以略去, 得到

$$pV_m = RT + bp$$

所以 $pV_m > RT$, 其超出的数值随 p 的增大而增大。这就是波义耳温度以上的情

表 1.3 某些气体的 van der Waals 常数 a, b

气体	$a/(\mathrm{Pa \cdot m^6 \cdot mol^{-2}})$	$b/(10^{-5}\ \mathrm{m^3 \cdot mol^{-1}})$	气体	$a/(\mathrm{Pa \cdot m^6 \cdot mol^{-2}})$	$b/(10^{-5}\ \mathrm{m^3 \cdot mol^{-1}})$
Ar	0.1337	3.20	H_2S	0.4484	4.34
Cl_2	0.6260	5.42	NO	0.1418	2.83
H_2	0.02420	2.65	NH_3	0.4169	3.71
N_2	0.1352	3.87	CCl_4	2.066	13.82
O_2	0.1364	3.19	CO	0.1453	3.95
HCl	0.3716	4.08	CO_2	0.3610	4.29
HBr	0.4519	4.43	CH_4	0.2273	4.31
SO_2	0.6775	5.68	C_6H_6	1.857	11.93

注: 本表数据摘自 Atkins P, Paula J, Keeler J. Physical Chemistry. 11th ed. Oxford: Oxford University Press, 2018: Table 1C.3.

况。在低温时, 反映分子间的引力项 a 不能忽略。倘若气体同时又处于相对低压范围内, 则由于气体的体积大, 含 b 的项可以略去。因此, 式 (1.69) 可以写作

$$pV_m = RT - \frac{a}{V_m}$$

即 $pV_m < RT$, pV_m 值随 p 的增大而减小。但当继续增大 p, 达到一定限度后, b 的效应越来越显著, 在式 (1.69) 中又将出现 $pV_m > RT$ 的情况。因此, 在低温时, pV_m 值先随 p 的增大而减小, 经过最低点又逐渐增大, 这就是波义耳温度以下的情况。

符合范氏方程的气体有时简称范德华气体, 范德华气体的波义耳温度 T_B 可通过式 (1.67) 求得:

$$p = \frac{RT}{V_m - b} - \frac{a}{V_m^2} \quad 或 \quad pV_m = \frac{RTV_m}{V_m - b} - \frac{a}{V_m}$$

根据式 (1.65) 可得

$$\left[\frac{\partial(pV_m)}{\partial p}\right]_{T, p\to 0} = \left[\frac{\partial(pV_m)}{\partial V_m}\right]_T \left(\frac{\partial V_m}{\partial p}\right)_T$$

$$= \left[\frac{RT}{V_m - b} - \frac{RTV_m}{(V_m - b)^2} + \frac{a}{V_m^2}\right]\left(\frac{\partial V_m}{\partial p}\right)_T = 0$$

前一个方括弧通分后, 令其等于零, 得

$$RT_B = \frac{a}{b}\left(\frac{V_m - b}{V_m}\right)^2$$

由于

$$\frac{V_{\mathrm{m}} - b}{V_{\mathrm{m}}} \approx 1$$

所以

$$T_{\mathrm{B}} = \frac{a}{Rb} \tag{1.70}$$

例 1.2

273 K 时, 在容积分别为 (1) 22.4 dm³, (2) 0.200 dm³, (3) 0.050 dm³ 的容器中, 分别加入 1.00 mol CO_2 气体, 试分别用理想气体状态方程式和 van der Waals 方程式计算其压力。

解 (1) 按理想气体方程式:

$$p = \frac{RT}{V_{\mathrm{m}}} = \frac{8.314\,\mathrm{J\cdot mol^{-1}\cdot K^{-1}} \times 273\,\mathrm{K}}{22.4 \times 10^{-3}\,\mathrm{m^3\cdot mol^{-1}}} = 101.3\,\mathrm{kPa}$$

按 van der Waals 方程式:

$$p = \frac{RT}{V_{\mathrm{m}} - b} - \frac{a}{V_{\mathrm{m}}^2}$$

$$= \frac{8.314\,\mathrm{J\cdot mol^{-1}\cdot K^{-1}} \times 273\,\mathrm{K}}{(22.4 \times 10^{-3} - 0.429 \times 10^{-4})\mathrm{m^3\cdot mol^{-1}}} - \frac{0.3610\,\mathrm{Pa\cdot m^6\cdot mol^{-2}}}{(22.4 \times 10^{-3}\,\mathrm{m^3\cdot mol^{-1}})^2}$$

$$= 100.8\,\mathrm{kPa}$$

结果表明在常温常压下, 两者的计算结果差别不大。

(2) $$p = \frac{RT}{V_{\mathrm{m}}} = \frac{8.314\,\mathrm{J\cdot mol^{-1}\cdot K^{-1}} \times 273\,\mathrm{K}}{0.200 \times 10^{-3}\,\mathrm{m^3\cdot mol^{-1}}} = 1.13 \times 10^4\,\mathrm{kPa}$$

$$p = \frac{RT}{V_{\mathrm{m}} - b} - \frac{a}{V_{\mathrm{m}}^2}$$

$$= \frac{8.314\,\mathrm{J\cdot mol^{-1}\cdot K^{-1}} \times 273\,\mathrm{K}}{(0.200 \times 10^{-3} - 0.429 \times 10^{-4})\mathrm{m^3\cdot mol^{-1}}} - \frac{0.3610\,\mathrm{Pa\cdot m^6\cdot mol^{-2}}}{(0.200 \times 10^{-3}\,\mathrm{m^3\cdot mol^{-1}})^2}$$

$$= 5.42 \times 10^3\,\mathrm{kPa}$$

随着体积变小, 压力增大, 分子间的引力增强。所以, 用 van der Waals 方程式计算出的压力要小于用理想气体的方程式计算出的压力。

(3) $$p = \frac{RT}{V_{\mathrm{m}}} = \frac{8.314\,\mathrm{J\cdot mol^{-1}\cdot K^{-1}} \times 273\,\mathrm{K}}{0.050 \times 10^{-3}\,\mathrm{m^3\cdot mol^{-1}}} = 4.54 \times 10^4\,\mathrm{kPa}$$

$$p = \frac{RT}{V_{\mathrm{m}} - b} - \frac{a}{V_{\mathrm{m}}^2}$$

$$= \frac{8.314\,\mathrm{J\cdot mol^{-1}\cdot K^{-1}} \times 273\,\mathrm{K}}{(0.050 \times 10^{-3} - 0.429 \times 10^{-4})\mathrm{m^3\cdot mol^{-1}}} - \frac{0.3610\,\mathrm{Pa\cdot m^6\cdot mol^{-2}}}{(0.050 \times 10^{-3}\,\mathrm{m^3\cdot mol^{-1}})^2}$$

$$= 1.75 \times 10^5\,\mathrm{kPa}$$

与 (2) 中的计算结果相反, 用 van der Waals 方程式计算出的压力, 反而大于用理想气体方程式计算的压力。

这是由于在压力更大的情况下, 容器的体积较小, 此时 CO_2 气体自身的体积不能忽略, 气体的自由活动空间缩小, 这一结果与 CO_2 的 $pV_m - p$ 图是一致的。在 $pV_m - p$ 图中, 理想气体表现为一根水平线; 当压力较小时, CO_2 的 pV_m 值低于水平线; 而当压力较大时, 则 CO_2 的 pV_m 值高于水平线。

其他状态方程式

自从 1873 年 van der Waals 提出他的实际气体状态方程式以来, 迄今实际气体的状态方程式已有很多种, 其中有些有一定的理论根据, 有些则是纯经验的。

气体状态方程式的通式为

$$f(T, V, p, n) = 0$$

常见的气体状态方程式的基本类型可写为三种形式:

(1) $p = f(T, V, n)$

(2) $V = f(T, p, n)$

(3) $pV = A + Bp + Cp^2 + \cdots$ 或 $pV = A' + \dfrac{B'}{V} + \dfrac{C'}{V^2} + \cdots$

第一种有时称为显压型, 第二种称为显容型, 第三种称为位力型。仅选择最常见的举例如下。例如, 第一种类型:

van der Waals 方程式

$$p = \frac{RT}{V_m - b} - \frac{a}{V_m^2}$$

Dieterici 方程式

$$p = \frac{RT}{V_m - b} \exp\left(-\frac{a}{RTV_m}\right)$$

Berthelot 方程式

$$p = \frac{RT}{V_m - b} - \frac{a}{TV_m^2}$$

第二种类型:

Callendar 方程式

$$V = b + \frac{RT}{p} - \frac{A}{R} \cdot \frac{1}{T^n}$$

第三种类型:

Kammerlingh-Onnes 方程式

$$pV = A + Bp + Cp^2 + \cdots \tag{1.71a}$$

或

$$pV = A' + \frac{B'}{V} + \frac{C'}{V^2} + \cdots \tag{1.71b}$$

式中 $A, B, C, \cdots$ 或 $A', B', C', \cdots$ 称为第一、第二、第三**位力系数** (virial coefficient), 它们都是温度的函数。不同的气体有不同的位力系数, 通常可由实测的 p, V, T 数据拟合得出。

位力型是级数的形式, 其中包含有很多位力系数, 可根据具体要求, 选取二项、三项、四项或更多项。根据 Mayer 的理论, 只要能求出分子间的作用能, 上述各级位力系数原则上都能计算出来。现在, 对于第二、第三位力系数, 根据分子间相互作用的势能关系已有了一些计算公式。

位力方程中的位力系数可以根据实验数据来拟合, 其在实际生产过程中的应用也较广泛。van der Waals 方程式可以展开成级数形式:

$$
\begin{aligned}
pV_{\mathrm{m}} &= RT\left(1 - \frac{b}{V_{\mathrm{m}}}\right)^{-1} - \frac{a}{V_{\mathrm{m}}} \\
&= RT\left(1 + \frac{b}{V_{\mathrm{m}}} + \frac{b^2}{V_{\mathrm{m}}^2} + \cdots\right) - \frac{a}{V_{\mathrm{m}}} \\
&= RT + \frac{RTb - a}{V_{\mathrm{m}}} + \frac{RTb^2}{V_{\mathrm{m}}^2} + \cdots
\end{aligned}
\tag{1.72}
$$

与 Kammerlingh-Onnes 的式 (1.71b) 相比, 得

$$A' = RT$$

$$B' = RTb - a$$

$$C' = RTb^2$$

在式 (1.72) 中, 若忽略 V_{m}^2 以上的高次项, 当 $T = \dfrac{a}{Rb}$ 时, van der Waals 方程式还原成理想气体方程式, 所以 $T = \dfrac{a}{Rb}$ 的温度就是波义耳温度。

所有实际气体的状态方程式, 无论多么复杂, 当压力趋于零时都应还原为理想气体方程式。总之, 实际气体的方程式越复杂, 准确度越高, 但应用起来也越不方便。

位力型状态方程式对大部分液体和固体来说, 也是适用的。在通常的温度和压力下, 其状态方程式也可以表示为

$$V_m = C_1 + C_2T + C_3T^2 - C_4p - C_5p^2$$

式中 $C_1, C_2, \cdots, C_5$ 都是正值, 这些常数都可以通过实验数据来拟合。由于 C_1 大于其他的常数 $(C_2, \cdots, C_5)$, 因此通常液态或固态物质的体积随温度和压力的变化不大。在标准压力下, 当压力变化不大时, 上式常可略去压力项而简化为

$$V_m = C_1 + C_2T + C_3T^2$$

1.9   气液间的转变 —— 实际气体的等温线和液化过程

气体与液体的等温线

Andrews 在 1869 年, 根据实验得到 CO_2 的 $p - V - T$ 图, 称为 CO_2 的等温线, 如图 1.18 所示, 它和理想气体的等温线迥然不同。

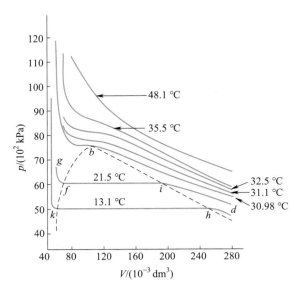

图 1.18 CO_2 的 $p - V$ 等温线 (按实验数据绘制)

(1) 如图所示, 在低温时, 如 21.5 ℃ 的等温线, 曲线分为三段, 在 di 段, 体积随压力的增大而减小, 与理想气体的等温线基本相似。在 i 点处 (约 6×10^3 kPa), CO_2 开始液化。继续对 CO_2 进行压缩, 则液化继续进行, 由于液化过程中体积缩

小, 体积沿 if 水平线变化, 但压力却保持不变。在 f 点处, CO_2 全部液化。以后继续加压, 曲线沿 fg 线迅速上升, 表示液体的体积随压力变化很小, 不易压缩。在 if 段气液两相平衡, 所对应的压力就是在该温度下液态 CO_2 的饱和蒸气压。13.1 ℃ 的等温线与 21.5 ℃ 的等温线大体相同, 只是温度越高水平线段越短, 而相应的饱和蒸气压也越高。

(2) 当温度升到 30.98 ℃ 时, 等温线的水平部分缩成一点, 等温线在此出现**拐点** (inflection point), 在此温度以上, 无论加多大的压力, CO_2 均不能液化。30.98 ℃ 称为 CO_2 的**临界温度** (critical temperature) T_c。所谓临界温度就是在这个温度之上, 无论加多大的压力, 气体均不能液化。在临界温度时使气体液化所需要的最小压力称为**临界压力** (critical pressure) p_c。在临界温度、临界压力时的体积称为**临界体积** (critical volume) V_c。30.98 ℃ 的那根等温线就称为**临界等温线** (critical isotherm)。

图中 b 点又叫作**临界点** (critical point)。从图中还可以看到, 临界状态下的比体积是液体的最大比体积, 临界压力是液体的最大饱和蒸气压, 而临界温度是通过等温压缩办法可以使气体液化的最高温度。

在临界状态下, 气–液两相的一切差别都消失了, 比体积相同, 表面张力等于零, 汽化热也等于零, 因而气–液界面也消失了。

(3) 在高于临界温度时, 则是气态 CO_2 的等温线, 温度越高曲线越接近于等轴双曲线, 如图中 48.1 ℃ 的曲线接近于理想气体的等温线。即在高温或低压下, 气体接近于理想气体。

图中可以分为几个区, 临界等温线以上只有气态存在。在临界温度以下的帽形区是气液共存区。在帽形线的左支与临界温度线所夹的区域为液相区。[当温度高于 T_c 时, 液相已不复存在, 所以 "蒸气" (或 "气") 一词严格讲, 只能用于临界温度以下的气体, 因为 "蒸气" (或 "气") 意味着有凝聚相存在, 但通常用词时又常不予严格地区别。] 其他实际气体的等温线也与此相似。

在临界温度以下, 液化过程经过气液两相共存的阶段。此时气相与液相的性质有明显的差别 (如密度不同, 液相有表面张力而气相没有等)。当温度上升时, 这些差异逐渐缩小。在临界温度时, 气液性质的变化是连续的变化, 气体的性质逐渐消失, 液体的性质逐渐显出。最终在临界点时, 物质呈乳浊现象。此时, 液体与气体的界面完全消失。表 1.4 是几种气体的临界参数。

表 1.4 几种气体的临界参数

气体	T_c/K	p_c/MPa	$V_{m,c}/(dm^3 \cdot mol^{-1})$
H_2	32.938	1.2858	0.065
He	5.1953	0.22746	0.057
CH_4	190.56	4.60	0.099
NH_3	405.56	11.357	0.0698
H_2O	647.10	22.06	0.056
CO	132.86	3.494	0.093
N_2	126.192	3.3958	0.090
O_2	154.581	5.043	0.073
CH_3OH	512.75	8.01	0.117
Ar	150.687	4.863	0.075
CO_2	304.13	7.375	0.094
$n\text{-}C_5H_{12}$	469.75	3.37	0.310
C_6H_6	562.05	4.90	0.257

注: 本表数据摘自 Haynes W M. CRC Handbook of Chemistry and Physics. 97th ed. Boca Raton: CRC Press Inc, 2016—2017: 6-67~6-93.

van der Waals 方程式的等温线

我们按照 van der Waals 方程式画出等温线, 然后与实测的等温线进行比较。把 van der Waals 方程式 $\left(p + \dfrac{a}{V_m^2}\right)(V_m - b) = RT$ 展开后, 得

$$V_m^3 - V_m^2\left(b + \frac{RT}{p}\right) + V_m\frac{a}{p} - \frac{ab}{p} = 0 \tag{1.73}$$

在定温下有一定的 a, b 值。上式是体积的三次方程式, 因此每一个 p 值代入上式后应得到三个 V_m 值, 这三个根可以有三种情况: (1) 一实根二虚根 (如图 1.19 中曲线 1); (2) 三个数值不同的实根 (如图中曲线 3 的 b, c, d 三点); (3) 三个相等的实根 (如图中曲线 2 的 a 点)。图 1.19 是按照 van der Waals 方程式所绘的等温线, 与上一节 CO_2 的实验曲线大致一样。由此可见, van der Waals 方程式不仅能较好地表示实际气体的行为, 并且能表示出液体微小的压缩性。所不同者在于液化过程一段, 按照 van der Waals 方程式所画出来的图形为波纹形, 这与实际情况不符; 实际情况是在气-液平衡的阶段, 即出现水平段。后来经仔细的实验, 可以得到波形段的一部分。若把气体在没有尘埃和电荷的空间中加压, 如图

中曲线 4 所示。在压缩过程中缺乏凝结核, 从 E 点开始压缩, 虽然达到了饱和状态, 气体仍可能不凝结, 甚至可以超过饱和点 B, 继续以蒸气状态存在 (即将 EB 线延长至 F 点), 成为过饱和蒸气。这是一种极不稳定的状态, 只要引入一些带电粒子或微尘, 过饱和蒸气即以此为核心而迅即凝结, 并回到气–液平衡的 AB 线上。这一现象曾用于研究宇宙射线或放射性元素所放射的带电粒子等。先使某一容器内的蒸气形成过饱和状态, 然后再让高速粒子射入, 当高速粒子与过饱和蒸气分子相碰撞时, 蒸气分子就以这些粒子为核心而凝结, 形成一连串很小的液滴, 从而显现出高速粒子的路径。Wilson 云雾室 (Wilson cloud chamber) 就是根据这一原理而设计的, 借以观察到放射性物质 α 粒子的路径。

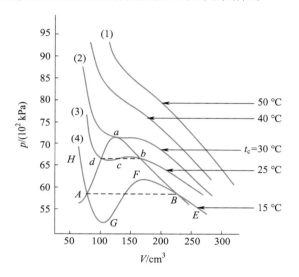

图 1.19　按 van der Waals 方程式计算的 $p-V$ 等温线

同样, 对于图中的 HA 段, 当液体自 H 点等温减压, 到达其饱和蒸气压 A 点后, 仍不蒸发 (当系统中没有带电粒子或尘埃时有可能达到这种状态), 于是就达到了过热液体的状态 (即沿 AG 段下降到 G 点)。在实际生产过程中这种状态是很危险的。锅炉中的水长期经多次煮沸后, 容易过热; 如果此时猛然加入带有空气的水, 将引起剧烈的汽化, 并因压力突然增大而引起爆炸。但中间的 FG 段, 至今完全不能实现; 此时, 压力增大, 体积也增大, 这是不可能的。

根据 van der Waals 方程式所绘制的曲线, 除了中间一段以外, 其余部分与实际情况大致符合。因此, 我们可以根据 van der Waals 方程式求 van der Waals 气体的临界参数。由于临界点是曲线的极大点、极小点和转折点三点重合在一起的点, 所以

$$\left(\frac{\partial p}{\partial V}\right)_{T_c} = 0 \tag{1.74}$$

$$\left(\frac{\partial^2 p}{\partial V^2}\right)_{T_c} = 0 \tag{1.75}$$

将 van der Waals 方程式写成

$$p = \frac{RT}{V_m - b} - \frac{a}{V_m^2}$$

得

$$\left(\frac{\partial p}{\partial V_m}\right)_{T_c} = \frac{-RT_c}{(V_m - b)^2} + \frac{2a}{V_m^3} = 0 \tag{1.76}$$

$$\left(\frac{\partial^2 p}{\partial V_m^2}\right)_{T_c} = \frac{2RT_c}{(V_m - b)^3} - \frac{6a}{V_m^4} = 0 \tag{1.77}$$

由此解得

$$V_{m,c} = 3b \tag{1.78}$$

代入式 (1.77) 得

$$T_c = \frac{8a}{27Rb} \tag{1.79}$$

将 $V_{m,c}$ 和 T_c 再代入 van der Waals 方程式, 得

$$p_c = \frac{a}{27b^2} \tag{1.80}$$

$$R = \frac{8}{3}\frac{p_c V_{m,c}}{T_c} \tag{1.81}$$

　　根据式 (1.78)、式 (1.79) 和式 (1.80), 可由 van der Waals 方程式中的常数 a, b 来确定 T_c, p_c 和 $V_{m,c}$。但实际上, 往往是反过来的, 即由实验测得的临界参数来求常数 a, b。在 T_c, p_c 和 $V_{m,c}$ 中, $V_{m,c}$ 的准确度最差。因此, 应从 T_c 和 p_c 来计算 a 和 b, 即

$$a = \frac{27}{64}\frac{R^2 T_c^2}{p_c} \qquad b = \frac{RT_c}{8p_c}$$

根据式 (1.81), 有

$$\frac{RT_c}{p_c V_{m,c}} = \frac{8}{3} = 2.667 \tag{1.82}$$

对于一切能满足 van der Waals 方程式的气体, $\dfrac{RT_c}{p_c V_{m,c}}$ 的值都应等于 2.667。但实际上, 只有像氦、氢等最难液化的气体, 其 $\dfrac{RT_c}{p_c V_{m,c}}$ 才接近这个数值, 其他气体的值都有一定的偏差, 有些甚至有较大的偏差。由此也可以看出 van der Waals 方

程式的近似性, 它只能在一定的温度、压力范围内描述气体的行为。

对比状态和对比状态定律

将上节所得的 a, b, R 代入 van der Waals 方程式, 得

$$\left(p + \frac{3p_c V_{m,c}^2}{V_m^2}\right)\left(V_m - \frac{V_{m,c}}{3}\right) = \frac{8}{3}\frac{p_c V_{m,c}}{T_c}T$$

两边同除以 $p_c V_{m,c}$, 得到

$$\left(\frac{p}{p_c} + \frac{3V_{m,c}^2}{V_m^2}\right)\left(\frac{V_m}{V_{m,c}} - \frac{1}{3}\right) = \frac{8}{3}\frac{T}{T_c}$$

引入新变量, 定义

$$\pi = \frac{p}{p_c} \qquad \beta = \frac{V_m}{V_{m,c}} \qquad \tau = \frac{T}{T_c} \tag{1.83}$$

π 称为**对比压力** (reduced pressure); β 称为**对比体积** (reduced volume); τ 称为**对比温度** (reduced temperature)。代入上式, 得

$$\left(\pi + \frac{3}{\beta^2}\right)(3\beta - 1) = 8\tau \tag{1.84}$$

式 (1.84) 称为 van der Waals 对比状态方程式。此式不含有因物质而异的常数 a, b, 并且与物质的量无关。它是一个具有较普遍性的方程式。任何适于 van der Waals 方程式的气体都能满足式 (1.84), 且在相同的对比温度和对比压力之下, 有相同的对比体积。此时, 各物质的状态称为**对比状态** (corresponding state)。这个关系称为**对比状态定律** (law of corresponding state)。实验数据证明, 凡是组成、结构、分子大小相近的物质均能比较严格地遵守对比状态定律。当这类物质处于对比状态时, 它们的许多性质如压缩性、膨胀系数、逸度系数、黏度、折射率等之间具有简单的关系。这个定律能比较好地确定结构相近的物质的某种性质, 它反映了不同物质间的内部联系, 把个性和共性统一起来了。

对比状态原理在工程上有广泛应用。许多流体的性质 (如黏度等) 都可以写成对比状态的函数。Guggenhem 曾经说过: "对比状态原理确实可以看作 van der Waals 方程式最有用的副产品, 它不仅在研究流体热力学性质方面取得了巨大的成功, 而且在传递方面的研究中, 也同样有一席之地。" (*J. Chem. Phy.* 1945, 13: 253.)

1.10　压缩因子图 —— 实际气体的有关计算

在 van der Waals 对比状态方程式中, 没有出现气体的特性常数 a, b, 因此它是一个具有较普遍性的方程式。即凡是 van der Waals 气体都可以用统一的式 (1.84) 表示。但直接使用此方程式似嫌太繁, 特别是对高压气体的有关计算, 常使用**压缩因子图** (compressibility factor chart)。

设对任意的气体, 其状态方程式若仍保留理想气体方程式的形式, 但加入一校正因子 Z, 即

$$pV_\mathrm{m} = ZRT$$

或

$$Z = \frac{pV_\mathrm{m}}{RT} \tag{1.85}$$

对于理想气体, 在任何温度压力下, Z 均等于 1。对于非理想气体, 则 $Z \neq 1$。当 $Z > 1$ 时, 表示实测的 pV_m 值大于按理想气体方程式计算的值, 表示实际气体不易压缩。当 $Z < 1$ 时, 则表示 pV_m 的实测值小于按理想气体方程式计算的值, 表示实际气体较易压缩。因此, Z 称为**压缩因子** (compressibility factor)。Z 的数值与温度、压力有关, 需从实验测定。

经验告诉我们, 不同的气体在相同的对比状态下, 有大致相等的压缩因子。图 1.20 是根据十种物质绘制的。由图可见, 各实验点基本上处于平滑的曲线上。图 1.21 同样也是压缩因子图。

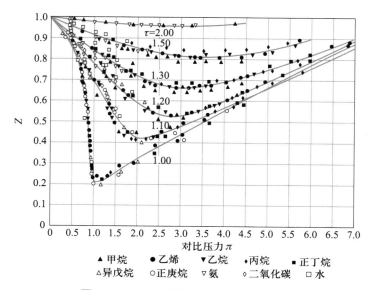

图 1.20　不同对比温度下的压缩因子图

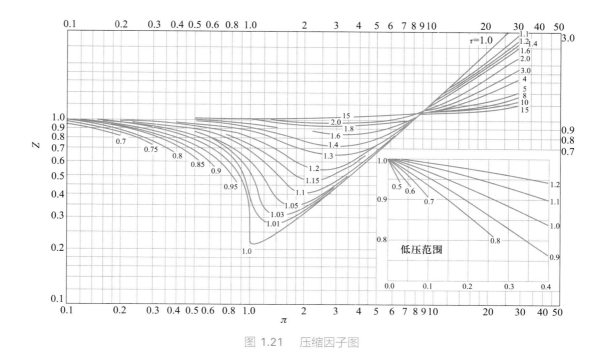

图 1.21　压缩因子图

把式 (1.83) 代入式 (1.85), 得

$$Z = \frac{p_c V_{m,c}}{RT_c} \cdot \frac{\pi \beta}{\tau} \tag{1.86}$$

前已证明, van der Waals 气体的 $\dfrac{p_c V_{m,c}}{RT_c}$ 接近于常数。又根据对比状态定律, 在相同的 π, β 下有相同的 τ。因此, 在对比状态时, 各气体也应有相同的压缩因子 Z。

van der Waals 方程式有一定的压力适用范围, 它不能在很高的压力下使用; 但使用压缩因子图, 则不受这种限制, 因为后者是根据实验得来的。这种图能在相当大的压力范围内得到满意的结果, 所以在工业上有很大的实用价值。利用对比状态的性质, 不仅能计算高压下气体的 p, V, T 之间的关系, 还可以利用类似的图形来计算逸度、比热容、焓等热力学函数。

*1.11　分子间的相互作用力

从分子运动的观点来看, 分子的热运动和分子间的相互作用力是决定分子各种性质的基本因素。van der Waals 方程式中的 a, 就与分子间的相互作用力直接有关。

许多简单的事实都证明分子间相互作用力的存在。例如, 在一定的温度下, 气体可以凝聚成液体和固体, 这说明分子之间有吸引力。液体和固体难以压缩, 说明分子之间有排斥力, 阻止它们互相靠拢。

分子间的相互作用力通常表现为吸引力, 但当分子逐渐靠近时, 由于电子云之间以及原子核之间的互相排斥, 分子间产生排斥力; 继续靠近, 则排斥力将起主要作用。

分子间的相互作用力 $f(r)$ 是距离 r 的函数, 其方向沿两分子的中心连线。**位能** (potential energy, 亦称为**势能**) $\varepsilon_\mathrm{p}(r)$ 的定义是: 把一个分子从无穷远移到与另一个 (不动) 分子相距 r 处所需要的能量。当可动分子移动 $\mathrm{d}r$ 时, 外界需提供的能量为 $\mathrm{d}\varepsilon_\mathrm{p}(r) = -f(r)\mathrm{d}r$, 负号是因为要使可动分子移动时, 外界必须提供一个与 $f(r)$ 大小相等而方向相反的外力来做功。因此

$$f(r) = -\frac{\mathrm{d}\varepsilon_\mathrm{p}(r)}{\mathrm{d}r}$$

上式移项积分, 得

$$\varepsilon_\mathrm{p}(r) = -\int_\infty^r f(r)\mathrm{d}r = \int_r^\infty f(r)\mathrm{d}r \tag{1.87}$$

利用上式求 $\varepsilon_\mathrm{p}(r)$ 需先知道 $f(r)$ 的函数, 才能积分。但由于分子间相互作用的关系很复杂, 无法由实验获得, 从理论上也很难用简单的数学公式来表示。因此, 通常采取的办法是在实验的基础上, 设计简化的模型。例如, 假定分子间的相互作用具有球形对称性, 由此可得到如下的半经验公式:

$$f(r) = \frac{A}{r^\alpha} - \frac{B}{r^\beta} \tag{1.88}$$

式中 A, B 是两个大于零的比例系数; r 是分子间的距离。第一项是正值, 代表排斥力; 第二项是负值, 代表吸引力。一般说来, α 的数值在 $9 \sim 17$, β 的数值在 $4 \sim 7$。由于 α 和 β 都比较大, 所以分子间作用力随着分子间距离 r 的增大而急剧减小。它是一种短程力。当距离 r 超过一定的限度后, 分子间作用力就可以忽略。又由于 $\alpha > \beta$, 所以排斥力的作用范围比吸引力小。

如图 1.22(a) 所示, 两条虚线分别表示吸引力和排斥力随分子间距离变化的情况。实线表示合力随分子间距离变化的情况。由图可见, 当 $r = r_0$ 时, 吸引力和排斥力相互抵消, 合力为零。这一位置称为平衡位置。当 $r < r_0$ 时, 排斥力起主要作用。当 $r > r_0$ 时, 吸引力起主要作用。

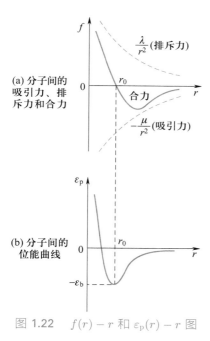

(a) 分子间的吸引力、排斥力和合力

(b) 分子间的位能曲线

图 1.22 $f(r) - r$ 和 $\varepsilon_{\mathrm{p}}(r) - r$ 图

通常我们用分子间的位能曲线来描述分子间的相互作用。将式 (1.88) 代入式 (1.87), 积分得

$$\varepsilon_{\mathrm{p}}(r) = \frac{C_1}{r^n} - \frac{C_2}{r^m} \tag{1.89}$$

式中 C_1, C_2 为常数; $n > m$。一般情况下, $m = 6, n$ 为 $9 \sim 12$ 的正整数。

图 1.22(b) 是 $\varepsilon_{\mathrm{p}}(r) - r$ 图。当 $r = r_0$ 时, 即处于平衡位置时位能最低。

位能 $\varepsilon_{\mathrm{p}}(r)$ 的公式, 最早由 Mie 提出后, 经 Lennard-Jones 进一步改进, 故位能的表示式 (1.89) 被称为 **Lennard-Jones 位能公式**。

形成分子间作用力的主要因素如下:

(1) **永久偶极作用**   永久偶极所引起的力是定向作用力, 这是 1915 年 W. H. Keesom 首先提出来的, 因此又称为 Keesom 力。他计算了永久偶极矩之间的力, 认为两个偶极矩在热运动时, 有时候互相吸引, 有时候互相排斥, 平均起来是比较靠近的相吸的排布。Keesom 力与 r^{-7} 成正比。

(2) **诱导偶极作用**   极性物质对非极性物质发生诱导作用, 使之具有偶极矩, 它们之间的相互作用称为诱导偶极作用。这种力是 1920 年 P. P. Debye 首先提出来的, 故又称为 Debye 力。Debye 力与 r^{-7} 成正比。

(3) **瞬间偶极作用**   在一个中性分子如氩分子内, 带正电荷的原子核周围是带有负电荷的氛或 "云"。按时间平均, 这个电荷分布是球形对称的, 但是在某一瞬间却可能是不对称的。从中性的氢原子看这个问题就更清楚了, 在氢原子内的一个电子有时候在质子的这一边, 有时候在质子的那一边。因此, 在氩原子内, 会显示出一种突发性的具有一定定向的小的偶极矩, 但在一刹那后, 这个定向又改变了。所以, 在一定长的时间内瞬间偶极矩平均为零。这种瞬间偶极矩与其他分子的瞬间偶极矩没有相互吸引能; 因为没有足够的时间能使这些瞬间偶极矩排列起来, 它们之间的相吸和相斥是一样的频繁。然而, 在瞬间偶极矩和与其邻近的极化原子之间却有相互作用。每一个氩原子的瞬间偶极矩诱导其邻近的原子产生一个合适定向的偶极矩, 这些偶极矩与原来的偶极矩之间产生一个瞬时的吸引作用。F. London 于 1930 年对这种力作了量子力学的处理, 因此这种力又叫 London 力。London 力又称为弥散力, 它也与 r^{-7} 成正比。

van der Waals 力就是由以上三种力所构成的。

拓展学习资源

重点内容及公式总结	
课外参考读物	
相关科学家简介	
教学课件	

复习题

1.1 两种不同的理想气体, 如果它们的平均平动能相同, 密度也相同, 则它们的压力是否相同, 为什么?

1.2 在两个体积相等、密封、绝热的容器中, 装有压力相等的某理想气体, 试问这两个容器中温度是否相等?

1.3 Dalton 分压定律能否用于实际气体, 为什么?

1.4 在 273 K 时, 有三种气体 $H_2(g), O_2(g)$ 和 $CO_2(g)$, 试判断哪种气体的均方根速率最大, 哪种气体的最概然速率最小。

1.5 最概然速率、均方根速率和数学平均数率, 三者的大小关系如何? 各有什么用处?

1.6 现代宇宙学告诉我们, 宇宙中原先的化学组成绝大部分是 $H_2(g)$ 和 $He(g)$ (分别约占 3/4 和 1/4)。任何行星形成之初, 原始大气中都应有相当大量的 $H_2(g)$ 和 $He(g)$。但是, 现在地球的大气中几乎没有 $H_2(g)$ 和 $He(g)$, 而其主要成分却是 $N_2(g)$ 和 $O_2(g)$。请问为什么?

1.7 气体在重力场中分布的情况如何? 用什么公式可以计算地球上某一高度的压力? 这样的压力差能否用来发电?

1.8 在一个密闭容器内有一定量的气体, 若升高温度, 气体分子的动能和碰撞次数增加, 则分子的平均自由程将如何改变?

1.9 什么是分子碰撞的有效截面积? 如何计算分子的互碰频率?

1.10 什么是气体的隙流? 研究气体隙流有何用处?

1.11 van der Waals 对实际气体做了哪两项校正? 如果把实际气体看作钢球, 则其状态方程式的形式应该如何?

1.12 在同温同压下, 某实际气体的摩尔体积大于理想气体的摩尔体积, 则该气体的压缩因子 Z 大于 1 还是小于 1?

1.13 压缩因子图的基本原理建立在什么原理的基础上? 如果有两种性质不同的实际气体, 其压力、摩尔体积和温度是否可能都相同? 其压缩因子是否相同? 为什么?

习题

1.1 自行车轮胎气压为 2×101.325 kPa, 其温度为 10 ℃。若骑自行车时, 由于摩擦生热使轮胎内温度升高至 35 ℃, 体积增加 5%, 则此时轮胎内气压为多少?

1.2 两个相连的容器内都含有 $N_2(g)$。当它们同时被浸入沸水中时, 气体的压力为 0.5×101325 Pa。如果一个容器被浸在冰和水的混合物中, 而另一个仍浸在沸水中, 则气体的压力为多少? (设两容器体积相等。)

1.3 在含有 10 g 氢气的气球内需要加入多少摩尔氩气, 才能使气球停留在空气中 (此时气球内气体的质量等于相同体积的空气的质量)? 假定混合气体是理想气体, 气球本身的质量可忽略不计。已知空气的平均摩尔质量为 29 g·mol^{-1}。

1.4 两个相连的容器, 一个体积为 1 dm^3, 内装氮气, 压力为 1.6×10^5 Pa; 另一个体积为 4 dm^3, 内装氧气, 压力为 0.6×10^5 Pa。当打开连通旋塞后, 两种气体充分均匀地混合。试计算:

(1) 混合气体的总压;

(2) 每种气体的分压和摩尔分数。

1.5   以饱和气流法测定蒸气压, 在 15 ℃, 101.325 kPa 下, 将 2.000 dm³ 干空气通过一已知质量的 $CS_2(l)$ 起泡器的球, 空气与 CS_2 蒸气混合后逸至 101.325 kPa 的空气中, 称量球的质量, 发现有 3.011 g $CS_2(l)$ 蒸发, 试求 15 ℃ 时 $CS_2(l)$ 的蒸气压。

1.6   假定在空气中 N_2 和 O_2 的体积分数分别为 79% 和 21%, 试求在 298.15 K, 101.325 kPa 下, 相对湿度为 60% 时潮湿空气的密度为多少? 已知 298.15 K 时水的饱和蒸气压为 3167.68 Pa (所谓相对湿度, 即在该温度时, 水蒸气的分压与水的饱和蒸气压之比)。

1.7   在 Bessemar 燃烧中充以含碳量为 3% 的铁 10000 kg。

(1) 若使所有的碳完全燃烧, 计算要通入 27 ℃, 100 kPa 的空气的体积 [假定 1/5 的碳燃烧生成 $CO_2(g)$, 4/5 的碳燃烧生成 $CO(g)$];

(2) 求炉内放出各气体的分压。

1.8   制硫酸时需要制备 $SO_2(g)$。在一定的操作情况下, 每炉每小时加入硫 30 kg, 通入过量的空气 (使硫燃烧完全), 所产生的气体混合物中氧气的摩尔分数为 0.10, 试计算每小时要通入 20 ℃, 100 kPa 的空气的体积。

1.9   试分别计算 0 ℃ 和 25 ℃ 时, $N_2(g)$ 和 $H_2(g)$ 分子的平均速率、最概然速率和均方根速率, 并进行比较说明。

1.10   试计算:

(1) 在 0 ℃, 101.325 kPa 时, 1 mol $CH_4(g)$ 气体中分子速率处在 90.000 ∼ 90.002 m·s⁻¹ 的分子数目;

(2) 在 0 ℃, 101.325 kPa 时, 1 mol $CH_4(g)$ 气体中分子速率处在 300.0 ∼ 400.0 m·s⁻¹ 的分子数目。

1.11   (1) 证明: 由 $f(E) = \dfrac{2}{\sqrt{\pi}} \left(\dfrac{1}{k_B T}\right)^{3/2} \exp\left(-\dfrac{E}{k_B T}\right) E^{1/2}$ 给出的能量分布是归一化的;

(2) 根据能量分布函数, 证明分子平均平动能为 $\overline{E_t} = \dfrac{3}{2} k_B T$。

1.12   计算分子动能大于 $10k_B T$ 的分子在总分子中所占的比例。

1.13   在一个容器中, 假设开始时每一个分子的能量都是 2.0×10^{-21} J, 由于相互碰撞, 最后其能量分布服从 Maxwell 分布。试计算:

(1) 气体的温度;

(2) 能量在 $1.98 \times 10^{-21} \sim 2.02 \times 10^{-21}$ J 的分子在总分子中所占的分数 (由于这个区间的间距很小, 故可用 Maxwell 公式的微分式)。

1.14   设在一垂直的柱体中充满理想气体, 当高度为 0 和 h 时, 气体的压力分别为 p_0 和 p, 试根据理想气体定律及流体静力学原理 (hydrostatic principle),

即: 任一密度为 ρ 的流体, 当高度增加 dh 时, 其压力减小值 $-dp$ 等于单位横截面上该流体的重量 (以力的单位表示).

(1) 试证明对于理想气体, 其表示式与 Boltzmann 公式相同;

(2) 求高于海平面 2000 m 处的气压. 假定在海平面的压力为 100 kPa, 且把空气看作摩尔质量为 $29\,g \cdot mol^{-1}$ 的单一物种.

1.15 在地球表面干空气的组成用摩尔分数表示为 $x(O_2) = 0.21$, $x(N_2) = 0.78$, $x(Ar) = 0.0094$, $x(CO_2) = 0.0003$. 因空气有对流现象, 故可假定由地球表面至 11 km 的高空, 空气的组成不变. 在此高度处的温度为 $-55\,℃$. 今假定在此高度以上空气的温度恒为 $-55\,℃$, 且无对流现象, 试求:

(1) 在高于地球表面 60 km 处气体 $O_2(g)$, $N_2(g)$, $Ar(g)$ 及 $CO_2(g)$ 的摩尔分数;

(2) 该高度处的总压力.

1.16 由于离心力作用, 在离心力场中混合气体的组成将发生变化. 今有一长为 80 cm 的长管, 管内装有等分子数的氢气和氧气的混合气体, 将长管放置在一个水平盘上, 管的中部固定在盘中垂直的中心轴上, 今以 $3000\,r \cdot min^{-1}$ 的速度使盘在水平面上旋转, 并设周围环境的温度保持为 $20\,℃$.

(1) 求由于旋转, 在管之两端, 每一个氧气分子及每一个氢气分子的动能;

(2) 在达到平衡后, 试根据 Boltzmann 公式分别计算两种气体在管端和管中央处的浓度比;

(3) 假定设法保持在管之中心部位氢气和氧气的浓度比为 1:1, 总压力为 100 kPa (例如在管的中部即旋转轴中心处, 缓慢通入浓度比为 1:1 的氢气和氧气的混合气体), 试计算平衡后在管端处氢气和氧气的摩尔比 (离心力 $F = ml\omega^2$, m 为质点的质量, l 是中心与管端的距离, ω 是质量的角速度).

1.17 在分子束装置的设计过程中, 必须保证从炉中隙流出的分子束不与其他粒子碰撞, 直至分子束顺利通过准直器 (一种选择分子在合适方向运行的设备), 从而产生一束分子. 准直器位于炉子的前方 10 cm 处, 这样平均自由程为 20 cm 的分子将在碰撞发生前顺利通过准直器. 如果分子束由 500 K 的 $O_2(g)$ 分子组成, 为了达到该平均自由程, 则炉外压力应为多少?

1.18 (1) 一个标准旋转泵能产生约 1×10^{-1} Pa 数量级的真空度, 请计算在该压力和 298 K 时, 一个 $N_2(g)$ 分子的碰撞频率和平均自由程;

(2) 一个冷凝泵能产生约 1×10^{-8} Pa 数量级的真空度, 请计算在该压力和 298 K 时, 一个 $N_2(g)$ 分子的碰撞频率和平均自由程.

1.19　在距离地球表面上方 30 km 处 (大约在同温层的中部), 压力约为 0.013 atm (1 atm = 101.325 kPa), 气体分子数密度为 3.74×10^{23} m^{-3}, 假设同温层中只有 N$_2$(g), 其碰撞直径为 $d = 0.374$ nm。试计算:

(1) 一个气体分子在该同温层区域每秒钟内的碰撞数目;

(2) 1 s 内发生的总碰撞数目;

(3) 一个气体分子在该同温层区域的平均自由程。

1.20　NO(g) 和 O$_3$(g) 这两个物种之间的反应性碰撞在光化学烟雾的形成过程中扮演着重要作用。计算在 300 K 时 NO(g) 和 O$_3$(g) 之间的碰撞频率, 设两个物种的含量在一个大气压 (1 atm) 下都为 2×10^{-7}, 分子直径分别为 300 pm 和 375 pm。

1.21　试计算:

(1) 在 101.325 kPa, 298 K 时, Ar(g) 粒子每秒钟与一面积为 1 cm^2 的器壁的碰撞次数;

(2) 在 101.325 kPa, 298 K 时, 每秒钟从直径为 0.010 mm 的圆孔中溢流的氮气分子数。

1.22　利用气体的隙流可以测定各种物质的蒸气压。在该过程中, 待测物质置于一炉中 (称为 Knudsen 池), 测定由于隙流引起的质量损失 Δm (可由公式 $\Delta m = z''Am\Delta t$ 给出, 式中 z'' 为碰撞通量, 即单位时间内与单位面积器壁碰撞的分子数, A 是隙流发生通过的小孔面积, m 是分子质量, Δt 是质量损失对应的隙流时间间隔)。该技术对测定难挥发性物质的蒸气压十分有用。现将铯 (m.p. 29 ℃, b.p. 686 ℃) 引入一 Knudsen 池中, 隙流小孔的直径为 0.50 mm。加热至 500 ℃, 打开壁上小孔 100 s 后, 测得质量损失 385 mg。试计算:

(1) 500 ℃ 时液态铯的蒸气压;

(2) 在相同条件下, 要让 1.00 g 铯隙流出炉子, 需要多长时间?

1.23　气体的隙流将导致容器内气体的压力 p 随时间 t 下降。

(1) 请证明: $p = p_0 \exp\left[-\dfrac{At}{V}\left(\dfrac{k_\mathrm{B}T}{2\pi m}\right)^{1/2}\right]$, 式中 p_0 是容器内起始压力, V 是容器体积, A 是隙流的小孔面积, m 是气体分子质量 (设气体为理想气体);

(2) 298 K 时, 一个充满 Ar(g) 的容器体积为 1.0 dm^3, 起始压力为 1.0 kPa 现让气体通过器壁上一面积为 1.0×10^{-14} m^2 的小孔向外隙流, 试计算 1 h 后容器内的压力。

1.24　1 mol N$_2$(g) 在 0 ℃ 时体积为 70.3 cm^3, 分别用理想气体状态方程式和 van der Waals 方程式求其压力 (实验值是 400×101325 Pa)。已知 N$_2$(g) 的 van der Waals 常数 $a = 0.1352$ Pa·m^6·mol^{-2}, $b = 3.87 \times 10^{-5}$ m^3·mol^{-1}。

1.25 27 ℃, 60×101325 Pa 时, 容积为 20 dm³ 的氧气钢瓶能装多少质量的二氧化碳? 试用下列状态方程式计算:

(1) 理想气体状态方程式;

(2) van der Waals 方程式。已知 $CO_2(g)$ 的 van der Waals 常数 $a = 0.3610$ Pa $\cdot$ m⁶ $\cdot$ mol⁻², $b = 4.29 \times 10^{-5}$ m³ $\cdot$ mol⁻¹。

1.26 一位科学家很有兴趣地提出了下面的气态方程式: $p = RT/V_m - B/V_m^2 + C/V_m^3$, 以此论证了气体的临界行为。试根据常数 B 和 C 表示出 p_c, $V_{m,c}$ 和 T_c, 并求出临界压缩因子 Z_c 的表达式。

1.27 $NO(g)$ 和 $CCl_4(g)$ 的临界温度分别为 180 K 和 556.5 K, 临界压力分别为 64.8×10^5 Pa 和 45.7×10^5 Pa。试计算回答:

(1) 哪一种气体的 van der Waals 常数 a 较小?

(2) 哪一种气体的 van der Waals 常数 b 较小?

(3) 哪一种气体的临界摩尔体积较大?

(4) 在 300 K, 10×10^5 Pa 下, 哪一种气体更接近理想气体?

1.28 已知 $CO_2(g)$ 的临界温度、临界压力和临界摩尔体积分别为 $T_c = 304.13$ K, $p_c = 73.75 \times 10^5$ Pa, $V_{m,c} = 0.0940$ dm³ $\cdot$ mol⁻¹, 试计算:

(1) $CO_2(g)$ 的 van der Waals 常数 a, b 的值;

(2) 313 K 时, 在容积为 0.005 m³ 的容器内含有 0.1 kg $CO_2(g)$, 用 van der Waals 方程式计算气体的压力;

(3) 在与 (2) 相同的条件下, 用理想气体状态方程式计算气体的压力。

1.29 氢气的临界参数为 $T_c = 32.938$ K, $p_c = 1.2858 \times 10^6$ Pa, $V_{m,c} = 0.065$ dm³ $\cdot$ mol⁻¹。现有 2 mol 氢气, 当温度为 0 ℃ 时, 体积为 150 cm³。试分别应用下列状态方程式, 计算该气体的压力:

(1) 理想气体状态方程式;

(2) van der Waals 方程式;

(3) 对比状态方程式。

1.30 在 373 K 时, 1.0 kg $CO_2(g)$ 的压力为 5.07×10^3 kPa, 试用下述两种方法计算其体积:

(1) 用理想气体状态方程式;

(2) 用压缩因子图。

1.31 在 273 K 时, 1 mol $N_2(g)$ 的体积为 7.03×10^{-5} m³, 试用下述三种方法计算其压力, 并比较所得数值的大小。

(1) 用理想气体状态方程式;

(2) 用 van der Waals 方程式;

(3) 用压缩因子图 (实测值为 4.05×10^4 kPa)。

1.32　348 K 时, 0.3 kg $NH_3(g)$ 的压力为 1.61×10^3 kPa, 试用下述两种方法计算其体积, 并比较哪种方法计算出来的体积与实测值更接近 (已知实测值为 28.5 dm^3)。

(1) 用 van der Waals 方程式;

(2) 用压缩因子图。已知在该条件下 $NH_3(g)$ 的临界参数为 $T_c = 405.56$ K, $p_c = 1.1357 \times 10^4$ kPa; van der Waals 常数 $a = 0.4169$ Pa $\cdot$ m^6 $\cdot$ mol^{-2}, $b = 3.71 \times 10^{-5}$ m^3 $\cdot$ mol^{-1}。

第二章

热力学第一定律

本章基本要求

总的要求是通过对热力学第一定律的学习，了解热力学方法的特点，特别是要了解状态函数、准静态过程和可逆过程的概念；了解热力学第一定律的一些应用，如热化学及理想气体在几种过程中功和热的计算等。具体要求如下：

(1) 了解热力学的一些基本概念，如系统、环境、功、热、状态函数及过程和途径等。

(2) 明确热力学第一定律和热力学能的概念。明确热和功只在系统与环境有能量交换时才有意义。熟知功与热正、负号的取号惯例及各种过程中功与热的计算。

(3) 明确准静态过程与可逆过程的意义。

(4) 明确 U 及 H 都是状态函数，并了解状态函数的特性。

(5) 熟练地应用热力学第一定律计算理想气体在等温、等压、绝热等过程中的 ΔU, ΔH, Q 和 W。

(6) 熟练应用生成焓、燃烧焓来计算反应焓变。会应用 Hess 定律和 Kirchhoff 定律。

(7) 了解 Carnot 循环的意义及理想气体在诸过程中热、功的计算。

(8) 从微观角度了解能量均分原理和热力学第一定律的本质。

2.1　热力学概论

热力学的基本内容

热力学 (thermodynamics) 作为一门学科其形成经历了漫长的历史时期,人们甚至可以追溯到古希腊对热的本质的争论。在 18 世纪前,人们对热的认识是粗略而模糊的,自然不可能产生正确的科学理论。直到 19 世纪中叶,在实验的基础上,科学的理论才得以建立。

Joule 大约在 1850 年建立了能量守恒定律,由此获得热力学第一定律。Kelvin 和 Clausius 分别于 1848 年和 1850 年建立了热力学第二定律。这两个定律组成一个系统完整的热力学,是热力学的理论基础。

热力学研究宏观系统的热现象、热和其他形式能量之间的转换关系,以及系统变化时所引起的这些物理量的变化。或者反之,当某些物理量发生变化时,也将引起系统状态的变化。广义地说,热力学是研究系统宏观性质变化与系统性质变化之间关系的科学。

热力学第一定律和热力学第二定律是热力学的主要基础,是人类经验的总结,有着牢固的实验基础和严密的逻辑推理方法,也是物理化学中最基本的定律。之后,在 20 世纪初又建立了热力学第三定律和热力学第零定律,这使热力学更加严密完整。

运用热力学中的基本原理研究化学现象以及和化学有关的物理现象,就称为**化学热力学** (chemical thermodynamics)。化学热力学的主要内容是根据热力学第一定律来计算变化中的热效应,根据热力学第二定律来解决变化的方向和限度问题,以及相平衡和化学平衡中的有关问题。热力学第三定律是一个关于低温现象的定律,主要阐明了规定熵的数值。有了这个定律,在原则上只要利用热化学的有关数据就能解决有关化学平衡的计算问题。热力学第零定律则是热平衡的互通性,并为温度建立了严格的科学定义。

热力学是解决实际问题的一种非常有效的重要工具,在生产实践中已经或正在发挥着巨大的作用。化工生产中的能量衡算与能量的合理利用有密切的关系。在设计新的反应路线或试制新的化学产品时,变化的方向和限度问题,显然是十分重要的。例如,世界上煤的蕴藏量远远超过石油的蕴藏量,如何利用煤作为能源和化工原料来合成一系列有用的产品,即如何发展碳一化学,已成为近几十年来人们所关注的问题。人们可以从合成气 (CO + H$_2$) 出发,设计一系列的合成路线, 以制备低碳醇和汽油等。此类物质非常有用, 可以作为高辛烷值的燃料、聚醇原料等。但是, 人们必须首先考虑所设计的反应路线是否可行, 即所设计的反应能否发生。只有在确知存在反应的可能性时, 再去考虑反应的速率、选用何种催化剂及实施中的一些具体问题。又如, 氮肥是用量最多的一种化肥, 但空气中大量的游离氮却无法直接利用。多少年来人们不得不在高温高压下合成氨, 可是小小的豆科植物却轻而易举地具有固氮的本领。人们希望知道植物的固氮过程是如何进行的, 了解其历程, 就有可能把植物的固氮作用工业化。人工模拟固氮在理论上是可能的, 但它是一个较为复杂的问题, 需要做出巨大的努力, 才能使可能性变为现实性。历史上这样的例子是很多的, 如在 20 世纪末人们进行了从石墨制造金刚石的尝试, 所有的实验都以失败而告终。以后通过热力学的计算知道, 只有当压力超过大气压力的 15000 倍时, 石墨才有可能转变成金刚石。现在已经成功地实现了这个转变过程。近年来, 通过耦合反应, 在低压下人工合成金刚石也取得了成功。

另外, 利用热力学基本原理还可以指导超临界流体的萃取与反应, 以及功能材料的合成等。这些例子都说明热力学在解决实际问题中的重要性。当然, 用热力学的方法来解决问题也有其局限性。

热力学的方法和局限性

热力学的方法是一种演绎的方法, 它结合经验所得到的几个基本定律, 通过演绎推理, 讨论具体对象的宏观性质之间的联系, 指明宏观过程进行的方向和限度。热力学的研究对象是大数量分子的集合体, 因此所得到的结论具有统计学意义, 只反映它的平均行为, 而不适用于个别分子的个体行为。热力学方法的特点是, 不考虑物质的微观结构和反应进行的机理。这两个特点决定了它的优点和局限性。热力学只能告诉我们, 在某种条件下, 变化是否能够发生, 进行到什么程度; 但不能告诉我们变化所需要的时间, 变化发生的根本原因及变化所经过的历程。经典热力学只考虑平衡问题, 只计算变化前后的净结果, 而不考虑反应进行中的细节, 也无须知道物质微观结构的知识。因此, 它只能对现象之间的联系作宏观的了解, 而不能作微观的说明或给出宏观性质的数值。例如, 热力学能给出蒸气压和蒸发热的关系, 但不能给出某液体的实际蒸气压是多少。

虽然热力学的方法有这些局限性, 但它仍不失为是一种非常有用的理论工具。这是因为热力学有着极其牢固的实验基础, 具有高度的普遍性和可靠性。处理问题的方法也是严谨的, 热力学第一定律和第二定律都是大量实验事实的总结, 非常可靠。从这些定律出发, 通过严密的演绎和逻辑推理而得出的结论, 当然也具有高度的普遍性和可靠性。所以, 经典热力学 (classical thermodynamics) 也称为唯象热力学 (phenomenological thermodynamics)。

　　经典热力学对物质的微观结构不作详细的讨论, 也不作任何假定。因此, 它的一般规律不会随物质结构新知识的发展而改变。它的一些概念、方法和结论, 常为其他学科如生物学、工程学乃至社会学所引用。Einstein 曾指出: "经典热力学是具有普遍内容的唯一物理学理论, 我深信在基本概念适用的范围内, 是绝对不会被推翻的。"

　　热力学可以为我们指出探讨实验的方向。如果热力学指出在某种条件下, 某一变化不能发生, 则在该条件下就不必进行实验。热力学还可以为我们指出改进工作的方向, 如何改变条件使反应向我们所需要的方向进行。例如, 计算结果表明在常温常压下氢气和氧气有可能化合成水, 但实际上把这两种气体放置一处, 则长时间看不出有反应发生。这就提示我们需要加催化剂, 或提供分子活化所需的能量, 或者改变途径 (如通过电化学过程) 来完成上述反应。又如, 近年来人们改变反应条件, 在低压高温条件下, 通过等离子体的耦合反应, 研究金刚石的气相合成已取得进展。热力学还可以告诉我们在理想情况下所能达到的结果或限度, 有了这个标准, 我们就可以尽量改进反应条件以提高效率。

　　热力学只能解决在某种条件下反应的可能性问题, 至于如何把可能性变为现实性, 还需要各方面知识的互相配合。

2.2　热平衡和热力学第零定律 —— 温度的概念

　　温度的概念最初来源于生活。用手触摸物体, 感觉热者其温度高, 感觉冷者其温度低。但仅凭主观感觉不但不能定量地表示物体真实的冷热程度, 而且常常会得出错误的结果。例如, 冬天在室外用手触摸铁器和木器, 则感觉到铁器比木器冷, 其实两者的温度是一样的。感觉之所以不同是由于两者对热量的传导速率不同。因此, 要定量地表示出物体的温度, 必须对温度给出严格的定义。

　　温度概念的建立以及温度的测定都是以热平衡现象为基础的。一个不受外界影响的系统, 最终会达到平衡态, 宏观上不再变化, 并可以用一定的表示状态的状态参数 (或称为状态函数) 来描述它。当把两个已达成平衡的系统 A 和 B 放在一起时, 它的状态是否会受到彼此互相干扰, 则取决于两个系统的接触情况。如果隔开它们之间的界壁是理想的刚性厚石棉板, 则它们的状态函数将彼此不受影响, 各自仍保留其原来的状态。这种界壁则称为绝热壁。如果用薄的金属板作为界壁, 这种界壁称为导热壁, 则各自的状态函数将互有影响, 它们的数值将会自动调整, 最后两个系统的状态函数不再变化, 达到一个新的共同平衡态, 即为热平衡。由于 A 和 B 通过导热壁 (或直接接触) 时, 彼此互不做功, 则这种接触只能通过热交换而相互影响。因此, 这种接触也称为热接触。

　　设想把 A 和 B 用绝热壁隔开, 而 A 和 B 又同时通过导热壁与 C 接触 [见图 2.1(a)], 此时 A 和 B 分别与 C 建立了热平衡。然后, 在 A 和 B 之间换成导热壁, A, B 与 C 之间换成绝热壁 [见图 2.1(b)], 则观察不到 A, B 的状态发生任何变化, 这表明 A 和 B 已经处于热平衡状态。

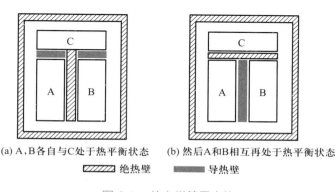

(a) A, B各自与C处于热平衡状态　　(b) 然后A和B相互再处于热平衡状态

▨▨▨ 绝热壁　　▬▬▬ 导热壁

图 2.1　热力学第零定律

　　以上的热平衡实验可表述为, 如果两个系统分别和处于确定状态的第三个系统达到热平衡, 则这两个系统彼此也将处于热平衡。这个热平衡的规律就称为**热平衡定律**或**热力学第零定律** (zeroth law of thermodynamics)。这个结论是大量实验事实的总结和概括, 它不能由其他的定律或定义导出, 也不能由逻辑推理导出 (例如, 甲和乙是好朋友, 甲和丙也是好朋友, 但不能由此推论乙和丙也是好朋友, 这要由实践来验证)。这个定律是 20 世纪 30 年代由 R. H. Fowler 提出的。历史上, 热力学第一定律和热力学第二定律在此之前已为公众所接受, 为了表明在逻辑上这个定律应该排在最前面, 所以称之为热力学第零定律。

　　温度的科学定义是由热力学第零定律导出的。当两个系统接触时, 描写系统性质的状态函数将自动调整变化, 直到两个系统都达到平衡。这就意味着两个系统必定有一个共同的物理性质, 表述这个共同的物理性质就是 "温度"。简言之, 即当两个系统相互接触达到热平衡后, 它们的性质不再变化, 它们就有共同的温度[①]。

————————————————

[①] 关于温度是系统状态函数的证明, 可以参阅王竹溪著《热力学》(高等教育出版社, 1955: 27-30)。

热力学第零定律的实质是指出温度这个状态函数的存在, 它非但给出了温度的概念, 而且给出了比较温度的方法。在比较各个物体的温度时, 不需要将各物体直接接触, 只需将一个作为标准的第三系统分别与各个物体相接触达到热平衡, 这个作为第三物体的标准系统就是温度计。下面的问题是如何选择第三物种, 如何利用第三物种的性质变化来衡量温度的高低, 以及如何定出刻度, 等等。换言之, 就是如何选择温标的问题。

2.3　热力学的一些基本概念

系统与环境

我们用观察、实验等方法进行科学研究时, 必须先确定所要研究的对象, 把一部分物质与其余的分开 (其界面可以是实际的, 也可以是想象的)。这种被划定的研究对象, 就称为**系统** (system, 以前也称为体系), 而在系统以外与系统密切相关、且影响所能及的部分, 则称为**环境** (surroundings)。

在研究任一系统的某种热力学性质时, 为了强调这一点, 有时把系统称为热力学系统。但在本书中通常仍简称为系统。根据系统和环境之间的关系, 可以把系统分为三类:

(1) **隔离系统** (isolated system)　系统完全不受环境的影响, 和环境之间没有物质或能量的交换。隔离系统也称为**孤立系统**。

(2) **封闭系统** (closed system)　系统与环境之间没有物质的交换, 但可以发生能量的交换。

(3) **敞开系统** (open system)　系统不受任何限制, 与环境之间既可以有能量交换, 也可以有物质的交换。

明确所研究的系统属于何种类型至关重要。因为处理问题的对象不同, 描述它们的变量就不同, 所适用的热力学公式也有所不同。

世界上一切事物总是有机地互相联系、互相依赖和互相制约的, 因此不可能有绝对的隔离系统。但是, 为了研究问题的方便, 在适当的条件下可以近似地把一个系统看成隔离系统。

系统的性质

通常用系统的宏观可测性质 (如体积、压力、温度、黏度、表面张力等) 来描述系统的热力学状态。这些性质又称为**热力学变量** (thermodynamic variable)。可以把它们分为两类:

(1) **广度性质** (extensive property)   也称为**容量性质** (capacity property), 其数值与系统的数量成正比, 如体积、质量、熵、热力学能等。此种性质具有加和性, 即整个系统的某种广度性质是系统中各部分该种性质的总和。广度性质在数学上是一次齐函数 (参看附录)。

(2) **强度性质** (intensive property)   此种性质不具有加和性, 其数值取决于系统自身的特性, 与系统的数量无关, 如温度、压力、密度、黏度等。强度性质在数学上是零次齐函数。

系统的某种广度性质除以总质量或物质的量 (或者把系统的两个容量性质相除) 之后就成为强度性质。若系统中所含物质的量是单位量, 如 1 mol, 则广度性质就成为强度性质。例如, 体积、熵是广度性质, 摩尔体积 (体积除以物质的量)、摩尔熵 (熵除以物质的量)、密度 (质量除以体积)、比体积 (体积除以质量) 则为强度性质。

热力学平衡态

当系统的诸种性质不随时间而改变, 则系统就处于**热力学平衡状态** (thermodynamic equilibrium state)。这时必须同时满足以下几个条件平衡:

(1) **热平衡** (thermal equilibrium)   系统各部分温度相等。

(2) **力学平衡** (mechanical equilibrium)   系统各部分之间没有不平衡的力存在。宏观地看, 边界不发生相对移动。在不考虑重力场影响的情况下, 就是指系统中各部分压力相等。如果两个均匀系统被一个固定的器壁隔开, 即使双方压力不等, 也能保持力学平衡。

(3) **相平衡** (phase equilibrium)   当系统不止一个相时, 物质在各相之间的分布达到平衡, 在相间没有物质的净转移。达平衡后各相的组成和数量不随时间而改变。例如, 水和水蒸气在沸点共存时的两相平衡。

(4) **化学平衡** (chemical equilibrium)   当各物质之间有化学反应时, 达到平衡后, 系统的组成不再随时间而改变。

在以后讨论中, 如果不特别注明, 说系统处于某种定态, 即指处于这种热力学平衡状态。如果上述条件有一个得不到满足, 则该系统就不处于热力学平衡状态,其状态就不能用简单的办法描述出来。

当系统处于一定的状态时, 其广度性质和强度性质都具有一定的数值。但是, 系统的这些性质彼此之间是相互关联的, 通常只需指定其中的几个, 其余的也就随之而定了。也就是说, 在这些性质之中只有部分是独立的。例如, 对液态纯水来说, 若指定温度和压力, 则密度、黏度、摩尔体积等就都有了一定的数值。又如, 对于理想气体, p, V_m, T 之间可通过状态方程 $pV_m = RT$ 联系起来, 在三个变量中只有两个是独立的。由此可见, 只要用系统的几个性质就可以描述出系统所处的状态。由于强度性质与系统的量无关, 所以通常总是尽可能用易于直接测定的一些强度性质, 再加上必要的广度性质来描述系统的状态。

状态函数

热力学不能指出最少需要指定哪几个性质, 系统才处于一定的状态 (有时简称为定态)。但广泛的实验事实证明: 对于没有化学变化、只含有一种物质的均相封闭系统, 一般说来只要指定两个强度性质, 其他的强度性质就随之而定了。如果再知道系统的总量, 则广度性质也就确定了。例如, 从摩尔体积和系统的物质的量, 就可以算出系统的总体积。在热力学中, 把用以描述系统状态的参数称为**状态参数** (state parameter)。

若我们说系统处于定态, 系统的性质只取决于它现在所处的状态而与其过去的历史无关。若外界条件不变, 系统的各种性质就不会发生变化。而当系统的状态发生变化时, 它的一系列性质也随之改变; 改变多少, 只取决于系统开始和终了的状态, 而与变化时所经历的途径无关。无论经历多么复杂的变化, 只要系统恢复原状, 则这些性质也恢复原状。在热力学中, 把具有这种特性的物理量叫作**状态函数** (state function)。状态函数的特性可以用如下四句话来描述, 即 "异途同归, 值变相等; 周而复始, 数值还原"。状态函数在数学上具有全微分的性质, 可以按全微分的关系来处理。

状态方程

对于一定量的单组分均匀系统, 经验证明, 状态函数 T, p, V 之间有一定的联系, 可表示为

$$T = f(p, V) \tag{2.1}$$

f 是与系统性质有关的函数。在 T, p, V 三个变量之间, 只有两个是独立的。系统状态函数之间的定量关系式称为**状态方程** (equation of state)。例如, $pV = nRT$

就是理想气体的状态方程。对于多组分**均相系统** (homogeneous system), 系统的状态还与组成有关, 即

$$T = f(p, V, n_1, n_2, \cdots) \tag{2.2}$$

式中 $n_1, n_2, \cdots$ 是物质 $1, 2, \cdots$ 的物质的量。对于**多相系统** (heterogeneous system), 每一相都有自己的状态方程。热力学定律虽具有普遍性, 但却不能导出具体系统的状态方程, 它必须由实验来确定。人们可以根据对系统分子内的相互作用的某些假定, 用统计的方法, 推导出近似的状态方程, 其正确与否仍要由实验来验证。

根据式 (2.1), 在以 T, V, p 构成的三维空间中, 系统的每个可能的状态都在空间中给出一个点, 这些点可构成一个曲面, 曲面的方程就是状态方程。若保持其中一个变量恒定, 如保持温度不变, 则等温面在曲面上切割, 就得到**等温线** (isotherm)。类似地, 还有**等压线** (isobar)、**等容线** (isochore)。

过程和途径

在一定环境条件下, 系统发生由始态到终态的变化, 则称系统发生了一个热力学过程, 简称为**过程** (process)。通常分为 p, V, T 变化过程、相变化过程和化学变化过程等。

常见的变化过程有如下几类。

(1) **等温过程** (isothermal process) 系统的始态温度和终态温度相等, 且等于恒定的环境温度。

(2) **等压过程** (isobaric process) 系统的始态压力和终态压力相等, 且等于恒定的环境压力。

(3) **等容过程** (isochoric process) 系统在变化过程中保持体积不变。在刚性容器中发生的变化一般是等容过程。

(4) **绝热过程** (adiabatic process) 系统在变化过程中与环境间没有热的交换, 或者是由于有绝热壁的存在, 或者是因为变化太快而与环境间来不及热交换, 或热交换量极少可近似看作绝热过程。

(5) **环状过程** (cyclic process) 系统从始态出发, 经过一系列变化后又回到原来的状态。环状过程又称为**循环过程**, 经此过程, 所有状态函数的变化都等于零。

系统由始态到终态的变化可以经由一个或多个不同的步骤来完成, 这种具体的步骤则称为**途径** (path)。状态函数的变化值仅取决于系统的始态和终态, 而与中间具体的变化步骤无关。

热和功

人们对于热的本质的认识经历过较长期的探索过程。在历史上, 一段时间内错误的 "热质说" 甚至占据了统治地位。现在我们知道, 热是物质运动的一种表现形式, 它总是与大量分子的无规则运动相联系。分子无规则运动的强度越大 (即分子的平均平动能越大), 则表征其强度大小的物理量——温度就越高。当两个温度不同的物体相接触时, 由于无规则运动的混乱程度不同, 它们就可能通过分子的碰撞而交换能量。经由这种方式传递的能量就是热。

热力学的研究方法是宏观的, 它不考虑热的本质, 给 "热" 下了如下的定义: 由于温度不同, 而在系统与环境间交换或传递的能量就是**热** (heat), 用符号 Q 表示。并规定当系统吸热时, Q 取正值, 即 $Q > 0$; 系统放热时, Q 取负值, 即 $Q < 0$。

在热力学中, 把除热以外其他各种形式被传递的能量都称为**功** (work), 用符号 W 表示。在物理化学中常遇到的有膨胀功 (也称体积功)、电功和表面功等。

功和热都是被传递的能量, 都具有能量的单位, 但都不是状态函数, 它们的变化值与具体的变化途径有关。所以, 微小的变化值用符号 "δ" 表示, 以区别于状态函数用的全微分符号 "d"。

功的取号采用 IUPAC[①] 1990 年推荐的方法: 当系统对环境做功时, W 取负值, 即 $W < 0$; 反之, 系统从环境得到功时, W 取正值, 即 $W > 0$。这也是我国国家标准 (GB) 的用法。

一般说来, 各种形式的功都可以看成由两个因素, 即强度因素和广度因素所组成。功等于强度因素与广度因素变化量的乘积, 见表 2.1。

表 2.1   几种功的表示式

功的种类	强度因素	广度因素的改变	功的表示式 δW
机械功	F (力)	$\mathrm{d}l$ (位移)	$F\mathrm{d}l$
电功	E (外加电位差)	$\mathrm{d}Q$ (通过的电荷量)	$E\mathrm{d}Q$
反抗地心引力的功	mg (质量 × 重力加速度)	$\mathrm{d}h$ (高度的改变)	$mg\mathrm{d}h$
膨胀功	p_e (外压)	$\mathrm{d}V$ (体积的改变)	$-p_e\mathrm{d}V$
表面功	γ (表面张力)	$\mathrm{d}A$ (面积的改变)	$\gamma\mathrm{d}A$

强度因素的大小决定了能量的传递方向, 而广度因素则决定了功值的大小。例如, 在一个装有气体的带活塞的圆筒中, 当气体的压力大于外压时, 会抵抗外压

[①] 这是 International Union of Pure and Applied Chemistry 的字首缩写, 即国际纯粹与应用化学联合会, 成立于第一次世界大战结束后的次年, 即 1919 年。这是世界著名化学家和各国化学团体联合组成的学术团体 (即会员由个人会员和团体会员组成), 中国化学会于 1979 年正式加入 IUPAC。

做膨胀功。当电池的电动势大于外加的对抗电压时, 则电池放电做出电功。当克服液体的表面张力而使表面积发生变化时, 就做了表面功。所以, 强度因素也可以看成一种广义力。由于强度因素不同, 相应的广度因素就会发生变化而有能量的传递, 这种被传递的能量就是功。广度因素的变化也可看成广义位移。通常系统抵抗外力所做的功可以表示为

$$\delta W = -p\mathrm{d}V + (X\mathrm{d}x + Y\mathrm{d}y + Z\mathrm{d}z + \cdots) = \delta W_e + \delta W_f \qquad (2.3)$$

式中 $p, X, Y, Z, \cdots$ 是强度因素; $\mathrm{d}V, \mathrm{d}x, \mathrm{d}y, \mathrm{d}z, \cdots$ 是相应的广度因素的变化; W_e 是膨胀功 (可以是膨胀或压缩); W_f 代表除膨胀功以外所有其他形式的功, 简称为非膨胀功。

从微观角度来说, 功是大量质点以有序运动而传递的能量, 热是大量质点以无序运动方式而传递的能量。

热和功的单位都是能量单位 J (焦耳)。

2.4 热力学第一定律

Joule 从 1840 年起, 先后用各种不同的实验方法求热功当量。前后历经 20 多年, 所得到的结果都证实了热和功之间有一定的转换关系。以后经过精确实验的测量知道 1 cal = 4.1840 J。到 1850 年, 科学界已经公认能量守恒是自然界的规律。所谓能量守恒与转化定律, 即 "自然界的一切物质都具有能量, 能量有各种不同形式, 能够从一种形式转化为另一种形式, 在转化中, 能量的总值不变"。换言之, 即 "在隔离系统中, 能量的形式可以转化, 但能量的总值不变"。

通常, 系统的总能量 (E) 由下列三部分组成:

(1) 系统整体运动的动能 (T);

(2) 系统在外力场中的位能 (V);

(3) **热力学能** (U) (thermodynamic energy), 也称为**内能** (internal energy)。

在化学热力学中, 通常是研究宏观静止的系统, 无整体运动, 并且一般没有特殊的外力场 (如电磁场、离心力场等) 存在。因此, 只注意热力学能。热力学能是指系统内分子运动的平动能、转动能、振动能、电子及核的能量, 以及分子与分子相互作用的位能等能量的总和。

设想系统由状态 1 变到状态 2, 根据能量守恒定律, 若在过程中, 系统与环境

的热交换为 Q, 与环境的功交换为 W, 则系统热力学能的变化是

$$\Delta U = U_2 - U_1 = Q + W \tag{2.4}$$

若系统发生了微小的变化, 热力学能的变化 $\mathrm{d}U$ 为

$$\mathrm{d}U = \delta Q + \delta W \tag{2.5}$$

式 (2.4) 或式 (2.5) 就是**热力学第一定律** (first law of thermodynamics) 的数学表达形式。

热力学第一定律是建立热力学能函数的依据, 它既说明了热力学能、热和功可以互相转化, 又表述了它们转化时的定量关系, 所以这个定律是能量守恒与转化定律在热现象领域内所具有的特殊形式。如果将系统的热力学能扩展为一切能量, 则热力学第一定律就是能量守恒与转化定律。确切地说, 能量守恒与转化定律和热力学第一定律并不能完全等同, 热力学第一定律是能量守恒与转化定律在涉及热现象宏观过程中的具体表述。

热力学第一定律是人类经验的总结。它是多学科的科学家多少年来共同研究的成果。目前科学界公认, J. R. von Mayer, J. P. Joule, H. V. Helmholtz 是热力学第一定律的奠基人。他们各自独立地测定了热功当量并建立能量守恒的概念。从热力学第一定律所导出的结论, 还没有发现与实践相矛盾, 这就最有力地证明了这个定律的正确性。根据热力学第一定律, 要想制造一种机器, 它既不靠外界供给能量, 本身也不减少能量, 却能不断地对外工作, 这是不可能的。人们把这种假想的机器称为**第一类永动机** (first kind of perpetual motion machine)。因此, 热力学第一定律也可以表述为: "第一类永动机是不可能造成的。" 这种机器显然与能量守恒定律矛盾。反过来, 由于永动机永远不能造成, 也就证明了能量守恒定律的正确性。热力学第一定律不需要再用别的什么原理来证明, 实践就是检验真理的唯一标准。事实上, 在热力学第一定律建立之前, 人们梦寐以求希望能建立永动机, 可事与愿违, 总是以失败而告终。直到热力学第一定律建立后, 人们才从理论上接受永动机是造不成的。法国科学院于 1775 年正式宣布不再考虑有关永动机的制造方案。这也表明理论对实践的指导意义。

热力学能是系统内部能量的总和。由于人们对物质运动形式的认识有待于继续不断深入探讨, 认识永无穷尽。所以, 热力学能的绝对值是无法确定的, 但这一点对于解决实际问题并无妨碍, 只需要知道在变化中的改变量就行了。热力学正是通过外界的变化来衡量系统状态函数的变化量, 这也是热力学解决问题的一种特殊方法。

热力学能是系统自身的性质, 只取决于其状态, 是系统状态的单值函数, 在定态下有定值。它的改变值也只取决于系统的始态和终态, 而与变化的途径无关。

因为热力学能是状态函数, 所以决定热力学能的变量和决定系统状态的变量一样多。对于简单的系统 (例如, 只含有一种化合物的单相系统), 经验证明, 在 p, V, T 中任选两个独立变量, 再加上物质的量 n, 就可以决定系统的状态。可写为

$$U = U(T, p, n)$$

对于 n 为定值的封闭系统, 则微小的热力学能变化可以写为

$$dU = \left(\frac{\partial U}{\partial T}\right)_p dT + \left(\frac{\partial U}{\partial p}\right)_T dp$$

如果把 U 看作 T, V 的函数, $U = U(T, V)$, 则

$$dU = \left(\frac{\partial U}{\partial T}\right)_V dT + \left(\frac{\partial U}{\partial V}\right)_T dV$$

显然

$$\left(\frac{\partial U}{\partial T}\right)_V \neq \left(\frac{\partial U}{\partial T}\right)_p$$

2.5 准静态过程与可逆过程

功与过程

热力学能只由状态决定, 而功却与变化的具体途径有关。功的概念最初来源于机械功, 它等于力 F 与在力方向上所发生位移 dl 的乘积, 即

$$\delta W = F dl$$

现以气体的膨胀为例。设在定温下 (可使活塞筒底部与一个恒温大热源相接触以保持系统恒温), 将定量的气体置于横截面为 A 的活塞筒中 (见图 2.2), 并假定活塞的质量及活塞与筒壁之间的摩擦力均可忽略不计。筒内气体的压力为 p_i, 外压为 p_e。如果 $p_i > p_e$, 则气体膨胀, 设活塞向上移动了 dl。

由于系统膨胀时要对抗外压做功, 所以系统做的膨胀功为

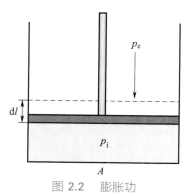
图 2.2　膨胀功

$$\delta W = -F_e dl = -\left(\frac{F_e}{A}\right)(A dl) = -p_e dV \tag{2.6}$$

式 (2.6) 可作为膨胀功的计算公式 (式中下标 "e" 是 external 的缩写, 系外压之意)。

设气体由状态 $1(p_1, V_1, T)$ 膨胀到状态 $2(p_2, V_2, T)$, 考虑以下 4 个过程:

(1) 自由膨胀 (free expansion)。

若外压 p_e 为零, 这种膨胀过程称为自由膨胀。由于 $p_e = 0$, 所以 $W_{e,1} = 0$, 即系统对外不做功。

(2) 外压始终维持恒定。

若外压 p_e 保持恒定不变, 系统从状态 1 膨胀到状态 2 所做的功为

$$W_{e,2} = -p_e(V_2 - V_1)$$

$W_{e,2}$ 的绝对值相当于图 2.3(a) 中阴影部分的面积。

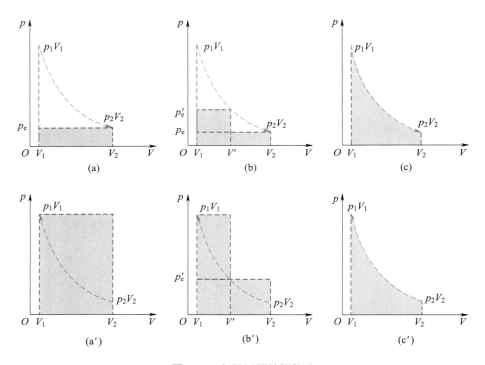

图 2.3　各种过程的膨胀功

(3) 多次等外压膨胀。

若系统从状态 1 膨胀到状态 2 的过程是由几个等外压膨胀过程所组成的, 设由两个等外压过程组成, 参阅图 2.3(b): 第一步在外压保持为 p_e', 体积从 V_1 膨胀到 V', 体积变化为 $\Delta V_1 = (V' - V_1)$; 第二步在外压 p_e 下, 体积从 V' 膨胀到 V_2, 体积变化为 $\Delta V_2 = (V_2 - V')$。整个过程所做的功为

$$W_{e,3} = -p_e'\Delta V_1 - p_e\Delta V_2$$

$W_{e,3}$ 的绝对值相当于图 2.3(b) 中阴影部分的面积。显然, 在始态、终态相同时,

系统对环境分步等外压膨胀做的功比一步等外压膨胀的功多。以此类推, 分步越多, 系统对外所做的功也就越大。

(4) 外压 p_e 总是比内压 p_i 小一个无限小的膨胀, 即不断地调整外压, 始终使外压保持小于内压 p_i, 且相差无限小, $p_i - p_e = \mathrm{d}p$, 直至体积膨胀到 V_2。

$$W_{e,4} = -\sum p_e \mathrm{d}V = -\sum (p_i - \mathrm{d}p)\mathrm{d}V$$

略去二级无限小值 $\mathrm{d}p\mathrm{d}V$, 即可用 p_i 近似代替 p_e, 若气体为理想气体且温度恒定, 则

$$W_{e,4} = -\int_{V_1}^{V_2} p_i \mathrm{d}V = -\int_{V_1}^{V_2} \frac{nRT}{V}\mathrm{d}V = -nRT\ln\frac{V_2}{V_1} \tag{2.7}$$

$W_{e,4}$ 的绝对值相当于图 2.3(c) 中阴影部分的面积, 显然, 这样的膨胀, 系统做功最大。

由此可见, 从同样的始态到同样的终态, 由于过程不同, 环境所得到功的数值并不一样。所以, 功与变化途径有关, 它是一个与过程有关的量。功不是状态函数, 不是系统自身的性质, 因此不能说系统中含有多少功。同理, Q 的数值也与变化的途径有关, 也不能说 "系统中含有多少热"。功和热是被传递的能量, 只有在过程发生时, 才有意义, 也只有联系某一具体的变化过程时, 才能求出功和热来。

准静态过程

从上节可以看出: 系统经由不同的过程从 V_1 膨胀到 V_2, 过程不同, 系统对外所做的功也不同; 显然过程 (4) 对环境所做的功最大。

过程 (4) 在进行时, 由于内外的压力差无限小, 活塞的移动非常慢, 慢到以零为极限, 这样就有足够的时间使气体的压力由微小的不均匀变为均匀, 使系统由不平衡回到平衡。在过程 (4) 进行的每一瞬间, 系统都接近于平衡状态, 以致在任意选取的短时间 Δt 内, 状态参量在整个系统各部分都有确定的值, 整个过程可以看成由一系列极接近于平衡的状态所构成, 这种过程称为**准静态过程** (quasistatic process)。准静态过程是一种理想的过程, 实际上是办不到的。因为一个过程必定引起状态的变化, 而状态的改变一定破坏平衡。但当一个过程进行得非常非常慢, 速度趋于零时, 这个过程就趋于准静态过程。我们要用辩证的观点来看待 "过程的不平衡" 和 "准静态过程由一系列接近平衡的状态所构成" 的关系。完成这个过程的时间当然很长, 但这无关紧要, 因为在经典的热力学中是不考虑时间的, 在它的变量中没有时间 t 这个变量。

现在, 我们再考虑压缩过程, 把气体从 V_2 压缩到 V_1。

(1) 若一次性在相当于 p_1 的恒定外压下, 将气体从 p_2, V_2 压缩到原来的状态 p_1, V_1, 则

$$W'_{e,1} = -p_1(V_1 - V_2)$$

因为 $V_2 > V_1$, 所以 $W'_{e,1}$ 为正值, 表示环境对系统做功, 功的大小用图 2.3(a') 中阴影部分的面积表示。

(2) 多次恒外压压缩过程。设由两个恒定外压过程组成: 第一步用 p'_e 的压力把系统从 V_2 压缩到 V', 第二步用 p_1 的压力把系统从 V' 压缩到 V_1, 则

$$W'_{e,2} = -p'_e(V' - V_2) - p_1(V_1 - V')$$

同理, $W'_{e,2}$ 也是正值, 环境对系统所做的功等于图 2.3(b') 中阴影部分的面积。显然, $W'_{e,2} < W'_{e,1}$。以此类推, 压缩时分步越多, 环境对系统所做的功反而越少。

(3) 如果外压始终比内压大一个无限小的值 dp, 即由无数个无限缓慢的压缩过程所组成。当系统从状态 2 被压缩到状态 1 时, 则

$$W'_{e,3} = -\sum p_e dV = -\sum(p_i + dp)dV$$

略去 $dpdV$, 并将求和号变为积分号, 则环境对系统所做的功为

$$W'_{e,3} = -\int_{V_2}^{V_1} p_i dV$$

即等于图 2.3(c') 中阴影部分的面积。这个过程可看作准静态压缩过程。

在这几个压缩过程中

$$W'_{e,1} > W'_{e,2} > W'_{e,3}$$

即在准静态过程中, 环境对系统做了最小功。如果将图 2.3 中的 (c) 与 (c') 相比, 显然 $W_{e,4}$ 与 $W'_{e,3}$ 的数值大小相等, 符号相反。若把系统在过程 (4) 膨胀时对外所做的功全部收集起来, 然后用来按过程 (3) 压缩, 若无摩擦等损耗, 就可使系统和环境完全恢复原状。

这种内、外压力相差无限小的膨胀和压缩过程就是准静态过程, 在膨胀过程中系统做最大功, 在压缩过程中环境对系统做最小功。最大功与最小功的数值相等, 符号相反。

可逆过程

在热力学中有一种极重要的过程, 称为可逆过程。某一系统经过某一过程, 由状态 1 变到状态 2 之后, 如果能使系统和环境都完全复原 (即系统回到原来的状态, 同时消除了原来过程对环境所产生的一切影响, 环境也复原), 则这样的过程

就称为**可逆过程** (reversible process)。反之, 如果用任何方法都不能使系统和环境完全复原, 则称为**不可逆过程** (irreversible process)。

上述准静态膨胀和准静态压缩过程在没有任何耗散 (如没有因摩擦而造成能量的散失等) 的情况下就是一种可逆过程。过程中的每一步都可向相反的方向进行, 而且系统复原后在环境中并不引起其他变化。如果在等温膨胀过程中, 将系统对环境所做的功贮藏起来, 这些功恰恰能使系统恢复原态, 同时将膨胀时所吸的热还给热储器。换言之, 经过一次无限慢的膨胀与压缩循环后, 系统和环境都恢复原态而没有留下任何影响。此时, 系统经历了一次**可逆循环过程** (reversible cyclic process)。

在可逆膨胀过程中系统做的功最大, 而使系统复原的可逆压缩过程中环境做的功最小。

还可以举出很多接近于可逆情况的实际变化, 如液体在其沸点时的蒸发, 固体在其熔点时的熔化, 可逆电池在外加电动势与电池电动势近似相等情况下的充电和放电, 化学反应通过适当的安排也可以在可逆情况下进行 (参阅化学平衡一章)。

不要把不可逆过程理解为系统根本不能复原的过程。一个不可逆过程发生后, 也可以使系统恢复原态, 但当系统回到原来的状态后, 环境必定发生了某些变化。上述膨胀过程 (1) 和 (2) 就是不可逆过程, 当系统复原后, 环境发生了不可逆转的变化 (即环境失去功, 而得到了热, 我们将在下一章中讨论热功交换的不可逆性问题)。

总结起来, 可逆过程有下面几个特点:

(1) 可逆过程是以无限小的变化进行的, 整个过程由一连串非常接近于平衡态的状态所构成。

(2) 在反向的过程中, 用同样的手续, 循着原来过程的逆过程, 可以使系统和环境都完全恢复到原来的状态, 而无任何耗散效应。

(3) 在等温可逆膨胀过程中系统对环境做最大功, 在等温可逆压缩过程中环境对系统做最小功。

可逆过程是一种理想的过程, 是一种科学的抽象, 客观世界中并不存在可逆过程, 自然界的一切宏观过程都是不可逆过程, 实际过程只能无限地趋近于它。但是, 可逆过程的概念却很重要。可逆过程是在系统接近于平衡的状态下发生的, 因此它和平衡态密切相关。以后我们可以看到, 一些重要的热力学函数的增量, 只有通过可逆过程才能求得。从消耗及获得能量的观点 (当然不能从时间的观点) 看, 可逆过程是效率最高的过程, 是提高实际过程效率的最高限度。

2.6 焓

设系统在变化过程中只做膨胀功而不做其他功 $(W_f = 0)$, $\Delta U = Q + W_e$。又因为本章中所讨论的问题均不包括其他功, 所以习惯上仍将膨胀功写为 W, 而不再加下标 "e", 即

$$\Delta U = Q + W$$

如果系统的变化是等容过程, 则 $\Delta V = 0$, 因此, $W = 0$, 所以

$$\Delta U = Q_V \tag{2.8}$$

如果系统变化是等压过程, 即

$$p_2 = p_1 = p_e = p$$

$$U_2 - U_1 = Q_p - p(V_2 - V_1) \tag{2.9}$$

$$Q_p = (U_2 + pV_2) - (U_1 + pV_1)$$

若将 $(U + pV)$ 合并起来考虑, 则其数值也应只由系统的状态决定 (因为 U, p 和 V 都是由状态决定的)。在热力学上把 $(U + pV)$ 定义为**焓** (enthalpy), 并用符号 H 表示。

焓的定义式:

$$H \stackrel{\text{def}}{=\!=} U + pV \tag{2.10}$$

由于我们不能确定系统热力学能的绝对值, 所以也不能确定焓的绝对值。焓是状态函数, 具有能量的单位, 但没有确切的物理意义。它的含义是由式 (2.10) 所定义的, 不能把它误解为 "系统中所含的热量"。之所以要定义出一个新函数 H, 完全是因为它在实用中很重要, 有了这个函数, 在处理热化学的问题时就方便得多。

当系统在等压条件下, 从状态 1 变到状态 2 时, 根据定义式 (2.10) 和式 (2.9) 可得

$$\Delta H = H_2 - H_1 = (U_2 + pV_2) - (U_1 + pV_1) = Q_p \tag{2.11}$$

从式 (2.8) 和式 (2.11) 可以看出, 虽然系统的热力学能和焓的绝对值目前还无法知道, 但是在一定条件下, 我们可以从系统和环境间热量的传递来衡量系统的热力学能与焓的变化值。在没有其他功的条件下, 系统在等容过程中所吸收的热全部用以增加热力学能; 系统在等压过程中所吸收的热, 全部用于使焓增加。这就是式 (2.8) 和式 (2.11) 的物理意义。由于一般的化学反应大都是在等压下进行

的, 所以焓更有实用价值。

2.7 热容

对于没有相变和化学变化且不做非膨胀功的均相封闭系统, **热容** (heat capacity) 的定义是: 系统升高单位热力学温度时所吸收的热, 用符号 C 表示, 单位是 $J \cdot K^{-1}$。用公式表示为

$$C(T) \xlongequal{\text{def}} \frac{\delta Q}{\mathrm{d}T} \tag{2.12}$$

热容显然与系统所含的物质的量及升温的条件有关, 摩尔热容的定义为

$$C_{\mathrm{m}}(T) \xlongequal{\text{def}} \frac{C(T)}{n} = \frac{1}{n} \frac{\delta Q}{\mathrm{d}T} \tag{2.13}$$

摩尔热容的单位是 $J \cdot \mathrm{mol}^{-1} \cdot K^{-1}$。在等压过程中的热容称为**定压热容**, 用 C_p 表示, 在等容过程中的热容称为**定容热容**, 用 C_V 表示。

$$C_p(T) = \frac{\delta Q_p}{\mathrm{d}T} = \left(\frac{\partial H}{\partial T}\right)_p \qquad \Delta H = Q_p = \int C_p \mathrm{d}T \tag{2.14}$$

$$C_V(T) = \frac{\delta Q_V}{\mathrm{d}T} = \left(\frac{\partial U}{\partial T}\right)_V \qquad \Delta U = Q_V = \int C_V \mathrm{d}T \tag{2.15}$$

则相应地有摩尔定压热容和摩尔定容热容, 即

$$C_{p,\mathrm{m}}(T) = \frac{1}{n} \frac{\delta Q_p}{\mathrm{d}T} \qquad C_{V,\mathrm{m}}(T) = \frac{1}{n} \frac{\delta Q_V}{\mathrm{d}T}$$

热容是温度的函数, 这种函数关系因物质、物态、温度的不同而异。根据实验, 常将气体的摩尔定压热容写成如下的经验方程式:

$$C_{p,\mathrm{m}}(T) = a + bT + cT^2 + \cdots \tag{2.16a}$$

$$C_{p,\mathrm{m}}(T) = a' + b'T + c'T^{-2} + \cdots \tag{2.16b}$$

式中 $a, b, c, a', b', c', \cdots$ 是经验常数, 由各种物质自身的特性决定。一些物质的摩尔定压热容的经验常数列于书末的附录中。

2.8   热力学第一定律对理想气体的应用

理想气体的热力学能和焓 —— Gay-Lussac – Joule 实验

Gay-Lussac 在 1807 年, Joule 在 1843 年, 做了如下实验: 将两个较大而容量相等的导热容器, 放在水浴中, 它们之间通过旋塞连通, 其一装满气体, 另一抽为真空 (图 2.4)。打开旋塞, 气体就由装满气体的容器膨胀到抽成真空的容器中, 最后系统达到平衡, 这时观察到水浴的温度没有发生变化。就全部实验过程的结果来看, 气体膨胀前后气体本身和水浴的温度均未变化, 所以 $Q = 0$; 同时气体对外没有做功, $W = 0$ (当气体冲入右方时, 存在湍流和压力不平衡, 但运动只在系统内部发生, 功没有传递到环境), 根据热力学第一定律 $\Delta U = 0$。所以, 从实验可直接得出了如下的结论, 即理想气体在自由膨胀中温度不变, 热力学能不变。

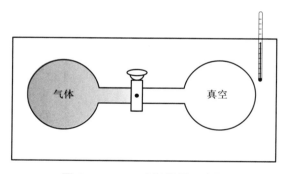

图 2.4   Joule 实验装置示意图

对于定量的纯物质, 热力学能 U 由 p, V, T 中的任意两个独立变量来确定。设以 T, V 为独立变量, 则

$$dU = \left(\frac{\partial U}{\partial T}\right)_V dT + \left(\frac{\partial U}{\partial V}\right)_T dV$$

今温度不变, $dT = 0$, 又因 $dU = 0$, 故

$$\left(\frac{\partial U}{\partial V}\right)_T dV = 0$$

因为 $dV \neq 0$, 所以

$$\left(\frac{\partial U}{\partial V}\right)_T = 0 \tag{2.17a}$$

此式的物理意义是: 在恒温时, 改变体积, 气体的热力学能不变。

同法, 若以 T, p 为变量, 可以证明:

$$\left(\frac{\partial U}{\partial p}\right)_T = 0 \qquad (2.17b)$$

式 (2.17a) 和式 (2.17b) 表明: 理想气体的热力学能仅是温度的函数, 而与体积、压力无关, 即

$$U = U(T) \qquad (2.18)$$

理想气体是一个抽象概念, Joule 实验所用的气体只能是实际气体。从分子运动的观点可作如下解释: 在通常温度下, 气体的热力学能是分子的动能和分子间相互作用的位能之和。分子的热运动仅与温度有关, 分子间相互作用的位能与分子间的距离有关, 即与气体的体积有关。对于实际气体而言, 分子间存在着相互作用, 所以实际气体的热力学能与温度和体积有关。而理想气体是实际气体当压力趋向于零时的极限情况, 分子间的相互作用完全可以忽略, 故理想气体的热力学能仅是热运动的动能之和, 而与体积无关。

严格讲, Gay-Lussac – Joule 的实验是不够精确的。因为水浴中水的热容量很大, 即使气体膨胀时吸收了一点热量, 水温的变化也未必能够测得出来。尽管如此, 可以认为, 气体原来的压力越小, 越接近于理想气体, 式 (2.18) 必越准确。科学允许并接受合理的外推。因此, 可以断定, 当 $p \to 0$ 时, 式 (2.18) 完全成立, 即理想气体的热力学能仅为温度的函数。式 (2.18) 有时也称为 **Joule 定律**。

对于理想气体, 在等温条件下, $pV =$ 常数, 即 $\mathrm{d}(pV) = 0$。所以, 根据焓的定义很容易证明, 理想气体的焓也仅为温度的函数, 即

$$\left(\frac{\partial H}{\partial p}\right)_T = 0 \qquad \left(\frac{\partial H}{\partial V}\right)_T = 0$$

或

$$H = H(T) \qquad (2.19)$$

总之, 理想气体的热力学能和焓都仅为温度的函数, 而与 p, V 无关 (这在热力学第二定律的 Maxwell 关系式的应用中也可以进一步得到证明[①])。

[①] 根据 Joule 定律, 对于理想气体, 必然有 $\left(\frac{\partial U}{\partial V}\right)_T = 0$, $\left(\frac{\partial U}{\partial p}\right)_T = 0$, 但这里还只能看作外推的结果, 我们暂时还不能从热力学上说明它 (根据气体分子动理论对理想气体所设想的图像, 分子间无作用力, 同时气体分子的平动能、转动能、振动能都只是温度的函数, 如果保持 T 不变, 即使改变分子间的距离, 由于分子间没有作用力, 所以热力学能也不会改变。但是从分子动理论的说明并不能代替热力学)。以后在讲到热力学第二定律及 Maxwell 关系式之后, 可以证明:

$$\left(\frac{\partial U}{\partial V}\right)_T = T\left(\frac{\partial p}{\partial T}\right)_V - p \quad \text{和} \quad \left(\frac{\partial H}{\partial p}\right)_T = V - T\left(\frac{\partial V}{\partial T}\right)_p$$

对于理想气体, $pV = nRT$, 代入上式后, 则必然得出:

$$\left(\frac{\partial U}{\partial V}\right)_T = 0, \quad \left(\frac{\partial U}{\partial p}\right)_T = 0 \quad \text{和} \quad \left(\frac{\partial H}{\partial V}\right)_T = 0, \quad \left(\frac{\partial H}{\partial p}\right)_T = 0$$

又因为

$$C_V = \left(\frac{\partial U}{\partial T}\right)_V \qquad C_p = \left(\frac{\partial H}{\partial T}\right)_p$$

所以理想气体的 C_V 与 C_p 也仅是温度的函数。

理想气体的 C_p 与 C_V 之差

在等容过程中, 系统不做膨胀功, 当升高温度时, 它从环境所吸收的热全部用来增加热力学能。但在等压过程中, 升高温度时, 系统除增加热力学能外, 还要多吸收一部分热以对外做膨胀功。因此, 对于气体来说, C_p 恒大于 C_V。

对于任意的系统, 有

$$C_p - C_V = \left(\frac{\partial H}{\partial T}\right)_p - \left(\frac{\partial U}{\partial T}\right)_V = \left[\frac{\partial (U+pV)}{\partial T}\right]_p - \left(\frac{\partial U}{\partial T}\right)_V$$

$$= \left(\frac{\partial U}{\partial T}\right)_p + p\left(\frac{\partial V}{\partial T}\right)_p - \left(\frac{\partial U}{\partial T}\right)_V \tag{2.20}$$

根据复合函数的偏微商公式 (参见附录), 有

$$\left(\frac{\partial U}{\partial T}\right)_p = \left(\frac{\partial U}{\partial T}\right)_V + \left(\frac{\partial U}{\partial V}\right)_T \left(\frac{\partial V}{\partial T}\right)_p \tag{2.21}$$

把式 (2.21) 代入式 (2.20), 得

$$C_p - C_V = \left(\frac{\partial U}{\partial V}\right)_T \left(\frac{\partial V}{\partial T}\right)_p + p\left(\frac{\partial V}{\partial T}\right)_p = \left[p + \left(\frac{\partial U}{\partial V}\right)_T\right]\left(\frac{\partial V}{\partial T}\right)_p \tag{2.22}$$

至此, 我们一直没有引进任何条件。因此, 式 (2.22) 是一个一般化的通式, 可使用于任何均匀的系统。对于理想气体, 因为

$$\left(\frac{\partial U}{\partial V}\right)_T = 0 \qquad \left(\frac{\partial V}{\partial T}\right)_p = \frac{nR}{p}$$

代入上式, 则得

$$C_p - C_V = nR \quad \text{或} \quad C_{p,\text{m}} - C_{V,\text{m}} = R \tag{2.23}$$

绝热过程的功和过程方程式

在绝热系统中发生的过程称为**绝热过程** (adiabatic process)。气体若在绝热情况下膨胀, 由于不能从环境吸取热, 对外做功所消耗的能量不能从外界得到补偿, 只能降低自身的热力学能, 于是系统的温度必然有所降低。因此, 可借绝热膨

胀来获得低温。

在绝热过程中, $Q = 0$, 根据热力学第一定律, 在不做非膨胀功时, 得

$$dU = \delta W \quad 或 \quad \Delta U = W \tag{2.24}$$

已知

$$dU = \left(\frac{\partial U}{\partial T}\right)_V dT + \left(\frac{\partial U}{\partial V}\right)_T dV$$

对于理想气体, 有

$$dU = C_V dT \qquad \Delta U = \int_{T_1}^{T_2} C_V dT$$

若 C_V 为常数, 则

$$W = \Delta U = C_V(T_2 - T_1) \tag{2.25}$$

由式 (2.25) 可以计算理想气体在绝热过程中的功 (不一定非是绝热可逆过程不可, 因为热力学能是状态函数, 仅取决于始态和终态。只是绝热过程的可逆与不可逆, 其终态的温度是不同的)。

在绝热可逆过程中, 理想气体所遵从的 $p \sim V$ 关系与等温可逆过程不同, 在绝热可逆过程中的 $p \sim V$ 关系, 称为**绝热过程方程式** (adiabatic process equation), 可如下求得。

对于理想气体, 有

$$dU = C_V dT \qquad p = \frac{nRT}{V}$$

代入式 (2.24), 得

$$C_V dT + \frac{nRT}{V} dV = 0$$

整理后, 得

$$\frac{dT}{T} + \frac{nR}{C_V} \frac{dV}{V} = 0$$

前已证明, 对于理想气体, $C_p - C_V = nR$, 令 $\frac{C_p}{C_V} = \gamma$, γ 称为**热容比** (heat capacity ratio), 则

$$\frac{nR}{C_V} = \frac{C_p - C_V}{C_V} = \gamma - 1$$

代入上式, 得

$$\frac{dT}{T} + (\gamma - 1)\frac{dV}{V} = 0$$

无论 C_V 是否与 T 有关, 此式均能成立。若 C_V 是常数 (对于理想气体, C_V 确是常数, 在统计热力学一章中可以证明, 对于单原子理想气体 $C_{V,\mathrm{m}} = \dfrac{3}{2}R$, 对于双原子理想气体 $C_{V,\mathrm{m}} = \dfrac{5}{2}R$), 上式积分后, 得

$$\ln T + (\gamma - 1)\ln V = 常数$$

或写作

$$TV^{\gamma - 1} = 常数 \tag{2.26}$$

若以 $\dfrac{pV}{nR} = T$ 代入式 (2.26), 就得到

$$pV^{\gamma} = 常数 \tag{2.27}$$

若以 $\dfrac{nRT}{p}$ 代替 V, 就成为

$$p^{1-\gamma}T^{\gamma} = 常数 \tag{2.28}$$

式 (2.26)、式 (2.27) 和式 (2.28) 是理想气体在绝热可逆过程中的过程方程式。从理想气体的 p, V, T 图可以说明绝热过程方程式与状态方程式的区别。在图 2.5 中, 曲面是根据 $pV = nRT$ 绘制的。曲面上的任一点都代表系统的一个状态, 都符合理想气体的状态方程式, 而曲面上的一条线则代表一个过程。对于等温可逆过程 (图中虚线), 用 $pV = K$ 表示。对于绝热可逆过程 (图中实线), 则用 $pV^{\gamma} = K$ 表示 (这两个常数 K 当然不同)。有了理想气体绝热可逆过程的 $p \sim V$ 关系, 也可以直接求出绝热可逆过程中的功。

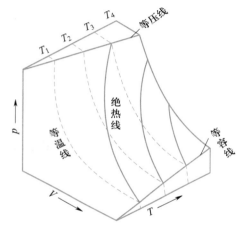

图 2.5   过程方程式的图解示意图

$$W = -\int_{V_1}^{V_2} p\mathrm{d}V = -\int_{V_1}^{V_2} \frac{K}{V^{\gamma}}\mathrm{d}V = -\left[\frac{K}{(1-\gamma)V^{\gamma-1}}\right]\Bigg|_{V_1}^{V_2}$$
$$= -\frac{K}{1-\gamma}\left(\frac{1}{V_2^{\gamma-1}} - \frac{1}{V_1^{\gamma-1}}\right)$$

由于 $p_1 V_1^{\gamma} = p_2 V_2^{\gamma} = K$, 所以上式又可写为

$$W = \frac{p_2 V_2 - p_1 V_1}{\gamma - 1} = \frac{nR(T_2 - T_1)}{\gamma - 1} \tag{2.29}$$

式 (2.29) 可以用来计算理想气体绝热可逆过程中的功。

又因

$$\frac{nR}{C_V} = \gamma - 1$$

所以也得到与式 (2.25) 相同的结果:

$$W = C_V(T_2 - T_1) \tag{2.30}$$

绝热可逆过程和等温可逆过程中的功可示意地用图 2.6 来表示。在图中，AB 线下的面积代表等温可逆过程所做的功，AC 线下的阴影面积代表绝热可逆过程所做的功。同样从体积 V_1 变化到 V_2, 在绝热膨胀过程中，气体压力的降低要比在等温膨胀过程中更为显著，即绝热可逆过程 AC 线的坡度较等温可逆过程 AB 线的坡度为陡。对式 (2.27) 微分，可得

$$\left(\frac{\partial p}{\partial V}\right)_S = -\gamma\frac{p}{V} \tag{2.31}$$

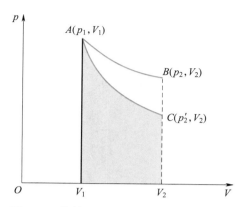

图 2.6 绝热可逆过程 (AC) 和等温可逆过程 (AB) 的功的示意图

因为绝热可逆过程是等熵过程 (见热力学第二定律，所以下标用 "S" 表示)。而等温线的斜率为

$$\left(\frac{\partial p}{\partial V}\right)_T = -\frac{p}{V} \tag{2.32}$$

因为 $\gamma > 1$, 所以绝热过程曲线的坡度较大。在绝热膨胀过程中，一方面气体的体积变大做膨胀功，另一方面气体的温度下降，这两个因素都使气体的压力降低。而在等温过程中却只有第一个因素。

在实际过程中完全理想的绝热或完全理想的热交换都是不可能的，实际上一切过程都不是严格地绝热或严格地等温，而是介于两者之间。这种过程称为**多方过程** (polytropic process), 其方程式可用

$$pV^\delta = 常数$$

来表示，式中 $\gamma > \delta > 1$。当 δ 接近于 1 时，过程接近于等温过程；当 δ 接近于 γ 时，则过程接近于绝热过程。

例 2.1

有 2 mol 理想气体，从 $V_1 = 15.0\,\text{dm}^3$ 到 $V_2 = 40.0\,\text{dm}^3$, 经下列三种不同过程，分别求出其相应过程中所做的功，并判断何者为可逆过程。

(1) 在 298 K 时等温可逆膨胀;

(2) 在 298 K 时，保持外压为 100 kPa, 等外压膨胀至 V_2;

(3) 始终保持气体的压力和外压不变，将气体从 $T_1 = 298\,\text{K}$ 加热到 T_2, 使体积膨胀到 V_2。

解 (1) $W = -nRT\ln\dfrac{V_2}{V_1} = nRT\ln\dfrac{V_1}{V_2}$

$$= 2 \text{ mol} \times 8.314 \text{ J} \cdot \text{mol}^{-1} \cdot \text{K}^{-1} \times 298 \text{ K} \times \ln\frac{15.0}{40.0} = -4.86 \text{ kJ}$$

(2) $W = -p(V_2 - V_1)$

$$= -100 \text{ kPa} \times (40.0 - 15.0) \text{ dm}^3 = -2.50 \text{ kJ}$$

(3) 气体的压力为

$$p = \frac{nRT}{V} = \frac{2 \text{ mol} \times 8.314 \text{ J} \cdot \text{mol}^{-1} \cdot \text{K}^{-1} \times 298 \text{ K}}{15.0 \text{ dm}^3} = 330.3 \text{ kPa}$$

$$W = -\int_{V_1}^{V_2} p\mathrm{d}V = -p(V_2 - V_1)$$

$$= -330.3 \text{ kPa} \times (40.0 - 15.0) \text{ dm}^3 = -8.26 \text{ kJ}$$

过程 (1) 和 (3) 是可逆过程, 而过程 (2) 是不可逆过程。

例 2.2

设在 273 K, 1000 kPa 时, 取 10.0 dm³ 理想气体。今通过下列几种不同过程膨胀到压力为 100 kPa 的终态: (1) 等温可逆膨胀; (2) 绝热可逆膨胀; (3) 在等外压 100 kPa 下绝热不可逆膨胀。试分别计算气体的终态体积和所做的功。

设 $C_{V,\mathrm{m}} = \dfrac{3}{2}R$, 且与温度无关。

解　气体的物质的量为

$$n = \frac{pV}{RT} = \frac{1000 \text{ kPa} \times 10.0 \text{ dm}^3}{8.314 \text{ J} \cdot \text{mol}^{-1} \cdot \text{K}^{-1} \times 273 \text{ K}} = 4.41 \text{ mol}$$

(1) $V_2 = \dfrac{p_1 V_1}{p_2} = \dfrac{1000 \text{ kPa} \times 10.0 \text{ dm}^3}{100 \text{ kPa}} = 100 \text{ dm}^3$

$$W_1 = -\int_{V_1}^{V_2} p\mathrm{d}V = nRT\ln\frac{V_1}{V_2}$$

$$= 4.41 \text{ mol} \times 8.314 \text{ J} \cdot \text{mol}^{-1} \cdot \text{K}^{-1} \times 273 \text{ K} \times \ln\frac{10}{100} = -23.05 \text{ kJ}$$

(2) $\gamma = \dfrac{C_{p,\mathrm{m}}}{C_{V,\mathrm{m}}} = \dfrac{\dfrac{3}{2}R + R}{\dfrac{3}{2}R} = \dfrac{5}{3}$

$$V_2 = \left(\frac{p_1}{p_2}\right)^{1/\gamma} V_1 = 10^{\frac{3}{5}} \times 10.0 \text{ dm}^3 = 39.8 \text{ dm}^3$$

$$T_2 = \frac{p_2 V_2}{nR} = \frac{100 \text{ kPa} \times 39.8 \text{ dm}^3}{4.41 \text{ mol} \times 8.314 \text{ J} \cdot \text{mol}^{-1} \cdot \text{K}^{-1}} = 108.6 \text{ K}$$

在绝热过程中

$$W_2 = \Delta U = nC_{V,\mathrm{m}}(T_2 - T_1)$$

$$= 4.41 \text{ mol} \times 1.5 \times 8.314 \text{ J} \cdot \text{mol}^{-1} \cdot \text{K}^{-1} \times (108.6 - 273) \text{ K} = -9.04 \text{ kJ}$$

(3) 将外压骤减至 100 kPa, 气体在此压力下作绝热不可逆膨胀, 首先要求出系统终态温度。因为是绝热过程, 所以

$$W = \Delta U = nC_{V,\mathrm{m}}(T_2 - T_1)$$

等外压膨胀过程功的计算式为

$$W = -p_2(V_2 - V_1) = p_2\left(\frac{nRT_1}{p_1} - \frac{nRT_2}{p_2}\right)$$

联系功的两个计算式, 得

$$C_{V,\mathrm{m}}(T_2 - T_1) = p_2\left(\frac{RT_1}{p_1} - \frac{RT_2}{p_2}\right)$$

已知 $C_{V,\mathrm{m}} = \dfrac{3}{2}R$, $T_1 = 273$ K, $p_1 = 1000$ kPa, $p_2 = 100$ kPa, 代入解得

$$T_2 = 175 \text{ K}$$

$$W_3 = nC_{V,\mathrm{m}}(T_2 - T_1)$$

$$= 4.41 \text{ mol} \times 1.5 \times 8.314 \text{ J} \cdot \text{mol}^{-1} \cdot \text{K}^{-1} \times (175 - 273) \text{ K}$$

$$= -5.39 \text{ kJ}$$

由此可见, 系统从同一始态出发, 经三种不同过程达到相同压力的终态, 由于过程不同, 终态的温度、体积不同, 所做的功也不同。等温可逆膨胀系统做最大功, 其中绝热不可逆膨胀系统做最小功。

2.9 Carnot 循环

Carnot 循环

19 世纪初, 蒸汽机的效率很低, 只有 3% ~ 5%, 大量的能量被浪费。有不少科学家, 特别是热机工程师, 希望从理论上找出提高热机效率的办法。1824 年, 年轻的法国工程师 N. L. S. Carnot, 设计了一个由两个等温过程和两个绝热过程构成的最简单的理想循环, 后来被称为 **Carnot 循环** (Carnot cycle)。这一研究成果为提高热机效率指明了方向, 对热力学理论的发展起到了非常重要的推动作用。可惜的是, 他的成果直到 1848 年, 即 Carnot 去世 16 年后, 才为人们所认识。

Carnot 设想以理想气体为工作物质, 从始态出发, 历经四步, 工作物质又回

到始态, 如图 2.7 所示。设工作物质为 n mol 理想气体, 现在计算每一步的功和热。

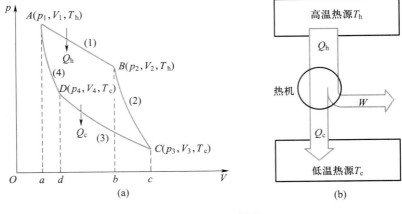

图 2.7　Carnot 循环

过程 (1)　等温可逆膨胀

系统与高温 (T_h) 热源接触, 作等温可逆膨胀, 由状态 $A(p_1, V_1, T_h)$ 到状态 $B(p_2, V_2, T_h)$。对于理想气体的等温过程, 热力学能不变, 从高温热源所吸的热 Q_h 全部转化为对外做的膨胀功, 在 p-V 图上等于曲线 AB 下的面积, 见图 2.7(a)。用公式表示为

$$\Delta U_1 = 0 \qquad Q_h = -W_1$$

$$W_1 = -\int_{V_1}^{V_2} p\mathrm{d}V = nRT_h\ln\frac{V_1}{V_2}$$

过程 (2)　绝热可逆膨胀

系统离开热源由状态 $B(p_2, V_2, T_h)$ 到状态 $C(p_3, V_3, T_c)$, 因是绝热过程, 系统因对外做功消耗热力学能, 温度由 T_h 降到 T_c, 所做的功等于 BC 线下的面积。

$$Q_2 = 0$$

$$W_2 = \Delta U_2 = \int_{T_h}^{T_c} nC_{V,\mathrm{m}}\mathrm{d}T$$

过程 (3)　等温可逆压缩

使系统与温度为 T_c 的低温热源接触, 由状态 $C(p_3, V_3, T_c)$ 到状态 $D(p_4, V_4, T_c)$。系统放出 Q_c 热量给低温热源 (T_c), 环境对系统所做功等于 CD 线下的面积。

$$\Delta U_3 = 0 \qquad Q_c = -W_3$$

$$W_3 = -\int_{V_3}^{V_4} p\mathrm{d}V = nRT_c\ln\frac{V_3}{V_4}$$

$$W_3 > 0 \qquad Q_c < 0$$

过程 (4) 绝热可逆压缩

由状态 $D(p_4, V_4, T_c)$ 到状态 $A(p_1, V_1, T_h)$, 温度由 T_c 升高到 T_h, 系统回到始态。环境对系统做的功等于 DA 线下的面积。

$$Q_4 = 0$$

$$W_4 = \Delta U_4 = \int_{T_c}^{T_h} nC_{V,m}\mathrm{d}T$$

以上四个过程构成一个可逆循环, 系统又回到了始态。根据热力学第一定律, 整个循环的

$$\Delta U = 0 \qquad Q = -W$$
$$Q = Q_h + Q_c \quad (Q_c < 0) \tag{2.33}$$

$$W = W_1 + W_2 + W_3 + W_4$$

$$= W_1 + W_3 \quad (W_2 \text{ 与 } W_4 \text{ 对消})$$

$$= nRT_h\ln\frac{V_1}{V_2} + nRT_c\ln\frac{V_3}{V_4} \tag{2.34}$$

系统对环境所做的功等于闭合曲线 $ABCD$ 的面积。由于第 2 步、第 4 步都是绝热可逆过程, 可以利用绝热可逆过程方程式将功的计算式简化。这两步的过程方程式为

$$T_h V_2^{\gamma-1} = T_c V_3^{\gamma-1}$$

$$T_h V_1^{\gamma-1} = T_c V_4^{\gamma-1}$$

两式相除, 得 $\dfrac{V_1}{V_2} = \dfrac{V_4}{V_3}$, 代入式 (2.34), 得

$$W = nR(T_h - T_c)\ln\frac{V_1}{V_2}$$

热机效率

热机从高温热源吸热 Q_h, 仅将其中一部分转变为功, 而另一部分热 Q_c 传给低温热源。将热机对环境所做的功与从高温热源所吸的热之比, 称为**热机效率** (efficiency of heat engine), 也称为热机的**转换系数** (transformation coefficient)。用公式表示为

$$\eta = \frac{-W}{Q_h} = \frac{-nR(T_h - T_c)\ln\dfrac{V_1}{V_2}}{-nRT_h\ln\dfrac{V_1}{V_2}} = \frac{T_h - T_c}{T_h} = 1 - \frac{T_c}{T_h} \tag{2.35}$$

或

$$\eta = \frac{-W}{Q_{\mathrm{h}}} = \frac{Q_{\mathrm{h}} + Q_{\mathrm{c}}}{Q_{\mathrm{h}}} = 1 + \frac{Q_{\mathrm{c}}}{Q_{\mathrm{h}}} \quad (Q_{\mathrm{c}} < 0) \tag{2.36}$$

所以, 热机效率 $\eta < 1$。

从式 (2.35) 可以看出, 可逆热机的转换系数只与两个热源的温度有关。两个热源的温度差越大, 转换系数越大, 热量的利用率也越高。而在等温的循环过程中, 转换系数等于零, 即热一点也不能转变为功。在实际设计中, 通常低温热源就是大气 (若用温度低于大气的低温热源, 虽能得到较大的转换系数, 但并不一定经济), 高温热源则常用过热蒸气。蒸汽机的转换系数是不大的, 即使采用高压的过热蒸气 $T = 823$ K (550 ℃) 和特殊的冷凝器 $T = 283$ K (10 ℃), η 也只有 65.6%。而在一般情况下, 实际的转换系数远远低于这个数值。

热带 (或夏季) 海水的温度一般在 25 ℃ 以上, 而深海的温度很低, 甚至可达 $3 \sim 6$ ℃, 故可利用这种温差, 设计热机对外做功。工业设计表明, 只要温差在 18 ℃ 以上, 原则上就能产生经济效益。世界不少国家都在尝试设计不同的热机, 1987 年, 我国在广州完成设计并试车成功。但利用温差发电的效率远不如利用核能发电的效率高, 这是毋庸置疑的事。只是后者的初建费用不菲而已。

Carnot 循环是热力学中最基本的理想循环之一, 虽然实际上不可能实现, 但这个循环对热力学来说意义非凡。引入这样一个循环可以忽略次要的因素而找出有关热功转换的重要关系式。Carnot 循环在热工技术中, 特别是在热力学理论的发展中具有非常重要的意义。

根据式 (2.35) 和式 (2.36), 得到

$$1 + \frac{Q_{\mathrm{c}}}{Q_{\mathrm{h}}} = 1 - \frac{T_{\mathrm{c}}}{T_{\mathrm{h}}} \quad \text{或} \quad \frac{Q_{\mathrm{c}}}{T_{\mathrm{c}}} + \frac{Q_{\mathrm{h}}}{T_{\mathrm{h}}} = 0 \tag{2.37}$$

这是一个重要关系式, 据此, 在热力学第二定律中引出了熵的概念, 这是 Carnot 始料未及的。

冷冻系数

如果把可逆的 Carnot 机倒开, 即沿 $ADCBA$ 路径循环, 就变成为制冷机。此时环境对系统做功, 系统自低温热源 T_{c} 吸取热量 Q_{c}', 而放给高温热源 T_{h} 的热量为 Q_{h}', 这就是制冷机的工作原理。同样可以求得环境对系统所做的功与从低温热源所吸的热 Q_{c}' 的关系, 即

$$\beta = \frac{Q_{\mathrm{c}}'}{W} = \frac{T_{\mathrm{c}}}{T_{\mathrm{h}} - T_{\mathrm{c}}} \tag{2.38}$$

式中 W 表示环境对系统所做的功; β 称为**冷冻系数** (coefficient of refrigeration), 它相当于每施一个单位的功于制冷机从低温热源中所吸取热的单位数。

例 2.3

使 1.00 kg 273.2 K 的水变成冰, 至少需对系统做功若干? 制冷机对环境放热若干? 设室温为 298.2 K, 冰的熔化热为 334.7 kJ $\cdot$ kg^{-1}。

解 (1) 根据式 (2.38), 有

$$\frac{334.7 \text{ kJ} \cdot \text{kg}^{-1} \times 1.00 \text{ kg}}{W} = \frac{273.2 \text{ K}}{(298.2 - 273.2) \text{ K}}$$

$$W = 30.63 \text{ kJ}$$

(2) 放给高温热源的热 $(-Q'_{\text{h}})$ 为

$$-Q'_{\text{h}} = Q'_{\text{c}} + W = 334.7 \text{ kJ} \cdot \text{kg}^{-1} \times 1.00 \text{ kg} + 30.63 \text{ kJ} = 365.3 \text{ kJ}$$

热泵

如前所述, 热机倒开就成为制冷机, 其工作原理是从低温物体中取出热量使低温物体更冷。热泵的工作原理和制冷机是一样的, 但关注的对象不同, **热泵** (heat pump) 的目的是把热量从低温物体送到高温物体使之更热。这在机械装置上与热机有所不同。把制冷机用作热泵, 这一概念是 Kelvin 在 1852 年首先提出的, 现在这一技术已普遍被采用。

热泵的工作效率 (或工作系数) 是由向高温物体所输送的热量与电动机所做的功的比值所决定的。通常商品热泵的工作系数在 2 ~ 7, 设若是 5, 则电动机做 1 J 的功, 从低温物体移出 5 J 的热, 高温物体就可得到 6 J 的热。而直接用电加热, 1 J 的电能, 只能提供 1 J 的热, 显然使用热泵是非常经济的。

只要在机械上合理地设计, 同一台设备, 冬天可以利用从室外冷空气吸热取暖 (热泵), 到夏天只要转动几个阀门, 就可以从室内空气中吸热, 使室温降低, 这时热泵就成为冷泵了。

上述热泵、冷泵其工作原理都是同一工作物质, 通常是氨、溴化锂等 (氟利昂类已逐渐被禁止使用), 在压缩液化和蒸发的物理变化过程中, 发生热量交换, 所以又称为物理热泵。现在又有人设计一种 "化学热泵", 利用某些化学物质的可逆变化作为热泵中的工作物质。例如, $CaCl_2$ 和 CH_3OH 可形成 $CaCl_2 \cdot 2CH_3OH(s)$ 固体颗粒。

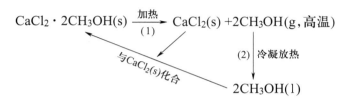

$$CaCl_2 \cdot 2CH_3OH(s) \xrightarrow[\text{(1)}]{\text{加热}} CaCl_2(s) + 2CH_3OH(g, 高温)$$

$$\xrightarrow[\text{与}CaCl_2(s)\text{化合}]{} \qquad \downarrow \text{(2)} \text{冷凝放热}$$

$$2CH_3OH(l)$$

步骤 (1) 的加热过程中可利用太阳的热量使流体的温度加热到 130 ℃ 左右, 并以此作为热源。

步骤 (2) 中高温的 $CH_3OH(g)$ 冷凝为 $CH_3OH(l)$, 所放出的热量可对室内供暖。

2.10　Joule-Thomson 效应 —— 实际气体的 ΔU 和 ΔH

Joule-Thomson 效应

前已指出, Joule 在 1843 年所做的自由膨胀实验是不够精确的。1852 年, Joule 和 Thomson 进行了另外一个实验, 设法克服了由于环境热容量比气体的大得多, 而不易观察到气体膨胀后温度可能发生微小变化的困惑, 设计了新的实验, 比较精确地观察了气体由于膨胀而发生的温度改变。这个实验使我们对实际气体的 U, H 等性质有所了解, 并且在获得低温及气体的液化工业中有着重要的应用。

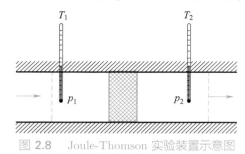

图 2.8　Joule-Thomson 实验装置示意图

图 2.8 是 Joule-Thomson 实验装置示意图。在一个圆形绝热筒的中部, 有一个用棉花或软木塞之类的东西制成固定的多孔塞; 这个多孔塞的作用是使气体不能很快地通过, 并且在多孔塞的两边能够维持一定的压力差。从 p_1 到 p_2 的压力降低过程基本上发生在多孔塞内。把压力和温度恒定在 p_1 和 T_1 的某种气体, 连续地压过多孔塞, 使气体在多孔塞右边的压力恒定在 $p_2 (p_2 < p_1)$。当气体通过一定的时间达到稳态后, 可以观察到双方气体的温度分别稳定于 T_1 和 T_2。这个过程称为**节流过程** (throttling process)。(节流过程是不可逆过程, 因为 p_1 超过 p_2 为有限量, 不是相差无限小, 一个无限小的压力变化不能使过程倒过来。)

在实验刚开始时, 右方温度计的读数是不会稳定的. 这是由于尽管所用的实验装置是绝热的, 但是绝热筒本身仍然有一定的热容量, 开始膨胀所产生的热效应一部分要用来与器壁进行热交换, 所以开始时温度不稳定. 但是, 如果让气流连续地通过, 并一直维持进气的压力为 p_1, 温度为 T_1, 出气的压力为 p_2, 则经过一定的时间, 当热交换达到平衡后, 右边的温度就稳定在 T_2. 所以, 此时就可以比较准确地观察到某一定量气体膨胀前后所发生的变化.

当系统稳定后, 设在 p_1 和 T_1 时某一定量的气体所占的体积为 V_1, 经过节流过程, 膨胀到较低的压力 p_2 以后, 其体积为 V_2. 在左方, 环境对气体所做的功为

$$W_1 = -p_1\Delta V = -p_1(0 - V_1) = p_1 V_1$$

而这部分气体在右方对环境所做的功为

$$W_2 = -p_2\Delta V = -p_2(V_2 - 0) = -p_2 V_2$$

因此, 气体净功的变化为两种功的代数和, 即

$$W = W_1 + W_2 = p_1 V_1 - p_2 V_2$$

由于过程是绝热的, $Q = 0$, 因此根据热力学第一定律, 可以得到

$$U_2 - U_1 = \Delta U = W = p_1 V_1 - p_2 V_2$$

移项后得

$$U_2 + p_2 V_2 = U_1 + p_1 V_1$$

所以

$$H_2 = H_1 \quad \text{或} \quad \Delta H = 0$$

即在节流过程实验的前后, 气体的焓不变.

气体经膨胀后的温度变化与压力变化的比值 $\mu_{\text{J-T}}$ 用微分表示为

$$\mu_{\text{J-T}} \stackrel{\text{def}}{=\!=} \left(\frac{\partial T}{\partial p}\right)_H \tag{2.39}$$

$\mu_{\text{J-T}}$ 称为 **Joule-Thomson 系数** (简称焦–汤系数). 它表示经过 Joule-Thomson 实验后气体的温度随压力的变化率, 是一个微分效应 (所以又称为**微分节流效应**, differential throttling effect). $\mu_{\text{J-T}}$ 是系统的强度性质, 和系统的其他强度性质一样, 它是 T, p 的函数. 由于在实验过程中 $\mathrm{d}p$ 是负值, 所以, 若 $\mu_{\text{J-T}}$ 为正值, 则表示随着压力的降低, 节流后气体的温度下降. 反之, 若 $\mu_{\text{J-T}}$ 为负值, 则压力降低后, 气体的温度反而升高. 例如, 空气在 273.15 K, 101.325 kPa 时, $\mu_{\text{J-T}} = +0.4\ \text{K}/(10^5\ \text{Pa})$, 这表示, 此时若经 Joule-Thomson 节流过程, 当压力平均降低 100 kPa 时, 则温度将降低 0.4 K. 在常温下, 一般气体的 $\mu_{\text{J-T}}$ 均为正值, 而 H_2 和 He 则是例外, 在常温下为负值. 但是实验证明, 在很低的温度时,

它们的 $\mu_{\text{J-T}}$ 也可转变为正值。当 $\mu_{\text{J-T}} = 0$ 时的温度, 称为**转化温度** (inversion temperature)。

每一种气体都有自己的转化温度。在转化温度时, 经 Joule-Thomson 节流过程后, 气体的温度不变。例如, 对于氢气, 在 195 K 以上 $\mu_{\text{J-T}}$ 为负值; 在 195 K 以下 $\mu_{\text{J-T}}$ 为正值; 在 195 K 时 $\mu_{\text{J-T}} = 0$, 这个温度就是氢气的转化温度。

实际上, 每一次 Joule-Thomson 实验只能提供一个 $\left(\dfrac{\Delta T}{\Delta p} \right)_H$ 值, 为了求得某种气体的 $\left(\dfrac{\partial T}{\partial p} \right)_H$, 还必须求出其**等焓线** (isenthalpic curve)。方法是在节流实验的左方, 选定一个固定的初态, 见图 2.9, 调节右方的压力为 p_1, 做一次节流实验, 测量后, 在 $T - p$ 图上标定点 $1(T_1, p_1)$, 状态 1 与初态具有相等的焓值。保持初态不变, 调节右方的压力分别为 $p_2, p_3, \cdots$, 各重做一次节流实验, 分别得到点 $2(T_2, p_2)$, 点 $3(T_3, p_3), \cdots$, 把得到的 $1, 2, 3, \cdots$ 诸点连接起来, 即得到一条光滑的等焓线。从线上任一点的斜率, 可得该温度和压力下的 $\left(\dfrac{\partial T}{\partial p} \right)_H$ 值。图 2.9 中点 3 是最高点, 在点 3 的左侧, $\mu_{\text{J-T}}$ 为正值, 气体通过节流过程后被冷却。而在点 3 的右侧, $\mu_{\text{J-T}}$ 为负值, 气体通过节流后变热了。后者当然达不到降温的目的。如果我们另换一个始态, 作一系列的 Joule-Thomson 节流过程, 又可得到一条形状相似但最高点位置不同的等焓线。把各等焓线的最高点连接起来即得到图 2.10 中的虚线。这条线称为**转化曲线** (inversion curve)。

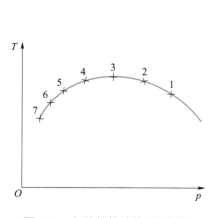

图 2.9　气体的等焓线 (示意图)

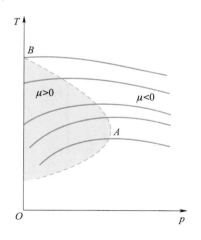

图 2.10　气体的转化曲线 (示意图)

转化曲线把气体的 $T - p$ 图划分成两个区, 在转化曲线以内 $\mu_{\text{J-T}} > 0$, 是制冷区; 在转化曲线以外, $\mu_{\text{J-T}} < 0$, 是制热区。各种气体有各自的转化曲线。如欲使气体通过节流膨胀降温或液化, 必须在该气体的制冷区内进行。

下面讨论为什么在不同情况下, $\mu_{\text{J-T}}$ 值可以为正、负或零。已知焓 (H) 是状态函数, 对于定量的气体可以写成

$$H = H(T, p)$$

所以

$$\mathrm{d}H = \left(\frac{\partial H}{\partial T}\right)_p \mathrm{d}T + \left(\frac{\partial H}{\partial p}\right)_T \mathrm{d}p$$

经过 Joule-Thomson 节流过程后, $\mathrm{d}H = 0$, 故上式可写成

$$\left(\frac{\partial T}{\partial p}\right)_H = -\frac{\left(\dfrac{\partial H}{\partial p}\right)_T}{\left(\dfrac{\partial H}{\partial T}\right)_p} \tag{2.40}$$

或

$$\mu_{\text{J-T}} = \left(\frac{\partial T}{\partial p}\right)_H = -\frac{\left[\dfrac{\partial(U + pV)}{\partial p}\right]_T}{C_p}$$

$$= \left\{-\frac{1}{C_p}\left(\frac{\partial U}{\partial p}\right)_T\right\} + \left\{-\frac{1}{C_p}\left[\frac{\partial(pV)}{\partial p}\right]_T\right\} \tag{2.41}$$

从式 (2.41) 可以看出, $\mu_{\text{J-T}}$ 的数值由两个大括号项的数值决定。

对于理想气体, 由于 $\left(\dfrac{\partial U}{\partial p}\right)_T = 0$, $\left[\dfrac{\partial(pV)}{\partial p}\right]_T = 0$, 所以其 $\mu_{\text{J-T}}$ 等于零。

而实际气体的 $\mu_{\text{J-T}}$ 不一定等于零, 这是由以下两个因素造成的。

(1) 实际气体的 U 不仅是 T 的函数, 还与 p (或 V) 有关。

(2) 实际气体并不服从波义耳定律。对于式 (2.41) 中的第一项, 由于实际气体分子间有引力, 在等温时, 压力减小, 则体积变大, 必须吸收能量以克服分子间的引力, 所以热力学能增加。又因为 C_p 大于零, 故第一项总是正值, 即

$$\left(\frac{\partial U}{\partial p}\right)_T < 0, \quad C_p > 0, \quad \text{故} \quad \left\{-\frac{1}{C_p}\left(\frac{\partial U}{\partial p}\right)_T\right\} > 0$$

对于实际气体, 式 (2.41) 中的第二项可正可负, 这要由 $\left[\dfrac{\partial(pV)}{\partial p}\right]_T$ 的正负来决定, 其数值可从 $pV_{\text{m}} - p$ 的等温线上求出, 它取决于气体自身的性质及所处的温度和压力。例如, 在 273.15 K 时 CH_4 的 $pV_{\text{m}} - p$ 曲线上, 当压力不太大时 [图 2.11 中的 (1) 段], $\left[\dfrac{\partial(pV_{\text{m}})}{\partial p}\right]_T < 0$, 在此种情形下, 第二项为正值, 因此与第一项总体来看, $\mu_{\text{J-T}}$ 值必为正。而在压力较大时, 即在曲线的后半段 [图 2.11 中的 (2) 段],

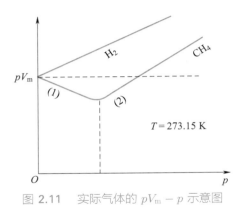

图 2.11　实际气体的 $pV_m - p$ 示意图

$\left[\dfrac{\partial(pV_m)}{\partial p}\right]_T > 0$, 此时第二项为负值。可见, 式 (2.41) 右边两个大括号项的数值可以相互抵消或相互增强。所以 $\mu_{J\text{-}T}$ 的数值随气体所处的具体温度及压力, 可以为正、负或零。在室温时, H_2 的 $\left[\dfrac{\partial(pV_m)}{\partial p}\right]_T$ 是正值, 即第二项为负值, 且其值超过了第一项, 故 $\mu_{J\text{-}T}$ 为负值。所以, 节流膨胀后温度增高。若降低氢气的温度, 其等温线的图形逐渐变成和 CH_4 在 273.15 K 时的等温线的图相似, 具有最低点。这样 $\mu_{J\text{-}T}$ 就可能出现正值。

Joule-Thomson 效应最重要的用途是用于使系统降温及使气体液化 (只有在 $\mu_{J\text{-}T} > 0$ 时, 气体才会通过绝热膨胀而降温)。

实际气体的 ΔU 和 ΔH

在下一章中, 借助 Maxwell 关系式, 可以导出两个重要的关系式, 即

$$\left(\frac{\partial U}{\partial V}\right)_T = T\left(\frac{\partial p}{\partial T}\right)_V - p$$

$$\left(\frac{\partial H}{\partial p}\right)_T = V - T\left(\frac{\partial V}{\partial T}\right)_p$$

这两个关系式又称为热力学状态方程。根据这两个关系式, 只要知道实际气体的状态方程, 就能求出实际气体在等温下 U 和 H 随 p, V 而变化的关系。对 van der Waals 气体而言, 在等温下, 有

$$\left(\frac{\partial U}{\partial V}\right)_T = \frac{a}{V_m^2}$$

所以, 在等温下, 当体积变化时, 有

$$\Delta U_m = a\left(\frac{1}{V_{m,1}} - \frac{1}{V_{m,2}}\right)$$

$$\Delta H_m = a\left(\frac{1}{V_{m,1}} - \frac{1}{V_{m,2}}\right) + \Delta(pV_m)$$

实际气体的 U 不仅是 T 的函数, 而且与 V (或 p) 有关; H 也一样。

按照分子动理论的观点, 气体分子的动能只是温度的函数, 因此体积变化时, 分子的平均动能不变。但是体积膨胀后, 分子间的平均距离增大, 必须克服分子间的引力或对抗内聚力而作内功, 因此平均位能将有所改变。对于实际气体在等

温膨胀时, 可以用反抗分子间的引力即**内压力** (internal pressure) $p_内$ 所消耗的能量来衡量热力学能的变化。所以内压力为

$$p_内 = \left(\frac{\partial U}{\partial V}\right)_T \qquad \mathrm{d}U = p_内 \mathrm{d}V$$

若气体的状态方程符合 van der Waals 方程式, 即

$$\left(p + \frac{a}{V_m^2}\right)(V_m - b) = RT$$

则内压力 $p_内 = \frac{a}{V_m^2}$[①], 于是

$$\left(\frac{\partial U}{\partial V}\right)_T = \frac{a}{V_m^2}$$

所以

$$\mathrm{d}U = \left(\frac{\partial U}{\partial T}\right)_V \mathrm{d}T + \left(\frac{\partial U}{\partial V}\right)_T \mathrm{d}V = C_V \mathrm{d}T + \frac{a}{V_m^2} \mathrm{d}V$$

或

$$\Delta U = \int C_V \mathrm{d}T + \int \frac{a}{V_m^2} \mathrm{d}V$$

与理想气体相比较, 实际气体多了后面一个积分项。

2.11 热化学

化学变化常伴有放热或吸热现象, 对这些热效应进行精密的测定, 并作较详尽的讨论, 成为物理化学的一个分支, 称为**热化学** (thermochemistry), 目的在于计算物理和化学反应过程中的热效应。

在热力学得到发展以前, 由于实际的需要, 热化学在实验的基础上就已经有了很大的发展, 并且也确立了一些定律。例如, 1840 年, G. H. Hess 就曾发现一条定律, 称作 Hess 定律。这些定律的发现及实验所采用的方法, 为以后热力学的

[①] 在 van der Waals 方程式中, $\frac{a}{V_m^2}$ 是实际压力 p 的校正项, 是由于分子间的相互引力而来的, 所以称为内压力。根据 $\left(\frac{\partial U}{\partial V}\right)_T = T\left(\frac{\partial p}{\partial T}\right)_V - p$ 和 van der Waals 方程式, 可得 $\left(\frac{\partial U}{\partial V}\right)_T = \frac{a}{V_m^2}$。

发展奠定了基础。而在热力学第一定律建立之后, 热化学中的一些规律和公式就成为热力学第一定律必然的推论了。因此, 热化学实质上可以看作热力学第一定律在化学领域中的具体应用。

　　热化学的实验数据具有实用和理论上的价值。例如, 反应热的多少, 就与实际生产中的机械设备、热量交换及经济价值等问题有关; 反应热的数据, 在计算平衡常数和其他热力学量时很有用。特别是在热力学第三定律中, 对于热力学基本常数的测定, 热化学的实验方法显得十分重要。

　　原则上, 测量热效应很简单, 但实际上要得到精确的数据并不容易, 它涉及一系列的标准化问题。由于热化学的数据与热力学基本常数有关, 因此需要设计更好的量热器, 需要更精确地在各种条件下 (如高温、高压、低温、微量等) 测定热效应, 以及由于仪器精度的提高, 不但需要扩大测量的范围获得新的数据, 而且原有的数据也需要不断地进行检验和修订。因而对热化学进行系统的研究, 以期获得标准化的数据, 仍旧是物理化学工作者当今的重要任务之一。

　　有一个时期, 反应的热效应被错误地认为是化学亲和力 (chemical affinity) 的量度。例如, Thomson 和 Berthelot 就曾经错误地认为, 化学反应总是向放热的方向进行的。这种看法在热力学第二定律建立之后, 得到了纠正 (但是, 也应该指出, 大部分的化学反应确实是放热反应)。

化学反应的热效应 —— 等压热效应与等容热效应

　　系统发生化学变化之后, 系统的温度回到反应前始态的温度, 系统放出或吸收的热量称为该反应的热效应。热效应可以如下测定: 使物质在热量计中作绝热变化, 从热量计的温度改变可以计算出应从热量计中取出或加入多少热才能恢复到始态的温度。所得结果就是等温变化中的热效应。热的取号仍采用热力学惯例, 即系统吸热为正值, 放热为负值。

　　通常如不特别注明, 反应热都是指等压热效应, 即反应是在等压下进行的。而常用的热量计 (如用氧弹测定燃烧热) 所测的热效应是等容热效应, 因此需要知道等容热效应 (Q_V) 与等压热效应 (Q_p) 之间的关系。

　　设某等温反应可经由等温等压和等温等容两个途径进行, 如图 2.12 所示。

　　图中 (Ⅰ), (Ⅱ) 两个过程所达到的终态是不一样的 (产物虽相同, 但 p, V 不同)。可以经由过程 (Ⅲ) 使产物的压力回复到 p_1。

　　由于 H 是状态函数, 故

$$\Delta_r H_{\mathrm{I}} = \Delta_r H_{\mathrm{II}} + \Delta H_{\mathrm{III}} = [\Delta_r U_{\mathrm{II}} + \Delta(pV)_{\mathrm{II}}] + \Delta H_{\mathrm{III}} \tag{a}$$

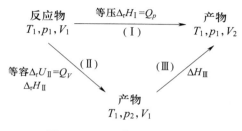

图 2.12　Q_p 与 Q_V 的关系

式中 $\Delta(pV)_\mathrm{II}$ 代表反应过程 (II) 始态和终态的 pV 之差, 即

$$\Delta(pV)_\mathrm{II} = (pV)_{\text{终态,II}} - (pV)_{\text{始态,II}}$$

对于反应系统中的凝聚物, 反应前后的 pV 值相差不大, 可略而不计。因此, 只需考虑其中气体组分的 pV 之差。若再假定气体为理想气体, 则

$$\Delta(pV)_\mathrm{II} = \Delta n(RT_1) \tag{b}$$

式中 Δn 是反应前后气体的物质的量之差。

对于理想气体, H (或 U) 仅是温度的函数; 过程 (III) 是等温过程, 故 $\Delta H_\mathrm{III} = 0$ ($\Delta U_\mathrm{III} = 0$)。

对于其他物质, ΔH_III (或 ΔU_III) 虽不一定等于零, 但过程 (III) 是物理变化, 其数值与化学反应的 $\Delta_\mathrm{r} H$ (或 $\Delta_\mathrm{r} U$) 相比较, 一般说来微不足道, 可以略去不计。将式 (b) 代入式 (a), 得

$$Q_p = Q_V + \Delta n(RT) \quad \text{或} \quad \Delta_\mathrm{r} H = \Delta_\mathrm{r} U + \Delta n(RT) \tag{2.42}$$

反应进度

在讨论化学反应时, 需要引入一个重要的物理量——**反应进度** (extent of reaction), 用符号 ξ 表示。这个物理量最早是由比利时热化学家 T. de Donder 引入的, 后来经 IUPAC 推荐, 从而在反应焓变的计算、化学平衡和反应速率的表示式中被普遍采用。

通常可以把任意的化学反应式写成

$$d\mathrm{D} + e\mathrm{E} + \cdots \longrightarrow f\mathrm{F} + g\mathrm{G} + \cdots$$

$$0 = \sum_\mathrm{B} \nu_\mathrm{B} \mathrm{B}$$

式中 B 代表反应式中的任一组分; ν_B 代表所给化学反应式中各物质的化学计量数 $d, e, f, g, \cdots$, 是量纲一的量[1]。对于反应物, ν_B 取负值, 对于产物, ν_B 取

---

[1] 以前称为无量纲量, 或单位的指数为零的量, 1988 年在国际单位制 (SI) 中改为量纲一的量。我国的国家标准 (GB) 与 SI 保持一致。

正值。

反应进度 ξ 的定义为

$$n_B(\xi) \xlongequal{\text{def}} n_B(0) + \nu_B\xi \tag{2.43}$$

式中 $n_B(0)$ 代表反应进度 $\xi = 0$ (反应尚未开始) 时 B 的物质的量, 是原始给定量, 在给定条件下是一个常数; $n_B(\xi)$ 代表组分 B 在反应进度为 ξ 时的物质的量, ξ 的单位是 mol。

对式 (2.43) 微分, 得

$$d\xi = \frac{dn_B}{\nu_B}$$

对于有限的变化, 则得

$$\Delta\xi = \frac{\Delta n_B}{\nu_B}$$

引入反应进度的最大优点是, 不论反应进行到什么时刻, 都可用任一反应物或任一产物来表示反应进行的程度, 所得值总是相等的。例如, 对于反应

$$d\mathrm{D} + e\mathrm{E} + \cdots \longrightarrow f\mathrm{F} + g\mathrm{G} + \cdots$$

$$d\xi = \frac{dn_D}{\nu_D} = \frac{dn_E}{\nu_E} = \frac{dn_F}{\nu_F} = \frac{dn_G}{\nu_G} = \cdots$$

采用反应进度这一概念时必须与化学反应的计量方程对应 (即必须给出反应方程式), 当反应按所给反应方程式的计量系数比例进行一个单位的化学反应时, 即 $\Delta n_B = \nu_B$ mol, 这时反应进度 ξ 等于 1 mol。

例 2.4

10 mol $N_2(g)$ 和 20 mol $H_2(g)$ 混合通过合成氨塔, 经过多次循环反应, 最后有 5 mol $NH_3(g)$ 生成。试按如下两个反应方程式, 分别计算反应的进度。

(a) $N_2(g) + 3H_2(g) \longrightarrow 2NH_3(g)$

(b) $\frac{1}{2}N_2(g) + \frac{3}{2}H_2(g) \longrightarrow NH_3(g)$

解

	$n(N_2)/mol$	$n(H_2)/mol$	$n(NH_3)/mol$
当 $t=0, \xi=0$	10	20	0
当 $t=t, \xi=\xi$	7.5	12.5	5

根据反应方程式 (a), 用 $NH_3(g)$ 物质的量的变化来计算 ξ, 即

$$\Delta\xi = \frac{(5-0)\ mol}{2} = 2.5\ mol$$

用 $H_2(g)$ 物质的量的变化来计算 ξ, 即

$$\Delta\xi = \frac{(12.5-20)\ \text{mol}}{-3} = 2.5\ \text{mol}$$

用 $N_2(g)$ 物质的量的变化来计算 ξ, 即

$$\Delta\xi = \frac{(7.5-10)\ \text{mol}}{-1} = 2.5\ \text{mol}$$

根据反应方程式 (b), 分别用 $NH_3(g)$, $H_2(g)$ 和 $N_2(g)$ 物质的量的变化来计算 ξ, 即

$$\Delta\xi = \frac{(5-0)\ \text{mol}}{1} = \frac{(12.5-20)\ \text{mol}}{-\frac{3}{2}} = \frac{(7.5-10)\ \text{mol}}{-\frac{1}{2}} = 5\ \text{mol}$$

由此可见, 不论用反应物还是产物物质的量的变化来计算 ξ, 所得 ξ 的值都相同。但是, 反应进度 ξ 的数值与反应方程式的书写有关。当反应按所给反应方程式的计量系数进行一个单元的化学反应时, 反应进度就等于 1 mol。显然, 反应方程式的写法不同, 如 (a), (b) 所示, 当反应进度都是 1 mol 时, 反应物与产物的物质的量的变化也是不同的。

一个化学反应的焓变必然取决于反应进度, 对于不同的反应进度, 显然有不同的 $\Delta_r H$ 值。将 $\dfrac{\Delta_r H}{\Delta\xi}$ 称为**反应的摩尔焓变** (molar enthalpy of the reaction), 并用 $\Delta_r H_m$ 表示, 即

$$\Delta_r H_m = \frac{\Delta_r H}{\Delta\xi} = \frac{\nu_B \Delta_r H}{\Delta n_B} \tag{2.44}$$

$\Delta_r H_m$ 实际上是指按所给反应方程式, 进行 $\Delta\xi$ 为 1 mol 反应时的焓变。$\Delta_r H_m$ 的单位是 $J \cdot mol^{-1}$。在化学反应系统中, 各物质的物质的量取决于反应进度。所以, $\Delta\xi$ 也是描述物质所处状态的变量。

标准摩尔焓变

热力学函数 U, H, 以及以后还要讲到的 Gibbs 自由能 G 和 Helmholtz 自由能 A 等, 其绝对值都是不知道的, 我们只能测量该系统由于 T, p 等条件发生变化时所引起的变化值。这正如测量某一物体所处位置的高度一样, 由于我们根本就不知道高度的零点在哪里, 因此无法知道该物体的绝对高度。但我们可以人为地选择一个为大家所接受的参考点, 以此作为零点, 测量其相对高度 (例如, 选择给定温度、压力下地面上某一纬度的海平面作为高度的零点), 两个物体相对高度之差就是它们绝对高度之差值。对热力学函数来说, 重要的问题就是要为它们选择一个基线, **标准态** (standard state) 就相当于这样的基线。对化学反应来说, 当反

应物和产物都处于标准态时, 此时热力学函数的差值就具有绝对值的含义了。

基准的选择原则上有任意性, 但必须合理、接近实际、方便使用且易为公众所接受。处于标准态的物理量, 在其符号右上角有 "⊖" 的标志。在热力学中 "标准" 一词具有特殊的重要意义。

标准态的压力为 100 kPa, 用符号 $p^{\ominus}$ 表示[1]。对于纯固体或纯液体, 压力为 100 kPa 和温度为 T 的状态为标准态 (由于温度没有给定, 因此, 每个 T 都存在一个相应的标准态)。例如, 纯固体或纯液体 B 在 $p^{\ominus}$ 和 298.15 K 时的标准摩尔体积用 $V_{\mathrm{m}}^{\ominus}$ (B, 298.15 K) 表示。对于纯气体, 则选择温度 T, p 为 100 kPa 时, 且具有理想气体性质的状态作为标准态。理想气体客观上并不存在, 而实际气体在压力为 $p^{\ominus}$ 时, 其行为并不理想, 故纯气体的标准态是一种假想的状态 (关于标准态在以后的章节里还要讨论)。本书所用的表值一般都是 p 为 100 kPa, T 为 298.15 K 时的数据 (有时为书写简便起见, 近似用 298 K 表示)。

如果参加反应的各物质都处于标准态, 则此时反应的摩尔焓变就称为标准摩尔焓变, 用符号 $\Delta_{\mathrm{r}} H_{\mathrm{m}}^{\ominus}(T)$ 表示。

应该注意到, 在热化学中所写的反应方程式都表示一个已经完成的反应, 也就是反应进度为 1 mol 的反应。例如, 298.15 K 时:

$$\mathrm{H}_2(\mathrm{g}, p^{\ominus}) + \mathrm{I}_2(\mathrm{s}, p^{\ominus}) =\!=\!=\!= 2\mathrm{HI}(\mathrm{g}, p^{\ominus}) \tag{1}$$

$$\Delta_{\mathrm{r}} H_{\mathrm{m}}^{\ominus}(298.15\ \mathrm{K}) = 53.0\ \mathrm{kJ} \cdot \mathrm{mol}^{-1}$$

表示在 298.15 K 和标准压力 $p^{\ominus}$ 时, 反应按所写的反应方程式进行, 当反应进度为 1 mol 时, $\Delta_{\mathrm{r}} H_{\mathrm{m}}^{\ominus}$ 为 53.0 kJ · mol^{-1}。

如果把反应式写成

$$\frac{1}{2}\mathrm{H}_2(\mathrm{g}, p^{\ominus}) + \frac{1}{2}\mathrm{I}_2(\mathrm{s}, p^{\ominus}) =\!=\!=\!= \mathrm{HI}(\mathrm{g}, p^{\ominus}) \tag{2}$$

则针对反应 (2) 的标准摩尔焓变 (即反应进度为 1 mol 时的焓变) 为

$$\Delta_{\mathrm{r}} H_{\mathrm{m}}^{\ominus}(298.15\ \mathrm{K}) = 26.5\ \mathrm{kJ} \cdot \mathrm{mol}^{-1}$$

反应方程式 (1) 还有一个含义, 即代表 1 mol 纯的 (或单独存在的) $\mathrm{H}_2(\mathrm{g})$ 和 1 mol 纯的 $\mathrm{I}_2(\mathrm{s})$ 完全反应生成 1 mol 纯的 $2\mathrm{HI}(\mathrm{g})$ 的反应, 它们并没有混合, 这是一个想象的过程 (我们可以通过 van't Hoff 平衡箱来完成这个过程, 参阅第三章)。如果把 1 mol $\mathrm{H}_2(\mathrm{g})$ 与 1 mol $\mathrm{I}_2(\mathrm{s})$ 混合, 实际上不会吸收 53.0 kJ 的热量。这是由于反应进行到一定程度就达到平衡而 "宏观上停止" 了, 有一部分氢气和碘

---

[1] 标准压力 $p^{\ominus}$ 以前选择压力为 1 atm, 并具有理想气体特性的纯气体, 这是一种假想态。之后, 把 1 atm 改为 101.325 kPa。现在根据 IUPAC 的推荐, 将标准态的压力改为 100 kPa。我国的国家标准 GB 3102.8—93 接受了 IUPAC 的推荐, 在定义压力的标准态时, 都注明标准压力 $p^{\ominus}$ 为 100 kPa。但目前国外不少书籍仍继续用 1 atm 作为压力的标准态。

剩余下来没有发生作用。实际上, 要将 1 mol $I_2(s)$ 与 100 mol $H_2(g)$ (或更多) 相混合才会几乎使碘完全反应从而吸收 53.0 kJ 左右的热量。这里, 多余的氢气实际上没有起变化, 所以也不会产生热效应, 因而与反应方程式无关。

表示化学反应与热效应关系的反应方程式称为热化学方程式。因为 U, H 的数值与系统状态有关, 所以在反应方程式中应该明确地注明物态、温度、压力、组成等。对于固态, 还应该注明其结晶状态。一般在反应方程式中, "g" 代表气体, "l" 代表液体, "s" 代表固体。(习惯上, 如果不注明压力和温度, 则都是针对压力为 100 kPa, 温度为 298.15 K 而言的。)

2.12 Hess 定律

实验证明, 不管化学反应是一步完成的, 还是分几步完成的, 该反应的热效应相同。换言之, 即反应的热效应只与始态和终态有关, 而与变化的途径无关, 这就是 **Hess 定律** (Hess's law) (也称为热效应总值一定定律)。Hess 定律只对等容过程或等压过程才完全正确。Hess 在 1840 年根据实验事实提出该定律, 但在热力学第一定律建立以后, 这个定律就成为必然的结果了。因为等压过程的热效应就等于焓的变化值, 等容过程的热效应就等于热力学能的变化值, 焓和热力学能都是状态函数, 只要化学反应的始态和终态给定了, 则 $\Delta_r H$ 或 $\Delta_r U$ 便是定值, 而与通过什么具体途径来完成这一反应无关。

Hess 定律的用处很多。有些化学变化进行得太慢, 而且由于平衡的存在, 化学反应并不都是完全反应的。同时, 在实验过程中, 量热器容易因辐射而散失热量, 使量度不准。另外, 对于某些化学变化的热效应, 还没有较妥善的方法直接测定; 直接测定某些有机化合物的反应热常比较困难或不易准确等。在遇到这些情况时, 则可以根据已知的其他一些化学反应的热效应间接推求。因为根据 Hess 定律, 热化学反应式可以互相加减。例如, $C(s)$ 和 $O_2(g)$ 化合成 $CO(g)$ 的焓变值就不能直接用实验测定, 因为产物中必然混有 CO_2, 但可以间接地根据下列两个反应式求出:

$$(1) \ C(s) + O_2(g) = CO_2(g) \qquad \Delta_r H_m(1)$$

$$(2) \ CO(g) + \frac{1}{2}O_2(g) = CO_2(g) \qquad \Delta_r H_m(2)$$

$$(1)-(2) \ 得 \ C(s) + \frac{1}{2}O_2(g) = CO(g) \qquad \Delta_r H_m = \Delta_r H_m(1) - \Delta_r H_m(2)$$

反应 (1) 和 (2) 应在相同的条件 (如温度、压力等) 下进行。

为了求出反应的焓变值, 可以借助某些辅助反应, 至于反应究竟是否按照中间的途径进行, 则可不必考虑。但是, 由于每一次实验数据都有一定的误差, 所以应尽量避免引入不必要的 (或尽可能少的) 辅助反应。

2.13　几种热效应

标准摩尔生成焓

等温等压下化学反应的焓变 $\Delta_r H_m$ 等于产物焓的总和与反应物焓的总和之差。如果能够知道参加化学反应各种物质焓的绝对值, 对于任一反应只要直接查表就能计算其反应焓变, 这种方法原则上讲最为简便。但是实际上, 焓的绝对值是不知道的。为了解决这一困难, 人们采用了一个相对的标准, 同样可以很方便地用来计算反应的 $\Delta_r H_m$。

人们规定在标准压力 (100 kPa) 下, 在进行反应的温度时, 由最稳定的单质 (elementary substance) 合成标准压力 $p^\ominus$ 下单位量物质 B 的反应焓变, 叫作物质 B 的**标准摩尔生成焓** (standard molar enthalpy of formation), 用符号 $\Delta_f H_m^\ominus$(B, 相态, T) 表示 (一般选取元素最稳定的单质, 但也有例外, 如对于磷则选取白磷而非最稳定的红磷)。

例如, 在 298.15 K 时:

$$\frac{1}{2}H_2(g, p^\ominus, 298.15\ \text{K}) + \frac{1}{2}Cl_2(g, p^\ominus, 298.15\ \text{K}) = \!=\!= HCl(g, p^\ominus, 298.15\ \text{K})$$

$$\Delta_r H_m^\ominus(298.15\ \text{K}) = -92.31\ \text{kJ} \cdot \text{mol}^{-1}$$

因此, HCl(g) 的标准摩尔生成焓 $\Delta_f H_m^\ominus$(HCl, g, 298.15 K) $= -92.31\ \text{kJ} \cdot \text{mol}^{-1}$。

一种化合物的生成焓并不是这种化合物的焓的绝对值, 它是相对于合成它的单质的相对焓变。而根据上述生成焓的定义, 则最稳定的单质的标准摩尔生成焓都等于零, 意即 $H_m^\ominus$(最稳定的单质, $p^\ominus$) $= 0$。因为它们自己生成自己就没有焓变 (实际上是把最稳定单质的标准摩尔生成焓选为比较的基准, 在作上述规定时并没有指定温度必须是 298.15 K, 但通常的表值所给出的都是 298.15 K 时的数值)。

有很多化合物是不能直接由单质合成的, 如从 C, H_2 和 O_2 不能直接合成 $CH_3COOH(l)$, 但可根据 Hess 定律间接求得其生成焓。例如, 在 298.15 K 时:

(1) $CH_3COOH(l) + 2O_2(g) \Longrightarrow 2CO_2(g) + 2H_2O(l)$ $\qquad \Delta_r H_m^\ominus(1)$

(2) $C(s) + O_2(g) \Longrightarrow CO_2(g)$ $\qquad \Delta_r H_m^\ominus(2)$

(3) $H_2(g) + \dfrac{1}{2}O_2(g) \Longrightarrow H_2O(l)$ $\qquad \Delta_r H_m^\ominus(3)$

由 $[(2) + (3)] \times 2 - (1)$ 得

(4) $2C(s) + 2H_2(g) + O_2(g) \Longrightarrow CH_3COOH(l)$ $\qquad \Delta_r H_m^\ominus(4)$

$$\Delta_r H_m^\ominus(4) = [\Delta_r H_m^\ominus(2) + \Delta_r H_m^\ominus(3)] \times 2 - \Delta_r H_m^\ominus(1)$$

$$\Delta_f H_m^\ominus(CH_3COOH, l, 298.15\ K) = \Delta_r H_m^\ominus(4)$$

如果在一个反应中各个物质的生成焓都已经知道, 则可以求整个化学反应的 $\Delta_r H_m$。例如, 在 100 kPa, 298.15 K 时, 对下面的化学反应

$$2A + B \Longrightarrow C + 3D$$

可写出

$$\Delta_r H_m^\ominus(298.15\ K) = [\Delta_f H_m^\ominus(C) + 3\Delta_f H_m^\ominus(D)] - [2\Delta_f H_m^\ominus(A) + \Delta_f H_m^\ominus(B)]$$

或一般地对任意的反应

$$0 = \sum_B \nu_B B$$

可写出

$$\Delta_r H_m^\ominus(298.15\ K) = \sum_B \nu_B \Delta_f H_m^\ominus(B, 298.15\ K) \qquad (2.45)$$

式中 ν_B 表示产物和反应物在反应方程式中的计量数, 对于产物, ν_B 取正值, 对于反应物, ν_B 取负值。

利用式 (2.45) 计算反应的 $\Delta_r H_m^\ominus(298.15\ K)$ 是基于形成反应方程式双方的化合物所需的单质的量是相同的。例如, 对于反应

$$3C_2H_2(g) \Longrightarrow C_6H_6(g)$$

形成 $3C_2H_2(g)$ 和形成 $C_6H_6(g)$ 有共同的起点, 都是 $6C(s) + 3H_2(g)$, 即

根据状态函数的性质, 所以

$$\Delta_r H_m^\ominus(298.15 \text{ K}) = \sum_B \nu_B \Delta_f H_m^\ominus(B)$$

$$= \Delta_f H_m^\ominus[C_6H_6(g)] - 3\Delta_f H_m^\ominus[C_2H_2(g)]$$

在附录中列出了一些化合物在 298.15 K 时的标准摩尔生成焓的值。

*自键焓估算反应焓变

一切化学反应实际上都是原子或原子团的重新排列组合。反应的全过程就是旧键的拆散和新键的形成过程。由于拆散旧键和形成新键都有能量的变化，所以从本质上说，这就是出现反应热效应的原因。如果我们能够知道联系分子中各原子的化学键的键能，则根据反应过程中键的变化情况，就能算出反应焓变，这是从物质结构的角度解决反应焓变的根本途径。但是遗憾的是，到目前为止，因核外电子彼此之间的相互作用极其复杂，难以定量计算，故各种有关键能的数据很不完善，而且不够准确。现在只能利用一些已知的键能数据来估算反应焓变。估算的方法很多，而且对于结构复杂的化合物，常需要加以修正。以下只介绍其中的一种，以见一斑。

在热化学中所用的键焓与自光谱所得的键的分解能在意义上有所不同，后者是指拆散气态化合物中某一个具体的键生成气态原子所需要的能量，而前者则是一个平均值。例如，自光谱数据可知

$$H_2O(g) \rule[0.5ex]{2em}{0.4pt} H(g) + OH(g) \qquad \Delta_r H_m(298.15 \text{ K}) = 498.7 \text{ kJ} \cdot \text{mol}^{-1}$$

$$OH(g) \rule[0.5ex]{2em}{0.4pt} O(g) + H(g) \qquad \Delta_r H_m(298.15 \text{ K}) = 428.0 \text{ kJ} \cdot \text{mol}^{-1}$$

在 H—O—H 中拆散第一个 H—O 键与拆散第二个 H—O 键所需的能量不同，而键焓的定义则是

$$\Delta H_m(OH) = \frac{(498.7 + 428.0) \text{ kJ} \cdot \text{mol}^{-1}}{2} = 463.4 \text{ kJ} \cdot \text{mol}^{-1}$$

由此可见，键焓只是作为计算使用的一种平均数据，而不是直接实验的结果。

但对双原子分子 H_2 来说，它的键焓和键的分解能 (等压) 是相等的，即

$$H_2(g) \rule[0.5ex]{2em}{0.4pt} 2H(g) \qquad \varepsilon_{H-H} = \Delta_r H_m(298.15 \text{ K}) = 436 \text{ kJ} \cdot \text{mol}^{-1}$$

表 2.2 给出了 298.15 K 时几种键的平均键焓。

Pauling 假定一个分子的总键焓是其中各个单键键焓之和，这些键焓只由键的类型所决定。利用表 2.2 可得由气态的原子合成气态的化合物时反应的 $\Delta_r H_m$，这还不是该化合物的生成焓，还需要知道各元素的气态单原子相对其标准态的 $\Delta_r H_m^\ominus$。

表 2.2　298.15 K 时几种键的平均键焓

键	$\dfrac{\Delta H_m^{\ominus}(298.15\ K)}{kJ \cdot mol^{-1}}$	键	$\dfrac{\Delta H_m^{\ominus}(298.15\ K)}{kJ \cdot mol^{-1}}$
H—H	436	N—H	388
C—C	348	O—H	463
C=C	612	F—H (HF 中)	565
C≡C	838	Cl—H (HCl 中)	431
N—N	163	Br—H (HBr 中)	366
N≡N (N₂ 中)	946	I—H (HI 中)	299
O—O	146	Si—H	318
O=O (O₂ 中)	497	S—H	338
F—F (F₂ 中)	155	C—O	360
Cl—Cl (Cl₂ 中)	242	C=O	743
Br—Br (Br₂ 中)	193	C—N	305
I—I (I₂ 中)	151	C≡N	890
Cl—F	254	C—F	484
C—H	412	C—Cl	338

注: 本表数据摘自 Atkins P, Paula J, Keeler J. Physical Chemistry. 11th ed. Oxford: Oxford University Press, 2018: Table 9c.2b.

例 2.5

对于乙烷分解为乙烯和氢的反应, 试由键焓估计反应的焓变。

$$CH_3{-}CH_3(g) =\!=\!= C_2H_4(g) + H_2(g)$$

解　反应物乙烷中有 1 个 C—C 键, 6 个 C—H 键, 产物乙烯和氢中有 1 个 C=C 键, 4 个 C—H 键, 1 个 H—H 键。

$$\Delta_r H_m(298.15\ K) = \sum_B \varepsilon(\text{反应物}) - \sum_B \varepsilon(\text{产物})$$

$$= (\varepsilon_{C-C} + 6\varepsilon_{C-H}) - (\varepsilon_{C=C} + 4\varepsilon_{C-H} + \varepsilon_{H-H})$$

$$= (348 + 6 \times 412)\ kJ \cdot mol^{-1} - (612 + 4 \times 412 + 436)\ kJ \cdot mol^{-1}$$

$$= 124\ kJ \cdot mol^{-1}$$

标准摩尔离子生成焓

对于有离子参加的反应, 如果能够知道每种离子的生成焓, 则同样可以计算这一类反应的焓变。但由于溶液中正、负离子同时存在, 溶液总是电中性的, 因此不能得到单一离子的生成焓。例如, 在 298 K, 100 kPa 时, 将 1 mol HCl(g) 溶于大量水中, 形成 $H^+(\infty\ aq)$ 和 $Cl^-(\infty\ aq)$, $(\infty\ aq)$ 代表无限稀释溶液, 该溶解过程放热 $74.85\ kJ \cdot mol^{-1}$。

$$HCl(g) \xrightarrow{H_2O} H^+(\infty\ aq) + Cl^-(\infty\ aq)$$

$$\Delta_{sol}H_m^\ominus(298.15\ K) = \Delta_f H_m^\ominus[H^+(\infty\ aq)] + \Delta_f H_m^\ominus[Cl^-(\infty\ aq)] - \Delta_f H_m^\ominus[HCl(g)]$$

$$= -74.85\ kJ \cdot mol^{-1}$$

查表知 HCl(g) 的标准摩尔生成焓为 $-92.31\ kJ \cdot mol^{-1}$, 则

$$\Delta_f H_m^\ominus[H^+(\infty\ aq)] + \Delta_f H_m^\ominus[Cl^-(\infty\ aq)] = (-74.85 - 92.31)\ kJ \cdot mol^{-1}$$

$$= -167.16\ kJ \cdot mol^{-1}$$

所得结果总是正、负两种离子生成焓之和。如果选定一种离子, 对它的离子生成焓给予一定的数值, 从而获得其他各种离子在无限稀释时的相对生成焓。利用相对值仍然可以解决电解质溶液的反应焓变问题, 现在公认的标准是规定 $H^+(\infty\ aq)$ 的标准摩尔离子生成焓为零。因此, 从上式就可求出 $Cl^-(\infty\ aq)$ 的标准摩尔离子生成焓:

$$\Delta_f H_m^\ominus[Cl^-(\infty\ aq)] = -167.16\ kJ \cdot mol^{-1}$$

又从实验得知在 298.15 K, 100 kPa 时, KCl(s) 溶于大量水时吸热 $17.18\ kJ \cdot mol^{-1}$。

$$KCl(s) \xrightarrow{H_2O} K^+(\infty\ aq) + Cl^-(\infty\ aq)$$

$$\Delta_{sol}H_m^\ominus = \Delta_f H_m^\ominus[K^+(\infty\ aq)] + \Delta_f H_m^\ominus[Cl^-(\infty\ aq)] - \Delta_f H_m^\ominus[KCl(s)]$$

$$= 17.18\ kJ \cdot mol^{-1}$$

已知 $Cl^-(\infty\ aq)$ 和 KCl(s) 的标准摩尔生成焓分别为 $-167.2\ kJ \cdot mol^{-1}$ 和 $-436.75\ kJ \cdot mol^{-1}$, 所以,

$$\Delta_f H_m^\ominus[K^+(\infty\ aq)] = (17.18 + 167.2 - 436.75)\ kJ \cdot mol^{-1}$$

$$= -252.4\ kJ \cdot mol^{-1}$$

附录中列出了一些离子的标准摩尔生成焓。

例 2.6

溶液中含有 1 mol Ca^{2+}, 其浓度很稀, 在压力为 100 kPa, 温度为 298.15 K 时, 通入 $CO_2(g)$ 后, 有 $CaCO_3(s,$ 方解石) 沉淀生成, 求沉淀过程的焓变。

解　　　　　$Ca^{2+}(\infty\ aq) + CO_2(g) + H_2O(l) =\!=\!= CaCO_3(s) + 2H^+(\infty\ aq)$

$$\Delta_r H_m(298.15\ K) = \{\Delta_f H_m^\ominus[CaCO_3(s)] + 2\Delta_f H_m^\ominus[H^+(\infty\ aq)]\} -$$

$$\{\Delta_f H_m^\ominus[Ca^{2+}(\infty\ aq)] + \Delta_f H_m^\ominus[CO_2(g)] + \Delta_f H_m^\ominus[H_2O(l)]\}$$

$$= (-1207.6 + 0)\ kJ\cdot mol^{-1} - (-542.8 - 393.51 - 285.83)\ kJ\cdot mol^{-1}$$

$$= 14.54\ kJ\cdot mol^{-1}$$

标准摩尔燃烧焓

在标准压力下, 反应温度 T 时, 单位量的可燃物质 B 完全氧化为同温下的指定产物时的标准摩尔焓变, 称为物质 B 的 **标准摩尔燃烧焓** (standard molar enthalpy of combustion), 用符号表示为

$$\Delta_c H_m^\ominus(B, 相态, T)$$

下标 "c" 表示 "燃烧"; 下标 "m" 表示反应进度为 1 mol。例如, 在 298.15 K, 100 kPa 时:

$$H_2(g) + \frac{1}{2}O_2(g) \longrightarrow H_2O(l) \qquad \Delta_c H_m^\ominus(H_2, g, 298.15\ K) = -285.83\ kJ\cdot mol^{-1}$$

燃烧产物指定如下: 该化合物中 C 变为 $CO_2(g)$, H 变为 $H_2O(l)$, S 变为 $SO_2(g)$, N 变为 $N_2(g)$, Cl 成为 HCl (水溶液), 金属如银等都成为游离状态 (对燃烧的最终产物, 有些书上可能指定得不同, 则燃烧焓值也不同。因此, 在使用燃烧焓的表值时, 应予以注意)。一些物质在 298.15 K 时的标准摩尔燃烧焓列于附录中。

从燃烧焓也可以计算反应焓变。如果已经知道反应中各物质的标准摩尔燃烧焓, 则反应的焓变等于反应物燃烧焓的总和减去产物燃烧焓的总和, 用式表示为 (设都用 298.15 K 时的表值)

$$\Delta_r H_m^\ominus(298.15\ K) = -\sum_B \nu_B \Delta_c H_m^\ominus(B) \qquad (2.46)$$

利用式 (2.46) 计算反应的 $\Delta_r H_m^\ominus$ 是基于反应方程式双方的化合物的燃烧产物都是相同的。例如, 在 298 K 和标准压力下:

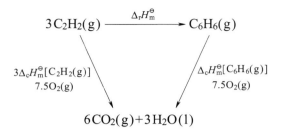

根据状态函数的性质：

$$\Delta_r H_m^{\ominus} = 3\Delta_c H_m^{\ominus}[C_2H_2(g)] - \Delta_c H_m^{\ominus}[C_6H_6(g)]$$

应注意式 (2.46) 中相减次序与式 (2.45) 中相减次序不同。

例 2.7

利用燃烧焓求 298.15 K 和标准压力时, 如下酯化反应的焓变。

$$CH_3COOH(l) + C_2H_5OH(l) \Longrightarrow CH_3COOC_2H_5(l) + H_2O(l)$$

$$\qquad (A) \qquad\qquad (B) \qquad\qquad (C)$$

解 从燃烧焓的表值查得

$$\Delta_c H_m^{\ominus}(A) = -874 \ kJ \cdot mol^{-1}$$

$$\Delta_c H_m^{\ominus}(B) = -1367 \ kJ \cdot mol^{-1}$$

$$\Delta_c H_m^{\ominus}(C) = -2238 \ kJ \cdot mol^{-1}$$

所以该反应的标准摩尔焓变为

$$\Delta_r H_m^{\ominus} = \Delta_c H_m^{\ominus}(A) + \Delta_c H_m^{\ominus}(B) - \Delta_c H_m^{\ominus}(C)$$

$$= (-874 - 1367 + 2238) \ kJ \cdot mol^{-1} = -3 \ kJ \cdot mol^{-1}$$

从燃烧焓也可以求生成焓 (特别是一些通常不能直接由单质合成的有机化合物)。例如, 求如下反应在 298.15 K 时, 产物的标准摩尔生成焓:

$$C(s) + 2H_2(g) + \frac{1}{2}O_2(g) \Longrightarrow CH_3OH(l)$$

该反应的焓变就是 $CH_3OH(l)$ 的标准摩尔生成焓。所以

$$\Delta_f H_m^{\ominus}[CH_3OH(l), 298.15 \ K] = \Delta_r H_m^{\ominus}(298.15 \ K)$$

$$= \Delta_c H_m^{\ominus}[C(s)] + 2\Delta_c H_m^{\ominus}[H_2(g)] - \Delta_c H_m^{\ominus}[CH_3OH(l)]$$

从燃烧焓 (或生成焓) 计算反应焓变时, 尽管测定燃烧焓 (或生成焓) 时没有太大的误差, 但对所求得的反应焓变却可能有很大的影响。例如, 在例 2.7 中, $CH_3COOC_2H_5(l)$ 的燃烧焓中有 $\pm 1\%$ 的相对误差, 约为 $\pm 22 \ kJ \cdot mol^{-1}$, 而最后的反应焓变仅为 $-3 \ kJ \cdot mol^{-1}$, 这 $\pm 22 \ kJ \cdot mol^{-1}$ 的误差对最后结果的影响极大。

*溶解热和稀释热

将溶质 B 溶于溶剂 A 中或将溶剂 A 加入溶液中都会产生热效应。此种热效应除了与溶剂及溶质的性质和数量有关外, 还与系统所处的温度及压力有关 (如不注明, 则均指 298.15 K 和 100 kPa)。这两种热效应通常又可分为积分热效应和微分热效应。

积分溶解热是指将一定量的溶质溶于一定量的溶剂中所产生的热效应的总和; 若是等压过程, 此热效应就等于该过程的焓变。在溶解过程中, 溶液的浓度不断改变, 总的热效应即积分溶解热可由实验直接测定。例如, 1 mol H_2SO_4(l) 溶于不同数量的溶剂水中, 所测得的积分溶解焓变如表 2.3 所示。

表 2.3 H_2SO_4(l) 的积分溶解焓变 (298.15 K, 100 kPa)

$$n_B H_2SO_4(l) + n_A H_2O(l) \longrightarrow n_B H_2SO_4(n_A H_2O) \qquad n_B = 1 \text{ mol}$$

$\dfrac{n_A}{n_B} = \dfrac{n_A}{1 \text{ mol}(H_2SO_4)}$	$\dfrac{-\Delta_{sol}H}{\text{kJ} \cdot (\text{mol } H_2SO_4)^{-1}}$
0.5	15.73
1.0	28.07
1.5	36.90
2.0	41.92
5.0	58.03
10.0	67.03
20.0	71.50
50.0	73.35
100.0	73.97
1000	78.58
10000	87.07
100000	93.64
∞	96.19

注: 本表数据摘自 Moore. Physical Chemistry. 5th ed. 1972: 65.

根据表 2.3 可得图 2.13, 可见溶解热与溶液浓度有关, 一般不具备线性关系。

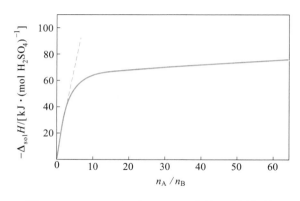

图 2.13　$H_2SO_4(l)$ 在 $H_2O(l)$ 中的积分溶解热

微分溶解热是指在给定浓度的溶液里加入 dn_B 溶质时所产生的微量热效应, 由于加入的溶质量很少, 溶液浓度可视为不变, 可表示为 $\left[\dfrac{\partial(\Delta_{sol}H)}{\partial n_B}\right]_{T,p,n_A}$。

微分溶解热是一个偏微分量, 也可以理解为在大量给定浓度的溶液中加入 1 mol 溶质时所产生的热效应。因为溶液的量很大, 所以尽管加入 1 mol 溶质, 但浓度仍可视为不变。微分溶解热的单位是 $J \cdot mol^{-1}$。

积分稀释热是指把一定量的溶剂加到一定量的溶液中, 使之稀释所产生的热效应的总和, 显然与开始和终了的浓度有关。积分稀释热不是由实验直接测定的, 而是从积分溶解热得到的。

微分稀释热是指在一定浓度的溶液中加入 dn_A 溶剂时所产生的微量热效应, 也近似将溶液的浓度视作不变, 它的值可从积分溶解热图上间接求得。在图 2.13 中, 曲线上任一点的正切即为该浓度时的微分稀释热, 可表示为 $\left[\dfrac{\partial(\Delta_{sol}H)}{\partial n_A}\right]_{T,p,n_B}$。

微分溶解热的求法与上法略同。先求出在定量的溶剂中加入不同量的溶质时的积分溶解热, 然后以热效应为纵坐标, 以溶质的物质的量为横坐标, 绘制曲线。曲线上任一点的正切即为该浓度时的微分溶解热, 可表示为 $\left[\dfrac{\partial(\Delta_{sol}H)}{\partial n_B}\right]_{T,p,n_A}$。

2.14　反应焓变与温度的关系——Kirchhoff 定律

在等压下, 若使同一化学反应分别在两个不同的温度 T_1 和 T_2 下进行, 则所产生的热效应一般不同。ΔH 与温度的关系可如下求得:

设等压下某反应的 $\Delta_r H_m(T_1)$ 为已知, 求 $\Delta_r H_m(T_2)$。

$$T_1: \quad dD + eE + \cdots \xrightarrow{\Delta_r H_m(T_1)} fF + gG + \cdots$$

$$\Big\downarrow \Delta H(1) \qquad\qquad\qquad \Big\uparrow \Delta H(2)$$

$$T_2: \quad dD + eE + \cdots \xrightarrow{\Delta_r H_m(T_2)} fF + gG + \cdots$$

(1) 将反应物 $dD, eE, \cdots$ 的温度分别从 T_1 改变到 T_2, 设其焓变为 $\Delta H(1)$;

(2) 在 T_2 时使 $dD, eE, \cdots$ 发生化学反应, 其焓变为 $\Delta_r H_m(T_2)$;

(3) 将产物 $fF, gG, \cdots$ 的温度从 T_2 改变到 T_1, 其焓变为 $\Delta H(2)$。

因为焓仅与状态有关, 这三步反应的总结果等于在 T_1 下进行了一次反应 (在化学热力学中常常利用环程的办法来解决问题)。所以

$$\Delta_r H_m(T_1) = \Delta H(1) + \Delta_r H_m(T_2) + \Delta H(2)$$

或

$$\Delta_r H_m(T_2) = \Delta_r H_m(T_1) - [\Delta H(1) + \Delta H(2)]$$

已知

$$\Delta H(1) = \int_{T_1}^{T_2} dC_{p,m}(D)\mathrm{d}T + \int_{T_1}^{T_2} eC_{p,m}(E)\mathrm{d}T + \cdots$$

$$\Delta H(2) = \int_{T_2}^{T_1} fC_{p,m}(F)\mathrm{d}T + \int_{T_2}^{T_1} gC_{p,m}(G)\mathrm{d}T + \cdots$$

代入上式得

$$\Delta_r H_m(T_2) = \Delta_r H_m(T_1) + \int_{T_1}^{T_2} \Delta C_p \mathrm{d}T \qquad (2.47)$$

式中

$$\Delta C_p = [fC_{p,m}(F) + gC_{p,m}(G) + \cdots] - [dC_{p,m}(D) + eC_{p,m}(E) + \cdots]$$

$$= \sum_B \nu_B C_{p,m}(B)$$

使用式 (2.47) 时, 应注意在 T_1 到 T_2 的区间内, 反应物或产物应没有聚集状态的变化 [若有聚集状态的变化, 由于 $C_{p,m}$ 值是不连续的, 因此应分段计算 $\Delta H(1)$ 和 $\Delta H(2)$]。

根据热容的定义也可以直接导出式 (2.47), 已知 $\left(\dfrac{\partial H}{\partial T}\right)_p = C_p$, 故

$$\left[\frac{\partial(\Delta H)}{\partial T}\right]_p = \Delta C_p \qquad (2.48)$$

式 (2.48) 移项并积分后就得到式 (2.47)。式 (2.47) 和式 (2.48) 都称为 **Kirch-hoff 定律**, 前者是积分式, 后者是微分式。若知道某一温度时反应的 $\Delta_r H_m(T_1)$ 和各 $C_{p,m}$ 值后, 就能用 Kirchhoff 定律求得另一温度时该反应的 $\Delta_r H_m(T_2)$。

对式 (2.48) 作不定积分, 得

$$\Delta_r H_m(T) = \int \Delta C_p \mathrm{d}T + 常数$$

若已知 ΔC_p 与 T 的函数关系式为

$$\Delta C_p = \Delta a + \Delta b T + \Delta c' T^{-2} + \cdots$$

式中

$$\Delta a = \sum_B \nu_B a(B); \quad \Delta b = \sum_B \nu_B b(B); \quad \Delta c' = \sum_B \nu_B c'(B); \cdots$$

代入积分式积分后得

$$\Delta_r H_m(T) = \Delta a T + \frac{1}{2}\Delta b T^2 - \Delta c' \frac{1}{T} + \cdots + 常数 \tag{2.49}$$

查表可以求得 298.15 K 时的反应焓变 $\Delta_r H_m(298.15\ \mathrm{K})$, 代入式 (2.49) 即可求得积分常数。式 (2.49) 把反应焓变表示为温度的函数, 只要给定一个温度 T, 就能求出在该温度下的反应焓变。

2.15　绝热反应 —— 非等温反应

以上所讨论的都是等温反应, 即反应过程中所释放 (或吸收) 的热量能够及时逸散 (或供给), 系统始态和终态处于相同的温度。但是, 如果热量来不及逸散 (或供给), 则系统的温度就要发生变化, 始态和终态的温度就不相同。一种极端情况是, 热量一点也不能逸散 (或供给), 反应完全在绝热情况下进行。在绝热情况下, 系统的终态温度就要改变, 可用如下方法求出该反应的最终温度:

$$
\begin{array}{ccc}
p, T_1(已知): dD + eE & \xrightarrow[\Delta_r H_m = 0]{Q=0,\ \mathrm{d}p=0} & fF + gG \qquad p, T_2 = ? \\[2mm]
\Big\downarrow \Delta H(1) & & \Big\uparrow \Delta H(2) \\[2mm]
p, 298.15\ \mathrm{K}: dD + eE & \xrightarrow[\Delta_r H_m(298.15\,\mathrm{K})]{} & fF + gG \qquad p, 298.15\ \mathrm{K}
\end{array}
$$

设计的环程路线为, 把系统的始态从 T_1 改变到 298.15 K, 设想在 298.15 K 时进行反应, 然后再把产物从 298.15 K 改变到 T_2 (T_2 是未知数), 则

$$\Delta H(1) = \int_{T_1}^{298.15\text{ K}} \sum_{\text{B}} C_p(\text{反应物}) \text{d}T$$

$\Delta_{\text{r}} H_{\text{m}}(298.15\text{ K})$ 值可自标准摩尔生成焓的表值求得。

$$\Delta H(2) = \int_{298.15\text{ K}}^{T_2} \sum_{\text{B}} C_p(\text{产物}) \text{d}T$$

由于焓是状态函数, 所以,

$$\Delta H(1) + \Delta_{\text{r}} H_{\text{m}}(298.15\text{ K}) + \Delta H(2) = 0$$

即

$$\Delta H(2) = -\Delta H(1) - \Delta_{\text{r}} H_{\text{m}}(298.15\text{ K})$$

上式右方可以算出其具体数值, 左方是包含未知数 T_2 的函数, 因此可解出终态的温度 T_2。

例 2.8

在 $p^{\ominus}$, 298.15 K 时, 把甲烷与理论量的空气 (O_2 与 N_2 的摩尔比为 1:4) 混合后, 在恒压下使之以爆炸方式瞬间完成反应, 求系统所能达到的最高温度 (即最高火焰温度)。

解 燃烧反应瞬时完成, 因此可看作绝热反应。反应为

$$CH_4(g) + 2O_2(g) \longrightarrow CO_2(g) + 2H_2O(g)$$

1 mol CH_4(g) 在供给理论量的空气时需 2 mol O_2(g), 剩余 8 mol N_2(g); N_2(g) 虽未参与反应, 但它的温度随之改变, 因此也要吸收热量。

$$CH_4(g)+2O_2(g)+8N_2(g) \xrightarrow[\Delta_{\text{r}} H_{\text{m}}^{\ominus}=0]{Q=0,\ \text{d}p=0} CO_2(g)+2H_2O(g)+8N_2(g)$$

始态($p^{\ominus}$, 298.15 K) 终态($p^{\ominus}$, T=?)

等温反应 物理变化
$\Delta_{\text{r}} H_{\text{m}}^{\ominus}(1)$ $\Delta H^{\ominus}(2)$

$$CO_2(g)+2H_2O(g)+8N_2(g)$$
$$(p^{\ominus}, T=298.15\text{ K})$$

设想系统在等温 298.15 K 时进行反应, 而后再改变终态的温度到 T (T 待定)。由标准摩尔生成焓的表值查出:

$$\Delta_{\text{f}} H_{\text{m}}^{\ominus}(CO_2, \text{g}) = -393.51\text{ kJ} \cdot \text{mol}^{-1}$$

$$\Delta_{\text{f}} H_{\text{m}}^{\ominus}(H_2O, \text{g}) = -241.82\text{ kJ} \cdot \text{mol}^{-1}$$

$$\Delta_{\text{f}} H_{\text{m}}^{\ominus}(CH_4, \text{g}) = -74.6\text{ kJ} \cdot \text{mol}^{-1}$$

所以

$$\Delta_r H_m^{\ominus}(1) = \sum_B \nu_B \Delta_f H_m^{\ominus}(B)$$

$$= (-393.51 - 2 \times 241.82 + 74.6) \text{ kJ} \cdot \text{mol}^{-1} = -802.55 \text{ kJ} \cdot \text{mol}^{-1}$$

又查得在 $298 \sim 2000$ K 范围内各产物的 $C_{p,m}$ 与温度的关系式为 (为计算方便, 舍去第三项)

$$C_{p,m}(\text{CO}_2, \text{g}) = (44.22 + 8.79 \times 10^{-3} \, T/\text{K}) \text{ J} \cdot \text{mol}^{-1} \cdot \text{K}^{-1}$$

$$C_{p,m}(\text{H}_2\text{O}, \text{g}) = (30.00 + 10.7 \times 10^{-3} \, T/\text{K}) \text{ J} \cdot \text{mol}^{-1} \cdot \text{K}^{-1}$$

$$C_{p,m}(\text{N}_2, \text{g}) = (28.58 + 3.77 \times 10^{-3} \, T/\text{K}) \text{ J} \cdot \text{mol}^{-1} \cdot \text{K}^{-1}$$

$$\Delta H^{\ominus}(2)/(\text{J} \cdot \text{mol}^{-1}) = \int_{298.15 \text{ K}}^{T} \sum C_p \mathrm{d}T$$

$$= \int_{298.15 \text{ K}}^{T} [(44.22 + 2 \times 30.00 + 8 \times 28.58) +$$

$$(8.79 + 2 \times 10.7 + 8 \times 3.77) \times 10^{-3} T/\text{K}] \mathrm{d}T$$

$$= \int_{298.15 \text{ K}}^{T} (332.86 + 60.35 \times 10^{-3} T/\text{K}) \mathrm{d}T$$

$$= 332.86(T/\text{K} - 298.15) + \frac{1}{2} \times 60.35 \times 10^{-3} \times [(T/\text{K})^2 - 298.15^2]$$

$$= -101924.57 + 332.86 \, T/\text{K} + 30.18 \times 10^{-3} (T/\text{K})^2$$

因为

$$\Delta_r H_m^{\ominus} = \Delta_r H_m^{\ominus}(1) + \Delta H^{\ominus}(2) = 0$$

$$\Delta H^{\ominus}(2) = -\Delta_r H_m^{\ominus}(1) = 802.55 \text{ kJ} \cdot \text{mol}^{-1}$$

代入上式, 得

$$-904474.57 + 332.86 \, T/\text{K} + 30.18 \times 10^{-3}(T/\text{K})^2 = 0$$

求解该方程, 得

$$T = 2256 \text{ K}$$

　　实际上, 反应常常既不是完全等温的, 又不是完全绝热的。并且在绝热反应过程中, 由于温度发生变化也可能产生一些副反应。但是, 有了这两种极端情况的计算, 其结果就有很大的参考价值。

　　总之, 在解决有关反应热的问题时, 应注意以下几点:

　　(1) 明确系统的起始和终了状态, 反应前后的物料应该平衡。

　　(2) 焓是状态函数, ΔH 只与系统的始态和终态有关, 而与所经过的实际途径无关。根据这个原则, 常常可以采用绕圈子的办法来求得我们所需要的 ΔH 值。

(3) 各物质的摩尔定压热容, 以及 298.15 K 时的标准摩尔生成焓有表可查, 从而可计算 298.15 K 时的反应焓变, 以及在任何温度 T 时的反应焓变。

*2.16　热力学第一定律的微观诠释

下面从微观的角度对热力学第一定律的本质给予一些说明。

热力学能

在组成不变的封闭系统中, 若状态发生了微小的变化, 则热力学能的变化为

$$dU = \delta Q + \delta W$$

假定构成系统的粒子 (它可以是分子或原子) 彼此之间的势能很小, 可以忽略不计。这种系统就称为近独立 (粒) 子系统。设粒子的总数为 N, 分布在不同的能级 ε_i 上, 并设在能级 ε_i 上的粒子数为 n_i, 则有

$$N = \sum_i n_i \tag{2.50a}$$

$$U = \sum_i n_i \varepsilon_i \tag{2.50b}$$

对式 (2.50b) 微分, 得

$$dU = \sum_i n_i d\varepsilon_i + \sum_i \varepsilon_i dn_i \tag{2.51}$$

式中等号右方第一项 $\sum\limits_i n_i d\varepsilon_i$ 是保持各能级上的粒子数不变, 由于能级改变 (升高或降低) 所引起的热力学能变化值; 第二项 $\sum\limits_i \varepsilon_i dn_i$ 是能级不变, 而能级上的粒子数发生改变所引起的热力学能变化值。对于组成不变的封闭系统, 热力学能的改变只能是由于系统和环境之间发生了以热和功的形式进行的能量交换。将式 (2.51) 和热力学第一定律的数学式相比, 显然式 (2.51) 右方的两项必然分别与热和功相联系。这就是热力学能改变的本质。

功

功不是热力学函数, 它属于力学性质。如果有力作用到系统的边界上, 则边界的坐标就要改变。例如, 在 X 方向上发生了 $\mathrm{d}x$ 的位移, 作用力 f_x 所做的功为 $\delta W_x = -f_x\mathrm{d}x$, 则总的功为

$$\delta W = -\sum_i f_i \mathrm{d}x_i$$

由于对系统做了功 (或系统对抗外力而做功), 系统的能量就要发生变化。在一般情况下, 粒子的能量是坐标 $(x_1, x_2, \cdots, x_n)$ 的函数, 即

$$\varepsilon_i = \varepsilon_i(x_1, x_2, \cdots, x_n) \tag{2.52}$$

在经典力学中, 粒子的平动能可表示为

$$\varepsilon_\mathrm{t} = \frac{1}{2}m(\overline{v_x^2} + \overline{v_y^2} + \overline{v_z^2}) \tag{2.53}$$

如果坐标改变, ε_i 也将变化; 根据式 (2.52), 有

$$\mathrm{d}\varepsilon_i = \sum_i \frac{\partial \varepsilon_i}{\partial x_i}\mathrm{d}x_i \tag{2.54}$$

根据物理学的知识, $\mathrm{d}\varepsilon_i = -f_i\mathrm{d}x_i$, 故能量梯度的负值 $\left(-\dfrac{\partial \varepsilon_i}{\partial x_i}\right)$ 就是力, 即

$$f_i = -\frac{\partial \varepsilon_i}{\partial x_i} \tag{2.55}$$

所以, 当外参量改变时, 对分布在各级级上的 n_i 个粒子所做的总功为

$$\delta W = -\sum_i n_i f_i \mathrm{d}x_i = \sum_i n_i \frac{\partial \varepsilon_i}{\partial x_i}\mathrm{d}x_i = \sum_i n_i \mathrm{d}\varepsilon_i \tag{2.56}$$

这表示功来源于能级的改变 (升高或降低), 但各能级上粒子数不变而引起的能量变化 [参见图 2.14(c)], 它相应于式 (2.51) 中的第一项。

图 2.14 中纵坐标代表能级, 横坐标代表各能级上分布的粒子数。(a) 代表正

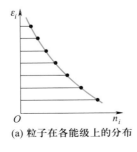

(a) 粒子在各能级上的分布

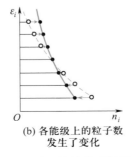

(b) 各能级上的粒子数发生了变化

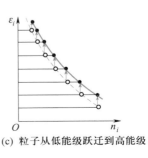

(c) 粒子从低能级跃迁到高能级

图 2.14　功和热的微观说明 (示意图)

常分布, 在 (b) 中虚线仍代表正常分布, 能级未变, 但各能级上的粒子数有变化 (如实线所示)。(c) 中表示各能级的粒子数没有改变, 但粒子的所在能级升高了。

热

式 (2.51) 中等号右方第一项代表功, 则第二项必然代表热, 即

$$\delta Q = \sum_i \varepsilon_i \mathrm{d} n_i \tag{2.57}$$

热是由于粒子在能级上重新分布而引起的热力学能的改变。当系统吸热时, 高能级上分布的粒子数增多, 低能级上的粒子数减少。当系统放热时, 高能级上分布粒子数减少, 低能级上分布的粒子数增多。粒子数在能级上分布的改变在宏观上表现为吸热或放热。图 2.14(b) 中的实线表示系统吸热后粒子分布情况的改变。

热容 —— 能量均分原理

物质的定容热容 (C_V) 与热力学能密切相关, 根据定义

$$C_V = \left(\frac{\partial U}{\partial T}\right)_V$$

分子的热力学能是它内部能量的总和, 其中包括平动 (t)、转动 (r)、振动 (v)、电子 (e) 和核 (n) 的能量。

$$\varepsilon = \varepsilon_\mathrm{t} + \varepsilon_\mathrm{r} + \varepsilon_\mathrm{v} + \varepsilon_\mathrm{e} + \varepsilon_\mathrm{n} \tag{2.58}$$

相应地, C_V 也是各种运动方式所贡献的总和, 即

$$C_V = C_{V,\mathrm{t}} + C_{V,\mathrm{r}} + C_{V,\mathrm{v}} + C_{V,\mathrm{e}} + C_{V,\mathrm{n}} \tag{2.59}$$

由于电子和核的能级间隔较大, 在通常温度下, 它们都处于基态, 并且难以引起跃迁, 故在常温下与温度无关, 对 C_V 没有贡献, 所以在式 (2.59) 中可以略去不予考虑。对于单原子分子则更简单, 它只有平动。

单原子分子可看作刚性的球, 它的平动在直角坐标上可分解为 x, y, z 三个方向的运动。因此, 分子在 x 方向的平动能的平均值 $\overline{E_x}$ 为

$$\overline{E_x} = \frac{1}{2} m \overline{v_x^2} \tag{2.60}$$

式中 $\overline{v_x^2}$ 代表 x 方向的速率平方的平均值。

根据气体分子动理论及 Maxwell 速率分布公式, 可知

$$\overline{v_x^2} = \frac{k_B T}{m}$$

代入式 (2.60), 可得

$$\overline{E_x} = \frac{1}{2}m\overline{v_x^2} = \frac{1}{2}k_B T$$

同理可得

$$\overline{E_y} = \frac{1}{2}k_B T \qquad \overline{E_z} = \frac{1}{2}k_B T$$

则一个分子的总平动能为

$$\varepsilon_t = \overline{E_x} + \overline{E_y} + \overline{E_z}$$
$$= \frac{1}{2}m\overline{v_x^2} + \frac{1}{2}m\overline{v_y^2} + \frac{1}{2}m\overline{v_z^2} = \frac{3}{2}k_B T \qquad (2.61)$$

在式 (2.61) 中, 分子的平动能由三个平方项所组成。每一个平方项对能量的贡献都是 $\frac{1}{2}k_B T$。如果把每一个平方项叫作一个自由度, 则能量是均匀地分配在每一个自由度上, 这就是经典的**能量均分原理** (principle of energy equipartition)。相应地, 对热容的贡献都是 $\frac{1}{2}k_B$。对 1 mol 气体来说:

$$\varepsilon_{m,t} = L\frac{3}{2}k_B T = \frac{3}{2}RT$$

相应地

$$C_{V,m} = \frac{3}{2}R$$

对于双原子和多原子分子, 其平动实际上是质心的平动, 所以其平动能及平动对热容的贡献和单原子分子是一样的。

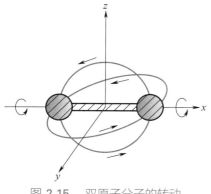

图 2.15　双原子分子的转动

双原子分子除了整体的平动以外, 还有转动和振动。由于分子振动的能级间隔比较大, 一般在常温下其振动状态不会发生显著的变化, 对能量的贡献可以略而不计。对于双原子分子的转动, 可以把它看成一个哑铃。分子绕某一轴发生转动时的转动动能是 $\frac{1}{2}I\omega^2$, I 是转动惯量, ω 是角速度。如图 2.15 所示, 把两个原子质心的连线作为 x 轴, 当分子绕 y 或 z 轴转动时, 在转动能的表示式中相应地有两个平方项 (双原子分子绕其连线 x 轴的转动基本上不消耗能量, 可不予考虑)。所以, 对双原子分子平动和转动动能的表示式中共有五个平方项, 每一个平方项所提供的能量都是 $\frac{1}{2}k_BT$, 所以 $\varepsilon = \frac{5}{2}k_BT$。对 1 mol 气体来说, $\varepsilon_m = \frac{5}{2}RT$, 相应地 $C_{V,m} = \frac{5}{2}R$。

在常温下, 一些双原子气体分子如 H_2, O_2, CO, HCl 等的 $C_{V,m}$ 都很接近于 $\frac{5}{2}R$, 这说明上面的考虑基本上是正确的 (对于线形多原子分子, 由于几个原子在一条连线上, 其转动情况与双原子分子的相同)。

在比较高的温度下, 还需要考虑分子中原子之间的振动。对双原子气体分子而言, 由于振动能包括两个平方项 (一个是振动动能, 一个是振动势能)。所以, 对于较高温度下的双原子气体分子, 若考虑到平动、转动和振动, 则共有七个平方项, 能量为 $\frac{7}{2}k_BT$; 对 1 mol 气体来说, $\varepsilon_m = \frac{7}{2}RT$, 相应地, $C_{V,m} = \frac{7}{2}R = 29.099\,\text{J}\cdot\text{mol}^{-1}\cdot\text{K}^{-1}$。例如, 氯气在 800 K 时 $C_{V,m} = 28.89\,\text{J}\cdot\text{mol}^{-1}\cdot\text{K}^{-1}$。对于线形多原子分子, 它有一个质心, 其绕质心的转动、振动的情况与双原子分子的相同。

对于非线形多原子气体分子, 平动能有三个平方项; 它可以绕三个轴转动, 转动能有三个平方项。此外, 还有 $(3n-3-3)$ 种振动方式 (n 是分子中原子的数目)。每一种方式的振动, 其振动能都会有两个平方项。所以, 多原子分子的 $C_{V,m}$ 最多为

$$C_{V,m} = \frac{1}{2}[3+3+(3n-3-3)\times 2]R$$

如上所述, 振动能级的能级间隔较大, 所以只在高温下才能反映出来。

表 2.4 给出了几种气体在不同温度下的 $C_{V,m}$ 值。可以看出, 对于单原子分子, 上述理论符合实验事实; 对于双原子分子, 一般来说, 在常温下基本上是符合

表 2.4　几种气体在不同温度下的 $C_{V,m}$ 值　　单位: $\text{J}\cdot\text{mol}^{-1}\cdot\text{K}^{-1}$

气体	298.15 K	400 K	600 K	800 K	1000 K	1500 K	2000 K
He	12.48	12.48	12.48	12.48	12.48	12.48	12.48
H_2	20.52	20.87	21.01	21.30	21.89	23.96	25.89
O_2	21.05	21.79	23.78	25.43	26.56	28.25	29.47
Cl_2	25.53	26.99	28.29	28.89	29.19	29.69	29.99
N_2	20.81	20.94	21.80	23.12	24.39	26.54	27.68
H_2O	25.25	25.93	27.98	30.36	32.89	38.67	42.77
CO_2	28.81	33.00	39.00	43.11	45.98	40.05	52.02

注: 本表数据摘自 Moore. Physical Chemistry. 5th ed. 1972: 148.

的; 而对于多原子分子, 因情况复杂, 则大多并不符合。

经典的能量均分原理的缺点是不能说明 $C_{V,\mathrm{m}}$ 与温度 T 的关系。$C_{V,\mathrm{m}}$ 与 T 的关系只能由量子理论来解释 (参见第七章统计热力学基础的有关内容)。

*2.17 由热力学第零定律导出温度的概念

根据热力学第零定律, 互为热平衡的系统必定拥有一个共同的物理性质 (或状态函数), 表征这个物理性质的量就是温度。

为了便于讨论, 假定 A, B, C 三个系统都是一定质量的单组分物体 (如气体), 都可以用 p, V 两个独立变量来描述它们的状态。当 A 和 B 处于热平衡时, 描述它们的状态函数 $p_{\mathrm{A}}, V_{\mathrm{A}}$ 和 $p_{\mathrm{B}}, V_{\mathrm{B}}$ 就不可能再是完全独立的, 而受一定的函数关系所制约, 待它们达到新的热平衡后, 则有

$$F_{\mathrm{AB}}(p_{\mathrm{A}}, V_{\mathrm{A}}, p_{\mathrm{B}}, V_{\mathrm{B}}) = 0 \tag{2.62}$$

同理, 若 A 与 C 达到热平衡, 同样受到制约, 即应有

$$F_{\mathrm{AC}}(p_{\mathrm{A}}, V_{\mathrm{A}}, p_{\mathrm{C}}, V_{\mathrm{C}}) = 0 \tag{2.63}$$

根据热力学第零定律, 当 A 和 B 达到平衡, A 和 C 达到平衡时, 则 B 和 C 也达到平衡 (这里 A 就相当于前文所述的第三者), 即有

$$F_{\mathrm{BC}}(p_{\mathrm{B}}, V_{\mathrm{B}}, p_{\mathrm{C}}, V_{\mathrm{C}}) = 0 \tag{2.64}$$

也就是说, 若式 (2.62) 和式 (2.63) 成立, 则式 (2.64) 也必然成立。即三个公式中, 只有两个是独立的。

在式 (2.62) 和式 (2.63) 中, 都含有 p_{A}, 可以将它们写成另一种形式, 即

$$p_{\mathrm{A}} = \Phi_{\mathrm{AB}}(V_{\mathrm{A}}, p_{\mathrm{B}}, V_{\mathrm{B}}) \tag{a}$$

$$p_{\mathrm{A}} = \Phi_{\mathrm{AC}}(V_{\mathrm{A}}, p_{\mathrm{C}}, V_{\mathrm{C}}) \tag{b}$$

由此可得

$$\Phi_{\mathrm{AB}}(V_{\mathrm{A}}, p_{\mathrm{B}}, V_{\mathrm{B}}) = \Phi_{\mathrm{AC}}(V_{\mathrm{A}}, p_{\mathrm{C}}, V_{\mathrm{C}}) \tag{2.65}$$

式 (2.65) 来源于式 (2.62) 和式 (2.63), 所以它和式 (2.64) 一样也代表 B 和 C 的热平衡条件。换言之, 式 (2.65) 和式 (2.64) 是相当的, 但在式 (2.64) 中不含有 V_{A}, 故式 (2.65) 中等式双方的 V_{A} 应可以消去。因此, 式 (2.65) 中的双方应具有如下的形式 (即变数 V_{A} 可以分离, 然后才能从等式中消去), 故式 (2.65) 的双方

可分别写成如下形式:

$$\Phi_{AB} = \psi(V_A) + [g(V_A) + f_B(p_B, V_B)] \tag{2.66}$$

$$\Phi_{AC} = \psi(V_A) + [g(V_A) + f_C(p_C, V_C)] \tag{2.67}$$

式中函数 $f_B(p_B, V_B)$ 仅由描述 B 的变量 p_B, V_B 所决定, 故 $f_B(p_B, V_B)$ 是 B 的状态函数。同理 $f_C(p_C, V_C)$ 是 C 的状态函数。把这两个公式代入式 (2.65) 后, 可得

$$f_B(p_B, V_B) = f_C(p_C, V_C) \tag{2.68}$$

将式 (2.67) 代入式 (b), 得

$$p_A = \psi(V_A) + [g(V_A) + f_C(p_C, V_C)]$$

移项后, 得

$$p_A - \psi(V_A) - g(V_A) = f_C(p_C, V_C)$$

等式左方仅含有 p_A, V_A, 故可用另一个函数 $f_A(p_A, V_A)$ 表示。再根据式 (2.68), 由此可得

$$f_A(p_A, V_A) = f_B(p_B, V_B) = f_C(p_C, V_C) \tag{2.69}$$

也就是说, 当系统 A, B 和 C 互为热平衡时, 它们必有一个状态函数是相等的, 这个状态函数就定义为温度。推而广之, 一切互为热平衡的系统都具有相同的温度。至于由式 (2.69) 所代表的函数的数值是多少, 暂时还不知道。但我们可以选择某一个物体的某种性质作为标准, 赋予它一定的数值。这就是如何选定 "温标" 的问题。

在热力学中一些最基本的概念, 如温度、热量, 以及如何界定绝热过程等, 常常难以界定得十分妥帖, 并存在着争议。例如, 是先有温度的概念, 还是先有热量的概念? 其争论由来已久。一种观点认为, 温度的概念应是先引入的, 因为热量是两个不同温度的系统相接触时所传递的能量。另一种观点则认为, 应该首先讨论热平衡 (即宏观上没有热量流动), 然后再讨论温度, 温度的概念建立在热平衡的基础上, 在达到热平衡之后, 才显示出两个相接触的系统中各有一个状态函数是相等的, 然后把它定义为温度。换句话说, 在讨论温度之前必须先知道什么叫热量。后者就是前述的由热力学第零定律导出温度的方法。历史上, Caratheodory 对此有较详细的论证, 并被称为 Caratheodory 温度定理。但他的证明也曾引起过争议, 因为当 A, B 两个系统取得平衡时, 有许多函数关系都是成立的, 它们可以是

$$f_A(x_1, x_2, \cdots) = f_B(x_1, x_2, \cdots)$$

也可以是

$$g_A(x_1, x_2, \cdots) = g_B(x_1, x_2, \cdots)$$

$$\cdots\cdots\cdots\cdots\cdots$$

其中何者可以定义为温度?

　　事实上, 温度和热量是两个互相依存的物理量。没有热量的传递, 系统就达不到热平衡, 于是也就没有温度的概念。而没有温度的差别, 也就没有了系统间热量的流动和热的概念。于是, 为了给温度一个明确的定义, 首先需要知道热量, 而为了给出热量的定义, 又要先知道温度的高低, 从而形成了逻辑上的循环。这种逻辑循环在物理学上并不罕见。Einstein 曾明确指出: "力学中的第一条命题 —— 惯性原理就有循环论证的性质。"

　　人们对自然规律的认识, 感性无疑是第一性的。然后从感性再到理性, 如是反复循环, 以螺旋上升的方式, 逐步提高认识的深度, 探求事物变化规律的因果关系和内在联系。人们对事物的初步认识, 可能是非常粗糙和定性的, 界定也比较模糊, 也可能是或甚至全部都是错误的。但根据初步的认识, 可以启动钻研, 之后的研究可能修正原来的模糊概念, 取其长去其短, 使之逐步变为正确。人们先有冷热的感觉, 为了区别冷热的程度, 产生了温度的概念。热者温度高, 冷者温度低, 冷热程度相同, 则温度相等。从热平衡的概念, 反过来再建立温度的科学含义 (热平衡时温度相等)。最后, 我们又给热量下了一个明确的定义, 认为它是由高温物体流向低温物体的能量, 即此过程中被传递的能量。

　　关于温度和热量的一些问题, 早在 20 世纪 50 年代初期, 我国著名的物理学家王竹溪教授和张宗燧教授曾有过精辟的论述。作为一个基础理论问题, 对任何概念都应追求它的严密性、完整性和科学性, 逻辑推理要求完美无缺, 这是科学得以进步的必然。但是, 作为一名未来的化学工作者, 在学习基础课程时, 应把注意力集中在如何了解热力学的基本原理, 并能把它作为一种工具来解决化学中的一些实际问题。重要的是打好基础, 合理地处理逻辑性、科学严密性、实用性, 以及深度和广度之间的问题, 而不必过分追求形式逻辑上的完美。

*2.18　关于以 J (焦耳) 作为能量单位的说明

　　卡 (caloric) 这一单位始用于 1800 年, 其意义是, 在大气压力 (101.325 kPa) 下, 使 1 g 纯水升高 1 ℃ 所需要的热量为 1 cal。但水的比热容是随温度而变的

(即不同温度下的比热容不同), 故而又出现了 15 ℃ 卡和 20 ℃ 卡等, 分别用 cal_{15} 或 cal_{20} 表示, 这实际是指从 14.5 ℃ 升到 15.5 ℃ 或从 19.5 ℃ 升到 20.5 ℃ 时所吸收的热量作为 1 cal。因为这样定义的卡始终与水的比热容有关, 故又称为 "湿卡"。而在工程上还有 "蒸汽表卡" 等。这些不同的 "卡" 在使用时需要相互换算。同时, 由于水的比热容的测定值随测试仪器的改进而不断改变, 相应的热学数据也得跟着不断变化, 造成很多麻烦, 继续使用 "卡" 带来诸多不便。而随着电学的发展, 在电学中所使用的测量仪其精度远远高于水的比热容的测试精度。Joule 研究电流的热效应, 于 1841 年发表了后来以他的名字命名的 "Joule 定律", 即

$$Q = I^2Rt$$

式中 Q 代表电流通过导体时所产生的热量; I 代表电流强度; R 是电阻; t 是时间。这些数据都能精确测定, 因而用 "J" (Joule) 作为热量单位的优越性就体现出来了。经过长时间的研讨酝酿, 最终于 1948 年第八届国际计量大会 (简称 CGPM) 正式确定以 "Joule" 为能量单位, 其符号为 "J", 并明确在国际单位制中, 把卡列为将来应停止使用的单位。这样, 就在电学、磁学和热学等领域中实现了能量单位的统一。

考虑到人们使用卡为能量单位已有相当长的历史, 要适应使用新单位可能需要一个过渡期, 一些数据特别是一些标准数据需要换算, 故而对于 "卡" 又重新予以定义, 规定:

$$1 \text{ cal (热化学)} = 4.184 \text{ J}$$

$$1 \text{ cal (国际蒸汽表)} = 4.1868 \text{ J}$$

这样定义的 "cal" 是一个规定值, 它与水的比热容已经没有任何联系了。

从源头上说, caloric 一词来源于热质说。热质说者认为, 热是一种特殊的、被称为 "热质" (caloric) 的物质, 它由没有质量的微粒所组成, 可以从一种物质流向另一种物质, 其数量是守恒的。在 18 世纪热质说盛行一时, 直到 19 世纪初才被推翻, 公认热现象来源于物质的运动, 是由于温度不同而被传递的能量。热质说被推翻了, 但 caloric 一词作为另一种含义却被保留下来, 如前所述, 1 cal 被定义为在大气压力 (101.325 kPa) 下, 使 1 g 纯水升高 1 ℃ 所需要的热量。

放弃使用卡而采用新的能量单位 "J", 也表明与历史上那些不正确的概念彻底脱钩。

我国国家技术监督局在原来国家标准的基础上, 于 1993 年 12 月 27 日批准发布了由全国量和单位标准化技术委员会制定的 15 项量和单位国家标准, 并规定从 1994 年 7 月 1 日起实施。这套量和单位的国家标准共有 15 项内容, 其中与化学关系较为密切者是 "GB 3102.8—93, 物理化学和分子物理学的量和单位"。

这些国家标准都是强制性的, 一切科学技术出版物 (包括各种教材) 都必须按照这套标准使用量和单位的名称及符号, 本教材也遵照执行。

拓展学习资源

重点内容及公式总结	
课外参考读物	
相关科学家简介	
教学课件	

复习题

2.1 判断下列说法是否正确。

(1) 状态给定后, 状态函数就有一定的值, 反之亦然。

(2) 状态函数改变后, 状态一定改变。

(3) 状态改变后, 状态函数一定都改变。

(4) 因为 $\Delta U = Q_V$, $\Delta H = Q_p$, 所以 Q_V, Q_p 是特定条件下的状态函数。

(5) 等温过程一定是可逆过程。

(6) 汽缸内有一定量的理想气体, 反抗一定外压作绝热膨胀, 则 $\Delta H = Q_p = 0$。

(7) 根据热力学第一定律, 因为能量不能无中生有, 所以一个系统若要对外做功, 必须从外界吸收热量。

(8) 系统从状态 I 变化到状态 II, 若 $\Delta T = 0$, 则 $Q = 0$, 无热量交换。

(9) 在等压下, 机械搅拌绝热容器中的液体, 使其温度上升, 则 $\Delta H = Q_p = 0$。

(10) 理想气体绝热变化过程中, $W = \Delta U$, 即 $W_{\mathrm{R}} = \Delta U = C_V \Delta T$, $W_{\mathrm{IR}} = \Delta U = C_V \Delta T$, 所以 $W_{\mathrm{R}} = W_{\mathrm{IR}}$。

(11) 有一个封闭系统, 当始态和终态确定后:

(a) 若经历一个绝热过程, 则功有定值;

(b) 若经历一个等容过程, 则热有定值 (设不做非膨胀功);

(c) 若经历一个等温过程, 则热力学能有定值;

(d) 若经历一个多方过程, 则热和功的代数和有定值。

(12) 某一化学反应在烧杯中进行, 放热 Q_1, 焓变为 ΔH_1, 若安排成可逆电池, 使始态和终态都相同, 这时放热 Q_2, 焓变为 ΔH_2, 则 $\Delta H_1 = \Delta H_2$。

2.2 回答下列问题。

(1) 在盛水槽中放置一个盛水的封闭试管, 加热盛水槽中水, 使其达到沸点。试问试管中的水是否会沸腾, 为什么?

(2) 夏天将室内冰箱的门打开, 接通电源并紧闭门窗 (设墙壁、门窗均不传热), 能否使室内温度降低, 为什么?

(3) 可逆热机的效率最高, 在其他条件都相同的前提下, 用可逆热机去牵引火车, 能否使火车的速度加快, 为什么?

(4) Zn 与稀硫酸作用, (a) 在敞口的容器中进行, (b) 在密闭的容器中进行, 哪一种情况放热较多, 为什么?

(5) 在一铝制筒中装有压缩空气, 温度与环境平衡。突然打开筒盖, 使气体冲出, 当压力与外界相等时, 立即盖上筒盖, 过一会儿, 筒中气体的压力有何变化?

(6) 在 N_2 和 H_2 的摩尔比为 $1:3$ 的反应条件下合成氨, 实验测得在温度 T_1 和 T_2 时放出的热量分别为 $Q_p(T_1)$ 和 $Q_p(T_2)$, 用 Kirchhoff 定律验证时, 与下述公式的计算结果不符, 试解释原因。

$$\Delta_{\mathrm{r}} H_{\mathrm{m}}(T_2) = \Delta_{\mathrm{r}} H_{\mathrm{m}}(T_1) + \int_{T_1}^{T_2} \Delta_{\mathrm{r}} C_p \mathrm{d}T$$

(7) 从同一始态 A 出发, 经历三种不同途径到达不同的终态: ① 经等温可逆过程从 $A \to B$; ② 经绝热可逆过程从 $A \to C$; ③ 经绝热不可逆过程从 $A \to D$。试问:

(a) 若使终态的体积相同, 点 D 应位于虚线 BC 的什么位置, 为什么?

(b) 若使终态的压力相同, 点 D 应位于虚线 BC 的什么位置, 为什么? 参见下图。

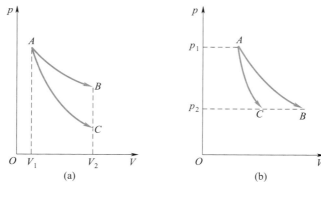

复习题 2.2(7) 图

(8) 在一个玻璃瓶中发生如下反应:

$$H_2(g) + Cl_2(g) \xrightarrow{h\nu} 2HCl(g)$$

反应前后 T, p, V 均未发生变化, 设所有的气体都可看作理想气体。因为理想气体的热力学能仅是温度的函数, $U = U(T)$, 所以该反应的 $\Delta U = 0$。这个结论对不对, 为什么?

2.3　可逆过程有哪些基本特征? 请识别下列过程中哪些是可逆过程。

(1) 摩擦生热;

(2) 室温和大气压力 (101.325 kPa) 下, 水蒸发为等温等压下的水蒸气;

(3) 373 K 和大气压力 (101.325 kPa) 下, 水蒸发为等温等压下的水蒸气;

(4) 用干电池使灯泡发光;

(5) 用对消法测可逆电池的电动势;

(6) $N_2(g), O_2(g)$ 在等温等压条件下混合;

(7) 等温下将 1 mol 水倾入大量溶液中, 溶液浓度未变;

(8) 水在冰点时变成等温等压下的冰。

2.4　试将如下的两个不可逆过程设计成可逆过程:

(1) 在 298 K, 101.325 kPa 下, 水蒸发为等温等压下的水蒸气;

(2) 在 268 K, 101.325 kPa 下, 水凝结为等温等压下的冰。

2.5　判断下列各过程的 $Q, W, \Delta U$ 和可能知道的 ΔH 值, 用 $> 0, < 0$ 或 $= 0$ 表示。

(1) 如下图所示, 当电池放电后, 选择不同的对象为研究系统:

① 以水和电阻丝为系统;

② 以水为系统;

③ 以电阻丝为系统;

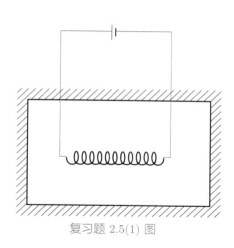

复习题 2.5(1) 图

④ 以电池和电阻丝为系统;

⑤ 以水、电池和电阻丝为系统。

(2) van der Waals 气体等温自由膨胀。

(3) 密闭非绝热容器中盛有锌粒和盐酸, 容器上部有可移动的活塞。

(4) $C_6H_6(s, 101.325 \text{ kPa}, T_f) \longrightarrow$

$$C_6H_6(l, 101.325 \text{ kPa}, T_f).$$

(5) 恒容绝热容器中发生如下反应:

$$H_2(g) + Cl_2(g) \longrightarrow 2HCl(g)$$

(6) 恒容非绝热容器中发生与 (5) 相同的反应, 反应前后温度相同。

(7) 在大量的水中, 有一个含有 $H_2(g)$, $O_2(g)$ 的气泡, 通一电火花使其化合变为水, 以 $H_2(g)$, $O_2(g)$ 混合气为系统, 忽略电火花能量。

(8) 理想气体的 Joule-Thomson 节流过程。

2.6 请列举 4 个不同类型的等焓过程。

2.7 在下列关系式中, 请指出哪几个是准确的, 哪几个是不准确的, 并简单说明理由。

(1) $\Delta_c H_m^{\ominus}(\text{石墨, s}) = \Delta_f H_m^{\ominus}(CO_2, g)$

(2) $\Delta_c H_m^{\ominus}(H_2, g) = \Delta_f H_m^{\ominus}(H_2O, g)$

(3) $\Delta_c H_m^{\ominus}(N_2, g) = 2\Delta_f H_m^{\ominus}(NO_2, g)$

(4) $\Delta_c H_m^{\ominus}(SO_2, g) = 0$

(5) $\Delta_f H_m^{\ominus}(H_2O, g) = \Delta_f H_m^{\ominus}(H_2O, l) + \Delta_{vap} H_m^{\ominus}(H_2O, l)$

(6) $\Delta_c H_m^{\ominus}(O_2, g) = \Delta_f H_m^{\ominus}(H_2O, l)$

2.8 $C_{p,m}$ 是否恒大于 $C_{V,m}$? 有一个化学反应, 所有的气体都可以作为理想气体处理, 若反应的 $\Delta C_{p,m} > 0$, 则反应的 $\Delta C_{V,m}$ 也一定大于零吗?

习题

2.1 如果一个系统对环境做功 55 J, 而系统的热力学能却增加了 350 J, 问系统与环境的热交换为多少? 如果某系统放热 25.3 kJ, 同时在外压作用下体积变小, 环境对系统做功 574 J, 求该系统的热力学能变化值。

2.2 有 10 mol 的气体 (设为理想气体), 压力为 1000 kPa, 温度为 300 K, 分别求出等温时下列过程的功 W:

(1) 在空气压力为 100 kPa 时, 膨胀到气体压力也是 100 kPa;

(2) 等温可逆膨胀至气体压力为 100 kPa;

(3) 先在外压 500 kPa 下膨胀到气体压力也是 500 kPa, 再等温可逆膨胀至气体压力为 100 kPa。

2.3 对于 1 mol 单原子理想气体, $C_{V,m} = \frac{3}{2}R$, 其始态 (Ⅰ) 的温度为 273 K, 体积为 22.4 dm³, 经历如下三步, 又回到始态, 试计算每个状态的压力 p 及各过程的 Q, W 和 ΔU。

(1) 等容可逆升温, 由始态 (Ⅰ) 到 546 K 的状态 (Ⅱ);

(2) 等温 (546 K) 可逆膨胀, 由状态 (Ⅱ) 到 44.8 dm³ 的状态 (Ⅲ);

(3) 经等压过程由状态 (Ⅲ) 回到始态 (Ⅰ)。

2.4 在 291 K, 100 kPa 时, 1 mol Zn(s) 溶于足量稀盐酸中, 置换出 1 mol H_2(g), 并放热 152 kJ。

(1) 若以 Zn 和盐酸为系统, 求该反应所做的功 W 及系统的 ΔU 和 ΔH;

(2) 反应若分别在开口和密封容器中进行, 哪种情况放热较多? 多出多少?

2.5 在 298 K 时, 有 2 mol N_2(g), 始态体积为 15 dm³, 保持温度不变, 经下列三个过程膨胀到终态体积为 50 dm³, 计算各过程的 $\Delta U, W$ 和 Q 的值。设气体为理想气体。

(1) 自由膨胀;

(2) 反抗恒外压 100 kPa 膨胀;

(3) 等温可逆膨胀。

2.6 理想气体等温可逆膨胀, 体积从 V_1 膨胀达到 $10V_1$, 对外做功 41.85 kJ, 系统的起始压力为 202.65 kPa。

(1) 若气体的量为 1 mol, 求始态体积 V_1;

(2) 若气体的量为 2 mol, 求系统的温度。

2.7 在 423 K, 100 kPa 时, 将 1 mol NH_3(g) 等温压缩到体积等于 10 dm³, 求最少需做多少功?

(1) 假定是理想气体;

(2) 假定符合 van der Waals 方程式。已知 van der Waals 常数 $a = 0.417$ Pa·m⁶·mol⁻², $b = 3.71 \times 10^{-5}$ m³·mol⁻¹。

2.8 已知在 373 K, 100 kPa 时, 1 kg H_2O(l) 的体积为 1.043 dm³, 1 kg H_2O(g) 的体积为 1677 dm³, H_2O(l) 的摩尔蒸发焓变 $\Delta_{vap}H_m = 40.69$ kJ·mol⁻¹。

当 1 mol $H_2O(l)$ 在 373 K 和外压为 100 kPa 时完全蒸发成 $H_2O(g)$, 试求:

(1) 蒸发过程中系统对环境所做的功;

(2) 假定液态水的体积可忽略不计, 试求蒸发过程中系统对环境所做的功, 并计算所得结果的相对误差;

(3) 假定把蒸汽看作理想气体, 且略去液态水的体积, 求系统所做的功;

(4) 求 (1) 中变化的 $\Delta_{vap}U_m$ 和 $\Delta_{vap}H_m$;

(5) 解释何故蒸发的焓变大于系统所做的功;

(6) 将 373 K 和 100 kPa 的 1 g 水突然放到 373 K 的恒温真空箱中, 液态水很快蒸发为水蒸气并充满整个真空箱, 测得其压力为 100 kPa, 水蒸气可视为理想气体。求此过程的 $Q, W, \Delta U$ 和 ΔH。

2.9 1 mol 单原子理想气体, 从 273 K, 200 kPa 的始态到 323 K, 100 kPa 的终态, 通过两个途径:

(1) 先等压加热至 323 K, 再等温可逆膨胀至 100 kPa;

(2) 先等温可逆膨胀至 100 kPa, 再等压加热至 323 K。

试分别计算两个途径的 $Q, W, \Delta U$ 和 ΔH, 试比较两种结果有何不同, 说明了什么?

2.10 已知氢气的 $C_{p,m} = [29.07 - 0.836 \times 10^{-3}\, T/\text{K} + 20.1 \times 10^{-7}(T/\text{K})^2]$ J·$\text{mol}^{-1} \cdot \text{K}^{-1}$。

(1) 求恒压下 1 mol 氢气的温度从 300 K 上升到 1000 K 时需要多少热量。

(2) 若在恒容下, 需要多少热量?

(3) 求在这个温度范围内氢气的平均恒压摩尔热容。

2.11 有一个绝热气缸, 中间用插销固定的绝热活塞隔开形成两个气室。左气室中 Ar 的状态为 $V_1 = 2\ \text{m}^3$, $T_1 = 273$ K, $p_1 = 101.3$ kPa; 右气室中 N_2 的状态为 $V_2 = 3\ \text{m}^3$, $T_2 = 303$ K, $p_2 = 3 \times 101.3$ kPa。两种气体均可看作理想气体。

(1) 现将活塞抽掉, 使两气体混合。若以整个气缸中的气体为系统, 则此过程中做功 W 为多少? 传热 Q 为多少? 热力学能改变量 ΔU 为多少?

(2) 现将活塞换成导热活塞, 并去掉插销使活塞在气缸中无摩擦移动, 直至平衡。若以左气室中 Ar 为系统, 则最终压力和温度为多少? 热力学能改变量 ΔU 为多少?

2.12 现有温度为 298 K、压力为 $50p^{\ominus}$ 的 N_2 气 (可视为理想气体), 其体积 200 dm^3。设其先经过绝热可逆膨胀至压力为 $40p^{\ominus}$, 然后再经过等外压绝热膨胀至终态压力为 $30p^{\ominus}$。求 N_2 气的终态温度。

2.13 容积为 27 m^3 的绝热容器中有一小加热器, 器壁上有一小孔与大气相通。在 $p^{\ominus}$ 的外压下缓慢地将容器内空气从 273.15 K 加热至 293.15 K, 问需供给容器内空气多少热量? 设空气为理想气体, $C_{V,m} = 20.40\ \text{J} \cdot \text{mol}^{-1} \cdot \text{K}^{-1}$。

2.14 1 mol 单原子理想气体, 始态为 200 kPa, 11.2 dm³, 经 $pT = $ 常数的可逆过程 (即过程中 $pT = $ 常数) 压缩到 400 kPa 的终态。已知气体的 $C_{V,m} = \dfrac{3}{2}R$, 试求:

(1) 终态的体积和温度;

(2) ΔU 和 ΔH;

(3) 所做的功。

2.15 设有压力为 100 kPa、温度为 293 K 的理想气体 3.0 dm³, 在等压下加热至 353 K。计算此过程的 W, Q 和 ΔH。已知该气体的摩尔定压热容为 $C_{p,m} = (27.28 + 3.26 \times 10^{-3}\ T/\text{K})\ \text{J} \cdot \text{mol}^{-1} \cdot \text{K}^{-1}$。

2.16 在 25 ℃ 时, 将某一氢气球置于体积为 5 dm³、内含 6 g 空气的密闭容器中, 气球放入后容器内压力为 121590 Pa, 然后非常缓慢地将空气从容器中抽出。当抽出空气的质量达 5 g 时, 容器内的气球炸破。试求:

(1) 在抽气过程中, 气球内的氢气做了多少功?

(2) 人们在压力为 101325 Pa 的大气中给气球充气时, 对气球做了多少功?

设平衡时气球内、外的温度和压力均相等。空气的平均摩尔质量为 $M = 29\ \text{g} \cdot \text{mol}^{-1}$。

2.17 证明:

$$\left(\frac{\partial U}{\partial V}\right)_p = C_p \left(\frac{\partial T}{\partial V}\right)_p - p, \quad C_p - C_V = -\left(\frac{\partial p}{\partial T}\right)_V \left[\left(\frac{\partial H}{\partial p}\right)_T - V\right]$$

2.18 已知 Joule 系数 $\mu_J = \left(\dfrac{\partial T}{\partial V}\right)_U$, 压缩系数 $\beta = -\dfrac{1}{V}\left(\dfrac{\partial V}{\partial p}\right)_T$, 证明:

$$\mu_{\text{J-T}} = -\frac{V}{C_p}(\beta C_V \mu_J - \beta p + 1)$$

2.19 在标准压力下, 把一个极小的冰块投入 0.1 kg 268 K 的水中, 结果使系统的温度变为 273 K, 并有一定数量的水凝结成冰。由于过程进行得很快, 可以看作绝热的。已知冰的熔化热为 333.5 kJ·kg⁻¹, 在 268 ~ 273 K 水的比热容为 4.21 kJ·kg⁻¹·K⁻¹。

(1) 写出系统物态的变化, 并求出 ΔH;

(2) 求析出冰的质量。

2.20 在 298 K, 100 kPa 下, 1 mol N₂(g) 经可逆绝热过程压缩到 5 dm³。设气体为理想气体, 试计算:

(1) N₂(g) 的最后温度;

(2) $N_2(g)$ 的最后压力;

(3) 需做多少功。

2.21 理想气体经可逆多方过程膨胀, 过程方程式为 $pV^\delta = C$, 式中 C, δ 均为常数, $\delta > 1$。

(1) 若 $\delta = 2, 1\,$mol 气体从 V_1 膨胀到 V_2, 温度由 $T_1 = 573\,$K 到 $T_2 = 473\,$K, 求该过程系统做的功 W;

(2) 如果气体的 $C_{V,m} = 20.9\,$J·mol^{-1}·K^{-1}, 求过程的 $Q, \Delta U$ 和 ΔH。

2.22 1 mol 单原子理想气体从始态 298 K, 200 kPa, 经下列途径使体积加倍, 试计算每种途径的终态压力及各过程的 Q, W 及 ΔU, 画出 p–V 示意图, 并把 ΔU 和 W 的值按大小次序排列。

(1) 等温可逆膨胀;

(2) 绝热可逆膨胀;

(3) 以 $\delta = 1.3$ 的多方过程可逆膨胀;

(4) 沿着 $p/$Pa $= 1.0 \times 10^4\,V_m/($dm^3·mol$^{-1}) + b$ 的途径可逆变化。

2.23 某实际气体状态方程为 $pV_m = RT + bp$ ($b = 26.7\,$cm^3·mol^{-1})。

(1) 该气体在 Joule 实验中温度如何变化?

(2) 该气体在 Joule-Thomson 实验中温度如何变化?

2.24 某座办公楼用热泵维持其温度为 293.15 K, 而室外的温度为 283.15 K, 热泵的功由热机提供, 该热机在 1273.15 K 燃烧原料, 在 293.15 K 环境下工作, 计算此系统的效率因子 (也就是提供给办公楼的热量与热机燃烧放出热量之比)。假定热泵和热机具有理想的效率。

2.25 某电冰箱内的温度为 273 K, 室温为 298 K, 今欲使 1 kg 273 K 的水变成冰, 问最少需做多少功? 已知 273 K 时冰的熔化热为 333.5 kJ·kg^{-1}。

2.26 有如下反应, 设都在 298 K, 101.325 kPa 下进行, 试比较各个反应 ΔU 与 ΔH 的大小, 并说明此差别主要是什么因素造成的。

(1) $C_{12}H_{22}O_{11}$ (蔗糖) 完全燃烧;

(2) $C_{10}H_8$ (萘, s) 完全氧化为苯二甲酸 $C_6H_4(COOH)_2$(s);

(3) 乙醇完全燃烧;

(4) PbS(s) 完全氧化为 PbO(s) 和 SO_2(g)。

2.27 已知 CO(g) 和 H_2O(g) 的标准摩尔生成焓 (298 K) 分别为 $-110.53\,$kJ·mol^{-1} 和 $-241.82\,$kJ·mol^{-1}。

(1) 计算工业化的水煤气反应 H_2O(g) + C(s) $=\!=\!=$ CO(g) + H_2(g) 的 $\Delta_r H_m^\ominus$(298 K);

(2) 将水蒸气通入 1000 ℃ 的焦炭中, 若要维持温度不变, 问进料中水蒸气与空气的体积比应为多少? [假定工业化生产中 C(s) 与 O_2(g) 反应产生的热量中有 20% 散失, 按 298 K 计算。]

2.28　根据下列反应在 298.15 K 时的焓变值, 计算 AgCl(s) 的标准摩尔生成焓 $\Delta_f H_m^\ominus$(AgCl, s, 298.15 K)。

(1) $Ag_2O(s) + 2HCl(g) \Longrightarrow 2AgCl(s) + H_2O(l)$

$$\Delta_r H_{m,1}^\ominus(298.15\ K) = -324.9\ kJ \cdot mol^{-1};$$

(2) $2Ag(s) + \dfrac{1}{2}O_2(g) \Longrightarrow Ag_2O(s)$　$\Delta_r H_{m,2}^\ominus(298.15\ K) = -30.57\ kJ \cdot mol^{-1};$

(3) $\dfrac{1}{2}H_2(g) + \dfrac{1}{2}Cl_2(g) \Longrightarrow HCl(g)$　$\Delta_r H_{m,3}^\ominus(298.15\ K) = -92.31\ kJ \cdot mol^{-1};$

(4) $H_2(g) + \dfrac{1}{2}O_2(g) \Longrightarrow H_2O(l)$　　$\Delta_r H_{m,4}^\ominus(298.15\ K) = -285.84\ kJ \cdot mol^{-1}。$

2.29　在 298.15 K, 100 kPa 时, 设环丙烷、石墨及氢气的燃烧焓 $\Delta_c H_m^\ominus$(298.15 K) 分别为 $-2091\ kJ \cdot mol^{-1}$, $-393.5\ kJ \cdot mol^{-1}$ 和 $-285.84\ kJ \cdot mol^{-1}$。若已知丙烯 C_3H_6(g) 的标准摩尔生成焓 $\Delta_f H_m^\ominus$(298.15 K) $= 20\ kJ \cdot mol^{-1}$, 试求:

(1) 环丙烷的标准摩尔生成焓 $\Delta_f H_m^\ominus$(298.15 K);

(2) 环丙烷异构化变为丙烯的摩尔反应焓变 $\Delta_r H_m^\ominus$(298.15 K)。

2.30　计算 298 K 下 CO(g) 和 CH_3OH(g) 的标准摩尔生成焓, 并计算反应 $CO(g) + 2H_2(g) \Longrightarrow CH_3OH(g)$ 的标准反应焓变。已知如下标准摩尔燃烧焓数据:

$$\Delta_c H_m^\ominus[CH_3OH(g), 298\ K] = -763.9\ kJ \cdot mol^{-1}$$

$$\Delta_c H_m^\ominus[C(s), 298\ K] = -393.5\ kJ \cdot mol^{-1}$$

$$\Delta_c H_m^\ominus[H_2(g), 298\ K] = -285.8\ kJ \cdot mol^{-1}$$

$$\Delta_c H_m^\ominus[CO(g), 298\ K] = -283.0\ kJ \cdot mol^{-1}$$

2.31　已知 $p^\ominus$, 298 K 时, $\varepsilon_{C-H} = 413\ kJ \cdot mol^{-1}$, $\varepsilon_{C=C} = 607\ kJ \cdot mol^{-1}$, $\varepsilon_{H-O} = 463\ kJ \cdot mol^{-1}$, $\varepsilon_{C-C} = 348\ kJ \cdot mol^{-1}$, $\varepsilon_{C-O} = 351\ kJ \cdot mol^{-1}$, 乙醇标准摩尔蒸发焓 $\Delta_{vap} H_m^\ominus$ (乙醇) $= 42\ kJ \cdot mol^{-1}$, 估算反应 $C_2H_4(g) + H_2O(g) \Longrightarrow C_2H_5OH(l)$ 的 $\Delta_r H_m^\ominus$(298 K)。

2.32　(1) 利用以下数据, 计算 298 K 时气态 HCl 的 $\Delta_f H_m^\ominus$(298 K)。

$$NH_3(aq) + HCl(aq) \Longrightarrow NH_4Cl(aq)\qquad \Delta_r H_m^\ominus(298\ K) = -50.4\ kJ \cdot mol^{-1}$$

物质	NH_3(g)	HCl(g)	NH_4Cl(g)
$\Delta_f H_m^\ominus$(298 K)/(kJ·mol^{-1})	-46.2	x	-315
$\Delta_{sol} H_m^\ominus$(298 K)/(kJ·mol^{-1})	-35.7	-73.5	16.4

(2) 利用 (1) 得到的结果和下列热容方程式, 计算 1000 K 时气态 HCl 的 $\Delta_f H_m^{\ominus}(1000\ K)$。

已知: $C_{p,m}(H_2, g)/(J \cdot mol^{-1} \cdot K^{-1}) = 27.8 + 3.4 \times 10^{-3}\ T/K$

$C_{p,m}(Cl_2, g)/(J \cdot mol^{-1} \cdot K^{-1}) = 34.8 + 2.4 \times 10^{-3}\ T/K$

$C_{p,m}(HCl, g)/(J \cdot mol^{-1} \cdot K^{-1}) = 28.1 + 3.5 \times 10^{-3}\ T/K$

2.33 某高压容器中含有未知气体, 可能是氮气或氩气。今在 298 K 时, 取出一些样品, 从 5 dm³ 绝热可逆膨胀到 6 dm³, 温度降低了 21 K, 试判断容器中是何种气体。设振动的贡献可忽略不计。

2.34 在 $p^{\ominus}$, 25 ℃ 时, 分别将 1 mol CaO(s) 和 1 mol CaCO₃(s) 溶于 1 mol·dm⁻³ HCl 溶液中, 放热分别为 193.3 kJ, 15.02 kJ。现若将 1 kg 25 ℃ 的 CaCO₃(s) 变为 885 ℃ 的 CaO(s) 和 CO₂(g), 需多少热量? 已知 $p^{\ominus}$ 下 CaCO₃(s) 的分解温度是 885 ℃, 各物质的平均比热容 (单位: J·g⁻¹·K⁻¹) 分别为 CaO(s): 0.895; CaCO₃(s): 1.123; CO₂(g): 1.013。

2.35 在环境温度为 298 K、压力为 100 kPa 的条件下, 用乙炔与压缩空气混合, 燃烧后用来切割金属, 试粗略计算这种火焰可能达到的最高温度, 设空气中氧的含量为 20%。已知 298 K 时的热力学数据如下:

物质	$\Delta_f H_m^{\ominus}/(kJ \cdot mol^{-1})$	$C_{p,m}/(J \cdot mol^{-1} \cdot K^{-1})$
CO₂(g)	−393.51	37.11
H₂O(g)	−241.82	33.58
C₂H₂(g)	227.4	44
N₂(g)	0	29.12

2.36 在 298 K 时, C₂H₅OH(l), CO₂(g) 和 H₂O(l) 的标准摩尔生成焓分别为 −277.6 kJ·mol⁻¹, −393.51 kJ·mol⁻¹, −285.83 kJ·mol⁻¹; CO(g) 和 CH₄(g) 的标准摩尔燃烧焓分别为 −284.5 kJ·mol⁻¹, −891 kJ·mol⁻¹; CH₄(g), CO₂(g) 和 C₂H₅OH(l) 的摩尔定压热容分别为 35.7 J·mol⁻¹·K⁻¹, 37.11 J·mol⁻¹·K⁻¹, 112.3 J·mol⁻¹·K⁻¹。对于反应

$$3CH_4(g) + CO_2(g) \Longrightarrow 2C_2H_5OH(l)$$

(1) 计算反应的 $\Delta_r H_m^{\ominus}(298\ K)$, $\Delta_r U_m^{\ominus}(298\ K)$;

(2) 计算反应的 $\Delta_r H_m^{\ominus}(173\ K)$ 和 $\Delta_r H_m^{\ominus}(298\ K)$ 的差值。

2.37 Carnot 循环由一定量的某气体经下列一连串过程而构成: 1 → 2, 在等温 T_1 时从 p_1, V_1 膨胀到 p_2, V_2; 2 → 3, 从 p_2, V_2, T_1 绝热膨胀到 p_3, V_3, T_2; 3 → 4, 在等温 T_2 时从 p_3, V_3 压缩到 p_4, V_4; 4 → 1, 从 p_4, V_4, T_2 绝热压缩到

p_1, V_1, T_1 (这四个状态 $1, 2, 3$ 及 4 中的三个可以任意选定, 第四个则必然随之而定)。

(1) 如果系统是由 1 mol 的理想气体所组成的, 问在每一步及整个循环过程中所加于系统的功 W 和热 Q 为多少?

(2) 如果是 1 mol 的 $H_2(g)$, 设 $T_1 = 300\,℃$, $T_2 = 100\,℃$, $p_1 = 1013.25\ kPa$, $p_2 = 101.325\ kPa$, $C_{p,m} = 29.3\ J \cdot mol^{-1} \cdot K^{-1}$, 试求 p_3, p_4 及 W, Q。

2.38　在 $18\,℃$ 时, 使含有质量分数为 80% 的过氧化氢的混合物 (其余为水) 通过装有催化剂的绝热管, 过氧化氢全部分解为水蒸气和氧气。试计算分解产物的温度。稀释热及压力-体积功可忽略不计。已知在 $18\,℃$, $100\ kPa$ 时由水与氧气生成 1 mol 过氧化氢的反应焓变为 $96.48\ kJ$。水的比热容为 $4.18\ J \cdot g^{-1} \cdot K^{-1}$, 水在 $100\,℃$ 时的蒸发焓为 $2255\ J \cdot g^{-1}$, 水蒸气及氧气的平均等压比热容分别为 $2.01\ J \cdot g^{-1} \cdot K^{-1}$ 和 $0.96\ J \cdot g^{-1} \cdot K^{-1}$。

2.39　某铜热量计 (一个钻有小孔并嵌入鸭绒垫中的铜块) 的起始温度为 $59.105\,℃$, 将温度为 $0\,℃$ 的 $40.0\ g$ 白锡迅速放入孔中, 结果使铜热量计的温度降为 $58.224\,℃$。在另一次实验中, 在同一铜热量计的孔中放入温度为 $0\,℃$ 的 $40.0\ g$ 灰锡, 结果温度从 $60.073\,℃$ 降为 $57.941\,℃$, 此时灰锡完全转变为白锡。求 1 mol 灰锡在转换温度即 $19\,℃$ 时变为白锡的转变焓。已知灰锡的 $C_{p,m} = 24.73\ J \cdot mol^{-1} \cdot K^{-1}$, 白锡的 $C_{p,m} = 26.82\ J \cdot mol^{-1} \cdot K^{-1}$, 锡的摩尔质量为 $118.71\ g \cdot mol^{-1}$。

2.40　若在 $100\ kPa$, $600\,℃$ 时, 使 1 mol $NH_3(g)$ 经催化分解为单质, 为了保证温度恒定需要加入热量 $54.39\ kJ$。下列各物质的摩尔定压热容为

$$C_{p,m}(H_2, g)/(J \cdot mol^{-1} \cdot K^{-1}) = 27.2 + 3.8 \times 10^{-3}\ T/K$$

$$C_{p,m}(NH_3, g)/(J \cdot mol^{-1} \cdot K^{-1}) = 33.64 + 2.9 \times 10^{-3}\ T/K + 2.1 \times 10^{-5}(T/K)^2$$

$$C_{p,m}(N_2, g)/(J \cdot mol^{-1} \cdot K^{-1}) = 27.20 + 4.2 \times 10^{-3}\ T/K$$

(1) 写出 ΔH 与 T 的函数关系式;

(2) 求 $25\,℃$ 时的 ΔH。

第三章

热力学第二定律

本章基本要求

(1) 了解自发变化的共同特征，明确热力学第二定律的意义。

(2) 了解热力学第二定律与 Carnot 定理的联系。理解 Clausius 不等式的重要性。注意在导出熵函数的过程中，公式推导的逻辑推理。

(3) 熟记热力学函数 S 的含义及 A, G 的定义，了解其物理意义。

(4) 能熟练地计算一些简单过程中的 ΔS, ΔH, ΔA 和 ΔG，学会如何设计可逆过程。

(5) 会运用 Gibbs-Helmholtz 方程。

(6) 了解熵的统计意义。

(7) 了解热力学第三定律的内容，知道规定熵值的意义、计算及其应用。

(8) 初步了解不可逆过程热力学关于熵流和熵产生等基本内容。

热力学第一定律指出了能量的守恒和转化, 以及在转化过程中各种能量之间的相互关系, 但它却不能指出变化的方向和变化进行的程度。例如, 反应:

$$A + B \rule[0.5ex]{2em}{0.4pt} C + D$$

当给定始态和终态之后, 热力学第一定律只能指出, 正反应的 $\Delta_r U_m$ (或 $\Delta_r H_m$) 与逆反应的 $\Delta_r U_m$ (或 $\Delta_r H_m$) 数值相等而符号相反, 至于在指定的条件下, 上述反应自发地 (即不需要外界帮助, 任其自然) 往哪个方向进行, 反应进行到什么程度为止等问题, 单凭热力学第一定律不能作出回答。自然界的变化都不违反热力学第一定律, 但不违反热力学第一定律的变化却未必能自发发生。一个明显的例子是, 热可以自动地从高温物体流向低温物体, 而它的逆过程即热从低温物体流向高温物体, 则是不能自动发生的。历史上对这方面的研究很多。例如, 19 世纪中叶, Thomson 和 Berthelot 曾把反应热看作反应的驱动力, 即认为只有放热反应才能自发地进行。由于这种说法并不具有普遍意义, 因此不能作为一般性的准则。关于平衡的问题, Le Chatelier 曾总结出著名的 Le Chatelier 原理 (Le Chatelier's principle), 指出了平衡移动的方向。但这个原理缺乏定量关系。反应的方向性和限度这两个问题的解决有赖于热力学第二定律。

历史上关于蒸汽机的研究, 对于热力学的发展起着十分重要的作用。在 19 世纪初叶, 蒸汽机的使用在工业上产生了很大的影响, 但在当时还没有蒸汽机的理论。在生产实践中, 人们总是希望制造性能良好的热机, 最大限度地提高热机的效率, 即消耗最少量的燃料得到最大的机械功。但当时不知道热机效率的提高是否有一个限度。1824 年, Carnot 试图解决这一问题, 并提出了著名的 Carnot 定理。他所得到的结论是对的, 可是他在证明这个定理时却引用了错误的 "热质论"。为了从理论上进一步阐明 Carnot 定理, 需要建立一个新的理论。Clausius 在 1850 年和 Kelvin 在 1851 年就是从这里得到启发而提出了热力学第二定律。

热功交换的问题, 虽然最初局限于讨论热机的效率, 但客观世界总是彼此相互联系、相互制约、相互渗透的, 特殊性寓于共性之中。热力学第二定律正是抓住了事物的共性, 根据热功交换的规律, 提出了具有普遍意义的熵函数。根据这个函数及由此导出的其他热力学函数, 解决了化学反应的方向性和限度问题。

3.1 自发变化的共同特征 —— 不可逆性

所谓 **"自发变化"** (spontaneous change) 乃是指能够自动发生的变化, 即无须外力帮助, 任其自然, 即可发生的变化。而自发变化的逆过程则不能自动进行。例如, ① 在 Joule 的热功当量实验中, 重物在重力场中下降, 带动搅拌器, 量热器中的水被搅动, 从而使水温上升。它的逆过程即水的温度自动降低而重物自动举起这一过程不会自动进行。② 气体的真空膨胀, 它的逆过程即气体的压缩过程不会自动进行。③ 热由高温物体流向低温物体, 它的逆过程即热自低温物体流向高温物体, 不会自动进行。④ 各部分浓度不同的溶液自动扩散, 最后浓度均匀, 而浓度已经均匀的溶液不会自动地变成浓度不均匀的溶液。⑤ 锌片投入硫酸铜溶液引起置换反应, 它的逆过程也不会自动发生, 等等。从这些例子中可以看出, 一切自发变化都有一定的变化方向, 并且都是不会自动逆向进行的。这就是自发变化的共同特征。简单地说: **自发变化乃是热力学的不可逆过程。** 这个结论是经验的总结, 也是热力学第二定律的基础。

上述自发变化都不会自动逆向进行, 但这并不意味着它们根本不可能倒转。实际上, 借助外力可以使一个自发变化发生后再逆向返回原态。例如, 理想气体真空膨胀是一个自发过程, 过程中 $Q = 0$, $W = 0$, $\Delta U = 0$。如用活塞等温压缩, 能使气体恢复原状, 但其结果是环境付出了功, 并且热储器 (也是环境的一部分)得到了热。环境发生了功转变为热的变化。要使环境也恢复到原来的状态, 则必须能够从单一热源 (热储器) 中取出热, 使其完全转变为功, 然后把压缩活塞的重物举到原来的高度而不产生其他变化。倘若这是可能的, 则环境和系统就都恢复到原来的状态了。但是, 实际经验证明这是不可能的。因此, 气体的真空膨胀是不可逆过程。

热由高温物体 A 流向低温物体 B, 最后温度均衡, 这是一个自发变化。要想使它们恢复原状, 必须设想能从物体 B 吸出热使其降到原来的温度; 同时, 将所吸出的热完全转化为功而不留下影响。然后, 把这些功再变成热 (如用电产生热等), 从而使物体 A 的温度升高到原来的温度。但是, 由于热完全转化为功而不留下影响 (或痕迹) 是不可能的, 所以这个设想的过程不可能实现。

同样, 对于其他的自发变化也有相同的结论。

从以上几个例子看来, 自发变化是否可逆的问题, 即是否可以使系统和环境都完全复原而不留下任何影响的问题, 都可以转换为能否 "从单一热源吸热, 全部转化为功, 而不引起其他变化" 的问题。经验证明, 后一过程是不可能实现的, 从而导出这样一个结论: **一个自发变化发生之后, 不可能使系统和环境都恢复到原来的状态而不留下任何影响, 也就是说自发变化是有方向性的, 是不可逆的**。这个结论就是一切自发变化的共同特征。

人们之所以对自发过程感兴趣, 是因为一切自发过程在适当的条件下可以对外做功, 而非自发过程则必须依靠外力, 即环境要消耗功才能进行。

3.2　热力学第二定律

人们在生活和生产实践中遇到许许多多只能自动向单方向进行的过程, 它们的共同特性就是不可逆性。总之, 一切实际过程都是热力学的不可逆过程。人们又发现这些不可逆过程都是相互关联的。从某一个自发过程的不可逆可以推断到另一个自发过程的不可逆。人们逐渐总结出反映同一客观规律的简便说法, 即**用某种不可逆过程来概括其他不可逆过程**, 这样一个普遍原理就是**热力学第二定律** (second law of thermodynamics)。这里举出 Clausius 和 Kelvin 对热力学第二定律的两种典型说法。

Clausius 的说法: **不可能把热从低温物体传到高温物体, 而不引起其他变化**。

Kelvin 的说法: **不可能从单一热源取出热使之完全变为功, 而不发生其他的变化**。

Clausius 和 Kelvin 的说法都是指某一件事情是 "不可能" 的, 即指出某种自发过程的逆过程是不能自动进行的。Clausius 的说法指明热传导的不可逆性, Kelvin 的说法指明摩擦生热 (即功转变为热) 的过程的不可逆性, 这两种说法实际上是等效的。即若 Clausius 的表述成立, 则 Kelvin 的表述也一定成立。反之, 若 Clausius 的表述不成立, 则 Kelvin 的表述也不能成立。我们采用后者, 即用反证法来证明两种表述的等同性。参看图 3.1。假定与 Clausius 的说法相反, Q_c 的热量能够从温度为 T_c 的低温热源自动地传给温度为 T_h 的高温热源。今令一个 Carnot 机在 T_h 和 T_c 间工作, 从高温热源吸取 Q_h 的热量, 部分用于做功 (W), 并使它传给低温热源的热量恰等于 Q_c, 最后在循环过程的终了, 低温热源得失的热量相等, 没有变化, 净的结果是 Carnot 机从单一热源 (即温度为 T_h 的高温热源) 吸取 ($Q_h - Q_c$) 的热量, 全部变为功而没有其他变化。这违反了 Kelvin 的说法。

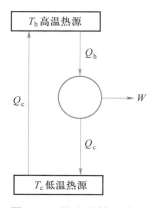

图 3.1　热力学第二定律两种说法等同性的说明

同样, 若 Kelvin 说法不成立, 则 Clausius 说法也不能成立 (读者试自证之)。

在以上几节的叙述里, 应注意我们并没有说热不能转变为功 (蒸汽机的作用就是把热转变为功), 也没有说热不能全部转变为功。因此, 不要把 Kelvin 的说法简单地理解为: 功可以完全变为热, 而热不能完全变为功。事实上, 不是热不能完全变为功, 而是在不引起其他变化 (或不产生其他影响) 的条件下, 热不能完全变为功。这个条件是绝不可少的 (理想气体的等温膨胀, 从热源所吸的热就全部变为功, 但附带的另一变化是气体的体积变大, 即系统的状态改变了)。

Kelvin 说法也可表达为: **第二类永动机是不可能造成的**。所谓第二类永动机乃是一种能够从单一热源吸热, 并将所吸收的热全部变为功而无其他影响的机器。它并不违反能量守恒定律, 但却永远造不成。为了区别于第一类永动机, 所以称为**第二类永动机** (second kind of perpetual motion machine)。

热如何转变为功的问题, 在实际生活中有着十分重要的意义。倘若第二类永动机能够造成, 那么就可以无限制地把一个物体的能量以热的形式提取出来, 使其变为功而没有其他变化。但是, 无数次的实验都失败了, 经验告诉我们这是不可能的事。蒸汽机做功需要在两个不同温度的热源之间工作, 工作物质在循环过程中从一个高温热源中吸热 (Q_h), 其中只有一部分转变为功 (W), 另一部分热量 (Q_c) 传递到温度较低的热源中去, 实际的热机效率永远小于 1。如果能连续地直接从海洋中提取热量来做功, 这样航海就不需要携带燃料了。若把海洋当成一个热源来做功, 则必须另外有一个热源, 它至少要和海洋一样大, 而温度却比海洋低, 这样的热源是找不到的。

热力学第二定律的 Clausius 和 Kelvin 的说法都是指某种过程的不可逆性和单向性。前者讲的是热传导的方向性和不可逆性, 后者讲的是热功转换的方向性和不可逆性。而这两种说法又是等效的, 尽管它们各自表述的不可逆过程的内容不同, 但可以从一种说法所代表的不可逆过程的单向性推断出另一种说法所代表的不可逆过程的单向性, 它们是互通的。

在自然界存在着无数的不可逆过程, 热传导和热功转换只不过是无数不可逆过程中的两种。对于其他不可逆过程是否也存在这种等效关系呢? 答案是肯定的, 它们都是互通的。任何不可逆过程都可以通过不同的渠道把它们转换成 Clausius 和 Kelvin 所指的不可逆过程。

设想我们有一个非常巨大的恒温热储器 (heat reservoir), 用 R 表示, 它可以提供 (或接受) 热而保持恒温。我们还有一个弹簧 (spring), 用 S 表示, 通过压缩和松弛弹簧, 可以无限地对外做功或接收外来的功。S 和 R 构成了一个理想的 S – R 系统。当任何一个系统发生变化, 即进行一个过程后, 我们都可以借助理想的 S－R 系统, 接收系统在变化过程中的功和热, 然后借助 S－R 使系统复原。复原过程中所需的功和热也由 S－R 提供。当已发生变化的系统借助 S－R 完全复原后, 可通过考查 S－R 的变化来判断过程可逆与否。如果 S－R 系统也没有变化, 一切都复原了, 则系统原来的变化就是可逆过程。如果系统复原了, 而在 S－R 中发生了功转变为热的变化 (即 R 做了功, 而 S 得了热, S－R 没有复原), 则系统原来发生的变化就是不可逆的。换言之, 我们把系统所发生的变化和复原过程中的热和功都转移到 S－R 上, 以 S－R 上的热、功得失来判断系统原来发生的变化是可逆的还是不可逆的。S－R 好像一块 "试金石", 把所有的不可逆过程都联系起来了 (读者可以借助 S－R 系统证明理想气体的真空膨胀是不可逆过程)。

　　自然界中发生的所有不可逆过程一经发生, 则用任何曲折复杂的路径都不能使其恢复原状而不引起其他变化。这表明自发过程的不可逆性或单向性, 不仅取决于系统外部环境的状况 (例如是隔离的或是等温等压的, 等等), 而且取决于系统的始态和终态。因此, 我们可以用系统的状态函数来表征这种特征。对隔离系统来说, 这种状态函数就是熵 (这将在以后的几节中讨论)。

　　热力学第二定律和热力学第一定律一样, 建立在无数事实的基础上, 是人类长期经验的总结, 它不能从其他更普遍的定律推导出来。整个热力学的发展过程也令人信服地表明, 它的推论都符合于客观实际, 由此也证明热力学第二定律真实地反映了客观规律。

　　热和功都是系统在变化过程中被传递的能量, 但两者有着本质的不同。热力学第二定律表明热转化为功是有条件的、有限度的, 而功转化为热是无条件的。

3.3　Carnot 定理

　　热力学第二定律否定了第二类永动机的存在, 明确指出效率为 1 的热机是不可能实现的。那么, 热机的最高效率可以达到多少呢? 从热力学第二定律推出的 Carnot 定理正是解决了这一问题。Carnot 认为: **所有工作于同温热源与同温冷源之间的热机, 其效率都不可能超过可逆机** (换言之, 即可逆机的效率最大), 这就是 **Carnot 定理**。虽然 Carnot 发表这个定理是在热力学第二定律之前, 但要正确地证明这个定理却需要用到热力学第二定律。

设在两个热源之间, 有可逆机 R (即 Carnot 机) 和任意的热机 I 在工作 (图 3.2), 调节两个热机使所做的功相等。可逆机 R 从高温热源吸热 Q_1, 做功 W, 放热 $(Q_1 - W)$ 到低温热源 [图 3.2(a)], 其热机效率为 $\eta_R = -W/Q_1$。另一任意热机 I, 从高温热源吸热 Q_1', 做功 W, 放热 $(Q_1' - W)$ 到低温热源, 其热机效率为 $\eta_I = -W/Q_1'$。

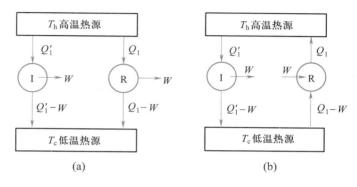

图 3.2   Carnot 定理的证明

先假设热机 I 的效率大于可逆机 R 的效率 (这个假设是否合理, 要通过根据这个假设所得的结论是否合理来检验), 即 (W 取绝对值)

$$\eta_I > \eta_R \quad \text{或} \quad \frac{W}{Q_1'} > \frac{W}{Q_1}$$

因此得

$$Q_1 > Q_1'$$

今若以热机 I 带动可逆机 R, 使可逆机 R 逆向转动, 此时可逆机 R 成为制冷机, 所需的功 W 由热机 I 供给, 如图 3.2(b) 所示: 可逆机 R 接受 W 的功, 同时从低温热源吸热 $(Q_1 - W)$, 并放热 Q_1 到高温热源。两个热机连接, 整个复合机循环一周后, 在两热机中工作物质均恢复原态, 最后除热源有热量交换外, 无其他变化。

从低温热源吸热

$$(Q_1 - W) - (Q_1' - W) = Q_1 - Q_1' > 0$$

高温热源得到热

$$Q_1 - Q_1' > 0$$

净的结果是热从低温热源传到高温热源而没有发生其他变化, 这违反了热力学第二定律的 Clausius 说法, 所以最初的假设 $\eta_I > \eta_R$ 不能成立。因此有

$$\eta_I \leqslant \eta_R \tag{3.1}$$

这就证明了 Carnot 定理。

根据 Carnot 定理, 还可以得到如下的推论: **所有工作于同温热源与同温冷源之间的可逆机, 其热机效率都相等**。可以证明如下: 假设两个可逆机 R_1 和 R_2 在同温热源与同温冷源之间工作, 若以 R_1 带动 R_2, 使其逆转, 则由式 (3.1) 得

$$\eta_{R_1} \leqslant \eta_{R_2} \tag{3.2}$$

反之, 若以 R_2 带动 R_1, 使其逆转, 则有

$$\eta_{R_2} \leqslant \eta_{R_1} \tag{3.3}$$

因此, 若要同时满足式 (3.2) 和式 (3.3), 则应有

$$\eta_{R_1} = \eta_{R_2} \tag{3.4}$$

由此可知, 不论参与 Carnot 循环的工作物质是什么, 只要是可逆机, 在两个温度相同的低温热源和高温热源之间工作时, 热机效率都相等, 即当任意热机 I 是可逆机时, 式 (3.1) 要用等号; 而当 I 不是可逆机时, 则要用不等号。在上面证明中, 并不涉及参加 Carnot 循环工作物质的本性, 因而与工作物质的本性无关。在明确了热机效率 η_R 与工作物质的本性无关后, 我们就可以引用理想气体 Carnot 循环的结果了。

Carnot 定理虽然讨论的是可逆机与不可逆机的热机效率问题, 但它具有非常重大的意义, 因为其公式中引入了一个不等号。前已述及, 所有的不可逆过程是互相关联的, 由一个过程的不可逆性可以推断到另一个过程的不可逆性。因而, 对所有的不可逆过程就可以找到一个共同的判别准则。由于热功交换的不可逆, 而在公式中所引入的不等号对于其他过程 (包括化学过程) 同样可以使用。这个不等号 "功莫大焉", 它解决了化学反应的方向问题。同时, Carnot 定理在原则上也解决了热机效率的极限值问题。

Carnot 定理的提出 (约在 1824 年) 在时间上比热力学第一定律的建立 (约在 1842 年) 早近 20 年, 当时热质论盛行。热质论认为 "热质" 是一种没有质量、没有体积的物质, 它存在于物质之中, 热质越多, 温度越高。热的传导就是热质从高温物体流动到低温物体的过程。Carnot 虽然对热质论有所怀疑, 但他在证明他的定理时, 仍旧使用了热质论的观点。他认为在热机中热从高温物体传到低温物体, 正如水从高处流向低处一样, "质量" 没有损失。在热质论被彻底推翻之后, 依靠热力学第一定律又不能证明他的定理。因此, Carnot 定理成为 "无源之水, 无本之木" 了。显然, 要证明 Carnot 定理需要一个新的原理。Clausius (1850 年) 和 Kelvin (1851 年) 就是从这里提出他们关于热力学第二定律的两种说法的。

热力学第二定律的理论证明了 Carnot 定理, 而通过 Carnot 定理又建立了熵函数和 Clausius 不等式, 以及熵增加原理。热力学第一定律导出了状态函数热

力学能, 热力学第二定律导出了另一个状态函数熵和熵增加原理, 并引入了一个不等号, 前者解决了有关热化学的许多问题, 后者解决了变化的方向和限度 (即平衡) 的问题。了解这段历史, 也使我们了解到科学发展的进程是螺旋式上升的, 即使是最基本的概念, 也会不断发展并会逐渐被赋予新的内涵。

3.4 熵的概念

在 Carnot 循环过程中, 得到

$$\frac{Q_c}{T_c} + \frac{Q_h}{T_h} = 0 \tag{3.5}$$

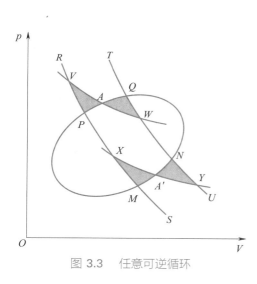

图 3.3 任意可逆循环

图 3.3 所示是任意可逆循环。考虑其中的任意过程 PQ (P, Q 两点实际上可取得很近, 只是为了说明问题才把图形夸大), 通过 P, Q 两点作两条可逆绝热线 RS 和 TU, 然后在 PQ 间通过 A 点画一条等温可逆线 VW, 使 PVA 的面积等于 AWQ 的面积。折线所经过的过程 $PVAWQ$ 与直接由 P 到 Q 的过程中所做的功相同。由于这两个过程的始态和终态相同, 热力学能的变化相同, 所以这两个过程中的热效应也一样。同理, 在弧线 MN 上也可以作类似的处理 (即折线 $MXA'YN$ 所经的过程等同于 M 直接到 N 的过程, 则功相同, ΔU 相同, 热效应也一样)。

$VWYXV$ 构成一个 Carnot 循环 (这个 Carnot 循环和 $PQNMP$ 环程所做的功是等同的)。

同样, 用若干彼此排列极为接近的绝热线和等温线, 把整个封闭曲线划分成很多个小的 Carnot 循环 (图 3.4)。对于每个小的 Carnot 循环, 都有下列关系:

$$\frac{\delta Q_2}{T_2} + \frac{\delta Q_1}{T_1} = 0 \qquad \frac{\delta Q_4}{T_4} + \frac{\delta Q_3}{T_3} = 0 \qquad \frac{\delta Q_6}{T_6} + \frac{\delta Q_5}{T_5} = 0 \qquad \cdots$$

上列各式相加, 则得

$$\frac{\delta Q_1}{T_1} + \frac{\delta Q_2}{T_2} + \frac{\delta Q_3}{T_3} + \frac{\delta Q_4}{T_4} + \cdots = 0$$

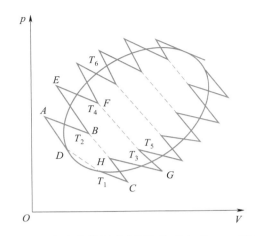

图 3.4   任意可逆循环分割为许多小 Carnot 循环

或

$$\sum_i \left(\frac{\delta Q_i}{T_i}\right)_{\text{R}} = 0 \tag{3.6}$$

式中下标 R 代表可逆; $T_1, T_2, \cdots$ 是热源的温度, 在可逆过程中也是系统的温度。如果每一个 Carnot 循环都取得非常小, 并且前一个循环的可逆绝热膨胀线在下一个循环里成为可逆绝热压缩线 (参阅图中虚线部分); 在每一条绝热线上, 过程都沿正、反方向各进行一次, 过程中的功恰好彼此抵消。因此, 在极限情况下, 这些众多的小 Carnot 循环的总效应与图 3.4 中的封闭曲线相当。即可以用一连串的 Carnot 循环来代替任意的可逆循环。

因此, 对于任意的可逆循环, 其热温商的总和也可以用式 (3.6) 表示, 或推广为

$$\oint \left(\frac{\delta Q}{T}\right)_{\text{R}} = 0 \tag{3.7}$$

即在任意的可逆循环过程中, 工作物质在各热源所吸的热 (δQ) 与该热源温度之比的总和等于零。式中符号 $\oint$ 代表环程积分。

接下来讨论可逆过程中的热温商。如图 3.5 所示, 用一个闭合的曲线代表任意的可逆循环。在曲线上任取两点 A 和 B, 这样就把可逆循环分为两段 $A \to B$ 和 $B \to A$, 这两段都是可逆过程。式 (3.7) 可拆写成两项, 即

$$\int_A^B \left(\frac{\delta Q}{T}\right)_{\text{R}_1} + \int_B^A \left(\frac{\delta Q}{T}\right)_{\text{R}_2} = 0$$

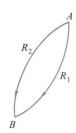

图 3.5   可逆   移项后得

环状过程

$$\int_A^B \left(\frac{\delta Q}{T}\right)_{\text{R}_1} = -\int_B^A \left(\frac{\delta Q}{T}\right)_{\text{R}_2} \quad \text{或} \quad \int_A^B \left(\frac{\delta Q}{T}\right)_{\text{R}_1} = \int_A^B \left(\frac{\delta Q}{T}\right)_{\text{R}_2}$$

这表明, 从 A 到 B 经由两个不同的可逆过程, 它们各自的热温商的总和相等。由于我们所选用的可逆循环以及曲线上 A, B 两点都是任意的, 因此对于其他的可逆过程也可得到同样的结论。所以 $\int_A^B \left(\frac{\delta Q}{T}\right)_R$ 的值与 A, B 之间的可逆途径无关, 而仅由始态和终态所决定。显然, 它具有状态函数的特点。Clausius 据此定义了一个热力学状态函数, 称为**熵** (entropy)[①], 并用符号 "S" 表示。如令 S_B 和 S_A 分别代表终态和始态的熵, 则

$$S_B - S_A = \Delta S = \int_A^B \left(\frac{\delta Q}{T}\right)_R \quad \text{或} \quad \Delta S = \sum_i \left(\frac{\delta Q_i}{T_i}\right)_R \tag{3.8}$$

若 A, B 两个平衡状态非常接近, 则可写作微分的形式, 即

$$\mathrm{d}S = \left(\frac{\delta Q}{T}\right)_R \tag{3.9}$$

式 (3.8) 和式 (3.9) 就是熵的定义。式 (3.8) 也可以写作

$$\Delta S - \sum_i \left(\frac{\delta Q_i}{T_i}\right)_R = 0 \tag{3.10}$$

热力学能 (U) 和焓 (H) 都是系统自身的性质, 要认识它们, 需凭借系统与环境间热和功的交换, 从外界的变化来推断系统 U 和 H 的变化值 (例如, 在一定条件下, $\Delta U = Q_V$, $\Delta H = Q_p$)。熵也是如此, 系统在一定状态下有一定的值, 当系统发生变化时要用可逆变化过程中的热温商来衡量它的变化值。熵的概念最早是 Clausius 引进来的。根据熵的定义式, 熵的单位是 $\mathrm{J \cdot K^{-1}}$。

3.5 Clausius 不等式与熵增加原理

Clausius 不等式 —— 热力学第二定律的数学表达式

以上根据可逆过程的热温商定义了熵函数, 以下再讨论不可逆的情况。Carnot 定理指出: 在温度相同的低温热源和高温热源之间工作的不可逆热机效率 η_I 不

[①] "entropy" 一词最初是由 Clausius 于 1865 年创造的。字尾 "tropy" 源于希腊文, 是转变之意。字头 "en" 源于 energy 的字头。1923 年, I. R. Planck 来南京第四中山大学 (即中央大学前身) 讲学, 我国著名物理学家胡刚复教授 (时任南京第四中山大学自然科学院院长) 担任翻译, 是胡刚复教授首次创造了在中国字典上前所未有的新字 "熵", 表示 entropy 具有热温商之意。含义极其妥帖, 沿用至今。

能大于可逆热机效率 η_R。已知

$$\eta_I = \frac{Q_c + Q_h}{Q_h} = 1 + \frac{Q_c}{Q_h} \qquad \eta_R = \frac{T_h - T_c}{T_h} = 1 - \frac{T_c}{T_h}$$

因为 $\eta_I < \eta_R$, 所以

$$1 + \frac{Q_c}{Q_h} < 1 - \frac{T_c}{T_h}$$

移项后, 得

$$\frac{Q_c}{T_c} + \frac{Q_h}{T_h} < 0$$

对于任意的不可逆循环, 设系统在循环过程中与 n 个热源接触, 吸取的热量分别为 $Q_1, \cdots, Q_n$, 则上式可以推广为

$$\left(\sum_{i=1}^{n} \frac{\delta Q_i}{T_i} \right)_I < 0 \tag{3.11}$$

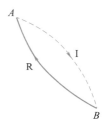

图 3.6   不可逆
循环

设有下列循环: 如图 3.6 所示, 系统经过不可逆过程由 $A \to B$, 然后经过可逆过程由 $B \to A$。因为前一步是不可逆的, 所以整个循环仍旧是一个不可逆循环。根据式 (3.11), 有

$$\left(\sum_{i} \frac{\delta Q_i}{T_i} \right)_{I, A \to B} + \left(\sum_{i} \frac{\delta Q_i}{T_i} \right)_{R, B \to A} < 0$$

因为

$$\left(\sum_{i} \frac{\delta Q_i}{T_i} \right)_{R, B \to A} = S_A - S_B$$

所以

$$S_B - S_A > \left(\sum_{i} \frac{\delta Q_i}{T_i} \right)_{I, A \to B} \tag{3.12}$$

或

$$\Delta S_{A \to B} - \left(\sum_{A}^{B} \frac{\delta Q_i}{T_i} \right)_I > 0 \tag{3.13}$$

由式 (3.12) 知, 系统从状态 A 经由不可逆过程变到状态 B, 过程中热温商的累加和总是小于系统的熵变 ΔS。**熵是状态函数, 当始态终态一定时, ΔS 有定值, 它的数值可由可逆过程的热温商来求得**。对于任意的不可逆过程, 在给定始态和终态之后, 熵变也有定值, 只是过程中的热温商不能用以求算 ΔS。需要在始态和终

态之间设计可逆过程, 才能求出其 ΔS 值 (从 A 到 B, 可以设计许多不同的不可逆途径, 这些不同途径中的热温商显然是互不相同的)。

将式 (3.10) 和式 (3.13) 合并, 得

$$\Delta S_{A \to B} - \sum_{A}^{B} \frac{\delta Q}{T} \geqslant 0 \tag{3.14}$$

这个公式称为 **Clausius 不等式** (Clausius inequality)。式中 δQ 是实际过程中的热效应; T 是环境的温度。在可逆过程中用等号, 此时环境的温度等于系统的温度, δQ 也是可逆过程中的热效应。式 (3.14) 可以用来判别过程的可逆性, 也可以作为**热力学第二定律的一种数学表达形式**。

如果把式 (3.14) 应用到微小的过程上, 则得到

$$\mathrm{d}S - \frac{\delta Q}{T} \geqslant 0 \quad \text{或} \quad \mathrm{d}S \geqslant \frac{\delta Q}{T} \tag{3.15}$$

这是热力学第二定律的最普遍的表示式。因为式 (3.15) 所涉及的过程是微小的变化, 所以它相当于组成其他任何过程的基元过程 (简称为元过程)。

熵增加原理

对于绝热系统中所发生的变化, $\delta Q = 0$, 所以

$$\mathrm{d}S \geqslant 0 \quad \text{或} \quad \Delta S \geqslant 0 \tag{3.16}$$

不等号表示不可逆, 等号表示可逆。也就是说, 在绝热系统中, 只可能发生 $\Delta S \geqslant 0$ 的变化。在可逆绝热过程中, 系统的熵不变; 在不可逆绝热过程中, 系统的熵增加, 绝热系统不可能发生 $\Delta S < 0$ 的变化。即一个封闭系统从一个平衡态出发, 经过绝热过程到达另一个平衡态, 它的熵不减少。这个结论是热力学第二定律的一个重要结果, 它在绝热条件下, 明确地用系统熵函数的增加和不变来判断不可逆过程和可逆过程。换句话说, **在绝热条件下, 趋向于平衡的过程使系统的熵增加**, 这就是**熵增加原理** (principle of entropy increasing)。

应该指出, 不可逆过程可以是自发的, 也可以是非自发的。在绝热封闭系统中, 系统与环境之间无热的交换, 但可以用功的形式交换能量。若在绝热封闭系统中发生一个依靠外力 (即环境对系统做功) 进行的非自发过程, 则系统的熵值也是增加的。

一个隔离系统当然也是绝热的。因此, 上述结论可推广到隔离系统, 即**一个隔离系统的熵永不减少**, 这是熵增加原理的另一种说法。对于一个隔离系统, 外界对系统不能进行任何干扰, 整个系统只能是处于 "不去管它, 任其自然" 的情况。

在这种情况下, 如果系统发生不可逆的变化, 则必定是自发的。因此, 可以用下式来判断自发变化的方向:

$$\mathrm{d}S_{\mathrm{iso}} \geqslant 0$$

但是, 由于通常系统都与环境有着相互的联系, 如果把与系统密切相关的部分 (环境) 包括在一起, 当作一个隔离系统, 则应有

$$\mathrm{d}S_{\mathrm{iso}} = \Delta S_{\mathrm{sys}} + \Delta S_{\mathrm{sur}} \geqslant 0 \tag{3.17}$$

我们知道, 任何自发过程都是由非平衡态趋向平衡态, 到了平衡态时熵函数达到最大值。因此, 自发的不可逆过程进行的限度以熵函数达到最大值为准则, 过程中熵的差值也可以表征系统接近平衡态的程度。

如果一个系统已经达到平衡状态, 则其中任何过程都一定是可逆的。因为对于一个已经达到平衡状态的系统, 一定不可能再进行自发的变化, 否则这与系统已达到平衡的大前提不符。同时它也不可能是不自发的, 因为倘若如此, 则相反的过程就是自发的了。这也与系统已达到平衡的大前提不符。既然两者皆不可能, 则只能是可逆的了。

综上所述, 我们对于熵函数应有如下的理解:

(1) 熵是系统的状态函数, 是容量性质。整个系统的熵是各个部分的熵的总和。熵的变化值仅与状态有关, 而与变化的途径无关。

(2) 可以用 Clausius 不等式来判别过程的可逆性。式中等式表示可逆过程, 不等式表示不可逆过程。

(3) 在绝热过程中, 若过程是可逆的, 则系统的熵不变。若过程是不可逆的, 则系统的熵增加。绝热不可逆过程向熵增加的方向进行; 当达到平衡时, 熵达到最大值。

(4) 在任何一个隔离系统中 (这种系统必然也是绝热的), 若进行了不可逆过程, 系统的熵就要增大。所以, 在隔离系统中, 一切能自动进行的过程都引起熵的增大。若系统已处于平衡状态, 则其中的任何过程一定皆是可逆的。

有了熵的概念和熵增加原理及其数学表达式, 则热力学第二定律就以定量的形式被表示出来了, 而且涵盖了热力学第二定律的几种文字表述。例如, 对于 Clausius 所禁戒的那种过程, 即有一定的热量从低温热源 T_{c} 传到了高温热源 T_{h}, 而没有引起其他变化, 则两热源构成一个隔离系统:

$$\mathrm{d}S = \frac{\delta Q}{T_{\mathrm{h}}} - \frac{\delta Q}{T_{\mathrm{c}}} = \delta Q \left(\frac{1}{T_{\mathrm{h}}} - \frac{1}{T_{\mathrm{c}}} \right) < 0$$

熵值减小, 显然这是不可能发生的。同样, 对于 Kelvin 所禁戒的那种过程, 根据熵增加原理, 也是不可能发生的。

随着科学的发展, 熵的概念扩大应用于许多学科, 例如形成了非平衡态热力学, 在信息领域里也引用了熵的概念, 等等, 这是 Clausius 所始料不及的。

3.6　热力学基本方程与 $T\text{--}S$ 图

热力学基本方程 —— 热力学第一定律和第二定律的联合公式

系统在可逆过程 (或准静态过程) 中所吸收的热为 δQ_{R}, 此过程中的熵变为 $\mathrm{d}S = \delta Q_{\mathrm{R}}/T$。根据热力学第一定律:

$$\mathrm{d}U = \delta Q_{\mathrm{R}} + \delta W = T\mathrm{d}S - p\mathrm{d}V$$

所以

$$T\mathrm{d}S = \mathrm{d}U + p\mathrm{d}V \tag{3.18}$$

此式不仅包含能量守恒与转化的热力学第一定律, 而且也包含由热力学第二定律所导出的另一状态函数 —— 熵。它把热力学中两个重要定律所引入的两个状态函数 U 和 S 联系起来了, 因而是热力学第一定律和第二定律的联合公式, 也是平衡态热力学中最基本的方程, 因而也称为**热力学基本方程**。

系统的熵 S 是热力学能 U 和体积 V 的函数, 即 $S = S(U, V)$ (系统的物质的量有定值), 故

$$\mathrm{d}S = \left(\frac{\partial S}{\partial U}\right)_V \mathrm{d}U + \left(\frac{\partial S}{\partial V}\right)_U \mathrm{d}V$$

热力学基本方程式 (3.18) 可写为

$$\mathrm{d}S = \frac{1}{T}\mathrm{d}U + \frac{p}{T}\mathrm{d}V$$

比较这两个方程, 可得

$$\left(\frac{\partial S}{\partial U}\right)_V = \frac{1}{T} \quad \text{或} \quad T = \left(\frac{\partial U}{\partial S}\right)_V \tag{3.19}$$

$$\left(\frac{\partial S}{\partial V}\right)_U = \frac{p}{T} \quad \text{或} \quad p = T\left(\frac{\partial S}{\partial V}\right)_U$$

式 (3.19) 表明温度 T 是系统体积一定时, 热力学能对熵的变化率。这可看作温度 T 的宏观定义 (它的微观意义是物质内部粒子微观运动平均动能大小的衡量)。

T–S 图及其应用

在表述简单系统 (如定量的气体) 的状态时, 常使用 p–V 图, 图中的任一点即表示该系统的一个平衡状态。在处理热力学问题时, 用 T, S 作为状态参量处理问题会更方便一些。今以 T 为纵坐标, S 为横坐标, 图中的任一点就是对应于系统的一个状态。

根据热力学第二定律的基本公式:

$$\mathrm{d}S = \frac{\delta Q_{\mathrm{R}}}{T}$$

系统在可逆过程中所吸收的热量为

$$Q_{\mathrm{R}} = \int T\mathrm{d}S \tag{3.20}$$

系统所吸收的热量也可以根据热容 (C_p 或 C_V) 来计算, 即

$$Q_{\mathrm{R}} = \int C\mathrm{d}T \tag{3.21}$$

这两个公式相比较, 式 (3.20) 是一个更普遍的公式, 对任何可逆过程都适用。而式 (3.21) 则受到一定的限制, 例如等温过程中所吸收的热量就不能用式 (3.21) 来计算。但在等温过程中, 从式 (3.20) 可得

$$Q_{\mathrm{R}} = \int T\mathrm{d}S = T\int \mathrm{d}S = T(S_2 - S_1)$$

若以 T 为纵坐标, S 为横坐标表示热力学过程, 此种图称为**温–熵图**或 **T–S 图**。在热工计算中, 广泛使用 T–S 图。例如, 系统从状态 A 到状态 B, 在 T–S 图上由曲线 AB 表示 [见图 3.7(a)]。

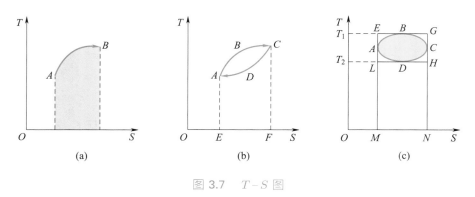

图 3.7 T–S 图

在图 3.7(b) 中, $ABCDA$ 表示任意的可逆循环过程。从点 A 和点 C 分别作垂直线 AE 和 CF。则 ABC 段是吸热过程, 所吸收的热量可用曲线 ABC 下

的面积表示。CDA 段是放热过程, 所放出的热量可由曲线 CDA 下的面积表示。所做的功, 则由闭合曲线 $ABCDA$ 所围的面积表示。闭合曲线 $ABCDA$ 所围面积与曲线 ABC 下的面积之比就是循环的热机效率。

今有一任意的循环过程, 在 T–S 图上表现为一个闭合的曲线, 如图 3.7(c) 中的 $ABCDA$ 所示。闭合曲线 $ABCDA$ 所包围的面积就是该环程所做的功, 也代表该环程中所吸的热。该环程的最高温度和最低温度分别为点 B 和点 D 所对应的温度, 从点 B 和点 D 分别画水平线 EG 和 LH, 这两条线是等温线。闭合曲线的熵值最高和最低点分别是点 C 和点 A。同样, 通过点 C 和点 A 分别作垂直线 GN 和 EM。

Carnot 循环由两条绝热可逆线和两条等温可逆线所构成。在绝热可逆过程中 $\mathrm{d}S = 0$, 熵值不变。图 3.7(c) 中的闭合长方形 $EGHL$ 正是代表在 T_2 和 T_1 间进行的 Carnot 循环过程。代表任意过程的圆形曲线与代表 Carnot 循环过程的长方形, 形成内切, 内切环形的面积不可能大于长方形的面积, 这也表明任意循环的热机效率不可能大于在相同温度下所进行的 Carnot 循环的效率。

总之, 在 p–V 图上只能表示出系统所做的功, 而不能表示出系统所吸的热。而在 T–S 图上能同时表示系统所吸的热及所做的功, 故而在热工计算中, T–S 图更为有用。

3.7 熵变的计算

计算过程的熵变时, 应该注意熵是状态函数。当始态和终态给定后, 熵变值与途径无关。如果所给的过程是不可逆过程, 则应该设计从始态到终态的可逆过程来计算系统的熵变。

等温过程中熵的变化值

(1) 理想气体等温可逆变化:

$$\Delta U = 0 \qquad Q_{\mathrm{R}} = -W_{\max}$$

$$\Delta S = \frac{Q_{\mathrm{R}}}{T} = \frac{-W_{\max}}{T} = nR\ln\frac{V_2}{V_1} = nR\ln\frac{p_1}{p_2} \tag{3.22}$$

(2) 等温等压可逆相变 (若是不可逆相变, 应设计可逆过程):

$$\Delta S(\text{相变}) = \frac{\Delta H(\text{相变})}{T(\text{相变})} \tag{3.23}$$

(3) 理想气体的等温等压混合过程, 并符合分体积定律, 即 $x_B = V_B/V(\text{总})$, 这时每种气体单独存在时的压力都相等, 并等于气体的总压力 (参阅下面例 3)。

$$\Delta_{\text{mix}}S = -R\sum_B n_B \ln x_B \tag{3.24}$$

例 3.1

1 mol 理想气体在等温下通过 (1) 可逆膨胀, (2) 真空膨胀, 体积增加到原来的 10 倍, 分别求其系统和环境的熵变, 并判断过程的可逆性。

解　(1) 可逆膨胀

$$\Delta S_{\text{sys}} = \left(\frac{Q}{T}\right)_R = \frac{-W_{\text{max}}}{T} = nR\ln\frac{V_2}{V_1} = nR\ln 10 = 19.14 \text{ J}\cdot\text{K}^{-1}$$

$$\Delta S_{\text{sur}} = -\Delta S_{\text{sys}}$$

$$\Delta S_{\text{iso}} = 0$$

所以, 过程 (1) 是可逆过程。

(2) 真空膨胀　熵是状态函数, 真空膨胀与 (1) 中的可逆膨胀始态和终态相同, 系统熵变也相同, 所以

$$\Delta S_{\text{sys}} = 19.14 \text{ J}\cdot\text{K}^{-1}$$

$$\Delta S_{\text{sur}} = 0(\text{真空膨胀, 系统不吸热})$$

$$\Delta S_{\text{iso}} = \Delta S_{\text{sys}} + \Delta S_{\text{sur}} = 19.14 \text{ J}\cdot\text{K}^{-1} > 0$$

所以, 过程 (2) 是不可逆过程。

例 3.2

1 mol $H_2O(l)$ 在标准压力 $p^\ominus$ 下, 使与 373.15 K 的大热源接触而蒸发为水蒸气, 吸热 44.02 kJ, 求相变过程的熵变。

解　当系统得 (失) 热量时, 可以认为环境是以可逆的方式失 (得) 热量, 由于环境比系统大得多, 所以当系统发生变化时, 环境的温度不变。上述过程是可逆过程, 所以

$$\Delta S_{\text{sys}} = \frac{\Delta_{\text{vap}}H}{T} = \frac{44020 \text{ J}}{373.15 \text{ K}} = 118.0 \text{ J}\cdot\text{K}^{-1}$$

显然

$$\Delta S_{\text{sur}} = -118.0 \text{ J}\cdot\text{K}^{-1}$$

例 3.3

求等温下气体混合过程中的熵变。设在恒温 273 K 时, 将一个 22.4 dm³ 的盒子用隔板从中间一分为二。一方放 0.5 mol $O_2(g)$, 另一方放 0.5 mol $N_2(g)$, 抽去隔板后, 两种气体均匀混合。试求过程中的熵变。

$$V(O_2) = 11.2 \text{ dm}^3 \qquad V(N_2) = 11.2 \text{ dm}^3$$

O_2	N_2

$$V = V(O_2) + V(N_2) = 22.4 \text{ dm}^3$$

解 抽去隔板后, 对 $O_2(g)$ 来说, 相当于在等温下, 从 11.2 dm³ 膨胀到 22.4 dm³, 所以

$$\Delta S(O_2) = 0.5 \text{ mol} \times R\ln\frac{V(O_2) + V(N_2)}{V(O_2)}$$
$$= 0.5 \text{ mol} \times R\ln\frac{V}{V(O_2)}$$
$$= 0.5 \text{ mol} \times R\ln\frac{22.4}{11.2}$$

同样, 对 $N_2(g)$ 而言, 有

$$\Delta S(N_2) = 0.5 \text{ mol} \times R\ln\frac{22.4}{11.2}$$

所以

$$\Delta_{\text{mix}}S = \Delta S(O_2) + \Delta S(N_2) = 1.0 \text{ mol} \times R\ln\frac{22.4}{11.2} = 5.76 \text{ J} \cdot \text{K}^{-1} > 0$$

由此可见, 上述混合过程是总熵增加的过程, 也是自发的不可逆过程。

当每种气体单独存在时的压力都相等而且又等于混合气体的总压力时, 我们可以把上述混合过程熵变的计算式一般化地写作

$$\Delta_{\text{mix}}S = n_A R\ln\frac{V_A + V_B}{V_A} + n_B R\ln\frac{V_A + V_B}{V_B}$$
$$= -n_A R\ln x_A - n_B R\ln x_B$$
$$= -R \sum_B n_B \ln x_B$$

则

$$\Delta_{\text{mix}}S = -R\left(0.5 \text{ mol} \times \ln\frac{1}{2} + 0.5 \text{ mol} \times \ln\frac{1}{2}\right)$$
$$= 5.76 \text{ J} \cdot \text{K}^{-1}$$

非等温过程中熵的变化值

若对系统加热或冷却, 使其温度发生变化, 则系统的熵值也发生变化。有以下几种情况:

(1) 物质的量一定的可逆等容变温过程:

$$\delta Q = C_V \mathrm{d}T \qquad \mathrm{d}S = \frac{C_V \mathrm{d}T}{T}$$

所以

$$\Delta S = \int_{T_1}^{T_2} \frac{n C_{V,\mathrm{m}}}{T} \mathrm{d}T \tag{3.25}$$

(2) 物质的量一定的可逆等压变温过程:

$$\Delta S = \int_{T_1}^{T_2} \frac{n C_{p,\mathrm{m}}}{T} \mathrm{d}T \tag{3.26}$$

(3) 一定量理想气体从状态 $A(p_1, V_1, T_1)$ 改变到状态 $B(p_2, V_2, T_2)$ 的熵变, 用一步无法计算, 要由两种可逆过程的加和求得。有多种分步计算方法, 可得相同结果。

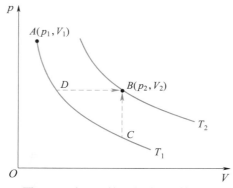

图 3.8　由不同的可逆过程计算熵变

如图 3.8 所示, 由状态 A 至 B 有如下几种途径。

途径 (1): 在 T_1 时等温可逆膨胀由 A 至 C, 再可逆等容变温至 B, 即

$$A \xrightarrow[\text{等温可逆}]{\Delta S_1} C \xrightarrow[\text{可逆等容变温}]{\Delta S_2} B$$

$$\Delta S = \Delta S_1 + \Delta S_2 = nR\ln\frac{V_2}{V_1} + \int_{T_1}^{T_2} \frac{n C_{V,\mathrm{m}}}{T} \mathrm{d}T \tag{3.27}$$

途径 (2): 在 T_1 时等温可逆膨胀由 A 至 D, 再可逆等压变温至 B, 即

$$A \xrightarrow[\text{等温可逆}]{\Delta S_1'} D \xrightarrow[\text{可逆等压变温}]{\Delta S_2'} B$$

$$\Delta S = \Delta S_1' + \Delta S_2' = nR\ln\frac{p_1}{p_2} + \int_{T_1}^{T_2} \frac{n C_{p,\mathrm{m}}}{T} \mathrm{d}T \tag{3.28}$$

式 (3.27) 与式 (3.28) 显然是等同的 (读者试自证之, 并试找出其他可逆途径, 如先等压至 V_2, 再等容至 T_1 等)。

例 3.4

1.0 mol Ag(s) 在等压下由 273 K 加热到 303 K, 求过程的熵变。已知在该温度区间内, Ag(s) 的 $C_{p,m} = 25.35$ J·mol^{-1}·K^{-1}。

解

$$\Delta S = \int_{T_1}^{T_2} \frac{nC_{p,m}}{T} dT = nC_{p,m}\ln\frac{T_2}{T_1}$$
$$= 1.0 \text{ mol} \times 25.35 \text{ J·mol}^{-1}\text{·K}^{-1} \times \ln\frac{303}{273}$$
$$= 2.64 \text{ J·K}^{-1}$$

例 3.5

2.0 mol 理想气体从 300 K 加热到 600 K, 体积由 25 dm^3 变为 100 dm^3, 计算该过程的熵变。已知该气体的 $C_{V,m} = 19.5$ J·mol^{-1}·K^{-1}。

解 这是一个 p, V, T 都发生变化的过程, 因知道始态和终态的温度和体积, 采用先等温后等容的途径。

$$\Delta S = \Delta S_1 + \Delta S_2 = nR\ln\frac{V_2}{V_1} + nC_{V,m}\ln\frac{T_2}{T_1}$$
$$= 2.0 \text{ mol} \times \left(8.314 \text{ J·mol}^{-1}\text{·K}^{-1} \times \ln\frac{100}{25} + 19.5 \text{ J·mol}^{-1}\text{·K}^{-1} \times \ln\frac{600}{300}\right)$$
$$= 50.1 \text{ J·K}^{-1}$$

例 3.6

在 268.2 K, 100 kPa 下, 1.0 mol 液态苯凝固, 放热 9874 J, 求苯凝固过程的熵变。已知苯熔点为 278.7 K, 标准摩尔熔化热为 9870 J·mol^{-1}, $C_{p,m}(l) = 136.0$ J·mol^{-1}·K^{-1}, $C_{p,m}(s) = 131.7$ J·mol^{-1}·K^{-1}。

解 过冷液体的凝固是不可逆过程, 需要在相同始态和终态间设计一个可逆过程来计算熵变。设计的可逆过程为

$$\begin{array}{ccc} C_6H_6(l, 268.2 \text{ K}) & \xrightarrow{\Delta S} & C_6H_6(s, 268.2 \text{ K}) \\ \text{可逆加热} \downarrow \Delta S_1 & & \Delta S_3 \uparrow \text{可逆冷却} \\ C_6H_6(l, 278.7 \text{ K}) & \underset{\text{可逆过程}}{\overset{\Delta S_2}{\rightleftharpoons}} & C_6H_6(s, 278.7 \text{ K}) \end{array}$$

$$\Delta S = \Delta S_1 + \Delta S_2 + \Delta S_3$$
$$= \int_{T_1}^{T_2} \frac{nC_{p,m}(l)}{T} dT + \frac{\Delta H_{相变}}{T_{相变}} + \int_{T_2}^{T_1} \frac{nC_{p,m}(s)}{T} dT$$

$$= \left(1.0 \times 136.0 \times \ln\frac{278.7}{268.2} + \frac{-9870}{278.7} + 1.0 \times 131.7 \times \ln\frac{268.2}{278.7} \right) \text{J} \cdot \text{K}^{-1}$$

$$= -35.2 \text{ J} \cdot \text{K}^{-1}$$

为了计算环境的熵变, 可令苯与 268.2 K 的大热储器接触, 在 268.2 K 苯凝固时, 所放出的热量全部由热储器吸收, 由于热储器很大, 其温度不变, 吸热过程可看作是可逆的, 所以

$$\Delta S_{\text{sur}} = \frac{-\Delta H(268.2 \text{ K})}{268.2 \text{ K}} = \frac{9874 \text{ J}}{268.2 \text{ K}} = 36.8 \text{ J} \cdot \text{K}^{-1}$$

$$\Delta S_{\text{iso}} = \Delta S_{\text{sys}} + \Delta S_{\text{sur}}$$

$$= -35.2 \text{ J} \cdot \text{K}^{-1} + 36.8 \text{ J} \cdot \text{K}^{-1} = 1.6 \text{ J} \cdot \text{K}^{-1}$$

即

$$\Delta S_{\text{iso}} > 0$$

这个结果是在意料之中的, 因为上述过程是可以自动发生的不可逆过程。

3.8　熵和能量退降

自然界所进行的实际过程都是不可逆过程。热力学第一定律表示, 一个实际过程发生后, 其能量的总值保持不变, 而热力学第二定律则表明在不可逆过程中熵的总值增加了。能量的总值虽然不变, 但由于熵值增加, 系统中能量的一部分却丧失了做功的能力, 这就是能量 "**退降**" (energy degradation), 退降的程度与熵的增加成正比。可通过下例加以证明。

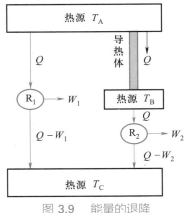

图 3.9　能量的退降

设两个物体 A 和 B, 分别可作为两个大热源, 其温度分别为 T_A 和 T_B, 且 $T_A > T_B$。另有一个低温大热源 C, 其温度为 T_C, 且 $T_A > T_B > T_C$。今利用 Carnot 机 R_1 从温度为 T_A 的热源吸取热量 Q, 在 T_A 和 T_C 间工作 (见图 3.9), 所做的最大功为

$$W_1 = Q \left(1 - \frac{T_C}{T_A} \right) = Q - Q\frac{T_C}{T_A}$$

另一个过程是先使 Q 的热量从温度为 T_A 的热源直接流向温度为 T_B 的热源, 这是个直接的热传导过程, 显然是典型

的不可逆过程。然后, 再在 T_B 与 T_C 之间借助 Carnot 机 R_2 从温度为 T_B 的热源中吸取热量 Q (这个热量可以理解为是从温度为 T_A 的热源传导过来的), 并在 T_B 与 T_C 间做功, 所做的功为

$$W_2 = Q\left(1 - \frac{T_C}{T_B}\right) = Q - Q\frac{T_C}{T_B}$$

$$W_1 - W_2 = QT_C\left(\frac{1}{T_B} - \frac{1}{T_A}\right) = T_C\left(\frac{Q}{T_B} - \frac{Q}{T_A}\right)$$

$$= T_C\Delta S > 0$$

同样是 Q 的热量, 一个取自 T_A, 另一个取自 T_B, 只是因为热源的温度不同 $(T_A > T_B)$, 后者所做的功就少了。在后者中有一部分能量不能做功, 能量的利用率降低了。其原因就是从 T_B 的热源中吸取的热量是经过一个不可逆传导过程从 T_A 热源传导到 T_B 热源的。

从这个意义上讲, 存储在高温物体的能量和存储在低温物体的能量虽数量上相同, 但 "质量" 是不同的。

功和热都是被传递的能量, 能量是守恒的。但功变为热是无条件的, 而热不能无条件地全部变为功, 从一个热源吸热只能部分转变为功, 另一部分热要转移到低温热源中去。所以, 热和功 "不等价", 功的 "质量" 高于热。同样, 高温热源的热和低温热源的热也 "不等价"; 同样数量的热, 放在高温热源可以多做功, 放在低温热源就少做功。同是能量也有高级能量和低级能量之分。在生产过程中从高级能量 "贬值" 为低级能量的现象普遍存在, 如常见的热传导过程, 高温蒸汽贬值为低温蒸汽, 后者的做功能力就大大降低。因此, 如何合理地利用能源, 是实际生产中非常重要的问题。

3.9 热力学第二定律的本质和熵的统计意义

热力学第二定律的本质

热力学是热现象的宏观理论, 探讨温度、压力、能量和熵等宏观物理量之间的宏观规律, 从而再推广到化学领域。由于热力学理论以实验事实为依据, 所以涉及的都是宏观物理量, 因而其结论具有广泛的普适性和高度的可靠性, 这是热力学的优点所在。但由于它不过问物质的微观结构和粒子的运动状态, 显然它是

不完备的。如果不探讨其微观机制, 则许多问题只能停留在 "知其然而不知其所以然" 的阶段。例如熵, 虽然在热力学中有严格的意义, 但它的物理意义是什么? 为什么在隔离系统中, 自发过程的熵总是单调增加的? 又如, 系统从非平衡态到平衡态的变化为什么具有自发倾向? 这种倾向为什么是单向性的? 有没有出现相反方向倾向的可能? 对于这一系列问题, 经典热力学无法从宏观上给予回答。只有从微观的角度, 采用统计的方法才能更深刻地认识热力学第二定律的本质, 才能使熵函数的应用不仅可推广到自然科学的其他领域, 甚至可以推广应用于社会科学的一些领域。

热力学第二定律指出, 凡是自发过程都是不可逆的, 而且一切不可逆过程都可以与热功交换的不可逆相联系。能否从微观的角度对热功交换的不可逆性给予一些说明呢?

我们知道热是分子混乱运动的一种表现。因为分子互撞的结果, 混乱的程度只会增加, 直到混乱度达到最大限度为止 (即达到在给定情况下所允许的最大值)。而功则是与有方向的运动相联系的, 是有秩序的运动。所以, 功转变为热的过程是规则运动转化为无规则运动的过程, 是向混乱度增加的方向进行的。有秩序的运动会自动地变为无秩序的运动, 而无秩序的运动却不会自动地变为有秩序的运动。

对于气体的混合过程, 例如, 设在一盒内有用隔板隔开的两种气体 N_2 和 O_2, 将隔板抽去之后, 气体迅即自动混合, 最后成为均匀的平衡状态; 无论再等多久, 系统也不会自动分开恢复原状。这种由比较不混乱的状态到比较混乱的状态的过程, 即混乱程度增加的过程, 就是自发过程的方向。

对于热的传递过程, 从微观角度看, 系统处于低温时, 分子相对集中于低能级上。当热从高温物体传递到低温物体时, 低温物体中部分分子将从低能级转移到较高能级上, 分子在各能级上的分布较为均匀, 即从相对有序变为相对无序。

上述几个例子都是不可逆过程, 都是熵增加过程, 也都是从有序到无序的变化过程。由此可见, **一切不可逆过程都是向混乱度增加的方向进行的, 而熵函数则可以作为系统混乱度的一种量度**[①]。这就是热力学第二定律所阐明的不可逆过程的本质。

熵和热力学概率的关系 —— Boltzmann 公式

要说明混乱度与熵的关系, 首先需要了解**热力学概率** (thermodynamic probability) 的概念。

设有四个不同颜色的小球 a, b, c, d, 今欲将其分装在两个体积相同的盒子中

---

① 严格意义上讲, 这里的混乱度最好表述为微观状态数 (即热力学概率, 见下), 余同。

(盒 1、盒 2), 可有几种分配方式, 见表 3.1。总的微观状态数 (有时也简称为花样数或微态数) 是 16 种。属于 (4,0) 或 (0,4) 分布者各一种, 属于 (3,1) 或 (1,3) 分布者各 4 种, 属于 (2,2) 分布者 6 种。由于小球的无规则运动, 每一种微态出现的概率是相同的, 都是 1/16。但是, 不同类型分布出现的概率却不一样; 均匀分布类型即 (2,2) 分布的概率最大, 为 6/16。不难理解, 若有 (L/mol^{-1}) 个 (L 为 Avogadro 常数) 分子, 则 (L/mol^{-1}) 个分子全部集中在一边的概率为 $(1/2)^{L/\mathrm{mol}^{-1}}$。这个数值非常之小, 以致气体集中在一边的概率实际上等于零。倘若开始时分子集中在盒子的一边, 则抽去隔板后, 分子便迅速扩散而占据整个容器, 成为最混乱的分布 (即均匀的分布) 而达到平衡状态。

表 3.1　小球分布状况

分配方式	分配的微态数*	盒 1	盒 2
(4, 0)	$C_4^4 = 1$	$a\,b\,c\,d$	0
(3, 1)	$C_4^3 = 4$	$a\,b\,c$ $a\,b\,d$ $a\,c\,d$ $b\,c\,d$	d c b a
(2, 2)	$C_4^2 = 6$	$a\,b$ $a\,c$ $a\,d$ $b\,c$ $b\,d$ $c\,d$	$c\,d$ $b\,d$ $b\,c$ $a\,d$ $a\,c$ $a\,b$
(1, 3)	$C_4^1 = 4$	a b c d	$b\,c\,d$ $a\,c\,d$ $a\,b\,d$ $a\,b\,c$
(0, 4)	$C_4^0 = 1$	0	$a\,b\,c\,d$

*C 是组合的符号。

热力学概率就是实现某种宏观状态所对应的微观状态数, 通常用 Ω 表示。例如上例中, 实现 (2,2) 分布的 $\Omega(2,2)$ 等于 6, 实现 (4,0) 分布的 $\Omega(4,0)=1$。状态的数学概率等于状态的热力学概率除以在该情况下所有可能的微观状态数的

总和。在上例中:

$$均匀分布的数学概率 = \frac{均匀分布的热力学概率}{所有可能的微观状态数的总和} = \frac{6}{16}$$

数学概率总是从 $0 \to 1$, 而热力学概率却是一个很大的数目。而且, 随着分子数目的增加, 均匀分布的热力学概率比不均匀分布的热力学概率要大得多。

自发变化总是向热力学概率较大的方向进行, 或者说, 在大量质点所构成的系统中, 只有从可能性较小的状态向可能性较大的状态进行才是自发的。宏观状态实际上是大量微观状态的平均。当我们对系统进行观测时, 即使在宏观看来经历的时间很短, 但从微观看来却是很长很长的。在这个 "宏观短微观长" 的时间之内, 各种可能的微观状态都将出现, 而且多次出现。所以, 宏观状态乃是各种微观状态的平均。由于不同分布出现的概率不同, 其中均匀分布出现的概率最大 (即它对宏观平均值中所提供的贡献最大), 所以观察到的宏观状态实际上是均匀分布的。如果设想对每一个微观状态都能拍一个照片, 则把这些底片叠加起来看就是宏观状态, 它是各种微观状态的平均。

从分子微观运动的角度看, 与气体自由膨胀相反的过程, 即分子集中的过程, 从理论上讲并不是不可能的。当分子数目很多时, 它出现的机会微乎其微, 以致实际上观察不到, 从宏观意义上说就是不可能的。因此, 过程的方向性也具有统计意义, 它是大数量分子平均行为的体现。在自发过程中, 系统的热力学概率 Ω 和系统的熵有相同的变化方向, 即都趋向于增加。同时, Ω 和 S 又都是状态函数 (即都是 U, V, N 的函数), 两者之间必有一定的联系, 因此可以用函数的关系表示为

$$S = S(\Omega) \tag{3.29}$$

Boltzmann 认为热力学第二定律的本质是, **一切不可逆过程皆是系统由概率小的状态变到概率大的状态, 并认为熵与热力学概率之间具有函数关系, 这个关系是对数的形式**, 即

$$S = k_B \ln \Omega \tag{3.30}$$

式 (3.30) 就称为 **Boltzmann 公式**。式中 k_B 称为 Boltzmann 常数, $k_B = R/L$。式 (3.30) 之所以是对数的关系, 是因为熵是容量性质, 具有加和性。而根据概率定理, 复杂事件的概率等于各个简单的、互不相关事件的乘积。

例如, 某一种系统的两部分 A, B 各有一定的能量、体积和组成。这两部分的热力学概率分别为 Ω_A 和 Ω_B, Ω_A 中的任一种微观状态都可以与 Ω_B 种微观状态结合而构成 Ω_B 种新的微观状态。因此, 整个系统的微观状态数 Ω 为

$$\Omega = \Omega_A \cdot \Omega_B \tag{3.31}$$

但一个系统的熵是各部分熵之和, 即

$$S = S_A + S_B$$

又因为

$$S_A = S(\Omega_A) \qquad S_B = S(\Omega_B)$$

故

$$f(\Omega) = f(\Omega_A) + f(\Omega_B) = f(\Omega_A \cdot \Omega_B)$$

因此, 只有借助对数的关系, 才能把它们联系起来, 即

$$S \propto \ln\Omega \quad 或 \quad S = k_B\ln\Omega$$

这是一个非常重要的公式。因为熵是宏观物理量, 而概率是一个微观量。这个公式成为宏观量与微观量联系的一个重要桥梁, 通过这个公式使热力学与统计力学发生了联系, 也奠定了统计热力学的基础。

我们应注意到这样一个事实, 即一个重要的科学概念的形成, 往往要经历一个孕育、确立、精确化和深刻化的过程。对于同一个科学概念, 不同的科学家可以采用不同的思维角度进行研究。对于自发过程和熵的概念, 可以从宏观的角度去理解, 也可以从微观的角度去理解, 这两种不同的理解方法通过 Boltzmann 公式而联系到一起了。

Boltzmann 常数 $k_B = R/L$。这可以简略地用一个特例说明如下:

设有一个容器, 用隔板隔成体积相等的两个部分 $(V_1 = V_2, V = V_1 + V_2)$, 开始时在一方放 1 mol 理想气体, 另一方是抽空的。抽去隔板后, 气体迅速充满全部容器。这一过程的熵变, 根据理想气体等温过程的熵变公式为

$$S_2 - S_1 = 1 \text{ mol} \times R\ln\frac{V}{V_1} = 1 \text{ mol} \times R\ln2 \tag{3.32}$$

根据式 (3.30), 有

$$S_2 - S_1 = 常数 \ln\Omega_2 - 常数 \ln\Omega_1 = 常数 \ln\frac{\Omega_2}{\Omega_1}$$

因为数学概率与热力学概率成正比, 又因为分子全部处在一方的数学概率等于 $(1/2)^{L/\text{mol}^{-1}}$, 而均匀分布在全部容器中的数学概率接近于 1, 所以

$$S_2 - S_1 = 常数 \ln\frac{\Omega_2(数学概率)}{\Omega_1(数学概率)} = 常数 \ln2^{L/\text{mol}^{-1}}$$

$$S_2 - S_1 = 常数(L/\text{mol}^{-1})\ln2 \tag{3.33}$$

比较式 (3.32) 和式 (3.33), 得

$$1\ \mathrm{mol} \times R = 常数(L/\mathrm{mol}^{-1})$$

$$常数 = \frac{1\ \mathrm{mol} \times R}{L/\mathrm{mol}^{-1}} = k_{\mathrm{B}}$$

综上所述, 从微观的角度来看, 熵具有统计意义, 它是系统微观状态数 (或无序程度) 的一种量度。熵值小的状态, 对应于比较有秩序的状态, 熵值大的状态, 对应于比较无秩序的状态。**在隔离系统中, 由比较有秩序的状态向比较无秩序的状态变化, 是自发变化的方向, 这就是热力学第二定律的本质**。Boltzmann 公式赋予热力学第二定律以统计意义。热力学第二定律所禁止的过程并非绝对不能发生, 只是出现的概率极少极少而已。而通常用以描述系统状态的宏观物理量, 也是相应的微观状态的统计平均值, 也是概率最大时的值。当然, 系统也可能在某些条件下出现与平均值有偏差的那种状态, 这就是**涨落** (fluctuation)。

热力学第二定律主要讨论变化的方向性和限度问题, 并指出凡是自发变化都是不可逆的。从上面的讨论可见, 这里所涉及的自发、不可逆等概念只能适用于大数量分子所构成的系统, 从热力学第二定律所得到的结论也只能适用于这样的系统。对于粒子数不够多的系统, 则热力学第二定律不能适用, 这就是热力学第二定律的统计特性。

以上我们说明了熵和热力学概率的关系, 并获得了 Boltzmann 公式。但仅从空间位置的排列来说明不同的微态显然是不够的, 各个分子所处的能级不同、运动状态不同也构成不同的微态; 除了分子的外部运动之外, 还要考虑分子的内部运动。我们将在 "统计热力学基础" 一章中, 讨论不同的运动状态 (包括平动、振动、转动等) 所构成的微态。

3.10　Helmholtz 自由能和 Gibbs 自由能

根据热力学第一定律和第二定律, 我们分别得到了两个状态函数 —— 热力学能和熵。利用这两个函数, 再加上状态方程式, 在原则上已经能够解决热力学上的一般问题了。只是为了便于处理热化学中的问题, 我们才定义了一个状态函数 —— 焓 $(H = U + pV)$。虽然焓不是热力学第一定律的直接结果, 但是有了焓的概念, 借助这个辅助函数来解决变化中有关热效应的问题就要方便得多。

当我们用熵增加原理来判别自发变化的方向及平衡条件时, 系统必须是隔离的。但是, 通常反应总是在等温等压或等温等容的条件下进行的, 而且对非隔离系统必须同时考虑环境的熵变, 这很不方便。因此, 有必要引进新的热力学函数, 以便仅依靠系统自身的此种函数的变化值, 就可以在一定的条件下判别自发变化的方向, 而无须再考虑环境。为此, Helmholtz 和 Gibbs 又分别定义了两个状态函数。这两个函数和焓一样都是辅助函数, 它们都不是热力学第二定律的直接结果。

Helmholtz 自由能

设系统从温度为 T_{sur} 的热源吸取热量 δQ, 根据热力学第二定律的基本公式:

$$\mathrm{d}S - \frac{\delta Q}{T_{\text{sur}}} \geqslant 0$$

代入热力学第一定律的公式 $\delta Q = \mathrm{d}U - \delta W$, 得

$$-\delta W \leqslant -(\mathrm{d}U - T_{\text{sur}}\mathrm{d}S)$$

若系统的始态和终态的温度与环境的温度相等, 即 $T_1 = T_2 = T_{\text{sur}}$, 则

$$-\delta W \leqslant -\mathrm{d}(U - TS) \tag{3.34}$$

定义

$$A \stackrel{\text{def}}{=\!=} U - TS \tag{3.35}$$

A 称为 **Helmholtz 自由能** (Helmholtz free energy), 亦称 **Helmholtz 函数** (Helmholtz function) 或 **功函** (work function), 它显然也是系统的状态函数。由此可得

$$-\delta W \leqslant -\mathrm{d}A \quad 或 \quad -W \leqslant -\Delta A \tag{3.36}$$

此式的意义是, **在等温过程中, 一个封闭系统所能做的最大功等于其 Helmholtz 自由能的减少**。因此 Helmholtz 自由能可以理解为等温条件下系统做功的本领, 这就是过去曾经把 A 叫作功函的原因。若过程是不可逆的, 则系统所做的功小于 Helmholtz 自由能的减少 (此处等温并不意味着自始至终温度都保持恒定, 而是指只要环境温度不变, 且始态与终态的温度相等, 即 $T_1 = T_2 = T_{\text{sur}}$)。Helmholtz 自由能是系统自身的性质, 是状态函数, 故 ΔA 的值只取决于系统的始态和终态, 而与变化的途径无关 (即与过程可逆与否无关)。但只有在等温的可逆过程中, 系统的 Helmholtz 自由能减少 $(-\Delta A)$ 才等于对外所做的最大功。因此, 利用式 (3.36) 可以判断过程的可逆性。

自式 (3.36) 还可以得到一个重要的结论。系统在等温等容且无其他功的条

件下, 有

$$-\Delta A \geqslant 0 \quad 或 \quad \Delta A \leqslant 0 \tag{3.37}$$

式中等号适用于可逆过程; 不等号适用于自发的不可逆过程。即在上述条件下, 若对系统任其自然, 不去管它, 则自发变化总是朝向 Helmholtz 自由能减少的方向进行, 直到减至该情况下所允许的最小值, 达到平衡为止。系统不可能自动地发生 $\Delta A > 0$ 的变化。利用 Helmholtz 自由能可以在上述条件下判别自发变化的方向。

Gibbs 自由能

式 (3.34) 中的功 W 包括一切功。可把功分为两类, 膨胀功 (W_e) 和除膨胀功以外的其他功, 如电功和表面功等非膨胀功, 后者用 W_f 表示。在等温 $T_1 = T_2 = T_{sur}$ 条件下, 根据式 (3.34), 有

$$-\delta W_e - \delta W_f \leqslant -\mathrm{d}(U - TS)$$

$$p_e \mathrm{d}V - \delta W_f \leqslant -\mathrm{d}(U - TS)$$

若系统的始态和终态的压力 p_1 和 p_2 皆等于外压 p_e, 即 $p_1 = p_2 = p_e = p$, 则上式可写作

$$-\delta W_f \leqslant -\mathrm{d}(U + pV - TS)$$

或

$$-\delta W_f \leqslant -\mathrm{d}(H - TS)$$

定义

$$G \stackrel{\text{def}}{=\!=} H - TS \tag{3.38}$$

则得

$$-\delta W_f \leqslant -\mathrm{d}G \quad 或 \quad \mathrm{d}G \leqslant \delta W_f \tag{3.39}$$

G 叫作 **Gibbs 自由能** (Gibbs free energy), 亦称 **Gibbs 函数**, 它也是状态函数。此式的意义是, **在等温等压条件下, 一个封闭系统所能做的最大非膨胀功等于其 Gibbs 自由能的减少**。若过程是不可逆的, 则所做的非膨胀功小于系统的 Gibbs 自由能的减少。应注意 Gibbs 自由能是系统的性质, 是状态函数, ΔG 的值只取决于系统的始态和终态, 而与变化的途径无关 (即与可逆与否无关)。但是, 只有在等温等压下的可逆过程中, 系统 Gibbs 自由能的减少 ($-\Delta G$) 才等于对外所做的最大非膨胀功。因此, 利用式 (3.39) 可以判断过程的可逆性。

自式 (3.39) 还可以得到另一个十分重要的结论。系统在等温等压且不做其

他功的条件下, 有

$$-\Delta G \geqslant 0 \quad 或 \quad \Delta G \leqslant 0 \tag{3.40}$$

式中等号适用于可逆过程; 不等号适用于自发的不可逆过程。在上述条件下, 若对系统任其自然, 不去管它, 则自发变化总是朝向 Gibbs 自由能减少的方向进行, 直到减至该情况下所允许的最小值, 达到平衡为止。系统不可能自动地发生 $\Delta G > 0$ 的变化。利用 Gibbs 自由能可以在上述条件下判别自发变化的方向。由于通常化学反应大都是在等温等压下进行的, 所以式 (3.40) 比式 (3.37) 更有用。

在等温等压的可逆电池反应中, 非膨胀功即为电功 $(-nEF)$, 故

$$\Delta_r G = -nEF \tag{3.41}$$

式中 E 是可逆电池的电动势; n 是电池反应式中电子的物质的量; F 是 Faraday 常数, 等于 $96500 \; C \cdot mol^{-1}$ (C 代表库仑)。

一个系统在某一过程中是否做出非膨胀功, 则与对反应的安排及具体进行的过程有关。例如, 化学反应 $Zn + Cu^{2+} \Longrightarrow Zn^{2+} + Cu$, 若安排它在电池中进行反应, 则可做电功; 若直接在烧杯中进行反应, 则不做电功 (显然, 这两个过程中的热效应是不同的)。Gibbs 自由能是状态函数, 只要给定始态和终态, ΔG 为定值, 至于是否能获得非膨胀功则与具体实施的过程有关。

3.11 变化的方向与平衡条件

我们已经介绍了五个热力学函数 U, H, S, A 和 G。其中, 热力学能和熵是最基本的, 其他三个状态函数是衍生的。但在五个热力学函数中, 熵具有特殊的地位, 热力学中用以判别变化的方向和过程的可逆性的一些不等式, 最初就是从讨论熵函数时开始的。从有关熵函数的不等式, 进而导出了 Helmholtz 自由能和 Gibbs 自由能的不等式。据此可以在更常见的条件下判别变化的方向和平衡条件, 而其中 Gibbs 自由能又用得最多。

从以上几节的讨论, 可以归纳如下:

(1) **熵判据** 对于隔离系统或绝热系统, 有

$$dS \geqslant 0 \tag{3.42}$$

式中等号表示可逆; 不等号表示不可逆。在隔离系统中, 如果发生了不可逆的变化, 则必定是自发的。即在隔离系统中, 自发变化总是朝向熵增加的方向进行的。

自发变化的结果使系统趋向于平衡状态。当系统到达平衡状态之后, 如果有任何过程发生, 都必定是可逆的。此时, dS(隔离) $= 0$, 熵值不变。由于隔离系统的 U, V 不变, 所以, 熵判据也可写作

$$(dS)_{U,V} \geqslant 0 \tag{3.43}$$

(2) Helmholtz 自由能判据　在等温等容且不做其他功的条件下, 若对系统任其自然, 则自发变化总是朝向 A 减少的方向进行, 直至系统达到平衡。Helmholtz 自由能判据也可以写作

$$(dA)_{T,V,W_f=0} \leqslant 0 \tag{3.44}$$

(3) Gibbs 自由能判据　在等温等压且不做其他功的条件下, 若对系统任其自然, 则自发变化总是朝向 Gibbs 自由能减少的方向进行, 直至系统达到平衡。Gibbs 自由能判据也可以写为

$$(dG)_{T,p,W_f=0} \leqslant 0 \tag{3.45}$$

在式 (3.43)、式 (3.44)、式 (3.45) 中, 不等式判别变化方向, 等式可以作为平衡的标志。用熵来判别时必须是隔离系统, 除了考虑系统自身的熵变以外, 还要考虑环境的熵变。但是, 用 Helmholtz 自由能和 Gibbs 自由能来判别时, 则只需要考虑系统自身的性质就够了。

应该注意, 我们并没有说在等温等压下 $\Delta G > 0$ 的变化是不可能发生的, 而是说它不会自动发生。通常情况下 (不言而喻这是指等温等压且不做其他功的条件), 氢和氧可以自发地起反应变成水, 这一反应的 $\Delta G < 0$。逆反应的 $\Delta G > 0$, 因此逆反应不能自动发生。但是, 如果外界予以帮助, 例如输入电功, 则可使水电解而得到氢和氧。在有外界帮助即有非膨胀功 W_f 存在时, 则可用 $W_f \geqslant \Delta_r G$ 来判断过程是否可逆 (即在不可逆的情况下, 环境对系统所做的非膨胀功大于系统 Gibbs 自由能的增量)。我们还应该注意到, 当用热力学函数判断变化的方向性时, 没有涉及速率的问题, 实际速率要由外界的具体条件以及对系统所施的阻力如何而定。例如, 热自动从高温物体流向低温物体, 温差越大, 流动的趋势也越大。但是实际上, 若用绝热的间壁使这两个物体隔开, 绝热条件越完善, 则热量的传递就越困难。当完全绝热时, 尽管流动的趋势还存在, 但实际上热量并不流动。在通常的情况下, 氢和氧混合在一起, 有生成 $H_2O(l)$ 的可能性, 而实际上却观察不到水的生成。这就启示我们需要加入催化剂或改变反应的条件。由此可见, 热力学的判断只是给我们一个启示, 指示一种可能性, 至于如何把可能性变为现实性, 使反应按我们所要求的最恰当的方式进行, 往往要具体问题具体分析, 既要考虑平衡问题, 也要考虑反应的速率问题; 既要考虑可能性问题, 又要考虑如何创造条件去实现这种可能性。

3.12 ΔG 的计算示例

等温物理变化中的 ΔG

Gibbs 自由能是状态函数, 在指定的始态和终态之间 ΔG 是定值。因此, 总是可以拟定一个可逆过程来进行计算。

根据 Gibbs 自由能的定义:

$$G = H - TS = U + pV - TS = A + pV$$

对于微小变化:

$$\mathrm{d}G = \mathrm{d}H - T\mathrm{d}S - S\mathrm{d}T \tag{3.46}$$

或

$$\mathrm{d}G = \mathrm{d}A + p\mathrm{d}V + V\mathrm{d}p \tag{3.47}$$

根据具体过程, 代入相应的计算式, 就可求得 ΔG 值。

1. 等温等压可逆相变

因为相变过程中不做非膨胀功, 所以

$$\mathrm{d}A = \delta W_\mathrm{e} = -p\mathrm{d}V \quad \text{且} \quad \mathrm{d}p = 0$$

代入式 (3.47), 得

$$\mathrm{d}G = -p\mathrm{d}V + p\mathrm{d}V + V\mathrm{d}p = 0 \quad \text{或} \quad \Delta G = 0$$

2. 等温下系统从 p_1, V_1 改变到 p_2, V_2, 且不做非膨胀功

这时

$$\mathrm{d}A = \delta W_\mathrm{e} = -p\mathrm{d}V$$

代入式 (3.47), 得

$$\mathrm{d}G = -p\mathrm{d}V + p\mathrm{d}V + V\mathrm{d}p = V\mathrm{d}p$$

$$\Delta G = \int_{p_1}^{p_2} V\mathrm{d}p \tag{3.48}$$

这公式可适用于物质的各种状态。要对式 (3.48) 积分, 需要知道 V 与 p 之间的关系。对于理想气体, 根据其状态方程, 得

$$\Delta G = \int_{p_1}^{p_2} \frac{nRT}{p}\mathrm{d}p$$

$$= nRT\ln\frac{p_2}{p_1} = nRT\ln\frac{V_1}{V_2} \tag{3.49}$$

例 3.7

在标准压力 100 kPa 和 373 K 时, 把 1.0 mol $H_2O(g)$ 可逆压缩为液体, 计算该过程的 $Q, W, \Delta H, \Delta U, \Delta G, \Delta A$ 和 ΔS。已知该条件下水的蒸发热为 2258 $kJ \cdot kg^{-1}$, $M(H_2O) = 18.0 \ g \cdot mol^{-1}$, 水蒸气可视为理想气体。

解
$$W = -p\Delta V = -p[V(l) - V(g)] \approx pV(g) = nRT$$

$$= 1 \ mol \times 8.314 \ J \cdot mol^{-1} \cdot K^{-1} \times 373 \ K = 3.10 \ kJ$$

$$Q_p = -2258 \ kJ \cdot kg^{-1} \times 18.0 \times 10^{-3} \ kg = -40.6 \ kJ$$

$$\Delta H = Q_p = -40.6 \ kJ$$

$$\Delta U = \Delta H - \Delta(pV) = \Delta H + pV(g)$$

$$= (-40.6 + 3.10) \ kJ = -37.5 \ kJ$$

$$\Delta G = \int V dp = 0$$

$$\Delta A = W_R = 3.10 \ kJ$$

$$\Delta S = \frac{Q_R}{T} = \frac{Q_p}{T} = \frac{-40.6 \ kJ}{373 \ K} = -109 \ J \cdot K^{-1}$$

例 3.8

300 K 时, 将 1 mol 理想气体从 1000 kPa (1) 等温可逆膨胀; (2) 真空膨胀至 100 kPa。分别求该过程的 $Q, W, \Delta U, \Delta H, \Delta G, \Delta A$ 和 ΔS。

解 (1) 理想气体的等温可逆膨胀过程:

$$\Delta U = 0, \Delta H = 0, \Delta G = \Delta A, \Delta A = W_R, Q = -W_R$$

$$W = W_R = nRT\ln\frac{V_1}{V_2} = nRT\ln\frac{p_2}{p_1}$$

$$= 1 \ mol \times 8.314 \ J \cdot mol^{-1} \cdot K^{-1} \times 300 \ K \times \ln\frac{100}{1000} = -5.74 \ kJ$$

$$Q = -W_R = 5.74 \ kJ$$

$$\Delta G = \Delta A = W_R = -5.74 \ kJ$$

或

$$\Delta G = \int_{p_1}^{p_2} V dp = nRT\ln\frac{p_2}{p_1} = -5.74 \ kJ$$

$$\Delta S = \frac{Q_R}{T} = \frac{5.74 \ kJ}{300 \ K} = 19.1 \ J \cdot K^{-1}$$

(2) 这两个变化的始态和终态相同, 所以状态函数的变化值也相同, 即 $\Delta U, \Delta H, \Delta G, \Delta A$ 和 ΔS 与 (1) 中的相同。因为是真空膨胀, 外压为零, 所以 $W = 0$, 根据热力学第一定律, 有

$$Q = -W = 0$$

这是一个等温不可逆过程, ΔG 和 ΔA 的值不能直接由功来计算, ΔS 的值也不等于该实际过程的热温商, 要设计如 (1) 所示的可逆过程才能计算。

例 3.9

在 298 K 和标准压力 100 kPa 条件下, 求下述反应的 $\Delta_r G_m^\ominus$ 和 $\Delta_r S_m^\ominus$。

$$Ag(s) + \frac{1}{2}Cl_2(g) =\!=\!= AgCl(s)$$

已知该反应的标准摩尔焓变 $\Delta_r H_m^\ominus = -127.0 \text{ kJ} \cdot \text{mol}^{-1}$。设通过可逆电池完成上述反应, 已知电池的可逆电动势 $E^\ominus = 1.1359 \text{ V}$。

解 等温等压可逆过程中, Gibbs 自由能的变化值等于对外所做最大非膨胀功, 这里等于可逆电池所做的电功, 即

$$\Delta_r G = W_{f,max} = -nEF$$

当上述反应的反应进度等于 1 mol 时, 有

$$\Delta_r G_m^\ominus = \frac{\Delta_r G^\ominus}{\Delta \xi} = \frac{-nE^\ominus F}{\Delta \xi}$$

$$= \frac{-1 \text{ mol} \times 1.1359 \text{ V} \times 96500 \text{ C} \cdot \text{mol}^{-1}}{1 \text{ mol}} = -109.61 \text{ kJ} \cdot \text{mol}^{-1}$$

根据定义式 $G = H - TS$, 等温时 $\Delta G = \Delta H - T\Delta S$, 得

$$\Delta_r S_m^\ominus = \frac{\Delta_r H_m^\ominus - \Delta_r G_m^\ominus}{T}$$

$$= \frac{(-127.0 + 109.61) \text{ kJ} \cdot \text{mol}^{-1}}{298 \text{ K}} = -58.4 \text{ J} \cdot \text{mol}^{-1} \cdot \text{K}^{-1}$$

化学反应中的 $\Delta_r G_m$ —— 化学反应等温式

定温下, 使气态的 D(压力为 p_D) 和气态的 E(压力为 p_E) 反应, 生成气态的 F(压力为 p_F) 和气态的 G(压力为 p_G), 反应方程式为

$$dD(g) + eE(g) =\!=\!= fF(g) + gG(g)$$

设所有物质都可近似地看作理想气体。求该反应的 $\Delta_r G_m$。

由于在给定的条件下反应未必是可逆的, 因此必须设想 (或虚拟) 一个可逆过程, 通过想象的任意大的平衡箱, 通常称为 van't Hoff 平衡箱来完成该反应。

假设有一个非常大的平衡箱, 如图 3.10 所示, 其中放有 D, E, F, G 四种气体,

这些气体在温度 T 下, 已经在箱内达到平衡。各气体的平衡分压分别为 p'_D, p'_E, p'_F 和 p'_G。箱子上面有带活塞的唧筒, 每一种气体都占用一个唧筒; 唧筒底部有半透膜可与反应箱连通。设想每一个半透膜只允许一种气体通过。并且我们想象半透膜不用时, 可以随时换成不透性的板壁。整个平衡箱与温度为 T 的大热储器接触, 以保持恒温。

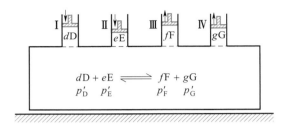

图 3.10   van't Hoff 平衡箱

通过以下几个步骤, 使反应可逆地进行。

(1) 实验开始时, 设平衡箱内各气体已达到平衡, 唧筒的底部是不透性间壁, 在 I 和 II 中分别放入气体 D 和 E (其物质的量分别为 $n_D = d$ mol, $n_E = e$ mol), 其压力分别为 p_D 和 p_E。

首先, 把唧筒中各反应物的压力, 以极慢的方式从开始的压力变到平衡箱中该反应物的平衡压力, 即 D 的压力从 $p_D \rightarrow p'_D$, E 的压力从 $p_E \rightarrow p'_E$。此过程的 Gibbs 自由能变化为

$$\Delta G_1 = dRT\ln\frac{p'_D}{p_D} + eRT\ln\frac{p'_E}{p_E}$$

(2) 把 I, II, III, IV 各唧筒的底部都换成半透膜, 然后缓缓下推 I 和 II 的活塞, 使气体 D 和 E 在平衡情况下进入平衡箱; 与此同时, 利用唧筒 III 和 IV 从平衡箱里缓慢抽出 F 和 G。由于我们把反应物慢慢地压入, 把产物随时慢慢地抽出, 压入和抽出的量都按反应式所示的化学计量系数的比例进行, 所以在很大的平衡箱里, 各物质的平衡分压不受影响。反应在箱内可逆地进行, 直至反应进度为 1 mol, 即

$$\Delta_r G_{m,2} = 0$$

(3) 把 I, II, III 和 IV 均换为不透性的间壁, 移动 III 和 IV 中的活塞使唧筒中气体的压力分别由 $p'_F \rightarrow p_F$, $p'_G \rightarrow p_G$, 则

$$\Delta G_3 = fRT\ln\frac{p_F}{p'_F} + gRT\ln\frac{p_G}{p'_G}$$

以上三步可表示为

$$dD \quad + \quad eE \quad \xrightarrow{\Delta_r G_m} \quad fF \quad + \quad gG$$
$$p_D \qquad\qquad p_E \qquad\qquad\qquad p_F \qquad\qquad p_G$$

$$\Big\downarrow \Delta G_1 \qquad\qquad\qquad\qquad \Big\uparrow \Delta G_3$$

$$dD \quad + \quad eE \quad \underset{\text{在平衡箱中}}{\overset{\Delta_r G_{m,2}}{\rightleftharpoons}} \quad fF \quad + \quad gG$$
$$p_D' \qquad\qquad p_E' \qquad\qquad\qquad p_F' \qquad\qquad p_G'$$

$$\Delta_r G_m = \Delta G_1 + \Delta_r G_{m,2} + \Delta G_3$$

$$= dRT\ln\frac{p_D'}{p_D} + eRT\ln\frac{p_E'}{p_E} + fRT\ln\frac{p_F}{p_F'} + gRT\ln\frac{p_G}{p_G'}$$

$$= -RT\ln\frac{p_F'^f p_G'^g}{p_D'^d p_E'^e} + RT\ln\frac{p_F^f p_G^g}{p_D^d p_E^e} \tag{3.50}$$

在一定温度下, p_D, p_E, p_F, p_G 均已给出, 则始态和终态也已确定, $\Delta_r G_m$ 应有定值。因此, 式 (3.50) 右方第一项也是定值, 即在一定温度下:

$$\frac{p_F'^f p_G'^g}{p_D'^d p_E'^e} = K_p = \text{常数} \tag{3.51}$$

这就是利用 van't Hoff 平衡箱所导出的平衡常数表示式 (关于平衡常数存在的普遍化证明, 将在化学平衡一章中给出)。

把式 (3.51) 代入式 (3.50), 得

$$\Delta_r G_m = -RT\ln K_p + RT\ln\frac{p_F^f p_G^g}{p_D^d p_E^e} \tag{3.52}$$

这个公式就称为 **van't Hoff 等温式** (van't Hoff isotherm), 也叫作**化学反应的等温式**。若令

$$\frac{p_F^f p_G^g}{p_D^d p_E^e} = Q_p$$

式中 p_D, p_E, p_F, p_G 都是给定的始态、终态的压力, 则

$$\Delta_r G_m = -RT\ln K_p + RT\ln Q_p \tag{3.53}$$

当 $Q_p < K_p$ 时, $\Delta_r G_m < 0$, 反应可正向自发进行。

当 $Q_p = K_p$ 时, $\Delta_r G_m = 0$, 反应处在平衡状态, 进行可逆反应。

当 $Q_p > K_p$ 时, $\Delta_r G_m > 0$, 反应不能正向自发进行, 而逆向自发进行是可能的。

3.13　几个热力学函数间的关系

基本公式

根据定义, 五个热力学函数之间的关系见图 3.11。

$$H = U + pV$$

$$G = H - TS$$

$$A = U - TS$$

从这三个式子还可以导出

$$G = A + pV \tag{3.54}$$

式 (3.54) 也可作为 Gibbs 自由能的定义式。

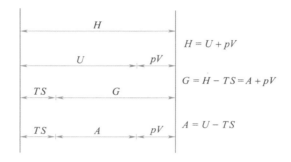

图 3.11　五个热力学函数之间的关系

对于封闭系统, 只做体积功时, 热力学第一定律可表示为

$$dU = \delta Q + \delta W_e = \delta Q - p_e dV$$

根据热力学第二定律, $dS = \dfrac{\delta Q_R}{T}$, 代入上式得

$$dU = TdS - pdV \tag{3.55}$$

这是热力学第一定律与第二定律的联合公式, 也是组成不变的封闭系统且只做体积功时的基本公式。在导出此式时, 曾以 TdS 代替 δQ, 以 $-pdV$ 代替 δW_e, 引用了可逆条件。但是, 这个公式中的物理量 (U, S, V, T, p) 都是系统的性质, 皆为状态函数。因此, 从状态 (1) 到状态 (2) 时, 无论实际过程是否可逆, 上式的积分皆存在, U, S, V 的改变皆有一定的值, 且只由始态和终态所决定。但只在可逆过程中, TdS 才代表系统所吸的热, $-pdV$ 才代表系统所做的功。

式 (3.55) 是热力学能 $U = U(S, V)$ 的全微分表达式, 只有两个变数, 不包括系统组成的变量。若在封闭系统内发生不可逆的相变或化学变化, 则系统的组成就会发生不可逆的变化, 此时两个变量就不够了, 需要增加变量 n_B。所以, 式 (3.55) 的使用条件也可表述为: 适用于内部平衡的, 只有体积功的封闭系统。

根据焓的定义, 有

$$H = U + pV \qquad \mathrm{d}H = \mathrm{d}U + p\mathrm{d}V + V\mathrm{d}p$$

将式 (3.55) 代入, 得

$$\mathrm{d}H = T\mathrm{d}S + V\mathrm{d}p \tag{3.56}$$

同法可得

$$\mathrm{d}A = -S\mathrm{d}T - p\mathrm{d}V \tag{3.57}$$

$$\mathrm{d}G = -S\mathrm{d}T + V\mathrm{d}p \tag{3.58}$$

式 (3.55) ~ 式 (3.58) 四个公式是**热力学的基本方程**, 它的运用条件和式 (3.55) 是一样的 [其实应该说, 只有式 (3.55) 才是最基本的, 因为它包含着热力学第一定律和第二定律的成果, 其他三个公式是根据定义由式 (3.55) 衍生出来的]。从这个基本公式可以导出很多有用的关系式, 例如[①]:

$$T = \left(\frac{\partial U}{\partial S}\right)_V = \left(\frac{\partial H}{\partial S}\right)_p \tag{3.59}$$

$$p = -\left(\frac{\partial U}{\partial V}\right)_S = -\left(\frac{\partial A}{\partial V}\right)_T \tag{3.60}$$

$$V = \left(\frac{\partial H}{\partial p}\right)_S = \left(\frac{\partial G}{\partial p}\right)_T \tag{3.61}$$

$$S = -\left(\frac{\partial A}{\partial T}\right)_V = -\left(\frac{\partial G}{\partial T}\right)_p \tag{3.62}$$

特性函数

Massieu 于 1869 年指出, 对于 U, H, S, A, G 等热力学函数, 只要其独立变量选择适当, 就可以从一个已知的热力学函数, 通过偏微商求得其他热力学函数, 从而可以把一个均匀系统的平衡性质完全确定下来。这个已知函数就叫作**特性函数** (characteristic function), 所选择的独立变量就称为该特性函数的特征变量。

例如, 当我们选 T, p 为函数 G 的独立变量时, 如果知道 $G = G(T, p)$ 的具体函数形式, 则其他热力学函数只需通过微分就可求得, 并可把其他热力学函数都表示成 (T, p) 的函数; 如果选 (T, V) 作为 G 的独立变量, 就不可能通过简单微分

[①] 参阅附录 Ⅰ 中 "几种常用偏微分之间的关系式"。

求出其他热力学函数, 也不可能都表示成 (T, V) 的函数。所以, 称 G 是以 (T, p) 为独立变量的特性函数, T, p 作为特征变量, 从特性函数 $G = G(T, p)$ 表示式可以导出其他热力学函数, 且都是以 (T, p) 为变量的函数表示式。

已知

$$\mathrm{d}G = -S\mathrm{d}T + V\mathrm{d}p \qquad G = G(T, p)$$

则

$$V = \left(\frac{\partial G}{\partial p}\right)_T$$

$$S = -\left(\frac{\partial G}{\partial T}\right)_p$$

$$H = G + TS = G - T\left(\frac{\partial G}{\partial T}\right)_p$$

$$U = H - pV = G - T\left(\frac{\partial G}{\partial T}\right)_p - p\left(\frac{\partial G}{\partial p}\right)_T$$

$$A = G - pV = G - p\left(\frac{\partial G}{\partial p}\right)_T$$

于是, 就把其他热力学函数都表示成 (T, p) 的函数了。对于理想气体, 有

$$V = \frac{nRT}{p}$$

等温时

$$\mathrm{d}G = V\mathrm{d}p = nRT\frac{\mathrm{d}p}{p}$$

等温下, 可将此式在任何两个压力之间积分。例如, 从标准压力 $p^{\ominus}$ 积分到任意压力 p, 则有

$$\int_{G^{\ominus}}^{G} \mathrm{d}G = nRT\int_{p^{\ominus}}^{p}\frac{\mathrm{d}p}{p}$$

$$G = G^{\ominus}(T) + nRT\ln\frac{p}{p^{\ominus}} \tag{A}$$

式 (A) 是理想气体的 $G = G(T, p)$ 的具体表示式, 将式 (A) 代入上列各热力学函数的表示式, 就得到理想气体的各状态函数以 T, p 为变量的具体表达式了。

引入特性函数概念的主要优点是, 当选准了特性函数及其特征变量时, 就可以从一个已知的热力学函数求得所有其他热力学函数的值, 从而把一个热力学系统的平衡性质全部确定下来。

此外, 当相应的特征变量固定不变时, 特性函数的变化值可以用来判断变化

过程中的可逆性和变化的方向性。对于组成不变的封闭系统, 在 $W_f = 0$ 时, 可以作为判据的共有

$$(dS)_{U,V} \geqslant 0 \quad (1) \qquad (dU)_{S,V} \leqslant 0 \quad (4)$$

$$(dA)_{T,V} \leqslant 0 \quad (2) \qquad (dH)_{S,p} \leqslant 0 \quad (5)$$

$$(dG)_{T,p} \leqslant 0 \quad (3) \qquad (dS)_{H,p} \geqslant 0 \quad (6)$$

其中 (1), (2), (3) 式用得较多。

正好在四个基本公式 [式 (3.55)~式 (3.58)] 中, 各热力学函数的独立变量都是其特征变量, 即以 S, V 为独立变量时, $U(S,V)$ 为特征函数, 以此类推, $H(S,p), A(T,V), G(T,p)$ 均为特征函数。读者可试从一个特性函数及其特征变量求出其他热力学函数及其表示式。

Maxwell 关系式及其应用

设 z 代表系统的任一状态函数, 且 z 是两个变量 x 和 y 的函数。由于状态函数 z 的变化与过程无关, 在数学上称 z 具有全微分的性质。

$$z = f(x, y)$$

$$dz = \left(\frac{\partial z}{\partial x}\right)_y dx + \left(\frac{\partial z}{\partial y}\right)_x dy = Mdx + Ndy$$

在上式中令 $M = \left(\dfrac{\partial z}{\partial x}\right)_y$, $N = \left(\dfrac{\partial z}{\partial y}\right)_x$, M 和 N 也是 x 和 y 的函数。将 M 对 y 偏微分, N 对 x 偏微分, 得

$$\left(\frac{\partial M}{\partial y}\right)_x = \frac{\partial^2 z}{\partial y \partial x} \qquad \left(\frac{\partial N}{\partial x}\right)_y = \frac{\partial^2 z}{\partial x \partial y}$$

因此

$$\left(\frac{\partial M}{\partial y}\right)_x = \left(\frac{\partial N}{\partial x}\right)_y \tag{3.63}$$

把式 (3.63) 应用到式 (3.55)~式 (3.58), 得到

$$\left(\frac{\partial T}{\partial V}\right)_S = -\left(\frac{\partial p}{\partial S}\right)_V \tag{3.64}$$

$$\left(\frac{\partial T}{\partial p}\right)_S = \left(\frac{\partial V}{\partial S}\right)_p \tag{3.65}$$

$$\left(\frac{\partial S}{\partial V}\right)_T = \left(\frac{\partial p}{\partial T}\right)_V \tag{3.66}$$

$$\left(\frac{\partial S}{\partial p}\right)_T = -\left(\frac{\partial V}{\partial T}\right)_p \tag{3.67}$$

式 (3.64)~式 (3.67) 四个关系式称为 **Maxwell 关系式** (Maxwell's relations)。这些式子表示简单系统在平衡时, 几个热力学函数之间的关系。这些关系式的一个用处是, 可用容易由实验测定的偏微分来代替那些不易直接测定的偏微分。例如, 在最后两个关系式中, 可以根据状态方程式求出熵随 V, p 的变化关系。下面介绍 Maxwell 关系式的某些应用。

(1) 求 U 随 V 的变化关系   自式 (3.55) $\mathrm{d}U = T\mathrm{d}S - p\mathrm{d}V$, 可得

$$\left(\frac{\partial U}{\partial V}\right)_T = T\left(\frac{\partial S}{\partial V}\right)_T - p$$

$\left(\frac{\partial S}{\partial V}\right)_T$ 不易直接测定。但是, 根据式 (3.66), 上式可写作

$$\left(\frac{\partial U}{\partial V}\right)_T = T\left(\frac{\partial p}{\partial T}\right)_V - p \tag{3.68}$$

对于理想气体, 有

$$\left(\frac{\partial p}{\partial T}\right)_V = \frac{nR}{V}$$

代入上式后, 则得

$$\left(\frac{\partial U}{\partial V}\right)_T = 0$$

对于非理想气体, 若知道状态方程就能求出 $\left(\frac{\partial U}{\partial V}\right)_T$ 的值。

(2) 求 H 随 p 的变化关系   自式 (3.56) $\mathrm{d}H = T\mathrm{d}S + V\mathrm{d}p$, 可得

$$\left(\frac{\partial H}{\partial p}\right)_T = T\left(\frac{\partial S}{\partial p}\right)_T + V$$

式中 $\left(\frac{\partial S}{\partial p}\right)_T$ 不易直接测定。但是, 根据式 (3.67), 上式可写作

$$\left(\frac{\partial H}{\partial p}\right)_T = V - T\left(\frac{\partial V}{\partial T}\right)_p \tag{3.69}$$

式 (3.68) 和式 (3.69) 等号右方的量, 可自状态方程式求得。因而, 式 (3.68) 和式 (3.69) 也称为**热力学状态方程式** (thermodynamic equation of state), 这是两个很有用的公式。由此可求得实际气体在等温过程中的热力学能和焓的变化值。例如, 对于理想气体, 代入后, 得

$$\left(\frac{\partial U}{\partial V}\right)_T = 0 \qquad \left(\frac{\partial H}{\partial p}\right)_T = 0$$

又如, 式 (3.68) 和式 (3.69) 可用来求当系统由状态 (1) (p_1, V_1, T_1) 变到状态 (2) (p_2, V_2, T_2) 时的 ΔU 和 ΔH, 即

$$状态 (1) \xrightarrow{\Delta U, \Delta H} 状态 (2)$$
$$(p_1, V_1, T_1) \qquad\qquad (p_2, V_2, T_2)$$

若将 U 写作 T, V 的函数:

$$dU = \left(\frac{\partial U}{\partial T}\right)_V dT + \left(\frac{\partial U}{\partial V}\right)_T dV$$

代入式 (3.68), 则

$$dU = C_V dT + \left[T\left(\frac{\partial p}{\partial T}\right)_V - p\right]dV$$

$$\Delta U = \int C_V dT + \int \left[T\left(\frac{\partial p}{\partial T}\right)_V - p\right]dV \tag{3.70}$$

若将 H 写作 T, p 的函数:

$$dH = \left(\frac{\partial H}{\partial T}\right)_p dT + \left(\frac{\partial H}{\partial p}\right)_T dp$$

代入式 (3.69), 则

$$dH = C_p dT + \left[V - T\left(\frac{\partial V}{\partial T}\right)_p\right]dp$$

$$\Delta H = \int C_p dT + \int \left[V - T\left(\frac{\partial V}{\partial T}\right)_p\right]dp \tag{3.71}$$

知道状态方程就能求出上两式中等式右方的第二个积分项。

(3) S 随 p 或 V 的变化关系　根据式 (3.67):

$$\left(\frac{\partial S}{\partial p}\right)_T = -\left(\frac{\partial V}{\partial T}\right)_p$$

定义等压热膨胀系数 (isobaric thermal expansivity):

$$\alpha = \frac{1}{V}\left(\frac{\partial V}{\partial T}\right)_p$$

代入上式积分, 得

$$\Delta S = S_2 - S_1 = -\int_{p_1}^{p_2} \alpha V dp \tag{3.72}$$

若知道 V, α 与 p 的关系 (这可从状态方程式求得), 即可对上式积分。例如, 对于理想气体:

$$pV = nRT \qquad \left(\frac{\partial V}{\partial T}\right)_p = \alpha V = \frac{nR}{p}$$

所以

$$\Delta S = -\int_{p_1}^{p_2} nR\frac{dp}{p} = nR\ln\frac{p_1}{p_2} = nR\ln\frac{V_2}{V_1}$$

(4) 求 Joule-Thomson 系数   已知

$$\mu_{\text{J-T}} = -\frac{1}{C_p}\left(\frac{\partial H}{\partial p}\right)_T$$

代入式 (3.69) 后得

$$\mu_{\text{J-T}} = -\frac{1}{C_p}\left[V - T\left(\frac{\partial V}{\partial T}\right)_p\right] \tag{3.73}$$

从状态方程式可以求得 $\mu_{\text{J-T}}$ 值, 并可解释何以 $\mu_{\text{J-T}}$ 的值有时为正, 有时为负。

Gibbs 自由能与温度的关系 —— Gibbs-Helmholtz 方程

在讨论化学反应问题时, 常需自某一反应温度的 $\Delta_{\text{r}}G_{\text{m}}(T_1)$ 求另一个温度时的 $\Delta_{\text{r}}G_{\text{m}}(T_2)$。

根据热力学基本公式:

$$dG = -SdT + Vdp \qquad \left(\frac{\partial G}{\partial T}\right)_p = -S$$

则

$$\left(\frac{\partial \Delta G}{\partial T}\right)_p = -\Delta S$$

式中左方表示反应的 ΔG 在压力恒定的条件下随温度的变化率。又已知在温度 T 时, 有

$$\Delta G = \Delta H - T\Delta S \quad \text{或} \quad -\Delta S = \frac{\Delta G - \Delta H}{T}$$

代入上式得

$$\left(\frac{\partial \Delta G}{\partial T}\right)_p = \frac{\Delta G - \Delta H}{T} \tag{3.74}$$

上式可以写成易于积分的形式:

$$\frac{1}{T}\left(\frac{\partial \Delta G}{\partial T}\right)_p - \frac{\Delta G}{T^2} = -\frac{\Delta H}{T^2}$$

上式的左方是 $\left(\dfrac{\Delta G}{T}\right)$ 对 T 的微分, 所以

$$\left[\frac{\partial\left(\dfrac{\Delta G}{T}\right)}{\partial T}\right]_p = -\frac{\Delta H}{T^2} \tag{3.75}$$

式 (3.74) 和式 (3.75) 称为 Gibbs-Helmholtz 方程。

对式 (3.75) 进行移项积分, 有

$$\int \mathrm{d}\left(\frac{\Delta G}{T}\right)_p = \int -\frac{\Delta H}{T^2}\mathrm{d}T$$

若作不定积分, 则得

$$\frac{\Delta G}{T} = -\int \frac{\Delta H}{T^2}\mathrm{d}T + I \tag{3.76}$$

式中 I 为积分常数。

根据基本公式 $\mathrm{d}A = -S\mathrm{d}T - p\mathrm{d}V$ 和 $A = U - TS$ 的定义, 同样可以证明 (读者试自证之):

$$\left[\frac{\partial(\Delta A)}{\partial T}\right]_V = \frac{\Delta A - \Delta U}{T} \tag{3.77}$$

$$\left[\frac{\partial\left(\dfrac{\Delta A}{T}\right)}{\partial T}\right]_V = -\frac{\Delta U}{T^2} \tag{3.78}$$

式 (3.74)～式 (3.78) 均称为 **Gibbs-Helmholtz 方程**。

根据式 (3.75), 在等压下若已知任一反应在 T_1 的 $\Delta_\mathrm{r}G_\mathrm{m}(T_1)$, 则可求得该反应在 T_2 时的 $\Delta_\mathrm{r}G_\mathrm{m}(T_2)$。在使用式 (3.75) 时, 需先知道 ΔH 随温度的变化关系。

C_p 一般可以写为温度的函数, 即

$$C_p = a + bT + cT^2 + \cdots$$

产物与反应物的等压热容之差为

$$\Delta C_p = \Delta a + \Delta bT + \Delta cT^2 + \cdots$$

所以

$$\Delta H = \int \Delta C_p \mathrm{d}T + \Delta H_0$$

$$= \Delta H_0 + \int (\Delta a + \Delta bT + \Delta cT^2 + \cdots)\mathrm{d}T$$

$$= \Delta H_0 + \Delta aT + \frac{1}{2}\Delta bT^2 + \frac{1}{3}\Delta cT^3 + \cdots \tag{3.79}$$

式中 ΔH_0 是积分常数。代入式 (3.75), 得

$$\left[\frac{\partial \left(\dfrac{\Delta G}{T}\right)}{\partial T}\right]_p = \frac{-\Delta H}{T^2}$$

$$= \frac{-\Delta H_0 - \Delta aT - \dfrac{1}{2}\Delta bT^2 - \dfrac{1}{3}\Delta cT^3 - \cdots}{T^2}$$

移项积分, 得

$$\left(\frac{\Delta G}{T}\right) = \frac{\Delta H_0}{T} - \Delta a \ln T - \frac{1}{2}\Delta bT - \frac{1}{6}\Delta cT^2 + \cdots + I \tag{3.80}$$

I 是另一个积分常数。

上式也可写为

$$\Delta G = \Delta H_0 - \Delta aT\ln T - \frac{1}{2}\Delta bT^2 - \frac{1}{6}\Delta cT^3 + \cdots + IT \tag{3.81}$$

根据热化学中 C_p 与 T 的关系, 从某一温度下的反应焓变, 由式 (3.79) 先求得积分常数 ΔH_0, 然后可求得其他温度下的焓变值。如果又已知该反应在某一温度下的 $\Delta_r G_m$ 值, 则可以用式 (3.80) 或式 (3.81) 求出积分常数 I, 从而可以计算其他温度下的 $\Delta_r G_m(T)$ 值。

例 3.10

氨的合成反应可表示为 $\frac{1}{2}N_2(g) + \frac{3}{2}H_2(g) \Longrightarrow NH_3(g)$, 在 298 K 和各气体均处于标准压力时, 已知该反应在 298 K 时的 $\Delta_r H_m^{\ominus} = -45.9\,\mathrm{kJ\cdot mol^{-1}}$, $\Delta_r G_m^{\ominus} = -16.4\,\mathrm{kJ\cdot mol^{-1}}$, 试求 1000 K 时 $\Delta_r G_m^{\ominus}$ 的值。

解　查表得

	$a/(\mathrm{J\cdot mol^{-1}\cdot K^{-1}})$	$b/(10^{-3}\,\mathrm{J\cdot mol^{-1}\cdot K^{-1}})$	$c/(10^{-5}\,\mathrm{J\cdot mol^{-1}\cdot K^{-1}})$
N_2	27.313	5.190	−0.0016
H_2	28.948	−0.584	1.888
NH_3	24.192	40.13	8.161

$$\Delta a = -32.8865 \qquad \Delta b = 3.8411 \times 10^{-2} \qquad \Delta c = 5.3298 \times 10^{-6}$$

所以

$$\Delta C_p = [-32.8865 + 3.8411 \times 10^{-2}\, T/\text{K} + 5.3298 \times 10^{-6}(T/\text{K})^2]\ \text{J} \cdot \text{mol}^{-1} \cdot \text{K}^{-1}$$

$$\Delta_\text{r} H_\text{m} = \int \Delta C_p \mathrm{d}T + \Delta H_0$$

代入 298 K 时的 $\Delta_\text{r} H_\text{m}$ 求 ΔH_0。

$$-45.9\ \text{kJ} \cdot \text{mol}^{-1} = \Big[\Delta H_0 - 32.8865\, T/\text{K} + \frac{1}{2} \times 3.8411 \times 10^{-2}(T/\text{K})^2 +$$

$$\frac{1}{3} \times 5.3298 \times 10^{-6}(T/\text{K})^3\Big]\ \text{J} \cdot \text{mol}^{-1} \cdot \text{K}^{-1}$$

将 $T = 298$ K 代入, 得

$$\Delta H_0 = -37.852\ \text{kJ} \cdot \text{mol}^{-1}$$

所以

$$\Delta_\text{r} H_\text{m}^{\ominus}(T) = [-37852 - 32.8865\, T/\text{K} + 1.921 \times 10^{-2}(T/\text{K})^2 +$$

$$1.7766 \times 10^{-6}(T/\text{K})^3]\ \text{J} \cdot \text{mol}^{-1} \cdot \text{K}^{-1}$$

将 ΔH_0 代入 Gibbs-Helmholtz 方程的积分式 (3.81), 得

$$\Delta_\text{r} G_\text{m} = [-37852 + 32.8865(T/\text{K})\ln(T/\text{K}) - 1.921 \times 10^{-2}(T/\text{K})^2 -$$

$$1.7766 \times 10^{-6}(T/\text{K})^3]\ \text{J} \cdot \text{mol}^{-1} + IT$$

将 $T = 298$ K, $\Delta_\text{r} G_\text{m}^{\ominus} = -16.4\ \text{kJ} \cdot \text{mol}^{-1}$ 代入, 得

$$I = -104.49\ \text{J} \cdot \text{mol}^{-1} \cdot \text{K}^{-1}$$

所以

$$\Delta_\text{r} G_\text{m}^{\ominus}(T) = [-37852 + 32.8865(T/\text{K})\ln(T/\text{K}) - 1.921 \times 10^{-2}(T/\text{K})^2 -$$

$$1.7766 \times 10^{-6}(T/\text{K})^3 - 104.49\, T/\text{K}]\ \text{J} \cdot \text{mol}^{-1}$$

当 $T = 1000$ K 时, 代入上式, 求得

$$\Delta_\text{r} G_\text{m}^{\ominus}(1000\ \text{K}) = 58.84\ \text{kJ} \cdot \text{mol}^{-1}$$

这个结论说明, 在所给定的条件下, 在 298 K 时, 合成氨的反应是可能的, 而在 1000 K 时反应不能自发进行。

Gibbs 自由能与压力的关系

从 $\mathrm{d}G = -S\mathrm{d}T + V\mathrm{d}p$ 得

$$\left(\frac{\partial G}{\partial p}\right)_T = V \tag{3.82}$$

移项积分, 得

$$G(p_2, T) - G(p_1, T) = \int_{p_1}^{p_2} V \mathrm{d}p$$

把温度为 T, 压力为标准压力 (100 kPa) 时的纯物质选为标准态, 其 Gibbs 自由能用符号 $G^{\ominus}$ 表示, 则压力为 p 时的 Gibbs 自由能 $G(p, T)$ 为

$$G(p, T) = G^{\ominus}(p^{\ominus}, T) + \int_{p^{\ominus}}^{p} V \mathrm{d}p \tag{3.83}$$

对于理想气体, 有

$$G(p, T) = G^{\ominus}(p^{\ominus}, T) + nRT\ln\frac{p}{p^{\ominus}}$$

例 3.11

1 mol Hg(l) 在 298 K 时从 100 kPa 加压到 10100 kPa, 求 Gibbs 自由能的变化值。已知 Hg(l) 的密度 $\rho = 13.5 \times 10^3$ kg$\cdot$m^{-3}, 并设 ρ 不随压力而变; Hg(l) 的摩尔质量 $M(\mathrm{Hg}) = 200.6 \times 10^{-3}$ kg$\cdot$mol^{-1}。

解　$V_{\mathrm{m}} = \dfrac{M}{\rho} = \dfrac{200.6 \times 10^{-3}\ \text{kg}\cdot\text{mol}^{-1}}{13.5 \times 10^3\ \text{kg}\cdot\text{m}^{-3}} = 1.49 \times 10^{-5}\ \text{m}^3\cdot\text{mol}^{-1}$

$\Delta G = \displaystyle\int_{p^{\ominus}}^{p} nV_{\mathrm{m}}\mathrm{d}p = n\int_{100\ \text{kPa}}^{10100\ \text{kPa}} \frac{M}{\rho}\mathrm{d}p$

$= 1\ \text{mol} \times 1.49 \times 10^{-5}\ \text{m}^3\cdot\text{mol}^{-1} \times (10100 - 100)\ \text{kPa} = 149\ \text{J}$

3.14　热力学第三定律与规定熵

五个热力学函数 (U, H, S, A, G) 的绝对值都是不知道的。在用以判断变化方向准则的几个判据中, 熵判据是最根本的, 因为所有的不等号都来源于熵判据的不等号。如果我们知道各种物质的熵的绝对值, 并把它们列表备查, 则求 ΔS 就很方便了, 但实际上熵的绝对值也是不知道的。热力学第二定律只能告诉我们如何测量熵的变化值, 但不能提供熵的绝对值。我们只能人为规定一些参考点作为零点, 来求其相对值。这些相对值就称为**规定熵** (conventional entropy), 其目的是便于计算 ΔS。

零点在哪里呢? 这就是热力学第三定律所要解决的问题。它是在非常低的温度下研究凝聚系统的熵变所外推出来的结果。

热力学第三定律

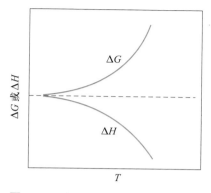

图 3.12　凝聚系统的 ΔH 和 ΔG 与温度的关系 (示意图)

1902 年, T. W. Richard 研究了一些低温下电池反应的 ΔH 和 ΔG 与温度的关系, 发现当温度逐渐降低时, ΔH 与 ΔG 有趋于相等的趋势 (如图 3.12 所示)。可用公式表示为

$$\lim_{T \to 0\,\mathrm{K}} (\Delta G - \Delta H) = 0 \tag{3.84}$$

根据公式 $\Delta G - \Delta H = -T\Delta S$, 即使 $\Delta S \neq 0$, 当 $T \to 0\,\mathrm{K}$ 时, 式 (3.84) 仍然成立。而根据

$$\frac{\Delta G - \Delta H}{T} = -\Delta S = \frac{\partial(\Delta G)}{\partial T} \tag{3.85}$$

当 $T \to 0\,\mathrm{K}$ 时, 上式成为 $0/0$, 这是一个不定式, 从数学上讲 ΔS 或 $\dfrac{\partial(\Delta G)}{\partial T}$ 应都没有确定的数值。

1906 年, H. W. Nernst 系统地研究了低温下凝聚系统的化学反应, 提出一个假定: 当温度趋于 0 K 时, 在等温过程中凝聚态反应系统的熵不变。即

$$\lim_{T \to 0\,\mathrm{K}} \left(-\frac{\partial \Delta G}{\partial T} \right)_p = \lim_{T \to 0\,\mathrm{K}} (\Delta S)_T = 0 \tag{3.86}$$

这个假定的根据是, 从实验数据及 $\Delta H - T, \Delta G - T$ 的图形 (见图 3.12), 合理地推想在 $T \to 0\,\mathrm{K}$ 时, ΔH 与 ΔG 有公共的切线, 并且该切线与温度的坐标平行。这就是说在 $T \to 0\,\mathrm{K}$ 时, 非但 ΔH 与 ΔG 趋于一致, 并且 $\dfrac{\partial \Delta G}{\partial T}$ 与 $\dfrac{\partial \Delta H}{\partial T}$ 也趋于一致。前已指出, 当 $T \to 0\,\mathrm{K}$ 时, 式 (3.85) 成为不定式, 根据数学上的运算规则, 可以取分子和分母的微分, 即

$$\left(\frac{\partial \Delta G}{\partial T} \right)_{T \to 0\,\mathrm{K}} = \frac{\left(\dfrac{\partial \Delta G}{\partial T} \right)_{T \to 0\,\mathrm{K}} - \left(\dfrac{\partial \Delta H}{\partial T} \right)_{T \to 0\,\mathrm{K}}}{\left(\dfrac{\partial T}{\partial T} \right)_{T \to 0\,\mathrm{K}}}$$

$$= \left(\frac{\partial \Delta G}{\partial T} \right)_{T \to 0\,\mathrm{K}} - \left(\frac{\partial \Delta H}{\partial T} \right)_{T \to 0\,\mathrm{K}} = 0$$

因此, 式 (3.86) 是可以成立的。式 (3.86) 通常被称为 **Nernst 热定理** (Nernst heat theorem)。用文字表述则为, **在温度趋于热力学温度 0 K 的等温过程中, 系统的熵值不变。** 或者说当温度接近 0 K 时, 任何处于平衡态系统的熵不变。也就是说 $T = 0\,\mathrm{K}$ 时的等温过程也是绝热过程, 即 0 K 时的等温线与绝热线重合, 系统

处于一种非常特殊的状态。但 Nernst 并没有明确提出 0 K 时纯物质的熵的绝对值是多少。

M. Planck 在 1912 年把热定理推进了一步, 他假定 0 K 时, 纯凝聚态的熵值等于零, 即

$$\lim_{T \to 0 \text{ K}} S = 0 \tag{3.87}$$

承认 Planck 的假定, 则热定理就成为必然的结果了。其实这是一个基态的选择问题, 正如由标准摩尔生成焓计算标准摩尔反应焓变一样。在 0 K 时, 反应物和产物都是由相同种类相同数目的单质所构成 (用通俗的比喻, 反应物和产物站在同一起跑线上)。对于这些基态, 其熵的数值如何选择都不会影响反应的 ΔS 的计算结果。当然, 最简单的选择是, 假定 0 K 时任一物质的熵等于零, 这也符合 Boltzmann 公式 $S = k_\text{B} \ln \Omega$。0 K 时物质已成为凝聚态, 内部的质点整齐排列, 混乱度必极小。

Lewis 和 Gibson 在 1920 年对式 (3.87) 重新作了界定, 指出式 (3.87) 的假定适用于完整的晶体。所谓完整晶体即晶体中的原子或分子只有一种有序排列形式 (例如 NO 可以有 NO 和 ON 两种排列形式, 所以不能认为是完整晶体, N_2O 和 CO 也是如此)。至此, 热力学第三定律可以表示为, **在 0 K 时, 任何完整晶体的熵等于零**。这个定律是概括了一些低温现象的实验事实而提出来的。

规定熵值

已知 $\text{d}S = \dfrac{C_p \text{d}T}{T}$, 现从 0 K $\to T$ 积分, 得

$$S_T = S_{0 \text{ K}} + \int_{0 \text{ K}}^{T} \frac{C_p \text{d}T}{T} \tag{3.88}$$

根据第三定律, $S_{0 \text{ K}} = 0$, 所以物质的熵值可由下式计算:

$$S = \int_{0 \text{ K}}^{T} \frac{C_p}{T} \text{d}T = \int_{0 \text{ K}}^{T} C_p \text{d}\ln T \tag{3.89}$$

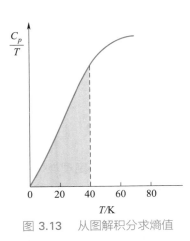

测定各温度时的 C_p, 以 $\dfrac{C_p}{T}$ 为纵坐标, T 为横坐标, 作图解积分。图 3.13 阴影区的面积就是某物质在 40 K 时的熵值。这样求出来的熵值, 就称为该物质的规定熵。也可以以 C_p 为纵坐标, $\lg T$ 为横坐标, 作图解积分, 以求得熵值。

图 3.13 从图解积分求熵值

计算规定熵时, 通常必须考虑相变过程的熵变。设某物质从 0 K 升到温度为 T 的气态物质, 中间经过如下的过程:

$$B(s) \xrightarrow{0\,K \to T_f} B(s) \overset{T_f}{\rightleftharpoons} B(l) \xrightarrow{T_f \to T_b} B(l) \overset{T_b}{\rightleftharpoons} B(g) \xrightarrow{T_b \to T} B(g)$$

$$\Delta S(T) = \Delta S(0\,K) + \int_{0\,K}^{T_f} \frac{C_p(s)}{T} dT + \frac{\Delta_{mel} H}{T_f} +$$

$$\int_{T_f}^{T_b} \frac{C_p(l)}{T} dT + \frac{\Delta_{vap} H}{T_b} + \int_{T_b}^{T} \frac{C_p(g)}{T} dT \tag{3.90}$$

即三个积分项加上两个相变熵, 即为所求的物质在温度 T 时的总熵值。由于在极低的温度范围内缺乏 C_p 的数据, 故在极低的温度范围内可以用如下的 Debye (德拜) 公式来计算:

$$C_V = 1943 \frac{T^3}{\theta^3} \quad (\theta \text{ 是物质的特性温度}) \tag{3.91}$$

在低温下 $C_p \approx C_V$, $\theta = \frac{h\nu}{k}$, 式中 ν 是晶体中粒子的简正振动频率。

即在计算时, 从 $0\,K$ 到 T_f 的 ΔS 常常需要拆成两项来计算:

$$S = \Delta S(0\,K \to T') + \int_{T'}^{T_f} C_p(s) d\ln T \tag{3.92}$$

T' 是在低温范围的某一温度, 在这个温度以下 $C_{p,m}$ 的数据难于测定, 须借助 Debye 公式来计算 $0\,K \sim T'$ 区间的熵值。

化学反应过程的熵变计算

任意物质 B 处在一定的 T, p 状态下的规定熵值 S_T 可根据热力学第三定律进行计算。一些物质处于标准压力 $p^\ominus$ 和 298.15 K 时的摩尔熵值有表可查, 部分列于附录中。我们可以根据这些熵值和物质的 $C_{p,m}$ 值及其状态方程式, 来计算其在任意温度或压力下的熵值, 从而可用来计算化学反应中的熵变。例如, 在等压情况下, 当温度改变时, 有

$$S^\ominus(T, p^\ominus) = S^\ominus(298.15\,K, p^\ominus) + \int_{298.15\,K}^{T} \frac{C_p dT}{T}$$

如果保持温度不变, 而改变压力, 根据 Maxwell 关系式:

$$\left(\frac{\partial S}{\partial p} \right)_T = - \left(\frac{\partial V}{\partial T} \right)_p$$

故得

$$S(298.15\,K, p) = S^\ominus(298.15\,K, p^\ominus) + \int_{p^\ominus}^{p} - \left(\frac{\partial V}{\partial T} \right)_p dp \tag{3.93}$$

对任意的化学反应:

$$0 = \sum_{\mathrm{B}} \nu_{\mathrm{B}} \mathrm{B}$$

若化学反应是在标准压力 $p^{\ominus}$ 和温度为 298.15 K 时进行, 则

$$\Delta_{\mathrm{r}} S_{\mathrm{m}}^{\ominus}(298.15 \text{ K}) = \sum_{\mathrm{B}} \nu_{\mathrm{B}} S_{\mathrm{m}}^{\ominus}(\mathrm{B}, 298.15 \text{ K}) \tag{3.94}$$

如果在压力为 $p^{\ominus}$ 时, 要计算任意温度下化学反应的熵变, 则

$$\Delta_{\mathrm{r}} S_{\mathrm{m}}^{\ominus}(T) = \Delta_{\mathrm{r}} S_{\mathrm{m}}^{\ominus}(298.15 \text{ K}) + \int_{298.15 \text{ K}}^{T} \frac{\displaystyle\sum_{\mathrm{B}} \nu_{\mathrm{B}} C_{p,\mathrm{m}}(\mathrm{B}) \mathrm{d}T}{T} \tag{3.95}$$

例 3.12

计算下述化学反应在标准压力 $p^{\ominus}$ 下, 分别在 298.15 K 及 398.15 K 时的熵变。设在该温度区间内各 $C_{p,\mathrm{m}}$ 值是与 T 无关的常数。

$$\mathrm{C_2H_2}(\mathrm{g}, p^{\ominus}) + 2\mathrm{H_2}(\mathrm{g}, p^{\ominus}) =\!=\!= \mathrm{C_2H_6}(\mathrm{g}, p^{\ominus})$$

解   查附录表得

	$S_{\mathrm{m}}^{\ominus}(298.15 \text{ K})/(\mathrm{J \cdot mol^{-1} \cdot K^{-1}})$	$C_{p,\mathrm{m}}(298.15 \text{ K})/(\mathrm{J \cdot mol^{-1} \cdot K^{-1}})$
$\mathrm{H_2(g)}$	130.684	28.824
$\mathrm{C_2H_2(g)}$	200.9	44
$\mathrm{C_2H_6(g)}$	229.2	52.5

当反应在 298.15 K 进行时, 有

$$\Delta_{\mathrm{r}} S_{\mathrm{m}}^{\ominus}(298.15 \text{ K}) = \sum_{\mathrm{B}} \nu_{\mathrm{B}} S_{\mathrm{m}}^{\ominus}(\mathrm{B}, 298.15 \text{ K})$$

$$= S_{\mathrm{m}}^{\ominus}[\mathrm{C_2H_6}(\mathrm{g}, 298.15 \text{ K})] - 2S_{\mathrm{m}}^{\ominus}[\mathrm{H_2}(\mathrm{g}, 298.15 \text{ K})] - S_{\mathrm{m}}^{\ominus}[\mathrm{C_2H_2}(\mathrm{g}, 298.15 \text{ K})]$$

$$= (229.2 - 2 \times 130.684 - 200.9) \text{ J} \cdot \mathrm{mol}^{-1} \cdot \mathrm{K}^{-1}$$

$$= -233.1 \text{ J} \cdot \mathrm{mol}^{-1} \cdot \mathrm{K}^{-1}$$

当反应在 398.15 K 进行时, 有

$$\Delta_{\mathrm{r}} S_{\mathrm{m}}^{\ominus}(398.15 \text{ K}) = \Delta_{\mathrm{r}} S_{\mathrm{m}}^{\ominus}(298.15 \text{ K}) + \int_{298.15 \text{ K}}^{398.15 \text{ K}} \frac{\displaystyle\sum_{\mathrm{B}} \nu_{\mathrm{B}} C_{p,\mathrm{m}}(\mathrm{B}) \mathrm{d}T}{T}$$

$$= \left[-233.1 + (52.5 - 2 \times 28.824 - 44) \ln \frac{398.15}{298.15} \right] \text{ J} \cdot \mathrm{mol}^{-1} \cdot \mathrm{K}^{-1}$$

$$= -247.3 \text{ J} \cdot \mathrm{mol}^{-1} \cdot \mathrm{K}^{-1}$$

*3.15 绝对零度不能达到原理 —— 热力学第三定律的另一种表述法

1912 年, Nernst 根据他的 Nernst 热定理, 提出了 "**绝对零度不能达到原理**", 即 "**不可能用有限的手续使一个物体的温度冷到热力学温标的零度**"。后来被认为是热力学第三定律的另一种表述法。

Nernst 热定理指出, 在接近 0 K 时, 任何过程中的熵值不变, 它既是等熵过程, 又是绝热过程, 没有热量的交换 (如果有热量交换, ΔS 就不等于零)。因此, 任何凝聚态物质在接近 0 K 时, 无论进行什么热力学过程, 都不能通过释放热量而降低温度。又由于是凝聚态物质, 也不能靠绝热膨胀对环境做功而降低温度。所以, 系统的温度不可能继续降低, 从而达不到绝对零度。

从 Nernst 热定理推出 "绝对零度不能达到原理", 还可以采取如下的证明。

为简单计, 假设系统的状态可用两个状态参量 (T, x) 来描述 (x 可以是除 T 外的其他变量), 考虑当某一系统在温度为 T_1 时的状态为 $A(T_1, x_1)$, 则根据熵的表示式, 有

$$S_A = S(T_1, x_1) = S(0 \text{ K}, x_1) + \int_{0 \text{ K}}^{T_1} \frac{C_{x,1}}{T} \mathrm{d}T$$

式中 $C_{x,1}$ 是状态参量 x_1 不变情况下的热容。如果系统经绝热可逆过程变到状态 $B(T_2, x_2)$, 其温度为 T_2, 相应的热容也由 $C_{x,1}$ 变为 $C_{x,2}$, 则状态 B 的熵为

$$S_B = S(T_2, x_2) = S(0 \text{ K}, x_2) + \int_{0 \text{ K}}^{T_2} \frac{C_{x,2}}{T} \mathrm{d}T$$

在绝热可逆过程中, 系统的熵不变, 即 $S_A = S_B$, 因此

$$S(0 \text{ K}, x_1) + \int_{0 \text{ K}}^{T_1} \frac{C_{x,1}}{T} \mathrm{d}T = S(0 \text{ K}, x_2) + \int_{0 \text{ K}}^{T_2} \frac{C_{x,2}}{T} \mathrm{d}T$$

根据 Nernst 热定理, $S(0 \text{ K}, x_1) = S(0 \text{ K}, x_2)$, 所以

$$\int_{0 \text{ K}}^{T_1} \frac{C_{x,1}}{T} \mathrm{d}T = \int_{0 \text{ K}}^{T_2} \frac{C_{x,2}}{T} \mathrm{d}T$$

当 $T > 0$ 时, $C_x > 0$ (例如, 实验发现, C_V, C_p 均大于零), 所以上式左侧 (起始状态) 的积分值总大于零, 由此推测右方的 T_2 不可能等于零。也就是说, 不论起始的温度 T_1 有多么低, 只要 $T_1 > 0$, 等式右方就有一定的正值, 则 T_2 就不能等于零。这表明 "不可能用为数有限的手续, 把任何物体的温度降到 0 K", 这就是

热力学第三定律的另一种表述法, 且曾被认为是一种标准的表达方式。于是, 热力学第一定律、第二定律和第三定律这三个定律在表达方式上就有了相同之处, 即都说的是某种不可能做到的事, 都是从负面的角度来表达的。其不同之处是, 热力学第一定律、第二定律确切地告诉人们应放弃第一类和第二类永动机的制作, 那是不可能的事, 而热力学第三定律却不排斥人们想方设法尽可能去接近 0 K 温度 (注意, 这里用的是 "接近", 而不是 "达到"), 现实情况正是如此 (根据有关文献报道, 在当代最先进的实验室里能达到的最低温度约为 10^{-14} K 量级, 最高温度约为 10^{12} K 量级)。

曾经有人认为热力学第三定律不是一个独立的定律, 而是热力学第二定律的推论。他们认为, 根据 Carnot 定理, 工作于 T_h 和 T_c 两个热源之间的任何可逆热机, 其效率最大, 即

$$\eta = 1 + \frac{Q_c}{Q_h} = 1 - \frac{T_c}{T_h}$$

当向低温热源放出的热 $Q_c \to 0$ 时, T_c 也趋于 0 K, 此时, $\eta = 1$, 这意味着从单一的高温热源所吸的热全部转变为功, 这违反了热力学第二定律, 所以, η 不能等于 1。即低温热源的热力学温度 T_c 不能等于零。这种推论显然是一种不合理的遐想, 是一种过度的外推。事实上, 作为 Carnot 机中循环的工作物质, 在远离 $T_c \to 0$ K 之前, 早已不能工作了。这表明热力学第三定律是一个独立的定律, 而不是热力学第二定律的推论。

*3.16　不可逆过程热力学简介[①]

引言

热力学的发展经历了几个阶段, 每一阶段都有其突出的特点。第一阶段是平衡态热力学 (即经典热力学), 它主要研究在可逆过程中, 状态参数对封闭系统的影响, 它的主要基础是热力学第一定律和热力学第二定律。它根据物质结构和统计热力学的知识, 建立了平衡态统计热力学。这一阶段取得了许多成果, 在实际生产过程中曾经发挥并将继续发挥其作用。这个阶段经历了相当长的时间, 以百

[①] 根据 "化学专业化学教学基本要求", 本节和下节只能作简单介绍, 了解非平衡态热力学的一些基本情况, 并不作要求。

年计。第二阶段是把热力学的研究从平衡态推广到非平衡态的敞开系统，建立了**不可逆过程热力学** (或非平衡态热力学)，它以近平衡态为研究对象，认为不可逆过程的发生是由于在广义力的推动下产生了广义流的结果，力和流的影响在近平衡态仍是线性的。在这一阶段有突出贡献的是 Onsagar 和 Prigogine 等人。第三阶段是 Prigogine 及其学派把不可逆过程热力学推广到远离平衡的状态，把不可逆过程热力学推广到非平衡非线性区，从而建立了非线性非平衡态热力学。第二阶段和第三阶段是交叉进行的，这两个阶段是当今热力学研究的前沿领域。

在本节以前的内容，主要讨论的是平衡态或可逆过程热力学的问题，对不可逆过程只是在始态和终态是平衡态的情况下，根据热力学第二定律建立了一些热力学不等式，借以判断过程进行的方向，至于不可逆过程本身并未涉及。但是，自然界进行的实际过程都是不可逆的，所以有必要把热力学推广到近平衡态的非平衡的领域。非平衡态热力学是一门正在发展中的学科，其完整性和系统性远逊于经典热力学。

根据非平衡态距离平衡态的远近，把非平衡态分为近平衡态区和远平衡态区两类，在这两个区所进行的相应的过程分别称为线性不可逆过程和非线性不可逆过程。我们只对近平衡区的线性不可逆过程作简单介绍。

经典热力学是以宏观现象所归纳出来的两个定律为基础而扩展出来的，有高度的可靠性和普适性，但它也有一定的局限性。它的局限性来源于它考虑问题的方法和研究方法。近代一些科学领域的研究方法，通常是把研究对象越分越细，而热力学的方法则与此相反，它采取宏观的综合办法。它研究大量粒子 (或称之为基本结构单元) 所组合成的系统的宏观行为，而不管它们的结构或服从于什么力学规律 (是经典力学还是量子力学)。它的结论不适用于少数粒子所构成的系统，也不包含时间变量，它所处理的对象是平衡系统或从一个平衡态过渡到另一个平衡态的过程，而且限制在系统与环境之间不发生物质交换的封闭系统 (对于多相系统，相与相之间可以有物质的交流，但整个系统仍然是封闭的)。这些都构成了经典热力学的特点，同时也反映出它的局限性。经典热力学认为：系统总是自发地趋向于平衡，趋向于无序。但是，实际上趋向平衡、趋向无序并不是自然界的普遍规律。

经典热力学几乎都是对平衡态或连续的平衡态作研究，它不研究过程中的传递现象。例如，不研究单位表面的热流量、质量流量、电流量以及推动这些过程的力和流量之间的关系。因此，经典热力学只能称为平衡态热力学或可逆过程热力学。

可逆过程是从许多程度不同的不可逆过程中建立起来的一个抽象概念，但它十分有用, 因为在可逆过程中可以做最大功。当我们将一个实际的不可逆过程与相应的可逆过程相比较时, 就知道如何去提高实际过程的效率。热力学函数都是状态函数, 其变化值对解决实际问题 (如工程设计等) 有重要作用, 而其变化值只有通过可逆过程才能计算。

经典热力学的建立至今已有一百多年的历史, 功莫大焉! 它深刻阐明了在平衡态下各种化学现象的规律, 确立了能量转换关系, 明确指出宏观过程的方向和极限, 为化工生产提供了理论基础。但经典热力学无法揭示实际的不可逆过程的内在规律。

不可逆过程热力学拓宽了经典热力学的研究范畴, 它包括有传递过程的系统 (研究系统的传递性质, 如导热系数、扩散系数等) 以及这些性质之间的联系。它的研究方法也有许多特点, 如描述系统的状态参量时, 需要考虑时间和空间的坐标。作为系统内部不可逆过程的特征, 并不仅仅是熵的增加, 而同时要考虑熵的增加速率。它的研究方法不是宏观的, 而是微观的。它处理问题是以局域平衡 (local equilibrium) 为基础的。

为了说明局域平衡, 先了解什么是弛豫过程。当平衡态稍有偏离时, 由于分子间的相互作用, 系统将向平衡态趋近, 这样由非平衡态自发地趋于平衡态的过程称为**弛豫过程** (relaxation process), 弛豫过程所经历的时间称为弛豫时间 (relaxation time)。例如, 系统内部的温度由不一致趋于一致就是一个弛豫过程, 经历的时间就是弛豫时间。又如, 气体分子的速率分布可以偏离 Maxwell 分布, 温度或密度也可以瞬间偏离平衡分布, 从而又产生局域温度 (local temperature)、局域密度 (local density) 等概念。

局域平衡

经典热力学研究方法的主要优点在于它仅仅依靠几个热力学的基本定律, 以及它所导出的 U 和 S 两个函数, 并用物质的量 (n)、体积 (V)、压力 (p)、温度 (T) 等其中少数独立变量来描述系统的状态。而对于非平衡系统又将如何选择描述系统的状态呢? 对于一个非平衡系统, 例如气体的不可逆压缩过程, 系统可能是不均匀的, 难以对系统的压力给予明确的定义。如果我们抛开经典热力学所经常使用的那些变量, 另外定义出一套变量, 则这些变量之间的关系显然不能满足在平衡态时所满足的那些关系。这样就使问题变得更加复杂。

为了能继续采用经典热力学的一些变量和关系式, 并将其延伸到非平衡态, Brussel 学派的 Prigaogine 等人提出了**局域平衡的假设** (assumption of local equilibrium)。

设想把所讨论的系统划分成许多体积很小的子系 (或称为体积元), 每个子系在宏观上看是足够小的, 小到它的性质可以用该体积内的某一点 (或某一点附近) 的性质来 "代表", 即子系中内部的性质是均匀的。但所有的子系, 从微观上看它又是足够大的, 因为每个子系内部都包含有足够多的分子, 能满足统计处理的需要, 仍然可以看作一个宏观的热力学系统。子系统靠其内部粒子间的相互碰撞而达到平衡, 这样就系统整体而言, 它只是近平衡而不是平衡的。整个系统的热力学量是相应的子系统的热力学量之和, 对强度性质而言, 整个系统不是统一的数值, 这就是局域平衡的假设。有了这个假设, 平衡态热力学中有关熵等状态函数的关系就可以用到线性热力学中来了。这样, 就把一个非平衡态的不可逆过程化为许多局部平衡的子系统的问题来研究 (就像微积分中把一条曲线看作无数短直线段的组合一样)。

但是, 把一个非平衡态系统分解成许多具有平衡态性质的子系是有条件的, 即它必须满足:

$$\tau \ll \Delta t \ll t$$

式中 τ 是小子系的弛豫时间; t 是整个系统的弛豫时间; Δt 是对系统的观察时间。意即在对系统观察时间的范围内, 因整个系统的弛豫时间很长, 看不出整个系统有什么变化, 而小子系的弛豫时间很短, 在这观察时间范围内可能已进行了很多次的变化, 对小子系来说观察到的就是它的平均值。换言之, 即在观察时间 Δt 时, 局域 (即子系) 已经变化很多次, 可近似认为是处于平衡状态, 而整个系统的状态是非平衡的。

于是, 从平衡态热力学中得到的一系列热力学关系式就可以推广应用到总体上处于非平衡态的系统。应该注意, 因为就整体来说系统处于非平衡态, 每个子系和它邻近的子系内的热力学量 (如温度、化学势等) 可能并不相同, 那些从平衡态热力学导出的热力学关系式仅仅适用于非平衡态系统中各局部小范围, 而不适用于整个非平衡态系统。

熵产生和熵流

为了说明力和流的关系, 先以封闭系统的热传导为例。如图 3.14 所示, 两个封闭相 a 和 b, 构成一个封闭系统。设各相内部维持均一的温度 T^a 和 T^b, 在两相界面处可发生热传导, 同时两相又分别与环境交换热量 (假定环境很大, 系统的温度不发生变化)。每相获得的热量可分为两部分: 一部分是系统内部通过界面 AB 所交换的热量 $\delta_i Q$ (下标 "i" 表示内部); 另一部分是系统与环境所交换的热量 $\delta_e Q$ (下标 "e" 表示外部)。

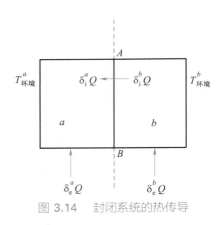

图 3.14　封闭系统的热传导

对 a 相来说, 获得的热量为

$$\delta^a Q = \delta_i^a Q + \delta_e^a Q \tag{3.96}$$

对 b 相来说, 获得的热量为

$$\delta^b Q = \delta_i^b Q + \delta_e^b Q \quad (\text{其中 } \delta_i^a Q = -\delta_i^b Q) \tag{3.97}$$

由于 a, b 相内部温度是均匀的, 故有

$$dS = dS^a + dS^b \tag{3.98}$$

式中

$$dS^a = \frac{\delta^a Q}{T^a} \qquad dS^b = \frac{\delta^b Q}{T^b}$$

将式 (3.96) 和式 (3.97) 代入式 (3.98), 整理得

$$dS = \frac{\delta^a Q}{T^a} + \frac{\delta^b Q}{T^b} = \frac{\delta_e^a Q}{T^a} + \frac{\delta_e^b Q}{T^b} + \delta_i^a Q \left(\frac{1}{T^a} - \frac{1}{T^b} \right) \tag{3.99}$$

令

$$d_e S = \frac{\delta_e^a Q}{T^a} + \frac{\delta_e^b Q}{T^b} \qquad d_i S = \delta_i^a Q \left(\frac{1}{T^a} - \frac{1}{T^b} \right) \tag{3.100}$$

则得

$$dS = d_e S + d_i S \tag{3.101}$$

式 (3.101) 表明, 系统的熵变由两部分贡献而来, 一部分是由系统 $(a + b)$ 与环境交换热量而来的 $(d_e S)$, 另一部分是系统内部不可逆的热流而引起的熵变 $(d_i S)$, 后者称为**熵产生** (entropy production)。

单位时间的熵产生称为**熵产生率** (σ):

$$\sigma = \frac{d_i S}{dt} = \frac{\delta_i^a Q}{dt} \left(\frac{1}{T^a} - \frac{1}{T^b} \right) \tag{3.102}$$

如令

$$J_h = \frac{\delta_i^a Q}{dt} \tag{3.103}$$

$$X_h = \frac{1}{T^a} - \frac{1}{T^b} \tag{3.104}$$

则式 (3.102) 可写作

$$\sigma = \frac{d_i S}{dt} = J_h \cdot X_h \tag{3.105}$$

式中下标 "h" 表示 "热"。式 (3.103) 中 $\dfrac{\delta_i^a Q}{dt}$ 是热传导速率 (即单位时间内热的流量), 可通称为 "流" 或 "通量"。对热传导来说, 可用 J_h 表示。式 (3.104) 中

$\dfrac{1}{T^a} - \dfrac{1}{T^b}$ 则决定热传导过程的方向和限度, 是推动不可逆过程走向平衡的 "力"。由式 (3.105) 可见, 熵产生率是 "力" 和 "流" 的乘积。

当 $\delta_i^a Q > 0$ 时, $T^b > T^a$, 即 $\qquad J_{\mathrm{h}} > 0, X_{\mathrm{h}} > 0$

当 $\delta_i^a Q < 0$ 时, $T^b < T^a$, 即 $\qquad J_{\mathrm{h}} < 0, X_{\mathrm{h}} < 0$

当 $\delta_i^a Q = 0$ 时, $T^b = T^a$, 即 $\qquad J_{\mathrm{h}} = 0, X_{\mathrm{h}} = 0$

力和流总是同号的, 并且熵产生率永远大于或等于零。

如把上述情况推广到敞开系统, 系统和环境之间既有能量交换也有物质交换。生物系统就是靠这样的交换以维持其生存的。我们把熵的变化如式 (3.101) 一样分为两部分: 一部分是由系统与外界环境间的相互作用而引起的 (即由物质和能量的交流而引起的), 这一部分熵变称为**熵流** (entropy flux), 因与外部环境有关, 故仍用 $\mathrm{d_e}S$ 表示; 另一部分是由系统内部的不可逆过程产生的 (包括系统内部的扩散和化学反应等), 这部分熵变如前所述称为熵产生, 因这是敞开系统内部的变化, 故仍用 $\mathrm{d_i}S$ 表示。于是, 对敞开系统也有如下的关系式:

$$\mathrm{d}S = \mathrm{d_e}S + \mathrm{d_i}S$$

$\mathrm{d_e}S$ 的值可大于零或小于零, 而 $\mathrm{d_i}S$ 永远不会有负值, 当系统内经历可逆变化时为零, 而当系统内经历不可逆变化时则大于零, 即

$$\mathrm{d_i}S \geqslant 0 \qquad\qquad (3.106)$$

对于隔离系统, 系统和环境间没有任何物质和能量的交换, 同样没有熵的交流, 因而

$$\mathrm{d_e}S = 0 \quad (隔离系统) \qquad\qquad (3.107)$$

所以

$$\mathrm{d}S_{\mathrm{iso}} = \mathrm{d_i}S \geqslant 0 \quad (隔离系统) \qquad\qquad (3.108)$$

式 (3.108) 正是热力学第二定律所采用的数学表达式, 并由此而被称为熵增加原理。对于封闭系统和敞开系统, 虽然式 (3.106) 仍然成立, 但由于 $\mathrm{d_e}S$ 没有确定的符号, 所以式 (3.108) 不适用于封闭系统或敞开系统。而式 (3.106) 则可适用于各种系统。所以, 热力学第二定律的最一般的数学表达式应该是式 (3.106), 而不是式 (3.108)。式 (3.106) 适用于宏观系统的任何一个部分。如果在系统中的同一区域内同时发生着两种不可逆过程, 如两类化学反应过程, 若用 $\mathrm{d_i}S(1)$ 代表第一过程引起的熵产生项, 用 $\mathrm{d_i}S(2)$ 代表第二种过程所引起的熵产生项, 而

$$\mathrm{d_i}S(1) \geqslant 0 \qquad \mathrm{d_i}S(2) \leqslant 0$$

$$\mathrm{d_i}S = \mathrm{d_i}S(1) + \mathrm{d_i}S(2) \geqslant 0$$

这种情况是可能的, 这便是不可逆过程之间的耦合。

　　将熵的改变分为 d_eS 和 d_iS 两项, 就能很容易区别隔离系统、封闭系统及敞开系统之间的差别。其差别表现在 d_eS 项上。它包含着系统与环境之间有物质和能量交换所引起的影响。系统的熵是系统无序程度的量度, 熵越大, 越无序; 熵越小, 越有序。对于非平衡的敞开系统要出现有序的稳定状态, 则环境必须提供足够的负熵流才有可能。

　　对于一个正在成长的生物体, 基本上处于非平衡的稳定态 (正像一个流动系统的反应器一样, 物料有进有出, 反应器中不断进行着反应, 是非平衡的, 但整个反应器又处于稳定态)。在稳定态期间 $\Delta S \approx 0$, 但由于体内发生化学反应、扩散、血液流动等不可逆过程, 所以熵产生 $d_iS > 0$, 故必须有负熵流来抵消正的 d_iS。动物的食品中含有高度有序的低熵大分子, 如蛋白质、淀粉等, 在体内经过消化后, 排泄出较无序的高熵小分子; 摄入低熵而排出高熵, d_eS 为负值, 这就相当于摄入了 "负熵流"。

最小熵产生原理

　　根据热力学第二定律, 在隔离系统中, 系统是沿着熵增加的方向进行的。当系统的熵达到极大值时, 系统处于平衡状态, 达到最无序状态, 此时 $dS/dt = 0$, 系统在宏观上的一切变化都停止进行。现在的问题是: 对于一个敞开系统, 它属于非平衡系统, 当系统处于近平衡区, 其变化遵从线性热力学的规律, 则它的熵又是如何变化的? 为说明这一问题, 先介绍稳定态的概念。

　　对于敞开系统, 由于系统与环境可以交换能量、物质和熵, 虽然系统内部的熵产生 $d_iS > 0$, 但系统可用外界所提供的负熵流而使系统的总熵值维持不变, 即 $dS = d_iS + d_eS = 0$, 这就是说虽然系统内部存在着不可逆过程, 但系统仍可以维持不变的低熵值, 也就是维持较为有序的稳定态。这个稳定态虽然不是最终的平衡态, 而是近平衡区中非平衡的稳定态, 我们把这种稳定态简称为**定态** (steady state), 以区别于平衡态。稳定态与平衡态不同, 当系统处于平衡态时, 熵产生率为零, 从而系统没有宏观的输运过程。而对于处于非平衡定态的系统, 在系统内部稳定地进行着不可逆过程 (如热传导、扩散等), 此时系统的熵产生率 (d_iS/dt) 最小, 但不等于零。如以 p 代表熵产生率, 则有 $dp/dt \leqslant 0$。

　　图 3.15 示出了平衡态和线性区熵的变化情况。

　　最小熵产生原理表现在线性区, 系统因受扰动而暂时偏离定态, 但是最后仍回到相应于熵产生率最小的定态。所以, 线性区的定态是稳定的, 它具有接近平衡态的性质, 微小的干扰仍能在空间上和时间上维持原来的有序结构, 不会离开线性区。如果干扰过大, 系统将进入非线性区, 情况就完全不同, 干扰可能引起系

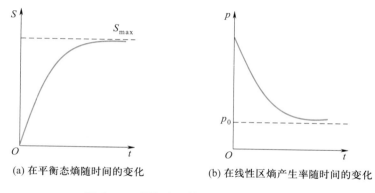

(a) 在平衡态熵随时间的变化   (b) 在线性区熵产生率随时间的变化

图 3.15   平衡态和线性区熵的变化情况

统较大的变化, 如产生新的有序结构等。

综上所述, 可知 $\mathrm{d}p/\mathrm{d}t \leqslant 0$ 的物理意义是, 线性非平衡区的系统随着时间的推移, 总是朝着熵产生率减少的方向进行, 直到一个定态。此时, 熵产生率不再随时间变化, $\mathrm{d}p/\mathrm{d}t = 0$。在线性非平衡区, 定态的熵产生达到极小值。Prigogine 于 1945 年提出, 把 $\mathrm{d}p/\mathrm{d}t \leqslant 0$ 称为 "最小熵产生原理"。$\mathrm{d}p/\mathrm{d}t \leqslant 0$ 的作用, 保证了在线性非平衡区随着时间的推移, 系统总是趋向于定态。由于这种在线性区的规律作用, 系统在线性非平衡区就不可能出现新的时间或空间的有序结构 (例如, 耗散结构只能出现在远离平衡态的非线性区)。

Prigogine 因对非平衡不可逆过程热力学的贡献, 于 1977 年获诺贝尔化学奖。

限于本课程的基本要求, 也限于教材的篇幅, Prigogine 对这一问题的详细证明从略。

Onsager 倒易关系

在系统内可能存在多种不可逆过程, 它们互有影响, 即一种 "力" 可产生多种 "流", 一种 "流" 也可以对多种 "力" 产生影响。Onsager 研究了互为影响的关系, 指出这是一种耦合关系, 并推导出相关的关系式, 称为 Onsager 倒易关系式。

在不可逆过程中常把引起某种过程的原因称为该过程的 "动力", 简称为力 (或广义力), 用符号 X 表示。把在单位时间内通过系统单位面积的某种量称为该量的 "流" (或广义流, 流也代表流量), 用符号 J 表示, "流" 是一个矢量。对于一般的输运过程, "力" 和 "流" 的关系是线性关系, 即

$$J = LX \tag{3.109}$$

式中 L 是不等于零的常数, 也称为**唯象系数** (phenomenological coefficient)。式 (3.109) 是一种 "力" 和由它所引发的一种 "流" 之间的关系式。

热力学 "力" 可引起热力学的 "流"。例如, 温度梯度产生热量流, 粒子浓度的梯度可引起物质的扩散流, 它们分别形成热传导和扩散两种不可逆过程。其实各种不可逆过程间存在耦合 (coupling), 即一种 "力" 可以引起多种 "流", 一种 "流" 也可以是多种 "力" 所产生的效果。例如, 在各向异性的晶体中, x 方向的温度梯度不仅产生 x 方向的热量流, 也可以引起 y 方向的热量流。又如, 多组分系统中第 i 种组分的浓度梯度不仅产生第 i 种组分的粒子流, 也可引起第 j 种组分的粒子流。温度梯度也可以引起粒子的扩散流。系统的浓度差不仅直接引起扩散流, 而且可导致热量的流动。凡此种种, 表明 "力" 和 "流" 之间具有交叉效应。为简单计, 设一个在近平衡态所进行的过程, 若同时存在两种流, 如物质流动和热扩散, 两个不可逆过程同时进行, 令 J_1, J_2 分别代表两种流, X_1, X_2 分别代表两种力, 并假定力和流的关系是线性的 (对近平衡态的过程而言, 这是合理的假定)。对于这两种力引发的过程, 其速率方程可写为

$$J_1 = L_{11}X_1 + L_{12}X_2$$
$$J_2 = L_{21}X_1 + L_{22}X_2$$
(3.110)

假定 J_1 是能量流, X_1 是引发能量流的力 (即温度梯度), J_2 是质量流, X_2 是引发质量流的力 (即浓度梯度)。

从式 (3.110) 可以看出, 力和流是交叉的, 即一种流是由两种不同的力引发的。式中有四个唯象系数, 要解释它的物理意义是困难的。对于含有 n 个流和力的速率方程, 则有

$$\left. \begin{array}{l} J_1 = L_{11}X_1 + L_{12}X_2 + \cdots + L_{1n}X_n \\ J_2 = L_{21}X_1 + L_{22}X_2 + \cdots + L_{2n}X_n \\ \cdots\cdots\cdots\cdots \\ J_n = L_{n1}X_1 + L_{n2}X_2 + \cdots + L_{nn}X_n \end{array} \right\}$$
(3.111)

Onsager 指出 L_{jk} 间有如下的关系, 即

$$L_{jk} = L_{kj}$$
(3.112)

这个关系称为 **Onsager 倒易关系** (Onsager reciprocal relation)。其物理意义是, 第 j 个流 J_j 与第 k 个力 X_k 之间的比例常数 L_{jk} 和第 k 个流 J_k 与第 j 个力 X_j 之间的比例常数 L_{kj} 相等。

Onsager 从理论上论证了上述关系。Onsager 倒易关系是不可逆过程中一个基本关系。在式 (3.111) 中有很多唯象系数, 有了 Onsager 倒易关系后, 可以将唯象系数的个数减少一半, 对于求解不可逆过程的问题很有用。Onsager 因为此项研究成果对不可逆过程热力学作出重要贡献, 于 1968 年获诺贝尔化学奖。

耗散结构和自组织现象

处在线性区 (即近平衡区) 的非平衡系统与处在非线性区 (远平衡区) 的非平衡系统, 二者具有质的区别。前者系统随时间的变化趋于一个定态, 这个状态就是熵产生率最小的状态; 而后者系统的状态随时间的变化, 有可能建立一个有序结构, 即**耗散结构** (dissipative structure)。

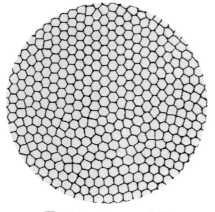

图 3.16　Bernard 花样

为了说明耗散结构, 先举一个实例, 即 Bernard 的对流实验。在敞口的容器中放一薄层液体, 底部保持温度为 T_2, 液体上部的温度为 T_1, $T_2 > T_1$, 热量将不断地通过液体从下部传到上部。当 $\Delta T(= T_2 - T_1)$ 较小时, 传热以导热的方式平稳进行, 液体从宏观上是静止的。但若增大上下温度的差别, 当差别大于某一极限值 ΔT_c (下标 c 代表 critical) 时, 液体发生突变, 变得不稳定, 出现对流, 并可发展成为排列非常整齐的六边形对流原胞 (convection cell), 如图 3.16 所示。

每个原胞中心液体向上流动, 边缘液体向下运动, 这种规则的结构称为 Bernard 花样 (Bernard patten, 或称为 Bernard 图案)。Bernard 花样一旦形成, 只要 ΔT 保持不变, 即使系统受到微小的扰动, 不久系统仍能恢复到原来的花样, 这表示 Bernard 花样是稳定的。此时, 液体内亿万分子的运动步调非常一致, 整个液体各处都出现相同的对流原胞, 这表示花样的形成是一种高度有组织的自组织行为 (self-organization)。但如果 ΔT 继续增大, 则对流花样可发生多次分合。

从理论上来说, 这是一个系统的稳定性问题。在处于远离平衡的敞开系统中, 通过改变参量, 可使系统失稳, 并过渡到与原来定态结构完全不同的新的稳定态。这种建立在不稳定基础之上的新的有序稳定结构, 是依靠系统与外界交换物质与能量来维持的, 一旦供应停止, 这个耗散结构也必将终止 (有关稳定态的讨论, 涉及微分方程中的二级微商, 这里就不再讨论了)。

总之, 只有敞开系统远离平衡态时, 才可能出现耗散结构。耗散结构大大加深了人们对敞开系统中有序结构或自组织行为的认识。这个理论可应用于激光、化学反应、电子线路和生物体等。以生物体为例, 生物体不断地从外界摄入食物、水分及空气, 同时不断排泄废物, 这是一个敞开系统, 也是一个耗散结构, 它的形成和维持要靠不断地吸入负熵流, 并不断地进行自组织行为。

现代分子生物学表明, 每一个生物细胞中至少含有一个 DNA (脱氧核糖核酸) 或它的近亲 RNA (核糖核酸), 它们都是长链分子, 可能由 $10^8 \sim 10^{10}$ 个原子组成, 先是由糖基 (s) 和磷酸基 (P) 交替组成两条长链, 然后由 4 种不同的核苷酸碱基 (即腺嘌呤、胸腺嘧啶、鸟嘌呤和胞嘧啶), 按不同的方式把两条长链连接起来, 形成一种双螺旋的结构。这是一个多么复杂神奇的结构, 而这种结构竟是由食物中那些混乱无序的原子所组成的, 整个从无序到有序的过程都是在生物体内进行的。

又如, 许多树叶、花朵、动物的皮毛乃至蝴蝶翅膀上的花纹等, 都呈现出美丽的颜色和规则的图案。生物有序不仅表现在空间的特点上, 也表现在时间的特点上。例如, 生物钟就是生物化学反应随时间而有规则地周期性振荡的结果。周期交替, 显然是一种有序现象。后来, 人们又发现无生命系统也有许多自发形成的宏观有序现象。例如, 水蒸气凝结成排列非常有序的雪花; 天空中的云有时呈现出鱼鳞状或条状的有序排列; 木星的大气层中有大规模的漩涡状有序结构; 有些有颜色变化的化学反应可以在两种不同的颜色之间做周期性的振荡 (化学振荡)。化学振荡也是耗散结构, 我们将在化学动力学一章予以讨论。

C. R. Darwin (达尔文) 1859 年出版了震动当时学术界的《物种起源》一书, 指出地球上各种各样的生物都是经过漫长的时代由简单到复杂、由低级到高级进化而成的。如用现代的语言, 就是由无序到有序, 从有序到更加精确有序的发展过程。一些社会学家把这种概念延伸到人类社会的进化, 也是逐渐由低级向更加完善更加有序的阶段发展。

综观热力学的发展过程, 大致是对热力学的研究从平衡区推广到非平衡区, 从平衡态热力学发展到线性热力学, 并得到一些新的理论, 这就是局域平衡、Onsager 倒易关系 (有时也称为 Onsager 定理) 以及最小熵产生原理等。然后, 从近平衡区的线性热力学再发展到远离平衡区的非线性热力学。在非线性区对系统微扰, 可以驱使系统离开不稳定的定态而进入一个新的稳定状态, 即耗散结构。有关耗散结构的形成机理及系统的涨落特性, 有待于非平衡统计物理学去完成。

混沌

混沌亦称作 "浑沌", 这个词本是我国古人用以在开天辟地之前, 对宇宙的形容, 大概是一片模糊、混成一团不可分辨之意。这个词被近代科学工作者所借用, 则另有其特殊意义。

如果我们把自然界物质的运动形态大致分为三种, 一种是遵从经典力学的规律, 呈有序的运动, 一种是彻底的随机性的混乱运动, 无章可循。混沌运动则是介于二者之间的有序的混乱, 即一种被限制在确定而且稳定的范围内的混乱运动, 此种运动且常具有不同周期性的特点, 这种状态就称为**混沌** (chaos)。可以举一个例子予以说明。

1967 年, 美国气象学家 Lorentz 建立了一个描述大气对流的数学模型, 称为 Lorentz 动力学方程, 共有三个公式, 即

$$\frac{\mathrm{d}x}{\mathrm{d}t} = \sigma(x - y)$$

$$\frac{\mathrm{d}y}{\mathrm{d}t} = -xz + \gamma x - y$$

$$\frac{\mathrm{d}z}{\mathrm{d}t} = xy - bz$$

式中 x, y, z 分别代表大气对流中的速度、温度和温度梯度, 这三个量不含有任何随机项, 故是确定性的。σ, γ 和 b 是三个控制参数, 其初始值也可以给定, 故也是确定性的。但是, 由上述三个公式所描述的简单的确定性的系统, 照理应该能够求解并确切地描述其运动轨迹, 但实际上却出乎意料地出现了不可预测性, 这个系统的运动轨迹描绘出一个奇特的形状, 好像一个展开了双翅的蝴蝶 (如图 3.17 所示)。

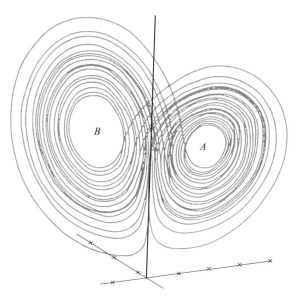

图 3.17   Lorentz 动力学方程的轨迹

在这个图形上, 确定性和随机性有机地结合在一起。一方面系统的轨迹以 A, B 两点为中心缠绕着, 绝不会远离它们而去, 这是确定性的, 表明系统未来的轨迹被限制在一个明确的范围之内。另一方面, 运动的缠绕规则又是随机的, 轨迹绕 A 若干圈后被甩到 B 附近, 绕 B 若干圈后, 又回到 A 附近, 如此无穷往复。关键在于每次绕 A 或 B 的圈数和圈的大小都是随机的。这表明无法准确判定在某一时刻系统究竟是在 A 圈还是在 B 圈。于是, 不可预测性和随机性系统所具

有的特性就出现在确定的系统之中。这种系统就被称为混沌系统。在混沌系统中,确定性和随机性并存, 二者同时起着作用。这种状态只有在远离平衡的系统中才能出现。研究具有这种行为的热力学称为**非线性非平衡态热力学**, 这是一门到目前为止还不很完善的学科, 可以认为是热力学发展的第三阶段 (前两个阶段是经典热力学和近平衡态不可逆过程热力学)。

这种混沌现象来源于状态的分支行为。

一般来说, 对远离平衡的定态, 其行为不能仅靠热力学的方法来确定, 同时还要研究系统的动力学行为。在图 3.18(a) 中, 横坐标 x 代表外界对系统的控制参数 (如温度、压力等), 它的大小表示外界对系统影响的程度和系统偏离平衡的程度。纵坐标 y 表征系统定态的某个参数, 不同的 y 值表示不同的定态, 与 x_0 对应的定态 y_0 代表平衡态。随着 x 的改变 (增加), 则 y 也沿 y_0 线段改变。曲线 (a) 是平衡态的延伸 (即近平衡定态), 其上的每一点所对应的状态的行为很类似于平衡态的行为 (如保持空间均匀性和时间不变性)。因此, 这一段叫作热力学分支。当 $x \geqslant x_c$ 时, 例如在 Bernard 流体加热实验中, 对流体加热的温度梯度超过某一定值时, 曲线 (a) 延长到 (b) 段。(b) 段代表远离平衡的非稳态, 较不稳定, 一个很小的扰动就可引起系统的突变, 离开 (b) 段, 而跃迁到另外两个稳定的分支 (c) 和 (c') 段上。在分支上每一个点可能对应于某个时空有序状态而形成耗散结构, 所以 (c) 和 (c') 段就称为耗散结构分支, 系统是在 x_c 处发生分支现象 (或分岔现象)。

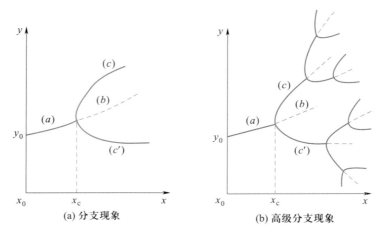

(a) 分支现象   (b) 高级分支现象

图 3.18　状态的分支行为

随着控制参数 x 的进一步改变 (增加), 各稳定分支又会变得不稳定而导致二级或更高级分支现象 [见图 3.18(b)]。高级分支现象表明, 系统在远离平衡态时分支越多, 有可能有多种可能的耗散结构, 系统究竟处于哪种耗散结构, 完全是随机的, 系统的瞬时状态不可预测, 这时系统又进入一种新的无序状态, 即混沌状态。

对于任何一个热力学系统, 由于系统内分子的无规则热运动, 系统的状态在局部上经常与宏观统计平均态有暂时的偏离。这种系统的各宏观平均值的瞬时值与平均值的偏差就称为**涨落** (fluctuation)。对形成耗散结构和混沌状态来说, 涨落起了触发的作用。

*3.17 信息熵浅释

1864 年, Clausius 在热力学中引入了熵的概念 (也称为热力学熵或 Clausius 熵)。根据 Clausius 不等式, 可以判断自发不可逆过程进行的方向和限度, 并以熵达到最大值为准则。所以, 熵的数值可以表明系统接近平衡态的程度。1889 年, Boltzmann 把熵 (也称为 Boltzmann 熵) 与系统的微观状态数联系起来, 建立了 Boltzmann 关系式, 阐明了熵的统计意义, 把熵作为系统混乱度的量度。1948 年, C. E. Shannon 把 Boltzmann 熵的概念引入信息论中, 把熵 (称为信息熵或 Shannon 熵) 作为一个随机事件的不确定性或信息量的量度, 从而奠定了现代信息论的科学理论基础, 也促进了信息论的发展。信息熵是一个独立于热力学熵的概念, 但具有热力学熵的基本性质。信息或信息量是各行各业所需要的, 没有信息就会陷于盲目, 难以展开工作。从这个角度讲, 信息熵具有更广泛的实际意义。

什么是信息 (information)? 按通常的理解, 信息就是消息 (如实验数据、语言和文字资料、商业信息等, 其涵盖面极其广泛), 用信息论来量度信息的基本出发点, 是认为信息可以用来消除 "不确定性"。因此, 信息数量的多少可以用被清除的不确定性的多少来衡量。可以举如下的例子来说明信息和不确定性之间的关系。例如, 某人将一张扑克牌面朝下放在桌上, 要你猜是什么牌, 如果没有任何信息 (或提示), 则它可能是 52 张牌中的任何一张 (对这件事来说, 其不确定度最大)。如果告诉你是 "A", 有了这个消息, 则可以断定它必定是 4 个 A 中的一张 (有了这个消息, 不确定性大大减少了)。如果又告知你这是一张黑桃 (又得到了一个信息), 则你就肯定知道这张牌是什么了 (其不确定性等于零)。所以, 增加信息量的效果就是减少情况的不确定性。

如何量度 (或衡量) 事件的不确定性呢?

设对某个事件进行探测或称为概率实验 (例如掷骰子或进行某个带有探索性的实验), 设它有 n 个可能的结果出现, 即 $a_1, a_2, \cdots, a_n$, 则每一个结果出现的概率分别为 $P_1, P_2, \cdots, P_n$, 这些概率应满足 $0 \leqslant P_i \leqslant 1$ 及 $\sum\limits_{i}^{n} P_i = 1$ $(i = 1, 2, \cdots, n)$ 的条件。显然, 可能的结果 n 越大, 实验结果的不确定性也越大。所以, 实验的不确定度应是概率 P_i 的单调上升函数。当其中某一个结果出现的概率 $P_i = 1$ 时, 则意味着这次实验只有这一个结果, 且是唯一的, 则这个实验没有悬念, 它的不确定度为零。

如果一个实验是由两个独立的事件 A 和 B 所组成的, 则构成一个复合实验 (例如, 同时掷两个骰子, 就相当于一个骰子掷两次的复合实验)。事件 A 的可能结果为 P_A 个, 实验 B 的可能结果为 P_B 个, 则复合事件的可能结果是 P_A 和 P_B 的乘积, 但复合实验的不确定度则是两个独立实验的不确定度之和。复合事件的不确定度是加和关系, 而复合事件的可能结果是相乘的关系, 这和熵与概率的关系有极其相似之处。

$$S_A = f(\Omega_A) \qquad S_B = f(\Omega_B)$$

$$S = S_A + S_B = f(\Omega) = f(\Omega_A, \Omega_B)$$

而

$$f(\Omega_A, \Omega_B) \neq f(\Omega_A) + f(\Omega_B)$$

因此, 只有借助对数的关系把它们联系在一起, 即 $S = k\ln\Omega$。

由于概率实验带有不确定性, Shannon 根据热力学中熵的性质引入了另一个函数 H_n, 即

$$H_n = H_n(P_1, P_2, \cdots, P_n) = -k \sum_{i=1}^{n} P_i \ln P_i \qquad (3.113)$$

作为实验结果不确定性的量度, 式中 k 是大于零的常数, 所以 $H_n \geqslant 0$, Shannon 称 H_n 为 **信息熵** (或 Shannon 熵)。其意义是: 表示该实验结果的不确定性量度, 也是实验中所得到的信息量的量度。

如果把式中的常数选为 Boltzmann 常数 k_B, 并且 S 表示系统的熵 (有时也称为广义熵), 则可得

$$S = -k_B \sum_{i=1}^{n} P_i \ln P_i$$

式中求和遍及系统所有的微观状态, 是统计物理学中最普遍的熵的表示式。

信息量越多, 不确定程度越少。所以, 信息量具有负熵的性质 (在一些专著中, 可以看到关于信息熵的详细论证, 本书只能作简要的定性说明)。

Maxwell 妖与信息

1867 年, Maxwell 曾提出了一个设想, 用以对热力学第二定律进行挑战。他设想有一个能观察并分辨所有分子运动速度和轨迹的小精灵, 把守着装有气体的容器内隔板上一个小孔的闸门, 看到左边来的高速运动的分子, 就放开闸门让它到右边去, 看到右边来了低速运动的分子就打开闸门让它到左边去 (见图 3.19)。假定闸门是完全无摩擦力的, 于是小精灵无须做功, 就可以使高速运动的分子集中到右边, 低速运动的分子集中到左边, 其结果是左边的气体越来越冷, 右边的气体越来越热。冷者越冷, 热者越热, 这违反了热力学第二定律。人们把这个小精灵称为 **Maxwell 妖** (Maxwell demon)。

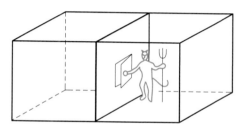

图 3.19　Maxwell 妖示意图

当时这一问题曾引起了热烈的讨论, 但都没得到圆满的结论。直到 1929 年, 匈牙利物理学家 L. Szilard 才有了满意的解答。他认为 Maxwell 妖具有非凡的分辨能力, 具有智慧, 他了解每一个分子运动速度的信息。为此, 他可能需要利用一个微光学系统去照亮分子, 以获取每个分子的运动信息, 然后通过大脑的活动, 去识别干扰它们, 这就需要耗费一定的能量, 并产生额外的熵。Maxwell 妖就以此为代价来获得分子运动的信息, 他依靠信息来干预系统, 使它逆着自然界的自发方向进行。其实, 有了 Maxwell 妖的存在, 系统就成为敞开系统, 他将负熵输入系统, 降低了系统的熵。因此, 从整体上看, 气体分子的反向集中并不违反热力学第二定律。从信息论的观点看, 信息就是负熵, Maxwell 所提出的设想实际上是负熵的引入。

拓展学习资源

重点内容及公式总结	
课外参考读物	
相关科学家简介	
教学课件	

复习题

3.1　指出下列公式的适用范围。

(1) $\Delta_{\mathrm{mix}}S = -R\sum_{\mathrm{B}} n_{\mathrm{B}}\ln x_{\mathrm{B}}$;

(2) $\Delta S = nR\ln\dfrac{p_1}{p_2} + C_p\ln\dfrac{T_2}{T_1} = nR\ln\dfrac{V_2}{V_1} + C_V\ln\dfrac{T_2}{T_1}$;

(3) $\mathrm{d}U = T\mathrm{d}S - p\mathrm{d}V$;

(4) $\Delta G = \displaystyle\int V\mathrm{d}p$;

(5) $\Delta S, \Delta A, \Delta G$ 作为判据时必须满足的条件。

3.2　判断下列说法是否正确, 并说明原因。

(1) 不可逆过程一定是自发的, 而自发过程一定是不可逆的;

(2) 凡熵增加过程都是自发过程;

(3) 不可逆过程的熵永不减少;

(4) 系统达平衡时, 熵值最大, Gibbs 自由能最小;

(5) 当某系统的热力学能和体积恒定时, $\Delta S < 0$ 的过程不可能发生;

(6) 某系统从始态经过一个绝热不可逆过程到达终态, 现在要在相同的始态和终态之间设计一个绝热可逆过程;

(7) 在一个绝热系统中, 发生了一个不可逆过程, 系统从状态 1 变到了状态 2, 不论用什么方法, 系统再也无法回到原来的状态;

(8) 对于理想气体的等温膨胀过程, $\Delta U = 0$, 系统所吸的热全部变成了功, 这与 Kelvin 的说法不符;

(9) 冷冻机可以从低温热源吸热放给高温热源, 这与 Clausius 的说法不符;

(10) C_p 恒大于 C_V。

3.3 指出下列各过程的 $Q, W, \Delta U, \Delta H, \Delta S, \Delta A$ 和 ΔG 等热力学函数的变量中, 哪些为零? 哪些绝对值相等?

(1) 理想气体真空膨胀;

(2) 理想气体等温可逆膨胀;

(3) 理想气体绝热节流膨胀;

(4) 实际气体绝热可逆膨胀;

(5) 实际气体绝热节流膨胀;

(6) $H_2(g)$ 和 $O_2(g)$ 在绝热钢瓶中发生反应生成水;

(7) $H_2(g)$ 和 $Cl_2(g)$ 在绝热钢瓶中发生反应生成 $HCl(g)$;

(8) $H_2O(l, 373\ K, 101\ kPa) \rightleftharpoons H_2O(g, 373\ K, 101\ kPa)$;

(9) 在等温等压且不做非膨胀功的条件下, 下列反应达到平衡:

$$3H_2(g) + N_2(g) \rightleftharpoons 2NH_3(g)$$

(10) 绝热、恒压且不做非膨胀功的条件下, 发生了一个化学反应。

3.4 将下列不可逆过程设计为可逆过程。

(1) 理想气体从压力为 p_1 向真空膨胀为 p_2;

(2) 将两块温度分别为 T_1, T_2 的铁块 $(T_1 > T_2)$ 相接触, 最后终态温度为 T;

(3) 水真空蒸发为同温同压的水蒸气, 设水在该温度时的饱和蒸气压为 p_s:

$$H_2O(l, 303\ K, 100\ kPa) \longrightarrow H_2O(g, 303\ K, 100\ kPa)$$

(4) 理想气体从 p_1, V_1, T_1 经不可逆过程到达 p_2, V_2, T_2, 可设计几条可逆路线, 画出示意图。

3.5 判断下列恒温恒压过程中, 熵值的变化, 是大于零, 小于零还是等于零? 为什么?

(1) 将食盐放入水中;

(2) $HCl(g)$ 溶于水中生成盐酸;

(3) $NH_4Cl(s) \longrightarrow NH_3(g) + HCl(g)$;

(4) $H_2(g) + \dfrac{1}{2}O_2(g) \longrightarrow H_2O(l)$;

(5) $1\,dm^3(N_2, g) + 1\,dm^3(Ar, g) \longrightarrow 2\,dm^3(N_2 + Ar, g)$;

(6) $1\,dm^3(N_2, g) + 1\,dm^3(Ar, g) \longrightarrow 1\,dm^3(N_2 + Ar, g)$;

(7) $1\,dm^3(N_2, g) + 1\,dm^3(N_2, g) \longrightarrow 2\,dm^3(N_2, g)$;

(8) $1\,dm^3(N_2, g) + 1\,dm^3(N_2, g) \longrightarrow 1\,dm^3(N_2, g)$。

3.6 (1) 在 298 K 和 100 kPa 时, 反应 $H_2O(l) \longrightarrow H_2(g) + \dfrac{1}{2}O_2(g)$ 的 $\Delta_r G_m > 0$, 说明该反应不能自发进行。但在实验室内常用电解水的方法制备氢气, 这两者有无矛盾?

(2) 试将 Carnot 循环分别表达在以如下坐标表示的图上:

$$T - p; \quad T - S; \quad S - V; \quad U - S; \quad T - H$$

习题

3.1 对于 Carnot 机:

(1) 已知水在 $50p^\ominus$ 下沸点为 265 ℃, $p^\ominus$ 下沸点为 100 ℃, 试比较: (a) 在 $p^\ominus$ 下, (b) 在 $50p^\ominus$ 下, 工作于水的沸点的蒸汽机的理论效率。假定低温热源温度均为 40 ℃。

(2) 在题 (1) 中, 若两种情况下都要对外做功 1000 J, 则必须从高温热源吸热各多少?

(3) 欲提高 Carnot 机效率, 是保持 T_1 不变、升高 T_2 好, 还是保持 T_2 不变、降低 T_1 好? 并说明理由。

3.2 一系统有 2 mol $N_2(g)$, 可当成理想气体处理, 已知 $N_2(g)$ 的 $C_{V,m} = 2.5R$。300 K 时, 该系统从 100 kPa 的始态出发, 经绝热可逆压缩至 300 kPa 后, 再真空膨胀至 100 kPa, 求整个过程的 $Q, W, \Delta U, \Delta H$ 和 ΔS。

3.3 一系统有 10 mol $Ar(g)$, 可看作理想气体, 已知 $Ar(g)$ 的 $C_{V,m} = 1.5R$。该系统从始态 273 K, 100 kPa 变到终态 398 K, 1000 kPa, 设计 3 种不同的路径, 分别计算该过程的熵变。比较结果, 说明什么问题?

3.4 在绝热容器中, 将 0.10 kg, 263 K 的冰与 0.50 kg, 353 K 的水混合, 求

混合过程的熵变。设水的平均比热容为 $4.184\,\mathrm{kJ\cdot kg^{-1}\cdot K^{-1}}$, 冰的平均比热容为 $2.067\,\mathrm{kJ\cdot kg^{-1}\cdot K^{-1}}$, 冰的熔化热为 $333\,\mathrm{kJ\cdot kg^{-1}}$。

3.5 一个中间由导热隔板分开的盒子, 一边放 $0.2\,\mathrm{mol}\ O_2(g)$, 压力为 $20\,\mathrm{kPa}$, 另一边放 $0.8\,\mathrm{mol}\ N_2(g)$, 压力为 $80\,\mathrm{kPa}$。在等温 ($298\,\mathrm{K}$) 下, 抽去隔板使两种气体混合, 试求:

(1) 混合后盒子中的压力;

(2) 混合过程的 $Q, W, \Delta U, \Delta S$ 和 ΔG;

(3) 在等温情况下, 使混合后的气体再可逆地回到始态, 计算该过程的 Q 和 W。

3.6 有一绝热箱子, 中间用绝热隔板分为两部分, 一边放 $1\,\mathrm{mol}$ $300\,\mathrm{K}$, $100\,\mathrm{kPa}$ 的单原子理想气体 $Ar(g)$, 另一边放 $2\,\mathrm{mol}$ $400\,\mathrm{K}$, $200\,\mathrm{kPa}$ 的双原子理想气体 $N_2(g)$。若把绝热隔板抽去, 让两种气体混合达平衡, 求混合过程的熵变。

3.7 已知一定量的某气体的等容热容为 $C_V = g + hT$, 其中 g 和 h 皆为常数, 如果该气体服从 van der Waals 方程式, 试求该气体从状态 (p_1, V_1, T_1) 变化到状态 (p_2, V_2, T_2) 时熵变 ΔS 的表达式。

3.8 已知 $298\,\mathrm{K}$ 时, 水的标准摩尔生成 Gibbs 自由能为 $-237.19\,\mathrm{kJ\cdot mol^{-1}}$。在 $298\,\mathrm{K}$, $p^{\ominus}$ 下, 用 $2.200\,\mathrm{V}$ 的直流电使 $1\,\mathrm{mol}$ 水电解变成氢气和氧气, 放热 $139.0\,\mathrm{kJ}$。求该反应的摩尔熵变。

3.9 $1\,\mathrm{mol}$ 某气体在类似于 Joule-Thomson 实验的管中由 $100p^{\ominus}$, $25\,\mathrm{℃}$ 慢慢通过一多孔塞变成 $p^{\ominus}$, 整个装置放在一个温度为 $25\,\mathrm{℃}$ 的特大恒温器中。实验中, 恒温器从气体吸热 $202\,\mathrm{J}$。已知该气体的状态方程式 $p(V_m - b) = RT$, 其中 $b = 20 \times 10^{-6}\,\mathrm{m^3\cdot mol^{-1}}$。试计算实验过程的 $W, \Delta U, \Delta H$ 和 ΔS。

3.10 实验室中有一个大恒温槽的温度为 $400\,\mathrm{K}$, 室温为 $300\,\mathrm{K}$, 因恒温槽绝热不良而有 $4.0\,\mathrm{kJ}$ 的热传给了室内的空气, 用计算说明这一过程是否可逆。

3.11 有 $1\,\mathrm{mol}$ 过冷水, 从始态 $263\,\mathrm{K}$, $101\,\mathrm{kPa}$ 变成同温同压的冰, 求该过程的熵变。并用计算说明这一过程的可逆性。已知水和冰在该温度范围内的平均摩尔定压热容分别为 $C_{p,m}(H_2O, l) = 75.3\,\mathrm{J\cdot mol^{-1}\cdot K^{-1}}$, $C_{p,m}(H_2O, s) = 37.7\,\mathrm{J\cdot mol^{-1}\cdot K^{-1}}$; 在 $273\,\mathrm{K}$, $101\,\mathrm{kPa}$ 时水的摩尔凝固热为 $\Delta_{fus}H_m(H_2O, s) = -6.01\,\mathrm{kJ\cdot mol^{-1}}$。

3.12 $1\,\mathrm{mol}\ N_2(g)$ 可看作理想气体, 从始态 $298\,\mathrm{K}$, $100\,\mathrm{kPa}$ 经如下两个等温过程, 分别到达压力为 $600\,\mathrm{kPa}$ 的终态, 分别求过程的 $Q, W, \Delta U, \Delta H, \Delta A, \Delta G$, ΔS 和 ΔS_{iso}。

(1) 等温可逆压缩;

(2) 等外压为 600 kPa 下压缩。

3.13 将 1 mol O_2(g) 从 298 K, 100 kPa 的始态, 绝热可逆压缩到 600 kPa 的终态, 试求该过程的 $Q, W, \Delta U, \Delta H, \Delta A, \Delta G, \Delta S$ 和 ΔS_{iso}。设 O_2(g) 为理想气体, 已知 O_2(g) 的 $C_{p,m} = 3.5R$, $S_m(O_2, g) = 205.14 \text{ J} \cdot \text{mol}^{-1} \cdot \text{K}^{-1}$。如果将该系统从 298 K, 100 kPa 的始态绝热可逆压缩到体积为 5 dm^3 的终态, 试求终态的温度、压力和该过程的 $Q, W, \Delta U, \Delta H$ 和 ΔS。

3.14 1 mol H_2 从 100 K, 4.1 dm^3 加热到 600 K, 49.2 dm^3, 若此过程是将气体置于 600 K 的炉中让其反抗 101.325 kPa 的恒外压以不可逆方式进行, 计算隔离系统的熵变。已知氢气的摩尔等容热容与温度的关系式是

$$C_{V,m} = [20.753 - 0.8368 \times 10^{-3}(T/\text{ K}) + 20.117 \times 10^{-7}(T/\text{ K})^2] \text{ J} \cdot \text{mol}^{-1} \cdot \text{K}^{-1}$$

3.15 已知在 353 K 和 101.3 kPa 下, 苯的摩尔蒸发焓为 $\Delta_{vap}H_m = 30.77 \text{ kJ} \cdot \text{mol}^{-1}$, 设气体为理想气体。

(1) 1.0 mol 苯 C_6H_6(l) 在正常沸点 353 K 和 101.3 kPa 下蒸发为苯蒸气, 计算该过程的 $Q, W, \Delta U, \Delta H, \Delta S, \Delta A$ 和 ΔG。

(2) 将 1.0 mol 苯 C_6H_6(l) 在正常沸点 353 K 和 101.3 kPa 下, 向真空蒸发为同温同压的苯蒸气, 试求该过程的 Q, W, 摩尔蒸发熵 $\Delta_{vap}S_m$、摩尔蒸发 Gibbs 自由能 $\Delta_{vap}G_m$ 和环境的熵变 $\Delta S_{环}$; 并根据计算结果, 判断上述过程的可逆性。

3.16 某一化学反应, 在 298 K, $p^\ominus$ 下进行, 当反应进度为 1 mol 时, 放热 40.0 kJ。若使反应通过可逆电池来完成, 反应程度相同, 则吸热 4.0 kJ。

(1) 计算反应进度为 1 mol 时的熵变 $\Delta_r S_m$。

(2) 当反应不通过可逆电池完成时, 求环境的熵变和隔离系统的总熵变, 从隔离系统的总熵变值说明了什么问题?

(3) 计算系统可能做的最大非膨胀功。

3.17 1 mol 单原子理想气体, 从始态 273 K, 100 kPa, 分别经下列可逆变化到达各自的终态, 试计算各过程的 $Q, W, \Delta U, \Delta H, \Delta S, \Delta A$ 和 ΔG。已知该气体在 273 K, 100 kPa 下的摩尔熵 $S_m = 100 \text{ J} \cdot \text{mol}^{-1} \cdot \text{K}^{-1}$。

(1) 恒温下压力加倍;

(2) 恒压下体积加倍;

(3) 恒容下压力加倍;

(4) 绝热可逆膨胀至压力减少一半;

(5) 绝热不可逆反抗 50 kPa 恒外压膨胀至平衡。

3.18 将 1 mol H_2O(g) 从 373 K, 100 kPa 的始态, 小心等温压缩, 在没有灰尘等凝聚中心存在下, 得到了 373 K, 200 kPa 的介稳水蒸气, 但不久介稳水蒸

气全变成了液态水, 即

$$H_2O(g, 373\ K, 200\ kPa) \longrightarrow H_2O(l, 373\ K, 200\ kPa)$$

求该过程的 $\Delta H, \Delta G$ 和 ΔS。已知在该条件下, 水的摩尔蒸发焓为 46.02 kJ·mol^{-1}, 水的密度为 1000 kg·m^{-3}。设气体为理想气体, 液体体积受压力的影响可忽略不计。

3.19 用合适的判据证明:

(1) 在 373 K, 200 kPa 下, $H_2O(l)$ 比 $H_2O(g)$ 更稳定;

(2) 在 263 K, 100 kPa 下, $H_2O(s)$ 比 $H_2O(l)$ 更稳定。

3.20 在 298 K, 100 kPa 下, 已知 C (金刚石) 和 C (石墨) 的摩尔熵、摩尔燃烧焓和密度数据如下:

物质	$S_m/(J·mol^{-1}·K^{-1})$	$\Delta_c H_m/(kJ·mol^{-1})$	$\rho/(kg·m^{-3})$
C(金刚石)	2.377	−395.40	3513
C(石墨)	5.74	−393.51	2260

(1) 在 298 K, 100 kPa 下, C(石墨) $\longrightarrow$ C(金刚石)的 $\Delta_{trs}G_m^{\ominus}$;

(2) 在 298 K, 100 kPa 下, 哪种晶体更为稳定?

(3) 增加压力能否使不稳定晶体向稳定晶体转化? 如有可能, 至少要加多大压力, 才能实现这种转化?

3.21 某实际气体的状态方程式为 $(p+a/V^2)V = RT$, 其中 a 是常数。在压力不很大的情况下, 有 1 mol 该气体由 p_1, V_1 经恒温可逆过程变到 p_2, V_2, 试写出 $Q, W, \Delta U, \Delta H, \Delta S, \Delta A$ 和 ΔG 的计算表示式。

3.22 在标准压力和 298 K 时, 计算如下反应的 $\Delta_r G_m^{\ominus}(298\ K)$, 从所得数值判断反应的可能性。

(1) $CH_4(g) + \frac{1}{2}O_2(g) \longrightarrow CH_3OH(l)$

(2) $C(石墨) + 2H_2(g) + \frac{1}{2}O_2(g) \longrightarrow CH_3OH(l)$

所需数据可从热力学数据表上查阅。

3.23 已知反应在 298 K 时标准摩尔反应焓如下:

(1) $Fe_2O_3(s)+3C(石墨) \longrightarrow 2Fe(s)+3CO(g)$ $\Delta_r H_m^{\ominus}(1)=489\ kJ·mol^{-1}$

(2) $2CO(g)+O_2(g) \longrightarrow 2CO_2(g)$ $\Delta_r H_m^{\ominus}(2)=-564\ kJ·mol^{-1}$

(3) $C(石墨)+O_2(g) \longrightarrow CO_2(g)$ $\Delta_r H_m^{\ominus}(3)=-393\ kJ·mol^{-1}$

且 $O_2(g), Fe(s), Fe_2O_3(s)$ 的 $S_m^{\ominus}(298\ K)$ 分别为 205.03 J·mol^{-1}·K^{-1}, 27.15 J·mol^{-1}·K^{-1}, 90.0 J·mol^{-1}·K^{-1}。在 298 K, $p^{\ominus}$ 下, 空气能否使 Fe(s) 氧

化为 $Fe_2O_3(s)$? (已知空气中氧含量为 20%。)

3.24 若令膨胀系数 $\alpha = \dfrac{1}{V}\left(\dfrac{\partial V}{\partial T}\right)_p$, 压缩系数 $\beta = -\dfrac{1}{V}\left(\dfrac{\partial V}{\partial p}\right)_T$。试证明:

(1) $C_p - C_V = \dfrac{VT\alpha^2}{\beta}$

(2) $\left(\dfrac{\partial U}{\partial p}\right)_T = -\alpha TV + pV\beta$

3.25 对 van der Waals 实际气体, 试证明:

(1) $\left(\dfrac{\partial U}{\partial V}\right)_T = \dfrac{a}{V_m^2}$

(2) $\left(\dfrac{\partial V}{\partial T}\right)_A\left(\dfrac{\partial T}{\partial G}\right)_p\left(\dfrac{\partial S}{\partial V}\right)_U = \dfrac{R}{p(V_m - b) + \dfrac{a}{V_m} - \dfrac{ab}{V_m^2}}$

3.26 对于理想气体, 试证明: $\dfrac{\left(\dfrac{\partial U}{\partial V}\right)_S\left(\dfrac{\partial H}{\partial p}\right)_S}{\left(\dfrac{\partial U}{\partial S}\right)_V} = -nR$。

3.27 在 600 K, 100 kPa 下, 生石膏的脱水反应为

$$CaSO_4 \cdot 2H_2O(s) \longrightarrow CaSO_4(s) + 2H_2O(g)$$

试计算该反应进度为 1 mol 时的 $Q, W, \Delta U_m, \Delta H_m, \Delta S_m, \Delta A_m$ 和 ΔG_m。已知各物质在 298 K, 100 kPa 下的热力学数据如下:

物质	$\Delta_f H_m^{\ominus}/(kJ \cdot mol^{-1})$	$S_m^{\ominus}/(J \cdot mol^{-1} \cdot K^{-1})$	$C_{p,m}/(J \cdot mol^{-1} \cdot K^{-1})$
$CaSO_4 \cdot 2H_2O(s)$	-2021.12	193.97	186.20
$CaSO_4(s)$	-1432.68	106.70	99.60
$H_2O(g)$	-241.82	188.83	33.58

3.28 将 1 mol 固体碘 $I_2(s)$ 从 298 K, 100 kPa 的始态, 转变成 457 K, 100 kPa 的 $I_2(g)$, 计算在 457 K 时 $I_2(g)$ 的标准摩尔熵和过程的熵变。已知 $I_2(s)$ 在 298 K, 100 kPa 时的标准摩尔熵为 $S_m(I_2, s) = 116.14\ J \cdot mol^{-1} \cdot K^{-1}$, 熔点为 387 K, 标准摩尔熔化焓 $\Delta_{fus}H_m^{\ominus}(I_2, s) = 15.66\ kJ \cdot mol^{-1}$。设在 $298 \sim 457$ K 的温度区间内, 固体与液体碘的摩尔定压热容分别为 $C_{p,m}(I_2, s) = 54.68\ J \cdot mol^{-1} \cdot K^{-1}$, $C_{p,m}(I_2, l) = 79.59\ J \cdot mol^{-1} \cdot K^{-1}$, 碘在沸点 457 K 时的摩尔蒸发焓为 $\Delta_{vap}H_m(I_2, l) = 25.52\ kJ \cdot mol^{-1}$。

3.29 保持压力为标准压力, 计算丙酮蒸气在 1000 K 时的标准摩尔熵值。已知在 298 K 时丙酮蒸气的标准摩尔熵值 $S_m^{\ominus}(298\ K) = 295.3\ J \cdot mol^{-1} \cdot K^{-1}$, 在 $273 \sim 1500$ K 的温度区间内, 丙酮蒸气的摩尔定压热容 $C_{p,m}^{\ominus}$ 与温度的关系式为

$$C_{p,m}^{\ominus} = [22.47 + 201.8 \times 10^{-3}(T/\mathrm{K}) - 63.5 \times 10^{-6}(T/\mathrm{K})^2] \, \mathrm{J \cdot mol^{-1} \cdot K^{-1}}$$

3.30 对反应 $2\mathrm{Ag(s)} + \dfrac{1}{2}\mathrm{O_2(g)} \Longrightarrow \mathrm{Ag_2O(s)}$, 有

$$\Delta_{\mathrm{r}}G_{\mathrm{m}}^{\ominus}(T) = [-32384 - 17.32(T/\mathrm{K})\lg(T/\mathrm{K}) + 116.48(T/\mathrm{K})] \, \mathrm{J \cdot mol^{-1}}$$

(1) 试写出该反应的 $\Delta_{\mathrm{r}}S_{\mathrm{m}}^{\ominus}$, $\Delta_{\mathrm{r}}H_{\mathrm{m}}^{\ominus}$ 与温度 T 的关系式;

(2) 目前生产上用电解银作催化剂, 在 $600\,^\circ\mathrm{C}$, $p^{\ominus}$ 下将甲醇催化氧化成甲醛, 试说明在生产过程中 $\mathrm{Ag(s)}$ 是否会变成 $\mathrm{Ag_2O(s)}$。

3.31 在文石 (aragonite) 转变为方解石 (calcite) 时, 体积增加 $2.75 \times 10^{-3} \, \mathrm{dm^3 \cdot mol^{-1}}$, $\Delta G_{\mathrm{m}} = -795 \, \mathrm{J \cdot mol^{-1}}$。问 $25\,^\circ\mathrm{C}$ 时使文石成为稳定相所需要的压力是多少?

3.32 在 $-3\,^\circ\mathrm{C}$ 时, 冰的蒸气压为 $475.4 \, \mathrm{Pa}$。过冷水的蒸气压为 $489.2 \, \mathrm{Pa}$。试求在 $-3\,^\circ\mathrm{C}$ 时, $1\,\mathrm{mol}$ 过冷水转变为冰时的 ΔG。

3.33 假定 $\mathrm{C_6H_6}$ 在 $100\,\mathrm{kPa}$ 和 $25\,^\circ\mathrm{C}$ 时是理想气体, 试由下列数据估计 $\mathrm{C_6H_6}$ 的标准摩尔熵。$25\,^\circ\mathrm{C}$ 时 $\mathrm{C_6H_6(l)}$ 的蒸气压为 $12.68\,\mathrm{kPa}$, 摩尔蒸发焓为 $33849 \, \mathrm{J \cdot mol^{-1}}$, 在熔点 $5.53\,^\circ\mathrm{C}$ 时的摩尔熔化焓为 $9866.3 \, \mathrm{J \cdot mol^{-1}}$。在熔点和 $25\,^\circ\mathrm{C}$ 之间, 其 $C_{p,m}$ 的平均值为 $133.97 \, \mathrm{J \cdot mol^{-1} \cdot K^{-1}}$。从 $C_{p,m} \sim T$ 的关系式已经算出了在 $5.53\,^\circ\mathrm{C}$ 时, $\mathrm{C_6H_6(s)}$ 的 S_{m} 为 $128.817 \, \mathrm{J \cdot mol^{-1} \cdot K^{-1}}$。

3.34 用 Debye 公式和图解积分法, 求得固态肼在熔点 $1.53\,^\circ\mathrm{C}$ 时的摩尔熵为 $67.15 \, \mathrm{J \cdot mol^{-1} \cdot K^{-1}}$。已知在该温度时固态肼的摩尔熔化焓为 $12657 \, \mathrm{J \cdot mol^{-1}}$。在 $1.53 \sim 25\,^\circ\mathrm{C}$ 时, 对液态肼可近似地应用公式, $C_{p,m}/(\mathrm{J \cdot mol^{-1} \cdot K^{-1}}) = 81.372 + 0.0586\,T/\mathrm{K}$。在 $25\,^\circ\mathrm{C}$ 时液态肼的摩尔蒸发焓为 $44769 \, \mathrm{J \cdot mol^{-1}}$。液态肼的蒸气压遵从下面的方程:

$$\lg(p/\mathrm{Pa}) = 9.93177 - \frac{1680.745}{T/\mathrm{K} - 45.41}$$

假定肼蒸气是理想气体, 试求在 $100\,\mathrm{kPa}$ 和 $25\,^\circ\mathrm{C}$ 时气态肼的摩尔熵。

3.35 将 $298\,\mathrm{K}$, $p^{\ominus}$ 下的 $1\,\mathrm{dm^3}$ $\mathrm{O_2(g)}$ (作为理想气体) 绝热压缩到 $5p^{\ominus}$, 耗费功 $502\,\mathrm{J}$。求终态的 T_2 和 S_2, 以及此过程中系统的 ΔH 和 ΔG。已知 $\mathrm{O_2(g)}$ 的 $S_{\mathrm{m}}^{\ominus}(298\,\mathrm{K}) = 205.14 \, \mathrm{J \cdot mol^{-1} \cdot K^{-1}}$, $C_{p,m}(\mathrm{O_2,g}) = 29.36 \, \mathrm{J \cdot mol^{-1} \cdot K^{-1}}$。

第四章

多组分系统热力学及其在溶液中的应用

本章基本要求

(1) 熟悉多组分系统的组成表示法及其相互之间的关系。

(2) 掌握偏摩尔量和化学势的定义，了解它们之间的区别和在多组分系统中引入偏摩尔量及化学势的意义。

(3) 掌握理想气体化学势的表示式及其标准态的含义，了解理想气体和非理想气体化学势的表示式，知道它们的共同之处，了解逸度的概念。

(4) 掌握 Raoult 定律和 Henry 定律的用处，了解它们的适用条件和不同之处。

(5) 了解理想液态混合物的通性及化学势的表示法。

(6) 了解理想稀溶液中各组分化学势的表示法。

(7) 熟悉稀溶液的依数性，会利用依数性计算未知物的摩尔质量。

(8) 了解相对活度的概念，知道如何描述溶剂的非理想程度。

4.1 引言

两种或两种以上物质 (称为组分, component) 所形成的系统称为**多组分系统** (multicomponent system)。既然是多组分系统, 就存在各组分间如何分散的问题。在这一章中, 我们主要讨论以分子大小的粒子相互分散的**均相系统** (homogeneous system)。多组分系统可以是单相的, 也可以是多相的。

研究多组分单相系统时, 根据我国国家标准 (GB) 需对一些名词, 如混合物 (mixture)、溶液 (solution) 和稀溶液 (dilute solution) 等, 予以界定[①]。

混合物是指含有一种以上组分的系统, 它可以是气相、液相或固相, 是多组分的均匀系统。在热力学中, 对混合物中的任何组分可按同样的方法来处理, 不需要具体指出是哪一种组分, 只需任选其中一种组分 B 作为研究对象, 其结果即可以用于其他组分。例如, 标准态的选择、化学势的表示式, 以及各组分都遵守相同的经验定律, 如 Raoult 定律等。

溶液是指含有一种以上组分的液体相和固体相 (简称液相和固相, 但其中不包含气体相), 将其中一种组分称为溶剂 (solvent), 而将其余的组分称为溶质 (solute)。通常将其中含量多者称为溶剂, 含量较少者称为溶质。在热力学上将溶剂和溶质按不同的方法来处理。例如, 标准态的选择不同, 化学势的表示式虽然在形式上相同, 但其内涵有所不同, 它们遵守的经验定律也不同 (例如, 溶剂遵守 Raoult 定律, 溶质遵守 Henry 定律)。溶质又有电解质和非电解质之分, 本章只讨论非电解质。

如果溶质的含量很少, 溶质摩尔分数的总和远小于 1, 则这种溶液就称为**稀溶液**。对于无限稀薄的稀溶液, 在代表其某种性质符号的右上角加注 "∞" 以示区别 (由于不同系统内部粒子之间的相互作用不同, 所以, 究竟稀释到什么程度才叫稀溶液或无限稀薄溶液, 并无严格的界定)。

简言之, 有溶剂、溶质之分者称为溶液, 无溶剂、溶质之分者称为混合物。多组分的气相只能称为混合物[②]。其实, 从本质上讲, 它们并没有什么不同, 它们都是由多种组分的物质以分子形式混合在一起而形成的均相系统。

[①] 这仅是从热力学的角度对多组分系统所给予的界定, 而按通常的概念, 二者难以有明确的划分。例如, 氯化钠的水溶液, 它是盐和水的混合物, 不是化合物, 形态上又是溶液。

[②] 气相多组分系统显然无溶剂和溶质之分。

4.2   多组分系统的组成表示法

对于多组分系统, 为描述它的状态, 除使用温度、压力和体积外, 还应标明各组分的浓度 (即相对含量), 其表示的方法也有多种。对于混合物中任一组分 B 的浓度, 常用如下几种方法来表示。

1. B 的质量浓度 (mass concentration of B) ρ_B

$$\rho_B \xlongequal{\text{def}} m(B)/V \tag{4.1}$$

即用 B 的质量 $m(B)$ 除以混合物的体积 V, ρ_B 的单位是 $kg \cdot m^{-3}$。

2. B 的质量分数 (mass fraction of B) w_B

$$w_B \xlongequal{\text{def}} m(B)/\sum_A m_A \tag{4.2}$$

即 B 的质量 $m(B)$ 与混合物的质量 $\sum_A m_A$ 之比。w_B 为量纲一的量, 单位为 1。

3. B 的浓度 (concentration of B) c_B

$$c_B \xlongequal{\text{def}} n_B/V \tag{4.3}$$

即用 B 的物质的量 n_B 除以混合物的体积 V。c_B 的单位是 $mol \cdot m^{-3}$, 通常用 $mol \cdot dm^{-3}$ 表示。

B 的浓度也称为 **B 的物质的量浓度** (amount of substance concentration of B), c_B 也可用符号 [B] 表示, 这在化学动力学中用得较多。

在式 (4.3) 中, 分母用的是混合物的体积。如果系统的温度有定值, 或体积保持不变, 或准确度要求不高时, 分母也可用溶液的体积来代替, 这时 c_B 就是习惯上常用的溶质 B 的浓度。

4. B 的摩尔分数 (mole fraction of B) x_B 或 y_B

$$x_B \xlongequal{\text{def}} n_B/\sum_A n_A \tag{4.4}$$

指 B 的物质的量 n_B 与混合物的物质的量 $\sum_A n_A$ 之比, x_B 是量纲一的量, 单位为 1。x_B 称为 B 的摩尔分数或 **B 的物质的量分数** (amount of substance fraction of B)。在气态混合物中, B 的摩尔分数用 y_B 表示。

由于溶液在热力学上处理的方法有别于混合物 (前者有溶质和溶剂之分), 所以溶液组成表示法也略有不同。

1. **溶质 B 的质量摩尔浓度** (molality of solute B) m_B 或 b_B

$$m_B \overset{\text{def}}{=\!=\!=} \frac{n_B}{m(A)} \tag{4.5}$$

即溶质 B 的物质的量 n_B 除以溶剂的质量 $m(A)$, m_B 的单位是 $\text{mol} \cdot \text{kg}^{-1}$。符号 m_B 和 b_B 是等效的, 本书仍采用 m_B 表示溶质 B 的质量摩尔浓度。为了与 B 的质量表示法有所区别, 本书将 B 的质量用 $m(B)$ 表示, A 的质量用 $m(A)$ 表示。由于 B 的质量摩尔浓度与温度无关, 在热力学处理中也比较方便。在电化学中也主要采用该浓度表示电解质的浓度。

2. **溶质 B 的摩尔比** (mole ratio of solute B) r_B

$$r_B \overset{\text{def}}{=\!=\!=} n_B/n_A \tag{4.6}$$

溶质 B 的摩尔比是指溶质 B 的物质的量 n_B 与溶剂 A 的物质的量 n_A 之比。r_B 是量纲一的量, 其单位为 1。

例 4.1

在常温常压下, 有一混合物, 含苯 (A)70.0 g, 甲苯 (B)30.0 g, 已知苯和甲苯的摩尔质量分别为: $78.12 \text{ g} \cdot \text{mol}^{-1}$ 和 $92.14 \text{ g} \cdot \text{mol}^{-1}$, 试计算甲苯的质量分数和摩尔分数。

解
$$w_B = \frac{m(B)}{\sum\limits_A m_A} = \frac{30.0 \text{ g}}{(70.0 + 30.0) \text{ g}} = 0.300$$

$$x_B = \frac{n_B}{\sum\limits_A n_A} = \frac{30.0 \text{ g}/92.14 \text{ g} \cdot \text{mol}^{-1}}{70.0 \text{ g}/78.12 \text{ g} \cdot \text{mol}^{-1} + 30.0 \text{ g}/92.14 \text{ g} \cdot \text{mol}^{-1}} = 0.267$$

例 4.2

在 298 K 和 100 kPa 时, 有一 $AgNO_3(B)$ 的水溶液, 已知 $AgNO_3$ 的质量分数 $w_B = 0.12$, 质量浓度 $\rho_B = 1.108 \times 10^3 \text{ kg} \cdot \text{m}^{-3}$。求 $AgNO_3$ 的摩尔分数和质量摩尔浓度, 并近似计算其物质的量浓度。

解 未知数都是强度性质, 和溶液的多少无关。为了计算方便, 我们取 1.00 kg 溶液。查表知, $AgNO_3$ 的摩尔质量为 $169.87 \times 10^{-3} \text{ kg} \cdot \text{mol}^{-1}$, H_2O 的摩尔质量为 $18.015 \times 10^{-3} \text{ kg} \cdot \text{mol}^{-1}$。该溶液中含 $AgNO_3(B)$ 和 $H_2O(A)$ 的物质的量分别为

$$n_B = \frac{0.12 \times 1.00 \text{ kg}}{169.87 \times 10^{-3} \text{ kg} \cdot \text{mol}^{-1}} = 0.7064 \text{ mol}$$

$$n_A = \frac{(1.00 - 0.12) \times 1.00 \text{ kg}}{18.015 \times 10^{-3} \text{ kg} \cdot \text{mol}^{-1}} = 48.85 \text{ mol}$$

所以

$$x_{\mathrm{B}} = \frac{0.7064 \ \mathrm{mol}}{(0.7064 + 48.85) \ \mathrm{mol}} = 0.01425$$

$$c_{\mathrm{B}} = \frac{n_{\mathrm{B}}}{V} = \frac{0.7064 \ \mathrm{mol}}{0.12 \times 1.00 \ \mathrm{kg}/(1.108 \times 10^3 \ \mathrm{kg \cdot m^{-3}})}$$

$$= 6.522 \times 10^3 \ \mathrm{mol \cdot m^{-3}} = 6.522 \ \mathrm{mol \cdot dm^{-3}}$$

$$m_{\mathrm{B}} = \frac{n_{\mathrm{B}}}{m(\mathrm{A})} = \frac{0.7064 \ \mathrm{mol}}{1.00 \ \mathrm{kg} \times (1 - 0.12)} = 0.8027 \ \mathrm{mol \cdot kg^{-1}}$$

4.3 偏摩尔量

在以上的章节中, 我们主要讨论的是单组分系统, 或是组成不变的系统, 只需用两个变量就可以描述系统的状态。

对于多组分系统 (包括敞开或组成发生变化的多组分系统), 由于不止一种物质, 所以物质的量 n_{B} 也是决定系统状态的变量。对于一个封闭系统, 若其中不止一个相, 在相与相间有物质的交换, 各相的组成将发生变化, 则每一个相都可以作为一个敞开系统来处理。总之, 对于内部组成可变的多组分系统, 在热力学函数的表示式中都应该包含各组分的物质的量 (n_{B})。

对于多组分系统, 有两个概念很重要, 一个是**偏摩尔量** (partial molar quantity), 另一个是**化学势** (chemical potential), 化学势在研究溶液的性质及相平衡中是一个非常重要的物理量。偏摩尔量指出, 在均匀的多组分系统中, 系统的某种容量性质通常不等于各个纯组分的该种容量性质之和。例如, 由 1, 2 两种物质所形成的溶液, 通常

$$V(溶液) \neq n_1 V_{\mathrm{m},1}^* + n_2 V_{\mathrm{m},2}^* ①$$

$$H(溶液) \neq n_1 H_{\mathrm{m},1}^* + n_2 H_{\mathrm{m},2}^*$$

$$\cdots\cdots\cdots\cdots$$

但是, 各组分广度性质的偏摩尔量与其物质的量之乘积是具有加和性的。

---

① 上标 "∗" 表示纯物质。

偏摩尔量的定义

不论在什么系统中, 质量总是具有加和性的, 即系统的质量等于构成该系统的各个部分的质量总和。但是, 除了质量以外, 其他容量性质一般都不具有加和性。以体积为例, 如果把 1 mol 水加到浓度为 c 的 100 cm³ NaCl 溶液中, 则总体积并不等于 (100 + 18) cm³, 而是 (100 + a) cm³; 若加到同浓度的 1000 cm³ NaCl 溶液中, 则总体积变为 (1000 + a')cm³, $a \neq a' \neq 18$ cm³。又如, 将 1 mol 水分别加到等体积但浓度互不相同的 100 cm³ NaCl 溶液中, 则其总体积分别为 (100 + b)cm³ 和 (100 + b')cm³, $b \neq b' \neq 18$ cm³。这个例子说明当 NaCl 溶液的浓度一定时, 加入一定量水后, 总体积的改变和溶液的原始数量有关。下面是一个具体实例。293.15 K 时, 1 g 乙醇的体积是 1.267 cm³, 1 g 水的体积是 1.004 cm³。若将乙醇与水以不同的比例混合, 使溶液的总量为 100 g。实验所得结果如表 4.1 所示。

表 4.1　298.15 K 时乙醇与水混合液的体积与浓度的关系

乙醇的质量分数	V(乙醇) cm³	V(水) cm³	混合前的体积 (相加值) cm³	混合后溶液的体积 (实验值) cm³	$\dfrac{\Delta V}{\text{cm}^3}$
0.10	12.67	90.36	103.03	101.84	1.19
0.20	25.34	80.32	105.66	103.24	2.42
0.30	38.01	70.28	108.29	104.84	3.45
0.40	50.68	60.24	110.92	106.93	3.99
0.50	63.35	50.20	113.55	109.43	4.12
0.60	76.02	40.16	116.18	112.22	3.96
0.70	88.69	36.12	118.81	115.25	3.56
0.80	101.36	20.08	121.44	118.56	2.88
0.90	114.03	10.04	124.07	122.25	1.82

从表中最后一栏可以看出, 溶液的体积并不等于各组分在纯态时的体积之和, 并且两者之差随系统组成的变化而改变。实验证明, 除了物质的质量和物质的量外, 多组分系统的广度性质与其中各纯组分的广度性质之间一般均不具有简单的加和性。由此可见, 在讨论两种或两种以上物质所构成的均相系统时, 必须引用新的概念来代替对于纯物质所用的摩尔量的概念。

设有一个均相系统是由组分 $1, 2, 3, \cdots, k$ 所组成的, 系统的任一种容量性质 Z (例如 V, G, S, U, H 等) 除了与温度、压力有关外, 还与系统中各组分的数量即物质的量 $n_1, n_2, n_3, \cdots, n_k$ 有关, 写作函数的形式为

$$Z = Z(T, p, n_1, n_2, n_3, \cdots, n_k)$$

如果温度、压力及组成有微小的变化, 则 Z 亦相应地有微小的改变, 即

$$dZ = \left(\frac{\partial Z}{\partial T}\right)_{p,n_1,n_2,n_3,\cdots,n_k} dT + \left(\frac{\partial Z}{\partial p}\right)_{T,n_1,n_2,n_3,\cdots,n_k} dp +$$

$$\left(\frac{\partial Z}{\partial n_1}\right)_{T,p,n_2,n_3,\cdots,n_k} dn_1 + \left(\frac{\partial Z}{\partial n_2}\right)_{T,p,n_1,n_3,\cdots,n_k} dn_2 + \cdots +$$

$$\left(\frac{\partial Z}{\partial n_k}\right)_{T,p,n_1,n_2,n_3,\cdots,n_{k-1}} dn_k$$

在等温等压下, 上式可写为

$$dZ = \sum_{B=1}^{k} \left(\frac{\partial Z}{\partial n_B}\right)_{T,p,n_{C(C\neq B)}} dn_B \tag{4.7}$$

定义[①]

$$Z_B \xlongequal{\text{def}} \left(\frac{\partial Z}{\partial n_B}\right)_{T,p,n_{C(C\neq B)}} \tag{4.8}$$

则式 (4.7) 可写作

$$dZ = Z_1 dn_1 + Z_2 dn_2 + \cdots + Z_k dn_k = \sum_{B=1}^{k} Z_B dn_B \tag{4.9}$$

Z_B 称为物质 B 的某种容量性质 Z 的偏摩尔量。它的物理意义是, 在等温等压下, 在大量的系统中, 保持除 B 以外的其他组分的数量不变 (即 n_C 等不变, C 代表除 B 以外的其他组分), 加入 1 mol B 时所引起的该系统容量性质 Z 的改变。或者是在有限量的系统中加入 dn_B 后, 系统容量性质改变了 dZ, dZ 与 dn_B 的比值就是 Z_B (由于只加入 dn_B, 所以实际上系统的浓度可视为不变)。常见的偏摩尔量有: 偏摩尔体积 V_B, 偏摩尔热力学能 U_B, 偏摩尔焓 H_B, 偏摩尔熵 S_B, 偏摩尔 Helmholtz 自由能 A_B 和偏摩尔 Gibbs 自由能 G_B 等, 它们相应的定义式为

$$V_B = \left(\frac{\partial V}{\partial n_B}\right)_{T,p,n_{C(C\neq B)}} \qquad U_B = \left(\frac{\partial U}{\partial n_B}\right)_{T,p,n_{C(C\neq B)}}$$

$$H_B = \left(\frac{\partial H}{\partial n_B}\right)_{T,p,n_{C(C\neq B)}} \qquad S_B = \left(\frac{\partial S}{\partial n_B}\right)_{T,p,n_{C(C\neq B)}} \tag{4.10}$$

[①] 在 Z_B 的单位中应有 mol^{-1}, 它是一个 "摩尔量", 故物质 B 的偏摩尔量也写作 $Z_{m,B}$。关于偏摩尔量的表示符号, 过去曾用 $\overline{Z_B}$ 表示, 由于上面加 "–" 易于与平均值相混淆, 故 IUPAC 曾推荐在符号上加 "′", 即以 Z_B' 表示 B 的偏摩尔量。这不失为一种较好的办法, 因为 Z_B 易于误解为 B 的某容量性质, 例如将 V_B 误解为 B 的体积。

$$A_{\mathrm{B}} = \left(\frac{\partial A}{\partial n_{\mathrm{B}}}\right)_{T,p,n_{\mathrm{C(C \neq B)}}} \qquad G_{\mathrm{B}} = \left(\frac{\partial G}{\partial n_{\mathrm{B}}}\right)_{T,p,n_{\mathrm{C(C \neq B)}}}$$

如果系统中只有一种组分 (即纯组分), 则偏摩尔量 Z_{B} 就是摩尔量 $Z_{\mathrm{m,B}}^*$ (上标 "*" 代表纯物质)。

使用偏摩尔量时必须注意: 只有广度性质才有偏摩尔量, 偏微商外的下标均为 $T,p,n_{\mathrm{C(C \neq B)}}$, 即只有在等温等压且除 B 以外的其他组分的量保持不变时, 某广度性质对组分 B 的物质的量的偏微分才称为偏摩尔量。偏摩尔 Gibbs 自由能又称为化学势, 并用符号 μ_{B} 表示。

偏摩尔量的加和公式

偏摩尔量是强度性质, 与混合物的浓度有关, 而与混合物的总量无关。如果我们按照原始系统中各物质的比例, 同时加入物质 $1, 2, \cdots, k$, 由于是按原比例同时加入的, 所以在过程中系统的浓度保持不变, 因此各组分的偏摩尔量 Z_{B} 的数值也不改变。根据偏摩尔量定义及式 (4.9), 在定温定压下应有

$$\mathrm{d}Z = Z_1 \mathrm{d}n_1 + Z_2 \mathrm{d}n_2 + \cdots + Z_k \mathrm{d}n_k = \sum_{\mathrm{B}=1}^{k} Z_{\mathrm{B}} \mathrm{d}n_{\mathrm{B}}$$

对上式积分, 当加入 $n_1, n_2, \cdots, n_k$ 后, 系统的总 Z 为

$$Z = Z_1 \int_0^{n_1} \mathrm{d}n_1 + Z_2 \int_0^{n_2} \mathrm{d}n_2 + \cdots + Z_k \int_0^{n_k} \mathrm{d}n_k$$

$$= n_1 Z_1 + n_2 Z_2 + \cdots + n_k Z_k = \sum_{\mathrm{B}=1}^{k} n_{\mathrm{B}} Z_{\mathrm{B}} \tag{4.11}$$

式 (4.11) 称为**偏摩尔量的加和公式**。若系统只含有两个组分, 以体积为例, 则有

$$V = n_1 V_1 + n_2 V_2$$

此式表明系统的总体积等于各组分偏摩尔体积 V_1 和 V_2 与其物质的量的乘积之和。单从这个公式似乎可以把 $n_1 V_1$ 看作组分 1 在系统中所贡献的部分体积。但是, 严格地讲, 这种看法是不恰当的, 因为在某些例子中 V_{B} 可以为负值。例如, 在大量无限稀释的 $MgSO_4$ 溶液中, 继续加入 1 mol $MgSO_4$ 时, 溶液的体积缩小了 1.4 cm³, 此时溶质 $MgSO_4$ 的 V_{B} 就等于负值, 即 $V(MgSO_4) = -1.4 \mathrm{~cm^3 \cdot mol^{-1}}$。而实际上, $MgSO_4$ 在溶液中的部分体积当然绝不可能是负值。因此最好只用式 (4.8) 作为偏摩尔量的定义, 并根据此式来理解它的意义。实际

上, 在处理热力学问题时, 亦无须知道在系统中各组分所占有的体积 (或其他容量性质) 的绝对值, 只要知道当物质溶入溶液时这些量的改变值就够了。

既然 Z 代表系统的任何容量性质, 因此应有

$$V = \sum_{B=1}^{k} n_B V_B \qquad U = \sum_{B=1}^{k} n_B U_B$$

$$H = \sum_{B=1}^{k} n_B H_B \qquad S = \sum_{B=1}^{k} n_B S_B \qquad (4.12)$$

$$A = \sum_{B=1}^{k} n_B A_B \qquad G = \sum_{B=1}^{k} n_B G_B = \sum_{B=1}^{k} n_B \mu_B$$

其中, 以 Gibbs 自由能的表示式用得最多。上述公式表明, 在多组分系统中, 各组分的偏摩尔量并不是彼此无关的, 它们必须满足偏摩尔量的加和公式。

*偏摩尔量的求法

以二组分系统的偏摩尔体积为例, 介绍下列几种方法。

1. 分析法

若能用公式来表示体积与组成的关系, 则直接从公式求偏微商, 就可以得到偏摩尔体积。

例 4.3

在常温常压下, 在 1.0 kg H_2O(A) 中加入 NaBr(B), 水溶液的体积 (以 cm^3 表示) 与溶质 B 的质量摩尔浓度 m_B 的关系可用下式表示:

$$V = 1002.93 + 23.189 m_B + 2.197 m_B^{3/2} - 0.178 m_B^2$$

试求当 $m_B = 0.25 \ mol \cdot kg^{-1}$ 和 $m_B = 0.50 \ mol \cdot kg^{-1}$ 时, 在溶液中 NaBr(B) 和 H_2O(A) 的偏摩尔体积。

解　$V_B = \left(\dfrac{\partial V}{\partial m_B} \right)_{T,p,n_A} = 23.189 + \dfrac{3}{2} \times 2.197 m_B^{1/2} - 2 \times 0.178 m_B$

将 $m_B = 0.25 \ mol \cdot kg^{-1}$ 和 $m_B = 0.50 \ mol \cdot kg^{-1}$ 代入, 分别得到在两种浓度时, NaBr 的偏摩尔体积:

$$V_B = 24.668 \ cm^3 \cdot mol^{-1}; \quad V_B' = 25.350 \ cm^3 \cdot mol^{-1}$$

根据偏摩尔量的加和公式, $V = n_A V_A + n_B V_B$, 则

$$V_A = \frac{V - n_B V_B}{n_A}$$

由此可得, 在两种溶液中 $H_2O(A)$ 的偏摩尔体积分别为

$$V_A = 18.067 \text{ cm}^3 \cdot \text{mol}^{-1}; \qquad V'_A = 18.045 \text{ cm}^3 \cdot \text{mol}^{-1}$$

这个例子也进一步说明, 在不同浓度的溶液中同一组分的偏摩尔体积是不同的。

用这个方法首先必须要有很多准确的数据, 才能整理出 m_B 与 V 的经验方程式。

2. 图解法

若已知溶液的性质与组成的关系, 如已知在某一定量的溶剂 (A) 中含有不同数量的溶质 (B) 时的体积, 则可构成 $V - n_B$ 图, 得到一条实验曲线, 曲线上某点的正切 $\left(\dfrac{\partial V}{\partial n_B}\right)_{T,p,n_A}$, 即为该浓度时的 V_B。例如, 在前例中, 以 V 对 m_B 作图, 然后在 $m_B = 0.25 \text{ mol} \cdot \text{kg}^{-1}$ 或 $m_B = 0.50 \text{ mol} \cdot \text{kg}^{-1}$ 时求曲线的正切, 即可得到该浓度时的 NaBr 的偏摩尔体积 V_B。

3. 截距法

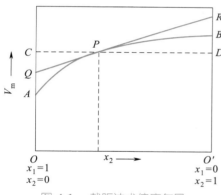

图 4.1 截距法求偏摩尔量

设有 1,2 两个组分形成的混合物, 它们的物质的量分别用 n_1, n_2 表示, 摩尔分数分别用 x_1 和 x_2 表示。定义:

$$V_m = \frac{V}{n_1 + n_2} \quad [\text{或 } V = (n_1 + n_2)V_m] \qquad (1)$$

V_m 是混合物的平均摩尔体积, 或称为混合物的摩尔体积。从实验可以求得不同 x_2 时的 V_m。然后以 V_m 对 x_2 作图 (图 4.1)。在曲线 AB 上任何一点 P 作曲线的切线 (QR), 该线在 $x_2 = 0$ 的轴上的截距 OQ 即为该浓度时的偏摩尔体积 V_1, 在 $x_2 = 1$ 的轴上的截距 $O'R$, 即为该浓度时的偏摩尔体积 V_2。用这种方法在一次作图中同时可获得两个组分 1,2 的偏摩尔体积。这可证明如下。

如图 4.1 所示, 可知

$$OQ = OC - QC, \quad OC = V_m, \quad QC = x_2 \frac{\partial V_m}{\partial x_2}$$

因此, 有

$$OQ = V_m - x_2 \frac{\partial V_m}{\partial x_2}$$

只要能证明下式成立:

$$V_1 = V_\mathrm{m} - x_2 \frac{\partial V_\mathrm{m}}{\partial x_2} \tag{2}$$

就可证明截距 $OQ = V_1$。我们知道, 改变 n_1 或 n_2 都可以使 x_2 的数值改变。为了简单起见, 假定 n_2 保持常量, 使 x_2 的变化完全是由于 n_1 的改变而引起的 (T, p 当然也保持不变)。根据 V_m 的定义 [见式 (1)]:

$$\mathrm{d}V_\mathrm{m} = \frac{\mathrm{d}V}{n_1 + n_2} - V\frac{\mathrm{d}n_1}{(n_1 + n_2)^2} \tag{3}$$

又已知 $x_2 = \dfrac{n_2}{n_1 + n_2}$, 所以

$$\mathrm{d}x_2 = \frac{-n_2 \mathrm{d}n_1}{(n_1 + n_2)^2} = -x_2 \frac{\mathrm{d}n_1}{n_1 + n_2} \tag{4}$$

从式 (3) 和式 (4), 可得

$$x_2 \frac{\partial V_\mathrm{m}}{\partial x_2} = -\frac{\partial V}{\partial n_1} + \frac{V}{n_1 + n_2} = -V_1 + V_\mathrm{m} \tag{5}$$

移项后就是式 (2)。同法可以证明:

$$V_2 = V_\mathrm{m} - x_1 \frac{\partial V_\mathrm{m}}{\partial x_1} \tag{6}$$

Gibbs-Duhem 公式 —— 系统中偏摩尔量之间的关系

在均相系统中, 各组分的偏摩尔量除了遵从偏摩尔量的加和公式外, 偏摩尔量之间还有一个重要的关系式, 即 Gibbs-Duhem 公式。

倘若在系统中不是按比例地同时添加各组分, 而是分批地依次加入 $n_1, n_2, \cdots, n_k$, 则在这过程中系统的浓度将有所改变。此时, 不但 $n_1, n_2, \cdots, n_k$ 等改变, 系统的任何一个容量性质的偏摩尔量 $Z_1, Z_2, \cdots, Z_k$ 等也同时改变。在等温等压下, 将式 (4.11) 微分, 得

$$\mathrm{d}Z = n_1 \mathrm{d}Z_1 + Z_1 \mathrm{d}n_1 + \cdots + n_k \mathrm{d}Z_k + Z_k \mathrm{d}n_k$$

与式 (4.9) 比较, 得

$$n_1 \mathrm{d}Z_1 + n_2 \mathrm{d}Z_2 + \cdots + n_k \mathrm{d}Z_k = 0$$

或

$$\sum_{\mathrm{B}=1}^{k} n_\mathrm{B} \mathrm{d}Z_\mathrm{B} = 0 \tag{4.13}$$

如除以混合物的总的物质的量, 则得

$$x_1 \mathrm{d} Z_1 + x_2 \mathrm{d} Z_2 + \cdots + x_k \mathrm{d} Z_k = 0$$

或

$$\sum_{\mathrm{B}=1}^{k} x_{\mathrm{B}} \mathrm{d} Z_{\mathrm{B}} = 0 \tag{4.14}$$

式中 x_{B} 是组分 B 的摩尔分数。

式 (4.13) 和式 (4.14) 均称为 **Gibbs-Duhem 公式**, 这些公式都只在 T, p 恒定时才能使用。

这些公式表明偏摩尔量之间不是彼此无关的, 而是具有一定的联系, 表现为互为盈亏的关系。即当一个组分的偏摩尔量增加时, 另一个的偏摩尔量必将减少, 并符合式 (4.14)。在讨论多组分系统的问题时, 它是一个很重要的公式。

4.4 化学势

化学势的定义

对于多组分系统, 另一个重要的物理量就是化学势。由于实际所遇到的系统常常会有质量或各组分含量的变化, 为了处理敞开系统或组成发生变化的封闭系统的热力学关系式, Gibbs 和 Lewis 引进了化学势的概念。

当某均相系统含有不止一种物质时, 它的任何性质都是系统中各物质的量及 p, V, T, U 等热力学函数中任意两个独立变量的函数, 在四个基本公式中均应增加变量 n_{B}。

1. 热力学能

热力学能 U 是容量性质。如果系统中含有物质 $1, 2, \cdots, k$, 其物质的量分别为 $n_1, n_2, \cdots, n_k$, 则

$$U = U(S, V, n_1, n_2, \cdots, n_k)$$

写成全微分的形式为

$$\mathrm{d} U = \left(\frac{\partial U}{\partial S}\right)_{V, n_{\mathrm{B}}} \mathrm{d} S + \left(\frac{\partial U}{\partial V}\right)_{S, n_{\mathrm{B}}} \mathrm{d} V + \sum_{\mathrm{B}=1}^{k} \left(\frac{\partial U}{\partial n_{\mathrm{B}}}\right)_{S, V, n_{\mathrm{C}}} \mathrm{d} n_{\mathrm{B}} \tag{4.15}$$

下标 n_B 表示所有各组分的物质的量 $n_1, n_2, \cdots, n_k$ 均不变, 最后一项中的下标 n_C 表示除了组分 B 以外其余各组分的物质的量均不变。令

$$\mu_B \stackrel{\text{def}}{=\!=} \left(\frac{\partial U}{\partial n_B} \right)_{S,V,n_C} \tag{4.16}$$

μ_B 称为物质 B 的化学势。当熵、体积及除组分 B 以外其他各组分的物质的量 (n_C) 均不变的条件下, 若增加 dn_B 的物质 B, 则相应地热力学能变化为 dU, dU 与 dn_B 的比值就等于 μ_B。

对于组成不变的系统, 四个热力学基本公式及由其导出的关系式在这里仍然适用, 即

$$\left(\frac{\partial U}{\partial S} \right)_{V,n_B} = T, \quad \left(\frac{\partial U}{\partial V} \right)_{S,n_B} = -p$$

故式 (4.15) 可写成

$$dU = TdS - pdV + \sum_{B=1}^{k} \mu_B dn_B \tag{4.17}$$

2. Gibbs 自由能

从定义

$$G = U - TS + pV \quad \text{或} \quad G = H - TS$$

$$dG = dU - TdS - SdT + pdV + Vdp$$

将式 (4.17) 代入后, 得

$$dG = -SdT + Vdp + \sum_{B=1}^{k} \mu_B dn_B \tag{4.18}$$

若选 $T, p, n_1, n_2, \cdots, n_k$ 为独立变量, $G = G(T, p, n_1, n_2, \cdots, n_k)$, G 的全微分为

$$dG = \left(\frac{\partial G}{\partial T} \right)_{p,n_B} dT + \left(\frac{\partial G}{\partial p} \right)_{T,n_B} dp + \sum_{B=1}^{k} \left(\frac{\partial G}{\partial n_B} \right)_{T,p,n_C} dn_B$$

$$= -SdT + Vdp + \sum_{B=1}^{k} \left(\frac{\partial G}{\partial n_B} \right)_{T,p,n_C} dn_B$$

与式 (4.18) 比较, 得

$$\left(\frac{\partial G}{\partial n_B} \right)_{T,p,n_C} = \mu_B \tag{4.19}$$

根据上述的方法, 可按 H 和 A 的定义, 对于 H 选 $S, p, n_1, n_2, \cdots, n_k$ 为独立变量, 对于 A 选 $T, V, n_1, n_2, \cdots, n_k$ 为独立变量, 于是得到化学势的另一些表示式。

即

$$\mu_{\mathrm{B}} = \left(\frac{\partial U}{\partial n_{\mathrm{B}}}\right)_{S,V,n_{\mathrm{C}}} = \left(\frac{\partial H}{\partial n_{\mathrm{B}}}\right)_{S,p,n_{\mathrm{C}}} = \left(\frac{\partial A}{\partial n_{\mathrm{B}}}\right)_{T,V,n_{\mathrm{C}}} = \left(\frac{\partial G}{\partial n_{\mathrm{B}}}\right)_{T,p,n_{\mathrm{C}}} \qquad (4.20)$$

式 (4.20) 中, 四个偏微商都叫作**物质 B 的化学势**, 这是化学势的广义含义。应该特别注意其下标, 每个热力学函数所选择的独立变量彼此不同, 如果变量选择不当, 常常会引起错误。不能把任意热力学函数对 n_{B} 的偏微商都叫作化学势。

至此, 对于组成可变的系统, 可以把四个热力学基本公式写为

$$
\left.
\begin{aligned}
\mathrm{d}U &= T\mathrm{d}S - p\mathrm{d}V + \sum_{\mathrm{B}=1}^{k} \mu_{\mathrm{B}}\mathrm{d}n_{\mathrm{B}} &\qquad (a) \\[2mm]
\mathrm{d}H &= T\mathrm{d}S + V\mathrm{d}p + \sum_{\mathrm{B}=1}^{k} \mu_{\mathrm{B}}\mathrm{d}n_{\mathrm{B}} &\qquad (b) \\[2mm]
\mathrm{d}A &= -S\mathrm{d}T - p\mathrm{d}V + \sum_{\mathrm{B}=1}^{k} \mu_{\mathrm{B}}\mathrm{d}n_{\mathrm{B}} &\qquad (c) \\[2mm]
\mathrm{d}G &= -S\mathrm{d}T + V\mathrm{d}p + \sum_{\mathrm{B}=1}^{k} \mu_{\mathrm{B}}\mathrm{d}n_{\mathrm{B}} &\qquad (d)
\end{aligned}
\right\} \qquad (4.21)
$$

上述包含有化学势的四个公式中, 最后一个用得最多, 因为无论在实际生产中或是在实验室里, 所进行的各种物理的或化学的过程, 常常是在等温等压下进行的, 所以常用 ΔG 来判断过程的方向。以后我们讲化学势, 如果没有特别注明, 一般是指 $\mu_{\mathrm{B}} = \left(\dfrac{\partial G}{\partial n_{\mathrm{B}}}\right)_{T,p,n_{\mathrm{C}}}$。这是一个较为特殊的, 也是用得最多的化学势。

化学势在相平衡中的应用

设系统有 α 和 β 两相, 两相均为多组分。在等温等压下, 设 β 相中有极微量 $(\mathrm{d}n_{\mathrm{B}}^{\beta})$ 的 B 种物质转移到 α 相中。此时, 根据式 (4.21d), 系统 Gibbs 自由能的总变化为

$$\mathrm{d}G = \mathrm{d}G^{\alpha} + \mathrm{d}G^{\beta} = \mu_{\mathrm{B}}^{\alpha}\mathrm{d}n_{\mathrm{B}}^{\alpha} + \mu_{\mathrm{B}}^{\beta}\mathrm{d}n_{\mathrm{B}}^{\beta}$$

α 相所得等于 β 相所失, 即

$$\mathrm{d}n_{\mathrm{B}}^{\alpha} = -\mathrm{d}n_{\mathrm{B}}^{\beta}$$

如果上述转移是在平衡情况下进行的, 则

$$\mathrm{d}G = 0$$

所以

$$(\mu_B^\alpha - \mu_B^\beta)\mathrm{d}n_B^\alpha = 0 \tag{4.22}$$

因 $\mathrm{d}n_B^\alpha \neq 0$, 故

$$\mu_B^\alpha = \mu_B^\beta \tag{4.23}$$

这表示, 组分 B 在 α, β 两相中达平衡的条件是该组分在两相中的化学势相等。

如果上述的转移过程是自发进行的, 则 $(\mathrm{d}G)_{T,p} < 0$。因此, 式 (4.22) 可写成

$$(\mu_B^\alpha - \mu_B^\beta)\mathrm{d}n_B^\alpha < 0$$

又因为已假设第 B 种物质是由 β 相转移到 α 相, 即

$$\mathrm{d}n_B^\alpha > 0$$

故

$$\mu_B^\alpha < \mu_B^\beta$$

由此可见, 自发变化的方向是物质 B 从 μ_B 较大的相流向 μ_B 较小的相, 直到物质 B 在两相中的 μ_B 相等时为止。

化学势与压力、温度的关系

根据偏微商的规则, 可以导出化学势与压力、温度的关系。

1. 化学势与压力的关系

$$\left(\frac{\partial \mu_B}{\partial p}\right)_{T,n_B,n_C} = \left[\frac{\partial}{\partial p}\left(\frac{\partial G}{\partial n_B}\right)_{T,p,n_C}\right]_{T,n_B,n_C} = \left[\frac{\partial}{\partial n_B}\left(\frac{\partial G}{\partial p}\right)_{T,n_B,n_C}\right]_{T,p,n_C}$$

$$= \left(\frac{\partial V}{\partial n_B}\right)_{T,p,n_C} = V_B$$

即

$$\left(\frac{\partial \mu_B}{\partial p}\right)_{T,n_B,n_C} = V_B \tag{4.24}$$

V_B 就是物质 B 的偏摩尔体积。我们在前面曾证明过, 对于纯物质来说, $\left(\frac{\partial G}{\partial p}\right)_T = V$, 与式 (4.24) 比较, 如果把 Gibbs 自由能 G 换为 μ_B, 则体积 V 也要换成偏摩尔体积 V_B。

2. 化学势与温度的关系

$$\left(\frac{\partial \mu_B}{\partial T}\right)_{p,n_B,n_C} = \left[\frac{\partial}{\partial T}\left(\frac{\partial G}{\partial n_B}\right)_{T,p,n_C}\right]_{p,n_B,n_C} = \left[\frac{\partial}{\partial n_B}\left(\frac{\partial G}{\partial T}\right)_{p,n_B,n_C}\right]_{T,p,n_C}$$

$$= \left[\frac{\partial}{\partial n_B}(-S) \right]_{T,p,n_C} = -S_B$$

即

$$\left(\frac{\partial \mu_B}{\partial T} \right)_{p,n_B,n_C} = -S_B \tag{4.25}$$

S_B 就是物质 B 的偏摩尔熵。

按定义, $G = H - TS$, 在等温等压下, 将此式中各项对 n_B 微分, 则有

$$\left(\frac{\partial G}{\partial n_B} \right)_{T,p,n_C} = \left(\frac{\partial H}{\partial n_B} \right)_{T,p,n_C} - T \left(\frac{\partial S}{\partial n_B} \right)_{T,p,n_C}$$

即

$$\mu_B = H_B - TS_B \tag{4.26}$$

同理可证:

$$\left[\frac{\partial \left(\frac{\mu_B}{T} \right)}{\partial T} \right]_{p,n_B,n_C} = \frac{T \left(\frac{\partial \mu_B}{\partial T} \right)_{p,n_B,n_C} - \mu_B}{T^2} = -\frac{TS_B + \mu_B}{T^2}$$

$$= -\frac{H_B}{T^2} \tag{4.27}$$

把这些公式与对于纯物质的公式相比较, 可以推知, 在多组分系统中的热力学公式与纯物质的公式具有完全相同的形式, 所不同者只是用偏摩尔量代替相应的摩尔量而已。对于纯物质来说, 它不存在偏摩尔量, 而只有摩尔量。

4.5 气体混合物中各组分的化学势

由于许多化学反应是在气相中进行的, 因此我们需要知道气体混合物中各组分的化学势, 这也有益于了解溶液中各组分的化学势。

我们先讨论理想气体混合物, 然后再讨论非理想气体混合物。

理想气体及其混合物的化学势

若只有一种理想气体, 已知

$$\left(\frac{\partial \mu}{\partial p}\right)_T = V_{\mathrm{m}}$$

移项积分, 从标准压力 $p^{\ominus}$ 积分到任意的压力 p, 则得

$$\mu(T,p) = \mu^{\ominus}(T,p^{\ominus}) + RT\ln\frac{p}{p^{\ominus}} \tag{4.28}$$

式中 μ 是 T,p 的函数; $\mu^{\ominus}$ 是在给定压力为标准压力 $p^{\ominus}$、温度为 T 时理想气体的化学势, 因为压力已经给定, 所以它仅是温度的函数。这个状态就是气体的**标准态** (standard state)。

　　理想气体混合物的分子模型和纯理想气体的是相同的, 即分子自身的体积相对于容器体积而言可以忽略不计, 分子间的相互作用能极小也可以忽略不计。因此, 把几种纯组分的理想气体混合变成混合气体时, 混合热等于零, 并在宏观上遵守如下的状态方程:

$$pV = \sum_{\mathrm{B}} n_{\mathrm{B}}RT = nRT \tag{4.29}$$

式中 n 为混合气体总的物质的量。满足式 (4.29), 也必然满足 Dalton 分压定律, 即

$$p = p_1 + p_2 + \cdots = \sum_{\mathrm{B}} p_{\mathrm{B}}$$
$$p_{\mathrm{B}} = px_{\mathrm{B}} \tag{4.30}$$

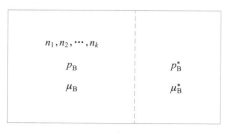

图 4.2　气体在半透膜两边平衡的示意图

　　对于混合理想气体, 可以用想象的半透膜平衡条件来求混合气体中某一种气体 B 的化学势 μ_{B} (见图 4.2)。图中左方为 k 种理想气体混合物, 设中间的半透膜只允许 B 种气体通过。并设半透膜可以导热, 以维持双方温度相同 (整个容器也与一个大热源接触以保持恒温)。假定开始时右方只有 B 种气体, 因此, 平衡后, 右方仍只有 B 种气体。设 B 种气体在混合气体中的化学势是 μ_{B}, 而在右方的纯态中为 μ_{B}^*, 压力是 p_{B}^*。左方 B 种气体的分压力是 p_{B}, 平衡后

$$\mu_{\mathrm{B}} = \mu_{\mathrm{B}}^*, \quad p_{\mathrm{B}} = p_{\mathrm{B}}^*$$

根据式 (4.28)[①], 右方气体的化学势为

$$\mu_{\mathrm{B}}^* = \mu_{\mathrm{B}}^{\ominus}(T) + RT\ln\frac{p_{\mathrm{B}}^*}{p^{\ominus}}$$

① 在式 (4.28) 中, 由于压力 $p^{\ominus}$ 为定值, 所以有时将 $\mu^{\ominus}(T,p^{\ominus})$ 简写为 $\mu^{\ominus}(T)$。

所以左方气体的化学势为

$$\mu_B = \mu_B^{\ominus}(T) + RT\ln\frac{p_B}{p^{\ominus}} \tag{4.31}$$

式 (4.31) 就是理想气体混合物中任一种气体 B 的化学势。这个公式可以看作理想气体混合物的热力学定义。

将 Dalton 分压定律 $p_B = px_B$ 代入式 (4.31), 得

$$\mu_B = \mu_B^{\ominus}(T) + RT\ln\frac{p}{p^{\ominus}} + RT\ln x_B$$

把等式右方的前两项合并, 于是得

$$\mu_B = \mu_B^*(T, p) + RT\ln x_B \tag{4.32}$$

式中 x_B 是理想气体混合物中气体 B 的摩尔分数; $\mu_B^*(T, p)$ 是纯气体 B 在指定 T, p 时的化学势; p 是总压。这个状态显然不是标准态。

非理想气体及其混合物的化学势 —— 逸度的概念

依然先讨论只有一种非理想气体的情况, 然后再推及非理想气体混合物的情况。

设非理想气体的状态方程式可用 Kamerling-Onnes 公式表示:

$$pV_m = RT + Bp + Cp^2 + \cdots$$

代入 $\left(\dfrac{\partial\mu}{\partial p}\right)_T = V_m$ 后, 作不定积分, 得

$$\mu(T, p) = \int V_m dp = \int \left(\frac{RT}{p} + B + Cp + \cdots\right) dp$$

$$= RT\ln p + Bp + \frac{C}{2}p^2 + \cdots + I(T) \tag{4.33}$$

积分常数 I 是 T 的函数, 可以从边界条件求得。当 p 很低时, 式 (4.33) 可写为

$$\mu(T, p) = RT\ln p + I(T)$$

而当 $p \to 0\,\text{Pa}$ 时, 就是理想气体。已知理想气体的化学势为

$$\mu(T, p) = \mu^{\ominus}(T) + RT\ln\frac{p}{p^{\ominus}} \tag{4.34}$$

比较上两式, 即可求得积分常数 $I(T)$, 于是

$$I(T) = \mu^{\ominus}(T) - RT\ln p^{\ominus}$$

代入式 (4.33), 可得

$$\mu(T, p) = \mu^{\ominus}(T) + RT\ln\frac{p}{p^{\ominus}} + \mathrm{B}p + \frac{C}{2}p^2 + \cdots \tag{4.35}$$

式中 $\mu^{\ominus}(T)$ 应是 $\mu^{\ominus}(T, p^{\ominus})$, 它是气体在标准态时的化学势, 是温度为 T 和压力为 $p^{\ominus}$, 且具有理想气体性质的假想态。式 (4.35) 右方第二项以后的几项, 都是非理想气体才有的项, 它表示与理想气体的偏差。同样, 对于符合其他状态方程式的气体, 相应地也可得到类似的化学势表示式, 只是最后几项不同而已。

用这种方法表示非理想气体的化学势, 极不方便, 而且不同气体有不同的状态方程式, 得不到较为统一的公式。为保存式 (4.34) 的简洁形式, 把所有的校正项集中变成一个校正项, 即令

$$\mathrm{B}p + \frac{C}{2}p^2 + \cdots = RT\ln\gamma$$

则式 (4.35) 可写成

$$\mu = \mu^{\ominus}(T) + RT\ln\frac{p\gamma}{p^{\ominus}}$$

令 $p\gamma = f$, f 称为**逸度** (fugacity), 则

$$\mu = \mu^{\ominus}(T) + RT\ln\frac{f}{p^{\ominus}} \tag{4.36}$$

其中

$$RT\ln f = RT\ln p + \mathrm{B}p + \frac{\mathrm{C}}{2}p^2 + \cdots$$

比较式 (4.34) 和式 (4.36), f 可看作校正过的压力 (或称为有效压力, effective pressure), $f = \gamma p$, γ 相当于压力的校正因子, 称为**逸度因子** (fugacity factor), 也称为**逸度系数** (fugacity coefficient)。当 $p \to 0$ Pa 时, $\gamma = 1$, $f = p$。式 (4.36) 就是非理想气体化学势的表示式。当实际气体在等温下从状态 (1) 变到状态 (2) 时, 有

$$\Delta\mu = RT\ln\frac{f_2}{f_1}$$

对于任一非理想气体, 由于各种气体的状态方程式不同, 其化学势的表示式较为复杂。在引进逸度的概念后, 则任一非理想气体的化学势原则上可表示为一种形式, 即

$$\mu(T, p) = \mu^{\ominus}(T) + RT\ln\frac{f}{p^{\ominus}} \tag{4.37}$$

余下的问题是如何计算实际气体的逸度或逸度因子。

逸度因子的求法

对于只有一种气体的系统, 其逸度因子的求法, 除前所述的可从状态方程式求得外, 还可举出如下几种方法。

1. 图解法

把实际气体当作理想气体, 从 $\dfrac{RT}{p}$ 算出 V_m^{id}, 它与实际的体积 V_m^{re} 之差设为 α (上标 "re" 代表 real), 则

$$\alpha = V_m^{id} - V_m^{re} = \frac{RT}{p} - V_m^{re} \quad \text{或} \quad V_m^{re} = \frac{RT}{p} - \alpha$$

式中 p 是实测的压力; V_m^{re} 是在该 T, p 时, 1 mol 气体的实际体积。所以, α 的值可由实验求得, 因为

$$\mathrm{d}\mu = V_m^{re}\mathrm{d}p$$

所以

$$RT\mathrm{d}\ln f = \left(\frac{RT}{p} - \alpha\right)\mathrm{d}p$$

对上式进行积分, 逸度从 $f^* \to f$, 相应的压力从 $p^* \to p$, 即

$$\int_{f^*}^{f} RT\mathrm{d}\ln f = \int_{p^*}^{p} \left(\frac{RT}{p} - \alpha\right)\mathrm{d}p$$

如果选定的起始状态压力很低, 则 $f^* = p^*$, 所以

$$RT\ln f = RT\ln p - \int_{0\,\mathrm{Pa}}^{p} \alpha\mathrm{d}p$$

或

$$RT\ln\gamma = RT\ln\frac{f}{p} = -\int_{0\,\mathrm{Pa}}^{p} \alpha\mathrm{d}p \tag{4.38}$$

α 可由 $\alpha = V_m^{id} - V_m^{re}$ 求得, 然后以 α 对 p 作图。从曲线下的面积可求得式 (4.38) 中的积分值, 从而可求得逸度因子 γ。

2. 对比状态法

$$\alpha = \frac{RT}{p} - V_m^{re} = \frac{RT}{p}\left(1 - \frac{pV_m^{re}}{RT}\right) = \frac{RT}{p}(1 - Z) \tag{4.39}$$

式中 $Z = \dfrac{pV_m^{re}}{RT}$ 称为**压缩因子** (compressibility factor)。将式 (4.39) 代入式 (4.38), 得

$$\ln\gamma = \ln\frac{f}{p} = \int_{0\,\text{Pa}}^{p}\frac{Z-1}{p}\mathrm{d}p$$

如令 $\pi = \dfrac{p}{p_c}$, π 称为对比压力 (reduced pressure), 是压力和临界压力 (p_c) 的比值。以 π 取代上式积分号中的 p, 则得

$$\ln\gamma = \ln\frac{f}{p} = \int_{0\,\text{Pa}}^{\pi}\frac{Z-1}{\pi}\mathrm{d}\pi \tag{4.40}$$

从实际气体的压缩因子图 (Z–π 图)(见气体一章) 求得 $\dfrac{Z-1}{\pi}$, 然后以 $\dfrac{Z-1}{\pi}$ 对 π 作图。从曲线下面的面积就能求出上式中的积分值。然后算出 $\dfrac{f}{p}$ 的值, 最后再以 $\dfrac{f}{p}$ 对 π 作图就得到图 4.3。这种图又称为牛顿 (Newton) 图[①], 图中 $\tau = \dfrac{T}{T_c}$, 为对比温度。

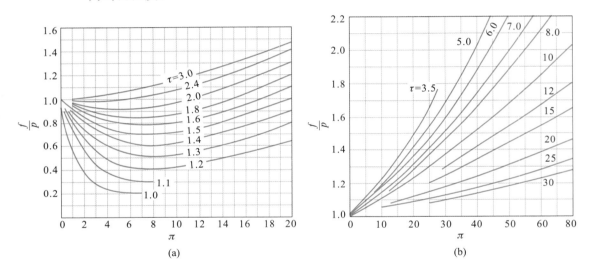

图 4.3   逸度系数和对比压力、对比温度的关系图

由于在相同的对比状态下, 气体有大致相同的压缩因子、逸度因子等, 所以这种图具有普遍性, 一般气体都适用。

例 4.4

试估计 273 K 时, $N_2(g)$ 的压力分别为标准压力 100 kPa 的 50、100、200 及 400 倍时的逸度。

解 已知 $N_2(g)$ 的 $T_c = 126.2$ K, $p_c = 33.96 \times 100$ kPa, 所以 $\tau = \dfrac{273\ \text{K}}{T_c} = 2.16$。然后, 在牛顿图中, 在 $\tau = 2.16$ 的等对比温度线上, 找出不同的 π 值 $\left(\text{即}\ \dfrac{p}{p_c}\ \text{值}\right)$ 时对应的 $\dfrac{f}{p}$

[①] 使用牛顿图比较简便, 但对有些气体其误差可能较图解法为大。

值, 列表如下:

$p/(100\ \text{kPa})$	π	$\gamma = \dfrac{f}{p}$	$f/(100\ \text{kPa})$
50	1.47	0.97	48.5
100	2.94	0.96	96
200	5.89	0.97	194
400	11.78	1.06	424

3. 近似法

在压力不大时, 可以近似地认为 α 是一个数值不大的常数。从式 (4.38) 可得

$$\ln\frac{f}{p} = -\frac{\alpha p}{RT} \quad \text{或} \quad \frac{f}{p} = \exp\left(-\frac{\alpha p}{RT}\right)$$

将指数项展开, 略去高次项, 得

$$\frac{f}{p} = 1 - \frac{\alpha p}{RT} = 1 - \left(\frac{RT}{p} - V_{\text{m}}^{\text{re}}\right)\frac{p}{RT} = \frac{p}{\dfrac{RT}{V_{\text{m}}^{\text{re}}}}$$

所以

$$f = \frac{p^2}{p^{\text{id}}} \tag{4.41}$$

式中 p 是压力的实验值; p^{id} 是以实测的 V_{m}^{re} 按理想气体公式计算而得的压力。从式 (4.41) 可以看出, 实际气体的 p 是 p^{id} 和 f 的几何平均值。

用这种方法求 f 值较为简单, 但其精确度当然较前两种方法差。

对于混合气体, 前已指出, 在理想气体混合物中, 任意组分 B 的化学势与该组分的分压之间的关系为

$$\mu_{\text{B}} = \mu_{\text{B}}^{\ominus}(T) + RT\ln\frac{p_{\text{B}}}{p^{\ominus}}$$

同样, 根据半透膜平衡原理 (参阅图 4.1), 当平衡时, 双方的化学势和逸度相等。从而可导出非理想气体混合物中任一组分的化学势为

$$\mu_{\text{B}} = \mu_{\text{B}}^{\ominus}(T) + RT\ln\frac{f_{\text{B}}}{p^{\ominus}} \tag{4.42}$$

式中 f_{B} 是混合物中组分 B 的逸度 (也相当于它的校正压力)。上面已经介绍过求单一气体逸度因子的方法, 对于非理想气体混合物, Lewis-Randall 提出一个近似

规则, 即

$$f_B = f_B^* x_B \tag{4.43}$$

式中 x_B 为组分 B 在混合气体中的摩尔分数, f_B^* 是同温度时, 纯组分 B 在其压力等于混合气体总压时的逸度, 而纯组分 B 的逸度可用前述方法求得。这个规则对一些常见的气体, 可近似使用到压力为标准压力 $p^\ominus$ 的 100 倍左右。

4.6 稀溶液中的两个经验定律

稀溶液中有两个重要的经验定律——Raoult 定律和 Henry 定律。这两个定律都是经验的总结, 它们在溶液热力学的发展中起着重要作用。无论对理想液态混合物或稀溶液赋予什么样的模型, 无论是从微观的或宏观的观点来讨论理想液态混合物和稀溶液的性质等, 它们是否正确都必须通过实践的检验, 即它们都必须在一定的条件下, 满足 Raoult 定律或 Henry 定律。

Raoult 定律

在溶剂中加入非挥发性溶质后, 溶剂的蒸气压降低。Raoult 归纳多次实验结果, 于 1887 年发表了定量的关系, 叫作 **Raoult 定律** (Raoult's Law), 即 "定温下, 在稀溶液中, 溶剂的蒸气压等于纯溶剂的蒸气压乘以溶液中溶剂的摩尔分数"。用公式表示为

$$p_A = p_A^* x_A \tag{4.44}$$

式中 p_A^* 代表纯溶剂 A 的蒸气压; x_A 代表溶液中 A 的摩尔分数。若溶液中仅有 A, B 两个组分, 则 $x_A + x_B = 1$, 式 (4.44) 又可写为

$$p_A = p_A^*(1 - x_B)$$
$$\frac{p_A^* - p_A}{p_A^*} = x_B \tag{4.45}$$

即溶剂蒸气压的降低值与纯溶剂蒸气压之比等于溶质的摩尔分数。式 (4.45) 是 Raoult 定律的另一种表示形式。

从式 (4.44) 和式 (4.45) 可知, 溶剂的蒸气压因加入溶质而降低。这可定性地解释为, 如果溶质和溶剂分子间相互作用的差异可以不计, 而且当溶质和溶剂形

成溶液时 $\Delta_{\mathrm{mix}}V = 0$, 相当于形成了液体混合物, 则在纯溶剂中加入溶质后溶液单位体积和单位表面上溶剂分子的数目减少了, 因而单位时间内可能离开液相表面而进入气相的溶剂分子数目也减少了, 以致溶剂与其蒸气在较低的蒸气压下即可达到平衡。所以, 溶液中溶剂的蒸气压较纯溶剂的蒸气压为低。

使用 Raoult 定律时必须注意, 在计算溶剂的物质的量时, 其摩尔质量应该用气态时的摩尔质量。例如, 水虽有缔合分子, 但摩尔质量仍应以 $18.01\ \mathrm{g \cdot mol^{-1}}$ 计算。

Raoult 定律是溶液的最基本的经验定律之一, 溶液的其他性质如凝固点降低、沸点升高等都可以用溶剂蒸气压下降来解释。Raoult 最初是从不挥发的非电解质稀溶液中总结出这条规律的, 以后才推广到双液系。即 $p_{\mathrm{A}} = p_{\mathrm{A}}^* x_{\mathrm{A}}$, $p_{\mathrm{B}} = p_{\mathrm{B}}^* x_{\mathrm{B}}$。

Henry 定律

Henry 在 1803 年根据实验, 总结出稀溶液的另一条重要经验规律 —— **Henry 定律** (Henry's Law), 即 "在一定温度和平衡状态下, 气体在液体里的溶解度 (用摩尔分数表示) 和该气体的平衡分压成正比"。用公式表示为

$$p_{\mathrm{B}} = k_{x,\mathrm{B}} x_{\mathrm{B}} \tag{4.46}$$

式中 x_{B} 是挥发性溶质 B (即所溶解的气体) 在溶液中的摩尔分数; p_{B} 是平衡时液面上该气体的压力; $k_{x,\mathrm{B}}$ 是一个常数, 其数值取决于温度、压力及溶质和溶剂的性质。

对于稀溶液, 式 (4.46) 可以简化为

$$p_{\mathrm{B}} = k_{x,\mathrm{B}} x_{\mathrm{B}} = k_{x,\mathrm{B}} \frac{n_{\mathrm{B}}}{n_{\mathrm{B}} + n_{\mathrm{A}}} \approx k_{x,\mathrm{B}} \frac{n_{\mathrm{B}}}{n_{\mathrm{A}}} = k_{x,\mathrm{B}} \frac{n_{\mathrm{B}} M_{\mathrm{A}}}{m_{\mathrm{A}}}$$

式中 M_{A} 为溶剂的摩尔质量; m_{A} 为溶剂的质量; n_{B} 和 n_{A} 分别代表溶质和溶剂的物质的量; $\frac{n_{\mathrm{B}}}{m_{\mathrm{A}}}$ 代表 $1.00\ \mathrm{kg}$ 溶剂中所含溶质的物质的量, 即等于溶质的质量摩尔浓度 (m_{B}), 所以上式又可写为

$$p_{\mathrm{B}} = k_{m,\mathrm{B}} m_{\mathrm{B}} \tag{4.47}$$

同理, 在稀溶液中, 若溶质的浓度用物质的量浓度 c_{B} 表示, 同样可得

$$p_{\mathrm{B}} = k_{c,\mathrm{B}} c_{\mathrm{B}} \tag{4.48}$$

$k_{x,\mathrm{B}}, k_{m,\mathrm{B}}$ 和 $k_{c,\mathrm{B}}$ 均称为 **Henry 定律常数** (Henry's Law constant)。

使用 Henry 定律时须注意下列几点:

(1) 式中的 p_B 是气体 B 在液面上的分压力。对于气体混合物, 在总压力不大时, Henry 定律能分别适用于每一种气体, 可以近似地认为与其他气体的分压无关。

(2) 溶质在气体和在溶液中的分子状态必须是相同的。例如, 氯化氢气体溶于苯或 $CHCl_3$ 中, 在气相和液相里都呈 HCl 的分子状态, 系统服从 Henry 定律。但是, 如果氯化氢气体溶在水里, 在气相中是 HCl 分子, 在液相中则为 H^+ 和 Cl^-, 这时 Henry 定律就不适用。使用 Henry 定律时, 必须注意公式中所用的浓度应该是溶解态的分子在溶液中的浓度。例如, NH_3 溶于水, 只有在 NH_3 的压力十分低的情况下才能适用。因为 NH_3 在水中有解离平衡 $NH_3 + H_2O \Longleftrightarrow NH_4^+ + OH^-$, 一部分 NH_3 以 NH_4^+ 的形式存在。

(3) 大多数气体溶于水时, 溶解度随温度的升高而降低。因此, 升高温度或降低气体的分压都能使溶液更稀、更能服从于 Henry 定律。

4.7　理想液态混合物

理想液态混合物的定义

液态混合物中任一组分在全部浓度范围内都服从 Raoult 定律者称为理想液态混合物。这是从宏观上对理想液态混合物的定义。从微观的角度讲, 各组分的分子大小及作用力, 彼此近似或相等, 当一种组分的分子被另一种组分的分子取代时, 没有能量的变化或空间结构的变化。换言之, 当各组分混合时, 没有焓变和体积变化。即 $\Delta_{mix}H = 0$, $\Delta_{mix}V = 0$, 这也可以作为理想液态混合物的定义。除了光学异构体的混合物、同位素化合物的混合物、立体异构体的混合物以及紧邻同系物的混合物等可以 (或近似地) 看作理想液态混合物外, 一般液态混合物大都不具有理想液态混合物的性质。但是, 由于理想液态混合物所服从的规律比较简单, 并且实际上, 许多液态混合物在一定的浓度区间的某些性质常表现得很像理想液态混合物。所以, 引入理想液态混合物的概念不仅具有理论价值, 而且也具有实际意义。以后可以看到, 从理想液态混合物所得到的公式只要作适当的修正, 就能用于实际溶液。

理想液态混合物中任一组分的化学势

根据理想液态混合物的定义, 可以导出其中任一组分化学势的表达式。

设温度 T 和压力 p 时, 当理想液态混合物与其蒸气达平衡时, 理想液态混合物中任一组分 B 与气相中该组分的化学势相等, 即

$$\mu_B(l) = \mu_B(g)$$

与理想液态混合物平衡的蒸气, 由于压力不大, 可看作理想气体的混合物, 故有

$$\mu_B(l) = \mu_B(g) = \mu_B^\ominus(g) + RT\ln\frac{p_B}{p^\ominus} \tag{4.49}$$

对于液相, 由于它是理想液态混合物, 任一组分都服从 Raoult 定律, $p_B = p_B^* x_B$, 式中 p_B^* 是纯 B 的蒸气压。将 p_B 与 p_B^* 和 x_B 的关系式代入式 (4.49), 得

$$\mu_B(l) = \mu_B^\ominus(g) + RT\ln\frac{p_B^*}{p^\ominus} + RT\ln x_B \tag{4.50}$$

对于纯的液相 B, $x_B = 1$, 故在温度 T 和压力 p 时, 式 (4.50) 为

$$\mu_B^*(l) = \mu_B^\ominus(g) + RT\ln\frac{p_B^*}{p^\ominus} \tag{4.51}$$

将 $\mu_B^*(l)$ 的表示式 (4.51) 代入式 (4.50), 得

$$\mu_B(l) = \mu_B^*(l) + RT\ln x_B \tag{4.52}$$

式中 $\mu_B^*(l)$ 是纯的液相 B 在温度 T 和压力 p 时的化学势, 此压力并不是标准压力, 故 $\mu_B^*(l)$ 并非是纯的液相 B 的标准态化学势。式 (4.52) 是理想液态混合物的热力学定义。

已知 $\left(\frac{\partial\mu_B}{\partial p}\right)_{T,n_i} = V_B$, 对此式从标准压力 $p^\ominus$ 到压力 p 进行积分, 得

$$\mu_B^*(l) = \mu_B^\ominus(l) + \int_{p^\ominus}^p \left(\frac{\partial\mu_B^*}{\partial p}\right)_T dp = \mu_B^\ominus(l) + \int_{p^\ominus}^p V_B^*(l)dp \tag{4.53}$$

通常 $V_B^*(l)$ 很小, 且 p 与 $p^\ominus$ 的差别不是很大, 故可以将积分项忽略。于是, 式 (4.52) 可写作

$$\mu_B(l) \approx \mu_B^\ominus(l) + RT\ln x_B \tag{4.54}$$

式 (4.54) 就是理想液态混合物中任一组分 B 的化学势的表示式, 在全部浓度范围内都能使用, 此式也可以作为理想液态混合物的热力学定义。

理想液态混合物的通性

从式 (4.52) 很容易导出理想液态混合物的一些性质。

(1) 由纯液体混合成混合物时 $\Delta_{\mathrm{mix}}V = 0$, 即混合物的体积等于未混合前各纯组分的体积之和, 总体积不变。根据化学势与压力的关系及式 (4.52), 得

$$V_{\mathrm{B}} = \left(\frac{\partial \mu_{\mathrm{B}}}{\partial p}\right)_{T,n_{\mathrm{B}},n_{\mathrm{C}}} = \left[\frac{\partial \mu_{\mathrm{B}}^*(T,p)}{\partial p}\right]_{T,n_{\mathrm{B}},n_{\mathrm{C}}} = V_{\mathrm{m,B}}^*$$

即理想液态混合物中某组分的偏摩尔体积等于该组分 (纯组分) 的摩尔体积, 所以混合前后体积不变 ($\Delta_{\mathrm{mix}}V = 0$)。可用式表示为

$$\Delta_{\mathrm{mix}}V = V_{混合后} - V_{混合前} = V_{混合物} - \sum_{\mathrm{B}} V^*(\mathrm{B})$$

$$= \sum_{\mathrm{B}} n_{\mathrm{B}} V_{\mathrm{B}} - \sum_{\mathrm{B}} n_{\mathrm{B}} V_{\mathrm{m,B}}^* = 0 \tag{4.55}$$

(2) 两种纯液体混合成混合物时 $\Delta_{\mathrm{mix}}H = 0$。根据式 (4.52), 得

$$\frac{\mu_{\mathrm{B}}(1)}{T} = \frac{\mu_{\mathrm{B}}^*(1)}{T} + R\ln x_{\mathrm{B}}$$

对 T 微分后得

$$\left\{\frac{\partial\left[\dfrac{\mu_{\mathrm{B}}(1)}{T}\right]}{\partial T}\right\}_{p,n_{\mathrm{B}},n_{\mathrm{C}}} = \left\{\frac{\partial\left[\dfrac{\mu_{\mathrm{B}}^*(1)}{T}\right]}{\partial T}\right\}_{p,n_{\mathrm{B}},n_{\mathrm{C}}}$$

根据 Gibbs-Helmholtz 方程, 得

$$H_{\mathrm{B}} = H_{\mathrm{m,B}}^*$$

即理想液态混合物中某组分的偏摩尔焓等于该组分 (纯组分) 的摩尔焓, 所以混合前后总焓不变 ($\Delta_{\mathrm{mix}}H = 0$), 不产生热效应。可用式表示为

$$\Delta_{\mathrm{mix}}H = H_{混合后} - H_{混合前} = H_{混合物} - \sum_{\mathrm{B}} H^*(\mathrm{B})$$

$$= \sum_{\mathrm{B}} n_{\mathrm{B}} H_{\mathrm{B}} - \sum_{\mathrm{B}} n_{\mathrm{B}} H_{\mathrm{m,B}}^* = 0 \tag{4.56}$$

(3) 具有理想的混合熵。根据式 (4.52), 对 T 微商后, 得

$$\left[\frac{\partial \mu_{\mathrm{B}}(T,p)}{\partial T}\right]_{p,n_{\mathrm{B}},n_{\mathrm{C}}} = \left[\frac{\partial \mu_{\mathrm{B}}^*(T,p)}{\partial T}\right]_{p,n_{\mathrm{B}},n_{\mathrm{C}}} + R\ln x_{\mathrm{B}}$$

所以

$$-S_{\mathrm{B}} = -S_{\mathrm{m,B}}^* + R\ln x_{\mathrm{B}}$$

则在形成理想液态混合物时的混合熵 $\Delta_{\mathrm{mix}}S$ 为

$$\Delta_{\mathrm{mix}}S = S_{混合后} - S_{混合前} = \sum_{\mathrm{B}} n_{\mathrm{B}}S_{\mathrm{B}} - \sum_{\mathrm{B}} n_{\mathrm{B}}S_{\mathrm{m,B}}^*$$

$$= -R\sum_{\mathrm{B}} n_{\mathrm{B}}\ln x_{\mathrm{B}} \tag{4.57}$$

由于 $x_{\mathrm{B}} < 1$, 故 $\Delta_{\mathrm{mix}}S > 0$, 混合熵恒为正值。

(4) 混合 Gibbs 自由能。等温下, 根据下式:

$$\Delta G = \Delta H - T\Delta S$$

应有

$$\Delta_{\mathrm{mix}}G = \Delta_{\mathrm{mix}}H - T\Delta_{\mathrm{mix}}S$$

$$= 0 - T\Delta_{\mathrm{mix}}S = RT\sum_{\mathrm{B}} n_{\mathrm{B}}\ln x_{\mathrm{B}} \tag{4.58}$$

表 4.2 给出了 298 K 时不同组成的 1 mol 二元理想液态混合物的混合熵和混合 Gibbs 自由能的计算值。根据表 4.2 可绘出如图 4.4 所示的图形。

表 4.2　298 K 时不同组成的 1 mol 二元理想液态混合物的混合熵和混合 Gibbs 自由能的计算值

摩尔分数		$\dfrac{x_{\mathrm{A}}R\ln x_{\mathrm{A}}}{\mathrm{J\cdot mol^{-1}\cdot K^{-1}}}$	$\dfrac{x_{\mathrm{B}}R\ln x_{\mathrm{B}}}{\mathrm{J\cdot mol^{-1}\cdot K^{-1}}}$	$\dfrac{\Delta_{\mathrm{mix}}S}{\mathrm{J\cdot mol^{-1}\cdot K^{-1}}}$	$\dfrac{T\Delta_{\mathrm{mix}}S}{\mathrm{J\cdot mol^{-1}}}$	$\dfrac{\Delta_{\mathrm{mix}}G}{\mathrm{J\cdot mol^{-1}}}$
x_{A}	x_{B}					
1.0	0	0	0	0	0	0
0.9	0.1	−0.79	−1.91	2.70	805	−805
0.8	0.2	−1.48	−2.68	4.16	1240	−1240
0.7	0.3	−2.08	−3.00	5.08	1510	−1510
0.6	0.4	−2.55	−3.05	5.60	1670	−1670
0.5	0.5	−2.88	−2.88	5.76	1720	−1720
0.4	0.6	−3.05	−2.55	5.60	1670	−1670
0.3	0.7	−3.00	−2.08	5.08	1510	−1510
0.2	0.8	−2.68	−1.48	4.16	1240	−1240
0.1	0.9	−1.91	−0.79	2.70	805	−805
0	1.0	0	0	0	0	0

对于非理想液态混合物, 则图形可能有很大的偏差。例如, 氯仿与丙酮所形成的液态混合物, 对 Raoult 定律有负的偏差 ($p_{\mathrm{B}} < p_{\mathrm{B}}^* x_{\mathrm{B}}$), 其混合过程热力学函数的变值如图 4.5 所示。

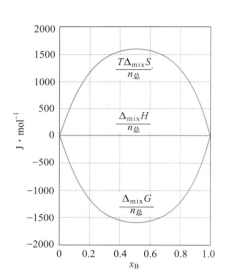

图 4.4　298 K 时形成 1 mol 二元理想液态混合物时热力学函数的改变

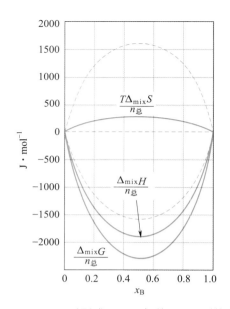

图 4.5　298 K 时形成 1 mol 氯仿–丙酮时热力学函数的改变 (图中虚线是理想值, 实线是实际值)

(5) 对于理想液态混合物, 可以证明 Raoult 定律和 Henry 定律是没有区别的。

设在定温定压下, 某理想液态混合物的气相与液相达到平衡:

$$\mu_\mathrm{B}(理想液态混合物) = \mu_\mathrm{B}(蒸气)$$

若蒸气是理想气体混合物, 液相是理想液态混合物, 则

$$\mu_\mathrm{B}^*(T,p) + RT\ln x_\mathrm{B} = \mu_\mathrm{B}^\ominus(T) + RT\ln(p_\mathrm{B}/p^\ominus)$$

移项后得

$$\frac{p_\mathrm{B}/p^\ominus}{x_\mathrm{B}} = \exp\left[\frac{\mu_\mathrm{B}^*(T,p) - \mu_\mathrm{B}^\ominus(T)}{RT}\right]$$

在定温定压下, 等式右方是常数, 令其等于 k_B, 得

$$\frac{p_\mathrm{B}}{x_\mathrm{B}} = k_\mathrm{B}p^\ominus = k_{x,\mathrm{B}} \quad (令\ k_\mathrm{B}p^\ominus = k_{x,\mathrm{B}})$$

所以

$$p_\mathrm{B} = k_{x,\mathrm{B}}x_\mathrm{B}$$

这就是 Henry 定律。又因理想液态混合物中任意组分 B 在全部浓度范围都能符合上式, 故当 $x_\mathrm{B} = 1$ 时, $k_{x,\mathrm{B}} = p_\mathrm{B}^*$。所以

$$p_\mathrm{B} = p_\mathrm{B}^*x_\mathrm{B}$$

这就是 Raoult 定律。由此可见, 从热力学的观点看来, 对于理想液态混合物, Henry 定律与 Raoult 定律没有区别。

4.8 理想稀溶液中任一组分的化学势

在本章的引言中已经提到了关于混合物和溶液的界定。简言之, 在液态混合物中, 对其任一组分在热力学上的处理是等同的, 而在溶液中则有溶剂和溶质之分, 它们的标准态不同, 因而要分别进行处理。上一节讨论的是液态混合物, 这一节讨论稀溶液。

以二组分系统为例。设 A 为溶剂, B 为溶质。在理想稀溶液中溶剂服从 Raoult 定律, 溶质服从 Henry 定律。所以, 理想稀溶液中溶剂的化学势为

$$\mu_A = \mu_A^*(T, p) + RT\ln x_A \tag{4.59}$$

这个公式的导出方法和理想液态混合物的一样, 式中 μ_A^* 的物理意义是在 T, p 时纯 A (即 $x_A = 1$) 的化学势。

在溶液中对于溶质而言, 平衡时其化学势为

$$\mu_B(l) = \mu_B(g) = \mu_B^{\ominus}(T) + RT\ln(p_B/p^{\ominus})$$

在理想稀溶液中, 溶质服从 Henry 定律, $p_B = k_{x,B}x_B$, 代入上式后, 得

$$\mu_B = \mu_B^{\ominus}(T) + RT\ln(k_{x,B}/p^{\ominus}) + RT\ln x_B$$

将等式右方前两项合并, 即令 $\mu_B^{\ominus}(T) + RT\ln(k_{x,B}/p^{\ominus}) = \mu_B^*(T, p)$, 得

$$\mu_B = \mu_B^*(T, p) + RT\ln x_B \tag{4.60}$$

式 (4.60) 与式 (4.59) 具有相同的形式, 式中 μ_B^* 是 T, p 的函数, 一定温度和一定压力下有定值。在该式中, $\mu_B^*(T, p)$ 可看作 $x_B = 1$, 且服从 Henry 定律的那个假想态的化学势 (因为符合 Henry 定律, 且在 $x_B = 1$ 的状态, 是图 4.6 中的 R 点, 而 R 点客观上并不存在)。参阅图 4.6, 将 $p_B = k_{x,B}x_B$ 的直线延长得到 R 点。这

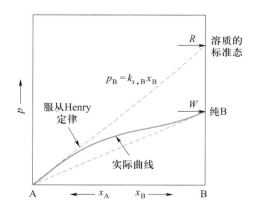

图 4.6 溶液中溶质的标准态 (浓度为摩尔分数)

个延伸得到的状态 (R) 实际上并不存在。在图中纯 B 的实际状态由 W 点表示。这个假想的状态 (R) 是外推出来的，因为在 x_B 从 $0 \sim 1$ 的整个区间内，溶质不可能都服从 Henry 定律。引入这样一个想象的标准态，并不影响 ΔG 或 $\Delta \mu$ 的计算，因为在求这些值时，有关标准态的项都消去了。

由式 (4.59) 和式 (4.60) 可见，在理想稀溶液中，溶剂和溶质的化学势具有相同的表示形式。但标准态的意义不同。式 (4.59) 和式 (4.60) 也可以看作理想稀溶液的热力学定义。

若 Henry 定律写作 $p = k_{m,B} m_B$，可以得到

$$\mu_B = \mu_B^{\ominus}(T) + RT\ln\frac{k_{m,B} \cdot m^{\ominus}}{p^{\ominus}} + RT\ln\frac{m_B}{m^{\ominus}}$$

$$= \mu_B^{\square}(T,p) + RT\ln\frac{m_B}{m^{\ominus}} \tag{4.61}$$

$\mu_B^{\square}(T,p)$ 是 $m = 1 \ \mathrm{mol \cdot kg^{-1}}$，且服从 Henry 定律的状态的化学势，这个状态也是假想的标准态，因为当 $m = 1 \ \mathrm{mol \cdot kg^{-1}}$ 时，系统并不一定服从 Henry 定律 (参阅图 4.7)。

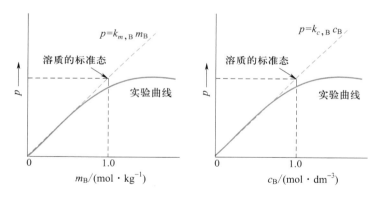

图 4.7   溶液中溶质的标准态 (浓度分别为 m_B 和 c_B)

若 Henry 定律写作 $p = k_{c,B} c_B$，则

$$\mu_B = \mu_B^{\ominus}(T) + RT\ln\frac{k_{c,B} \cdot c^{\ominus}}{p^{\ominus}} + RT\ln\frac{c_B}{c^{\ominus}}$$

$$= \mu_B^{\triangle}(T,p) + RT\ln\frac{c_B}{c^{\ominus}} \tag{4.62}$$

$\mu_B^{\triangle}(T,p)$ 是 $c = 1 \ \mathrm{mol \cdot dm^{-3}}$，且服从 Henry 定律的状态的化学势，这个状态也是假想的标准态。

4.9　稀溶液的依数性

以下只讨论非挥发性溶质二组分稀溶液的依数性, 如沸点升高、凝固点降低及渗透压等。称之为**依数性** (colligative properties) 是因为指定溶剂的种类和数量后, 这些性质只取决于所含溶质分子的数目, 而与溶质的本性无关。

溶液凝固点降低和沸点升高可用图作如下说明。

在图 4.8 中, AB 线和 CD 线分别为实测的纯溶剂和溶液的蒸气压随温度变化的关系曲线。由于溶液的蒸气压较纯溶剂的低, 所以 CD 线在 AB 线之下。当外压为 $p^{\ominus}$ 时, 纯溶剂的沸点为 T_b^*, 而溶液的沸点则为 T_b, 显然 $T_b > T_b^*$, 所以溶液的沸点升高。

在图 4.9 中, EFC 线是固态纯溶剂的蒸气压曲线。AB 线和 FD 线分别是纯溶剂和溶液的蒸气压曲线。固液平衡时, 固相与液相的蒸气压相等, 所以 C 点所对应的温度 T_f^* 是纯溶剂的凝固点, F 点所对应的温度 T_f 是溶液的凝固点, 显然 $T_f^* > T_f$, 所以溶液的凝固点下降。

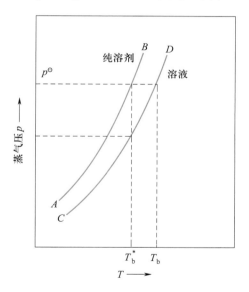

图 4.8　溶液沸点上升示意图

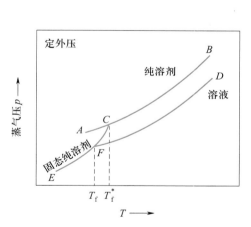

图 4.9　溶液凝固点降低示意图

一些依数性的定量关系, 可如下导得。

1. 凝固点降低

固态纯溶剂与溶液呈平衡时的温度称为溶液的凝固点 (这里假定溶剂和溶质不生成固溶体, 固态是纯的溶剂)。设在压力 p 时, 溶液的凝固点为 T_f, 此时液相与固相两相平衡 (下标 A 代表溶剂):

在温度 T 时

$$\mu_{A(l)}(T, p, x_A) = \mu_{A(s)}(T, p)$$

在定压下, 若使溶液的浓度有 $\mathrm{d}x_A$ 的变化 (即浓度由 $x_A \to x_A + \mathrm{d}x_A$), 则凝固点相应地由 T 变到 $T + \mathrm{d}T$ 而重新建立平衡, 即在温度 $T + \mathrm{d}T$ 时:

$$\mu_{A(l)} + \mathrm{d}\mu_{A(l)} = \mu_{A(s)} + \mathrm{d}\mu_{A(s)}$$

因为

$$\mu_{A(l)} = \mu_{A(s)}$$

所以

$$\mathrm{d}\mu_{A(l)} = \mathrm{d}\mu_{A(s)}$$

亦即

$$\left[\frac{\partial \mu_{A(l)}}{\partial T}\right]_{p, x_A} \mathrm{d}T + \left[\frac{\partial \mu_{A(l)}}{\partial x_A}\right]_{T, p} \mathrm{d}x_A = \left[\frac{\partial \mu_{A(s)}}{\partial T}\right]_p \mathrm{d}T$$

对于稀溶液, $\mu_A = \mu_A^* + RT\ln x_A$, 又已知 $\left(\dfrac{\partial \mu_B}{\partial T}\right)_{p, n_B, n_C} = -S_B$, 代入上式后得

$$-S_{A(l)}\mathrm{d}T + \frac{RT}{x_A}\mathrm{d}x_A = -S_{m, A(s)}^*\mathrm{d}T \tag{4.63}$$

因为

$$S_{A(l)} - S_{m, A(s)}^* = \frac{H_{A(l)} - H_{m, A(s)}^*}{T} = \frac{\Delta H_{m, A}}{T}$$

式中 $\Delta H_{m, A}$ 是在凝固点时, 1 mol 固态纯 A 熔化进入溶液时所吸的热. 对于稀溶液, $\Delta H_{m, A}$ 近似地等于纯 A 的摩尔熔化焓 $\Delta_{fus}H_{m, A}^*$, 代入式 (4.63) 后, 得

$$\frac{RT}{x_A}\mathrm{d}x_A = \frac{\Delta_{fus}H_{m, A}^*}{T}\mathrm{d}T$$

设纯溶剂 $(x_A = 1)$ 的凝固点为 T_f^*, 摩尔分数为 x_A 时溶液的凝固点为 T_f. 对上式积分, 得

$$\int_1^{x_A} \frac{\mathrm{d}x_A}{x_A} = \int_{T_f^*}^{T_f} \frac{\Delta_{fus}H_{m, A}^*}{RT^2}\mathrm{d}T$$

若温度改变不大, $\Delta_{fus}H_{m, A}^*$ 可看成与温度无关, 则得

$$\ln x_A = \frac{\Delta_{fus}H_{m, A}^*}{R}\left(\frac{1}{T_f^*} - \frac{1}{T_f}\right)$$

$$= \frac{\Delta_{\text{fus}}H_{\text{m,A}}^*}{R} \cdot \frac{T_{\text{f}} - T_{\text{f}}^*}{T_{\text{f}}^* T_{\text{f}}}$$

如令

$$\Delta T_{\text{f}} = T_{\text{f}}^* - T_{\text{f}} \qquad T_{\text{f}}^* T_{\text{f}} \approx (T_{\text{f}}^*)^2$$

则得

$$-\ln x_{\text{A}} = \frac{\Delta_{\text{fus}}H_{\text{m,A}}^*}{R(T_{\text{f}}^*)^2} \cdot \Delta T_{\text{f}}$$

将对数项展开 [当 x 很小时, 把 $\ln(1-x)$ 展成级数, 只取第一项, 所以 $\ln(1-x) \approx -x$], 得

$$-\ln x_{\text{A}} = -\ln(1 - x_{\text{B}}) \approx x_{\text{B}} \approx \frac{n_{\text{B}}}{n_{\text{A}}}$$

式中 $n_{\text{A}}, n_{\text{B}}$ 分别为溶液中 A 和 B 的物质的量, 则上式可写成

$$\Delta T_{\text{f}} = \frac{R(T_{\text{f}}^*)^2}{\Delta_{\text{fus}}H_{\text{m,A}}^*} \cdot \frac{n_{\text{B}}}{n_{\text{A}}} \tag{4.64}$$

这就是稀溶液的凝固点降低公式。

设在质量为 $m(A)$ (单位: kg) 的溶剂中溶有溶质 $m(B)$ (单位: kg), 并以 M_A 和 M_B 分别表示 A 和 B 的摩尔质量 (单位: $kg \cdot mol^{-1}$), 则式 (4.64) 又可写作

$$\Delta T_{\text{f}} = \frac{R(T_{\text{f}}^*)^2}{\Delta_{\text{fus}}H_{\text{m,A}}^*} \cdot M_A \cdot \frac{m(B)}{M_B m(A)}$$
$$= k_{\text{f}} \cdot \frac{m(B)}{M_B m(A)}$$
$$= k_{\text{f}} m_B \tag{4.65}$$

式中 $k_{\text{f}} = \dfrac{R(T_{\text{f}}^*)^2}{\Delta_{\text{fus}}H_{\text{m,A}}^*} \cdot M_A$ 称为 **质量摩尔凝固点降低常数**, 简称**凝固点降低常数** (freezing point depression constant 或 cryoscopic constant), 其数值只与溶剂的性质有关。若已知 k_{f}, 则测定了 ΔT_{f}, 就可求出溶质的摩尔质量。式中 m_B 是溶质 B 的质量摩尔浓度 (单位: $mol \cdot kg^{-1}$)。式 (4.65) 只能用于稀溶液。表 4.3 列出一些溶剂的 k_{f} 值。

可以用以下几种方法求 k_{f} 值:

(1) 作 $\dfrac{\Delta T_{\text{f}}}{m_B} - m_B$ 图, 然后外推求 $\left(\dfrac{\Delta T_{\text{f}}}{m_B}\right)_{m_B \to 0}$ 的极限值;

(2) 用量热法求 $\Delta_{\text{fus}}H_{\text{m,A}}^*$, 然后代入 $k_{\text{f}} = \dfrac{R(T_{\text{f}}^*)^2}{\Delta_{\text{fus}}H_{\text{m,A}}^*} \cdot M_A$ 来计算 k_{f};

表 4.3   一些溶剂的 k_f 和 k_b 值

溶剂	水	醋酸	苯	二硫化碳	萘	四氯化碳	苯酚
$\dfrac{k_f}{\mathrm{K \cdot mol^{-1} \cdot kg}}$	1.86	3.90	5.12	3.8	6.94	30	7.27
$\dfrac{k_b}{\mathrm{K \cdot mol^{-1} \cdot kg}}$	0.51	3.07	2.53	2.37	5.8	4.95	3.04

注: 本表数据摘自 Atkins P, Paula J, Keeler J. Physical Chemistry. 11th ed. Oxford: Oxford University Press, 2018: Table 5B.1.

(3) 从固态的蒸气压与温度的关系求 k_f。因为 $\dfrac{\mathrm{dln}p}{\mathrm{d}T} = \dfrac{\Delta_{sub}H_{m,A}^*}{RT^2}$ (Clausius-Clapeyron 方程式, 见第六章), 所以 $k_f = \dfrac{\mathrm{d}T}{\mathrm{dln}p} \cdot M_A$。

不同的方法所得的数值可能略有不同。

在以上的讨论中, 平衡时的固相是纯溶剂。如果平衡时固态是固溶体 (即溶剂 – 溶质形成了固态溶液), 则情况有所不同。设在 T, p 时两相平衡, 则有

组分 A(在溶液中) = 组分 A(在固溶体中)

$$\mu_{A(l)}(T, p, x_A) = \mu_A'(T, p, x_A')$$

用 "'" 代表固溶体相。定压下若使溶液的浓度有 $\mathrm{d}x_A$ 的变化 (由 $x_A \to x_A + \mathrm{d}x_A$), 与之平衡的固溶体的浓度相应地有 $\mathrm{d}x_A'$ 的变化 (由 $x_A' \to x_A' + \mathrm{d}x_A'$), 凝固点相应地由 T 变为 $T + \mathrm{d}T$, 才能重新建立平衡:

$$\mu_{A(l)} + \mathrm{d}\mu_{A(l)} = \mu_A' + \mathrm{d}\mu_A'$$

因为平衡时

$$\mu_{A(l)} = \mu_A'$$

所以

$$\mathrm{d}\mu_{A(l)} = \mathrm{d}\mu_A'$$

$$\left[\frac{\partial \mu_{A(l)}}{\partial T}\right]_{p,x_A} \mathrm{d}T + \left[\frac{\partial \mu_{A(l)}}{\partial x_A}\right]_{T,p} \mathrm{d}x_A = \left(\frac{\partial \mu_A'}{\partial T}\right)_{p,x_A'} \mathrm{d}T + \left(\frac{\partial \mu_A'}{\partial x_A'}\right)_{T,p} \mathrm{d}x_A'$$

假定固溶体也是理想固态混合物, 则

$$\mu_A' = \mu_A^{*\prime}(T, p) + RT\mathrm{ln}x_A'$$

$$\left(\frac{\partial \mu_A'}{\partial T}\right)_{p,x_A'} = -S_A' \qquad \left(\frac{\partial \mu_A'}{\partial x_A'}\right)_{T,p} = \frac{RT}{x_A'}$$

代入上式, 得

$$-S_A\mathrm{d}T + RT\frac{\mathrm{d}x_A}{x_A} = -S_A'\mathrm{d}T + RT\frac{\mathrm{d}x_A'}{x_A'}$$

或

$$\frac{\mathrm{d}x_A}{x_A} - \frac{\mathrm{d}x_A'}{x_A'} = \frac{(S_A - S_A')\mathrm{d}T}{RT} = \frac{\Delta_{fus}H_{m,A}}{RT^2}\mathrm{d}T$$

式中 $\Delta_{fus}H_{m,A}$ 是 1 mol 溶剂由固溶体状态熔入溶液时的熔化焓。对上式积分, 得

$$\int_1^{x_A} \frac{\mathrm{d}x_A}{x_A} - \int_1^{x'_A} \frac{\mathrm{d}x'_A}{x'_A} = \int_{T_f^*}^{T_f} \frac{\Delta_{fus}H_{m,A}}{RT^2}\mathrm{d}T$$

假定 $\Delta_{fus}H_{m,A}$ 不是温度的函数 (或温度变化不大, $\Delta_{fus}H_{m,A}$ 可以作为常数处理), 则

$$\ln\frac{x_A}{x'_A} = \frac{\Delta_{fus}H_{m,A}}{R}\left(\frac{1}{T_f^*} - \frac{1}{T_f}\right)$$

$$= -\frac{\Delta_{fus}H_{m,A}}{R} \cdot \frac{T_f^* - T_f}{T_f^* T_f}$$

令凝固点的降低值 $T_f^* - T = \Delta T_f$, $T_f^* T_f \approx (T_f^*)^2$, 则得

$$-\ln\frac{x_A}{x'_A} = \frac{\Delta_{fus}H_{m,A}}{R(T_f^*)^2} \cdot \Delta T_f \tag{4.66}$$

在上式中:

若 $\dfrac{x_A}{x'_A} < 1$, $x_A < x'_A$, 即在固相中 A 的浓度较液相中大, 则 $\Delta T_f > 0$, 凝固点降低。

若 $\dfrac{x_A}{x'_A} > 1$, $x_A > x'_A$, 即在固相中 A 的浓度较液相中小, 则 $\Delta T_f < 0$, 凝固点升高。

这些结论在有互溶固溶体的相图上都能反映出来 (参阅第五章的相图)。

2. 沸点升高

沸点是指液体的蒸气压等于外压时的温度。根据 Raoult 定律, 在定温时当溶液中含有非挥发性溶质时, 溶液的蒸气压总是比纯溶剂的低。所以, 溶液的沸点比纯溶剂的高。

当气–液两相平衡时:

$$\mu_{A(l)}(T, p, x_A) = \mu_{A(g)}(T, p)$$

定压下, 若溶液浓度有 $\mathrm{d}x_A$ 的变化, 沸点相应地有 $\mathrm{d}T$ 的变化。用上节相同的方法处理, 可得

$$\Delta T_b = \frac{R(T_b^*)^2}{\Delta_{vap}H_{m,A}^*} \cdot \frac{n_B}{n_A} = k_b m_B \tag{4.67}$$

式中 $\Delta T_b = T_b - T_b^*$, T_b^* 是纯溶剂沸点, T_b 是溶液沸点, $\Delta_{vap}H_{m,A}^*$ 是溶剂的摩尔蒸发焓。$k_b = \dfrac{R(T_b^*)^2}{\Delta_{vap}H_{m,A}^*} \cdot M_A$ 称为**沸点升高常数** (boiling point elevation constant 或 ebullioscopic constant), 它只与溶剂的性质有关。在式 (4.67) 的推导过程中, 曾假定溶液是稀溶液, 并且 $\Delta_{vap}H_{m,A}^*$ 与温度无关。若已知 k_b, 则测定 ΔT_b 后, 就可求得溶质的摩尔质量。表 4.3 列出一些溶剂的 k_b 值。

同样有几种方法来求 k_b 的值。

若组分 A, B 都是挥发性的, 则沸点改变的公式可推导如下:

当溶液与其蒸气成平衡时, A, B 两组分既存在于气相中, 又存在于液相中, 设考虑组分 A, 则

$$\mu_{A(l)}(T,p,x_A) = \mu_{A(g)}(T,p,y_A)$$

在定压下, 若使溶液浓度有 $\mathrm{d}x_A$ 的变化, 与之平衡的气相中 A 的浓度将有 $\mathrm{d}y_A$ 的变化, 同时沸点应由 T 改变到 $T+\mathrm{d}T$, 才能重建新的平衡:

$$\mu_{A(l)} + \mathrm{d}\mu_{A(l)} = \mu_{A(g)} + \mathrm{d}\mu_{A(g)}$$

因为

$$\mu_{A(l)} = \mu_{A(g)} \qquad \mathrm{d}\mu_{A(l)} = \mathrm{d}\mu_{A(g)}$$

所以

$$\left[\frac{\partial \mu_{A(l)}}{\partial T}\right]_{p,x_A} \mathrm{d}T + \left[\frac{\partial \mu_{A(l)}}{\partial x_A}\right]_{T,p} \mathrm{d}x_A = \left[\frac{\partial \mu_{A(g)}}{\partial T}\right]_{p,y_A} \mathrm{d}T + \left[\frac{\partial \mu_{A(g)}}{\partial y_A}\right]_{T,p} \mathrm{d}y_A$$

假定溶液是理想液态混合物, 气体是理想气态混合物, 则

$$-S_{A(l)}\mathrm{d}T + RT\frac{\mathrm{d}x_A}{x_A} = -S_{A(g)}\mathrm{d}T + RT\frac{\mathrm{d}y_A}{y_A}$$

移项后积分

$$-\int_1^{x_A} \frac{\mathrm{d}x_A}{x_A} + \int_1^{y_A} \frac{\mathrm{d}y_A}{y_A} = \int_{T_b^*}^{T_b} \frac{\Delta_{vap}H_{m,A}^*}{RT^2}\mathrm{d}T$$

$$\ln\frac{y_A}{x_A} = \int_{T_b^*}^{T_b} \frac{\Delta_{vap}H_{m,A}^*}{RT^2}\mathrm{d}T$$

对于稀溶液, 有

$$\ln x_A = \ln\left(1 - \sum_B x_B\right) \approx -\sum_B x_B$$

$\sum\limits_B x_B$ 代表除溶剂以外, 所有溶质的摩尔分数之和, $\Delta_{vap}H_{m,A}^*$ 可以看作与温度无关的常数, 且 $T_b^* T_b \approx (T_b^*)^2$, 则上式可简化为

$$\sum_B x_B - \sum_B y_B = \frac{\Delta_{vap}H_{m,A}^*}{R(T_b^*)^2}\Delta T_b$$

式中 $\Delta T_b = T_b - T_b^*$, 上式重排后, 可写作

$$\Delta T_b = \frac{R(T_b^*)^2}{\Delta_{vap}H_{m,A}^*}\sum_B x_B\left(1 - \frac{\sum\limits_B y_B}{\sum\limits_B x_B}\right)$$

对于 A, B 所组成的二元系统, 若溶剂 A 的质量是 1.0 kg, 则

$$\Delta T_b = \frac{R(T_b^*)^2}{\Delta_{vap}H_{m,A}^*}x_B\left(1 - \frac{y_B}{x_B}\right)$$

$$\approx \frac{R(T_b^*)^2}{\Delta_{vap}H_{m,A}^*}M_A m_B\left(1 - \frac{y_B}{x_B}\right)$$

$$= k_B m_B\left(1 - \frac{y_B}{x_B}\right)$$

在上式中:

若 $x_B > y_B$, 即气相中 B 的浓度小于液相中 B 的浓度, 则 $\Delta T_b > 0$, 溶液的沸点升高。

若 $x_B < y_B$, 即气相中 B 的浓度大于液相中 B 的浓度, 则 $\Delta T_b < 0$, 溶液的沸点降低。这些情况在相图上也可以反映出来。

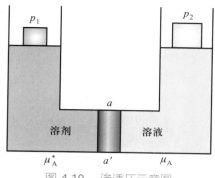

图 4.10　渗透压示意图

3. 渗透压

如图 4.10 所示, 在定温下, 在一个 U 形的容器内, 用半透膜 aa' 将纯溶剂和溶液分开, 半透膜只允许溶剂分子通过。在未发生渗透之前, 设纯溶剂的化学势为 μ_A^*, 溶液中溶剂的化学势为 μ_A, 则

$$\mu_A^* = \mu_A(g) = \mu_A^{\ominus} + RT\ln\frac{p_A^*}{p^{\ominus}} \tag{4.68}$$

$$\mu_A = \mu_A(g) = \mu_A^{\ominus} + RT\ln\frac{p_A}{p^{\ominus}} \tag{4.69}$$

式中 p_A^*, p_A 分别为纯溶剂和溶液中溶剂的蒸气压。由于 $p_A^* > p_A$, 因而 $\mu_A^* > \mu_A$。所以, 溶剂分子有自纯溶剂一方进入溶液一方的倾向。为了阻止纯溶剂一方的溶剂分子进入溶液, 需要在溶液上方施加额外的压力, 以增加其蒸气压, 使半透膜双方溶剂的化学势相等而达到平衡。这个额外的压力就定义为**渗透压** (osmotic pressure), 用 Π 表示。若令 p_1 和 p_2 分别代表平衡时溶剂和溶液上的外压, 换言之, Π 代表维持平衡时双方的压力差, 即

$$\Pi = p_2 - p_1 \tag{4.70}$$

平衡时

$$\mu_A^* = \mu_A + \int_{p_1}^{p_2} \left(\frac{\partial \mu_A}{\partial p}\right)_T dp$$

$$= \mu_A + \int_{p_1}^{p_2} V_A dp \tag{4.71}$$

式中 V_A 是溶液中溶剂的偏摩尔体积。假定压力对体积的影响略而不计, 则上式可写作

$$\mu_A^* = \mu_A + V_A(p_2 - p_1)$$

将式 (4.68)、式 (4.69) 及式 (4.70) 代入上式, 得

$$\Pi V_A = RT\ln\frac{p_A^*}{p_A} \tag{4.72}$$

稀溶液服从 Raoult 定律, 于是

$$\Pi V_A = -RT\ln x_A = -RT\ln(1 - x_B)$$

$$\approx RTx_B \approx RT\frac{n_B}{n_A}$$

式中 n_A, n_B 分别是溶剂和溶质的物质的量, 在稀溶液中 $V_A \approx V_{m,A}$, 并且可以近似地认为 $n_A V_{m,A}$ 等于溶液的体积 V, 所以

$$\Pi V = n_B RT \tag{4.73}$$

式 (4.73) 只适用于稀溶液, 称为 **van't Hoff 公式**。这个公式也可以写作

$$\Pi = \frac{m(B)}{V M_B} RT \tag{4.74}$$

式中 $m(B)$ 为溶质的质量; M_B 为溶质的摩尔质量。如令 $\dfrac{m(B)}{V} = \rho_B$ (其单位为 $kg \cdot m^{-3}$ 或 $kg \cdot dm^{-3}$, 称为物质 B 的质量浓度), 则得

$$\frac{\Pi}{\rho_B} = \frac{RT}{M_B} \tag{4.75}$$

这是 van't Hoff 公式的另一种写法。溶液越稀, van't Hoff 公式越准确。

1945 年, Mc Millan 和 Mayer 对于非电解质大分子溶液的渗透压曾提出一个更精确的公式:

$$\Pi = RT \left(\frac{\rho}{M} + B\rho^2 + D\rho^3 + \cdots \right) \tag{4.76}$$

式中 B, D 是常数; ρ 是质量浓度 (用 $g \cdot cm^{-3}$ 表示); $\overline{M}$ 是大分子的平均摩尔质量。在稀溶液中, 可略去第三项, 得到

$$\frac{\Pi}{\rho} = \frac{RT}{\overline{M}} + RTB\rho \tag{4.77}$$

若以 $\dfrac{\Pi}{\rho}$ 对 ρ 作图, 可得一直线, 将直线外推到 $\rho = 0$ 时, 从截距 $\left(\dfrac{RT}{\overline{M}} \right)$ 就能求得平均摩尔质量。

测定渗透压的主要用途是求大分子 (如人工合成的高聚物或天然产物、蛋白质等) 的摩尔质量。在以上的讨论中, 溶液中的溶质都是非电解质, 若溶液中含有电解质, 则需考虑渗透过程中离子的电中性平衡, 这将在本书下册的有关章节中讨论。

在如图 4.10 所示的示意图中, 当施加于溶液与纯溶剂上的压力差大于溶液的渗透压时, 则溶液中的溶剂将通过半透膜渗透到纯溶剂一方, 这种现象称为 **反渗透** (或称为**逆向渗透**, reverse osmosis)。反渗透可用于海水淡化或工业废水处理, 反渗透的关键问题是要有性能良好的半透膜。在人体中, 肾就具有反渗透的作用, 血液中的糖分远高于尿中的糖分, 肾的反渗透功能可以阻止血液中的糖分进入尿液。如果肾功能有缺陷, 血液中的糖分将进入尿液而形成糖尿病。

例 4.5

在某一定温度时, 0.50 kg 水 (A) 中溶有 2.597×10^{-2} kg 甘露醇 (B), 该溶液的蒸气压为 2322.4 Pa。已知在该温度时, 纯水的蒸气压为 2334.5 Pa。求甘露醇的摩尔质量。

解 $\Delta p = p_A^* - p_A = p_A^* x_B = p_A^* \dfrac{n_B}{n_B + n_A} \approx p_A^* \dfrac{n_B}{n_A}$

代入所给数据:

$$(2334.5 - 2322.4)\,\text{Pa} = 2334.5\,\text{Pa} \times \frac{2.597 \times 10^{-2}\,\text{kg}/M_B}{0.50\,\text{kg}/(18.02 \times 10^{-3}\,\text{kg} \cdot \text{mol}^{-1})}$$

解得

$$M_B = 0.181\,\text{kg} \cdot \text{mol}^{-1} \quad (\text{或 } 181\,\text{g} \cdot \text{mol}^{-1})$$

例 4.6

在 5.0×10^{-2} kg CCl_4(A) 中, 溶入 5.126×10^{-4} kg 萘 (B)($M_B = 0.12816\,\text{kg} \cdot \text{mol}^{-1}$), 测得溶液的沸点较纯溶剂的升高 0.402 K。若在同量的溶剂 CCl_4 中溶入 6.216×10^{-4} kg 未知物, 测得溶液沸点升高约 0.647 K。求该未知物的摩尔质量。

解 根据 $\Delta T_b = k_b m_B$, 即

$$\Delta T_b = k_b \frac{n_B}{m_A} = k_b \frac{m(B)/M_B}{m_A}$$

代入所给数据, 得

$$0.402\,\text{K} = k_b \frac{5.126 \times 10^{-4}\,\text{kg}/(0.12816\,\text{kg} \cdot \text{mol}^{-1})}{5.0 \times 10^{-2}\,\text{kg}}$$

$$0.647\,\text{K} = k_b \frac{6.216 \times 10^{-4}\,\text{kg}/M_B}{5.0 \times 10^{-2}\,\text{kg}}$$

两式相除, 消去 k_b, 解得 $M_B = 9.66 \times 10^{-2}\,\text{kg} \cdot \text{mol}^{-1}$ (或 96.6 g · mol^{-1})。

据第一式可解得 $k_b = 5.03\,\text{K} \cdot \text{kg} \cdot \text{mol}^{-1}$, 但在本题中可不必求出。

例 4.7

假定萘 (A) 与苯 (B) 形成理想混合物。萘的熔点是 353.4 K, 熔化焓是 19.01 kJ·mol^{-1}。问在 333.2 K 时, 萘溶在苯中所形成的饱和溶液中 (即苯的存在导致萘的熔点下降), 萘的摩尔分数应为若干?

解 此题的平衡是

$$\text{萘 (固)} \rightleftharpoons \text{萘 (在苯中的饱和溶液)}$$

根据下式:

$$\ln x_A = \frac{\Delta_{\text{fus}} H_{m,A}^*}{R} \left(\frac{1}{T_f^*} - \frac{1}{T_f} \right)$$

得

$$\ln x_{\mathrm{A}} = \frac{19010\ \mathrm{J\cdot mol^{-1}}}{8.314\ \mathrm{J\cdot mol^{-1}\cdot K^{-1}}} \left(\frac{1}{353.4\ \mathrm{K}} - \frac{1}{333.2\ \mathrm{K}}\right)$$

由上式解得

$$x_{\mathrm{A}} = 0.676$$

例 4.8

用渗透压法测得胰凝乳蛋白酶原 (chymotrypsinogen) 的平均摩尔质量为 25.00 kg·mol^{-1}。今在 298.2 K 时有含该溶质 B 的溶液, 测得其渗透压为 1539 Pa。试问 0.10 dm^3 溶液中含该溶质多少?

解   由于溶液极稀, 故可引用 van't Hoff 公式, 得

$$\frac{\Pi}{\rho_{\mathrm{B}}} = \frac{RT}{M_{\mathrm{B}}} \qquad \rho_{\mathrm{B}} = \frac{m(\mathrm{B})}{V}$$

$$m(\mathrm{B}) = \rho_{\mathrm{B}} V = \frac{\Pi M_{\mathrm{B}} V}{RT}$$

$$= \frac{1539\ \mathrm{Pa} \times 25.00\ \mathrm{kg\cdot mol^{-1}} \times 0.10\ \mathrm{dm^3}}{8.314\ \mathrm{J\cdot mol^{-1}\cdot K^{-1}} \times 298.2\ \mathrm{K}} = 1.552 \times 10^{-3}\ \mathrm{kg}$$

*4.10   Duhem-Margule 公式

在讨论溶液问题时, 有两个重要的热力学公式, 即 Gibbs-Duhem 公式和 Duhem-Margule 公式, 前者更具有一般性, 后者是前者的延伸和具体应用。

在 4.3 节中我们已得到 Gibbs-Duhem 公式的一般表示式, 即式 (4.14)。在恒温恒压下:

$$\sum_{\mathrm{B}=1}^{k} x_{\mathrm{B}} \mathrm{d} Z_{\mathrm{B}} = 0$$

式中 Z_{B} 是系统任一容量性质 Z 的偏摩尔量。若容量性质 Z 为 Gibbs 自由能 G, 则偏摩尔 Gibbs 自由能就是化学势 μ, 所以可得

$$\sum_{\mathrm{B}=1}^{k} x_{\mathrm{B}} \mathrm{d} \mu_{\mathrm{B}} = 0 \tag{4.78}$$

这个公式表明溶液中各组分的化学势之间不是彼此无关的, 而是通过 Gibbs-Duhem 公式联系在一起的。在讨论溶液的有关问题时, 总要涉及各组分的化学势之间的联系。因此, Gibbs-Duhem 公式是一个十分重要的公式。从这个公式还可以导出其他一些公式。Gibbs-Duhem 公式并不仅限于联系溶液中组分 A 和 B 的化学势, 溶液中的其他偏摩尔量也具有同样的关系。

Duhem-Margule 公式是 Gibbs-Duhem 公式的延伸, 它主要讨论二组分液相系统中各组分蒸气压之间的关系。

Gibbs-Duhem 公式对任何均相系统均可使用。当系统中液相与气相达成平衡时, 任一组分 B 的化学势可表示为

$$\mu_{B(l)} = \mu_{B(g)}$$
$$= \mu_B^\ominus + RT \ln \frac{p_B}{p^\ominus}$$

p_B 是 B 的蒸气在气相中的分压。对上式微分, 得

$$d\mu_B = RT d \ln p_B$$

根据偏摩尔量的加和公式, $G = \sum_B n_B \mu_B$, 有

$$dG = \sum_B n_B d\mu_B + \sum_B \mu_B dn_B$$

已知

$$dG = -SdT + Vdp + \sum_B \mu_B dn_B$$

若保持 T 不变, 则 $dT = 0$, 比较上面两式, 得

$$\sum_B n_B d\mu_B = Vdp$$

将上面 $d\mu_B$ 的表示式代入, 得

$$RT \sum_B n_B d\ln p_B = Vdp \tag{4.79}$$

此式表示在恒温下, 由于液相组成改变, 相应地各组分在气相中的分压 p_B 也要改变, 但这些分压都要满足式 (4.79)。此式也可以写成另外的形式, 若双方除以总的物质的量, 并设气体为理想气体, 则得

$$\sum_B x_B d\ln p_B = \frac{Vdp}{RT \sum_B n_B} = \frac{V_m(l)}{V_m(g)} d\ln p \tag{4.80}$$

式中 $V_{\mathrm{m}}(\mathrm{l})$ 代表 1 mol 溶液的体积 $\left[V_{\mathrm{m}}(\mathrm{l}) = \dfrac{V(\mathrm{l})}{\sum\limits_{\mathrm{B}} n_{\mathrm{B}}}\right]$；$V_{\mathrm{m}}(\mathrm{g})$ 代表 1 mol 混合气

体的体积 $\left[V_{\mathrm{m}}(\mathrm{g}) = \dfrac{RT}{p}\right]$。由于 $V_{\mathrm{m}}(\mathrm{g}) \gg V_{\mathrm{m}}(\mathrm{l})$，或 $\dfrac{V_{\mathrm{m}}(\mathrm{l})}{V_{\mathrm{m}}(\mathrm{g})} \ll 1$（除非温度接近临界温度），而且在通常的情况下，暴露于空气中的系统，其外压总是恒定的，所以可以略去等式 (4.80) 右方的项，而得到

$$\sum_{\mathrm{B}} x_{\mathrm{B}}\mathrm{d}\ln p_{\mathrm{B}} = 0 \tag{4.81}$$

[如果用不溶于液相的惰性气体维持液面的压力 p 使之不变，并且用逸度来代替压力，则式 (4.81) 是严格正确的。]

　　对于只含 A 和 B 的二组分系统，则得

$$x_{\mathrm{A}}\mathrm{d}\ln p_{\mathrm{A}} + x_{\mathrm{B}}\mathrm{d}\ln p_{\mathrm{B}} = 0 \tag{4.82}$$

在恒温及总压恒定时，分压仅与组成有关，即分压的改变仅是由于组成的改变而引起的，即

$$\mathrm{d}\ln p_{\mathrm{B}} = \frac{\partial \ln p_{\mathrm{B}}}{\partial x}\mathrm{d}x$$

故式 (4.82) 可写作

$$x_{\mathrm{A}}\left(\frac{\partial \ln p_{\mathrm{A}}}{\partial x_{\mathrm{A}}}\right)_{T,p}\mathrm{d}x_{\mathrm{A}} + x_{\mathrm{B}}\left(\frac{\partial \ln p_{\mathrm{B}}}{\partial x_{\mathrm{B}}}\right)_{T,p}\mathrm{d}x_{\mathrm{B}} = 0 \tag{4.83}$$

因为 $\mathrm{d}x_{\mathrm{A}} = -\mathrm{d}x_{\mathrm{B}}$，所以式 (4.83) 也可以写作

$$x_{\mathrm{A}}\left(\frac{\partial \ln p_{\mathrm{A}}}{\partial x_{\mathrm{A}}}\right)_{T,p} - x_{\mathrm{B}}\left(\frac{\partial \ln p_{\mathrm{B}}}{\partial x_{\mathrm{B}}}\right)_{T,p} = 0$$

或

$$\left(\frac{\partial \ln p_{\mathrm{A}}}{\partial \ln x_{\mathrm{A}}}\right)_{T,p} = \left(\frac{\partial \ln p_{\mathrm{B}}}{\partial \ln x_{\mathrm{B}}}\right)_{T,p} \tag{4.84}$$

或

$$\frac{x_{\mathrm{A}}}{p_{\mathrm{A}}}\left(\frac{\partial p_{\mathrm{A}}}{\partial x_{\mathrm{A}}}\right)_{T,p} = \frac{x_{\mathrm{B}}}{p_{\mathrm{B}}}\left(\frac{\partial p_{\mathrm{B}}}{\partial x_{\mathrm{B}}}\right)_{T,p} \tag{4.85}$$

上面这些公式都叫作 **Duhem-Margule 公式**，都是由式 (4.81) 衍生出来的，它们指出了各组分的分压与组成之间的关系。

　　根据 Duhem-Margule 公式可知：

(1) 若组分 A 在某一浓度区间服从 Raoult 定律, 则在该浓度区间内, 组分 B 必服从 Henry 定律。

根据 Raoult 定律 $p_A = p_A^* x_A$, 则 $\mathrm{dln}p_A = \mathrm{dln}x_A$, 即

$$\left(\frac{\partial \mathrm{ln}p_A}{\partial \mathrm{ln}x_A}\right)_{T,p} = 1$$

根据 Duhem-Margule 公式 [式 (4.84)], 得

$$\left(\frac{\partial \mathrm{ln}p_B}{\partial \mathrm{ln}x_B}\right)_{T,p} = 1$$

或

$$\mathrm{dln}p_B = \mathrm{dln}x_B$$

将上式积分, 就得到

$$p_B = k_{x,B} x_B \tag{4.86}$$

这就是说, 若组分 A 在某一浓度区间内遵从 Raoult 定律, 则在该区间内组分 B 必遵从 Henry 定律。这个结论与实验事实相符 (参阅图 4.11)。

(2) 倘若在溶液中增加某一组分的浓度后, 使它在气相中的分压上升, 则在气相中另一组分的分压必下降。因为在式 (4.85) 中, x_A, p_A, x_B, p_B 皆为正值, 若 $\left(\frac{\partial p_A}{\partial x_A}\right)_{T,p}$ 是正值, 则 $\left(\frac{\partial p_B}{\partial x_B}\right)_{T,p}$ 亦必为正值。但 $\mathrm{d}x_A = -\mathrm{d}x_B$, 故 $\left(\frac{\partial p_B}{\partial x_A}\right)_{T,p} < 0$, 即分压 p_B 随 x_A 的增大而下降。如图 4.12 所示, p_A, p_B 代表实验结果。在任意浓度 M 处, 有

$$\frac{p_A}{x_A} = \frac{MQ}{BM} \qquad \frac{\partial p_A}{\partial x_A} \text{ 为 } Q \text{ 点的斜率}$$

$$\frac{p_B}{x_B} = \frac{MR}{AM} \qquad \frac{\partial p_B}{\partial x_B} \text{ 为 } R \text{ 点的斜率}$$

这两个斜率值必须满足式 (4.85)。这些公式可用以检验实验曲线的结果是否正确。

(3) 可以求得总蒸气压与组成的关系: 设以 x_A 代表在液相中组分 A 的摩尔分数, y_A 代表该组分在气相中的摩尔分数, 并假设没有惰性气体, 则

$$p_A = p y_A \qquad p_B = p(1 - y_A)$$

代入式 (4.80), 得

$$x_A \mathrm{dln}(p y_A) + (1 - x_A)\mathrm{dln}[p(1 - y_A)] = \frac{V_m(l)}{V_m(g)}\mathrm{dln}p$$

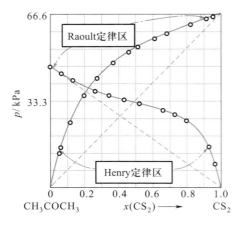

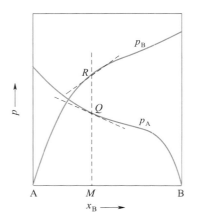

图 4.11　$CH_3COCH_3 - CS_2$ 的 $p - x$ 图　　　图 4.12　Duhem-Margule 公式的应用

重排后得

$$\frac{x_A}{y_A}dy_A - \frac{1 - x_A}{1 - y_A}dy_A = \left[\frac{V_m(l)}{V_m(g)} - 1\right]d\ln p$$

或

$$\left(\frac{\partial \ln p}{\partial y_A}\right)_T = \frac{y_A - x_A}{y_A(1 - y_A)\left[1 - \dfrac{V_m(l)}{V_m(g)}\right]}$$

因 $\dfrac{V_m(l)}{V_m(g)} \ll 1$, 故上式可写为

$$\left(\frac{\partial \ln p}{\partial y_A}\right)_T \approx \frac{y_A - x_A}{y_A(1 - y_A)}$$

即 $\left(\dfrac{\partial \ln p}{\partial y_A}\right)_T$ 与 $(y_A - x_A)$ 的正、负号应相同。若 $\left(\dfrac{\partial \ln p}{\partial y_A}\right)_T > 0$, 即在气相中增大 A 组分的摩尔分数后, 总蒸气压也增大, 则 $y_A > x_A$, 也就是在气相中 A 的浓度大于它在液相中的浓度。若 $\left(\dfrac{\partial \ln p}{\partial y_A}\right)_T < 0$, 即在气相中增大 A 组分的摩尔分数后, 使总蒸气压降低, 则 $y_A < x_A$, 即在液相中 A 的浓度大于它在气相中的浓度。这就是 Коновалов (柯诺瓦洛夫) 的第二规则。

如果 $\left(\dfrac{\partial \ln p}{\partial y_A}\right)_T = 0$, 这在总压–组成图 (即 $p - x$ 图) 上, 相当于曲线的最高点或最低点。则 $y_A = x_A$, 即 A 的气、液两相的组成相同。这就是 Коновалов 的第一规则。

Коновалов 最初是由实验总结出这两个规则的, 而根据 Duhem-Margule 公式则可以从热力学上给予证明。这两个规则在二组分气–液平衡的相图中, 可得到具体应用。

4.11   活度与活度因子

非理想液态混合物中各组分的化学势 —— 活度的概念

为处理非理想液态混合物, Lewis 引入了活度的概念。我们已知在理想液态混合物中无溶剂与溶质之分, 任一组分 B 的化学势可以表示为

$$\mu_B = \mu_B^*(T, p) + RT\ln x_B \tag{4.87}$$

在获得这个公式时, 曾引用了 Raoult 定律, 即 $\frac{p_B}{p_B^*} = x_B$。对于非理想液态混合物, Raoult 定律应修正为

$$\frac{p_B}{p_B^*} = \gamma_{x,B} x_B \tag{4.88}$$

因此, 对非理想液态混合物, 式 (4.87) 应修正为

$$\mu_B = \mu_B^*(T, p) + RT\ln(\gamma_{x,B} x_B) \tag{4.89}$$

如定义

$$a_{x,B} \xlongequal{\text{def}} \gamma_{x,B} x_B \qquad \lim_{x_B \to 1} \gamma_{x,B} = 1 \tag{4.90}$$

$a_{x,B}$ 是组分 B 用摩尔分数表示的**活度** (activity), 是量纲一的量; $\gamma_{x,B}$ 称为组成用摩尔分数表示的**活度因子** (activity factor)[①], 也称为**活度系数** (activity coefficient), 它表示在实际混合物中, 组分 B 的摩尔分数与理想液态混合物的偏差, 也是量纲一的量。将式 (4.90) 代入式 (4.89), 得

$$\mu_B = \mu_B^*(T, p) + RT\ln a_{x,B} \tag{4.91}$$

从式 (4.88) 可以看出, $\gamma_{x,B}$ 实际上是对 Raoult 定律的偏差系数 (这也是求 $\gamma_{x,B}$ 的一种方法)。对于理想液态混合物, $\gamma_{x,B} = 1$, $a_{x,B} = x_B$, 则式 (4.91) 和式 (4.87) 是一样的。由此可见, 非理想液态混合物与理想液态混合物中组分 B 化学势的表示式是一样的。但式 (4.91) 比式 (4.87) 更具有普遍意义, 它可以用于任何 (理想

[①] 关于系数和因子的使用问题, 在 GB 3101—93 中有一个附录 A: "物理量名称中所用术语的规则"。文中说: 如果 A 量与 B 量有如下的关系: $A = kB$,

若 A 量与 B 量具有同一量纲, 则 k 用因数或因子 (factor);

若 A 量与 B 量不具有同一量纲, 则 k 用系数 (coefficient)。

文中又称对这一规则不作硬性规定 $\cdots\cdots$ 希望在引进新名词时能遵守这些规则。

在 GB 3102 - 8—93 的 "量的名称" 一栏中, 使用活度因子 (activity factor), 而在备注栏中则标注 "也称为活度系数 (activity coefficient)"。但 GB 的倾向性是显然的。故本书顺应这一趋势, 使用 "活度因子" 这一名词来代替以往惯用的 "活度系数"。但请读者注意, 当前国内外的一些期刊和书籍, 活度系数这一名词仍被大量使用, 二者是等同的。

或非理想) 系统。凡是由理想液态混合物所导出的一些热力学方程式, 将其中的 x_B 换为 $a_{x,B}$, 就能扩大使用范围, 用于非理想液态混合物。余下的问题是如何求活度因子 $\gamma_{x,B}$。

式 (4.91) 中 $\mu_B^*(T,p)$ 是 $x_B = 1$, $\gamma_{x,B} = 1$ 即 $a_{x,B} = 1$ 的那个状态的化学势, 这个状态就是纯组分 B, 这是一个真实存在的状态。

非理想稀溶液

对于稀溶液中的溶剂, 其组成多用摩尔分数 x_A 表示。因此, 总是用式 (4.88) 来求活度或活度因子。但是, 对于溶质来说, 情况较为复杂一些。当溶质为固体或气体时, 其溶解度有一定的限度, 因此就不可能选择一个真实的状态作为标准态, 而只能是一个假想的状态 (参阅图 4.7)。若浓度采用不同的方法表示时, 其标准态也有所不同, 则溶质的化学势也有不同的形式。

1. 溶质浓度用摩尔分数表示

当气–液平衡时, 有

$$\mu_{B(l)} = \mu_{B(g)}$$
$$= \mu_B^\ominus(T) + RT\ln\frac{p_B}{p^\ominus} \tag{4.92}$$

在理想稀溶液中, 溶质服从 Henry 定律:

$$p_B = k_{x,B}x_B$$

对于非理想稀溶液, 有

$$p_B = k_{x,B}\gamma_{x,B}x_B = k_{x,B}a_{x,B} \tag{4.93}$$

式中 $a_{x,B} = \gamma_{x,B}x_B$, $\gamma_{x,B}$ 是当溶质浓度用摩尔分数 x_B 表示时的活度因子。当浓度极稀时, $\gamma_{x,B} \to 1$, $a_{x,B} \approx x_B$。代入式 (4.92) 后, 得

$$\mu_{B(l)} = \mu_{B(g)} = \mu_B^\ominus(T) + RT\ln\frac{p_B}{p^\ominus}$$
$$= \mu_B^\ominus(T) + RT\ln\frac{k_{x,B}}{p^\ominus} + RT\ln a_{x,B} \quad [\text{代入式 (4.93)}]$$
$$= \mu_{x,B}^*(T,p) + RT\ln a_{x,B} \quad (\text{上式中前两项合并}) \tag{4.94}$$

$\mu_{x,B}^*(T,p)$ 是在 T,p 时, 当 $x_B = 1$, $\gamma_{x,B} = 1$ 即 $a_{x,B} = 1$ (也就是说浓度一直到 $x_B = 1$ 时, 仍然符合 Henry 定律) 的那个状态的化学势。它实际上是一个假想态 (参看图 4.6 中的 R 点)。若这个假想态的压力不是 p, 而是 $p^\ominus$, 这个状态就是溶质浓度用摩尔分数表示时的标准态 $\mu_{x,B}^\ominus(T,p^\ominus)$。

2. 溶质浓度用质量摩尔浓度 m_B 表示

在理想稀溶液中, 溶质 B 符合 Henry 定律, $p_B = k_{m,B}m_B$, 溶质 B 的化学势为

$$
\begin{aligned}
\mu_{B(l)} = \mu_{B(g)} &= \mu_B^\ominus(T, p^\ominus) + RT\ln\frac{p_B}{p^\ominus}\\
&= \mu_B^\ominus(T, p^\ominus) + RT\ln\frac{k_{m,B}m_B}{p^\ominus}\\
&= \mu_B^\ominus(T, p^\ominus) + RT\ln\frac{k_{m,B}m^\ominus}{p^\ominus} + RT\ln\frac{m_B}{m^\ominus}\\
&= \mu_{m,B}^\square(T, p) + RT\ln\frac{m_B}{m^\ominus}
\end{aligned}
\tag{4.95}
$$

式 (4.95) 就是在溶质符合 Henry 定律的稀溶液中, 溶质 B 的浓度用质量摩尔浓度 m_B 表示时的化学势表示式。式中 $m^\ominus$ 为标准质量摩尔浓度, $m^\ominus = 1\ \text{mol·kg}^{-1}$, 而

$$
\mu_{m,B}^\square(T, p) = \mu_B^\ominus(T, p^\ominus) + RT\ln\frac{k_{m,B}m^\ominus}{p^\ominus}
$$

$\mu_{m,B}^\square(T, p)$ 是这样一个状态的化学势, 它在 $m_B = 1\ \text{mol·kg}^{-1}$ 时, 仍能满足 Henry 定律。显然, 这个状态也是一个假想态。

若溶质 B 不符合 Henry 定律, 即不是理想的稀溶液, 则可在 Henry 定律的公式中加一个校正项 $\gamma_{m,B}$, 即 $p_B = k_{m,B}\gamma_{m,B}m_B$, 于是得到

$$
\mu_B = \mu_{m,B}^\square(T, p) + RT\ln\frac{\gamma_{m,B}m_B}{m^\ominus}
$$

若令

$$
a_{m,B} = \frac{\gamma_{m,B}m_B}{m^\ominus} \quad (\text{此式也表明 } a_{m,B} \text{ 是量纲一的量})
$$

且

$$
\lim_{m_B\to 0}\gamma_{m,B} = 1
$$

则上式可写作

$$
\mu_B = \mu_{m,B}^\square(T, p) + RT\ln a_{m,B}
\tag{4.96}
$$

式 (4.96) 更一般化, 它既可用于符合 Henry 定律的溶质, 又可用于对 Henry 定律有偏差的溶质。引入的校正项 $\gamma_{m,B}$ 是溶质浓度用质量摩尔浓度表示时的活度因子, 是量纲一的量。对于理想的稀溶液, 显然 $\gamma_{m,B} = 1$。$a_{m,B}$ 是溶质 B 的浓度用质量摩尔浓度表示时的活度, 也是量纲一的量。

3. 溶质浓度用物质的量浓度 c_B 表示

处理方法与 (2) 类似, 可得

$$\mu_{\mathrm{B}} = \mu_{c,\mathrm{B}}^{\triangle}(T,p) + RT\ln\frac{\gamma_{c,\mathrm{B}}c_{\mathrm{B}}}{c^{\ominus}}$$

若令

$$a_{c,\mathrm{B}} = \frac{\gamma_{c,\mathrm{B}}c_{\mathrm{B}}}{c^{\ominus}}$$

且

$$\lim_{c_{\mathrm{B}}\to 0}\gamma_{c,\mathrm{B}} = 1$$

则得

$$\mu_{\mathrm{B}} = \mu_{c,\mathrm{B}}^{\triangle}(T,p) + RT\ln a_{c,\mathrm{B}} \tag{4.97}$$

总之, 对于非理想溶液, 引入了活度的概念后, 其化学势仍保留理想溶液化学势的表示形式。但是, 这里的 $\mu_{x,\mathrm{B}}^{*}(T,p)$, $\mu_{m,\mathrm{B}}^{\square}(T,p)$, $\mu_{c,\mathrm{B}}^{\triangle}(T,p)$ 都不是标准态, 它们都是 T,p 的函数, 而且数值也不等 (读者可以从三种浓度表示之间数值上的关系来导出它们之间的相互关系)。只有当各自的浓度数值都等于 1 且服从 Henry 定律, 各自的活度因子也等于 1, 即各自的活度都等于 1, 且压力为标准压力 $p^{\ominus}$ 时, 才是标准态, 可分别表示为 $\mu_{x,\mathrm{B}}^{\ominus}(T,p^{\ominus})$, $\mu_{m,\mathrm{B}}^{\ominus}(T,p^{\ominus})$, $\mu_{c,\mathrm{B}}^{\ominus}(T,p^{\ominus})$, 显然, 这些标准态都是互不相同的假想态。

对于溶剂, 它的标准态是溶剂的纯液态, 其化学势为 $\mu_{\mathrm{A}}^{\ominus}(T,p^{\ominus})$。对于纯固体, 则通常选择在反应温度 T, 压力 $p^{\ominus}$ 时, 该纯固体作为标准态, 其化学势为 $\mu_{\mathrm{B}}^{\ominus}(T,p^{\ominus})$, 活度 $a_{\mathrm{B}} = 1$。

我们以前已经讲过, 对于气体, 根据

$$\mu_{\mathrm{B}} = \mu_{\mathrm{B}}^{\ominus}(T) + RT\ln\frac{f_{\mathrm{B}}}{p^{\ominus}} = \mu_{\mathrm{B}}^{\ominus}(T) + RT\ln\frac{p_{\mathrm{B}}\gamma_{\mathrm{B}}}{p^{\ominus}}$$

其标准态是 $f_{\mathrm{B}} = p^{\ominus}$ 的理想气体 (即 $p_{\mathrm{B}} = p^{\ominus}$, $\gamma_{\mathrm{B}} = 1$)。标准态的化学势是 $\mu_{\mathrm{B}}^{\ominus}(T,p^{\ominus})$, 由于已规定压力为 $p^{\ominus}$, 所以 $\mu_{\mathrm{B}}^{\ominus}$ 仅是温度的函数。这个状态也是一个假想的状态, 因为当 $p = p^{\ominus}$ 时, 严格讲那气体必不是理想气体, 其逸度因子必不等于 1。

双液系中活度因子之间的关系

根据 Gibbs-Duhem 关系式, 在由两种液体构成的双液系中, 在定温定压下, 有

$$n_1\mathrm{d}\mu_1 + n_2\mathrm{d}\mu_2 = 0$$

或

$$x_1 \mathrm{d}\mu_1 + x_2 \mathrm{d}\mu_2 = 0 \tag{4.98}$$

又任一组分的化学势可表示为

$$\mu_{\mathrm{B}} = \mu_{\mathrm{B}}^{\ominus}(T) + RT\ln a_{\mathrm{B}}$$

在定温下, $\mu_{\mathrm{B}}^{\ominus}(T)$ 是一个常数, 于是有

$$\mathrm{d}\mu_{\mathrm{B}} = RT\mathrm{d}\ln a_{\mathrm{B}}$$

$$= RT\mathrm{d}\ln x_{\mathrm{B}} + RT\mathrm{d}\ln\gamma_{x,\mathrm{B}}$$

代入式 (4.98), 得

$$x_1\mathrm{d}\ln\gamma_1 + x_2\mathrm{d}\ln\gamma_2 + x_1\mathrm{d}\ln x_1 + x_2\mathrm{d}\ln x_2 = 0$$

因为

$$\mathrm{d}\ln x_{\mathrm{B}} = \frac{\mathrm{d}x_{\mathrm{B}}}{x_{\mathrm{B}}} \qquad \mathrm{d}x_1 = -\mathrm{d}x_2$$

所以得

$$x_1\mathrm{d}\ln\gamma_1 + x_2\mathrm{d}\ln\gamma_2 = 0 \tag{4.99}$$

式 (4.99) 表示了 γ_1 与 γ_2 之间的关系。将式 (4.99) 移项后积分, 得

$$\int_{\gamma_1=1}^{\gamma_1} \mathrm{d}\ln\gamma_1 = -\int_{\gamma_2(x_2\to0)}^{\gamma_2} \frac{x_2}{x_1}\mathrm{d}\ln\gamma_2 \quad (\text{当 } x_1 = 1 \text{ 时}, \gamma_1 = 1)$$

得

$$\ln\gamma_1 = -\int_{\gamma_2(x_2\to0)}^{\gamma_2} \frac{x_2}{x_1}\mathrm{d}\ln\gamma_2 \tag{4.100}$$

根据式 (4.100), 可以用图解积分法求得 γ_1。

*活度和活度因子的求法

活度和活度因子的求解方法很多, 只择要介绍其中几种。

(1) **蒸气压法** 对于溶剂来说, 根据式 (4.88) 相应有

$$\frac{p_{\mathrm{A}}}{p_{\mathrm{A}}^*} = x_{\mathrm{A}}\gamma_{x,\mathrm{A}}$$

所以

$$\gamma_{x,\mathrm{A}} = \frac{p_{\mathrm{A}}}{p_{\mathrm{A}}^* x_{\mathrm{A}}} \tag{4.101}$$

式中 p_{A} 是蒸气压的实测值。对于溶质来说, 若物质的浓度用 c 表示, 则

$$p_B = k_{c,B} c_B \gamma_{c,B}$$

$$\gamma_{c,B} = \frac{p_B}{k_{c,B} c_B} \qquad (4.102)$$

式中 p_B 是蒸气压的实测值; 如前所述, Henry 定律系数 $k_{c,B}$ 可以用外推法求得, 即以 $\dfrac{p_B}{c_B}$ 对 c_B 作图, 外推到 $c_B = 0$, 则 $\left(\dfrac{p_B}{c_B}\right)_{c_B \to 0} = k_{c,B}$。知道了 $k_{c,B}$ 的值, 就能根据式 (4.102) 求出活度因子 (若浓度用 m_B 表示, 其讨论大致与上类似)。

(2) **凝固点降低法**   在讨论凝固点降低时, 曾得到如下的公式:

$$\ln x_A = \frac{\Delta_{fus} H_{m,A}^*}{R} \left(\frac{1}{T_f^*} - \frac{1}{T_f}\right)$$

此式适用于理想稀溶液或理想液态混合物。对于任意的溶液, 同样假定 $\Delta_{fus} H_{m,A}^*$ 不是温度的函数及 ΔT 不大时, 则应有

$$\ln a_A = \frac{\Delta_{fus} H_{m,A}^*}{R} \left(\frac{1}{T_f^*} - \frac{1}{T_f}\right) = -\frac{\Delta_{fus} H_{m,A}^*}{R(T_f^*)^2} \Delta T$$

式中 $\Delta T = T_f^* - T$。由实验测定凝固点降低值 ΔT 可求得该浓度下溶剂的活度 a_A, 然后根据 $a_A = \gamma_A x_A$, 即可求得活度因子 γ_A。

(3) **图解积分法**   利用 Gibbs-Duhem 公式可以从溶质 (剂) 的活度求溶剂 (质) 的活度。即由 a_A 计算 a_B (或由 a_B 计算 a_A), 这是 Gibbs-Duhem 公式的一个重要应用。如果从实际求得组分 A 的活度 (或表示成某种函数的表示式), 则根据 Gibbs-Duhem 关系式, 就能求得组分 B 的活度 (或其函数表示式)。如果实测 B 的活度值与计算值一致, 则称它们满足了热力学一致性, 否则就是不满足热力学一致性, 从而需要对实验进行检查, 或进一步修正对溶液所给的模型。

如前所述, 根据 Gibbs-Duhem 公式, 在定温定压时:

$$x_A d\mu_A + x_B d\mu_B = 0$$

或

$$x_A d\ln a_A + x_B d\ln a_B = 0$$

$$d\ln a_A = -\frac{x_B}{x_A} d\ln a_B \qquad (a)$$

由于

$$x_A + x_B = 1 \qquad dx_A = -dx_B$$

所以

$$d\ln x_A = -\frac{x_B}{x_A} d\ln x_B \qquad (b)$$

(a), (b) 两式相减, 得

$$\mathrm{dln}\frac{a_\mathrm{A}}{x_\mathrm{A}} = -\frac{x_\mathrm{B}}{x_\mathrm{A}}\mathrm{dln}\frac{a_\mathrm{B}}{x_\mathrm{B}}$$

积分, 得

$$\ln\frac{a_\mathrm{A}}{x_\mathrm{A}} = \int_0^{x_\mathrm{B}} -\frac{x_\mathrm{B}}{x_\mathrm{A}}\mathrm{dln}\frac{a_\mathrm{B}}{x_\mathrm{B}} \tag{4.103}$$

如以 $\frac{x_\mathrm{B}}{x_\mathrm{A}}$ 对 $\ln\gamma_{x,\mathrm{B}}$ 作图, 用图解积分即可求出 $\ln\gamma_{x,\mathrm{A}}$ (或 $\ln a_{x,\mathrm{A}}$)。这是从溶质活度求溶剂活度的图解积分法 (若用图解积分法从溶剂的活度求溶质的活度, 则情况要稍微复杂一些)。

另外一个准确测量活度的方法是测定电池的可逆电动势, 这个方法将在电化学一章中介绍 (测定活度和活度因子的方法很多, 这里不能作全面介绍, 读者可参考有关化学热力学的书籍)。

*4.12 渗透因子和超额函数

溶剂 A 的渗透因子

如上所述, 可以用活度因子 γ_B 来表示组分 B 在实际溶液和理想液态混合物间的偏差。在讨论溶质时, 用 γ_B 能够适当地表示溶质偏差的大小。但是, 要用上述同样的方法以溶剂的 γ_A 来表示实际溶液与理想溶液的偏差时, 则往往不很显著。例如, 在 298.15 K 时, 在溶剂水 (A) 的摩尔分数 $x_\mathrm{A} = 0.9328$ 的 KCl 溶液中, 已知水的活度是 $a_\mathrm{A} = 0.9364$, 所以水的活度因子 $\gamma_{x,\mathrm{A}} = 1.004$。显然可见, 如果用 $\gamma_{x,\mathrm{A}}$ 来衡量溶液的不理想程度, 则偏差极不显著。为此, Bjerrum 建议用 **渗透因子** (osmotic factor) φ 来表示溶剂的非理想程度 (渗透因子也称为渗透系数)。渗透因子 φ 的定义是

$$\mu_\mathrm{A} \overset{\mathrm{def}}{=\!=\!=} \mu_\mathrm{A}^* + \varphi RT\ln x_\mathrm{A} \tag{4.104}$$

且当 $x_\mathrm{A} \to 1$ 时, $\varphi \to 1$。

把渗透因子的定义式与化学势公式 $\mu_\mathrm{A} = \mu_\mathrm{A}^* + RT\ln(x_\mathrm{A}\gamma_{x,\mathrm{A}})$ 相比较, 得

$$\ln(x_\mathrm{A}\gamma_{x,\mathrm{A}}) = \varphi\ln x_\mathrm{A}$$

$$\ln\gamma_{x,\mathrm{A}} = (\varphi - 1)\ln x_\mathrm{A}$$

$$\varphi = \frac{\ln\gamma_{x,A} + \ln x_A}{\ln x_A} \tag{4.105}$$

上例的 KCl 溶液中, 水的 $\gamma_{x,A} = 1.004$, 而 $\varphi = 0.944$。这样, 用渗透因子 φ 来表示溶剂的偏差要比用活度因子 $\gamma_{x,A}$ 来表示显著多了。

渗透因子 φ 的另一个定义也可写作

$$\varphi = -\frac{x_A}{\sum\limits_B x_B}\ln(x_A\gamma_{x,A}) \quad \text{或} \quad \varphi = -\Big(M_A\sum\limits_B m_B\Big)^{-1}\ln a_A \tag{4.106}$$

超额函数

在前几节里讲到, 对于非理想溶液, 可以用活度因子和渗透因子来衡量偏离理想溶液的程度。活度因子可用于溶剂或溶质, 而渗透因子只用于溶剂。如果要衡量整个溶液的不理想程度, 则用**超额函数** (excess function) 较为方便。

在等温下, 将物质的量为 n_1 的组分 1 和物质的量为 n_2 的组分 2 混合, 若形成理想的液态混合物, 则 $\Delta_{\text{mix}}V = 0$, $\Delta_{\text{mix}}H = 0$, 但是 $\Delta_{\text{mix}}G \neq 0$, $\Delta_{\text{mix}}S \neq 0$。对于非理想溶液, 虽然上面的函数变化值都不等于零, 但下面的关系是仍然存在的。

$$\Delta_{\text{mix}}G = \Delta_{\text{mix}}H - T\Delta_{\text{mix}}S$$

在实际混合时

$$\begin{aligned}\Delta_{\text{mix}}G^{\text{re}} &= G_{混合后} - G_{混合前} = (n_1\mu_1 + n_2\mu_2) - (n_1\mu_1^* + n_2\mu_2^*)\\ &= n_1RT\ln a_1 + n_2RT\ln a_2\\ &= n_1RT\ln x_1 + n_2RT\ln x_2 + n_1RT\ln\gamma_1 + n_2RT\ln\gamma_2\\ &= \sum_B n_BRT\ln x_B + \sum_B n_BRT\ln\gamma_B\end{aligned} \tag{4.107}$$

等式右方第一项就是当所成溶液是理想液态混合物时的 $\Delta_{\text{mix}}G^{\text{id}}$, 第二项是非理想溶液才具有的项。

若令

$$G^E = n_1RT\ln\gamma_1 + n_2RT\ln\gamma_2 = \sum_B n_BRT\ln\gamma_B$$

则式 (4.107) 可写作

$$G^E \stackrel{\text{def}}{=\!=} \Delta_{\text{mix}}G^{\text{re}} - \Delta_{\text{mix}}G^{\text{id}} \tag{4.108}$$

式 (4.108) 就是**超额 Gibbs 自由能** G^E 的定义, 它代表实际混合过程中的 $\Delta_{\text{mix}}G^{\text{re}}$

与理想混合过程中的 $\Delta_{\mathrm{mix}}G^{\mathrm{id}}$ 之差, 它包含了参与混合的所有溶剂、溶质等各个组分的活度因子, 因此可以衡量整个溶液的不理想程度。当 $G^{\mathrm{E}} > 0$ 时, 表示系统对理想情况发生正偏差; 当 $G^{\mathrm{E}} < 0$ 时, 表示系统对理想情况发生负偏差。

根据式 (4.108) 对超额 Gibbs 自由能 G^{E} 的定义, 类似的还有超额体积 V^{E}, 超额焓 H^{E} 和超额熵 S^{E} 等。

已知

$$\left(\frac{\partial G}{\partial p}\right)_T = V \qquad \left(\frac{\partial G}{\partial T}\right)_p = -S \qquad \left[\frac{\partial\left(\dfrac{G}{T}\right)}{\partial T}\right]_p = -\frac{H}{T^2}$$

所以, 超额体积 V^{E} 为

$$V^{\mathrm{E}} = \Delta_{\mathrm{mix}}V^{\mathrm{re}} - \Delta_{\mathrm{mix}}V^{\mathrm{id}} = \Delta_{\mathrm{mix}}V^{\mathrm{re}}$$

$$= \left(\frac{\partial G^{\mathrm{E}}}{\partial p}\right)_T = RT\sum_{\mathrm{B}} n_{\mathrm{B}}\left(\frac{\partial\ln\gamma_{\mathrm{B}}}{\partial p}\right)_T \qquad (4.109)$$

超额焓 H^{E} 为

$$H^{\mathrm{E}} = \Delta_{\mathrm{mix}}H^{\mathrm{re}} - \Delta_{\mathrm{mix}}H^{\mathrm{id}} = \Delta_{\mathrm{mix}}H^{\mathrm{re}}$$

$$= -T^2\left[\frac{\partial\left(\dfrac{G^{\mathrm{E}}}{T}\right)}{\partial T}\right]_p = -RT^2\sum_{\mathrm{B}} n_{\mathrm{B}}\left(\frac{\partial\ln\gamma_{\mathrm{B}}}{\partial T}\right)_p \qquad (4.110)$$

超额熵 S^{E} 为

$$S^{\mathrm{E}} = \Delta_{\mathrm{mix}}S^{\mathrm{re}} - \Delta_{\mathrm{mix}}S^{\mathrm{id}} = -\left(\frac{\partial G^{\mathrm{E}}}{\partial T}\right)_p$$

$$= -R\sum_{\mathrm{B}} n_{\mathrm{B}}\ln\gamma_{\mathrm{B}} - RT\sum_{\mathrm{B}} n_{\mathrm{B}}\left(\frac{\partial\ln\gamma_{\mathrm{B}}}{\partial T}\right)_p \qquad (4.111)$$

已知

$$G^{\mathrm{E}} = \sum_{\mathrm{B}} n_{\mathrm{B}}RT\ln\gamma_{\mathrm{B}}$$

故

$$G^{\mathrm{E}} = H^{\mathrm{E}} - TS^{\mathrm{E}}$$

如果 $H^{\mathrm{E}} \gg TS^{\mathrm{E}}$ 或 $S^{\mathrm{E}} = 0$, 则 $G^{\mathrm{E}} = H^{\mathrm{E}}$, 此时溶液的非理想性完全是由混合热效应引起的, 这种非理想溶液称为**正规溶液** (regular solution)。因为 $S^{\mathrm{E}} = 0$, 所以

$$\left(\frac{\partial S^{\mathrm{E}}}{\partial n_{\mathrm{B}}}\right)_p = 0 \qquad \left(\frac{\partial^2 G^{\mathrm{E}}}{\partial n_{\mathrm{B}} \partial T}\right)_p = 0$$

因为

$$\left(\frac{\partial G^{\mathrm{E}}}{\partial n_{\mathrm{B}}}\right)_{T,p,n_{\mathrm{C}}} = \mu_{\mathrm{B}}^{\mathrm{E}} = RT\ln\gamma_{\mathrm{B}}$$

式中 $\mu_{\mathrm{B}}^{\mathrm{E}}$ 称为**超额化学势**。从而可得

$$\left[\frac{\partial(RT\ln\gamma_{\mathrm{B}})}{\partial T}\right]_p = 0$$

$$RT\ln\gamma_{\mathrm{B}} = 常数$$

$$\ln\gamma_{\mathrm{B}} \propto \frac{1}{T}$$

即正规溶液中, 各组分活度因子的对数与温度成反比。

如果 $TS^{\mathrm{E}} \gg H^{\mathrm{E}}$ 或 $H^{\mathrm{E}} = 0$, 则 $G^{\mathrm{E}} = -TS^{\mathrm{E}}$, 此时溶液的非理想性完全是由混合熵效应引起的, 这种非理想溶液称为**无热溶液** (athermal solution)。又因为 $H^{\mathrm{E}} = 0$, 所以

$$\left(\frac{\partial H^{\mathrm{E}}}{\partial n_{\mathrm{B}}}\right)_p = 0$$

$$\left[\frac{\partial^2 \left(\dfrac{G^{\mathrm{E}}}{T}\right)}{\partial n_{\mathrm{B}} \partial T}\right]_p = \frac{\partial}{\partial T}\left(\frac{1}{T}\frac{\partial G^{\mathrm{E}}}{\partial n_{\mathrm{B}}}\right)_p = 0$$

即

$$\left(\frac{\partial\ln\gamma_{\mathrm{B}}}{\partial T}\right)_p = 0$$

由此可知, 无热溶液中各组分的活度因子均与温度无关。

4.13 分配定律 —— 溶质在两互不相溶液相中的分配

实验证明, "在定温定压下, 如果一种物质溶解在两个同时存在的互不相溶的液相里, 达到平衡后, 该物质在两相中的浓度之比有定值", 这就是**分配定律**

(distribution law)。用公式表示为

$$\frac{m_B(\alpha)}{m_B(\beta)} = K \quad \text{或} \quad \frac{c_B(\alpha)}{c_B(\beta)} = K \tag{4.112}$$

式中 $m_B(\alpha), m_B(\beta)$ 分别为溶质 B 在溶剂 α 和 β 相中的质量摩尔浓度。K 称为**分配系数** (distribution coefficient)。影响 K 的因素有温度、压力、溶质的性质和两种溶剂的性质等。当溶液的浓度不大时，该式能很好地与实验结果相符。

这个经验定律也可以从热力学得到证明。令 $\mu_B(\alpha), \mu_B(\beta)$ 分别代表 α 和 β 两相中溶质 B 的化学势，在定温定压下，当达到平衡时，有

$$\mu_B(\alpha) = \mu_B(\beta)$$

因为

$$\mu_B(\alpha) = \mu_B^*(\alpha) + RT\ln a_B(\alpha)$$

$$\mu_B(\beta) = \mu_B^*(\beta) + RT\ln a_B(\beta)$$

所以

$$\mu_B^*(\alpha) + RT\ln a_B(\alpha) = \mu_B^*(\beta) + RT\ln a_B(\beta)$$

则

$$\frac{a_B(\alpha)}{a_B(\beta)} = \exp\left[\frac{\mu_B^*(\beta) - \mu_B^*(\alpha)}{RT}\right] = K(T, p) \tag{4.113}$$

如果溶质 B 在溶剂 α 和 β 相中的质量摩尔浓度不大，则可认为活度与浓度在数值上相等，就得到式 (4.112)。

应用分配定律时应注意，如果溶质在任一溶剂中有缔合现象或解离现象，则分配定律仅能适用于在溶剂中分子形态相同的部分。

例如，以苯甲酸 (C_6H_5COOH) 在水和 $CHCl_3$ 间的分配为例，C_6H_5COOH 在水层中部分解离，解离度为 α，而在 $CHCl_3$ 层中则形成双分子。如以 c_w 代表 C_6H_5COOH 在水层中的总浓度，c_c 代表 C_6H_5COOH 在 $CHCl_3$ 层中呈双分子状态存在的总浓度，m 为 C_6H_5COOH 在 $CHCl_3$ 层中呈单分子状态存在的浓度 (浓度单位均为 $mol \cdot dm^{-3}$)，则在水层中，有

$$C_6H_5COOH \rightleftharpoons C_6H_5COO^- + H^+$$
$$c_w(1-\alpha) \qquad\qquad c_w\alpha \qquad c_w\alpha$$

在 $CHCl_3$ 层中，有

$$(C_6H_5COOH)_2 \rightleftharpoons 2C_6H_5COOH$$
$$c_c - \frac{m}{2} \qquad\qquad\qquad m$$

$$K_1 = \frac{m^2}{c_c - \dfrac{m}{2}}$$

在两层中的分配:

$$C_6H_5COOH(在 CHCl_3 层中) \rightleftharpoons C_6H_5COOH(在水层中)$$
$$\qquad\quad m \qquad\qquad\qquad\qquad\qquad\qquad c_w(1-\alpha)$$

$$K = \frac{c_w(1-\alpha)}{m}$$

若在 $CHCl_3$ 层中缔合度很大, 即单分子的浓度很小, $c_c \gg m$, $c_c - \dfrac{m}{2} \approx c_c$, 则

$$K_1 = \frac{m^2}{c_c} \quad 或 \quad m = \sqrt{K_1 c_c}$$

若在水层中解离度很小, $1 - \alpha \approx 1$, 则

$$K = \frac{c_w}{m} = \frac{c_w}{\sqrt{K_1 c_c}} \quad 或 \quad K' = \frac{c_w}{\sqrt{c_c}}$$

如以 $\ln c_c$ 对 $\ln c_w$ 作图, 可得一直线, 其斜率等于 2。

　　利用分配定律可以计算有关萃取效率的问题。设今用某一溶剂 A(与原溶剂互不相溶) 从大量的某溶液中抽取其中有用的溶质 B。假定该溶质 B 在两溶剂中没有缔合或解离现象, 也没有化学变化等作用。设在体积为 V (单位为 cm^3) 的溶液中含有溶质 B 的质量为 $m(B)$ (单位为 g), 若萃取 n 次, 每次用体积为 $V(A)$ 的新鲜溶剂, 则最后原溶液中所剩溶质的质量 $m(B, n)$ 为

$$m(B, n) = m(B) \left[\frac{KV}{KV + V(A)} \right]^n$$

被抽出的溶质的质量为

$$m(B) - m(B, n) = m(B) - m(B) \left[\frac{KV}{KV + V(A)} \right]^n$$

$$= m(B) \left\{ 1 - \left[\frac{KV}{KV + V(A)} \right]^n \right\} \tag{4.114}$$

式中 K 是溶质在两溶剂中的分配系数。如果知道 K 的数值, 从式 (4.114) 就可以算出每次用 $V(A)$ (单位为 cm^3) 的新鲜溶剂萃取, 需要多少次才能把体积 V 中的有用成分从质量 $m(B)$ 减到 $m(B, n)$ (换言之, 即可求出上式中的 n 值)。

　　还可以证明, 如果用作萃取剂的溶剂的数量是有限量, 则将溶剂分为若干分, 分批萃取的效率比用全部溶剂一次萃取的效率高。可以证明如下: 设用体积为 $nV(A)$ 的溶剂一次萃取, 则有效物质剩余的质量分数为

$$\frac{m(B,1)}{m(B)} = \frac{KV}{KV + nV(A)}$$

如果每次用体积为 $V(A)$ 的溶剂萃取 n 次, 则有效物质剩余的质量分数为

$$\frac{m(B,n)}{m(B)} = \left[\frac{KV}{KV + V(A)}\right]^n$$

如能证明

$$\left[\frac{KV}{KV + V(A)}\right]^n < \frac{KV}{KV + nV(A)} \quad 或 \quad \left[\frac{KV + V(A)}{KV}\right]^n > \frac{KV + nV(A)}{KV}$$

即

$$\left[1 + \frac{V(A)}{KV}\right]^n > 1 + \frac{nV(A)}{KV} \qquad (4.115)$$

则即可说明分批萃取的效率高。将式 (4.115) 的左方依二项式定理展开, 得

$$1 + \frac{nV(A)}{KV} + \frac{n(n-1)}{2!}\left[\frac{V(A)}{KV}\right]^2 + \cdots$$

因为 $V, V(A), K, n$ 均为正值, 故式 (4.115) 中左方的值恒比右方的值大。显然, 多次萃取的效率较高。原则上是如此, 但在实际的萃取过程中, 应考虑具体情况, 具体问题具体分析。

*4.14 理想液态混合物和理想稀溶液的微观说明

理想液态混合物的微观说明

上面指出, 理想液态混合物的特性是若干种液态纯物质相互混合时, 宏观上没有体积变化, 不产生热效应, 它们的行为都严格地遵守 Raoult 定律和 Henry 定律。从微观角度看, 必须满足如下的两个假定, 才会表现出上述性质。

(1) A 分子和 B 分子的体积相仿, 且混合前后总体积不变。即

$$V = V_A^* + V_B^* \qquad \Delta_{mix}V = 0$$

(2) 分子间的作用能须满足下面的条件:

$$\varepsilon_{AB} = \frac{\varepsilon_{AA} + \varepsilon_{BB}}{2}$$

式中 $\varepsilon_{AA}, \varepsilon_{BB}$ 和 ε_{AB} 分别表示 A 和 A, B 和 B 以及 A 和 B 分子间的作用能。

若我们给混合物以立方晶格模型, 则根据上述假定, 就能推导出理想液态混合物的热力学能具有加和性。

设分子的配位数为 Z, N_A 和 N_B 分别为溶液中 A 和 B 的分子数。根据假定 (1), 可以认为所有分子的配位数 Z 都一样。由于 A 和 B 形成混合物后, 分子的内部能量并不起变化, 能改变的仅是分子间的作用能。因此, 下面的讨论都仅考虑这一部分能量的变化。

在 N_A 个纯 A 分子中, 组成 A–A 分子对的数目有 $\frac{1}{2}ZN_A$ 个, 其作用能为

$$U_A^* = \frac{1}{2}ZN_A\varepsilon_{AA}$$

在 N_B 个纯 B 分子中, 组成 B–B 分子对的数目有 $\frac{1}{2}ZN_B$ 个, 其作用能为

$$U_B^* = \frac{1}{2}ZN_B\varepsilon_{BB}$$

若令 ZX_{AB} 表示溶液中 A–B 分子对的数目, 则在 N_A 个 A 和 N_B 个 B 混合成总分子数为 $(N_A + N_B)$ 的 AB 溶液中, A–A 分子对有 $\frac{1}{2}(ZN_A - ZX_{AB})$ 个, B–B 分子对有 $\frac{1}{2}(ZN_B - ZX_{AB})$ 个。这时溶液中的作用能由三部分组成, 即

$$U = \frac{1}{2}(ZN_A - ZX_{AB})\varepsilon_{AA} + \frac{1}{2}(ZN_B - ZX_{AB})\varepsilon_{BB} + ZX_{AB}\varepsilon_{AB}$$

因此, 在形成理想液态混合物后, 热力学能的变化为

$$\Delta_{\mathrm{mix}}U = U - U_A^* - U_B^*$$

把上面的结果代入, 整理后得

$$\Delta_{\mathrm{mix}}U = ZX_{AB}\left(\varepsilon_{AB} - \frac{\varepsilon_{AA}}{2} - \frac{\varepsilon_{BB}}{2}\right)$$

根据假定 (2), 括号项等于零, 因此得到

$$\Delta_{\mathrm{mix}}U = 0 \tag{4.116}$$

这说明形成理想溶液前后热力学能不改变, 即理想液态混合物的热力学能具有加和性。

我们再考虑理想液体混合物的熵的表示式。

系统的熵由两部分组成, 一部分是分子在不同能级排列所产生的, 由于在形成混合物的过程中温度不变, 所以这部分熵值也不变; 另一部分是空间排列所引起的, 形成混合物后这部分熵是要改变的, 这部分熵的改变就是混合熵。

前已指出, 系统的熵 S 与微观状态数目 Ω 间的关系为 $S = k\ln\Omega$。设 Ω 表

示形成溶液后 $(N_A + N_B)$ 个分子所组成的微观状态的数目, 则根据排列组合公式, 可得

$$\Omega = \frac{(N_A + N_B)!}{N_A! N_B!}$$

在纯 A 或纯 B 中, 分子只有一种排列方式。因此, 理想混合熵为

$$\Delta_{\mathrm{mix}} S = k\ln\frac{(N_A + N_B)!}{N_A! N_B!} - k\ln 1 - k\ln 1$$

$$= k\ln(N_A + N_B)! - k\ln N_A! - k\ln N_B!$$

根据 Stirling 近似公式展开, 并简化后, 得

$$\Delta_{\mathrm{mix}} S = -k\left(N_A \ln\frac{N_A}{N_A + N_B} + N_B \ln\frac{N_B}{N_A + N_B}\right)$$

若以摩尔分数表示, 则为

$$\Delta_{\mathrm{mix}} S = -R(n_A \ln x_A + n_B \ln x_B)$$

因此, 理想液态混合物的熵为

$$S = S_A^* + S_B^* - R(n_A \ln x_A + n_B \ln x_B) \tag{4.117}$$

式中 S_A^*, S_B^* 是混合前纯 A 和纯 B 的熵。

有了热力学能和熵的表示式, 则其他热力学函数均可根据定义求得。

(1) 焓 H

$$H = U + pV$$

$$= (U_A^* + pV_A^*) + (U_B^* + pV_B^*)$$

$$= H_A^* + H_B^*$$

由于形成理想液态混合物时, 没有热效应, 所以

$$\Delta_{\mathrm{mix}} H = H - H_A^* - H_B^* = 0 \tag{4.118}$$

(2) Helmholtz 自由能 A

$$A = U - TS$$

$$= U_A^* + U_B^* - T[S_A^* + S_B^* - R(n_A \ln x_A + n_B \ln x_B)]$$

$$= (U_A^* - TS_A^*) + (U_B^* - TS_B^*) + RT(n_A \ln x_A + n_B \ln x_B)$$

所以

$$A = A_A^* + A_B^* + RT(n_A \ln x_A + n_B \ln x_B)$$
$$\Delta_{\mathrm{mix}} A = RT(n_A \ln x_A + n_B \ln x_B) \tag{4.119}$$

(3) Gibbs 自由能 G

$$G = U - TS + pV$$

$$= (U_A^* - TS_A^* + pV_A^*) + (U_B^* - TS_B^* + pV_B^*) + RT(n_A \ln x_A + n_B \ln x_B)$$

所以

$$G = G_A^* + G_B^* + RT(n_A \ln x_A + n_B \ln x_B)$$

$$\Delta_{mix}G = RT(n_A \ln x_A + n_B \ln x_B) \tag{4.120}$$

(4) 化学势 μ

$$\mu_A = \left(\frac{\partial G}{\partial n_A} \right)_{T,p,n_B}$$

$$= \left(\frac{\partial G_A^*}{\partial n_A} \right)_{T,p,n_B} + RT \ln x_A + RT \left(n_A \frac{\partial \ln x_A}{\partial n_A} + n_B \frac{\partial \ln x_B}{\partial n_A} \right)$$

因为

$$n_A \frac{\partial \ln x_A}{\partial n_A} + n_B \frac{\partial \ln x_B}{\partial n_A} = \frac{n_A}{x_A} \frac{\partial x_A}{\partial n_A} + \frac{n_B}{x_B} \frac{\partial x_B}{\partial n_A} = (n_A + n_B) \frac{\partial (x_A + x_B)}{\partial n_A} = 0$$

所以

$$\mu_A = \mu_A^*(T,p) + RT \ln x_A \tag{4.121a}$$

同理可得

$$\mu_B = \mu_B^*(T,p) + RT \ln x_B \tag{4.121b}$$

这和上节所得到的公式是一样的。

理想稀溶液的微观说明

理想稀溶液中, 溶质很少, 溶质 B 的每个分子, 几乎全被溶剂 A 的分子所包围。所以, 在稀溶液中, B–B 分子对相对来说为数极少, 只需考虑 A–B 分子间和 A–A 分子间的作用能, 而不必考虑 B–B 分子间的作用能。

对于理想稀溶液, 我们作下面两个假定。

(1) A 分子和 B 分子的体积相仿, 且混合前后总体积不变, 即

$$V = V_A^* + V_B^*$$

所以

$$\Delta_{mix}V = 0$$

(2) 只有邻近分子有作用能。

在这个基础上, 若设溶液为立方晶格的模型, 则可导出形成理想稀溶液时热

力学能的改变 ΔU。

设分子的配位数为 Z，N_A 为溶剂的分子数，N_B 为溶质的分子数，同样假设分子的配位数都一样，讨论中也只考虑分子间作用能的变化，讨论方法和理想液态混合物的情况相似。

在各种情况下分子对的数目和作用能如下：

	在纯 A 中	在纯 B 中	在溶液中
A–A 分子对数目	$\dfrac{1}{2}ZN_A$	0	$\dfrac{1}{2}Z(N_A - N_B)$
B–B 分子对数目	0	$\dfrac{1}{2}ZN_B$	0
A–B 分子对数目	0	0	ZN_B
作用能	$\dfrac{1}{2}ZN_A\varepsilon_{AA}$	$\dfrac{1}{2}ZN_B\varepsilon_{BB}$	$\dfrac{1}{2}Z(N_A - N_B)\varepsilon_{AA} + ZN_B\varepsilon_{AB}$

因此，形成理想稀溶液时热力学能的变化为

$$\Delta U = \frac{1}{2}Z(N_A - N_B)\varepsilon_{AA} + ZN_B\varepsilon_{AB} - \frac{1}{2}ZN_A\varepsilon_{AA} - \frac{1}{2}ZN_B\varepsilon_{BB}$$

$$= ZN_B\left(\varepsilon_{AB} - \frac{\varepsilon_{AA}}{2} - \frac{\varepsilon_{BB}}{2}\right)$$

令

$$\varepsilon_{AB} - \frac{\varepsilon_{AA}}{2} - \frac{\varepsilon_{BB}}{2} = \varepsilon$$

ε 表示形成一对 A–B 分子对时作用能量的改变。它与温度、压力有关，而且与溶剂也有关。所以

$$\Delta U = ZN_B\varepsilon$$

上式表示加入 N_B 个粒子后所引起的能量变化。若加入 B 的物质的量为 n_B，则

$$\Delta U = n_B\chi$$

χ 表示由于加入 1 mol 溶质 B 所引起的作用能的变化。这说明形成理想稀溶液后，热力学能发生了变化，因此，溶液的热力学能可表示为

$$U = U_A^* + U_B^* + n_B\chi \tag{4.122}$$

同样，可以求出理想稀溶液中熵的表示式。其推导方法和理想液态混合物的情况一样，即理想稀溶液的熵可用下式表示：

$$S = S_A^* + S_B^* - R(n_A\ln x_A + n_B\ln x_B) \tag{4.123}$$

有了热力学能和熵，就能求得其他热力学函数的值。

(1) 焓 H

$$H = U + pV$$
$$= U_A^* + U_B^* + n_B\chi + p(V_A^* + V_B^*)$$
$$= H_A^* + H_B^* + n_B\chi$$

所以

$$\Delta_{\mathrm{mix}}H = n_B\chi \tag{4.124}$$

说明形成理想稀溶液时焓值会发生变化。

(2) Helmholtz 自由能 A

$$A = U - TS$$
$$= (U_A^* - TS_A^*) + (U_B^* - TS_A^*) + n_B\chi + RT(n_A\ln x_A + n_B\ln x_B)$$

所以

$$A = A_A^* + A_B^* + n_B\chi + RT(n_A\ln x_A + n_B\ln x_B) \tag{4.125}$$

(3) Gibbs 自由能 G

$$G = U - TS + pV$$
$$= (U_A^* - TS_A^* + pV_A^*) + (U_B^* - TS_A^* + pV_A^*) + n_B\chi + RT(n_A\ln x_A + n_B\ln x_B)$$

所以

$$G = G_A^* + G_B^* + n_B\chi + RT(n_A\ln x_A + n_B\ln x_B) \tag{4.126}$$

(4) 化学势 μ

$$\mu_A = \left(\frac{\partial G}{\partial n_A}\right)_{T,p,n_B} = \mu_A^*(T,p) + RT\ln x_A \tag{4.127}$$

$$\mu_B = \left(\frac{\partial G}{\partial n_B}\right)_{T,p,n_A} = \mu_B^*(T,p) + RT\ln x_B + \chi \tag{4.128}$$

可以看出, 在理想稀溶液和理想液态混合物中溶质化学势的表示式是不一样的。式中 $\mu_B^*(T,p)$ 是纯 B 的化学势, 这个状态是客观存在的。

如果把 χ 并入第一项, 则得

$$\mu_B = \mu_B^0(T,p) + RT\ln x_B$$

式中 $\mu_B^0(T,p)$ 所代表的状态客观上并不存在, 它相当于 $x_B = 1$, 且符合 Henry 定律的假想态 [参阅式 (4.60) 的讨论]。为了和溶剂取一致的形式, 所以也写作

$$\mu_B = \mu_B^*(T,p) + RT\ln x_B$$

式中 $\mu_B^*(T,p)$ 所相应的状态系由外推而得, 客观上并不存在。

*4.15 绝对活度

物质 B 在 α 相中的**绝对活度** (absolute activity) $\lambda_{\mathrm{B}}^{\alpha}$ 是由下式定义的, 即

$$\lambda_{\mathrm{B}}^{\alpha} = \exp\left(\frac{\mu_{\mathrm{B}}^{\alpha}}{RT}\right) \tag{4.129}$$

或

$$\mu_{\mathrm{B}}^{\alpha} = RT\ln\lambda_{\mathrm{B}}^{\alpha} \tag{4.130}$$

其意义是, 物质的化学势 $\mu_{\mathrm{B}}^{\alpha}$ 可以通过式 (4.130) 由绝对活度 $\lambda_{\mathrm{B}}^{\alpha}$ 来度量, 绝对活度是量纲一的量。由于 $\mu_{\mathrm{B}}^{\alpha}$ 的绝对值是不知道的, $\lambda_{\mathrm{B}}^{\alpha}$ 虽称为绝对活度, 但其绝对值也是不知道的。在实际计算中还需引入相对活度的概念。

根据绝对活度的定义式 (4.129) 和式 (4.130), 纯液体 B 的绝对活度为

$$\lambda_{\mathrm{B}}^{*} = \exp\left(\frac{\mu_{\mathrm{B}}^{*}}{RT}\right) \tag{4.131}$$

或

$$\mu_{\mathrm{B}}^{*} = RT\ln\lambda_{\mathrm{B}}^{*} \tag{4.132}$$

物质 B 的标准绝对活度为

$$\lambda_{\mathrm{B}}^{\ominus} = \exp\left(\frac{\mu_{\mathrm{B}}^{\ominus}}{RT}\right) \quad 或 \quad \mu_{\mathrm{B}}^{\ominus} = RT\ln\lambda_{\mathrm{B}}^{\ominus} \tag{4.133}$$

液态混合物中任一组分 B 的化学势 $\mu_{\mathrm{B}} = \mu_{\mathrm{B}}^{*} + RT\ln a_{\mathrm{B}}$, 结合式 (4.130) 和式 (4.132), 可得

$$a_{\mathrm{B}} = \frac{\lambda_{\mathrm{B}}}{\lambda_{\mathrm{B}}^{*}} \tag{4.134}$$

故 B 的活度 a_{B} 又称为**相对活度**。

引入绝对活度这一概念, 可以把所有有关化学势的关系式都转换成用绝对活度表示的关系式。这样处理有其方便之处, 即化学势的加减若用绝对活度表示则变成乘除的关系。

本书拟不采用绝对活度来处理问题, 故仅作极简单的介绍。

拓展学习资源

重点内容及公式总结	
课外参考读物	
相关科学家简介	
教学课件	

复习题

4.1   下列说法是否正确, 为什么?

(1) 溶液的化学势等于溶液中各组分的化学势之和;

(2) 对于纯组分, 其化学势就等于它的 Gibbs 自由能;

(3) 在同一稀溶液中, 溶质 B 的浓度分别可以用 x_B, m_B, c_B 表示, 其标准态的表示方法也不同, 则其相应的化学势也就不同;

(4) 在同一溶液中, 若标准态规定不同, 则其相应的相对活度也就不同;

(5) 二组分理想液态混合物的总蒸气压, 一定大于任一组分的蒸气分压;

(6) 在相同温度、压力下, 浓度都是 $0.01\ \mathrm{mol \cdot kg^{-1}}$ 的蔗糖和食盐水溶液的渗透压相等;

(7) 稀溶液的沸点一定比纯溶剂的高;

(8) 在 KCl 重结晶过程中, 析出的 KCl(s) 的化学势大于母液中 KCl 的化学势;

(9) 相对活度 $a = 1$ 的状态就是标准态;

(10) 在理想液态混合物中, Raoult 定律与 Henry 定律相同。

4.2 想一想, 这是为什么?

(1) 在寒冷的国家, 冬天下雪之前, 在路上撒盐;

(2) 口渴的时候喝海水, 感觉渴得更厉害;

(3) 盐碱地上, 庄稼总是长势不良; 施太浓的肥料, 庄稼会 "烧死";

(4) 吃冰棒时, 边吃边吸, 感觉甜味越来越淡;

(5) 被砂锅里的肉汤烫伤的程度要比被开水烫伤的程度厉害得多;

(6) 北方冬天吃冻梨前, 先将冻梨放入凉水中浸泡一段时间, 发现冻梨表面结了一层薄冰, 而里边却已经解冻了。

4.3 在稀溶液中, 沸点升高、凝固点降低和渗透压等依数性都出于同一个原因, 这个原因是什么? 能否把它们的计算公式用同一个公式联系起来?

4.4 在如下的偏微分公式中, 哪些表示偏摩尔量, 哪些表示化学势, 哪些什么都不是?

(1) $\left(\dfrac{\partial H}{\partial n_B}\right)_{T,p,n_C}$; (2) $\left(\dfrac{\partial G}{\partial n_B}\right)_{T,V,n_C}$; (3) $\left(\dfrac{\partial U}{\partial n_B}\right)_{S,V,n_C}$; (4) $\left(\dfrac{\partial A}{\partial n_B}\right)_{T,p,n_C}$;

(5) $\left(\dfrac{\partial G}{\partial n_B}\right)_{T,p,n_C}$; (6) $\left(\dfrac{\partial H}{\partial n_B}\right)_{S,p,n_C}$; (7) $\left(\dfrac{\partial U}{\partial n_B}\right)_{S,T,n_C}$; (8) $\left(\dfrac{\partial A}{\partial n_B}\right)_{T,V,n_C}$。

4.5 室温、大气压力下, 气体 A(g) 和 B(g) 在某一溶剂中单独溶解时的 Henry 定律常数分别为 k_A 和 k_B, 且已知 $k_A > k_B$。若 A(g) 和 B(g) 同时溶解在该溶剂中达平衡, 当气相中 A(g) 和 B(g) 的平衡分压相同时, 则在溶液中哪种气体的浓度大?

4.6 下列过程均为等温等压且不做非膨胀功的过程, 根据热力学基本公式: $dG = -SdT + Vdp$, 都得到 $\Delta G = 0$ 的结论。这些结论哪个对, 哪个不对, 为什么?

(1) $H_2O(l, 268\ K, 100\ kPa) \longrightarrow H_2O(s, 268\ K, 100\ kPa)$;

(2) 在 298 K, 100 kPa 时, $H_2(g) + Cl_2(g) = 2HCl(g)$;

(3) 在 298 K, 100 kPa 时, 一定量的 NaCl(s) 溶于水中;

(4) $H_2O(l, 373\ K, 100\ kPa) \longrightarrow H_2O(g, 373\ K, 100\ kPa)$。

4.7 试比较下列 H_2O 在不同状态时的化学势的大小, 根据的原理是什么?

(1) (a)$H_2O(l, 373\ K, 100\ kPa)$ 与 (b)$H_2O(g, 373\ K, 100\ kPa)$;

(2) (c)$H_2O(l, 373\ K, 200\ kPa)$ 与 (d)$H_2O(g, 373\ K, 200\ kPa)$;

(3) (e)$H_2O(l, 374\ K, 100\ kPa)$ 与 (f)$H_2O(g, 374\ K, 100\ kPa)$;

(4) (a)$H_2O(l, 373\ K, 100\ kPa)$ 与 (d)$H_2O(g, 373\ K, 200\ kPa)$。

4.8 理想液态混合物模型的微观特征是什么? 它有几种不同的定义式? 不同定义式之间有何关系?

习题

4.1 在 298 K 时, 有 0.10 kg 质量分数为 0.0947 的 H_2SO_4 水溶液, 试分别用 (1) 质量摩尔浓度 m_B, (2) 物质的量浓度 c_B, (3) 摩尔分数 x_B 表示硫酸的含量。已知在该条件下硫酸溶液的密度为 $1.0603 \times 10^3 \text{ kg} \cdot \text{m}^{-3}$, 纯水的密度为 $997.1 \text{ kg} \cdot \text{m}^{-3}$。

4.2 25 ℃ 时, CO 在水中溶解时 Henry 定律常数 $k_x = 5.79 \times 10^9 \text{ Pa}$, 若将含 CO 30% (体积分数) 的水煤气在 $1.013 \times 10^5 \text{ Pa}$ 总压下用 25 ℃ 的水洗涤, 问每用 1000 kg 水洗涤, 将损失多少 CO?

4.3 在 288 K 和大气压力下, 某酒窖中存有 10.0 m^3 酒, 其中含乙醇的质量分数为 0.96。今欲加水调制含乙醇的质量分数为 0.56 的酒, 试计算:

(1) 应加入水的体积;

(2) 加水后, 能得到含乙醇的质量分数为 0.56 的酒的体积。

已知该条件下, 纯水的密度为 $999.1 \text{ kg} \cdot \text{m}^{-3}$, 水和乙醇的偏摩尔体积为

$w(C_2H_5OH)$	$V(H_2O)/(10^{-6} \text{ m}^3 \cdot \text{mol}^{-1})$	$V(C_2H_5OH)/(10^{-6} \text{ m}^3 \cdot \text{mol}^{-1})$
0.96	14.61	58.01
0.56	17.11	56.58

4.4 在 298 K 和大气压力下, 甲醇 (B) 的摩尔分数 x_B 为 0.30 的水溶液中, 水 (A) 和甲醇 (B) 的偏摩尔体积分别为 $V(H_2O) = 17.765 \text{ cm}^3 \cdot \text{mol}^{-1}$, $V(CH_3OH) = 38.632 \text{ cm}^3 \cdot \text{mol}^{-1}$。已知在该条件下, 甲醇和水的摩尔体积分别为 $V_m(CH_3OH) = 40.722 \text{ cm}^3 \cdot \text{mol}^{-1}$, $V_m(H_2O) = 18.068 \text{ cm}^3 \cdot \text{mol}^{-1}$。现在需要配制上述水溶液 1000 cm^3, 试求:

(1) 需要纯水和纯甲醇的体积;

(2) 混合前后体积的变化值。

4.5 在 298 K 和大气压力下, K_2SO_4 在水溶液中的偏摩尔体积 V_2 与 m 的关系由下式表示:

$V_2/(\text{m}^3 \cdot \text{mol}^{-1})$

$= 3.228 \times 10^{-5} + 1.8216 \times 10^{-5} [m/(\text{mol} \cdot \text{kg}^{-1})]^{1/2} + 2.22 \times 10^{-8} [m/(\text{mol} \cdot \text{kg}^{-1})]$

式中 m 为质量摩尔浓度。试根据 Gibbs-Duhem 公式导出 H_2O 的偏摩尔体积 V_1 的表达式。已知 298 K 时, 纯水的摩尔体积 $V_m = 1.7963 \times 10^{-5} \text{ m}^3 \cdot \text{mol}^{-1}$。

4.6 在 293 K 时, 氨的水溶液 A 中 NH_3 与 H_2O 的摩尔比为 1 : 8.5, 溶液 A 上方 NH_3 的分压为 10.64 kPa; 氨的水溶液 B 中 NH_3 与 H_2O 的摩尔比为 1 : 21,

溶液 B 上方 NH$_3$ 的分压为 3.597 kPa。在相同温度下, 试求:

(1) 从大量的溶液 A 中转移 1 mol NH$_3$(g) 到大量的溶液 B 中的 ΔG;

(2) 将处于标准压力下的 1 mol NH$_3$(g) 溶于大量的溶液 B 中的 ΔG。

4.7 某化合物有两种晶型 α 和 β。298 K, $p^{\ominus}$ 时 α 型化合物和 β 型化合物的标准摩尔生成焓分别为 $-200.0\ \text{kJ} \cdot \text{mol}^{-1}$ 和 $-198.0\ \text{kJ} \cdot \text{mol}^{-1}$, 标准摩尔熵分别为 $70.0\ \text{J} \cdot \text{mol}^{-1} \cdot \text{K}^{-1}$ 和 $71.5\ \text{J} \cdot \text{mol}^{-1} \cdot \text{K}^{-1}$。它们都能溶于 CS$_2$ 中, α 型化合物在 CS$_2$ 中的溶解度以质量摩尔浓度表示为 $10.0\ \text{mol} \cdot \text{kg}^{-1}$, 假定 α 型化合物和 β 型化合物溶解后活度因子皆为 1。

(1) 求 298 K 时该化合物由 α 型化合物转化为 β 型化合物的 $\Delta_{\text{trs}} G_{\text{m}}^{\ominus}$;

(2) 求 298 K 时 β 型化合物在 CS$_2$ 中的溶解度 $(\text{mol} \cdot \text{kg}^{-1})$。

4.8 液体 A 与液体 B 能形成理想液态混合物, 在 343 K 时, 1 mol 纯 A 与 2 mol 纯 B 形成的理想液态混合物的总蒸气压为 50.66 kPa。若在液态混合物中再加入 3 mol 纯 A, 则液态混合物的总蒸气压为 70.93 kPa。试求:

(1) 纯 A 与纯 B 的饱和蒸气压;

(2) 对于第一种理想液态混合物, 在对应的气相中 A 与 B 各自的摩尔分数。

4.9 在 293 K 时, 纯 A(l) 和纯 B(l) 的蒸气压分别为 9.96 kPa 和 2.97 kPa, 今以等物质的量的 A 和 B 混合形成理想液态混合物, 试求:

(1) 与液态混合物对应的气相中, A 和 B 的分压;

(2) 液面上蒸气的总压力;

(3) 要从大量的 A 和 B 的等物质的量混合物中分出 1 mol 纯 A, 最少必须做多少功?

(4) 要从含 A 和 B 各 2 mol 的混合物中分出 1 mol 纯 B, 最少必须做多少功?

4.10 在 80.3 K 下, 氧的蒸气压为 31.3 kPa, 氮的蒸气压为 144.7 kPa。设空气由 21% 的氧和 79% 的氮组成 (体积分数), 并认为液态空气是理想液态混合物。问在 80.3 K 时, 最少要加多大压力才能使空气全部液化? 并求液化开始时和终止时气相和液相的组成。

4.11 在 298 K 时, 纯苯的气、液相标准摩尔生成焓分别为 $\Delta_{\text{f}} H_{\text{m}}^{\ominus}(\text{C}_6\text{H}_6, \text{g}) = 82.93\ \text{kJ} \cdot \text{mol}^{-1}$ 和 $\Delta_{\text{f}} H_{\text{m}}^{\ominus}(\text{C}_6\text{H}_6, \text{l}) = 49.0\ \text{kJ} \cdot \text{mol}^{-1}$, 纯苯在 101.33 kPa 下的沸点是 353 K。若在 298 K 时, 甲烷溶在苯中达平衡后, 溶液中含甲烷的摩尔分数为 $x(\text{CH}_4) = 0.0043$ 时, 其对应的气相中甲烷的分压为 $p(\text{CH}_4) = 245.0\ \text{kPa}$。在 298 K 时, 试求:

(1) 当含甲烷的摩尔分数 $x(\text{CH}_4) = 0.01$ 时, 甲烷的苯溶液的总蒸气压;

(2) 与上述溶液对应的气相组成。

4.12　在 293 K 时, HCl(g) 溶于 C_6H_6(l) 中形成理想的稀溶液。当达到气–液平衡时, 液相中 HCl 的摩尔分数为 0.0385, 气相中 C_6H_6(g) 的摩尔分数为 0.095。已知 293 K 时, C_6H_6(l) 的饱和蒸气压为 10.01 kPa。试求:

(1) 气–液平衡时, 气相的总压;

(2) 293 K 时, HCl(g) 在苯溶液中的 Henry 定律常数 $k_{x,B}$。

4.13　物质 A 与 B 的物质的量分别为 n_A 和 n_B 的二元溶液, 其 Gibbs 自由能为

$$G = n_A\mu_A^\ominus + n_B\mu_B^\ominus + RT(n_A\ln x_A + n_B\ln x_B) + cn_An_B/(n_A + n_B)$$

其中 c 是 T,p 的函数。

(1) 试推导 μ_A 的表达式;

(2) 给出活度因子 γ_A 的表达式。

4.14　若 $\Delta_{fus}H_m = a + bT + cT^2 + dT^3$, 试导出 $\ln x_A, T_f$ 和 T_f^* 之间的关系。其中 a, b, c, d 为常数; x_A 表示溶剂的摩尔分数。

4.15　将一含 5 mol 苯和 7 mol 甲苯的溶液与一含 3 mol 苯、2 mol 甲苯和 4 mol 对二甲苯的溶液等温混合, 计算混合熵变。

4.16　把一个含有 0.1 mol 萘和 0.9 mol 苯的溶液冷却到一些固体苯析出, 然后把溶液从固体中倾析出来, 并将倾析出来的溶液加热到 353 K, 在此温度下测其蒸气压为 89.33 kPa。苯的凝固点和正常沸点分别为 278.5 K 和 353 K, $\Delta_{fus}H_m^\ominus = 10.66\,\text{kJ}\cdot\text{mol}^{-1}$。求固体苯最初被析出的温度及已析出的苯的量。

4.17　香烟中主要含有尼古丁 (nicotine), 经分析得知其中含 9.3% 的 H, 72% 的 C 和 18.70% 的 N。现将 0.6 g 尼古丁溶于 12.0 g 水中, 所得溶液在 $p^\ominus$ 下的凝固点为 $-0.62\,^\circ\text{C}$, 试确定该物质的分子式 (已知水的凝固点降低常数为 $1.86\,\text{K}\cdot\text{kg}\cdot\text{mol}^{-1}$)。

4.18　将 12.2 g 苯甲酸溶于 100 g 乙醇中, 使乙醇的沸点升高了 1.13 K。若将这些苯甲酸溶于 100 g 苯中, 则苯的沸点升高了 1.36 K。计算苯甲酸在这两种溶剂中的摩尔质量。计算结果说明了什么问题? 苯甲酸的苯溶液冷却到什么温度时开始结晶? 已知乙醇的沸点升高常数为 $k_b = 1.19\,\text{K}\cdot\text{kg}\cdot\text{mol}^{-1}$, 苯的沸点升高常数为 $k_b = 2.60\,\text{K}\cdot\text{kg}\cdot\text{mol}^{-1}$, 苯的摩尔熔化焓为 $\Delta_{fus}H_m^\ominus = 9.87\,\text{kJ}\cdot\text{mol}^{-1}$。

4.19　可以用不同的方法计算沸点升高常数。根据下列数据, 分别计算 CS_2(l) 的沸点升高常数。

(1) 3.20 g 萘 ($C_{10}H_8$) 溶于 50.0 g CS_2(l) 中, 溶液的沸点较纯溶剂升高了 1.17 K;

(2) 1.0 g CS_2(l) 在沸点 319.45 K 时的汽化焓为 $351.9\,\text{J}\cdot\text{g}^{-1}$;

(3) 根据 $CS_2(l)$ 的蒸气压与温度的关系曲线, 知道在大气压力 101.325 kPa 及其沸点 319.45 K 时, $CS_2(l)$ 的蒸气压随温度的变化率为 3293 Pa·K^{-1} (见后面 Clapeyron 方程).

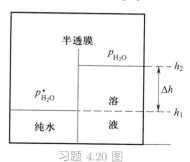

习题 4.20 图

4.20 有一密闭抽空的容器, 如左图所示。纯水与溶液间用半透膜隔开, 298.15 K 时纯水蒸气压为 3.169 kPa, 溶液中溶质 B 的摩尔分数为 0.001. 试问:

(1) 系统在 298.15 K 达渗透平衡时, 液面上升高度 Δh 为多少?

(2) 298.15 K 时, 此液面上方蒸气压为多少?

(3) 纯水蒸气压大于溶液蒸气压。根据力学平衡原理, 水汽将从左方流向右上方, 且凝聚于溶液中, 渗透平衡受到破坏, 因而在密闭容器下不能形成渗透平衡, 此结论对吗? 何故?

4.21 (1) 人类血浆的凝固点为 $-0.5\,°C$(272.65 K), 求在 37 °C(310.15 K) 时血浆的渗透压。已知水的凝固点降低常数 $k_f = 1.86$ K·kg·mol^{-1}, 血浆的密度近似等于水的密度, 为 1×10^3 kg·m^{-3};

(2) 假设某人在 310.15 K 时其血浆的渗透压为 729 kPa, 试计算葡萄糖等渗溶液的质量摩尔浓度。

4.22 在 298 K 时, 质量摩尔浓度为 m_B 的 NaCl(B) 水溶液, 测得其渗透压为 200 kPa。现在要从该溶液中取出 1 mol 纯水, 试计算此过程的化学势的变化值。设这时溶液的密度近似等于纯水的密度, 为 1×10^3 kg·m^{-3}。

4.23 已知水的 $k_b = 0.52$ K·kg·mol^{-1}, $k_f = 1.86$ K·kg·mol^{-1}。某水溶液含有非挥发性溶质, 在 271.65 K 时凝固。试求:

(1) 该溶液的正常沸点;

(2) 在 298.15 K 时的蒸气压, 已知该温度时纯水的蒸气压为 3.178 kPa;

(3) 在 298.15 K 时的渗透压 (假设溶液是理想稀溶液)。

4.24 由三氯甲烷 (A) 和丙酮 (B) 组成的溶液, 若液相的组成为 $x_B = 0.713$, 则在 301.4 K 时的总蒸气压为 29.39 kPa, 在蒸气中丙酮 (B) 的组成为 $y_B = 0.818$。已知在该温度时, 纯三氯甲烷的蒸气压为 29.57 kPa。试求在三氯甲烷和丙酮组成的溶液中, 三氯甲烷的相对活度 $a_{x,A}$ 和活度因子 $\gamma_{x,A}$。

4.25 在 288 K 时, 1 mol NaOH(s) 溶在 4.559 mol 纯水中所形成溶液的蒸气压为 596.5 Pa, 在该温度下, 纯水的蒸气压为 1705 Pa。试求:

(1) 溶液中水的活度;

(2) 在溶液和在纯水中, 水的化学势的差值。

4.26　已知金属 Cd(s) 的熔点为 594 K, 摩尔熔化焓为 6.21 kJ·mol^{-1}, Cd 与 Pb 在固态完全不溶。现有 Cd–Pb 液态合金, 含 Cd 的摩尔分数为 0.8, 在 586 K, $p^{\ominus}$ 下测得 Cd 从纯固态到该液态合金时的 $\Delta_{\text{sol}}H_{\text{m}}^{\ominus} = 200$ J·mol^{-1}, $\Delta_{\text{sol}}S_{\text{m}}^{\ominus} = 0.54$ J·mol^{-1}·K^{-1}, 且在一定范围内为常数。

(1) 求该合金中 Cd 的活度因子 γ_x (以纯固态 Cd 为标准参考基准);

(2) 求 Cd(s) 从该液态合金中析出的温度。

4.27　在 300 K 时, 液态 A 的蒸气压为 37.33 kPa, 液态 B 的蒸气压为 22.66 kPa。当 2 mol A 与 2 mol B 混合后, 液面上蒸气的总压为 50.66 kPa, 在蒸气中 A 的摩尔分数为 0.60。假定蒸气为理想气体, 试求:

(1) 溶液中 A 和 B 的活度与活度因子;

(2) 混合过程的 Gibbs 自由能变化值 $\Delta_{\text{mix}}G^{\text{re}}$;

(3) 如果溶液是理想的, 求混合过程的 Gibbs 自由能变化值 $\Delta_{\text{mix}}G^{\text{id}}$。

4.28　在 262.5 K 时, 在 1.0 kg 水中溶解 3.30 mol KCl(s) 形成饱和溶液, 在该温度下饱和溶液与冰平衡共存。

(1) 若以纯水为标准态, 试计算饱和溶液中水的活度和活度因子。已知水的摩尔凝固焓变为 $\Delta_{\text{fre}}H_{\text{m}} = -6010$ J·mol^{-1}。

(2) 在 298 K 时, 用反渗透压法使其淡化, 问最少需加多大压力? 已知水的摩尔体积为 1.8×10^{-5} m^3·mol^{-1}。

4.29　已知 I$_2$ 的相对分子质量为 253.8。在 298.15 K, $p^{\ominus}$ 下, 纯 I$_2$(s) 蒸气压 $p(\text{I}_2) = 40.66$ Pa。将 0.568 g 碘溶于 0.050 dm^3 CCl$_4$ 中所形成的溶液与 0.500 dm^3 水一起摇动, 平衡后测得水中含有 0.233 mmol 碘。

(1) 计算碘在两溶剂中的分配系数 K (设碘在两种溶剂中均以 I$_2$ 分子形式存在);

(2) 若 298.15 K 时, 碘在水中溶解度为 0.001 35 mol·dm^{-3}, 求碘在 CCl$_4$ 中的溶解度;

(3) 计算 298.15 K, $p^{\ominus}$ 时, I$_2$(g) 的 $\Delta_{\text{f}}G_{\text{m}}^{\ominus}$ 与 CCl$_4$ 溶液中 I$_2$ 的 $\Delta_{\text{f}}G_{\text{m}}^{\ominus}$。

4.30　在 1.0 dm^3 水中含有某物质 100 g, 在 298 K 时, 用 1.0 dm^3 乙醚萃取一次, 可得该物质 66.7 g。试求:

(1) 该物质在水和乙醚之间的分配系数;

(2) 若用 1.0 dm^3 乙醚分 10 次萃取, 能萃取出该物质的质量。

4.31　在 293 K 时, 浓度为 0.1 mol·dm^{-3} 的 NH$_3$(g) 的 CHCl$_3$(l) 溶液, 其上方 NH$_3$(g) 的蒸气压为 4.43 kPa; 浓度为 0.05 mol·dm^{-3} 的 NH$_3$(g) 的 H$_2$O(l) 溶液, 其上方 NH$_3$(g) 的蒸气压为 0.8866 kPa。试求 NH$_3$(g) 在 CHCl$_3$(l) 和 H$_2$O(l)

两液相间的分配系数。

4.32 (1) 用饱和的气流法测 CS_2 蒸气压的步骤如下: 以 288 K, $p^{\ominus}$ 的 2 dm^3 干燥空气通过一已知质量的 CS_2 的计泡器, 空气与 CS_2 的混合物逸至大气中 (压力为 $p^{\ominus}$), 重称记泡器的质量, 有 3.011 g 的 CS_2 蒸发掉了。求 288 K 时 CS_2 的蒸气压。

(2) 在上述同样条件下, 将 2 dm^3 干燥空气缓缓通过含硫 8% (质量分数) 的 CS_2 溶液, 则发现 2.902 g CS_2 被带走。求算溶液上方 CS_2 的蒸气分压及硫在 CS_2 中相对分子质量和分子式。已知 CS_2 的相对分子质量为 76.13, 硫的相对原子质量为 32.06。

4.33 当水与二乙醚呈平衡时, 水的凝固点是 $-3.853\,^{\circ}\text{C}$; 当水与 100 g 二乙醚中含有 10.50 g 碳氢化合物 N 的溶液呈平衡时, 水的凝固点为 $-3.621\,^{\circ}\text{C}$。试求:

(1) 接近凝固点时, 在饱和了二乙醚的水溶液中二乙醚的质量分数;
(2) 碳氢化合物 N 的摩尔质量。

假定 N 不溶于水, 且在此温度范围内二乙醚在水中的溶解度随温度的变化可忽略不计。已知水的凝固点降低常数为 $1.86\ \text{K} \cdot \text{kg} \cdot \text{mol}^{-1}$。

4.34 两个 10 dm^3 容器用一旋塞连接, 抽空后一个注入 0.1 kg H_2O; 另一个压入 202 650 Pa 的干燥 CO_2 气体, 两者温度均为 298.15 K。恒温下旋开旋塞, 待达到平衡后, 问系统内的总压力为多少? 已知 CO_2 在 298.15 K 时在水中的溶解度为 2 $\text{mol} \cdot (1\ \text{kg}\ H_2O)^{-1}$, 纯水在 298.15 K 时的蒸气压为 3199.7 Pa。

4.35 在 333.15 K, 水 (A) 和有机物 (B) 混合形成两个液层。A 层中, 含有机物的质量分数为 $w_B = 0.17$。B 层中含水的质量分数为 $x_A = 0.045$。视两层均为理想稀溶液。求此混合系统的气相总压及气相组成。已知 333.15 K 时, $p_A^* = 19.97$ kPa, $p_B^* = 40.00$ kPa, 有机物 B 的摩尔质量为 $M = 80\ \text{g} \cdot \text{mol}^{-1}$。

4.36 二组分溶液中组分 (1) 在 25 ℃ 时平衡蒸气压与浓度的关系如下:

$$p_1 = 66\,650x_1(1 + x_2^2)\ \text{Pa}$$

(1) 计算 25 ℃ 时, Raoult 定律常数 p_1^* 和 Henry 定律常数 k_1;
(2) 计算 25 ℃ 时, $x_1 = 0.50$ 的溶液中组分 (1) 的活度 (分别以 Raoult 定律的纯溶剂和以 Henry 定律的纯溶质为标准态);
(3) 已知纯组分 (2) 在 25 ℃ 的平衡蒸气压为 79.992 kPa。二组分溶液在 $x_2 = 0.50$ 时的总蒸气压为 169.983 kPa。计算组分 (2) 的活度。

4.37 $Na_2SO_4 \cdot 10H_2O$ 能分解成 $NaSO_4$ 与 H_2O, 在 298 K 平衡时, 水的平衡蒸气压 $p(H_2O) = 2559.8$ Pa。今将 C_6H_5Cl 与 $Na_2SO_4 \cdot 10H_2O$ 及 Na_2SO_4 放

在一起摇动, 达到平衡时, 有机层中 $x(\mathrm{H_2O}) = 0.02$, 求 $\mathrm{C_6H_5Cl}$ 中 $\mathrm{H_2O}$ 的活度因子。已知 298 K 时纯水的蒸气压为 3173.1 Pa。

4.38 在 100 kPa 时, 使干燥空气依下列次序缓慢地通过一系列温度均为 20 °C 的容器, 它包括: A, 每 100 g 水中有 13.333 g 尿素的溶液; B, 纯水 (蒸气压为 2.33 kPa); C, 浓硫酸。若干时间以后, C 增加 2.0361 g, 而 B 减少了 0.087 g。求 A 中蒸气压下降多少 (用百分数表示): (1) 从实验数据来计算, (2) 用理论公式来计算。

第五章

化学平衡

本章基本要求

在本章中根据热力学的平衡条件导出化学反应等温式和平衡常数的表示式。前者用以判别化学反应的方向，后者则表示反应达平衡时反应系统中各物质的活度（浓度）之间的关系。根据平衡常数就能求出在给定条件下反应所能达到的程度。然后又讨论各种因素对化学平衡的影响。具体要求如下：

(1) 了解如何从平衡条件导出化学反应等温式。掌握如何使用这个公式。

(2) 了解如何从化学势导出标准平衡常数。

(3) 了解均相和多相反应的平衡常数表示式有什么不同。

(4) 理解 $\Delta_r G_m^\ominus$ 的意义及其与标准平衡常数的关系；掌握 $\Delta_r G_m^\ominus$ 的求算和应用。

(5) 理解 $\Delta_r G_m^\ominus$ 的意义并掌握其用途。

(6) 熟悉温度、压力和惰性气体对平衡的影响。

化学反应可以同时向正、反两个方向进行; 在一定条件下, 当正、反两个方向的反应速率相等时, 系统就达到平衡状态。不同的系统达到平衡所需的时间各不相同, 但其共同的特点是平衡后系统中各物质的数量不再随时间而改变, 产物和反应物的数量之间具有一定的关系。只要外界条件不变, 这个状态就不随时间而变化; 一旦外界条件改变, 平衡状态就必然要发生相应变化。平衡状态从宏观上看表现为静态 (参与反应的各物质的数量不再随时间而改变, 反应似乎停止了), 而从微观角度看则是一种动态平衡, 实际上此时正、逆反应都在继续进行, 只不过两者的速率相等而已。

在有的反应中, 逆反应进行的程度很小, 与正反应相比可以忽略不计。此时, 通常称这种反应 "能进行到底" 或 "为单向反应"。也有的反应中, 其正反应和逆反应都比较明显, 这类反应可称为 "对峙反应" 或 "双向反应", 习惯上也称为 "可逆反应"。本章主要讨论这类反应。

在实际生产和科学研究中, 人们需要知道: 在给定条件下, 一个化学反应能否进行? 如果能进行, 反应进行的最高限度 (即最大理论产率) 是多少? 如何控制反应条件, 使反应按我们所需要的方向进行? 等等。这些问题是很重要的, 尤其是在开发新的反应时。例如, 研究石油产品的综合利用、新药的合成, 以及耦合反应的选择、如何选择最适宜的反应条件等, 都有赖于热力学的基本知识。把热力学基本原理和规律应用于化学反应, 可以从原则上确定反应进行的方向、平衡的条件、反应所能达到的最高限度, 以及导出平衡时物质的数量关系, 并用平衡常数来表示。解决这些问题的重要性是不言而喻的。例如, 在预知反应不可能进行的条件下或理论产率极低的情况下, 就不必再耗费人力、物力和时间去进行探索性实验。又如, 在给定条件下, 反应有一个理论上的最大限度, 不可能超越这个限度, 也不可能借添加催化剂来改变这个限度; 只有改变反应条件, 才能在新的条件下达到新的限度。

在本章中, 我们将根据热力学第二定律的一些结论来处理化学平衡问题, 并讨论平衡常数的一些测定和计算方法, 以及一些因素对化学平衡的影响。

本章所提到的化学反应系统, 主要是指等温等压且不做非体积功的封闭系统。所有的化学反应方程式都已配平, 符合以下定量关系:

$$\sum_B \nu_B B = 0$$

式中 B 是任一参与反应的物质, 为反应物或产物; ν_B 是参与反应的物质 B 的计量系数, 对反应物 ν_B 取负值, 对产物 ν_B 取正值。

5.1　化学反应的方向与限度 —— 化学反应等温式

化学反应的方向与限度

对于任意的封闭系统, 当系统有微小变化时:

$$dG = -SdT + Vdp + \sum_{B} \mu_B dn_B \tag{5.1}$$

对于有化学反应的系统, 引入反应进度的概念, 则

$$d\xi = \frac{dn_B}{\nu_B} \quad 或 \quad dn_B = \nu_B d\xi \tag{5.2}$$

则

$$dG = -SdT + Vdp + \sum_{B} \nu_B \mu_B d\xi \tag{5.3}$$

式中 μ_B 是参与反应的各物质的化学势。式 (5.3) 与式 (5.1) 的不同之处是, 系统的变量改变了。即对于化学反应系统的 Gibbs 自由能来说, 变量由原先的 (T, p, n_B) 变成了现在的 (T, p, ξ)。

根据式 (5.3), 在等温等压下, 则有

$$dG = \sum_{B} \nu_B \mu_B d\xi \tag{5.4}$$

或

$$\left(\frac{\partial G}{\partial \xi}\right)_{T,p} = \sum_{B} \nu_B \mu_B \tag{5.5}$$

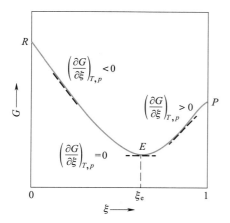

图 **5.1**　反应系统的 Gibbs 自由能与 ξ 的关系

若将化学反应系统的 Gibbs 自由能 G 对反应进度 ξ 作图, 可得如图 5.1 所示的曲线。整个曲线表示反应过程中系统的 Gibbs 自由能随反应进度的变化情况。图中 R 点代表在混合的反应系统中反应物的 Gibbs 自由能; P 点代表生成物的 Gibbs 自由能; E 点是反应系统的 Gibbs 自由能降至最小值时所处的状态, 此时系统处于平衡状态, 对应于反应进行的最大限度, 相应的反应进度为 ξ_e。

　　根据图中曲线的斜率 (即系统 Gibbs 自由能随反应进度的变化率), 可以判断反应进行的方向和限度。具体来说: RE 线段: $\left(\dfrac{\partial G}{\partial \xi}\right)_{T,p} < 0$, 即 $\sum\limits_{\mathrm{B}} \nu_{\mathrm{B}}\mu_{\mathrm{B}} < 0$, 反应正向进行, 且是自发的, 直至系统 Gibbs 自由能达到最小值。

　　E 点: $\left(\dfrac{\partial G}{\partial \xi}\right)_{T,p} = 0$, 即 $\sum\limits_{\mathrm{B}} \nu_{\mathrm{B}}\mu_{\mathrm{B}} = 0$, 此时系统 Gibbs 自由能达到最小值, 即平衡态, 对应反应的最大限度。

　　EP 线段: $\left(\dfrac{\partial G}{\partial \xi}\right)_{T,p} > 0$, 即 $\sum\limits_{\mathrm{B}} \nu_{\mathrm{B}}\mu_{\mathrm{B}} > 0$, 反应不能正向自发进行, 而逆反应则能自发进行, 直至达到系统的平衡态。

　　在等温等压且 $W_{\mathrm{f}} = 0$ 的条件下, 当反应进度从 $\xi = 0$ mol 变到 $\xi = 1$ mol 时, 可将式 (5.4) 两边进行积分, 即

$$\int_{\Delta G(\xi=0\ \mathrm{mol})}^{\Delta G(\xi=1\ \mathrm{mol})} (\mathrm{d}G)_{T,p} = \int_{0\ \mathrm{mol}}^{1\ \mathrm{mol}} \sum_{\mathrm{B}} \nu_{\mathrm{B}}\mu_{\mathrm{B}}\mathrm{d}\xi$$

若在反应过程中 μ_{B} 保持不变, 则有

$$\int_{\Delta G(\xi=0\ \mathrm{mol})}^{\Delta G(\xi=1\ \mathrm{mol})} (\mathrm{d}G)_{T,p} = \sum_{\mathrm{B}} \nu_{\mathrm{B}}\mu_{\mathrm{B}} \int_{0\ \mathrm{mol}}^{1\ \mathrm{mol}} \mathrm{d}\xi$$

即

$$(\Delta_{\mathrm{r}}G_{\mathrm{m}})_{T,p} = \sum_{\mathrm{B}} \nu_{\mathrm{B}}\mu_{\mathrm{B}} \tag{5.6}$$

　　在反应过程中, 要保持 μ_{B} 不变的条件是, 在有限量的系统中, 反应的进度 ξ 很小, 系统中各物质数量的微小变化 [如式 (5.4) 所示], 不足以引起各物质浓度 (或压力) 的变化, 因而其化学势不变。或者设想是在很大的系统中发生了一个单位 ($\xi = 1.0$ mol) 的化学反应 [如式 (5.6) 所示], 此时各物质的浓度也基本上没有变化, 相应的化学势也可看作不变 (在以后的讨论中常常包含这种条件, 即今后一般都讨论反应进度在 $0 \sim 1$ mol 的变化)。从式 (5.6) 中也可以看出, $(\Delta_{\mathrm{r}}G_{\mathrm{m}})_{T,p}$ 的单位应为 $\mathrm{J \cdot mol^{-1}}$。

　　$(\Delta_{\mathrm{r}}G_{\mathrm{m}})_{T,p}$ 和 $\sum\limits_{\mathrm{B}} \nu_{\mathrm{B}}\mu_{\mathrm{B}}$ 这两个公式在判断反应进行的方向和限度时是完全等效的, 因为化学势是偏摩尔 Gibbs 自由能, 式 (5.6) 相当于偏摩尔量的加和公式。今后为了简便, 常把表示等温等压的下标略去, 也不再重复 "不做非体积功" 这一限制条件。$(\Delta_{\mathrm{r}}G_{\mathrm{m}})_{T,p}$ 中的下标 "r" 表示 reaction, "m" 表示反应进度 $\xi = 1.0$ mol。在等温等压且不做非体积功的条件下:

$(\Delta_r G_m)_{T,p} < 0$ 　反应自发正向进行

$(\Delta_r G_m)_{T,p} = 0$ 　反应达到平衡, 即达到反应的最大限度

$(\Delta_r G_m)_{T,p} > 0$ 　逆反应是自发的

根据式 (5.6), 在等温等压下, 当反应物的化学势总和 [即各个反应物的化学势乘以配平后的化学方程式中的各自计量系数 (取正值) 的累加] 大于产物的化学势总和 (即各个产物的化学势乘以配平后的化学方程式中的各自计量系数的累加) 时, 反应自发向右进行。初学者常会提出这样的问题, 既然产物的化学势总和较低, 为什么反应通常不能进行到底, 而且进行到一定程度达到平衡后就不再前进了呢? 为了解答这一问题, 试举理想气体混合物的反应 $D + E \rightleftharpoons 2F$ 为例。在起始时, D, E, F 的物质的量分别为 n_D^0, n_E^0 和 n_F^0, 而在反应过程中 D, E, F 的物质的量分别为 n_D, n_E 和 n_F, 此时系统的 Gibbs 自由能为

$$G = \sum_B n_B \mu_B$$

$$= n_D \mu_D + n_E \mu_E + n_F \mu_F$$

$$= n_D \left(\mu_D^\ominus + RT\ln\frac{p_D}{p^\ominus} \right) + n_E \left(\mu_E^\ominus + RT\ln\frac{p_E}{p^\ominus} \right) + n_F \left(\mu_F^\ominus + RT\ln\frac{p_F}{p^\ominus} \right)$$

$$= \left[(n_D\mu_D^\ominus + n_E\mu_E^\ominus + n_F\mu_F^\ominus) + (n_D + n_E + n_F)RT\ln\frac{p}{p^\ominus} \right] +$$

$$RT(n_D\ln x_D + n_E\ln x_E + n_F\ln x_F) \tag{5.7}$$

式中 p 是总压; x_B 代表各气体的摩尔分数; p_B 代表各气体的分压 ($p_B = px_B$)。等式右方中括弧中的数值相当于反应前各气体单独存在且各自的压力均为总压 p 时的 Gibbs 自由能之和, 最后一项则相当于混合 Gibbs 自由能 (见第四章的 4.7 节)。由于 $x_B < 1$, 所以该项数值之和小于零。

设反应从 D, E 开始, 各为 1 mol, 则在任何时刻, 有

$$n_D = n_E$$

$$n_F = 2 \times (1\ \text{mol} - n_D)$$

所以

$$n_D + n_E + n_F = 2\ \text{mol}$$

代入式 (5.7), 从式中消去 n_E 和 n_F, 得

$$G = \left[n_D(\mu_D^\ominus + \mu_E^\ominus) + 2(1\ \text{mol} - n_D)\mu_F^\ominus + 2RT\ln\frac{p}{p^\ominus} \right] +$$

$$2RT \left[n_D\ln\frac{n_D}{2\ \text{mol}} + (1\ \text{mol} - n_D)\ln\frac{1\ \text{mol} - n_D}{1\ \text{mol}} \right] \tag{5.8}$$

若 $p = p^{\ominus}$，重排后得

$$G = [n_{\mathrm{D}}(\mu_{\mathrm{D}}^{\ominus} + \mu_{\mathrm{E}}^{\ominus} - 2\mu_{\mathrm{F}}^{\ominus}) + 2\mu_{\mathrm{F}}^{\ominus}] +$$

$$2RT\left[n_{\mathrm{D}}\ln\frac{n_{\mathrm{D}}}{2\ \mathrm{mol}} + (1\ \mathrm{mol} - n_{\mathrm{D}})\ln\frac{1\ \mathrm{mol} - n_{\mathrm{D}}}{1\ \mathrm{mol}} \right] \qquad (5.9)$$

式中 $\mu_{\mathrm{B}}^{\ominus}$ 均为纯气体标准态的化学势，它只是温度的函数，故在一定的温度和压力下，式中的 G 只是 n_{D} 的函数。从起始到终了，n_{D} 的值可以在 $1 \sim 0$ mol 变动。

如以 n_{D} 为横坐标，以 G 为纵坐标，根据式 (5.9) 绘图，得示意图 5.2。

系统起始时，$n_{\mathrm{D}} = 1$ mol，根据式 (5.9)，有

$$G = 1\ \mathrm{mol} \times (\mu_{\mathrm{D}}^{\ominus} + \mu_{\mathrm{E}}^{\ominus}) + 2RT\ln\frac{1}{2}$$

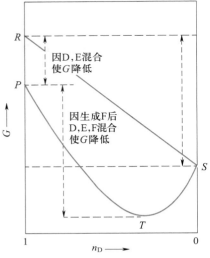

图中用 P 点表示，它相当于 1 mol D 和 1 mol E 刚刚混合但尚未进行反应时系统的 Gibbs 自由能，而纯 D 和纯 E 未混合前 Gibbs 自由能的总和则相当于 R 点。将 1 mol D 和 1 mol E 混合后，反应尚未开始，系统的 Gibbs 自由能就由 R 点降到了 P 点，式中的 $2RT\ln\frac{1}{2}$ 则相当于 D 和 E 的混合 Gibbs 自由能。

图 5.2　系统的 Gibbs 自由能在反应过程中的变化 (示意图)

假如 D，E 能全部进行反应而生成 F，即 $n_{\mathrm{D}} = 0$ 时，则根据式 (5.9)，有

$$G = 2\ \mathrm{mol} \times \mu_{\mathrm{F}}^{\ominus}$$

这相当于图中 S 点。而当 n_{D} 在 $1 \sim 0$ mol，根据式 (5.9) 绘图得到曲线 PTS。这个曲线有一个最低点。其所以有最低点，主要是由于式 (5.9) 中的第二项 (即混合 Gibbs 自由能项)。反应一经开始，一旦有产物生成，它就参与混合，产生了具有负值的混合 Gibbs 自由能。根据等温等压下 Gibbs 自由能有最低值的原则，最低的 T 点就是平衡点。反之，如果反应从纯 F 开始，反应左向进行后系统的 Gibbs 自由能也将由 S 点降到 T 点 (混合 Gibbs 自由能一项，从本质上来说，来源于混合熵，由此可见熵函数对讨论化学平衡的重要性)。

如何使一个化学反应可逆地进行? 在第三章中，我们曾介绍过 van't Hoff 平衡箱所设想的过程，系统的状态是由纯 D 和纯 E 变为纯 F，此时系统的 Gibbs 自由能将沿 RS 直线变化。唧筒中的 D 和 E 在反应前并未混合，反应后生成的 F 也没有与 D 和 E 混合。

化学反应的亲和势

定义化学反应的亲和势 A 为

$$A \overset{\text{def}}{=\!=\!=} -\left(\frac{\partial G}{\partial \xi}\right)_{T,p} \tag{5.10a}$$

根据式 (5.5) 和式 (5.6)，有

$$A = -\sum_{\text{B}} \nu_{\text{B}}\mu_{\text{B}} = -(\Delta_{\text{r}}G_{\text{m}})_{T,p} \tag{5.10b}$$

这一定义首先由 de Donder 给出，他把 $\sum\limits_{\text{B}} \nu_{\text{B}}\mu_{\text{B}}$ 的负值定义为**化学反应亲和势** (affinity of chemical reaction)，简称**亲和势** (affinity)。对于给定的系统，亲和势有定值，它取决于系统的始态和终态，而与反应的过程和系统的大小数量无关，它仅与系统中各物质的强度性质 μ 有关。

根据式 (5.10b)，则式 (5.3) 可写成

$$\text{d}G = -S\text{d}T + V\text{d}p - A\text{d}\xi$$

根据等温等压下，Gibbs 自由能减小原理，故有

$$(\text{d}G)_{T,p} = -A\text{d}\xi \leqslant 0$$

（< 0 为自发变化或不可逆过程，$= 0$ 为处于平衡或可逆过程）

据此，对于一般的化学反应 $0 = \sum\limits_{\text{B}} \nu_{\text{B}}\text{B}$，在等温等压下，反应方向和限度的判据应为

$$\left(\frac{\partial G}{\partial \xi}\right)_{T,p} = \sum_{\text{B}} \nu_{\text{B}}\mu_{\text{B}} = (\Delta_{\text{r}}G_{\text{m}})_{T,p} = -A \tag{5.11}$$

$A > 0$ 反应自发正向进行；

$A < 0$ 反应自发逆向进行；

$A = 0$ 反应达平衡或是可逆过程。

这就是把 A 称为化学反应亲和势的原因。在图 5.1 中，曲线左半支，$A > 0$，反应能自发正向进行。曲线右半支，$A < 0$，反应不能自发正向进行，只能逆向进行。在曲线最低点，$A = 0$，反应达到平衡。

化学反应等温式

根据式 (5.6)，将所有参与反应的物质 B 的化学势表示式代入，就可获得对应的化学反应等温式。

1. 气相反应

(1) 理想气体混合物反应系统   前已证明 (详见第四章), 对于理想气体的混合物, 其中任一组分 B 的化学势可写作

$$\mu_B(T,p) = \mu_B^\ominus(T) + RT\ln\frac{p_B}{p^\ominus} \tag{5.12}$$

代入式 (5.6), 可得

$$(\Delta_r G_m)_{T,p} = \sum_B \nu_B \mu_B = \sum_B \nu_B \mu_B^\ominus(T) + \sum_B \nu_B RT\ln\frac{p_B}{p^\ominus}$$

$$= \sum_B \nu_B \mu_B^\ominus(T) + RT\ln\prod_B \left(\frac{p_B}{p^\ominus}\right)^{\nu_B} \tag{5.13}$$

令

$$\sum_B \nu_B \mu_B^\ominus(T) = \Delta_r G_m^\ominus(T) \tag{5.14}$$

则

$$(\Delta_r G_m)_{T,p} = \Delta_r G_m^\ominus(T) + RT\ln\prod_B \left(\frac{p_B}{p^\ominus}\right)^{\nu_B} \tag{5.15}$$

式 (5.15) 等号右边对数中的项代表反应系统中气体的 "压力商", 用 Q_p 表示, 则

$$(\Delta_r G_m)_{T,p} = \Delta_r G_m^\ominus(T) + RT\ln Q_p \tag{5.16}$$

其中

$$Q_p = \prod_B \left(\frac{p_B}{p^\ominus}\right)^{\nu_B} \tag{5.17}$$

式 (5.16) 和式 (5.15) 就是理想气体混合物系统的**化学反应等温式** (chemical reaction isotherm)。式中 $\Delta_r G_m^\ominus(T)$ 称为化学反应的标准摩尔 Gibbs 自由能变化值, 因为 $\mu_B^\ominus(T)$ 仅是温度的函数, 所以 $\Delta_r G_m^\ominus(T)$ 也仅是温度的函数, 即对于指定的理想气体反应系统, 当温度一定时, $\Delta_r G_m^\ominus(T)$ 有定值。只要求得 $\Delta_r G_m^\ominus(T)$ 值, 并将反应系统中气体的压力商代入式 (5.16), 就能得到 $(\Delta_r G_m)_{T,p}$ 值; 根据所得 $(\Delta_r G_m)_{T,p}$ 数值的正负, 进而就可以判断化学反应的方向和限度。对于指定的反应系统, 在一定的温度下, $\Delta_r G_m^\ominus(T)$ 有定值, 但是 Q_p 的数值是可以人为改变的。例如, 通过增加反应物的压力或移去产物以降低产物的压力, 都可以使 Q_p 变小, 从而降低 $(\Delta_r G_m)_{T,p}$ 的数值, 增加正反应的趋势。

（2）非理想气体混合物反应系统　对于非理想气体混合物，则应将压力换成逸度，其中任一组分 B 的化学势可写作

$$\mu_B(T,p) = \mu_B^\ominus(T) + RT\ln\frac{f_B}{p^\ominus} \tag{5.18}$$

式中 f_B 是非理想气体混合物中组分 B 的逸度（$f_B = p_B\gamma_B$，其中 γ_B 是逸度因子，它是压力的校正因子，满足条件 $\lim_{p_B \to 0} \gamma_B = 1$）。

同理，将式 (5.18) 代入式 (5.6)，可得

$$(\Delta_r G_m)_{T,p} = \sum_B \nu_B\mu_B = \sum_B \nu_B\mu_B^\ominus(T) + \sum_B \nu_B RT\ln\frac{f_B}{p^\ominus}$$

也即

$$(\Delta_r G_m)_{T,p} = \Delta_r G_m^\ominus(T) + RT\ln\prod_B \left(\frac{f_B}{p^\ominus}\right)^{\nu_B} \tag{5.19}$$

式中等号右边对数中的项代表反应系统中气体的"逸度商"，可用 Q_f 表示，则

$$(\Delta_r G_m)_{T,p} = \Delta_r G_m^\ominus(T) + RT\ln Q_f \tag{5.20}$$

式中

$$Q_f = \prod_B \left(\frac{f_B}{p^\ominus}\right)^{\nu_B} \tag{5.21}$$

式 (5.20) 和式 (5.19) 即为非理想气体混合物系统的化学反应等温式。

2. 液相反应

（1）液态混合物反应系统　如果反应物和生成物能形成液体混合物，则各组分可以同等对待，而不必有溶剂和溶质之分。

① 理想液态混合物反应系统　前已证明：在理想液态混合物中，其中任意一个组分 B 的化学势可表示为

$$\mu_B(T,p,x_B) = \mu_B^*(T,p) + RT\ln x_B \tag{5.22}$$

式中 $\mu_B^*(T,p)$ 不是标准态的化学势，因为其中压力是 p 而不是标准压力 $p^\ominus$。如果将 p 换成 $p^\ominus$，则应加上一个校正项，即

$$\mu_B(T,p,x_B) = \mu_B^*(T,p^\ominus) + RT\ln x_B + \int_{p^\ominus}^{p} \left[\frac{\partial\mu_B^*(T,p)}{\partial p}\right]_T \mathrm{d}p \tag{5.23}$$

或

$$\mu_B(T,p,x_B) = \mu_B^\ominus(T,p^\ominus) + RT\ln x_B + \int_{p^\ominus}^{p} V_B^*\mathrm{d}p \tag{5.24}$$

式中 V_B^* 代表纯组分 B 的偏摩尔体积 (此处也即组分 B 的摩尔体积)。由于 $p^\ominus$ 是给定的, 所以 $\mu_B^\ominus$ 仅是温度的函数。将式 (5.24) 代入式 (5.6), 可得

$$(\Delta_r G_m)_{T,p} = \sum_B \nu_B \mu_B(T,p,x_B) = \sum_B \nu_B \mu_B^\ominus(T) + RT\ln\prod_B x_B^{\nu_B} + \int_{p^\ominus}^p \sum_B \nu_B V_B^* dp$$

$$(5.25)$$

对于在液相中进行的反应, 等式右边积分项的值很小, 可略去不计; 若令 $\sum_B \nu_B \mu_B^\ominus(T) = \Delta_r G_m^\ominus(T)$, 则

$$(\Delta_r G_m)_{T,p} = \Delta_r G_m^\ominus(T) + RT\ln\prod_B x_B^{\nu_B} \qquad (5.26)$$

式 (5.26) 就是理想液态混合物反应系统的化学反应等温式。

② 非理想液态混合物反应系统   非理想液态混合物对 Raoult 定律有偏差, 需进行校正, 通过引入相对活度后可得其中任意一个组分 B 的化学势为

$$\mu_B(T,p,x_B) = \mu_B^*(T,p) + RT\ln a_{x,B} \qquad (5.27)$$

式中 $a_{x,B}$ 是非理想液态混合物中组分 B 的相对活度 ($a_{x,B} = x_B\gamma_{x,B}$, 其中 $\gamma_{x,B}$ 是活度因子, 它是浓度的校正因子, 满足条件 $\lim\limits_{x_B \to 1} \gamma_{x,B} = 1$)。

采用与理想液态混合物反应系统中相同的处理方法 (只需用相对活度 $a_{x,B}$ 代替浓度 x_B), 就可得到非理想液态混合物反应系统的化学反应等温式, 即

$$\Delta_r G_m = \Delta_r G_m^\ominus(T) + RT\ln\prod_B a_{x,B}^{\nu_B} \qquad (5.28)$$

(2) 溶液反应系统

① 理想稀溶液反应系统   溶液中各组分之间有溶剂和溶质之分, 应区别对待。如果形成溶液的组分中有一种 (或多种) 的量很少, 可把它当作溶质。在理想的稀溶液中, 溶质遵守 Henry 定律 ($p_B = k_{x,B}x_B = k_{m,B}m_B = k_{c,B}c_B$)。

若溶质 B 的浓度用摩尔分数 x_B 表示, 则相应的化学势表示式为

$$\mu_B(T,p,x_B) = \mu_B^*(T,p) + RT\ln x_B \qquad (5.29)$$

式中 $\mu_B^*(T,p)$ 是 $x_B = 1$ 且服从 Henry 定律的那个假想态的化学势, 是温度 T 和压力 p 的函数; 如果将压力换作 $p^\ominus$, 与之前的处理一样, 则应加上一个积分项, 即

$$\mu_B^*(T,p) = \mu_B^*(T,p^\ominus) + \int_{p^\ominus}^p \left[\frac{\partial \mu_B^*(T,p)}{\partial p} \right]_T dp \qquad (5.30)$$

但由于积分项很小, 故

$$\mu_{\mathrm{B}}^*(T,p) \approx \mu_{\mathrm{B}}^*(T,p^{\ominus}) = \mu_{x,\mathrm{B}}^*(T,p^{\ominus})$$

因此

$$\mu_{\mathrm{B}}(T,p,x_{\mathrm{B}}) = \mu_{\mathrm{B}}^*(T,p^{\ominus}) + RT\mathrm{ln}x_{\mathrm{B}} \tag{5.31}$$

或

$$\mu_{\mathrm{B}}(T,p,x_{\mathrm{B}}) = \mu_{x,\mathrm{B}}^{\ominus}(T,p^{\ominus}) + RT\mathrm{ln}x_{\mathrm{B}} \tag{5.32}$$

将式 (5.32) 代入式 (5.6)，可得溶剂不参与反应的理想稀溶液反应系统的化学反应等温式，即

$$(\Delta_{\mathrm{r}}G_{\mathrm{m}})_{T,p} = \Delta_{\mathrm{r}}G_{\mathrm{m}}^{\ominus}(T) + RT\mathrm{ln}\prod_{\mathrm{B}} x_{\mathrm{B}}^{\nu_{\mathrm{B}}} \tag{5.33}$$

式中 $\Delta_{\mathrm{r}}G_{\mathrm{m}}^{\ominus}(T) = \sum_{\mathrm{B}} \nu_{\mathrm{B}}\mu_{x,\mathrm{B}}^{\ominus}(T,p^{\ominus})$。

若溶质 B 的浓度用质量摩尔浓度 m_{B} 表示，则在理想的稀溶液中，有

$$\mu_{\mathrm{B}}(T,p,m_{\mathrm{B}}) = \mu_{\mathrm{B}}^{\ominus}(T,p) + RT\mathrm{ln}\frac{m_{\mathrm{B}}}{m^{\ominus}} \tag{5.34}$$

式中 $\mu_{\mathrm{B}}^{\ominus}(T,p)$ 是 $m_{\mathrm{B}} = m^{\ominus} = 1 \ \mathrm{mol \cdot kg^{-1}}$ 且服从 Henry 定律的那个假想态的化学势，是温度 T 和压力 p 的函数。

采用与前面类似的处理方法，可得理想稀溶液反应系统的第二种化学反应等温式，即

$$(\Delta_{\mathrm{r}}G_{\mathrm{m}})_{T,p} = \Delta_{\mathrm{r}}G_{\mathrm{m}}^{\ominus}(T) + RT\mathrm{ln}\prod_{\mathrm{B}} \left(\frac{m_{\mathrm{B}}}{m^{\ominus}}\right)^{\nu_{\mathrm{B}}} \tag{5.35}$$

式中 $\Delta_{\mathrm{r}}G_{\mathrm{m}}^{\ominus}(T) = \sum_{\mathrm{B}} \nu_{\mathrm{B}}\mu_{m,\mathrm{B}}^{\ominus}(T,p^{\ominus})$。

若溶质 B 的浓度用物质的量浓度 c_{B} 表示，则在理想的稀溶液中，有

$$\mu_{\mathrm{B}}(T,p,c_{\mathrm{B}}) = \mu_{\mathrm{B}}^{\triangle}(T,p) + RT\mathrm{ln}\frac{c_{\mathrm{B}}}{c^{\ominus}} \tag{5.36}$$

式中 $\mu_{\mathrm{B}}^{\triangle}(T,p)$ 是 $c_{\mathrm{B}} = c^{\ominus} = 1 \ \mathrm{mol \cdot dm^{-3}}$ 且服从 Henry 定律的那个假想态的化学势，是温度 T 和压力 p 的函数。

类似地，可得理想稀溶液反应系统的第三种化学反应等温式，即

$$(\Delta_{\mathrm{r}}G_{\mathrm{m}})_{T,p} = \Delta_{\mathrm{r}}G_{\mathrm{m}}^{\ominus}(T) + RT\mathrm{ln}\prod_{\mathrm{B}} \left(\frac{c_{\mathrm{B}}}{c^{\ominus}}\right)^{\nu_{\mathrm{B}}} \tag{5.37}$$

式中 $\Delta_{\mathrm{r}}G_{\mathrm{m}}^{\ominus}(T) = \sum_{\mathrm{B}} \nu_{\mathrm{B}}\mu_{c,\mathrm{B}}^{\ominus}(T,p^{\ominus})$。

② 非理想稀溶液 (真实溶液) 反应系统　非理想稀溶液 (真实溶液) 对 Henry 定律有偏差。当溶质 B 的浓度用摩尔分数 x_B 表示时, 式 (5.29) 中的 x_B 应换成对应的相对活度 $a_{x,B}(a_{x,B} = \gamma_{x,B}x_B$ 且 $\lim\limits_{x_B \to 0} \gamma_{x,B} = 1)$, 即

$$\mu_B(T, p, x_B) = \mu_B^*(T, p) + RT\ln a_{x,B} \tag{5.38}$$

式中 $\mu_B^*(T, p)$ 是在 T, p 时, $x_B = 1, \gamma_{x,B} = 1$, 即 $a_{x,B} = 1$ (也就是说浓度一直到 $x_B = 1$ 时, 仍然服从 Henry 定律) 的那个假想态的化学势。

采用类似前面处理理想稀溶液反应系统的方法, 可得非理想稀溶液反应系统的第一种化学反应等温式, 即

$$(\Delta_r G_m)_{T,p} = \Delta_r G_m^{\ominus}(T) + RT\ln\prod_B a_{x,B}^{\nu_B} \tag{5.39}$$

式中 $\Delta_r G_m^{\ominus}(T) = \sum\limits_B \nu_B \mu_{a_{x,B}}^{\ominus}(T, p^{\ominus})$。

当溶质 B 的浓度用质量摩尔浓度 m_B 表示时, 式 (5.34) 中的 $m_B/m^{\ominus}$ 应换成对应的相对活度 $a_{m,B}\left(a_{m,B} = \gamma_{m,B}\dfrac{m_B}{m^{\ominus}}\right.$ 且 $\left.\lim\limits_{m_B \to 0} \gamma_{m,B} = 1\right)$, 即

$$\mu_B(T, p, m_B) = \mu_B^{\square}(T, p) + RT\ln a_{m,B} \tag{5.40}$$

式中 $\mu_B^{\square}(T, p)$ 是在 T, p 时, $m_B = m^{\ominus} = 1 \text{ mol} \cdot \text{kg}^{-1}, \gamma_{m,B} = 1$, 即 $a_{m,B} = 1$ (也就是说浓度一直到 $m_B = 1 \text{ mol} \cdot \text{kg}^{-1}$ 时, 仍然服从 Henry 定律) 的那个假想态的化学势。

类似地, 可得非理想稀溶液反应系统的第二种化学反应等温式, 即

$$(\Delta_r G_m)_{T,p} = \Delta_r G_m^{\ominus}(T) + RT\ln\prod_B a_{m,B}^{\nu_B} \tag{5.41}$$

式中 $\Delta_r G_m^{\ominus}(T) = \sum\limits_B \nu_B \mu_{a_{m,B}}^{\ominus}(T, p^{\ominus})$。

当溶质 B 的浓度用物质的量浓度 c_B 表示时, 式 (5.36) 中的 $c_B/c^{\ominus}$ 应换成对应的相对活度 $a_{c,B}\left(a_{c,B} = \gamma_{c,B}\dfrac{c_B}{c^{\ominus}}\right.$ 且 $\left.\lim\limits_{c_B \to 0} \gamma_{c,B} = 1\right)$, 即

$$\mu_B(T, p, c_B) = \mu_B^{\triangle}(T, p) + RT\ln a_{c,B} \tag{5.42}$$

式中 $\mu_B^{\triangle}(T, p)$ 是在 T, p 时, $c_B = c^{\ominus} = 1 \text{ mol} \cdot \text{dm}^{-3}, \gamma_{c,B} = 1$, 即 $a_{c,B} = 1$ (也就是说浓度一直到 $c_B = 1 \text{ mol} \cdot \text{kg}^{-1}$ 时, 仍然服从 Henry 定律) 的那个假想态的化学势。

类似地, 可得非理想稀溶液反应系统的第三种化学反应等温式, 即

$$(\Delta_r G_m)_{T,p} = \Delta_r G_m^{\ominus}(T) + RT\ln\prod_B a_{c,B}^{\nu_B} \tag{5.43}$$

式中 $\Delta_r G_m^{\ominus}(T) = \sum\limits_B \nu_B \mu_{a_{c,B}}^{\ominus}(T, p^{\ominus})$。

5.2 化学反应的平衡常数

标准平衡常数

对于反应方程一般式为 $\sum\limits_{B} \nu_B B = 0$ 的任意化学反应, 标准平衡常数的定义式为

$$K^{\ominus} \overset{\text{def}}{=\!=} \exp\left[-\frac{\sum\limits_{B} \nu_B \mu_B^{\ominus}(T)}{RT}\right] \tag{5.44}$$

式中 $K^{\ominus}$ 称为化学反应的**标准平衡常数** (standard equilibrium constant) 或**热力学平衡常数** (thermodynamic equilibrium constant)。由定义式可知, 标准平衡常数是量纲一的量, 单位为 1; 它的数值与温度和参与反应的各物质的标准化学势有关, 因而也就与各物质的性质和标准态的选取有关。由于标准态化学势 $\mu_B^{\ominus}(T)$ 只是温度的函数, 故标准平衡常数 $K^{\ominus}$ 也只是温度的函数。对于指定的反应, 只要温度一定, $K^{\ominus}$ 就有定值, 而与参与反应的各物质的浓度或压力无关。

已知在等温等压且 $W_f = 0$ 的条件下, 化学反应达平衡的条件是 $(\Delta_r G_m)_{T,p} = 0$。根据之前介绍的各类反应的化学反应等温式, 则很容易得到各类反应相应的标准平衡常数表达式。

1. 气相反应的标准平衡常数

(1) 理想气体反应 根据理想气体混合物反应系统的化学反应等温式 [即式 (5.15)] 及关系式 $\sum\limits_{B} \nu_B \mu_B^{\ominus}(T) = \Delta_r G_m^{\ominus}(T)$ [即式 (5.14)], 结合化学反应的平衡条件 $(\Delta_r G_m)_{T,p} = 0$, 可得

$$(\Delta_r G_m)_{T,p} = \sum\limits_{B} \nu_B \mu_B^{\ominus}(T) + RT\ln \prod\limits_{B} \left(\frac{p_B}{p^{\ominus}}\right)_e^{\nu_B} = 0 \tag{5.45}$$

也即

$$-\sum\limits_{B} \nu_B \mu_B^{\ominus}(T) = RT\ln \prod\limits_{B} \left(\frac{p_B}{p^{\ominus}}\right)_e^{\nu_B} \tag{5.46}$$

式中 "压力商" 括号外的下标 "e" 表示所用的压力是反应达平衡时各气相物质的平衡分压。

对照标准平衡常数的定义式 [即式 (5.44)], 可得

$$K_p^{\ominus} = \prod_{B} \left(\frac{p_B}{p^{\ominus}} \right)_e^{\nu_B} \tag{5.47}$$

这就是理想气体反应的标准平衡常数的表达式。$K_p^{\ominus}$ 仅是温度的函数, 是量纲一的量, 单位为 1; 下标 "p" 表示是用压力表示的平衡常数, 即 $K_p^{\ominus}$ 等于平衡时的 "压力商", 以区别于其他的标准平衡常数。

将式 (5.47) 和关系式 $\sum_{B} \nu_B \mu_B^{\ominus}(T) = \Delta_r G_m^{\ominus}(T)$ [即式 (5.14)] 代入式 (5.46), 可得

$$\Delta_r G_m^{\ominus}(T) = -RT \ln K_p^{\ominus} \tag{5.48}$$

式 (5.48) 将两个重要的物理量 $\Delta_r G_m^{\ominus}(T)$ 和 $K_p^{\ominus}$ 联系在一起。根据该式, 在一定温度下, 若已知反应的 $\Delta_r G_m^{\ominus}(T)$, 就可得到反应的标准平衡常数 $K_p^{\ominus}$; 反过来, 若已知 $K_p^{\ominus}$, 就可以计算得到反应的 $\Delta_r G_m^{\ominus}(T)$。需要注意的是, 虽然这两个物理量同时出现在等式的两边, 但它们所处的状态实际上是不同的。由于 $\Delta_r G_m^{\ominus}(T) = \sum_{B} \nu_B \mu_B^{\ominus}(T)$, 所以 $\Delta_r G_m^{\ominus}(T)$ 是处于标准态时的数值, 它与参与反应各物质化学势标准态的选取有关。而由式 (5.47) 可知, $K_p^{\ominus}$ 等于反应达到平衡时的压力商, 它与参与反应各物质的平衡分压有关, 是反应处于平衡态时的物理量。如果将 $K_p^{\ominus}$ 误认为是处于标准态时的压力商, 则 $K_p^{\ominus}$ 将永远等于 1, 这显然是错误的。

将式 (5.48) 代入理想气体混合物反应系统的化学反应等温式 [即式 (5.16)], 可得

$$\Delta_r G_m(T) = -RT \ln K_p^{\ominus} + RT \ln Q_p \tag{5.49}$$

这是理想气体化学反应等温式的另一种表示方式。这样, 可得到判断化学反应方向和限度的另外一种方法, 即

若 $K_p^{\ominus} > Q_p$, 则 $\Delta_r G_m < 0$, 反应自发向右进行;

若 $K_p^{\ominus} = Q_p$, 则 $\Delta_r G_m = 0$, 反应处于平衡状态;

若 $K_p^{\ominus} < Q_p$, 则 $\Delta_r G_m > 0$, 反应自发逆向进行。

在讨论化学平衡时, 式 (5.48) 和式 (5.49) 是两个很重要的方程式, $\Delta_r G_m^{\ominus}(T)$ 和平衡常数相联系, 还表明了反应进行的限度, 而 $\Delta_r G_m$ 则与反应的方向相联系。

从上节的讨论中可以看出, 关键问题是如何表达各组分的化学势。有了 μ_B 的表示式, 就能求得相应反应的平衡常数和等温式。

(2) 非理想气体反应   根据非理想气体混合物反应系统的化学反应等温式

[即式 (5.19)] 以及 $\sum\limits_{B} \nu_B \mu_B^{\ominus}(T) = \Delta_r G_m^{\ominus}(T)$, 当反应达到平衡时, 可得

$$(\Delta_r G_m)_{T,p} = \sum_{B} \nu_B \mu_B^{\ominus}(T) + RT\ln \prod_{B} \left(\frac{f_B}{p^{\ominus}}\right)_e^{\nu_B} = 0 \qquad (5.50)$$

也即

$$-\sum_{B} \nu_B \mu_B^{\ominus}(T) = RT\ln \prod_{B} \left(\frac{f_B}{p^{\ominus}}\right)_e^{\nu_B} \qquad (5.51)$$

对照标准平衡常数的定义式 [即式 (5.44)], 可得

$$K_f^{\ominus} = \prod_{B} \left(\frac{f_B}{p^{\ominus}}\right)_e^{\nu_B} \qquad (5.52)$$

将式 (5.52) 代入非理想气体混合物反应系统的化学反应等温式 [即式 (5.19)], 可得

$$\Delta_r G_m(T) = -RT\ln K_f^{\ominus} + RT\ln Q_f \qquad (5.53)$$

这是非理想气体化学反应等温式的另一种表示方式。根据该式, 通过比较 $K_f^{\ominus}$ 和 Q_f 的相对大小, 就可以判断非理想气体化学反应的方向和限度。对比一下理想气体反应, 不难发现, 对于非理想气体反应, 只要用逸度 (商) 代替压力 (商), 就可以得到相应的标准平衡常数和化学反应等温式的表达式。

2. 液相反应的标准平衡常数

(1) 液态混合物反应系统

① 理想液态混合物反应系统　根据理想液态混合物反应系统的化学反应等温式 [即式 (5.26)] 以及 $\sum\limits_{B} \nu_B \mu_B^{\ominus}(T) = \Delta_r G_m^{\ominus}(T)$, 当反应达到平衡时, 有

$$(\Delta_r G_m)_{T,p} = \sum_{B} \nu_B \mu_B^{\ominus}(T) + RT\ln \prod_{B} (x_B)_e^{\nu_B} = 0 \qquad (5.54)$$

根据标准平衡常数的定义式, 可得

$$K_x^{\ominus} = \prod_{B} (x_B)_e^{\nu_B} \qquad (5.55)$$

式中 $K_x^{\ominus}$ 即为理想液态混合物反应系统的标准平衡常数, 下标 "x" 表示混合物组成用摩尔分数表示, 该标准平衡常数等于平衡时的摩尔分数商, 其余分析与上面气体反应的相同。

② 非理想液态混合物反应系统　根据非理想液态混合物反应系统的化学反应等温式 [即式 (5.28)] 以及 $\sum\limits_{B} \nu_B \mu_B^{\ominus}(T) = \Delta_r G_m^{\ominus}(T)$, 当反应达到平衡时, 有

$$(\Delta_{\mathrm{r}}G_{\mathrm{m}})_{T,p} = \sum_{\mathrm{B}} \nu_{\mathrm{B}}\mu_{\mathrm{B}}^{\ominus}(T) + RT\ln\prod_{\mathrm{B}}(a_{x,\mathrm{B}})_{\mathrm{e}}^{\nu_{\mathrm{B}}} = 0 \tag{5.56}$$

根据标准平衡常数的定义式, 可得

$$K_a^{\ominus} = \prod_{\mathrm{B}}(a_{x,\mathrm{B}})_{\mathrm{e}}^{\nu_{\mathrm{B}}} \tag{5.57}$$

式中 $K_a^{\ominus}$ 即为非理想液态混合物反应系统的标准平衡常数, 下标 "a" 表示该标准平衡常数等于平衡时的活度商. 对比一下理想液态混合物反应系统, 不难发现, 对于非理想液态混合物反应系统, 只要用活度 (商) 代替摩尔分数 (商), 就可以得到相应的标准平衡常数和化学反应等温式的表达式.

(2) 溶液反应系统

① 理想的稀溶液反应系统　如果反应在理想的稀溶液中进行, 则根据前面介绍的理想稀溶液反应系统的化学反应等温式, 结合化学反应平衡条件和标准平衡常数的定义, 当溶质的浓度分别用摩尔分数 x_{B}, 质量摩尔浓度 m_{B} 或物质的量浓度 c_{B} 表示时, 其相应的标准平衡常数的表示式分别为 (读者试自证之)

$$K_x^{\ominus} = \prod_{\mathrm{B}}(x_{\mathrm{B}})_{\mathrm{e}}^{\nu_{\mathrm{B}}} \qquad K_m^{\ominus} = \prod_{\mathrm{B}}\left(\frac{m_{\mathrm{B}}}{m^{\ominus}}\right)_{\mathrm{e}}^{\nu_{\mathrm{B}}} \qquad K_c^{\ominus} = \prod_{\mathrm{B}}\left(\frac{c_{\mathrm{B}}}{c}\right)_{\mathrm{e}}^{\nu_{\mathrm{B}}} \tag{5.58}$$

② 非理想稀溶液 (真实溶液) 反应系统　非理想稀溶液 (真实溶液) 对 Henry 定律有偏差. 当溶质的浓度分别用摩尔分数 x_{B}, 质量摩尔浓度 m_{B}, 物质的量浓度 c_{B} 表示时, 其相应的标准平衡常数应分别采用对应的相对活度 $a_{x,\mathrm{B}}(a_{x,\mathrm{B}} = \gamma_{x,\mathrm{B}}x_{\mathrm{B}}$ 且 $\lim\limits_{x_{\mathrm{B}}\to 0}\gamma_{x,\mathrm{B}} = 1)$, $a_{m,\mathrm{B}}\left(a_{m,\mathrm{B}} = \gamma_{m,\mathrm{B}}\dfrac{m_{\mathrm{B}}}{m^{\ominus}}\right.$ 且 $\left.\lim\limits_{m_{\mathrm{B}}\to 0}\gamma_{m,\mathrm{B}} = 1\right)$, $a_{c,\mathrm{B}}(a_{c,\mathrm{B}} = \gamma_{c,\mathrm{B}}\dfrac{c_{\mathrm{B}}}{c^{\ominus}}$ 且 $\lim\limits_{c_{\mathrm{B}}\to 0}\gamma_{c,\mathrm{B}} = 1)$ 来表示, 即

$$K_a^{\ominus} = \prod_{\mathrm{B}}(a_{x,\mathrm{B}})_{\mathrm{e}}^{\nu_{\mathrm{B}}} \qquad K_a^{\ominus} = \prod_{\mathrm{B}}(a_{m,\mathrm{B}})_{\mathrm{e}}^{\nu_{\mathrm{B}}} \qquad K_a^{\ominus} = \prod_{\mathrm{B}}(a_{c,\mathrm{B}})_{\mathrm{e}}^{\nu_{\mathrm{B}}} \tag{5.59}$$

需要说明的是, 上述针对液相反应的讨论, 我们假定溶剂不参与反应, 并忽略压力对组分化学势的影响. 如果溶剂也参与反应, 则溶剂的标准态化学势及溶剂的浓度 (或活度) 就会出现在相应的化学反应等温式和标准平衡常数的表达式中. 如果考虑压力对组分化学势的影响, 则上述标准平衡常数表达式 [即式 (5.55)、式 (5.57)、式 (5.58) 和式 (5.59)] 中的 $K_x^{\ominus}, K_m^{\ominus}, K_c^{\ominus}$ 和 $K_a^{\ominus}$ 就不再是严格意义上的标准平衡常数了, 此时 K 的上标 "$\ominus$" 最好删除.

3. 复相反应的标准平衡常数

如果在一个反应系统中, 既有液态或固态物质又有气态物质参与, 则这种反应称为**复相化学反应**. 设有某一复相化学反应, 在 N 种参加反应的物质中, 设有

n 种是气体, 其余的是凝聚相 (纯液体或纯固体), 并且假定凝聚相均处于纯态, 不形成固溶体或溶液。已知其平衡条件是

$$\sum_{B=1}^{N} \nu_B \mu_B = 0 \tag{5.60}$$

若把气态物质与凝聚相分开书写, 则平衡条件可以写为

$$\sum_{B=1}^{n} \nu_B \mu_B(g) + \sum_{B=n+1}^{N} \nu_B \mu_B(s \text{ 或 } l) = 0 \tag{5.61}$$

其中, $1 \sim n$ 为气相 (g), $(n+1) \sim N$ 为凝聚相 (s 或 l)。若气体的压力不大, 可当作理想气体, 则 $\mu_B(g) = \mu_B^\ominus(g,T) + RT\ln\dfrac{p_B}{p^\ominus}$, 代入式 (5.61) 后得

$$\sum_{B=1}^{n} \nu_B \mu_B^\ominus(g,T) + RT\sum_{B=1}^{n} \ln\left(\frac{p_B}{p^\ominus}\right)_e^{\nu_B} + \sum_{B=n+1}^{N} \nu_B \mu_B(s \text{ 或 } l) = 0 \tag{5.62}$$

或

$$\sum_{B=1}^{n} \nu_B \mu_B^\ominus(g,T) + RT\ln\prod_{B=1}^{n}\left(\frac{p_B}{p^\ominus}\right)_e^{\nu_B} + \sum_{B=n+1}^{N} \nu_B \mu_B(s \text{ 或 } l) = 0 \tag{5.63}$$

令

$$K_p' = \prod_{B=1}^{n}\left(\frac{p_B}{p^\ominus}\right)_e^{\nu_B} \tag{5.64}$$

得

$$-RT\ln K_p' = \sum_{B=1}^{n} \nu_B \mu_B^\ominus(g,T) + \sum_{B=n+1}^{N} \nu_B \mu_B(s \text{ 或 } l) \tag{5.65}$$

式中右方第一项, 系指温度 T 时标准态下气体的化学势; 第二项是凝聚相在指定 T,p 下的化学势, 由于凝聚相的化学势随压力的变化不大, 并且如果凝聚相均处于纯态, 不形成固溶体或溶液, 则 $\mu_B(s \text{ 或 } l) \approx \mu_B^\ominus(s \text{ 或 } l)$ [$\mu_B^\ominus(s \text{ 或 } l)$ 是纯凝聚相在标准压力 $p^\ominus$ 下的化学势]。所以, 式 (5.65) 可写为

$$-RT\ln K_p^\ominus = \sum_{B=1}^{N} \nu_B \mu_B^\ominus(T) = \Delta_r G_m^\ominus(T) \tag{5.66}$$

式中第一个等号右方中的 $\mu_B^\ominus(T)$ 全部是纯态在标准态下的化学势 (其中包括气态和凝聚相), 在定温下有定值, 故

$$K_p^\ominus(T) = \prod_B \left(\frac{p_B}{p^\ominus}\right)_e^{\nu_B} = \text{常数} \tag{5.67}$$

由此可见, 通过假设凝聚相 (指固态或液态) 物质处于纯态, 并忽略压力对凝聚相物质化学势的影响 (即近似认为所有纯凝聚相物质的化学势等于其标准态化学势), 又设气相是单种理想气体或理想气体混合物, 则这种复相反应的标准平衡常数只与气态物质的压力有关, 而与凝聚相物质无关。但若根据 $\Delta_r G_m^\ominus$ 计算反应的平衡常数时, 则应把凝聚相考虑进去。另外, 上述讨论只限于各凝聚相处于纯态者, 倘若有固溶体或溶液生成, 则其 μ_B 不仅与 T,p 有关, 而且还需要考虑到所形成固溶体的浓度因素。

例如, 对于反应

$$CaCO_3(s) \Longrightarrow CaO(s) + CO_2(g)$$

$$(\Delta_r G_m)_{T,p} = \sum_B \nu_B \mu_B = \mu(CaO,s) + \mu(CO_2,g) - \mu(CaCO_3,s)$$

设固态为纯固态, 气体为理想气体, 则

$$(\Delta_r G_m)_{T,p} = \mu^\ominus(CaO,s) + \left[\mu^\ominus(CO_2,g) + RT\ln\frac{p(CO_2)}{p^\ominus}\right] - \mu^\ominus(CaCO_3,s)$$

$$= \sum_B \nu_B \mu_B^\ominus + RT\ln\frac{p(CO_2)}{p^\ominus}$$

当达到化学平衡时, $(\Delta_r G_m)_{T,p} = 0$, 则

$$-\sum_B \nu_B \mu_B^\ominus = RT\ln\left[\frac{p(CO_2)}{p^\ominus}\right]_e$$

根据标准平衡常数的定义 [式 (5.44)], 则

$$K_p^\ominus = \left[\frac{p(CO_2)}{p^\ominus}\right]_e \tag{5.68}$$

式 (5.68) 中二氧化碳的平衡压力 $[p(CO_2)]_e$ 又称为 $CaCO_3(s)$ 在该温度下的**解离压** (dissociation pressure), 在定温下有定值。当环境中 CO_2 分压小于解离压时, 反应正向进行; 当 CO_2 分压大于解离压时, 反应逆向进行。若分解产物中不止一种气体, 则所有气体产物总的平衡压力称为解离压。例如, $NH_4HS(s)$ 的分解:

$$NH_4HS(s) \Longrightarrow NH_3(g) + H_2S(g)$$

平衡时的总压 $p_e = [p(NH_3)]_e + [p(H_2S)]_e$, 又因为 $[p(NH_3)]_e = [p(H_2S)]_e$, 设气体为理想气体, 则有

$$K_p^\ominus = \prod_B \left(\frac{p_B}{p^\ominus}\right)_e^{\nu_B} = \frac{[p(NH_3)]_e}{p^\ominus} \cdot \frac{[p(H_2S)]_e}{p^\ominus} = \frac{1}{4}\left(\frac{p_e}{p^\ominus}\right)^2$$

经验平衡常数

经验平衡常数是在大量实验的基础上得到的。经验平衡常数等于化学反应达平衡时, 所有反应物和产物浓度 (如物质的量浓度 c_B, 质量摩尔浓度 m_B 和摩尔分数 x_B) 或压力 p_B 以及活度 a_B 的幂乘积 (幂指数为化学反应方程式中各物质的计量系数 ν_B, 对反应物取负值, 对产物取正值)。

1. 气相反应的经验平衡常数

已知对于任意的气相反应 $dD + eE + \cdots \rightleftharpoons gG + hH + \cdots$, 有

$$K_f^\ominus = \frac{(f_G/p^\ominus)_e^g(f_H/p^\ominus)_e^h\cdots}{(f_D/p^\ominus)_e^d(f_E/p^\ominus)_e^e\cdots} = \frac{(f_G)_e^g(f_H)_e^h\cdots}{(f_D)_e^d(f_E)_e^e\cdots}\cdot(p^\ominus)^{-\sum_B\nu_B}$$

$$= \prod_B(f_B)_e^{\nu_B}\cdot(p^\ominus)^{-\sum_B\nu_B}$$

令

$$K_f = \prod_B(f_B)_e^{\nu_B} \tag{5.69}$$

则

$$K_f^\ominus = K_f(p^\ominus)^{-\sum_B\nu_B} \tag{5.70}$$

式中 $K_f^\ominus$ 是标准平衡常数, 为量纲一的量, 单位为 1; K_f 则为用逸度表示的经验平衡常数, 并非总是量纲一的量, 只有当 $\sum_B\nu_B = 0$ 时, 其单位才为 1。

由于 $f_B = p_B\gamma_B$, 因此上述气相反应的标准平衡常数也可以写为

$$K_f^\ominus = \frac{(f_G/p^\ominus)_e^g(f_H/p^\ominus)_e^h\cdots}{(f_D/p^\ominus)_e^d(f_E/p^\ominus)_e^e\cdots} = \frac{(p_G)_e^g(p_H)_e^h\cdots}{(p_D)_e^d(p_E)_e^e\cdots}\cdot\frac{(\gamma_G)_e^g(\gamma_H)_e^h\cdots}{(\gamma_D)_e^d(\gamma_E)_e^e\cdots}\cdot(p^\ominus)^{-\sum_B\nu_B}$$

$$= \prod_B(p_B)_e^{\nu_B}\cdot\prod_B(\gamma_B)_e^{\nu_B}\cdot(p^\ominus)^{-\sum_B\nu_B}$$

令

$$K_p = \prod_B(p_B)_e^{\nu_B} \qquad K_\gamma = \prod_B(\gamma_B)_e^{\nu_B} \tag{5.71}$$

则

$$K_f^\ominus = K_pK_\gamma(p^\ominus)^{-\sum_B\nu_B} \tag{5.72}$$

式中 K_p 则为用压力表示的经验平衡常数。同 K_f 一样, K_p 也并非总是量纲一的量, 只有当 $\sum_B\nu_B = 0$ 时, 其单位才为 1。前已说明, 由于 $\sum_B\nu_B\mu_B^\ominus(T) =$

$\Delta_r G_m^{\ominus}(T) = -RT\ln K_f^{\ominus}$, 式中 $\mu_B^{\ominus}(T)$ 仅是温度 T 的函数, 所以气相反应的标准平衡常数 $K_f^{\ominus}$ 也只是温度的函数。但由于 K_γ 与 T, p 有关 (因为 γ 与 T, p 有关), 所以 K_p 也与温度和压力有关。只有在压力不大的情况下, $\gamma_B \approx 1$, K_p 才可近似看作只与温度有关。

对于理想气体反应, "逸度商" 等于 "压力商", 即 $K_f^{\ominus} = K_p^{\ominus}$ (此时 $K_\gamma = 1$), 式 (5.72) 变为

$$K_p^{\ominus} = K_p \cdot (p^{\ominus})^{-\sum\limits_B \nu_B} \tag{5.73}$$

可见, 除了量纲和单位之外, 标准平衡常数 $K_p^{\ominus}$ 与经验平衡常数 K_p 的数值在 $\sum\limits_B \nu_B \neq 0$ 时也不相等。因为标准压力 $p^{\ominus}$ 的数值并不等于 1, 而是 100 (单位为 kPa)。

对于上述气相反应, 用摩尔分数表示的经验平衡常数 K_x 则为

$$K_x = \frac{(x_G)_e^g (x_H)_e^h \cdots}{(x_D)_e^d (x_E)_e^e \cdots} = \prod_B (x_B)_e^{\nu_B} \tag{5.74}$$

对于理想气体混合物, $p_B = p x_B$, 因此有

$$K_x = \frac{(p_G/p)_e^g (p_H/p)_e^h \cdots}{(p_D/p)_e^d (p_E/p)_e^e \cdots} = K_p \cdot p^{-\sum\limits_B \nu_B} \tag{5.75}$$

由此可见, 即使把 K_p 看成只是温度的函数, K_x 一般仍与 T, p 有关。

对于上述气相反应, 用物质的量浓度表示的经验平衡常数 K_c 可写为

$$K_c = \frac{(c_G)_e^g (c_H)_e^h \cdots}{(c_D)_e^d (c_E)_e^e \cdots} = \prod_B (c_B)_e^{\nu_B} \tag{5.76}$$

对于理想气体, $p_B = c_B RT$, 所以有

$$K_p^{\ominus} = \frac{(p_G/p^{\ominus})_e^g (p_H/p^{\ominus})_e^h \cdots}{(p_D/p^{\ominus})_e^d (p_E/p^{\ominus})_e^e \cdots} = \frac{(c_G)_e^g (c_H)_e^h \cdots}{(c_D)_e^d (c_E)_e^e \cdots} \left(\frac{RT}{p^{\ominus}}\right)^{\sum\limits_B \nu_B} = K_c \left(\frac{RT}{p^{\ominus}}\right)^{\sum\limits_B \nu_B} \tag{5.77}$$

由此可知, 对于理想气体, 由于 $K_p^{\ominus}$ 仅是温度的函数, 故 K_c 也只是温度的函数。

2. 液相 (或固相) 反应的经验平衡常数

前面我们曾经导出了液相反应标准平衡常数的一种表达式, 即

$$K_a^{\ominus} = \prod_B (a_B)_e^{\nu_B} \tag{5.78}$$

严格地说, 式中的 $K_a^{\ominus}$ 应是 T, p 的函数, 只是由于忽略了压力对液体化学势的影响, 才近似看作只是温度的函数。因此, 从严格意义上讲, 通过将反应物和产物活

度代入式 (5.78) 计算得到的平衡常数实际上是一种经验平衡常数 (即 K_a), 它也是量纲一的量。

液相反应的经验平衡常数也可用 K_c, K_m 或 K_x 表示, 分别为

$$K_c = \prod_B (c_B)_e^{\nu_B} \qquad K_m = \prod_B (m_B)_e^{\nu_B} \qquad K_x = \prod_B (x_B)_e^{\nu_B} \qquad (5.79)$$

除 K_x 外, 经验平衡常数 K_c 和 K_m 也并非总是量纲一的量, 这取决于反应的 $\sum\limits_B \nu_B$ 是否为零。

综上所述, 与标准平衡常数不同, 经验平衡常数与 $\Delta_r G_m^\ominus$ 之间没有直接的联系, 它与标准态的选择无关。根据标准热力学函数所算得的平衡常数是标准平衡常数, 书写时在右上角加符号 "⊖" 以示区别。经验平衡常数只能从实验数据得到, 而不能利用热力学数据表进行计算。标准平衡常数为量纲一的量, 单位为 1。经验平衡常数则并非总是量纲一的量, 也只有当 $\sum\limits_B \nu_B = 0$ 时, 其单位才为 1 (K_x 和 K_a 例外)。除了量纲和单位之外, 经验平衡常数的数值与标准平衡常数的数值一般不等, 除了与温度有关外, 还可能与系统的总压有关。

应该指出, 平衡常数的数值还与反应方程式的写法有关。例如, 反应 $H_2(g) + I_2(g) \rightleftharpoons 2HI(g)$, 设其平衡常数为 K_p; 若写作 $2H_2(g) + 2I_2(g) \rightleftharpoons 4HI(g)$, 则平衡常数为 K_p'。显而易见, $K_p' = K_p^2$。因此, 对于同一反应, 反应式写法不同, 其平衡常数的值也不同。

3. 平衡常数的测定

当化学反应达到平衡时, 参与反应各物质的量就不再随时间而发生变化。通过测定化学反应系统中各物质的平衡分压或平衡浓度, 然后代入平衡常数的表达式, 就可以计算得到对应的平衡常数。

通常测定化学反应系统中各物质平衡分压或浓度的方法主要有以下两种:

① 物理方法　通过测定与浓度或压力呈线性关系的物理量, 如吸光度、旋光度、折射率、电导率、密度和体积等, 从而可间接获得平衡组成。物理方法的优点是不干扰系统的平衡状态, 可进行实时原位 (in situ) 测定。

② 化学方法　即利用化学分析的方法测定系统的平衡组成。在分析过程中, 常常需要通过降温、移去催化剂或稀释溶液等方法, 使反应停留在原先的平衡状态, 不能因为加入分析试剂而使平衡发生移动。化学分析方法的缺点是比较费时, 但它仍是一种最为基本的方法。

5.3　化学反应的标准摩尔 Gibbs 自由能变化值

标准态下反应的 Gibbs 自由能变化值 $\Delta_r G_m^{\ominus}$

平衡常数是化学平衡中一个非常重要的物理量。但是，由实验直接测定平衡常数通常有一定的局限性，有些甚至是无法直接测定的。由于 $\Delta_r G_m^{\ominus}$ 直接与化学反应平衡常数相联系，所以在讨论化学平衡问题时，$\Delta_r G_m^{\ominus}$ 值有其特别重要的意义。下面介绍 $\Delta_r G_m^{\ominus}$ 值的两个主要用途。

1. 计算化学反应的平衡常数

根据关系式 $\Delta_r G_m^{\ominus} = -RT\ln K^{\ominus}$，只要获得标准态下反应的 Gibbs 自由能变化值 $\Delta_r G_m^{\ominus}$，就可以计算平衡常数 $K^{\ominus}$ 值。

2. 利用 $\Delta_r G_m^{\ominus}$ 可以大体估计反应的可能性

用 $(\Delta_r G_m)_{T,p}$ 可以判别反应的方向，而 $\Delta_r G_m^{\ominus}$ 只能反映反应的限度。在一般情况下，不能用 $\Delta_r G_m^{\ominus}$ 作为判别反应方向的依据，因为 $\Delta_r G_m^{\ominus}$ 所指的是反应物和产物都处于标准态时的 Gibbs 自由能变化值，它只能判定在这个特殊条件下的变化方向，而在实际情况下，反应物和产物都未必是处于标准态。但是，根据化学反应等温式 $\Delta_r G_m = \Delta_r G_m^{\ominus} + RT\ln Q$，如果 $\Delta_r G_m^{\ominus}$ 的绝对值很大，则 $\Delta_r G_m^{\ominus}$ 的正负号基本上就决定了 $\Delta_r G_m$ 的正负号。例如，若 $\Delta_r G_m^{\ominus}$ 有很大的负值，则在一般情况下，$\Delta_r G_m$ 大致也是负值。因为要使 $\Delta_r G_m$ 改变正负号，就必须使 Q 的值变得很大才行，这在实际上往往是办不到的。

例如，在 298 K 时，反应

$$Zn(s) + \frac{1}{2}O_2(g) \rightleftharpoons ZnO(s)$$

已知 $\Delta_r G_m^{\ominus} = -320.5 \text{ kJ} \cdot \text{mol}^{-1}$。根据

$$\Delta_r G_m^{\ominus} = -RT\ln K_p^{\ominus} = -RT\ln \left[\frac{p(O_2)}{p^{\ominus}}\right]^{-\frac{1}{2}}$$

解得 $O_2(g)$ 的平衡分压约为 $p(O_2) = 4.4 \times 10^{-108}$ Pa。如欲使此反应不能正向进行，则应使 Q_p 大于 $K_p^{\ominus}$，即 O_2 的分压要小于 4.4×10^{-108} Pa，才能使 $\Delta_r G_m > 0$，这是很难办到的。通常情况下，O_2 的分压总是大于这个数值。因此，Zn 在空气中能自发地氧化为氧化锌。

同理，如果 $\Delta_r G_m^{\ominus}$ 的正值很大，它基本上也决定了 $\Delta_r G_m$ 的正负号，很难通

过改变 Q_p 的数值使 $\Delta_r G_m$ 改变符号。究竟 $\Delta_r G_m^{\ominus}$ 的数值要正到多大反应才不能进行, 这没有一定的标准。一般来说: ① 当 $\Delta_r G_m^{\ominus} > 41.84 \ \mathrm{kJ \cdot mol^{-1}}$ 时, 可以认为反应是不能进行的。② 当 $\Delta_r G_m^{\ominus}$ 在 $0 \sim 41.84 \ \mathrm{kJ \cdot mol^{-1}}$ 时, 存在着改变外界条件使平衡向更有利于生成产物的方向转化的可能性, 需具体情况具体分析。③ 当 $\Delta_r G_m^{\ominus} = 0$ 时, $K_p^{\ominus} = 1$, 反应的可能性是存在的。④ 当 $\Delta_r G_m^{\ominus} < 0$ 时, $K_p^{\ominus} > 1$, 反应有可能进行, 平衡位置对产物的生成有利。需要说明的是, 上述规则都是近似的。

获取 $\Delta_r G_m^{\ominus}$ 的方法

$\Delta_r G_m^{\ominus}$ 直接联系着平衡常数和反应所能达到的最高限度。因此, 如何获得某一反应的 $\Delta_r G_m^{\ominus}$ 至关重要。一般来说, 可有如下几种方法:

(1) 热化学的方法: 由 $\Delta_r G_m^{\ominus} = \Delta_r H_m^{\ominus} - T\Delta_r S_m^{\ominus}$ 来计算。

我们通过热化学的方法可以测定反应的热效应, 从而获得 $\Delta_r H_m^{\ominus}$, 再通过测定 C_p 或直接从热力学第三定律所得到的规定熵, 可以获得 $\Delta_r S_m^{\ominus}$, 然后就能求得 $\Delta_r G_m^{\ominus}$。

就纯粹的计算而言, 利用热力学数据表中的标准摩尔生成焓 $\Delta_f H_m^{\ominus}$ 或标准摩尔燃烧焓 $\Delta_c H_m^{\ominus}$, 就可以计算标准摩尔反应焓 $\Delta_r H_m^{\ominus}$; 利用表中各物质的标准摩尔熵 $S_m^{\ominus}$, 就可以计算标准摩尔反应熵 $\Delta_r S_m^{\ominus}$, 然后用公式 $\Delta_r G_m^{\ominus} = \Delta_r H_m^{\ominus} - T\Delta_r S_m^{\ominus}$ 就可以容易地计算得到 $\Delta_r G_m^{\ominus}$。

(2) 从一些反应的 $\Delta_r G_m^{\ominus}$ 计算另一些反应的 $\Delta_r G_m^{\ominus}$。

有些反应的平衡常数易于由实验测定, 从 $K^{\ominus}$ 可以推算 $\Delta_r G_m^{\ominus}$; 有了这些反应的 $\Delta_r G_m^{\ominus}$, 可以通过代数运算, 求得另外一些反应的 $\Delta_r G_m^{\ominus}$。

例如, 反应

(a) $\mathrm{C(s)} + \mathrm{O_2(g)} \Longleftrightarrow \mathrm{CO_2(g)}$ $\qquad \Delta_r G_m^{\ominus}(\mathrm{a})$

(b) $\mathrm{CO(g)} + \dfrac{1}{2}\mathrm{O_2(g)} \Longleftrightarrow \mathrm{CO_2(g)}$ $\qquad \Delta_r G_m^{\ominus}(\mathrm{b})$

$\qquad$ (a) $-$ (b) $=$ (c)

(c) $\mathrm{C(s)} + \dfrac{1}{2}\mathrm{O_2(g)} \Longleftrightarrow \mathrm{CO(g)}$ $\qquad \Delta_r G_m^{\ominus}(\mathrm{c})$

$$\Delta_r G_m^{\ominus}(\mathrm{c}) = \Delta_r G_m^{\ominus}(\mathrm{a}) - \Delta_r G_m^{\ominus}(\mathrm{b})$$

反应 (c) 的平衡常数很难直接测定, 因为在碳的氧化过程中, 很难控制使碳只氧化到 $\mathrm{CO(g)}$ 而不生成 $\mathrm{CO_2(g)}$。但若已知 $\Delta_r G_m^{\ominus}(\mathrm{a})$ 和 $\Delta_r G_m^{\ominus}(\mathrm{b})$, 就能求出 $\Delta_r G_m^{\ominus}(\mathrm{c})$, 进而求出反应 (c) 的平衡常数。

我们还应注意到 $\Delta_r G_m^\ominus$ 的加减关系, 反映到平衡常数上就成为乘除的关系。
由

$$\Delta_r G_m^\ominus(c) = \Delta_r G_m^\ominus(a) - \Delta_r G_m^\ominus(b)$$

得

$$-RT\ln K^\ominus(c) = -RT\ln K^\ominus(a) + RT\ln K^\ominus(b)$$

所以

$$K^\ominus(c) = \frac{K^\ominus(a)}{K^\ominus(b)}$$

(3) 电化学的方法: 已知在等温等压下, 一个系统在可逆过程中向外做的最大非膨胀功等于系统 Gibbs 自由能的减少, 即 $W_{f,max} = \Delta G$。通过设计可逆电池, 使反应在电池中进行 (其中非体积功就是电功, $W_{f,max} = -zE^\ominus F$)。然后根据 $\Delta_r G_m^\ominus = -zE^\ominus F$ 来计算 (式中 $E^\ominus$ 是可逆电池在标准态时的电动势; F 是法拉第常量; z 是电池反应式中的电子得失系数)。这将在电化学一章中讨论。

(4) 通过标准摩尔生成 Gibbs 自由能来计算, 这将在下节中讨论。

(5) 由物质的微观数据, 利用统计热力学提供的有关配分函数的知识, 来计算 $\Delta_r G_m^\ominus$, 这种方法将在第七章中讨论。

标准摩尔生成 Gibbs 自由能

如果能够知道参加反应的各种物质的标准 Gibbs 自由能 ($G^\ominus$) 的绝对值, 则用简单的加减方法就能求得任意反应的 $\Delta_r G_m^\ominus$, 但这是不可能的, 因为热力学函数的绝对值都不知道。解决问题的办法是仿照热化学中曾经用来处理反应焓和生成焓关系的那种方法, 选定某种状态作为参考而取其相对值。

在标准压力 $p^\ominus$ 下, 某物质的标准摩尔生成 Gibbs 自由能等于最稳定的单质 (elementary substance) 生成单位量该物质时的标准 Gibbs 自由能变化值, 用符号 $\Delta_f G_m^\ominus$ 表示。下标 "f" 代表生成 (formation), 上标 "⊖" 代表反应物和产物各自都处于标准压力 $p^\ominus$, 但这里没有指定温度 (对同一化合物, 298.15 K 和 1000 K 时的 $\Delta_f G_m^\ominus$ 是不一样的。但通常手册上所给的表值大多数是 298.15 K 时的数值)。根据这一定义, 则稳定单质的标准摩尔生成 Gibbs 自由能都等于零。

例如, 在 298.15 K 时, 反应

$$\frac{1}{2}N_2(g, p^\ominus) + \frac{3}{2}H_2(g, p^\ominus) \Longrightarrow NH_3(g, p^\ominus)$$

已知合成 1 mol $NH_3(g)$ 反应的 $\Delta_r G_m^\ominus$ 为 $-16.4\ kJ \cdot mol^{-1}$。因为在 $p^\ominus$ 时, 稳定

单质 $N_2(g)$ 和 $H_2(g)$ 的 $\Delta_f G_m^\ominus$ 都为零, 所以

$$\Delta_f G_m^\ominus(NH_3) = \Delta_r G_m^\ominus = -16.4 \text{ kJ} \cdot \text{mol}^{-1}$$

对于有离子参加的反应, 规定 $H^+[aq, m(H^+) = 1 \text{ mol} \cdot \text{kg}^{-1}]$ 的标准摩尔生成 Gibbs 自由能 $\Delta_f G_m^\ominus[H^+, aq, m(H^+) = 1 \text{ mol} \cdot \text{kg}^{-1}]$ 等于零, 由此也可求出其他离子的标准摩尔生成 Gibbs 自由能。在电解质溶液中, 通常浓度用质量摩尔浓度, 此时物质标准态是 $m_B = 1 \text{ mol} \cdot \text{kg}^{-1}$, 且具有稀溶液性质的假想态。在附录中列出了一些化合物在 298.15 K 时的 $\Delta_f G_m^\ominus$。有了这些数据, 就能很方便地计算任意反应在 298.15 K 时的 $\Delta_r G_m^\ominus$ 值。例如, 对任意反应

$$dD + eE \Longrightarrow gG + hH$$

$$\Delta_r G_m^\ominus = [g\Delta_f G_m^\ominus(G) + h\Delta_f G_m^\ominus(H)] - [d\Delta_f G_m^\ominus(D) + e\Delta_f G_m^\ominus(E)]$$
$$= \sum_B \nu_B \Delta_f G_m^\ominus(B) \tag{5.80}$$

例 5.1

根据 $\Delta_f G_m^\ominus$ 的表值, 判断用下列几种方法由苯制取苯胺的可能性。

(1) 将苯硝化得硝基苯, 然后还原得苯胺;

(2) 苯先氯化, 再用氨处理;

(3) 苯与氨直接作用。

已知 298.15 K 时各物质的标准摩尔生成 Gibbs 自由能如下:

物质	$C_6H_5NH_2(l)$	$C_6H_5NO_2(l)$	$C_6H_5Cl(l)$	$HNO_3(aq)$	$C_6H_6(l)$	$NH_3(g)$	$H_2O(l)$	$HCl(g)$
$\Delta_f G_m^\ominus/(\text{kJ} \cdot \text{mol}^{-1})$	153.2	146.2	99.2	−110.6	124.5	−16.4	−237.1	−95.3

解 (1) $C_6H_6(l) + HNO_3(aq) \Longrightarrow C_6H_5NO_2(l) + H_2O(l)$

$$\Delta_r G_m^\ominus(298.15 \text{ K}) = -104.8 \text{ kJ} \cdot \text{mol}^{-1}$$

$C_6H_5NO_2(l) + 3H_2(g) \Longrightarrow C_6H_5NH_2(l) + 2H_2O(l)$

$$\Delta_r G_m^\ominus(298.15 \text{ K}) = -467.2 \text{ kJ} \cdot \text{mol}^{-1}$$

(2) $C_6H_6(l) + Cl_2(g) \Longrightarrow C_6H_5Cl(l) + HCl(g)$

$$\Delta_r G_m^\ominus(298.15 \text{ K}) = -120.6 \text{ kJ} \cdot \text{mol}^{-1}$$

$C_6H_5Cl(l) + NH_3(g) \Longrightarrow C_6H_5NH_2(l) + HCl(g)$

$$\Delta_r G_m^\ominus(298.15 \text{ K}) = -24.9 \text{ kJ} \cdot \text{mol}^{-1}$$

(3) $C_6H_6(l) + NH_3(g) \rightleftharpoons C_6H_5NH_2(l) + H_2(g)$

$$\Delta_r G_m^{\ominus}(298.15\ K) = 45.1\ kJ \cdot mol^{-1}$$

计算结果表明, 最后一种方法的 $\Delta_r G_m^{\ominus}(298.15\ K) > 0$, 在给定的条件下反应基本上不能进行, 而前两种方法, 在工业上已经得到应用。

例 5.2

计算乙苯脱氢和乙苯氧化脱氢在 298.15 K 时的平衡常数。已知 298.15 K 时, $\Delta_f G_m^{\ominus}(乙苯, g) = 130.7\ kJ \cdot mol^{-1}$, $\Delta_f G_m^{\ominus}(苯乙烯, g) = 213.9\ kJ \cdot mol^{-1}$, $\Delta_f G_m^{\ominus}(H_2O, g) = -228.57\ kJ \cdot mol^{-1}$。

解　(1) 设想乙苯直接脱氢:

$$C_6H_5C_2H_5(g) \rightleftharpoons C_6H_5CH = CH_2(g) + H_2(g)$$

$$\Delta_r G_m^{\ominus}(298.15\ K) = \Delta_f G_m^{\ominus}(298.15\ K, H_2, g) + \Delta_f G_m^{\ominus}(298.15\ K, 苯乙烯, g) -$$

$$\Delta_f G_m^{\ominus}(298.15\ K, 乙苯, g)$$

$$= (0 + 213.9 - 130.7)\ kJ \cdot mol^{-1} = 83.2\ kJ \cdot mol^{-1}$$

这个数值如此之大, 显见这个反应在该温度 (298.15 K) 下是不可能发生的。根据 $\Delta_r G_m^{\ominus} = -RT \ln K_p^{\ominus}$, 可求出 298.15 K 时的 $K_p^{\ominus} = 2.7 \times 10^{-15}$ (这是个吸热很大的反应, 升高温度有利于反应正向进行)。例如, 若将温度提高到 900 K 时, 乙苯的转化率可达 85%。

(2) 设想乙苯氧化脱氢:

$$C_6H_5C_2H_5(g) + \frac{1}{2}O_2(g) \rightleftharpoons C_6H_5CH{=}CH_2(g) + H_2O(g)$$

$$\Delta_r G_m^{\ominus}(298.15\ K) = [213.9 + (-228.57) - 130.7]\ kJ \cdot mol^{-1} = -145.4\ kJ \cdot mol^{-1}$$

由此求得

$$K_p^{\ominus} = 3.0 \times 10^{25}$$

由此可见, 乙苯氧化脱氢是可以在 298.15 K 时进行得比较完全的。

各种物质的标准摩尔生成 Gibbs 自由能可以列成表备用。附录 Ⅳ 的表中的数值都是指标准态下的纯态而言的。而在溶液中所进行的反应, 它们的标准态非但不是纯态, 而且有许多不同的规定, 特别是对于溶质。例如, 可以规定 $m_B = 1\ mol \cdot kg^{-1}$ 且具有理想溶液性质的状态为标准态, 也可以规定 $c_B = 1\ mol \cdot dm^{-3}$ 且具有理想溶液性质的状态为标准态。因此, 我们对溶液还不能直接使用 $\Delta_f G_m^{\ominus}$ 的表值, 还必须加以适当的校正。

例如, 在溶液中进行的某一反应为

$$dD + eE \rightleftharpoons gG + hH$$

若浓度采用物质的量浓度 c 表示, 则其标准态为 $c^{\ominus} = 1\ \mathrm{mol \cdot dm^{-3}}$, 各物质都处于标准态的反应是

$$dD(c^{\ominus}) + eE(c^{\ominus}) \xrightleftharpoons{\Delta_r G_m^{\ominus}} gG(c^{\ominus}) + hH(c^{\ominus})$$

其平衡常数可用下式求出:

$$\Delta_r G_m^{\ominus} = -RT\ln K_c^{\ominus}$$

若能知道参加上述反应各物质的标准摩尔生成 Gibbs 自由能 $\Delta_f G_m^{\ominus}(B, aq)$, 就能根据上式求出在溶液中进行的该反应的平衡常数。今以求其中任一种物质 B 在溶液中的标准摩尔生成 Gibbs 自由能 $\Delta_f G_m^{\ominus}(B, aq)$ 的值为例:

稳定单质 $\xrightarrow{\Delta_f G_m^{\ominus}(B)}$ 物质B(纯态) $\xrightleftharpoons{\Delta G_1 = 0}$ B(饱和溶液, 浓度为c_{sat}) $\xrightarrow{\Delta G_2}$ B($c_B^{\ominus}$, 标准态)

$$\underbrace{\qquad\qquad\qquad\qquad\qquad\qquad\qquad}_{\Delta_f G_m^{\ominus}(B, aq)}$$

$$\Delta_f G_m^{\ominus}(B, aq) = \Delta_f G_m^{\ominus}(B) + \Delta G_1 + \Delta G_2$$

式中 $\Delta G_1 = 0$, $\Delta G_2 = RT\ln\dfrac{c^{\ominus}}{c_{sat}}$, $\Delta_f G_m^{\ominus}(B)$ 有表可查, 将这些数据代入上式, 就能求出物质 B 在溶液中的标准摩尔生成 Gibbs 自由能 $\Delta_f G_m^{\ominus}(B, aq)$。因此, 对于溶液中反应的 $\Delta_r G_m^{\ominus}$, 有

$$\Delta_r G_m^{\ominus} = \sum_B \nu_B \Delta_f G_m^{\ominus}(B, aq) \tag{5.81}$$

Ellingham 图

前面曾指出, 在化学反应等温式 $\Delta_r G_m = \Delta_r G_m^{\ominus} + RT\ln Q$ 中, $\Delta_r G_m^{\ominus}$ 是举足轻重的, 它基本上可决定 $\Delta_r G_m$ 的正负号。这主要是因为等式右方的第二项是一个对数, 很大的数值取对数后就变小了。由于 $\Delta_r G_m^{\ominus} = -RT\ln K^{\ominus}$, 当 $\Delta_r G_m^{\ominus} < 0$ 时, $K^{\ominus} > 1$, 所以反应倾向于产物一方。在冶金过程中, 大多是用 C(s) 或 CO(g) 使金属氧化物 MO(s) 还原为金属 M(s)。该过程与下列几个反应有关:

(1) $M(s) + \dfrac{1}{2}O_2(g) \Longrightarrow MO(s)$

(2) $\dfrac{1}{2}C(s) + \dfrac{1}{2}O_2(g) \Longrightarrow \dfrac{1}{2}CO_2(g)$

(3) $C(s) + \dfrac{1}{2}O_2(g) \Longrightarrow CO(g)$

(4) $CO(g) + \dfrac{1}{2}O_2(g) \Longrightarrow CO_2(g)$

根据 $\left(\dfrac{\partial \Delta_r G_m^{\ominus}}{\partial T}\right)_p = -\Delta_r S_m^{\ominus}$, 在反应 (3) 中气体的分子数增多, $\Delta_r S_m^{\ominus}$ 也增大, 即

$\Delta_r S_m^{\ominus} > 0$, 故当温度升高时 $\Delta_r G_m^{\ominus}$ 将变小 (参阅图 5.3, 注意图中曲线, 向上表示减小, 向下表示增大)。对于反应 (4), 气体的分子数减少, $\Delta_r S_m^{\ominus} < 0$, 故 $\Delta_r G_m^{\ominus}$ 随温度的升高而增大。对反应 (2) 而言, 气体分子数不增不减, $\Delta_r S_m^{\ominus} \approx 0$, 故 $\Delta_r G_m^{\ominus}$ 随温度的变化极小, 在图中基本上是一条水平线。图中也列出了几种金属与氧气作用生成氧化物的曲线, 即反应 (1) 的 $\Delta_r G_m^{\ominus}$ 随温度的变化曲线。此类图形就称为 Ellingham 图, 此类图在冶金过程中可作为重要参考 (图中曲线出现折线系固体晶形有所变化之故)。

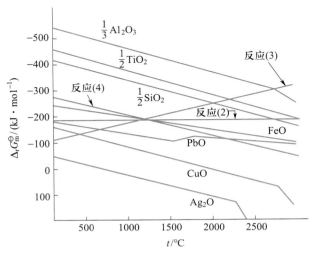

图 5.3   Ellingham 图

金属氧化物 MO(s) 的还原过程是氧原子离开了金属原子, 即 MO $\longrightarrow$ M + O, 同时 C(s) 或 CO(g) 接受氧原子变成 CO(g) 或 CO_2(g), 这可以理解为 M 和 C(s) [或 CO(g)] 对氧原子的竞争。还原过程可以用以下三个反应式来概括:

$$MO(s) + C(s) \Longrightarrow M(s) + CO(g) \qquad \Delta_r G_m^{\ominus} = \Delta_r G_m^{\ominus}(3) - \Delta_r G_m^{\ominus}(1) \quad (a)$$

$$MO(s) + \frac{1}{2}C(s) \Longrightarrow M(s) + \frac{1}{2}CO_2(g) \qquad \Delta_r G_m^{\ominus} = \Delta_r G_m^{\ominus}(2) - \Delta_r G_m^{\ominus}(1) \quad (b)$$

$$MO(s) + CO(s) \Longrightarrow M(s) + CO_2(g) \qquad \Delta_r G_m^{\ominus} = \Delta_r G_m^{\ominus}(4) - \Delta_r G_m^{\ominus}(1) \quad (c)$$

对于任一个还原反应来说, 应有 $\Delta_r G_m^{\ominus} < 0$。例如, 对于反应 (a), 只要反应 (1) 的 $\Delta_r G_m^{\ominus}(1)$ 线在代表反应 (3) 的 $\Delta_r G_m^{\ominus}(3)$ 线之下, 则还原反应即可按照 (a) 式进行。同理, 如果 $\Delta_r G_m^{\ominus}(1)$ 在 $\Delta_r G_m^{\ominus}(2)$ 之下, 则还原反应即可按照 (b) 式进行。

在图 5.3 中, CuO(s) 可以通过反应 (a), (b), (c) 进行还原, 而 Al_2O_3(s) 只有在 2500 ℃ 以上才能通过 (a) 式进行还原。

5.4 温度、压力及惰性气体对化学平衡的影响

温度对化学平衡的影响

许多因素, 如温度、压力及惰性气体等, 都可能影响化学平衡, 使原先达到平衡的化学反应系统发生移动, 并在新的条件下达到新的平衡。早在 1888 年, 法国化学家勒夏特列 (Le Chatelier) 针对各种因素对化学平衡的影响, 就提出了著名的**勒夏特列原理** (Le Chatelier's principle): 如果改变影响平衡的一个条件 (如浓度、压力或温度等), 平衡就向能够减弱这种改变的方向移动。

各种因素对化学平衡的影响程度不尽相同, 其中温度对化学平衡的影响最为显著。温度的改变会导致平衡常数的变化, 而压力的改变和惰性气体的加入一般不会改变平衡常数, 但会影响平衡的组成。

温度对化学平衡的影响源自温度对参与反应各物质标准化学势或反应的标准 Gibbs 自由能变化值 $\Delta_r G_m^{\ominus}$ 的影响。根据第三章曾讨论过的 Gibbs-Helmholtz 方程, 若参加反应的物质均处于标准态, 则应有

$$\left[\frac{\partial (\Delta_r G_m^{\ominus}/T)}{\partial T} \right]_p = -\frac{\Delta_r H_m^{\ominus}}{T^2} \tag{5.82}$$

将关系式 $\Delta_r G_m^{\ominus} = -RT \ln K^{\ominus}$ 代入上式, 得

$$\left(\frac{\partial \ln K^{\ominus}}{\partial T} \right)_p = \frac{\Delta_r H_m^{\ominus}}{RT^2} \tag{5.83}$$

式中 $\Delta_r H_m^{\ominus}$ 是各物质均处于标准态、反应进度为 1 mol 时的反应焓变值。式 (5.83) 即为化学平衡中 van't Hoff 公式的 (等压) 微分式, 可用来讨论温度对化学平衡的影响。

由此可见, 对于吸热反应, $\Delta_r H_m^{\ominus} > 0$, $(\partial \ln K^{\ominus}/\partial T)_p > 0$, 即 $K^{\ominus}$ 随温度的升高而增大, 升高温度对正向反应有利。对于放热反应, $\Delta_r H_m^{\ominus} < 0$, $(\partial \ln K^{\ominus}/\partial T)_p < 0$, 即 $K^{\ominus}$ 随温度的升高而减小, 升高温度对正向反应不利。

式 (5.83) 的积分, 可分两种情况:

(1) 若温度的变化范围不大, $\Delta_r H_m^{\ominus}$ 可以近似看作与温度无关的常数, 则定积分得

$$\ln \frac{K^{\ominus}(T_2)}{K^{\ominus}(T_1)} = \frac{\Delta_r H_m^{\ominus}}{R} \left(\frac{1}{T_1} - \frac{1}{T_2} \right) \tag{5.84}$$

式 (5.84) 即为 van't Hoff 公式的定积分式。根据该式, 如果已知两个不同温度下的平衡常数值, 就可计算得到 $\Delta_r H_m^\ominus$。反过来, 若已知 $\Delta_r H_m^\ominus$ 和一个温度下的平衡常数, 根据该式就可以计算出另一个温度下的平衡常数。

若作不定积分, 则有

$$\ln K^\ominus = -\frac{\Delta_r H_m^\ominus}{RT} + I' \tag{5.85}$$

式中 I' 是积分常数, 只要知道某一个温度下的 $K^\ominus$ 及 $\Delta_r H_m^\ominus$ 就能求出积分常数 I', 从而得到 $K^\ominus$ 与 T 关系的具体函数形式。根据该式, 若实验测得了一系列温度下的平衡常数, 可将 $\ln K^\ominus$ 对 $1/T$ 作图, 则应得一直线, 由直线的斜率 $(-\Delta_r H_m^\ominus/R)$ 可获得 $\Delta_r H_m^\ominus$。

(2) 若温度的变化间隔较大, 则必须考虑 $\Delta_r H_m^\ominus$ 与 T 的关系。

已知

$$\begin{aligned}
\Delta_r H_m^\ominus(T) &= \Delta H_0 + \int \Delta_r C_p \mathrm{d}T \\
&= \Delta H_0 + \Delta a T + \frac{1}{2}\Delta b T^2 + \frac{1}{3}\Delta c T^3 + \cdots
\end{aligned} \tag{5.86}$$

ΔH_0 是积分常数[1], 代入式 (5.83) 后得

$$\frac{\mathrm{d}\ln K^\ominus}{\mathrm{d}T} = \frac{\Delta H_0}{RT^2} + \frac{\Delta a}{RT} + \frac{\Delta b}{2R} + \frac{\Delta c}{3R}T + \cdots \tag{5.87}$$

移项积分, 得

$$\ln K^\ominus = \frac{-\Delta H_0}{R}\frac{1}{T} + \frac{\Delta a}{R}\ln T + \frac{\Delta b}{2R}T + \frac{\Delta c}{6R}T^2 + \cdots + I \tag{5.88}$$

式中 I 是积分常数。把关系式 $\Delta_r G_m^\ominus = -RT\ln K^\ominus$ 代入上式, 又可求得 $\Delta_r G_m^\ominus$ 与温度关系的公式:

$$\Delta_r G_m^\ominus = \Delta H_0 - \Delta a T\ln T - \frac{\Delta b}{2}T^2 - \frac{\Delta c}{6}T^3 + \cdots - IRT \tag{5.89}$$

在 298.15 K 时反应的 $\Delta_r G_m^\ominus$ 可自标准摩尔生成 Gibbs 自由能的表值得到, 代入式 (5.89), 就能求出积分常数 I。若已知 I 和 ΔH_0, 则根据式 (5.88) 和式 (5.89) 就可以求得在一定温度范围内任何温度时的 $\Delta_r G_m^\ominus$ 或 $K^\ominus$。

对于低压下的气相反应, $K^\ominus = K_p^\ominus$, 所以式 (5.88) 也代表 $K_p^\ominus$ 与温度的关系。又因为 $K_p^\ominus = K_c^\ominus \left(\dfrac{c^\ominus RT}{p^\ominus}\right)^{\sum\limits_B \nu_B}$, 所以

---

[1] 自式 (5.86) 看, ΔH_0 似应为温度为 0 K 时的 ΔH, 但这种理解是不恰当的, 因为在低温下, 级数型热容公式已不能使用。故在引用级数型热容公式时, 最好将 ΔH_0 只看作积分常数。298.15 K 时反应的 $\Delta_r H_m^\ominus$ 可自摩尔生成焓的表值获得, 代入式 (5.86) 就能求出该积分常数。

$$\frac{\mathrm{d}\ln K^{\ominus}}{\mathrm{d}T} = \frac{\mathrm{d}\ln K_c^{\ominus}}{\mathrm{d}T} + \frac{\displaystyle\sum_{\mathrm{B}} \nu_{\mathrm{B}}}{T}$$

代入式 (5.83) 还可得到

$$\frac{\mathrm{d}\ln K_c^{\ominus}}{\mathrm{d}T} = \frac{\Delta_{\mathrm{r}} U_{\mathrm{m}}^{\ominus}}{RT^2} \tag{5.90}$$

压力对化学平衡的影响

对于理想气体混合物反应系统, 已知 $K_f^{\ominus} = K_p^{\ominus}$, 且有

$$\ln K_p^{\ominus} = -\frac{\displaystyle\sum_{\mathrm{B}} \nu_{\mathrm{B}}\mu_{\mathrm{B}}(T)}{RT}$$

$$K_p^{\ominus} = K_c^{\ominus} \left(\frac{c^{\ominus} RT}{p^{\ominus}}\right)^{\sum\limits_{\mathrm{B}} \nu_{\mathrm{B}}} = K_x \left(\frac{p}{p^{\ominus}}\right)^{\sum\limits_{\mathrm{B}} \nu_{\mathrm{B}}}$$

所以

$$\left(\frac{\partial \ln K_p^{\ominus}}{\partial p}\right)_T = 0 \qquad \left(\frac{\partial \ln K_c^{\ominus}}{\partial p}\right)_T = 0$$

$$\left(\frac{\partial \ln K_x}{\partial p}\right)_T = -\frac{\displaystyle\sum_{\mathrm{B}} \nu_{\mathrm{B}}}{p} = -\frac{\Delta_{\mathrm{r}} V_{\mathrm{m}}}{RT} \tag{5.91}$$

由此可见, 定温下 $K_p^{\ominus}$ 和 $K_c^{\ominus}$ 均与压力无关。但 K_x 则随压力而改变, 这就是说平衡点随压力而移动。当 $\displaystyle\sum_{\mathrm{B}} \nu_{\mathrm{B}} < 0$ 时, $\left(\dfrac{\partial \ln K_x}{\partial p}\right)_T > 0$, K_x 随 p 的增大而增大, 即加压时反应将右移。反之, 若 $\displaystyle\sum_{\mathrm{B}} \nu_{\mathrm{B}} > 0$ 时, 则加压时反应左移。总之, 压力增大时, 反应向体积缩小的方向进行。如果 $\displaystyle\sum_{\mathrm{B}} \nu_{\mathrm{B}} = 0$, 即反应前后气体分子数 (或体积) 不变, 则压力对平衡组成没有影响。

对于凝聚相中进行的反应, 若凝聚相彼此没有混合, 都处于纯态 (固相反应常是如此), 则

$$-RT\ln K_a = \sum_{\mathrm{B}} \nu_{\mathrm{B}}\mu_{\mathrm{B}}^*$$

已知

$$\left(\frac{\partial \mu_{\mathrm{B}}^*}{\partial p}\right)_T = V_{\mathrm{m}}^*(\mathrm{B})$$

得

$$\left(\frac{\partial \sum\limits_{B} \nu_B \mu_B^*}{\partial p}\right)_T = \sum_B \nu_B V_m^*(B)$$

因此

$$\left(\frac{\partial \ln K_a}{\partial p}\right)_T = -\frac{\sum\limits_{B} \nu_B V_m^*(B)}{RT} = -\frac{\Delta_r V_m}{RT} \tag{5.92}$$

若 $\Delta_r V_m > 0$, 则增大压力对于正向反应不利; 若 $\Delta_r V_m < 0$, 则增大压力对于正向反应有利。对于凝聚相来说, 由于 $\Delta_r V_m$ 值一般不大, 所以在一定温度下, 当压力变化不大时, 反应的 K_a 可以看作与压力无关。但如果压力变化很大时, 压力的影响就不能忽略 (参阅下面例 5.4)。

例 5.3

在某温度及标准压力 $p^\ominus$ 下, $N_2O_4(g)$ 有 0.50(摩尔分数) 分解成 $NO_2(g)$。若压力扩大 10 倍, 则 $N_2O_4(g)$ 的解离度是多少?

解　$N_2O_4(g) \rightleftharpoons 2NO_2(g)$

$1 - 0.50 \qquad 2 \times 0.50 \qquad n_{总} = 1 + 0.50$

$$K_x(p^\ominus) = \frac{\left(\dfrac{2 \times 0.50}{1 + 0.50}\right)^2}{\dfrac{1 - 0.50}{1 + 0.50}} = 1.33$$

因为 $\sum\limits_{B} \nu_B = 1$, 对式 (5.91) 作移项积分后, 得

$$\ln \frac{K_x(10p^\ominus)}{K_x(p^\ominus)} = \ln \frac{p^\ominus}{10p^\ominus} = \ln \frac{1}{10}$$

已知

$$K_x(p^\ominus) = 1.33$$

所以

$$K_x(10p^\ominus) = 0.133$$

设 α 为增大压力后 $N_2O_4(g)$ 的解离度, 则

$$0.133 = \frac{4\alpha^2}{1 - \alpha^2}$$

解得

$$\alpha = 0.18$$

可见, 增大压力不利于 $N_2O_4(g)$ 的分解, 因为这是一个气体分子数增多的反应。

例 5.4

已知 C(金刚石) 和 C(石墨) 在 298.15 K 时的 $\Delta_f G_m^{\ominus}$ 分别为 2.90 kJ·mol^{-1} 和 0 kJ·mol^{-1}, 又已知 298.15 K 及标准压力 $p^{\ominus}$ 时, 两者的密度分别为 3.513×10^3 kg·m^{-3} 和 2.260×10^3 kg·m^{-3}, 试问:

(1) 在 298.15 K, $p^{\ominus}$ 下, 石墨和金刚石何者较为稳定?

(2) 在 298.15 K 时, 需要多大的压力才能使石墨转变为金刚石?

解   (1)   C(石墨) $\longrightarrow$ C(金刚石)

$$\Delta_{trs} G_m^{\ominus}(298.15\ K) = (2.90 - 0)\ kJ \cdot mol^{-1} = 2.90\ kJ \cdot mol^{-1}$$

这说明, 在室温及常压下, 石墨较为稳定。下标 "trs" (transition 的缩写) 表示晶形转换。

(2) $$\left(\frac{\partial \Delta_{trs} G_m}{\partial p}\right)_T = \Delta_{trs} V_m$$

$$\Delta_{trs} G_m(p) - \Delta_{trs} G_m(p^{\ominus}) = \int_{p^{\ominus}}^{p} \Delta_{trs} V_m dp = \Delta_{trs} V_m(p - p^{\ominus})$$

$$\Delta_{trs} G_m(p) = \Delta_{trs} G_m(p^{\ominus}) + \Delta_{trs} V_m(p - p^{\ominus})$$

$$= 2.90\ kJ \cdot mol^{-1} + \left[\left(\frac{12.011}{3.513} - \frac{12.011}{2.260}\right) \times 10^{-6}\ m^3 \cdot mol^{-1}\right] \times (p - 100\ kPa)$$

如令 $\Delta_{trs} G_m^{\ominus}(p) < 0$, 则解得 $p > 1.53 \times 10^9$ Pa, 约相当于大气压力的 15000 倍。这表明在高压下, 石墨有可能变为金刚石, 这一预测现在已成为现实。

惰性气体对化学平衡的影响

惰性气体的存在并不影响平衡常数, 但却能影响气相反应中的平衡组成, 即可使平衡组成发生移动。这里的惰性气体是指不参与反应的气体。

在实际生产过程中, 原料气中常混有不参加反应的惰性气体。例如, 在合成氨的原料气中常含有 Ar 和 CH_4 等气体; 在 SO_2 的转化反应中, 需要的是氧气, 而通入的是空气, 多余的 N_2 不参加反应, 就成为反应中的惰性气体。这些惰性气体虽不参加反应, 但却常能影响平衡的移动。

当总压 p 一定时, 惰性气体的存在实际上起了稀释的作用, 它和减小反应系统总压的效应是一样的。已知

$$K_p^\ominus = K_x \left(\frac{p}{p^\ominus}\right)^{\sum\limits_B \nu_B} = \frac{x_G^g x_H^h \cdots}{x_D^d x_E^e \cdots} \left(\frac{p}{p^\ominus}\right)^{\sum\limits_B \nu_B} = \frac{n_G^g n_H^h \cdots}{n_D^d n_E^e \cdots} \left(\frac{p}{p^\ominus \sum\limits_B n_B}\right)^{\sum\limits_B \nu_B}$$

$$(5.93)$$

式中 n_B 代表平衡后各物质的物质的量; $\sum\limits_B n_B$ 代表物质的量的总值。对于 $\sum\limits_B \nu_B > 0$ 的反应, 若添加惰性气体, $\sum\limits_B n_B$ 增大, $\left(\dfrac{p}{p^\ominus \sum\limits_B n_B}\right)^{\sum\limits_B \nu_B}$ 项减小。

为了维持 $K_p^\ominus$ 不变 (定温下 $K_p^\ominus$ 有定值), 则 $\dfrac{n_G^g n_H^h \cdots}{n_D^d n_E^e \cdots}$ 项应增大, 即反应向右移动。反之, 对于 $\sum\limits_B \nu_B < 0$ 的反应, 若添加惰性气体, 则反应向左移动。若 $\sum\limits_B \nu_B = 0$, 则添加惰性气体不会影响平衡的组成。

例如, 乙苯脱氢制苯乙烯, 在反应系统中通入水蒸气, 可增大乙苯的转化率。又如, 在合成氨反应中, 原料气是循环使用的。当惰性气体 Ar 和甲烷积累过多时, 就要影响氨的产率。因此, 每隔一定时间, 就要对原料气进行处理 (例如放空, 同时补充新鲜气体, 或设法回收有用的惰性气体)。需要注意的是, 如果添加惰性气体导致系统的总压 p 与 $\sum\limits_B n_B$ 等比例增加 (如在等温等容下), 则 $p \Big/ \sum\limits_B n_B$ 的值维持不变, 添加惰性气体不会影响平衡的组成。

例 5.5

常压下乙苯脱氢制苯乙烯的反应, 已知 873 K 时 $K_p^\ominus = 0.178$。若原料气中乙苯和水蒸气的摩尔比为 1:9, 求乙苯的最大转化率。若不添加水蒸气, 则乙苯的转化率为多少?

解   在 873 K, $p^\ominus$ 下, 通入乙苯和水蒸气的摩尔比为 1:9, 并设 x 为乙苯转化掉的分数。

$$C_6H_5C_2H_5(g) \rightleftharpoons C_6H_5CH\!=\!CH_2(g) + H_2(g) \qquad H_2O(g)$$

反应前	1	0	0	9
反应后	$1-x$	x	x	9

平衡后的总量 $= 1 - x + x + x + 9 = 10 + x$

$$K_p^\ominus = K_x \left(\frac{p}{p^\ominus}\right)^{\sum\limits_B \nu_B} = \frac{x^2}{1-x} \left(\frac{p/p^\ominus}{\sum\limits_B n_B}\right)^{\sum\limits_B \nu_B}$$

因为 $\sum\limits_{B} \nu_B = 1$, 反应压力为 $p^{\ominus}$, 所以

$$K_p^{\ominus} = \frac{x^2}{1-x} \cdot \frac{1}{10+x} = 0.178$$

解得

$$x = 0.725$$

转化率

$$\alpha = 0.725$$

如果不加水蒸气, 则平衡后的总量 $= 1-x+x+x = 1+x$

$$K_p^{\ominus} = \frac{x^2}{1-x} \cdot \frac{1}{1+x} = 0.178$$

解得

$$x = 0.389$$

转化率

$$\alpha = 0.389$$

显而易见, 加入水蒸气后, 使苯乙烯的最大转化率从 0.389 增大到 0.725。

在系统总压恒定的条件下, 增加了不参加反应的惰性气体, 使总的物质的量增加, 因而使参加反应的气体的分压降低, 其效果与减压相同。上述反应的 $\sum\limits_{B} \nu_B > 0$, 所以减压使反应右移。

5.5　同时化学平衡

以上考虑的平衡系统都只限于一个化学反应。在有些化学反应中, 特别是在有机化学反应中, 除了主反应外, 还或多或少伴有副反应, 即几个反应同时发生、同时达到化学平衡 (simultaneous chemical equilibrium)。例如, 石油的裂解反应, 可以有几个反应同时发生并达到平衡。这些反应既然同处于一个系统之中, 它们之间必然要互相影响。

下面讨论几个较简单的例子。

例 5.6

600 K 时, 已知由 CH_3Cl 和 H_2O 作用生成 CH_3OH 时, CH_3OH 可继续分解为 $(CH_3)_2O$, 即下列两个平衡同时存在:

(1) $CH_3Cl(g) + H_2O(g) \rightleftharpoons CH_3OH(g) + HCl(g)$

(2) $2CH_3OH(g) \rightleftharpoons (CH_3)_2O(g) + H_2O(g)$

已知在该温度下 $K_p(1) = 0.00154$, $K_p(2) = 10.6$。今以 CH_3Cl 和 H_2O 按反应方程式中的系数比开始反应, 求 CH_3Cl 的转化率。

解　设开始时 CH_3Cl 和 H_2O 的物质的量各为 1 mol, 平衡后生成 HCl 的转化分数为 x, 生成 $(CH_3)_2O$ 的转化分数为 y, 则平衡后 CH_3OH 的物质的量为 $(x - 2y)$ mol (在第一个反应中生成 x mol, 在第二个反应中又消耗掉 $2y$ mol), H_2O 的物质的量为 $(1 - x + y)$ mol (在第一个反应中消耗掉 x mol, 在第二个反应中又生成 y mol), 即

$$CH_3Cl(g) \quad + \quad H_2O(g) \quad \rightleftharpoons \quad CH_3OH(g) \quad + \quad HCl(g)$$

平衡后　　　　$1 - x$ 　　　　$1 - x + y$ 　　　　$x - 2y$ 　　　　x

$$2CH_3OH(g) \rightleftharpoons (CH_3)_2O(g) \quad + \quad H_2O(g)$$

平衡后　　　　　　　　$x - 2y$ 　　　　　　y 　　　　　$1 - x + y$

所以

$$K_p(1) = \frac{(x - 2y)x}{(1 - x)(1 - x + y)} = 0.00154$$

$$K_p(2) = \frac{y(1 - x + y)}{(x - 2y)^2} = 10.6$$

将这两个方程式联立求解 (或者用绘图法, 求两条线的交点), 解得 $x = 0.048$, $y = 0.0094$。则 CH_3Cl 的转化率为 0.048, 而生成 CH_3OH、HCl 和 $(CH_3)_2O$ 的产率各不相同。

例 5.7

石油的直链烃经过铂重整后, 在 C_8 馏分中主要是乙基苯 (A)、间二甲苯 (B)、对二甲苯 (C) 和邻二甲苯 (D) 的混合物, 它们的化学式都是 C_8H_{10}, 这几种异构体之间存在着平衡。若已知各物质的 $\Delta_f G_m^{\ominus}$, 试求平衡后的组成。

解　这几种物质之间存在着如下的反应平衡, 并设平衡后各物质的摩尔分数分别为 x_A, x_B, x_C 和 x_D。

(1) 乙基苯 (A) $\rightleftharpoons$ 间二甲苯 (B)

(2) 乙基苯 (A) $\rightleftharpoons$ 对二甲苯 (C)

(3) 乙基苯 (A) $\rightleftharpoons$ 邻二甲苯 (D)

根据 $\Delta_f G_m^{\ominus}$, $\Delta_f H_m^{\ominus}$ 及各物质的 C_p 值, 原则上可以求出不同温度下各反应的平衡常数。

$$K_1 = \frac{x_B}{x_A}$$

$$K_2 = \frac{x_C}{x_A}$$

$$K_3 = \frac{x_D}{x_A}$$

在反应中显然也存在着间位、对位、邻位之间的平衡, 如

(4) 间二甲苯 (B) $\Longleftrightarrow$ 对二甲苯 (C)

$$K_4 = \frac{x_C}{x_B}$$

但反应式 (4) 可以由反应式 (1) 和 (2) 获得, 即 (2) − (1) = (4)。所以, 反应 (4) 虽然存在于系统中, 但它是非独立的, 可以不予考虑。

根据前三个独立反应的平衡常数表示式, 再加上另一个条件:

$$x_A + x_B + x_C + x_D = 1$$

将这四个方程式联立求解, 就能分别求出 x_A, x_B, x_C 和 x_D 的值 (一个简单的解法是在上式的等式两边都除以 x_A, 则得

$$1 + \frac{x_B}{x_A} + \frac{x_C}{x_A} + \frac{x_D}{x_A} = \frac{1}{x_A}$$

或 $1 + K_1 + K_2 + K_3 = \dfrac{1}{x_A}$, 这些平衡常数是已知的, 因此可求出 x_A, 然后再根据几个平衡常数的表示式依次解出 x_B, x_C 和 x_D)。

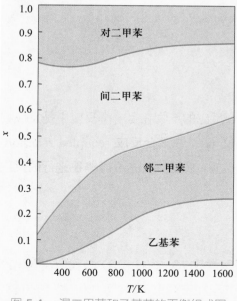
图 5.4　混二甲苯和乙基苯的平衡组成图

换一个温度又可以求出该温度下另一套 x_i 的数值。只要求出几个温度下的组成, 就可以画出如图 5.4 所示的图形。这类图形比较直观。从图上可以看出, 在低温下间位成分较多, 乙基苯较少; 随着温度的上升, 间位成分减少, 而乙基苯增多。此类图形在化工生产上很有用, 可直观地从温度的变化反映出系统组成的变化。

当系统中存在的物种数不多、反应的个数也不多时, 通常根据观察或经验, 不难找出其中的独立反应, 在比较复杂的系统中则需要使用更系统的方法。这类方法有许多种 (可以参阅有关书籍), 这里只介绍其中一种最简单的方法。假设所讨论的系统中包括 H_2, CH_4, C_2H_6 和 C_3H_8 四种物质, 并假定这些物质都是由原子组成的, 即

$$2H \Longrightarrow H_2$$

$$C + 4H \Longrightarrow CH_4$$

$$2C + 6H \Longrightarrow C_2H_6$$

$$3C + 8H \Longrightarrow C_3H_8$$

由于实际上系统中并不存在原子, 所以需要从方程式中消去。例如, 用第一个反应就可以消去其他几个方程式中的 H 原子, 得到

$$C + 2H_2 \Longrightarrow CH_4$$

$$2C + 3H_2 \Longrightarrow C_2H_6$$

$$3C + 4H_2 \Longrightarrow C_3H_8$$

但是 C 原子在系统中也是不存在的, 故应从这三个方程式中再消去 C 原子, 最后得到

$$2CH_4 \Longrightarrow C_2H_6 + H_2 \tag{a}$$

$$3CH_4 \Longrightarrow C_3H_8 + 2H_2 \tag{b}$$

(a) 和 (b) 这两个方程式就是系统中的独立反应, 由 H_2, CH_4, C_2H_6 和 C_3H_8 四种物质可以组成许多反应, 但只有两个是独立的。例如, 反应

$$5CH_4 \Longrightarrow C_2H_6 + C_3H_8 + 3H_2$$

就可以通过 (a) 和 (b) 两个独立反应的线性组合而获得。

5.6　反应的耦合

　　假设系统中发生两个化学反应, 若一个反应的产物在另一个反应中是反应物之一, 则我们说这两个反应是耦合的 (coupling)。在**耦合反应** (coupled reaction) 中, 某一反应可以影响另一个反应的平衡位置, 甚至使原先不能单独进行的反应得以通过另外的途径而进行, 例如:

　　反应 (1)　$A + B \Longrightarrow C + D$

　　反应 (2)　$C + E \Longrightarrow F + H$

　　如果反应 (1) 的 $\Delta_r G_m^{\ominus}(1) \gg 0$, 则平衡常数 $K_1 \ll 1$; 设 D 是我们需要的产品, 则从上述反应中得到的 D 必然很少 (甚至在宏观上可以认为反应是不能进行的)。若反应 (2) 的 $\Delta_r G_m^{\ominus}(2) \ll 0$, 甚至可以抵消 $\Delta_r G_m^{\ominus}(1)$ 而有余, 则反应 (3)

[反应 (1) + 反应 (2)] 是可以进行的 (应该注意, 这里讨论的都是 $\Delta_r G_m^\ominus$ 而不是 $\Delta_r G_m$)。

反应 (3)　　$A + B + E \Longrightarrow D + H + F$

$$\Delta_r G_m^\ominus(3) = \Delta_r G_m^\ominus(1) + \Delta_r G_m^\ominus(2) < 0$$

这好像是由于反应 (2) 的 $\Delta_r G_m^\ominus(2)$ 有很大的负值, 把反应 (1) "带动" 起来了。

例如, 若用下式从 TiO_2 来制备 $TiCl_4$:

(a) $TiO_2(s) + 2Cl_2(g) \Longrightarrow TiCl_4(l) + O_2(g)$

$$\Delta_r G_m^\ominus(298\ K) = 151.64\ kJ \cdot mol^{-1}$$

$\Delta_r G_m^\ominus(298\ K)$ 是很大的正值, 说明生成 $TiCl_4$ 的可能性是极小的或产量几乎是可以忽略不计的。提高温度虽然有利于右向反应, 但也不会有多大的改进。如果与反应 (b) 耦合:

(b) $C(s) + O_2(g) \Longrightarrow CO_2(g)$　　　$\Delta_r G_m^\ominus(298\ K) = -394.36\ kJ \cdot mol^{-1}$

则反应 (a) + (b) 得

(c) $C(s) + TiO_2(s) + 2Cl_2(g) \Longrightarrow TiCl_4(l) + CO_2(g)$

$$\Delta_r G_m^\ominus(298\ K) = -242.72\ kJ \cdot mol^{-1}$$

反应 (c) 的 $\Delta_r G_m^\ominus(298\ K) \ll 0$, 因此这个反应在宏观上就是可能的了。

又如, 在 298 K 时, 乙苯脱氢:

(a) $C_8H_{10}(g) \Longrightarrow C_8H_8(g) + H_2(g)$　　$K_p^\ominus = 2.7 \times 10^{-15}$

(b) $C_8H_{10}(g) + \dfrac{1}{2}O_2(g) \Longrightarrow C_8H_8(g) + H_2O(g)$　　$K_p^\ominus = 2.9 \times 10^{25}$

由此可见, 在反应 (a) 中几乎察觉不到有苯乙烯的出现, 而反应 (b) 则可以完全反应为苯乙烯。试分析下面的反应:

(c) $H_2(g) + \dfrac{1}{2}O_2(g) \Longrightarrow H_2O(g)$

这个反应的　　$\Delta_r G_m^\ominus(298\ K) = -228.57\ kJ \cdot mol^{-1}$　　　$K_p^\ominus = 1.16 \times 10^{40}$

反应 (b) 可以看作反应 (a) 和反应 (c) 耦合的结果。

这种方法在尝试设计新的合成路线时, 常常是很有用的。类似的例子很多, 如从丙烯生产丙烯腈的反应:

$$CH_2\!\!=\!\!CH\!\!-\!\!CH_3(g) + NH_3(g) \Longrightarrow CH_2\!\!=\!\!CH\!\!-\!\!CN(g) + 3H_2(g)$$

这个反应的产率是很低的。但丙烯氨氧化制丙烯腈的产率却很高:

$$CH_2\!\!=\!\!CH\!\!-\!\!CH_3(g) + NH_3(g) + \dfrac{3}{2}O_2(g) \Longrightarrow CH_2\!\!=\!\!CH\!\!-\!\!CN(g) + 3H_2O(g)$$

这可以看成前一个反应与 $3H_2(g) + \dfrac{3}{2}O_2(g) \Longrightarrow 3H_2O(g)$ 耦合的结果, 这是当

前制取丙烯腈最经济的方法。烯烃氧化脱氢制二烯烃、烷烃氧化脱氢制烯烃和二烯烃也都可以看成耦合反应的利用。

耦合反应在生物体中占有重要的位置。糖类是自然界中分布最广的有机化合物之一, 作为能源和碳源, 是生物体内的重要成分, 一切生物体中都有使糖类在体内最终分解为 $CO_2(g)$ 和 $H_2O(l)$, 并放出能量的化学代谢过程, 其反应步骤达十余步之多, 大致如下:

$$C_6H_{12}O_6(\text{在体液内}) + O_2(g) \rightarrow \cdots \rightarrow \text{丙酮酸} \rightarrow \cdots \rightarrow \text{乙酰辅酶 A}$$
$$\rightarrow \cdots \rightarrow CO_2(g) + H_2O(l)$$

其中就有 ATP 和 ADP 参加的耦合反应 (ATP 是 adenosine triphosphate 的缩写, 中文名称为三磷酸腺苷; ADP 是 adenosine diphosphate 的缩写, 中文名称为二磷酸腺苷), 仅举其中一步反应为例:

(1) $C_6H_{12}O_6 + H_3PO_4(l) \longrightarrow 6 - \text{磷酸葡萄糖} + H_2O(l)$

$$\Delta_r G_{m,1}^{\ominus}(298 \text{ K}) = 13.8 \text{ kJ} \cdot \text{mol}^{-1}$$

(2) $ATP + H_2O(l) \longrightarrow ADP + H_3PO_4(l)$

$$\Delta_r G_{m,2}^{\ominus}(298 \text{ K}) = -30.5 \text{ kJ} \cdot \text{mol}^{-1}$$

(1) + (2) = (3)

(3) $C_6H_{12}O_6 + ATP \longrightarrow 6 - \text{磷酸葡萄糖} + ADP$

$$\Delta_r G_{m,3}^{\ominus}(298 \text{ K}) = -16.7 \text{ kJ} \cdot \text{mol}^{-1}$$

反应 (1) 不能直接反应, 通过反应 (2), 使葡萄糖 ($C_6H_{12}O_6$) 转化为 6 – 磷酸葡萄糖, 在此过程中通过 ATP 的反应为最终的反应 (3) 提供能源。在生物体中, 许多生化反应 (如蛋白质的代谢、核酸的合成乃至肌肉的收缩和神经细胞中电子的传递等过程) 所需的能量, 都可以由 ATP 的水解所释放的能量供给。

上述反应中生成的 ADP 可以通过另一个耦合反应使 ATP 再生:

$ADP + Pi \longrightarrow ATP + H_2O$ $\qquad \Delta_r G_m^{\ominus}(298 \text{ K}) = 29.3 \text{ kJ} \cdot \text{mol}^{-1}$

$PEP + H_2O \longrightarrow \text{丙酮酸} + Pi$ $\qquad \Delta_r G_m^{\ominus}(298 \text{ K}) = -53.5 \text{ kJ} \cdot \text{mol}^{-1}$

两个反应耦合后

$PEP + ADP \longrightarrow \text{丙酮酸} + ATP$ $\qquad \Delta_r G_m^{\ominus}(298 \text{ K}) = -24.2 \text{ kJ} \cdot \text{mol}^{-1}$

式中 PEP 是磷酸烯醇丙酮酸的缩写; Pi 则代表含磷的无机化合物, 它可能是 PO_4^{3-}, HPO_4^{2-} 或 $H_2PO_4^-$ 等。

在代谢过程中通过耦合反应, 由 ATP 的水解提供能量, 生成的 ADP 又可以通过另外的耦合反应, 使 ATP 再生。所以, ATP 有 "生物能量的硬通货" 之称。也有人把 ATP 比喻为生物体内的 "活期存款", 需要时可随时取用。

由于代谢过程极其复杂, 所以也常用一种简单的方式略去中间过程, 只表示

反应的净结果。如上述反应可以表示为

在生物体中有许多耦合反应都是通过酶来完成的。

耦合 (也称为耦联) 这一词汇来源于物理学, 其含义是两个 (或两个以上) 系统, 其运动形式之间通过相互作用而彼此互相影响的现象。例如, 两个或两个以上的电路构成一个网络, 某一电路中的电流或电压发生变化, 能影响到其他电路也发生相应的变化, 这种现象就是电路的耦合。但实现耦合是有条件的, 条件是电路之间必须有公共阻抗存在。化学反应的耦合, 无论从热力学还是动力学的角度讲, 也是有条件的, 特别是其中一种物质必须是两个反应共同涉及的, 即在前一个反应中是生成物, 而在后一个反应中是反应物, 共同涉及的物质称为耦合物质 (coupling substance)。这种联系是必不可少的, 耦合不是任意的, 否则我们就可以任意找一个 $\Delta_r G_m^\ominus$ 负的绝对值很大的反应, 作为万能 "钥匙" 去和任一不可能发生的反应 "耦合", 使其变为可能, 这当然是不可能的。如前所述 $H_2(g) + \frac{1}{2}O_2(g) \rule[0.5ex]{3em}{0.4pt} H_2O(g)$ 反应的 $\Delta_r G_m^\ominus(298 \text{ K}) = -228.57 \text{ kJ} \cdot \text{mol}^{-1}$, 它绝不是一把 "万能钥匙"。

甲、乙两个反应耦合在一起, 实际上系统已成为另一个新的反应系统, 而两反应如何重新组合, 新的反应历程是需要研究的。耦合只是促成获得某产品的手段。特别是在生物体内的耦合作用, 经典热力学并不能说明反应的机理, 因此也很难设想在耦合系统中仍然独立存在着甲和乙两个独立的反应, 且并不影响其反应历程。

以上仅从经典热力学的角度, 讨论了如何利用耦合反应, 使原先不能进行的反应, 在耦合另一反应后, 可以获得所需的产物。但这仍然只是一种可能性, 这种可能性是否能实现, 还必须结合反应的速率, 从动力学的角度全面地对待这一问题。

设在封闭系统中只存在一种化学反应, 根据热力学第一定律 $dU + pdV = \delta Q$, 由于系统内的组成发生变化, 根据热力学第二定律的基本公式:

$$TdS = dU + pdV - \sum_B \mu_B dn_B$$

将热力学第一定律的公式代入, 得

$$TdS = \delta Q - \sum_B \mu_B dn_B$$

所以

$$dS = \frac{\delta Q}{T} - \frac{\sum\limits_{B} \mu_B dn_B}{T} = \frac{\delta Q}{T} - \frac{\sum\limits_{B} \nu_B \mu_B d\xi}{T}$$

再根据化学反应亲和势的定义, 即

$$A = -\sum_{B} \nu_B \mu_B$$

则

$$dS = \frac{\delta Q}{T} + \frac{A d\xi}{T}$$

在第三章中, 我们在讨论敞开系统的热力学时, 曾将熵变分为熵流和熵产生, 即

$$dS = d_e S + d_i S$$

两式相比较, 得

$$d_e S = \frac{\delta Q}{T} \quad (\text{熵流})$$

$$d_i S = \frac{A d\xi}{T} \quad (\text{熵产生})$$

前者表示由于系统和环境之间有热量交换而引起的熵改变 (称为熵流), 后者表示由于化学反应发生, 组成有了变化而引起的熵变 (称为熵产生)。熵产生率则为

$$\frac{d_i S}{dt} = \frac{A}{T} \cdot \frac{d\xi}{dt} = \frac{A}{T} \cdot \dot{\xi} > 0 \tag{5.94}$$

$\dfrac{d\xi}{dt} = \dot{\xi}$, $\dot{\xi}$ 定义为化学反应的转化速率。从式 (5.94) 可以看出, A 和 $\dot{\xi}$ 是同号的。

若 $A = 0$ 时, $\dot{\xi} = 0$, 表示系统已达到真实平衡。若 $A > 0$ 时, $\dot{\xi} = 0$, 则表示系统处于虚假平衡, 因为虽然反应的转化速率为零, 但 $A > 0$, 反应仍有继续反应的倾向。

若系统内同时存在 k 个反应, 则有

$$d_i S = \frac{1}{T} \sum_k A_k d\xi_k > 0$$

式中 A_k 和 ξ_k 分别是第 k 个化学反应的亲和势和反应进度。

$$A_k = -\sum_{B} \nu_{k,B} \mu_B$$

式中 $\nu_{k,B}$ 是组分 B 在第 k 个反应中, 反应方程式中的计量系数. 平衡时, 所有反应的 A_k 必须都等于零.

将式 (5.94) 推广到有 k 个反应发生的系统, 则系统的熵产生率为

$$\frac{\mathrm{d}_i S}{\mathrm{d}t} = \frac{1}{T} \sum_k A_k \dot{\xi}_k > 0 \tag{5.95}$$

设若只有两个反应, 在满足上式的前提下可能会出现下述情况, 即

$$A_1 \dot{\xi}_1 < 0, \quad A_2 \dot{\xi}_2 > 0$$

$A_1 \dot{\xi}_1 < 0, A_1$ 与 $\dot{\xi}_1$ 反号, 这就是说如果亲和势要求反应向右, 而转化速率则要求反应进度减小, 即反应向左. 如果系统中只有这种反应, 则这样的反应显然是不能进行的. 但现在有了第二个反应, 而且 $|A_2 \dot{\xi}_2| > |A_1 \dot{\xi}_1|$, $(A_1 \dot{\xi}_1 + A_2 \dot{\xi}_2) > 0$, 两个反应联合在一起, 变成可以进行的. 我们说这两个反应是耦合的, 耦合的结果是耦合物或耦合剂可以将熵产生由反应 (2) 带给反应 (1), 用 (2) 抵偿 (1) 的负熵, 使整体反应可以进行. 在生物系统中所进行的反应中有许多都是耦合反应, 但由于生物系统是敞开系统而不是封闭系统, 是非平衡态而不是平衡态, 严格来讲应该用非平衡态热力学和非平衡态动力学的理论来处理更为恰当.

经典热力学所涉及的都是平衡问题, 几乎与化学动力学不发生关系. 而研究非平衡态化学反应必然要涉及反应的历程问题, 因此化学热力学再不能与动力学分离, 必须同时考虑热力学因素与动力学因素, 有时动力学因素甚至可能成为主要因素 (例如, 对于某些燃烧过程, 若使用催化剂, 可以改变反应历程, 打破原来的平衡系统, 提高能量的利用率, 使反应更完全等).

5.7 近似计算

借助前面几节中的一些公式, 原则上可以直接通过计算而求得一个化学反应的平衡常数或判断反应的可能性, 这是化学热力学非常有价值的成就. 例如, 根据参加反应各物质在 298.15 K 时的标准摩尔生成 Gibbs 自由能来计算相同条件下反应的标准摩尔 Gibbs 自由能变化值 $\Delta_r G_m^\ominus$:

$$\Delta_r G_m^\ominus = \sum_B \nu_B \Delta_f G_m^\ominus(B)$$

或根据定义式求:

$$\Delta_{\rm r}G_{\rm m}^{\ominus} = \Delta_{\rm r}H_{\rm m}^{\ominus} - 298.15\ {\rm K} \times \Delta_{\rm r}S_{\rm m}^{\ominus}$$

式中 $\Delta_{\rm r}H_{\rm m}^{\ominus}$ 可由标准摩尔生成焓的表值求得; $\Delta_{\rm r}S_{\rm m}^{\ominus}$ 可由规定熵的表值求得, 表值大多是 298.15 K 时的数据。有了 $\Delta_{\rm r}G_{\rm m}^{\ominus}$ 值就能求得 298.15 K 时反应的平衡常数, 然后通过下式:

$$\frac{{\rm dln}K^{\ominus}}{{\rm d}T} = \frac{\Delta_{\rm r}H_{\rm m}^{\ominus}}{RT^2}$$

再加上 $C_{p,\rm m}$ 值就能求得另一个温度下的平衡常数。然而, 要获得完备的关于 $\Delta_{\rm f}H_{\rm m}^{\ominus}, \Delta_{\rm f}G_{\rm m}^{\ominus}, S_{\rm m}^{\ominus}$ 和 $C_{p,\rm m}$ 等的标准数据表 (特别是不常见化合物的数据) 常常比较困难。

有些作者提出各种估算这些标准数据的方法, 有些是根据经验的, 有些大体是根据物质的价键结构、原子数目以及官能团等来估算的 (如用键能来估计生成焓等)。关于热力学数据的估算方法, 已有不少专著可以参考。在本书中只择要介绍当数据不够齐全或虽数据具备, 而不需要做精确计算时的某些近似计算方法。

1. $\Delta_{\rm r}G_{\rm m}^{\ominus}(T)$ 的估算

根据 Gibbs 自由能的定义式, 在等温时有

$$\Delta_{\rm r}G_{\rm m}^{\ominus}(T) = \Delta_{\rm r}H_{\rm m}^{\ominus}(T) - T\Delta_{\rm r}S_{\rm m}^{\ominus}(T)$$

已知

$$\Delta_{\rm r}H_{\rm m}^{\ominus}(T) = \Delta_{\rm r}H_{\rm m}^{\ominus}(298.15\ {\rm K}) + \int_{298.15\ {\rm K}}^{T} \Delta_{\rm r}C_p {\rm d}T$$

$$\Delta_{\rm r}S_{\rm m}^{\ominus}(T) = \Delta_{\rm r}S_{\rm m}^{\ominus}(298.15\ {\rm K}) + \int_{298.15\ {\rm K}}^{T} \frac{\Delta_{\rm r}C_p}{T} {\rm d}T$$

代入前面的公式后, 得

$$\Delta_{\rm r}G_{\rm m}^{\ominus}(T) = \Delta_{\rm r}H_{\rm m}^{\ominus}(298.15\ {\rm K}) - T\Delta_{\rm r}S_{\rm m}^{\ominus}(298.15\ {\rm K}) +$$

$$\int_{298.15\ {\rm K}}^{T} \Delta_{\rm r}C_p {\rm d}T - T \int_{298.15\ {\rm K}}^{T} \frac{\Delta_{\rm r}C_p}{T} {\rm d}T \qquad (5.96)$$

式中 $\Delta_{\rm r}H_{\rm m}^{\ominus}(298.15\ {\rm K})$ 和 $\Delta_{\rm r}S_{\rm m}^{\ominus}(298.15\ {\rm K})$ 可分别根据公式 $\Delta_{\rm r}H_{\rm m}^{\ominus}(298.15\ {\rm K}) = \sum\limits_{\rm B} \nu_{\rm B}\Delta_{\rm f}H_{\rm m}^{\ominus}({\rm B}, 298.15\ {\rm K})$ 和 $\Delta_{\rm r}S_{\rm m}^{\ominus}(298.15\ {\rm K}) = \sum\limits_{\rm B} \nu_{\rm B}S_{\rm m}^{\ominus}({\rm B}, 298.15\ {\rm K})$ 来计算 [式中 $\Delta_{\rm f}H_{\rm m}^{\ominus}({\rm B}, 298.15\ {\rm K})$ 和 $S_{\rm m}^{\ominus}({\rm B}, 298.15\ {\rm K})$ 有表值可查]; 若 $C_{p,\rm m}$ 的数据齐全, 则可用式 (5.96) 计算 $\Delta_{\rm r}G_{\rm m}^{\ominus}(T)$。如果 $C_{p,\rm m}$ 的数据不全, 或者不需要精确计算时, 则可作如下的近似计算。

(1) 设若 $\Delta_r C_p = $ 常数 α, 即各物质的热容皆采用平均热容, 则式 (5.96) 成为

$$\Delta_r G_m^{\ominus}(T) = \Delta_r H_m^{\ominus}(298.15\ \text{K}) - T\Delta_r S_m^{\ominus}(298.15\ \text{K}) -$$

$$\alpha T\left(\ln\frac{T}{298.15\ \text{K}} - 1 + \frac{298.15\ \text{K}}{T}\right) \qquad (5.97)$$

若令

$$M_0 = \ln\frac{T}{298.15\ \text{K}} - 1 + \frac{298.15\ \text{K}}{T} \qquad (5.98)$$

则式 (5.97) 可写作

$$\Delta_r G_m^{\ominus}(T) = \Delta_r H_m^{\ominus}(298.15\ \text{K}) - T\Delta_r S_m^{\ominus}(298.15\ \text{K}) - \alpha T M_0$$

不同温度下的 M_0 值可根据式 (5.98) 事先制成图或表 (见表 5.1) 备用。

表 5.1 不同温度下的 M_0 值

T/K	M_0	T/K	M_0
298	0	800	0.3597
400	0.0392	900	0.4361
500	0.1133	1000	0.5088
600	0.1962	1100	0.5765
700	0.2994	1200	0.6410

但在较大的温度范围内不能认为 $\Delta_r C_p$ 是不变的常数, 则可以把温度分为几个区间, 每个区间 $\Delta_r C_p$ 具有不同的常数 α, 由此得到 M_0, M_1, M_2 等, 这些数据也可以列成表备用。

(2) 设若 $\Delta_r C_p = 0$, 则式 (5.96) 简化为

$$\Delta_r G_m^{\ominus}(T) = \Delta_r H_m^{\ominus}(298.15\ \text{K}) - T\Delta_r S_m^{\ominus}(298.15\ \text{K}) \qquad (5.99)$$

这个假定实际上是把 $\Delta_r H_m^{\ominus}$ 和 $\Delta_r S_m^{\ominus}$ 看作与温度无关。而 $\Delta_r G_m^{\ominus}$ 与温度有线性关系, 即

$$\Delta_r G_m^{\ominus}(T) = a - bT \qquad (5.100)$$

式中 $a = \Delta_r H_m^{\ominus}(298.15\ \text{K})$; $b = \Delta_r S_m^{\ominus}(298.15\ \text{K})$。式 (5.99) 虽是一个极近似的公式, 但当数据不全时, 常可用 298.15 K 的数据来估算任意温度下的 $\Delta_r G_m^{\ominus}(T)$。

例如, 估算分解温度。对于反应

$$\text{NH}_4\text{HCO}_3(\text{s}) \Longleftrightarrow \text{NH}_3(\text{g}) + \text{H}_2\text{O}(\text{g}) + \text{CO}_2(\text{g})$$

由表查得各物质在 298.15 K 时的 $\Delta_f H_m^\ominus$ 和 $S_m^\ominus$, 计算得到反应的

$$\Delta_r H_m^\ominus(298.15 \text{ K}) = 168.2 \text{ kJ} \cdot \text{mol}^{-1}, \quad \Delta_r S_m^\ominus(298.15 \text{ K}) = 474.5 \text{ J} \cdot \text{mol}^{-1} \cdot \text{K}^{-1}$$

当 $p(\text{NH}_3) + p(\text{H}_2\text{O}) + p(\text{CO}_2) = 100$ kPa 时, $\text{NH}_4\text{HCO}_3(\text{s})$ 能开始显著地分解。

所以有

$$K_p^\ominus = \frac{p(\text{NH}_3)}{p^\ominus} \cdot \frac{p(\text{H}_2\text{O})}{p^\ominus} \cdot \frac{p(\text{CO}_2)}{p^\ominus} = \frac{1}{3} \times \frac{1}{3} \times \frac{1}{3} = \frac{1}{27}$$

$$-RT\ln K_p^\ominus = \Delta_r H_m^\ominus(298.15 \text{ K}) - T\Delta_r S_m^\ominus(298.15 \text{ K})$$

$$-RT\ln\frac{1}{27} = (168.2 \times 10^3 \text{ J} \cdot \text{mol}^{-1}) - T \times (474.5 \text{ J} \cdot \text{mol}^{-1} \cdot \text{K}^{-1})$$

由此解得 $T = 335$ K。

2. 估计反应的有利温度

在 $\Delta_r G_m^\ominus = \Delta_r H_m^\ominus - T\Delta_r S_m^\ominus$ 中, $\Delta_r G_m^\ominus$ 由 $\Delta_r H_m^\ominus$ 和 $T\Delta_r S_m^\ominus$ 两项所构成。化学反应是原子或分子的重排过程, 一些旧键拆散, 一些新键形成。键能的大小决定了反应的 $\Delta_r H_m$ 值, 而系统混乱程度的变化则决定了 $\Delta_r S_m$ 值。当系统的焓减少 (即放热) 时, 有利于 Gibbs 自由能的降低; 当系统的熵增加时, 也有利于 Gibbs 自由能的降低。前者相应于吸引, 后者相应于排斥, 这一对矛盾同时包含在 $\Delta_r G_m$ 之中, 影响了变化的方向和系统的平衡点。这两个因素 —— 焓因素和熵因素要同时考虑, 如果只考虑焓因素而忽略熵因素, 就有片面性, 反之亦然。在 19 世纪, 法国化学家 Berthellot 认为, 只有放热反应是可以自发进行的, 即只用焓因素来判别变化的方向。实质上就是只注意到质点间相互吸引的一面, 而忽略了必然存在的排斥运动的一方。因而 Berthellot 的说法具有片面性, 不能作为一个一般性的准则。

$\Delta_r H_m^\ominus$ 与 $\Delta_r S_m^\ominus$ 的符号在大多数反应中是相同的, 即吸热反应 (如分解反应) 往往是熵增加的, 而放热反应 (如合成反应) 往往是熵减少的。在这种情况下, 焓因素和熵因素对 $\Delta_r G_m^\ominus$ 所起的作用相反, 在这里温度 T 就起着突出的作用。如果 $\Delta_r H_m^\ominus$ 和 $\Delta_r S_m^\ominus$ 都是正值, 则高温对正反应有利。如果 $\Delta_r H_m^\ominus$ 和 $\Delta_r S_m^\ominus$ 都是负值, 则低温对正反应有利。究竟一个反应在什么温度范围内进行有利, 可以用 $\Delta_r G_m^\ominus = 0$ (此时 $K_p^\ominus = 1$) 时的温度来近似判断。在这个温度时, 两个因素势均力敌, 不相上下。这个温度在有些书上称为**转折温度** (conversion temperature), 可用下式表示:

$$T = \frac{\Delta_r H_m^\ominus}{\Delta_r S_m^\ominus}$$

若换用 298.15 K 的数据, 则根据式 (5.99) 得到

$$T = \frac{\Delta_r H_m^{\ominus}(298.15\ \text{K})}{\Delta_r S_m^{\ominus}(298.15\ \text{K})} \tag{5.101}$$

例如, 对于一些单体的聚合反应, 反应是放热的, $\Delta_r H_m^{\ominus} < 0$, 聚合后无序度降低, $-\Delta_r S_m^{\ominus} > 0$, 所以低温有利于聚合, 高温有利于解聚。298.15 K 时一些单体聚合反应的 $\Delta_r H_m^{\ominus}, \Delta_r S_m^{\ominus}$ 及转折温度见表 5.2。

表 5.2   298.15 K 时一些单体聚合反应的 $\Delta_r H_m^{\ominus}$, $\Delta_r S_m^{\ominus}$ 及转折温度

单体	$\Delta_r H_m^{\ominus}/(\text{kJ} \cdot \text{mol}^{-1})$	$\Delta_r S_m^{\ominus}/(\text{J} \cdot \text{mol}^{-1} \cdot \text{K}^{-1})$	转折温度 T/K
1−丁烯	83.68	112.6	740
苯乙烯	70.68	104.2	670
α−甲基苯乙烯	34.31	109.9	310
四氟乙烯	163.2	112.1	1450
环丙烷	113.0	69.0	1630

由此可见, 1−丁烯、苯乙烯直到约 700 K 还能够发生聚合反应。α−甲基苯乙烯在室温时聚合就比较困难, 而聚四氟乙烯直到 1450 K 也不会分解。从表中环丙烷的数据来看, 它的聚合在热力学上是可能的, 至于如何把可能性变为现实性, 还有待于进一步的科学实验。

对于有一个以上同时进行的反应来说, 提高温度将有利于 $\Delta_r S_m^{\ominus}$ 较大的那个反应。例如, $ZrO_2(s)$ 的氯化反应, 可能发生如下两个反应:

$$ZrO_2(s) + 2Cl_2(g) + C(s) \rightleftharpoons ZrCl_4(g) + CO_2(g)$$

$$ZrO_2(s) + 2Cl_2(g) + 2C(s) \rightleftharpoons ZrCl_4(g) + 2CO(g)$$

可以预期提高温度将有利于后一个反应 (但温度过高, 反应混合物中 CO 的分压高, 分离得到后处理工作量大, 同时焦炭的消耗也多。究竟采用什么温度, 应根据生产的具体情况, 其中包括经济效益和社会效益等因素来决定)。

又如:

$$\frac{1}{2}N_2(g) + \frac{1}{2}O_2(g) \rightleftharpoons NO(g)$$

从热力学数据查出, 在 298.15 K 时:

$$\Delta_r H_m^{\ominus}(298.15\ \text{K}) = 91.3\ \text{kJ} \cdot \text{mol}^{-1}, \quad \Delta_r S_m^{\ominus}(298.15\ \text{K}) = 12.4\ \text{J} \cdot \text{mol}^{-1} \cdot \text{K}^{-1}$$

所以

$$\Delta_r G_m^{\ominus}(T) = (91.3 \times 10^3 - 12.4T/\text{K})\ \text{J} \cdot \text{mol}^{-1}$$

这个反应的有利温度约在

$$T = \frac{91.3 \times 10^3 \text{ K}}{12.4} = 7363 \text{ K}$$

以上说明, 在一般情况下, 用空气中的 $O_2(g)$ 直接与 $N_2(g)$ 化合生成 $NO(g)$ 是不行的 (只有在天空中有雷电时才可能达到这样的温度)。

普通化学课程中, 讨论溶解度时, 曾提到结构相似者相溶的经验规律。所谓 "相似" 就是指化学成分或结构相似, 这类化合物彼此作用力相差不大, 所以混合时焓的效应不大, 但混合后系统的混乱度增加, ΔS 成为影响 ΔG 的主要因素。

分析化学中常常用到螯合剂 (chelating agent), 由于螯合物 (chelate complex) 的结构复杂, 对称性较低, 排列混乱, 熵值较大, 所以螯合物具有比较大的稳定性。螯合作用也是熵增加较大的过程。

*5.8 生物能学简介

经典热力学是研究当系统的状态发生变化时, 从宏观的角度探求热、功、能之间的转化关系。当把热力学的一些规律用于相平衡和化学平衡时就构成化学热力学。当科学家开始从分子水平去认识许多生物和生化现象时, 他们把热力学的某些规律用于生物系统, 研究生物系统中的能量关系就构成了**生物能学** (bioenergetics)。生物能学也称为生物能量学。

生物化学中的标准态

物理化学家和生物化学家对溶液中溶质标准态的选择有所不同, 从而也影响了平衡常数的数值。在物理化学中, 溶质的标准态是指单位浓度的状态 (如 $m^{\ominus} = 1 \text{ mol} \cdot \text{kg}^{-1}$ 或 $c^{\ominus} = 1 \text{ mol} \cdot \text{dm}^{-3}$), 同时要满足理想溶液的性质。在生物化学中也是这样, 但有一个例外, 即在生物化学中规定氢离子的标准态为 $[H^+] = 10^{-7} \text{ mol} \cdot \text{dm}^{-3}$。原因很简单, 因为人体内的大部分反应都是在 $pH = 7$ 左右下进行的。在生物化学过程中, 凡涉及氢离子的反应, 该反应的标准摩尔 Gibbs 自由能变化用符号 $\Delta_r G_m^{\oplus}$ 表示, 而不用 $\Delta_r G_m^{\ominus}$ 表示, 以示区别。设有下列反应:

$$A + B \rightleftharpoons C + x\mathrm{H}^+ \tag{5.102}$$

标准态是指 $[\mathrm{A}] = [\mathrm{B}] = [\mathrm{C}] = 1\ \mathrm{mol}\cdot\mathrm{dm}^{-3}$, 但 $[\mathrm{H}^+] = 10^{-7}\ \mathrm{mol}\cdot\mathrm{dm}^{-3}$ 的状态。$\Delta_\mathrm{r}G_\mathrm{m}^{\oplus}$ 和 $\Delta_\mathrm{r}G_\mathrm{m}^{\ominus}$ 的关系为

$$\Delta_\mathrm{r}G_\mathrm{m}^{\oplus} = \Delta_\mathrm{r}G_\mathrm{m}^{\ominus} + RT\ln[\mathrm{H}^+]^x = \Delta_\mathrm{r}G_\mathrm{m}^{\ominus} + xRT\ln 10^{-7}$$

如果 $x = 1$, 且在 298.15 K, 则

$$\Delta_\mathrm{r}G_\mathrm{m}^{\oplus} = \Delta_\mathrm{r}G_\mathrm{m}^{\ominus} - 39.95\ \mathrm{kJ}\cdot\mathrm{mol}^{-1} \tag{5.103}$$

这表示在含有 H^+ 的生物反应中, 每产生 1 mol H^+, $\Delta_\mathrm{r}G_\mathrm{m}^{\ominus}$ 就比 $\Delta_\mathrm{r}G_\mathrm{m}^{\oplus}$ 大 $39.95\ \mathrm{kJ}\cdot\mathrm{mol}^{-1}$。因此, 反应在 pH $= 7$ 时比 pH $= 0$ 时更易于自发进行。如果 H^+ 在反应物的一方 (设 $x = 1$, $T = 298.15$ K):

$$C + x\mathrm{H}^+ \rightleftharpoons A + B \tag{5.104}$$

则

$$\Delta_\mathrm{r}G_\mathrm{m}^{\oplus} = \Delta_\mathrm{r}G_\mathrm{m}^{\ominus} + 39.95\ \mathrm{kJ}\cdot\mathrm{mol}^{-1} \tag{5.105}$$

该反应在 pH $= 0$ 时将比 pH $= 7$ 时更易于自发进行。对于不包括 H^+ 的反应, $\Delta_\mathrm{r}G_\mathrm{m}^{\oplus} = \Delta_\mathrm{r}G_\mathrm{m}^{\ominus}$, 就不需要使用 $\Delta_\mathrm{r}G_\mathrm{m}^{\oplus}$ 的符号了。

例 5.8

NAD^+ 和 NADH 分别是烟酰胺腺嘌呤二核苷酸的氧化态和还原态:

$$\mathrm{NADH} + \mathrm{H}^+ \rightleftharpoons \mathrm{NAD}^+ + \mathrm{H}_2 \tag{5.106}$$

已知在 298.15 K 时, 反应的 $\Delta_\mathrm{r}G_\mathrm{m}^{\ominus} = -21.83\ \mathrm{kJ}\cdot\mathrm{mol}^{-1}$。当 $[\mathrm{NADH}] = 1.5\times 10^{-2}\ \mathrm{mol}\cdot\mathrm{dm}^{-3}$, $[\mathrm{H}^+] = 3\times 10^{-5}\ \mathrm{mol}\cdot\mathrm{dm}^{-3}$, $[\mathrm{NAD}^+] = 4.6\times 10^{-3}\ \mathrm{mol}\cdot\mathrm{dm}^{-3}$ 和 $p(\mathrm{H}_2) = 1.0\ \mathrm{kPa}$ 时, 试计算该反应的 $\Delta_\mathrm{r}G_\mathrm{m}, K^{\ominus}$ 和 $K^{\oplus}$。

解 在反应方程式中, H^+ 出现在反应物一方, 故

$$\Delta_\mathrm{r}G_\mathrm{m}^{\oplus} = \Delta_\mathrm{r}G_\mathrm{m}^{\ominus} + 39.95\ \mathrm{kJ}\cdot\mathrm{mol}^{-1}$$

$$= (-21.83 + 39.95)\ \mathrm{kJ}\cdot\mathrm{mol}^{-1} = 18.12\ \mathrm{kJ}\cdot\mathrm{mol}^{-1}$$

由 $\Delta_\mathrm{r}G_\mathrm{m}^{\ominus} = -RT\ln K^{\ominus}$, 求得

$$K^{\ominus} = 6678.3$$

由 $\Delta_\mathrm{r}G_\mathrm{m}^{\oplus} = -RT\ln K^{\oplus}$, 求得

$$K^{\oplus} = 6.69\times 10^{-4}$$

因此

$$K^{\ominus}/K^{\oplus} = 10^7$$

二者相差如此之大, 是 H^+ 的标准态选择不同之故。我们再来看 $\Delta_\mathrm{r}G_\mathrm{m}$, 若用 $\Delta_\mathrm{r}G_\mathrm{m}^{\ominus}$, 则

$$\Delta_r G_m = \Delta_r G_m^{\ominus} + RT\ln \frac{\dfrac{[NAD^+]}{c^{\ominus}} \cdot \dfrac{p(H_2)}{p^{\ominus}}}{\dfrac{[NADH]}{c^{\ominus}} \cdot \dfrac{[H^+]}{c^{\ominus}}}$$

$$= -21830\,J\cdot mol^{-1} + 8.314\,J\cdot mol^{-1}\cdot K^{-1} \times 298.15\,K \times \ln\frac{4.6\times 10^{-3}\times\dfrac{1.0}{100}}{1.5\times 10^{-2}\times 3\times 10^{-5}}$$

$$= -10.36\,kJ\cdot mol^{-1}$$

若用 $\Delta_r G_m^{\oplus}$, 则

$$\Delta_r G_m = \Delta_r G_m^{\oplus} + RT\ln \frac{\dfrac{[NADH^+]}{c^{\ominus}} \cdot \dfrac{p(H_2)}{p^{\ominus}}}{\dfrac{[NADH]}{c^{\ominus}} \cdot \dfrac{[H^+]}{c^{\oplus}}}$$

$$= -18120\,J\cdot mol^{-1} + 8.314\,J\cdot mol^{-1}\cdot K^{-1} \times 298.15\,K \times \ln\frac{4.6\times 10^{-3}\times\dfrac{1.0}{100}}{1.5\times 10^{-2}\times\dfrac{3\times 10^{-5}}{1\times 10^{-7}}}$$

$$= -10.36\,kJ\cdot mol^{-1}$$

计算表明, 不管用哪一种标准态, 反应摩尔 Gibbs 自由能的变化值是一样的。在式 (5.106) 中等式两边的电荷数是相等的, 而式 (5.102) 和式 (5.104) 只相当于半电池的反应。

ATP 的水解

生物活性系统中有一种非常重要的物质——三磷酸腺苷 (简称 ATP), 它是许多生化反应的初级能源。在生物系统中, 蛋白质的合成、离子的迁移、肌肉收缩和神经细胞的电活性等都需要能量; ATP 的水解是一个较强的放能反应 (exergonic reaction), 它可以为上述过程提供所需的能量。

$$ATP(aq) + H_2O(l) \Longrightarrow ADP(aq) + Pi^-(aq) + H^+$$

式中 ADP 代表二磷酸腺苷; Pi^- 是无机酸的磷酸盐 (如 $H_2PO_4^-$)。如图 5.5 所示, 虚线部分是 ADP 的结构式。一个 ATP 分子末端的一个磷酸根断裂水解而生成 ADP。在人体 pH = 7.0 及体温 310 K (37 ℃) 的条件下, 上述水解反应的

$$\Delta_r G_m^{\oplus} = -30\,kJ\cdot mol^{-1}, \quad \Delta_r H_m^{\oplus} = -20\,kJ\cdot mol^{-1}, \quad \Delta_r S_m^{\oplus} = 34\,J\cdot mol^{-1}\cdot K^{-1}$$

由于 ATP 水解反应的 $\Delta_r G_m^{\oplus} < 0$, Gibbs 自由能降低, 因此反应是放能的, 它可以为另一些反应提供 30 kJ·mol⁻¹ 的 Gibbs 自由能。同时, 由于 $\Delta_r S_m^{\oplus}$ 的数值较大, 当温度升高 (或降低) 时, 对 $\Delta_r G_m^{\oplus}$ 的影响较为敏感 (因为 $\Delta G = \Delta H - T\Delta S$)。由于 ATP 存在不稳定倾向, 能从磷酸根处断裂生成 ADP, 同时释放出 Gibbs 自

由能, 因此有人把这里的键称为高能磷酸键。

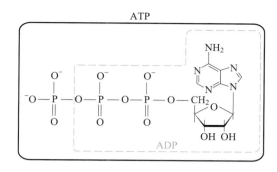

图 5.5　ATP 和 ADP 的结构式

上述水解反应在缺乏一种特殊的酶 (ATP 酶) 时进行得很慢。热力学的因素指出该反应有较大的正向反应趋势, 而动力学因素 (酶的作用) 控制着反应速率, 所以生理细胞可以维持 ATP 和 ADP 的生理平衡。

ADP 和 AMP 在适当的酶催化下, 还可以继续水解:

$$\text{ADP} + \text{H}_2\text{O} \rightleftharpoons \text{AMP} + \text{Pi} \qquad \Delta_\text{r}G_\text{m}^{\oplus} \approx -30 \text{ kJ} \cdot \text{mol}^{-1}$$

$$\text{AMP} + \text{H}_2\text{O} \rightleftharpoons 腺苷 + \text{Pi} \qquad \Delta_\text{r}G_\text{m}^{\oplus} \approx -14 \text{ kJ} \cdot \text{mol}^{-1}$$

ATP 的水解反应能和另外一些需要 Gibbs 自由能的反应耦合, 驱动那些反应得以发生。ATP 消耗后, 可通过另外的途径复生。例如, 在糖酵解 (glycolysis) 反应的过程中可以再产生 ATP。

糖酵解

所有生物的生长和活动都需要能量。人类的生存需依靠其他生物。我们吃的食物, 主要包括糖类、蛋白质、脂肪等, 通过初步氧化, 我们得到贮存在这些分子中的能量。图 5.6 表示从葡萄糖到丙酮酸 (CH_3COCOOH) 的代谢过程, 即糖酵解过程。

从含 6 个碳原子的葡萄糖分子经过 9 个步骤, 分解生成两个丙酮酸分子, 每步都是酶催化反应。在 9 个步骤中, 有些步骤消耗 ATP, 有些步骤又生成 ATP; 总起来, 1 mol 葡萄糖代谢成丙酮酸, 净得 2 mol ATP。例如, 糖酵解的第一步是从葡萄糖转化成 6 − 磷酸葡萄糖, 如图 5.7 所示。反应的 $\Delta_\text{r}G_\text{m}^{\oplus} = 13.14 \text{ kJ} \cdot \text{mol}^{-1}$, 这是一个吸热过程, $\Delta_\text{r}G_\text{m}^{\oplus} > 0$, 在通常情况下不会发生。然而, 这个反应可被 ATP 的水解反应所驱动, 成为耦合反应:

$$葡萄糖 + \text{ATP} \rightleftharpoons 6\text{−磷酸葡萄糖} + \text{ADP}$$

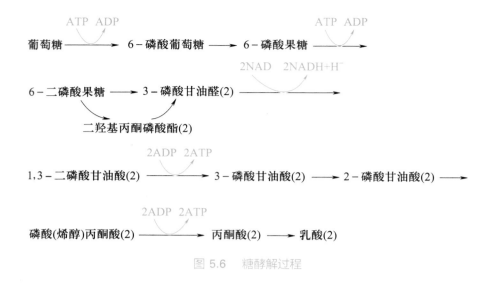

图 5.6   糖酵解过程

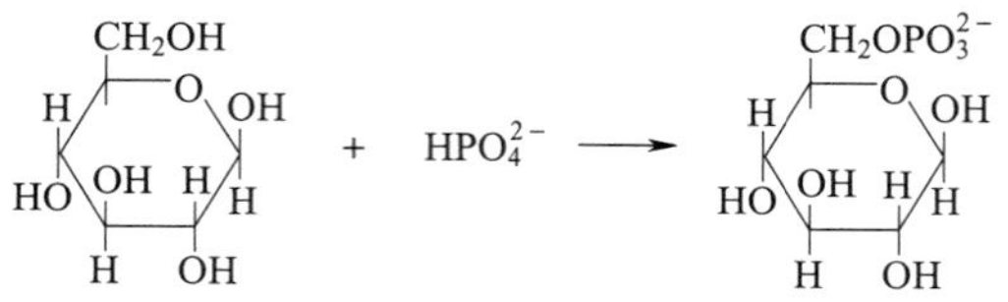

图 5.7   葡萄糖转化

反应的 $\Delta_r G_m^{\ominus} = -17.2\ \mathrm{kJ \cdot mol^{-1}}$，这个反应能自发进行。

在 9 个步骤中的另一步是 1,3-二磷酸甘油酸的水解，是大量放热的，它可带动 ADP 再变为 ATP 的反应：

$$1,3\text{-二磷酸甘油酸} + \text{ADP} \rightleftharpoons 3\text{-磷酸甘油酸} + \text{ATP}$$

反应的 $\Delta_r G_m^{\ominus} = -18.8\ \mathrm{kJ \cdot mol^{-1}}$。1 mol 葡萄糖分解后，生成 2 mol 1,3-二磷酸甘油酸，因此就有 2 mol ATP 生成。

在反应的最后一步，磷酸 (烯醇) 丙酮酸变成丙酮酸的反应也是通过耦合反应完成的，过程中也增加了 2 mol ATP。反应不会在丙酮酸阶段中止，在无氧的情况还可进行最后一步反应：

$$\underset{\text{丙酮酸}}{CH_3COCOOH} + NADH + H^+ \rightleftharpoons \underset{\text{乳酸}}{CH_3CH(OH)COOH} + NAD^+$$

这是反应的终点，生成的乳酸最后从细胞中释出。而在有氧存在的情况下，丙酮酸可进一步降解为 CO_2 和 H_2O。

在本书中对这些问题不可能做详细的讨论，只需知道一些大概情况。例如，在上述反应中，当 1 mol 葡萄糖完全降解，在过程中消耗了 2 mol ATP，又产生了 38 mol ATP，净增 36 mol ATP。据此，我们可以估计生物过程的效率。

已知葡萄糖在空气中完全燃烧:

$$C_6H_{12}O_6(s) + 6O_2(g) \rightleftharpoons 6CO_2(g) + 6H_2O(l) \qquad \Delta_r G_m^{\ominus} = -2879.0 \text{ kJ} \cdot \text{mol}^{-1}$$

这是一个不可逆过程, 结果贮存在反应物分子中的能量以热的形式而散失。但在糖酵解过程中, 1 mol 葡萄糖完全降解后净增 36 mol ATP, 每生成 1 mol ATP, 可以贮能 $30.5 \text{ kJ} \cdot \text{mol}^{-1}$:

$$ADP + Pi \rightleftharpoons ATP \qquad \Delta_r G_m^{\ominus} = 30.5 \text{ kJ} \cdot \text{mol}^{-1}$$

因此, 葡萄糖经过生物过程降解成 CO_2 和 H_2O 的效率为

$$\eta = \frac{36 \times 30.5}{2879.0} \times 100\% = 38\%$$

ATP 的水解是一个放能反应, 但并不是放能最多的, 有些磷酸酯化合物水解放出的能量比 ATP 更多。参阅表 5.3。

ATP 的放能并不是最大的, 为什么许多生物代谢过程中都有 ATP 参加, 几乎成为唯一的呢? 原因之一是它水解时的 $\Delta_r G_m^{\ominus}$ 值比较适宜。若 $\Delta_r G_m^{\ominus}$ 值太大, 意味着要合成它 (即再生) 时需要更多的能量, 这并不理想; 若 $\Delta_r G_m^{\ominus}$ 值太小, 则在耦合反应中的 ATP 就不会发挥很大的作用。ATP 在生物代谢循环中如此重要, 因此有人将 ATP 称为 "能量的通货" (energy currency), 意思是它像通货一样, 在代谢过程中传来传去, 发挥巨大的作用。

表 5.3 pH = 7 时一些磷酸酯化合物水解的 $\Delta_r G_m^{\ominus}$

磷酸酯	$\Delta_r G_m^{\ominus}/(\text{kJ} \cdot \text{mol}^{-1})$	磷酸酯	$\Delta_r G_m^{\ominus}/(\text{kJ} \cdot \text{mol}^{-1})$
磷酸烯醇丙酮酸	−61.9	三磷酸腺苷 (ATP)	−30.5
乙酰磷酸	−43.1	1−磷酸葡萄糖	−20.9
肌酸磷酸	−43.1	6−磷酸葡萄糖	−13.8
自磷酸	−33.5	1−磷酸甘油	−9.2

注: 本表数据摘自 Sober H A. CRC Handbook of Biochemistry, 1968.

研究生物体中的系列化学反应, 涉及生命现象, 这一直是许多科学家所希望解决的问题。由于生物体是一个敞开系统, 它需要与外界不断地交换能量和物质才得以生存, 它不是一个热力学平衡系统, 经典热力学的理论用到生物现象上遇到了困难, 它需要新的非平衡理论。

事物的发展, 总是从量变到质变, 当知识的广度和深度发展到一定水平之后, 就会产生飞跃, 解决生命现象中的许多问题的时间不会太远了, 21 世纪将是信息科学、合成化学和生命科学共同繁荣的世纪。

拓展学习资源

重点内容及公式总结	
课外参考读物	
相关科学家简介	
教学课件	

复习题

5.1　判断下列说法是否正确, 为什么?

(1) 某一反应的平衡常数是一个不变的常数;

(2) $\Delta_r G_m^{\ominus}$ 是平衡状态时 Gibbs 自由能的变化值, 因为 $\Delta_r G_m^{\ominus} = -RT\ln K_p^{\ominus}$;

(3) 反应 $CO(g) + H_2O(g) \Longleftrightarrow CO_2(g) + H_2(g)$, 因为反应前后气体分子数相等, 所以无论压力如何变化, 对平衡均无影响;

(4) 在一定的温度和压力下, 某反应的 $\Delta_r G_m > 0$, 所以要寻找合适的催化剂, 使反应得以进行;

(5) 某反应的 $\Delta_r G_m^{\ominus} < 0$, 所以该反应一定能正向进行;

(6) 平衡常数值改变了, 平衡一定会移动; 反之, 平衡移动了, 平衡常数值也一定改变。

5.2　化学反应的 $\Delta_r G_m$ 的下标 "m" 的含义是什么? 若用下列两个化学计量方程来表示合成氨的反应, 问两者的 $\Delta_r G_m^{\ominus}, K_p^{\ominus}$ 之间的关系如何?

$$(1)\ 3H_2(g) + N_2(g) \Longrightarrow 2NH_3(g) \qquad \Delta_r G_{m,1}^{\ominus},\ K_{p,1}^{\ominus}$$

$$(2)\ \frac{3}{2}H_2(g) + \frac{1}{2}N_2(g) \Longrightarrow NH_3(g) \qquad \Delta_r G_{m,2}^{\ominus},\ K_{p,2}^{\ominus}$$

5.3 若选取不同的标准态, 则 $\mu^{\ominus}(T)$ 不同, 所以反应的 $\Delta_r G_m^{\ominus}$ 也会不同, 那么用化学反应等温式 $\Delta_r G_m = \Delta_r G_m^{\ominus} + RT\ln Q_p$ 计算出来的 $\Delta_r G_m$ 值是否也会改变, 为什么?

5.4 根据公式 $\Delta_r G_m^{\ominus} = -RT\ln K_p^{\ominus}$, 能否认为 $\Delta_r G_m^{\ominus}$ 是处在平衡态时的 Gibbs 自由能的变化值, 为什么?

5.5 合成氨反应 $3H_2(g) + N_2(g) \Longrightarrow 2NH_3(g)$ 达到平衡后, 在保持温度和压力不变的情况下, 加入水蒸气作为惰性气体, 设气体近似作为理想气体处理, 问氨的含量会不会发生变化? $K_p^{\ominus}$ 值会不会改变, 为什么?

5.6 反应 $MgO(s) + Cl_2(g) \Longrightarrow MgCl_2(s) + \frac{1}{2}O_2(g)$ 达平衡后, 保持温度不变, 增加总压, $K_p^{\ominus}$ 和 K_x 分别有何变化? 设气体为理想气体。

5.7 工业上制水煤气反应为 $C(s) + H_2O(g) \Longrightarrow CO(g) + H_2(g)$, 反应的标准摩尔焓变为 $131.3\ kJ \cdot mol^{-1}$, 设反应在 $673\ K$ 时达成平衡。试讨论如下各种因素对平衡的影响。

(1) 增加 $C(s)$ 的含量;

(2) 提高反应温度;

(3) 增加系统的总压力;

(4) 增加 $H_2O(g)$ 的分压;

(5) 增加 $N_2(g)$ 的分压。

5.8 $PCl_5(g)$ 的分解反应为 $PCl_5(g) \Longrightarrow PCl_3(g) + Cl_2(g)$, 在一定的温度和压力下, 反应达到平衡, 试讨论如下各种因素对 $PCl_5(g)$ 解离度的影响。

(1) 降低气体的总压;

(2) 通入 $N_2(g)$, 保持压力不变, 使体积增加一倍;

(3) 通入 $N_2(g)$, 保持体积不变, 使压力增加一倍;

(4) 通入 $Cl_2(g)$, 保持体积不变, 使压力增加一倍。

5.9 设某分解反应为 $A(s) \Longrightarrow B(g) + 2C(g)$, 若其平衡常数和解离压力分别为 $K_p^{\ominus}$ 和 p, 写出平衡常数与解离压力的关系式。

5.10 对于气相反应 $CO(g) + 2H_2(g) \Longrightarrow CH_3OH(l)$, 已知其标准摩尔反应 Gibbs 自由能与温度的关系式为 $\Delta_r G_m^{\ominus} = (-90.625 + 0.221T/K)\ kJ \cdot mol^{-1}$, 若要使平衡常数 $K_p^{\ominus} > 1$, 则温度应控制在多少为宜?

习题

5.1 反应 $C(s) + 2H_2(g) \rightleftharpoons CH_4(g)$ 在 1000 K 时的 $\Delta_r G_m^\ominus = 19.290$ kJ·mol^{-1}, 若参加反应的气体是由 10% CH$_4$, 80% H$_2$ 和 10% N$_2$ (均为体积百分数) 所组成的, 总压为 100 kPa, 试计算该反应在上述条件下的 $\Delta_r G_m$, 并判断反应的方向。

5.2 在合成甲醇过程中有一个水煤气变换工段, 即把 H$_2$(g) 变换成原料气 CO(g): $H_2(g) + CO_2(g) \rightleftharpoons CO(g) + H_2O(g)$。现有一混合气体, 其中 H$_2$(g), CO$_2$(g), CO(g) 和 H$_2$O(g) 的分压分别为 20.265 kPa, 20.265 kPa, 50.663 kPa 和 10.133 kPa。已知该反应在 820 ℃ 时的 $K_p^\ominus = 1$。试问:

(1) 在 820 ℃ 时反应能否发生?

(2) 如果把 CO$_2$(g) 分压提高到 405.30 kPa, CO(g) 的分压提高到 303.98 kPa, 其余不变, 则情况又将怎样?

5.3 298 K 时, 有潮湿的空气与 Na$_2$HPO$_4$·7H$_2$O(s) 接触, 为了使 Na$_2$HPO$_4$·7H$_2$O(s): (1) 不发生变化; (2) 失去水分 (即风化); (3) 吸收水分 (即潮解), 则空气的相对湿度 (即空气中水蒸气分压与相同温度下纯水的饱和蒸气压之比) 应分别等于多少? 已知 Na$_2$HPO$_4$·12H$_2$O(s) 与 Na$_2$HPO$_4$·7H$_2$O(s), Na$_2$HPO$_4$·7H$_2$O(s) 与 Na$_2$HPO$_4$·2H$_2$O(s), Na$_2$HPO$_4$·2H$_2$O(s) 与 Na$_2$HPO$_4$(s) 平衡共存时水的蒸气压分别为 2547 Pa, 1935 Pa 和 1307 Pa; 298 K 时纯水的饱和蒸气压为 3167 Pa。

5.4 对于理想气体反应 $2A(g) \rightleftharpoons B(g)$, 已知在 298 K 时, A(g) 和 B(g) 的 $\Delta_f H_m^\ominus$ 分别为 35.0 kJ·mol^{-1} 和 10.0 kJ·mol^{-1}, $S_m^\ominus$ 分别为 250 J·mol^{-1}·K^{-1} 和 300 J·mol^{-1}·K^{-1}, $C_{p,m}^\ominus$ 分别为 38.0 J·mol^{-1}·K^{-1} 和 76.0 J·mol^{-1}·K^{-1}。

(1) 在 310 K, $p^\ominus$ 下, 当系统中 $x_A = 0.50$ 时, 试通过计算判断反应进行的方向;

(2) 欲使反应与 (1) 中相反方向进行, 当 T, x_A 不变时, 则压力应控制在什么范围? 若 p, x_A 不变, 则温度应控制在什么范围? 若 T, p 不变, 则 x_A 应控制在什么范围?

5.5 已知:

$$\Delta_f G_m^\ominus(MnO, s)/(J·mol^{-1}) = -3849 \times 10^2 + 74.48T/K$$

$$\Delta_f G_m^\ominus(CO, g)/(J·mol^{-1}) = -1163 \times 10^2 - 83.89T/K$$

$$\Delta_f G_m^\ominus(CO_2, g)/(J·mol^{-1}) = -3944 \times 10^2$$

试问:

(1) 在 0.13333 Pa 的真空条件下, 用炭粉还原 MnO(s) 生成纯 Mn(s) 及 CO(g) 的最低温度是多少?

(2) 在上述条件下, 还原反应能否按 $2MnO(s) + C(s) \rightleftharpoons 2Mn(s) + CO_2(g)$ 进行?

5.6 合成氨时所用的 $H_2(g)$ 和 $N_2(g)$ 的摩尔比为 $3:1$, 在 673 K, 1000 kPa 下, 平衡混合物中 $NH_3(g)$ 的摩尔分数为 0.0385。

(1) 计算反应 $N_2(g) + 3H_2(g) \rightleftharpoons 2NH_3(g)$ 在 673 K 时的 $K_p^\ominus$;

(2) 在此温度时, 若要平衡混合物中 $NH_3(g)$ 的摩尔分数达到 0.05, 则总压应为多少?

5.7 半导体工业为了获得 $O_2(g)$ 含量不大于 10^{-6} 的高纯 $H_2(g)$, 在 298 K, 100 kPa 下让电解水制得的 $H_2(g)$ [其中 $x(H_2) = 0.995$, $x(O_2) = 0.005$] 通过催化剂, 发生反应 $2H_2(g) + O_2(g) \rightleftharpoons 2H_2O(g)$, 从而达到消除 $O_2(g)$ 的目的。试问反应后 $H_2(g)$ 的纯度能否达到标准要求? 已知 298 K 时 $H_2O(g)$ 的 $\Delta_f G_m^\ominus = -228.57 \text{ kJ} \cdot \text{mol}^{-1}$。

5.8 对于反应 $2A(g) \rightleftharpoons 2B(g) + C(g)$, 试用解离度 α 及总压 p 表示反应的 $K_p^\ominus$, 并证明当 $p/K_p^\ominus$ 很大时, α 与 $p^{1/3}$ 成反比 (设反应系统中的气体均为理想气体)。

5.9 已知反应 $2SO_3(g) \rightleftharpoons 2SO_2(g) + O_2(g)$ 在 1000 K, 100 kPa 时的平衡常数 $K_c = 3.54 \text{ mol} \cdot \text{m}^{-3}$。试计算:

(1) 此反应的 $K_p^\ominus$, K_p 和 K_x;

(2) 反应 $SO_3(g) \rightleftharpoons SO_2(g) + \frac{1}{2}O_2(g)$ 的 $K_p^\ominus$, K_p, K_x 和 K_c。设气体为理想气体。

5.10 在 870 K, 100 kPa 时, 反应 $CO(g) + H_2O(g) \rightleftharpoons CO_2(g) + H_2(g)$ 达到平衡, 若将压力从 100 kPa 提高到 50000 kPa, 问:

(1) 各气体仍作为理想气体处理, 其标准平衡常数有无变化?

(2) 若各气体的逸度因子分别为 $\gamma(CO_2) = 1.09$, $\gamma(H_2) = 1.10$, $\gamma(CO) = 1.23$, $\gamma(H_2O) = 0.77$, 则平衡应向何方移动?

5.11 已知 $N_2O_4(g)$ 和 $NO_2(g)$ 的混合物, 在 15 ℃, 100 kPa 下, 其密度为 $3.62 \text{ g} \cdot \text{dm}^{-3}$; 在 75 ℃, 100 kPa 下, 其密度为 $1.84 \text{ g} \cdot \text{dm}^{-3}$。设反应的 $\Delta_r C_p = 0$, 气体为理想气体。试计算:

(1) 反应 $N_2O_4(g) \rightleftharpoons 2NO_2(g)$ 的 $\Delta_r H_m^\ominus$ 和 $\Delta_r S_m^\ominus$;

(2) 上述反应在 40 ℃, 100 kPa 下的 $K_p^\ominus$, K_p, K_x 和 K_c。

5.12 对某气相反应, 证明: $\dfrac{\partial \ln K_c^\ominus}{\partial T} = \dfrac{\Delta_r U_m^\ominus}{RT^2}$。

5.13 已知 298 K 时, 下列反应:

(a) $CO_2(g) + 2NH_3(g) \rightleftharpoons H_2O(g) + CO(NH_2)_2(s)$

$$\Delta_r G_m^\ominus(a) = 1908 \ J \cdot mol^{-1}$$

(b) $H_2O(g) \rightleftharpoons H_2(g) + \dfrac{1}{2}O_2(g)$ $\quad \Delta_r G_m^\ominus(b) = 228572 \ J \cdot mol^{-1}$

(c) $C(石墨) + O_2(g) \rightleftharpoons CO_2(g)$ $\quad \Delta_r G_m^\ominus(c) = -394359 \ J \cdot mol^{-1}$

(d) $N_2(g) + 3H_2(g) \rightleftharpoons 2NH_3(g)$ $\quad \Delta_r G_m^\ominus(d) = -32800 \ J \cdot mol^{-1}$

(1) 计算尿素 $CO(NH_2)_2(s)$ 的标准摩尔生成 Gibbs 自由能 $\Delta_f G_m^\ominus$;

(2) 列出由稳定单质生成摩尔尿素反应的平衡常数与上列反应平衡常数的关系式;

(3) 计算由稳定单质生成摩尔尿素反应的平衡常数 $K_p^\ominus$。

5.14 已知 298.15 K 时甲醇蒸气 $CH_3OH(g)$ 的标准摩尔生成 Gibbs 自由能为 $-162.3 \ kJ \cdot mol^{-1}$, 试计算甲醇液体 $CH_3OH(l)$ 的标准摩尔生成 Gibbs 自由能。假定蒸气为理想气体, 且已知 298.15 K 时 $CH_3OH(l)$ 的蒸气压为 17.1 kPa。

5.15 已知 298.15 K 时, $CO_2(g)$, $NH_3(g)$, $(NH_2)_2CO(s)$ 和 $H_2O(l)$ 的标准摩尔生成 Gibbs 由能分别为 $-394.36 \ kJ \cdot mol^{-1}$, $-16.40 \ kJ \cdot mol^{-1}$, $-196.68 \ kJ \cdot mol^{-1}$ 和 $-237.13 \ kJ \cdot mol^{-1}$, $(NH_2)_2CO(s)$ 在 1 kg $H_2O(l)$ 中的溶解度为 1200 g。假设活度因子的影响以及 $CO_2(g)$ 和 $NH_3(g)$ 在 $H_2O(l)$ 中的溶解可忽略不计, 试计算非均相反应 $CO_2(g) + 2NH_3(g) \rightleftharpoons (NH_2)_2CO(aq) + H_2O(l)$ 在 298.15 K 时的热力学平衡常数。

5.16 已知 298 K 时 $Br_2(g)$ 的标准摩尔生成焓 $\Delta_f H_m^\ominus = 30.91 \ kJ \cdot mol^{-1}$, 标准摩尔生成 Gibbs 自由能 $\Delta_f G_m^\ominus = 3.11 \ kJ \cdot mol^{-1}$。设 $\Delta_r H_m^\ominus$ 不随温度而改变, 试计算:

(1) $Br_2(l)$ 在 298 K 时的饱和蒸气压;

(2) $Br_2(l)$ 在 323 K 时的饱和蒸气压;

(3) $Br_2(l)$ 在 100 kPa 时的沸点。

5.17 对于反应 $MgCO_3(菱镁矿) \rightleftharpoons MgO(方镁石) + CO_2(g)$:

(1) 计算 298 K 时的反应的 $\Delta_r H_m^\ominus, \Delta_r S_m^\ominus$ 和 $\Delta_r G_m^\ominus$ 值;

(2) 计算 298 K 时 $MgCO_3(s)$ 的解离压;

(3) 设在 298 K 时地表上 $CO_2(g)$ 的分压 $p(CO_2) = 32.04$ Pa, 问此时 $MgCO_3(s)$ 能否自动分解为 $MgO(s)$ 和 $CO_2(g)$?

(4) 从热力学上说明当温度升高时, $MgCO_3$ 稳定性的变化趋势 (变大或变小)。

已知 298 K 时, $MgCO_3(s)$, $MgO(s)$ 和 $CO_2(g)$ 的 $\Delta_f H_m^\ominus$ 分别是 -1095.8 kJ·mol^{-1}, -601.6 kJ·mol^{-1} 和 -393.5 kJ·mol^{-1}, $S_m^\ominus$ 分别为 65.7 J·mol^{-1}·K^{-1}, 27 J·mol^{-1}·K^{-1} 和 213.8 J·mol^{-1}·K^{-1}。

5.18 设在某一温度下, 有一定量的 $PCl_5(g)$ 在 100 kPa 下的体积为 1 dm^3, 在该条件下 $PCl_5(g)$ 的解离度 $\alpha = 0.5$。用计算说明, 在下列几种情况下, $PCl_5(g)$ 的解离度是增大还是减小?

(1) 使气体的总压降低, 直到体积增加到 2 dm^3;

(2) 通入 $N_2(g)$, 使体积增加到 2 dm^3, 而压力仍保持为 100 kPa;

(3) 通入 $N_2(g)$, 使压力增加到 200 kPa, 而体积仍保持为 1 dm^3;

(4) 通入 $Cl_2(g)$, 使压力增加到 200 kPa, 而体积仍保持为 1 dm^3。

5.19 将固体 $NaHCO_3$ 放入真空容器中会发生分解反应 $2NaHCO_3(s) \rightleftharpoons Na_2CO_3(s) + H_2O(g) + CO_2(g)$, 试计算:

(1) 298 K 时该平衡系统的总压 (即解离压);

(2) 平衡总压为 100 kPa 时的分解温度。

已知 298 K 时相关的热力学数据如下:

	$NaHCO_3(s)$	$Na_2CO_3(s)$	$CO_2(g)$	$H_2O(g)$
$\Delta_f H_m^\ominus/(kJ\cdot mol^{-1})$	-950.81	-1130.68	-393.51	-241.82
$S_m^\ominus/(J\cdot mol^{-1}\cdot K^{-1})$	101.7	134.98	213.8	188.83
$C_{p,m}^\ominus/(J\cdot mol^{-1}\cdot K^{-1})$	87.61	112.3	37.11	33.58

5.20 乙酸分子在气相可部分缔合为 $(CH_3COOH)_2$, 即 $CH_3COOH(g) \rightleftharpoons \frac{1}{2}(CH_3COOH)_2(g)$。有人通过测定分子量来研究缔合反应平衡和测定缔合反应热, 在 101.325 kPa, 124.8 ℃ 时测得平衡混合气体的表观分子量为 90.35, 在 101.325 kPa, 164.8 ℃ 时测得平衡混合气体的表观分子量则为 74.14。试计算缔合反应热 (假定在给定温度范围内反应热为常数)。

5.21 已知在 298 K, $p^\ominus$ 下, 反应 $CO(g) + H_2O(g) \rightleftharpoons CO_2(g) + H_2(g)$ 相关的热力学数据如下:

	$CO(g)$	$H_2O(g)$	$CO_2(g)$	$H_2(g)$
$\Delta_f H_m^\ominus/(kJ\cdot mol^{-1})$	-110.53	-241.82	-393.51	0
$S_m^\ominus/(J\cdot mol^{-1}\cdot K^{-1})$	197.67	188.83	213.8	130.68
$C_{p,m}^\ominus/(J\cdot mol^{-1}\cdot K^{-1})$	29.14	33.58	37.11	28.82

将各气体视为理想气体, 试计算:

(1) 298 K 下反应的 $\Delta_r G_m^\ominus$ 和 $K_p^\ominus$;

(2) 596 K, 500 kPa 下反应的 $\Delta_r H_m$ 和 $\Delta_r S_m$;

(3) 596 K 下反应的 $\Delta_r G_m^\ominus$ 和 $K_p^\ominus$。

5.22 已知乙烯水合反应 $C_2H_4(g) + H_2O(g) \Longrightarrow C_2H_5OH(g)$ 的 $\Delta_r G_m^\ominus$ 与温度 T 的关系式为

$$\Delta_r G_m^\ominus(T)/(J \cdot mol^{-1}) = -34585 + 26.4(T/K)\ln(T/K) + 45.19(T/K)$$

(1) 试导出 $\Delta_r H_m^\ominus$ 与 T 的关系式;

(2) 试计算 573 K 时反应的平衡常数 $K^\ominus$ 和标准熵变 $\Delta_r S_m^\ominus$。

5.23 已知在 $250 \sim 400$ K 温度范围内反应 $NH_4Cl(s) \Longrightarrow NH_3(g) + HCl(g)$ 的平衡常数为 $\ln K_p^\ominus = 37.32 - \dfrac{21020}{T/K}$, 试计算 300 K 时反应的 $\Delta_r G_m^\ominus$, $\Delta_r H_m^\ominus$ 和 $\Delta_r S_m^\ominus$。

5.24 已知反应 $2Cu(s) + \dfrac{1}{2}O_2(g) \Longrightarrow Cu_2O(s)$ 的 $\Delta_r G_m^\ominus/(J \cdot mol^{-1}) = -169000 - 7.12(T/K)\ln(T/K) + 123.4(T/K)$, 试计算 298 K 时该反应的 $\Delta_r G_m^\ominus$, $\Delta_r H_m^\ominus$ 和 $\Delta_r S_m^\ominus$。

5.25 已知斜方硫在 100 kPa, 368.5 K 下转变为单斜硫, 此时吸热 402 $J \cdot mol^{-1}$; 在 $298 \sim 369$ K 时, 单斜硫和斜方硫的摩尔定压热容之差为 $\Delta C_{p,m}/(J \cdot mol^{-1} \cdot K^{-1}) = 0.356 + 1.38 \times 10^{-3}(T/K)$。

(1) 试导出从斜方硫转变成单斜硫的标准摩尔 Gibbs 自由能变化 $\Delta_{trs} G_m^\ominus$ 与温度的关系式;

(2) 在 100 kPa, 298 K 时, 哪一种晶形更稳定?

5.26 用丁烯脱氢制丁二烯的反应如下:

$$CH_3CH_2CH{=}CH_2(g) \Longrightarrow CH_2{=}CHCH{=}CH_2(g) + H_2(g)$$

反应过程中通入水蒸气, 丁烯与水蒸气的摩尔比为 1:15, 操作压力为 200 kPa。问在什么温度下丁烯的平衡转化率可达 40%? 假设反应焓变和熵变不随温度变化, 气体视为理想气体。已知 298.15 K 时丁二烯和丁烯的 $\Delta_f H_m^\ominus$ 分别为 110 $kJ \cdot mol^{-1}$ 和 -0.13 $kJ \cdot mol^{-1}$, $\Delta_f G_m^\ominus$ 分别为 150.7 $kJ \cdot mol^{-1}$ 和 71.4 $kJ \cdot mol^{-1}$。

5.27 已知反应 $(1)2NaHCO_3(s) \Longrightarrow Na_2CO_3(s) + H_2O(g) + CO_2(g)$ 的 $\Delta_r G_m^\ominus(1)/(J \cdot mol^{-1}) = 129076.4 - 334.12(T/K)$, 反应 $(2)NH_4HCO_3(s) \Longrightarrow NH_3(g) + H_2O(g) + CO_2(g)$ 的 $\Delta_r G_m^\ominus(2)/(J \cdot mol^{-1}) = 171502.16 - 476.14(T/K)$。试计算在 298.15 K 下, 当 $NaHCO_3(s)$, $Na_2CO_3(s)$ 和 $NH_4HCO_3(s)$ 平衡共存时氨的分压 $p(NH_3)$。

5.28 对于下面两个分解反应:

(1) $2NaHCO_3(s) \Longrightarrow Na_2CO_3(s) + H_2O(g) + CO_2(g)$

(2) $CuSO_4 \cdot 5H_2O(s) \Longrightarrow CuSO_4 \cdot 3H_2O(s) + 2H_2O(g)$

已知反应 (1) 和 (2) 在 50 ℃ 时的解离压分别为 $p(1) = 4.00$ kPa 和 $p(2) = 6.05$ kPa。若两个分解反应在同一容器内进行, 试计算 50 ℃ 时系统的平衡压。

5.29 在 723 K 时, 将 0.10 mol $H_2(g)$ 和 0.20 mol $CO_2(g)$ 通入抽空的瓶中, 发生如下反应:

(1) $CO_2(g) + H_2(g) \Longrightarrow CO(g) + H_2O(g)$

平衡后瓶中的总压为 50.66 kPa, 经分析知其中水蒸气的摩尔分数为 0.10。今在容器中加入过量的氧化钴 CoO(s) 和金属钴 Co(s), 在容器中又加了如下两个平衡:

(2) $CoO(s) + H_2(g) \Longrightarrow Co(s) + H_2O(g)$

(3) $CoO(s) + CO(g) \Longrightarrow Co(s) + CO_2(g)$

经分析知容器中水蒸气的摩尔分数为 0.30。试分别计算这三个反应用摩尔分数表示的平衡常数。

5.30 用 Si(s) 还原 MgO(s) 的反应是 $Si(s) + 2MgO(s) \Longrightarrow 2Mg(g) + SiO_2(s)$, 已知该反应的 $\Delta_r G_m^{\ominus}(1)/(J \cdot mol^{-1}) = 523000 - 211.71(T/K)$。

(1) 若使反应在标准态下进行, 则反应温度至少是多少?

(2) 过高的温度在工业上难以实现, 故需采取措施以降低还原温度。一种措施是加入 "附加剂" CaO(s) 进行反应的耦合, 加入的 CaO(s) 与上述还原反应中生成的 $SiO_2(s)$ 进行如下反应: $2CaO(s) + SiO_2(s) \Longrightarrow Ca_2SiO_4(s)$, 已知该反应的 $\Delta_r G_m^{\ominus}(2)/(J \cdot mol^{-1}) = -126357 - 5.021(T/K)$, 试确定耦合反应的转折温度。

5.31 出土文物青铜器编钟由于长期受到潮湿空气及水溶性氯化物的作用生成了粉状铜锈, 经鉴定其中含有 CuCl(s), $Cu_2O(s)$ 和 $Cu_2(OH)_3Cl(s)$。有人提出其腐蚀反应两种可能的途径为

$$Cu(s) + Cl^- \to CuCl(s) \to Cu_2O(s) \to Cu_2(OH)_3Cl(s)$$

及

$$Cu(s) + Cl^- \to CuCl(s) \to Cu_2(OH)_3Cl(s)$$

试根据下列热力学数据说明其是否正确?

	$Cu_2O(s)$	$CuCl(s)$	$Cu_2(OH)_3Cl(s)$	OH^-(aq)	HCl(aq)	H_2O(l)
$\Delta_f G_m^{\ominus}/(kJ \cdot mol^{-1})$	−146.0	−120	−1338	−157.2	−131	−237.1

5.32 (1) 由甲醇可以通过脱氢反应制备甲醛: $CH_3OH(g) \Longrightarrow HCHO(g)+$

$H_2(g)$, 试利用 $\Delta_r G_m^{\ominus}(T) = \Delta_r H_m^{\ominus}(298\ K) - T\Delta_r S_m^{\ominus}(298\ K)$, 近似估算反应的转折温度, 以及 973 K 时的 $\Delta_r G_m^{\ominus}(973\ K)$ 和标准平衡常数 $K_p^{\ominus}(973\ K)$。

(2) 电解水是得到纯氢的重要来源之一, 试问能否用水的热分解反应制备氢气? 试估算反应的转折温度。所需数据请查阅附录。

$$H_2O(g) \Longrightarrow H_2(g) + \frac{1}{2}O_2(g)$$

5.33 苯烃化制乙苯的反应是 $C_6H_6(l) + C_2H_4(g) \Longrightarrow C_6H_5C_2H_5(l)$。若反应在 97 ℃ 下进行, 乙烯的压力保持在 $1.5p^{\ominus}$, 试估算苯的最大转化率。气体视为理想气体, 液相当作理想液体混合物, 假设反应的标准摩尔焓变不随温度而改变。已知 298 K 时相关热力学数据如下所示:

	$C_2H_4(g)$	$C_6H_6(l)$	$C_6H_5C_2H_5(l)$
$\Delta_f G_m^{\ominus}/(kJ \cdot mol^{-1})$	68.4	124.5	119.9
$\Delta_f H_m^{\ominus}/(kJ \cdot mol^{-1})$	52.4	49.1	−12.3

5.34 估算当 $NH_4Cl(s)$ 的解离压为 100 kPa 时的温度。假设反应的标准摩尔焓变不随温度而改变, 并已知 298 K 时相关热力学数据如下所示:

	$NH_4Cl(s)$	$HCl(g)$	$NH_3(g)$
$\Delta_f G_m^{\ominus}/(kJ \cdot mol^{-1})$	−202.9	−95.3	−16.4
$\Delta_f H_m^{\ominus}/(kJ \cdot mol^{-1})$	−314.4	−92.3	−45.9

5.35 已知反应 $H_2O(l) + ATP(aq) \Longrightarrow ADP(aq) + P_i^-(aq) + H^+$, 在 310 K, pH = 7 时的 $K_c^{\oplus} = 1.3 \times 10^5$。如果 $\Delta_r H_m^{\oplus} = -20.0\ kJ \cdot mol^{-1}$, 试计算 298 K 时该反应的 $K_c^{\oplus}, K_c^{\ominus}, \Delta_r G_m^{\oplus}$ 和 $\Delta_r G_m^{\ominus}$ 值。

第六章

相平衡

本章基本要求

(1) 了解相、组分数和自由度等相平衡中的基本概念。

(2) 了解相律的推导过程，熟练掌握相律在相图中的应用。

(3) 能看懂各种类型的相图，并进行简单分析，理解相图中各相区、线和特殊点所代表的意义，了解其自由度的变化情况。

(4) 在双液系相图中，了解完全互溶、部分互溶和完全不互溶相图的特点，掌握如何利用相图进行有机化合物的分离提纯。

(5) 学会用步冷曲线绘制二组分低共熔相图，会对相图进行分析，并了解二组分低共熔相图和水盐相图在冶金、分离、提纯等方面的应用。

(6) 了解三组分系统相图中点、线、面的含义，学会将三组分系统相图用于盐类的分离提纯和有机化合物的萃取等方面。

6.1　引言

　　热平衡、相平衡与化学平衡是热力学在化学领域中的重要应用, 也是化学热力学的主要研究对象。由热力学第一定律导出了状态函数热力学能 (U), 并定义了另一个状态函数焓 (H), 以此为基础建立的热化学主要讨论物态变化和化学变化过程中的热效应问题。由热力学第二定律导出了状态函数熵 (S), 并定义了另外两个状态函数 A 和 G, 以此为依据讨论了变化的方向性、过程的可逆性及平衡的判据等问题。对于多组分系统, 介绍了一个重要的偏摩尔量——化学势。这些重要的工具可以应用于讨论相平衡和化学平衡的问题。本章中将讨论有关相平衡的问题。

　　多相系统相平衡的研究有着重要的实际意义, 如研究金属冶炼过程中相的变化, 以及根据相变进而研究金属的成分、结构与性能之间的关系。各种天然的或人工合成的熔盐体系 (主要是硅酸盐, 如水泥、陶瓷、炉渣、耐火黏土、石英岩等)、天然的盐类 (如岩盐、盐湖盐等) 及一些工业合成产品, 都是重要的多相系统。开发并利用属于多相系统的天然资源, 用适当的方法如溶解、蒸馏、结晶、萃取、凝结等从各种天然资源中分离出所需要的成分, 在这些过程中都需要有关相平衡的知识。

　　研究多相系统的状态如何随温度、压力和浓度等变量的改变而发生变化, 并用图形来表示系统状态的变化, 这种图就叫**相图** (phase diagram)。在本章中将介绍一些基本的典型相图, 目的在于通过这些相图能拓展看懂其他相图, 并了解其应用。

　　相律 (phase rule) 为多相平衡系统的研究建立了热力学的基础, 是物理化学中最具有普遍性的规律之一, 它讨论平衡系统中相数、独立组分数与描述该平衡系统的变数之间的关系。相律与质量作用定律所讨论的对象虽然都是平衡系统, 但相律只能对系统作出定性的表述, 只讨论 "数目" 而不讨论 "数值"。例如, 根据相律可以确定有几个因素能对复杂系统中的相平衡发生影响, 在一定的条件下系统有几个相同时存在, 等等。但相律却不能告诉我们这些数目具体代表哪些变量或代表哪些相, 也不知道各个相的数量是多少, 正如我们研究气、液两相平衡时, 只需知道平衡时两相的温度、压力和任一组分在两相中的化学势相等, 而 T, p, μ 都是系统的强度性质, 系统的平衡位置取决于系统的强度因素。

　　相 (phase) 是指系统中宏观上看来化学组成、物理性质和化学性质完全均匀的部分。相与相之间在指定的条件下有明显的界面; 在界面上, 从宏观的角度看,性质的改变是飞跃式的。系统内相的数目用符号 Φ 表示。通常任何气体均能无限混合，所以系统内不论有多少种气体都只有一个气相。液体则按其互溶程度通常可以有单相、两相或三相共存。对于固体，一般情况下有一种固体便有一个相（而不论它们的质量和形状。一整块 $CaCO_3$ 的结晶是一个相，如果把它们粉碎为小颗粒，它依然是一个相，因为其物理和化学性质是一样的）。但两种或两种以上固体形成的**固态溶液** (solid solution) 是一个相，因为这时粒子都是以分子形式相互均匀分散的，它们是固态的溶液。

没有气相的系统称为**凝聚系统** (condensed system)。有时气体虽然存在，但可以不予考虑（即不作为讨论对象，不划入系统的范围之内）。例如，讨论合金系统时，就可以不考虑其相应的气相。

确定平衡系统的状态所需的独立的强度变量数称为系统的**自由度** (degree of freedom)，用符号 f 表示。例如，对于单相的液态水来说，我们可以在一定的范围内（注意，"在一定的范围内"不能省略），任意改变液态水的温度，同时任意地改变其压力，而仍能保持水为单相（液相）。因此，我们说该系统有两个独立可变的因素，或者说它的自由度 $f = 2$。当水与水蒸气两相平衡时，则在温度和压力两个变量之中只有一个是可以独立变动的，指定了温度就不能再指定压力，压力即平衡蒸气压由温度决定而不能任意指定。反之，指定了压力，温度就不能任意指定，而只能由平衡系统自己决定。此时，系统只有一个独立可变的因素，因此自由度 $f = 1$。

由此可见，系统的自由度是指系统的独立可变强度因素（如温度、压力、浓度等）的数目，这些因素的数值，在一定的范围内，可以任意地改变而不会引起相的数目的改变。既然这些因素在一定范围内是可以任意变动的，所以，如果不指定它，则系统的状态便不能确定。

6.2 多相系统平衡的一般条件

系统内部若含有不止一个相，则称为**多相系统** (heterogeneous system)。在整个封闭系统中，相与相之间没有任何限制条件，在它们之间可以有热的交换、功的传递及物质的交流，也就是说相与相之间是互相敞开的。

在通常情况下（意味着系统只有体积功而没有其他功），对一个热力学系统，如果系统的诸性质不随时间而改变, 则系统就处于热力学的平衡状态。所谓热力学平衡, 实际上包括了热平衡、力学平衡、相平衡和化学平衡, 相应地则有四种平衡条件: (1) 在系统各部分之间有热量交换过程时, 达到平衡的条件称为热平衡条件。(2) 系统各部分之间有力的作用而发生变形时, 达到平衡的条件称为力学平衡条件 (或称为压力平衡条件)。(3) 在多相系统中, 相变过程达到平衡时的条件称为相平衡条件。(4) 倘若系统内有化学变化发生时, 达到平衡的条件称为化学平衡条件 (相平衡条件也可以看成是化学平衡条件的一种特殊情况)。

化学平衡条件已在上一章中介绍, 这里只讨论其他几种平衡条件。

1. 热平衡条件

设系统由 α 和 β 两相所构成, 在系统的组成、总体积及热力学能均不变的条件下, 若有微量的热量 δQ 自 α 相流入 β 相。系统的总熵等于两相的熵之和, 即

$$S = S^\alpha + S^\beta$$

$$\mathrm{d}S = \mathrm{d}S^\alpha + \mathrm{d}S^\beta$$

若系统已达到平衡, 则 $\mathrm{d}S = 0$, $\mathrm{d}S^\alpha + \mathrm{d}S^\beta = 0$, 即

$$-\frac{\delta Q}{T^\alpha} + \frac{\delta Q}{T^\beta} = 0$$

故

$$T^\alpha = T^\beta \tag{6.1}$$

即平衡时两相的温度相等, 这就是系统的热平衡条件。

2. 压力平衡条件

设系统的总体积为 V, 在系统的温度、体积及组成皆不变的条件下, 设 α 相膨胀了 $\mathrm{d}V^\alpha$, β 相收缩了 $\mathrm{d}V^\beta$, 若系统是在平衡状态下, 则

$$\mathrm{d}A = \mathrm{d}A^\alpha + \mathrm{d}A^\beta = 0$$

或

$$\mathrm{d}A = -p^\alpha \mathrm{d}V^\alpha - p^\beta \mathrm{d}V^\beta = 0$$

因为

$$\mathrm{d}V^\alpha = -\mathrm{d}V^\beta$$

所以

$$p^\alpha = p^\beta \tag{6.2}$$

这就是系统的压力平衡 (或力学平衡) 条件。

3. 相平衡条件 (或异相间的传质平衡)

设在多组分系统中, 仅有 α 和 β 两相且彼此处于平衡状态。今在定温定压下, 有 $\mathrm{d}n_B$ 的物质 B 从 α 相转移到 β 相 (就 α 和 β 相而言, 它们之间是敞开的, 而对整个系统来讲, 依然是封闭的), 根据偏摩尔量的加和公式:

$$\mathrm{d}G = \mathrm{d}G_B^\alpha + \mathrm{d}G_B^\beta = \mu_B^\alpha \mathrm{d}n_B^\alpha + \mu_B^\beta \mathrm{d}n_B^\beta$$

因为

$$-\mathrm{d}n_B^\alpha = \mathrm{d}n_B^\beta$$

则

$$\mathrm{d}G = -\mu_B^\alpha \mathrm{d}n_B^\beta + \mu_B^\beta \mathrm{d}n_B^\beta = (\mu_B^\beta - \mu_B^\alpha)\mathrm{d}n_B^\beta$$

$\mathrm{d}n_B^\beta$ 为正值, 即 $\mathrm{d}n_B^\beta > 0$, 如 $\mu_B^\alpha > \mu_B^\beta$, 则 $\mathrm{d}G < 0$。即物质从 α 相转移到 β 相是自发的 (反之, 物质从 β 相到 α 相的转移是非自发的), 平衡时 $\mathrm{d}G = 0$, 则

$$\mu_B^\alpha = \mu_B^\beta \tag{6.3}$$

这就是相平衡条件。推而广之, 如系统中有 $\alpha, \beta, \gamma, \delta, \cdots$ 相存在, 则任一物质 B 在各相中的化学势均相等。即

$$\mu_B^\alpha = \mu_B^\beta = \mu_B^\gamma = \cdots$$

对于具有 Φ 个相的多相平衡系统, 上述结论可以推广, 即

$$\left.\begin{array}{l} T^\alpha = T^\beta = \cdots = T^\Phi \\ p^\alpha = p^\beta = \cdots = p^\Phi \\ \mu_B^\alpha = \mu_B^\beta = \cdots = \mu_B^\Phi \end{array}\right\} \tag{6.4}$$

总之, 对于多相平衡系统, 不论是由多少种物质和多少个相所构成, 平衡时系统有共同的温度和压力, 并且任一种物质在含有该物质的各个相中的化学势都相等。

6.3 相律

设考虑某平衡系统, 其中含有 S 种不同的化学物种, 有 Φ 个相。对于这个系统, 最少需要给定多少强度因素 (如温度、压力、化学势或摩尔分数等) 才能描述平衡系统的状态? 由于这些变量之间存在着一定的关系, 并不是完全独立的, 我

们需要知道独立的强度变量应该有多少 (如前所述, 我们不考虑其他外力如电场、磁场、重力场等, 或者认为系统处在恒定的电场、磁场或重力场之中)。

我们先假定在每个相中每种化学物种都存在, 并假定没有化学变化发生。

要表示每一个相的组成需要 $(S-1)$ 个浓度变量 (浓度可以用质量分数或摩尔分数来表示, 若用摩尔分数表示, 所需的变量数最少, 因为有 $\sum\limits_{B} x_B = 1$ 的关系存在)。因此, 表示系统内所有各相的组成共需 $\Phi(S-1)$ 个浓度变量, 再加上温度和压力两个变量 (对于已达平衡的系统, 前已证明 $T^\alpha = T^\beta = \cdots = T^\Phi = T, p^\alpha = p^\beta = \cdots = p^\Phi = p$), 就得到描述系统状态的变量总数为

$$\Phi(S-1)+2$$

但这些变量并不是独立的, 根据相平衡条件:

$$\left.\begin{array}{c} \mu_1^\alpha = \mu_1^\beta = \cdots = \mu_1^\Phi \\ \mu_2^\alpha = \mu_2^\beta = \cdots = \mu_2^\Phi \\ \cdots\cdots \\ \mu_S^\alpha = \mu_S^\beta = \cdots = \mu_S^\Phi \end{array}\right\} \tag{6.5}$$

化学势是温度、压力和摩尔分数的函数 [如对理想气体为 $\mu_B(T,p) = \mu_B^\ominus(T) + RT\ln x_B$]。在式 (6.5) 中, 每一个等号就能建立两个摩尔分数之间的关系。例如, 从 $\mu_1^\alpha = \mu_1^\beta$ 可求得 x_1^α 和 x_1^β 间的联系。对 Φ 个相中的每一种物质来说, 可以建立 $(\Phi-1)$ 个关系式 [参阅式 (6.5) 中第一行], 现共有 S 种物质, 分布于 Φ 个相中。因此, 根据化学势相等的条件, 可导出 $S(\Phi-1)$ 个联系浓度变量的方程式。根据系统自由度的定义:

$f =$ 描述平衡系统的总变数 – 平衡时变量之间必须满足的关系式的数目

所以

$$f = [\Phi(S-1)+2] - [S(\Phi-1)] \tag{6.6}$$

即

$$\Phi + f = S + 2 \tag{6.7}$$

式 (6.7) 就是相律的一种表示形式。对于此式, 我们还要作几点说明。

(1) 如果系统中有化学变化发生, 对于每一个独立的化学反应, 都应该满足 $\sum\limits_{B}\nu_B\mu_B = 0$ 的条件 (参见化学平衡一章。或者理解为每一个化学平衡都有一个平衡常数, 而平衡常数则联系了参加反应物质的浓度关系)。如令系统中各物种之间所必须满足的化学平衡关系式的个数为 R, 则在式 (6.6) 等号右边就应该减去 R。

　　应注意系统中的化学反应并不全是独立的。例如, 系统中若有如下三个反应同时存在:

① $CO(g) + H_2O(g) \Longrightarrow CO_2(g) + H_2(g)$

② $CO(g) + \dfrac{1}{2}O_2(g) \Longrightarrow CO_2(g)$

③ $H_2(g) + \dfrac{1}{2}O_2(g) \Longrightarrow H_2O(g)$

但只有两个是独立的, 因为 ② = ③ + ①, 故 $R = 2$。

　　(2) 如果除了化学平衡关系式外, 系统的强度因素还要满足 R' 个附加的条件, 则也应该从式 (6.6) 等号右边扣除 R'。例如, $NH_3(g)$ 的分解平衡:

$$2NH_3(g) \Longrightarrow N_2(g) + 3H_2(g)$$

平衡后

$$\sum_B \nu_B \mu_B = 0$$

即

$$\mu(N_2, g) + 3\mu(H_2, g) = 2\mu(NH_3, g)$$

如果系统是由纯 $NH_3(g)$ 开始分解, 没有额外引入 $N_2(g)$ 或 $H_2(g)$, 则 $N_2(g)$ 与 $H_2(g)$ 的比例总是 $1:3$, 即

$$3n(N_2, g) = n(H_2, g) \quad 或 \quad 3x(N_2, g) = x(H_2, g)$$

这就为强度因素之间提供了一个关系式 (在数学上每提供一个变量的关系式就可以解决一个未知数)。又如, 在含有离子的溶液中, 电中性条件也提供了一个关系式。例如, 在 HCN 的水溶液中, 有五个物种 (即 $S = 5$): H_2O, OH^-, H^+, CN^- 和 HCN; 有两个化学平衡条件 (即 $R = 2$):

$$H_2O \Longrightarrow H^+ + OH^-$$

$$HCN \Longrightarrow H^+ + CN^-$$

还有一个电中性条件 (即 $R' = 1$):

$$[H^+] = [OH^-] + [CN^-]$$

考虑到上述两种情况, 则式 (6.7) 应为

$$f + \Phi = (S - R - R') + 2$$

如令

$$C \stackrel{\text{def}}{=\!=\!=} S - R - R' \tag{6.8}$$

式中 C 称为**独立组分数** (number of independent components), 则相律的表示式可写成

$$f + \Phi = C + 2 \tag{6.9}$$

(3) 在上述推导中, 我们曾假定每一相中都含有 S 种物质。如果某一相中不含某种物质, 并不会影响相律的形式。

设在第 α 相中不含第一种物质, 则总变量中应少去一个变量。同样在式 (6.5) 的相平衡条件中 (第一行中) 也少了一个变量, 相当于在式 (6.6) 等号右方的两个中括号中各减去 1, 所以 f 的数目不变。推广而言, 当一相或几相中不含某一种 (或几种) 物质时, 相律的形式不变。

(4) 对浓度的限制条件, 必须是在某一个相中的几种物质的浓度之间存在着某种关系, 能有一个方程式把它们的化学势联系起来, 才能作为限制条件。例如, 由 $CaCO_3(s), CaO(s)$ 和 $CO_2(g)$ 三种物种所构成的系统, 系统有一个化学平衡, $CaCO_3(s) \Longrightarrow CaO(s) + CO_2(g)$, 在定温下平衡常数 $K_p = p(CO_2)$, 有定值。因此, 系统的独立组分数为 $3 - 1 = 2$。这个系统的几个物种之间不存在浓度限制条件。即使系统是由 $CaCO_3(s)$ 分解而来的, $CaO(s)$ 和 $CO_2(g)$ 的物质的量一样多, 但 $CaO(s)$ 处于固相, $CO_2(g)$ 处于气相, 在 $CO_2(g)$ 的分压和 $CaO(s)$ 的饱和蒸气压之间, 没有公式把它们联系起来, 所以该系统仍旧是二组分系统, 即 $C = S - R = 3 - 1 = 2$。对于 $NH_4Cl(s)$ 分解为 $HCl(g)$ 和 $NH_3(g)$ 的系统, 由于分解产物均为气相, 存在 $x(HCl, g) = x(NH_3, g)$ 的关系, 所以该系统是单组分系统。

式 (6.9) 是相律的最普遍形式, 是由 Gibbs 首先导出[①]。它联系了系统的自由度、相数和独立组分数之间的关系。式中数字 "2" 是由于假定外界条件只有温度和压力可以影响系统的平衡状态而来的 (通常情况下确是如此)。对于凝聚系统, 外压对相平衡系统的影响不大, 此时可以看作只有温度是影响平衡的外界条件 (或者在压力和温度两个变量中, 又指定了某个变量为定值), 则相律可以写作

$$f^* + \Phi = C + 1 \tag{6.10}$$

$f^* = f - 1$。可以把 f^* 称为 "**条件自由度**" (conditional degree of freedom)。

在有些系统中, 除 T, p 外, 考虑到其他因素 (如磁场、电场、重力场等) 的影响, 因此可以用 "n" 代替 "2", n 是能够影响系统平衡状态的外界因素的个数, 则相律可写作最一般的形式:

$$f + \Phi = C + n \tag{6.11}$$

[①] J. W. Gibbs (1839—1903, 美国物理学家和化学家) 于 1871 年任美国耶鲁大学数学物理 (mathematical physics) 教授直至去世, 他主要从事于物理和化学的基础研究。1877—1878 年, 他发表了 3 篇具有划时代意义的论文, 提出了 Gibbs 自由能函数及化学势的概念, 提出多相平衡的相律, 对经典化学热力学规律进行了系统总结, 从理论上全面地解决了热力学系统的平衡问题, 为化学热力学奠定了理论基础。

6.4 单组分系统的相平衡

根据式 (6.9), 对于单组分系统 $C = 1$, 所以 $f + \Phi = 3$。当 $\Phi = 1$ 时, $f = 2$, 称为单组分双变量平衡系统 (通常略去 "平衡" 二字, 简称为双变量系统, 因为我们已经理解, 相律只能用于已达平衡的系统, 以下我们讲系统, 不言而喻都是指平衡系统)。当 $\Phi = 2$, 则 $f = 1$, 称为单变量系统。当 $\Phi = 3$, 则 $f = 0$, 称为无变量系统。单组分系统不可能有四个相同时共存。并且 f 最多等于 2, 单组分双变量系统的相平衡可以用平面图来表示。在相图中表示系统的状态的点简称为 "物系点", 表示某一个相的状态的点简称为 "相点"。区别相点与物系点有利于理解当系统温度发生变化时系统中各相的变化情况。

单组分系统的两相平衡 —— Clapeyron 方程

设在一定的压力和温度下, 某物质的两个相呈平衡。若温度改变 $\mathrm{d}T$, 相应地压力改变 $\mathrm{d}p$ 后, 两相仍呈平衡。根据在等温等压下平衡时 $\Delta G = 0$ 的条件:

系统的温度和压力		相 (1) $\Longleftrightarrow$ 相 (2)
T	p	$G_1 = G_2$
$T + \mathrm{d}T$	$p + \mathrm{d}p$	$G_1 + \mathrm{d}G_1 = G_2 + \mathrm{d}G_2$

因为 $G_1 = G_2$, 所以

$$\mathrm{d}G_1 = \mathrm{d}G_2$$

又根据热力学的基本公式, $\mathrm{d}G = -S\mathrm{d}T + V\mathrm{d}p$, 得

$$-S_1\mathrm{d}T + V_1\mathrm{d}p = -S_2\mathrm{d}T + V_2\mathrm{d}p$$

或

$$\frac{\mathrm{d}p}{\mathrm{d}T} = \frac{S_2 - S_1}{V_2 - V_1} = \frac{\Delta H}{T\Delta V} \tag{6.12}$$

式 (6.12) 即称为 **Clapeyron 方程式**。这一公式可应用于任何纯物质的两相平衡系统。例如, 对于气–液两相平衡, 设有 1 mol 物质发生了相的变化, 则

$$\frac{\mathrm{d}p}{\mathrm{d}T} = \frac{\Delta_{\mathrm{vap}}H_{\mathrm{m}}}{T\Delta_{\mathrm{vap}}V_{\mathrm{m}}}$$

同理, 对于液–固两相平衡为

$$\frac{\mathrm{d}p}{\mathrm{d}T} = \frac{\Delta_{\mathrm{fus}}H_{\mathrm{m}}}{T\Delta_{\mathrm{fus}}V_{\mathrm{m}}}$$

对于有气相参加的两相平衡, 固体和液体的体积与气体相比, 前者可以忽略不计, Clapeyron 方程式可以进一步简化。举气–液两相平衡为例。若再假定蒸气是理想气体, 则

$$\frac{\mathrm{d}p}{\mathrm{d}T} = \frac{\Delta_{\mathrm{vap}}H}{TV(\mathrm{g})} = \frac{\Delta_{\mathrm{vap}}H}{T \cdot \dfrac{nRT}{p}}$$

移项后得

$$\frac{\mathrm{d}\ln p}{\mathrm{d}T} = \frac{\Delta_{\mathrm{vap}}H_{\mathrm{m}}}{RT^2} \tag{6.13}$$

式 (6.13) 称为 **Clausius-Clapeyron 方程式**。式中 $\Delta_{\mathrm{vap}}H_{\mathrm{m}}$ 是该液体的摩尔蒸发焓。若假定 $\Delta_{\mathrm{vap}}H_{\mathrm{m}}$ 与温度无关, 或因温度变化范围很小, $\Delta_{\mathrm{vap}}H_{\mathrm{m}}$ 可以作为常数。积分式 (6.13), 得

$$\ln p = -\frac{\Delta_{\mathrm{vap}}H_{\mathrm{m}}}{R} \cdot \frac{1}{T} + C'$$

式中 C' 是积分常数。上式也可写作

$$\ln p = -\frac{B}{T} + C \tag{6.14}$$

式 (6.14) 最初只是一个经验公式, 在这里得到了热力学上的证明。这一方面说明热力学的处理方法符合客观实际, 是正确的, 另一方面经验公式也在理论上得到了阐明。

如果对式 (6.13) 作定积分, 并设 $\Delta_{\mathrm{vap}}H_{\mathrm{m}}$ 为与温度无关的常数, 则得

$$\ln\frac{p_2}{p_1} = \frac{\Delta_{\mathrm{vap}}H_{\mathrm{m}}}{R}\left(\frac{1}{T_1} - \frac{1}{T_2}\right) \tag{6.15}$$

例 6.1

在 273.2 K 和标准压力 $p^{\ominus}$ 时, 冰和水的密度分别为 916.7 kg·m^{-3} 和 999.8 kg·m^{-3}, 冰的熔化焓为 333.4 kJ·kg^{-1}, 求冰的熔点随压力的变化率。

解　$\Delta_{\mathrm{fus}}V = \dfrac{1}{999.8\ \mathrm{kg\cdot m^{-3}}} - \dfrac{1}{916.7\ \mathrm{kg\cdot m^{-3}}}$

$= -9.07 \times 10^{-5}\ \mathrm{m^3\cdot kg^{-1}}$

$\dfrac{\mathrm{d}T}{\mathrm{d}p} = \dfrac{T\Delta_{\mathrm{fus}}V}{\Delta_{\mathrm{fus}}H} = \dfrac{273.2\ \mathrm{K} \times (-9.07 \times 10^{-5}\ \mathrm{m^3\cdot kg^{-1}})}{333.4\ \mathrm{kJ\cdot kg^{-1}}}$

$= -7.43 \times 10^{-8}\ \mathrm{K\cdot Pa^{-1}}$

若把 $\Delta_{vap}H_m$ 写作 T 的函数, 即

$$\Delta_{vap}H_m = a + bT + cT^2$$

代入式 (6.13) 中积分后, 则得

$$\lg p = \frac{A}{T} + B\lg T + CT + D \tag{6.16}$$

式中 A, B, C, D 均为常数。此式适用的温度范围较广, 但缺点是其中包含的常数项较多。此外, 还有一个半经验的公式:

$$\lg p = -\frac{A}{t+C} + B \tag{6.17}$$

式中 A, B, C 为常数; t 为摄氏温度。此式称为 Antoine 公式, 适用的温度范围较广。

自 Clausius-Clapeyron 公式还可以求得摩尔蒸发焓。

关于摩尔蒸发焓, 有一个近似的规则, 称为**楚顿规则** (Trouton's Rule), 即

$$\frac{\Delta_{vap}H_m}{T_b} \approx 88 \text{ J} \cdot \text{mol}^{-1} \cdot \text{K}^{-1} \tag{6.18}$$

式中 T_b 是正常沸点 (指在大气压力 101.325 kPa 下液体的沸点)。

在液态中若分子没有缔合 (association) 现象, 则能较好地符合此规则。此规则对极性大的液体或在 150 K 以下沸腾的液体因误差较大而不适用。

外压与蒸气压的关系 —— 不活泼气体对液体蒸气压的影响

蒸气压是液体自身的性质。当定温下把液体放在真空容器中, 液态开始蒸发成气态, 气态物质又可撞击液体表面而重新回到液体中。久之, 则达到平衡。此时, 通过液体表面进出的分子数相等。定温下, 液体与其自身的蒸气达到平衡时的饱和蒸气压就是液体的蒸气压。此时, 在液体上面除了液体的蒸气外别无他物, 其外压就是平衡时蒸气的压力[1]。但是, 如果将液体放在惰性气体中, 例如在空气中 (并设空气不溶于液体), 则外压就是大气的压力, 此时液体的蒸气压将相应有所改变。即液体的蒸气压与它所受到的外压有关。

设在一定温度 T 和一定的外压 p_e 时, 液体与其蒸气呈平衡。设蒸气压为 p_g (倘若没有其他物质存在, 则 $p_e = p_g$)。因为是平衡状态, 所以 $G_l = G_g$。今若在液

---

[1] 液体具有蒸气压, 这是液体的本性, 其来源是由于液体中能量较大的分子有脱离液面进入空间成为气态分子的倾向, 这种倾向可称为逃逸倾向 (escaping tendency)。而这种倾向可用平衡时气态分子的压力来衡量液态的蒸气压。由于蒸气压是液体的本性, 所以在一个密闭的容器中装满了液体, 没有了蒸气, 当然没有了气体的压力, 但液体的蒸气压在任何时刻都是存在的。

面上增加惰性气体, 使外压由 p_e 改变为 $p_e + \mathrm{d}p_e$, 则液体的蒸气压相应地由 p_g 改变为 $p_g + \mathrm{d}p_g$。在重建新的平衡后, 液体与其蒸气的 Gibbs 自由能仍应相等。

外压　　　　　液体 $\rightleftharpoons$ 气体　　　蒸气压

T, p_e　　　　　　$G_1 = G_g$　　　　　　T, p_g

$T, p_e + \mathrm{d}p_e$　　$G_1 + \mathrm{d}G_1 = G_g + \mathrm{d}G_g$　　$T, p_g + \mathrm{d}p_g$

因为 $G_1 = G_g$, 所以 $\mathrm{d}G_1 = \mathrm{d}G_g$。已知, 在等温下, $\mathrm{d}G = V\mathrm{d}p$, 则得

$$V_1\mathrm{d}p_e = V_g\mathrm{d}p_g \quad \text{或} \quad \frac{\mathrm{d}p_g}{\mathrm{d}p_e} = \frac{V_1}{V_g} \tag{6.19}$$

若把气相看作理想气体, 则有 $V_m(g) = \dfrac{RT}{p_g}$, 代入式 (6.19) 后, 得

$$\mathrm{d}\ln p_g = \frac{V_m(1)}{RT}\mathrm{d}p_e$$

可认为 $V_m(1)$ 不受压力的影响, 与压力无关, 上式积分后得

$$\ln\frac{p_g}{p_g^*} = \frac{V_m(1)}{RT}(p_e - p_g^*) \tag{6.20}$$

式中 p_g^* 是没有惰性气体存在时液体的饱和蒸气压; p_g 是在有惰性气体存在, 即外压为 p_e 时的饱和蒸气压。若外压增大, $(p_e - p_g^*) > 0$, 则 $p_g > p_g^*$, 液体的蒸气压随外压的增大而增大 (外压增大, 也增大了液体中分子的逃逸倾向)。

但在通常情况下, 由于 $V_g \gg V_1$, 根据式 (6.19), 外压对蒸气压的影响不大, 故常可忽略不计。

水的相图

图 6.1 是根据实验结果粗略绘制的水的相图 (示意图), 整个相图在通常条件下基本上由三个区、三条线和一个点构成。

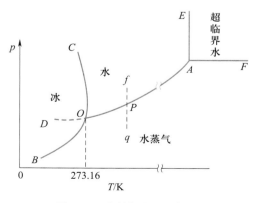

图 6.1　水的相图 (示意图)

(1) 在 "水"、"冰"、"水蒸气" 三个区域内, 系统都是单相系统, $\Phi = 1$, 所以 $f = 2$。一方面, 在这三个区域内, 可以有限度地独立改变温度和压力, 而不会引起相的改变。另一方面, 必须同时指定温度和压力, 系统的状态才能确定。

(2) 图中三条实线是两个区域的交界线。在线上 $\Phi = 2$, 两相平衡, $f = 1$, 指定了温度, 则压力就由系统自定, 反之亦然。

OA 是水蒸气和水的平衡曲线, 即水在不同温度下的蒸气压曲线, OA 线可向高温区延伸, 但不能任意延长, 它终止于临界点 $A(647.1\,\mathrm{K}, 2.2 \times 10^7\,\mathrm{Pa})$。在临界点液体的密度与蒸气的密度相等, 液态和气态之间的界面消失。OB 是冰和水蒸气两相的平衡线 (即冰的升华曲线), OB 线在理论上可延长到 0 K 附近。OC 线为冰和水的两相平衡线, OC 线不能无限向上延长, 大约从 $2.03 \times 10^8\,\mathrm{Pa}$ 开始, 相图变得比较复杂, 有不同结构的冰生成。

如从 A 点向上对 T 轴作垂线 AE, 从 A 点向右作水平线 AF, 则 EAF 区为超临界流体区。在 AO 线和 OB 线以下所包围的区域叫作汽相区, 而在临界温度以右的区域则叫作气相区, 因为它高于临界温度, 不可能用加压的办法使气相液化。

OA, OB, OC 三条曲线的坡度均可由 Clausius-Clapeyron 方程式或 Clapeyron 方程式求得。

(3) OD 是 AO 的延长线, 是过冷水和水蒸气的介稳平衡线, 是液体的过冷现象。OD 线在 OB 线之上, 即过冷水的蒸气压比同温度下处于稳定状态的冰的蒸气压大。因此, 过冷的水处于不稳定状态, 外界对系统稍有干扰, 就极易回到 OB 线上。

(4) 在任一分界线上的点 (如 P 点), 可能有三种情况: ① 从 f 点起, 在恒温下使压力降低, 在无限趋近于 P 点之前, 气相尚未生成, 系统仍是单液相, $f = 1 + 2 - 1 = 2$, P 点是液相区的一个边界点; ② 当有气相出现, 系统处于气–液两相平衡, $f = 1 + 2 - 2 = 1$。③ 当液体全部变为蒸气时, P 点成为气相区的边界点。在 P 点虽有上述三种情况, 但由于通常我们只注意相的转变过程, 所以常以第二种情况来代表边界线上的相变过程。

(5) O 点是三条线的交点, 称为**三相点** (triple point), 在该点处三相共存。$\Phi = 3, f = 0$。三相点的温度和压力皆由系统自定, 不能任意给定。水的三相点的温度为 273.16 K, 压力为 611.66 Pa。1967 年, 第十三届国际计量大会 (CGPM) 确定, 把热力学温度的单位 "1 K" 定义为是水的三相点温度的 1/273.16。

在大气压力为 101.325 kPa 时, 水的冰点是 273.15 K, 而在水的相图中三相点的温度是 273.16 K, 二者相差 0.01 K, 这是由两个原因造成的。

① 压力的影响: 在水的相图中系统是单组分系统, 根据相律, 在三相点时系统的自由度

$f = 0$。此时, 系统的压力为 610.48 Pa, 温度为 273.16 K。这两个数据都由系统自定, 而不能人为任意指定。

冰点是指在大气压力为 101.325 kPa 时, 水与冰两相平衡时的温度。在相图中, $H_2O(l) \rightleftharpoons H_2O(s)$ 平衡线的斜率, 根据 Clapeyron 方程为

$$\frac{dT}{dp} = -7.432 \times 10^{-8} \text{ K} \cdot \text{Pa}^{-1}$$

当外压由 101.325 kPa 降低到 610.48 Pa 时, 平衡时的温度也要改变 (即降低, 从图 6.1 中 OC 线的斜率可知, 当压力增加, 平衡温度降低):

$$\Delta T = -7.432 \cdot 10^{-8} \text{ K} \cdot \text{Pa}^{-1} \cdot (610.48 - 101325) \text{ Pa} = 0.00749 \text{ K}$$

这就是说考虑到外压的效应, 三相点的温度应比通常所说的水的冰点温度高 0.00749 K。

② 水中溶有空气的影响: 通常在空气中测定水的冰点时, 已有极少量的空气溶入水中, 它实际上已不是单组分系统。在大气压力为 101.325 kPa 及 273.15 K 时, 空气在水中的质量摩尔浓度约为 $m_B = 0.00130$ mol $\cdot$ kg^{-1}。已知水的冰点降低常数 k_f 为 1.86 K $\cdot$ kg$\cdot$mol^{-1}, 所以纯水的冰点应较被空气饱和的水的冰点高, 即

$$\Delta T = 1.86 \text{ K} \cdot \text{kg} \cdot \text{mol}^{-1} \times 0.00130 \text{ mol} \cdot \text{kg}^{-1} = 0.00242 \text{ K}$$

以上两种效应的总和为 0.00991 K $\approx$ 0.01 K。

如果水的三相点的温度定为 273.16 K, 则通常水 (含有饱和空气) 在大气压力 101.325 kPa 下, 冰点就应是 273.15 K(即 0 ℃)。

因此, 通常所说的水的冰点在水的相图上并不是 O 点 (相图所表示的是单组分系统, 而通常的水中溶有空气, 应是多组分系统), 而是在非常靠近 O 点的 OC 连线上 (低于 O 点 0.01 K)。由于摄氏温标与热力学温标中, 每一度的间隔是相同的 (即温差是相同的), 所以 0 ℃ 的热力学温度应为 273.16 K $-$ 0.01 K $=$ 273.15 K。于是, 在 1990 年, 国际温标 (ISO 90) 对摄氏温度给予了新的定义, 即

$$t/℃ = T/K - 273.15$$

在我国的国家标准中 (和国际标准一致), 摄氏温度与热力学温度并用, 摄氏温度是由上式所定义的, 完全脱离了最初的定义 (即水在 101.325 kPa 时的冰点是 0 ℃, 沸点是 100 ℃)。

我国物理化学家黄子卿教授早在 1938 年就曾直接观测过水的三相点的温度。他的结果是

$$t = (+0.00981 \pm 0.00005) ℃$$

在当时得到这样好的结果是非常不容易的。

*硫的相图

硫可有四种不同的物态: 一个液态 S(l), 一个气态 S(g) 和两个固态。两个固态是单斜硫 (monoclinic sulfur), 用 S(M) 表示, 和正交硫 (rhombic sulfur), 用 S(R) 表示。对单组分系统而言, 同时最多只能有三个相共存。硫有四个三相点。图 6.2 是硫的相图 (示意图)。

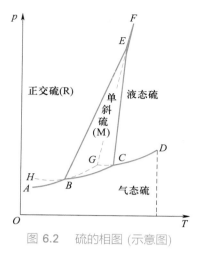

图 6.2 硫的相图 (示意图)

B 点: $S(R) \Longleftrightarrow S(M) \Longleftrightarrow S(g)$

C 点: $S(M) \Longleftrightarrow S(g) \Longleftrightarrow S(l)$

E 点: $S(R) \Longleftrightarrow S(M) \Longleftrightarrow S(l)$

AB 线: $S(R) \Longleftrightarrow S(g)$

BC 线: $S(M) \Longleftrightarrow S(g)$

CD 线: $S(l) \Longleftrightarrow S(g)$

CE 线: $S(M) \Longleftrightarrow S(l)$

BE 线: $S(R) \Longleftrightarrow S(M)$

虚线 BG: 是 AB 的延长线, $S(R) \Longleftrightarrow S(g)$, 介稳平衡, 即过热正交硫的蒸气压曲线。

虚线 CG: 是 DC 的延长线, 是 $S(g) \Longleftrightarrow S(l)$ 的介稳平衡, 即过冷液态硫的蒸气压曲线。

虚线 GE: 是 G, E 点的连线, 是 $S(R) \Longleftrightarrow S(l)$ 的介稳平衡, 即过热正交硫的熔化曲线。

虚线 BH: 是 $S(M) \Longleftrightarrow S(g)$ 的介稳平衡, 即过冷单斜硫的蒸气压曲线。

G 点: 是 BG 线与 CG 线的交点, $S(R) \Longleftrightarrow S(g) \Longleftrightarrow S(l)$, 处于三相的介稳平衡。

D 点为临界点, 温度在 D 点以上, 只有气相存在。

EF 线止于何处, 尚不太清楚, 在实验所及的范围内, EF 线总是连续的, 还没有发现固 – 液的临界点或新的固相出现。

超临界状态

超临界流体 (supercritical fluid) 是指温度及压力均处于临界点以上的流体。图 6.3 是 CO_2 的相图 (示意图), 它和 H_2O 的相图极为相似。

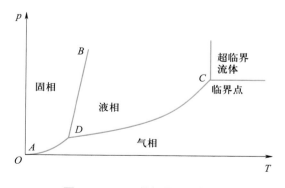

图 6.3 CO_2 的相图 (示意图)

在临界点 C 以上就是超临界流体区。它基本上仍是一种气体, 但又不同于一般气体, 是一种稠密的气体。它的密度比一般气体的要大两个数量级, 与液体的相近。它的黏度比液体的小, 但扩散速度比液体的快 (黏度系数一般比液体的小一个数量级, 扩散系数比液体的大两个数量级), 所以有较好的流动性和传递性能 (如热传导等)。它的介电常数随压力而急剧变化。介电常数增大, 有利于溶解一些极性物质。

早在 1879 年, 就有人发现一些金属的卤化物可以被超临界乙醇和四氯化碳所溶解; 当压力降低时, 有金属盐析出。但是, 真正将其作为一种分离技术 (即萃取, extraction) 则是 20 世纪 60 年代以后的事。

物质在超临界流体中的溶解度, 受压力和温度的影响很大, 可以利用升温、降压手段 (或两者兼用) 将超临界流体中所溶解的物质分离出来, 达到分离提纯的目的 (它兼有精馏和萃取两种作用)。例如, 在高压条件下, 使超临界流体与物料接触, 使物料中的有效成分 (即溶质) 溶于超临界流体中 (即萃取); 分离后, 降低溶有溶质的超临界流体的压力, 使溶质析出。如果有效成分 (溶质) 不止一种, 若采取逐级降压, 则可使多种溶质分步析出。在分离过程中没有相变, 能耗低。很多物质都有超临界流体区, 但由于 CO_2 的临界温度比较低 (304.13 K), 临界压力也不高 (7.375 MPa), 且无毒、无臭、无公害, 所以在实际操作中常使用 CO_2 超临界流体作为萃取剂。

超临界流体的实际应用非常广泛, 如超临界流体萃取 (supercritical fluid extraction)、超临界流体色谱 (supercritical fluid chromatography) 和超临界流体中的化学反应等, 但以超临界流体萃取应用得最为广泛, 可以用于从天然物中抽取有效成分, 如用超临界 CO_2 从咖啡豆中除去咖啡因, 从烟草中脱除尼古丁, 从大豆或玉米胚芽中分离油脂, 对花生油、棕榈油、大豆油脱臭等, 也可以用于从红花中提取红花甙及红花醌甙 (治疗高血压和肝病的有效成分), 从月见草中提取月见草油 (对心血管病有良好的疗效) 等。

利用超临界流体作为反应介质也有许多好处, 如将反应物和催化剂都溶解在超临界流体中, 可使非均相反应变成均相反应。可利用各种物质在超临界流体中溶解度的不同, 把未反应的物质、产物、催化剂乃至副产品等逐一分离出来。有些反应其速率随压力增大而增大, 此类反应若在超临界流体中进行, 显然是有利的。

超临界水 ($T_c > 647.1$ K, $p_c > 22.064$ MPa) 具有通常状态下水所没有的一些特殊性质, 它非但可以和空气、$O_2(g)$、$N_2(g)$、$CO_2(g)$ 等气体完全互溶, 而且在 25 MPa 和 673 K 以上还可以和一些有机物质均相混合。如果超临界水中同时溶有 O_2 和有机物质, 则有机物质在很短的时间内即可迅速被氧化成

$H_2O(l)$, $N_2(g)$, $CO_2(g)$ 和其他小分子。这种方法称为超临界水氧化法。该方法可用于含各种有毒物质的废水处理及产物清洁, 不需进一步加工, 可以全封闭处理。在低的有机化合物含量下, 可实现自热 (自动放热, 不需外界再供热)。这一新技术备受关注。

使用超临界技术的唯一缺点是涉及高压系统, 大规模使用时, 其工艺过程和技术的要求高, 设备费用也大。但由于它优点甚多, 仍受到重视。我国曾在 2019 年主办第 11 届国际超临界流体学术会议, 展示了超临界流体技术作为一种公认的绿色技术, 在能源、环境、材料、医药和化工等领域中具有日益广阔的应用前景。

6.5 二组分系统的相图及其应用

对于二组分系统, $C = 2$, $f = 4 - \Phi$。由于我们所讨论的系统至少有一个相, 所以自由度最多等于 3。即系统的状态可以由三个独立变量所决定, 这三个独立变量通常采用温度、压力和组成。所以, 二组分系统的状态图要用具有三个坐标的立体图来表示。

对于二组分系统, 常常保持一个变量为常量, 而得到立体图形的截面图。这种平面图可以有三种: $p\text{--}x$ 图, $T\text{--}x$ 图和 $T\text{--}p$ 图。常用的是前两种。在平面图上最大的自由度是 2, 同时共存的相数最多是 3。

二组分系统相图的类型很多, 只能择要介绍一些典型的类型。在双液系中介绍完全互溶的双液系、部分互溶的双液系和不互溶的双液系。在固 -- 液系统中介绍简单的低共熔混合物、有化合物生成的系统、完全互溶的固溶体和部分互溶的固溶体等。

在实际问题中所遇到的相图尽管比较复杂, 但都不外是简单类型相图的组合。在实际生产过程中, 相图有直接指导生产的作用。

理想的二组分液态混合物 —— 完全互溶的双液系

若两个纯液体组分可以按任意的比例互相混溶, 可形成理想的液态混合物。根据 "相似相溶" 的原则, 一般来说, 两种结构相似和极性 (或偶极矩①) 相似的化

---

① 有人认为, 用 "偶极矩" 的大小来判别两种物质的相溶性可能比 "相似相溶" 更好, 偶极矩直接反映了物质的极性, 且有量的概念。

合物 (例如苯和甲苯、正己烷和正庚烷、邻二氯苯和对二氯苯或同位素的混合物、立体异构体的混合物等), 大都能以任意的比例混合, 并形成接近于理想的液态混合物。我们先讨论理想的情况, 然后再推及非理想的情况。

1. $p-x$ 图

设液 A 和液 B 形成理想的液态混合物。根据 Raoult 定律:

$$p_A = p_A^* x_A \tag{6.21a}$$

$$p_B = p_B^* x_B = p_B^*(1 - x_A) \tag{6.21b}$$

式中 p_A^*, p_B^* 分别为在该温度时纯液 A、纯液 B 的蒸气压, x_A 和 x_B 分别为溶液中组分 A 和 B 的摩尔分数。溶液的总蒸气压为 p, 即

$$p = p_A + p_B = p_A^* x_A + p_B^* x_B$$

$$= p_A^* x_A + p_B^*(1 - x_A)$$

$$= p_B^* + (p_A^* - p_B^*)x_A \tag{6.21c}$$

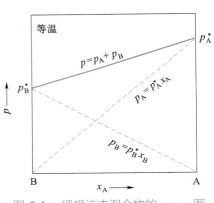

图 6.4　理想液态混合物的 $p-x$ 图

在定温下, 以 x_A 为横坐标, 以蒸气压为纵坐标, 在 $p-x$ 图上可分别表示出分压与总压。根据 Raoult 定律和式 (6.21a)～式 (6.21c), p_A, p_B, p 与 x_A 的关系均是直线 (见图 6.4)。

由于 A, B 两个组分的蒸气压不同, 所以当气–液两相平衡时, 气相的组成与液相的组成不相同。显然, 对于蒸气压较大的组分, 它在气相中的成分应比它在液相中的成分多。设蒸气符合 Dalton 分压定律, 气相的摩尔分数用 y 表示, 则

$$y_A = \frac{p_A}{p} = \frac{p_A^* x_A}{p_B^* + (p_A^* - p_B^*)x_A} \tag{6.22}$$

$$y_B = 1 - y_A$$

根据上式, 只要知道一定温度下纯组分的 p_A^* 和 p_B^*, 就能从溶液的组成 (x_A 或 x_B) 求出和它平衡共存的气相的组成 (y_A 或 y_B)。又因为

$$y_B = \frac{p_B}{p} = \frac{p_B^* x_B}{p}$$

所以

$$\frac{y_A}{y_B} = \frac{p_A^*}{p_B^*} \cdot \frac{x_A}{x_B} \tag{6.23}$$

设 A 为易挥发组分, $p_A^* > p_B^*$, 故从上式得

$$\frac{y_A}{y_B} > \frac{x_A}{x_B}$$

由于 $x_A + x_B = 1, y_A + y_B = 1$, 由此可导出

$$y_A > x_A$$

即易挥发组分在气相中的摩尔分数 y_A 大于它在液相中的摩尔分数 x_A (同理对于组分 B, 可得 $x_B > y_B$, 即不易挥发的组分, 在液相中的摩尔分数比它在气相中的摩尔分数大)。这个结论符合实验事实。如果把气相和液相的组成画在一张图上, 就得到图 6.5, 图中气相线总是在液相线的下面。

2. 理想液态混合物的 $T-x$ 图 (即沸点–组成图)

通常蒸馏或精馏都是在恒定的压力下进行的, 所以表示双液系沸点和组成关系的图形 ($T-x$ 图) 对讨论蒸馏更为有用 (以下将理想液态混合物简称为理想混合物或混合物)。

当混合物的蒸气压等于外压时, 混合物开始沸腾。此时的温度即为该混合物的沸点。显然蒸气压越高的混合物, 其沸点越低; 反之, 蒸气压越低的混合物, 其沸点越高 (图 6.5 与图 6.6 中的梭形区其坡度是相反的)。

$T-x$ 图可以直接从实验绘制, 如图 6.6 所示, 组成为 x_1 的混合物加热到 T_1 时, 液体开始起泡沸腾, 故 T_1 又称为**泡点** (bubbling point)。当组成为 F 的气相混合物恒压降温到达 E 点时, 开始凝结出如露珠的液体, 故 E 点也称为**露点** (dew point)。把不同组分的泡点连起来, 就是液相组成线, 也称为**泡点线**。把不同组分的露点连起来, 就是气相组成线, 也称为**露点线** (这种称谓在化学工程中用得较多)。气相组成线与液相组成线之间的梭形区是气–液两相区, 这样就得到如图 6.6 所示的 $T-x$ 图。

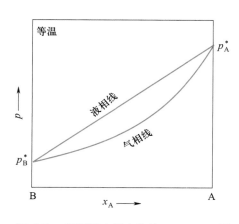

图 6.5 理想液态混合物的 $p-x-y$ 图

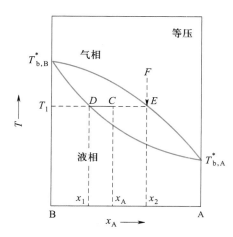

图 6.6 杠杆规则在 $T-x$ 图中的应用

杠杆规则

图 6.6 是一个等压下典型的 $T-x$ 图。在梭形区中气–液两相平衡, 两相的组成可分别由水平线 (DE) 的两端给出。DE 线称为连结线 (tie line)。设液体 A 和 B 以物质的量 n_A 和 n_B 混合后, A 的摩尔分数为 x_A。当温度为 T_1 时, 物系点 C 的位置落在气–液两相平衡的梭形区中, 此时气、液两相中 A 的组成分别为 x_2 和 x_1。在气–液两相中, A 和 B 的总物质的量分别为 $n(g)$ 和 $n(l)$。就组分 A 来说, 它既存在于气相中, 也存在于液相之中, 混合物中 A 的总的物质的量为 $n(总)x_A$, 应等于气、液两相中 A 物质的量 $n(l)x_1$ 和 $n(g)x_2$ 的加和。用公式表示为

$$n(总)x_A = n(l)x_1 + n(g)x_2$$

因为

$$n(总) = n(l) + n(g)$$

代入上式, 得

$$[n(l) + n(g)]x_A = n(l)x_1 + n(g)x_2$$

整理后得

$$n(l)(x_A - x_1) = n(g)(x_2 - x_A)$$

或

$$n(l) \cdot \overline{CD} = n(g) \cdot \overline{CE} \tag{6.24}$$

可以把图中的 DE 比作一个以 C 点为支点的杠杆, 液相的物质的量乘以 $\overline{CD}$, 等于气相的物质的量乘以 $\overline{CE}$。这个关系就叫作**杠杆规则** (lever rule)。对于液–气、液–固、液–液、固–固的两相平衡区, 杠杆规则都可以使用。如果作图时横坐标用质量分数, 可以证明杠杆规则仍然可以适用, 只是上式中气、液两相的量改用质量而不用物质的量。

蒸馏 (或精馏) 的基本原理

在有机化学实验中常常使用简单的蒸馏。如图 6.7 所示, 若原始混合物是由 A 和 B 两种物质混合而成, 且其组成为 x_1, 加热到 T_1 时开始沸腾, 此时共存气相的组成为 y_1。由于气相中含沸点低的组分较多, 一旦有气相生成, 液相中含沸点高的组分必增多, 液相的组成将沿 OC 线上升, 相应的沸点也要升高。当升到 T_2 时, 共存气相的组成为 y_2。如果我们用一个贮器接收 $T_1 \sim T_2$ 区间的馏分, 则馏出物的组成当在 y_2 和 y_1 之间, 其中含组分 B 较原始混合物中多。显然留在蒸

馏瓶中所剩的混合物其中含沸点较高, 即不易挥发的组分比原溶液多。这种简单的一次蒸馏只能粗略地把多组分系统相对分离, 但不能分得很好。要使混合液得到较为完全的分离, 需要采用精馏的方法。

精馏实际上是多次简单蒸馏的组合。如图 6.8 所示, 设原始混合物的组成为 x, 系统的温度已达到 T_4, 物系点的位置为 O 点, 此时气、液两相的组成分别为 y_4 和 x_4。

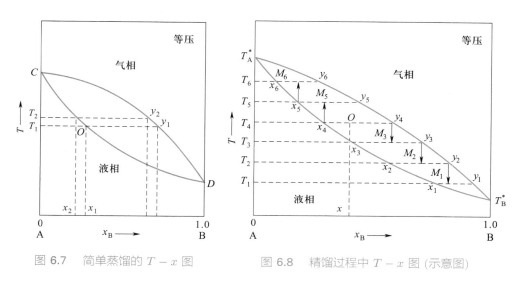

图 6.7 简单蒸馏的 $T-x$ 图   图 6.8 精馏过程中 $T-x$ 图 (示意图)

将气、液两相分开, 先考虑气相部分。如果把组成 y_4 的气相冷到 T_3, 此时物系点是 M_3, 则气相中沸点较高的组分将部分地冷凝为液体, 得到组成为 x_3 的液相和组成为 y_3 的气相。再将气、液两相分开, 使组成为 y_3 的气相再冷凝到 T_2, 就得到组成为 x_2 的液相和组成为 y_2 的气相, 以此类推。从图可见, $y_4 < y_3 < y_2 < y_1$。如果继续下去, 反复把气相部分冷凝, 气相组成沿气相线下降, 最后所得到的蒸气的组成可接近纯 B, 冷凝后即得纯液体 B。

再考虑液相部分。对 x_4 的液相加热到 T_5, 液相中沸点较低的组分部分汽化, 此时气、液两相的平衡组成为 y_5 和 x_5。把浓度为 x_5 的液相再部分汽化, 则得到组成为 y_6 的气相和组成为 x_6 的液相, 显然, $x_6 < x_5 < x_4 < x_3$。即液相组成沿液相线上升, 最后靠近纵轴, 得到纯 A。

总之, 多次反复部分蒸发和部分冷凝的结果, 使气相组成沿气相线下降, 最后蒸出来的是纯 B, 液相组成沿液相线上升, 最后剩余的是纯 A。[这种蒸馏法也称为部分蒸馏 (fractional distillation) 或简称分馏。]

在工业上这种反复的部分汽化与部分冷凝的过程是在精馏塔中进行的。塔中有很多塔板, 物料在塔釜 (即相当于最下面的蒸馏器) 经加热后, 蒸气通过塔板上的浮阀 (或泡罩) 和塔板上的液体接触。蒸气中的高沸点物就冷凝为液体并放出冷凝热, 使液体中的低沸点物蒸发为蒸气, 然后升入高一层的塔板。所以, 在上升的蒸气中低沸点物的含量总是比由下一块塔板上来的蒸气中含量高, 而下降到下一块塔板的液体, 其中高沸点物的含量就增高。在每一块塔板上都同时发生着由下一块塔板上来的蒸气的部分冷凝和由上一块塔板下来的液体的部分汽化过程。具有 n 块塔板的精馏塔中发生了 n 次部分冷凝和部分汽化过程, 相当于 n 次简单蒸馏。因此, 精馏的效率比简单蒸馏的效率大大提高了。关键问题是如何根据需要设计蒸馏塔中的塔板数, 在工业生产中不仅要考虑产品的质量要求, 还要考虑设备、能源等生产成本问题。

非理想的二组分液态混合物

经常遇到的实际系统绝大多数是非理想混合物, 它们的行为与 Raoult 定律有一定的偏差。对于二组分系统, 根据正、负偏差的大小, 通常可分为三种类型:

(1) 正偏差或负偏差都不是很大的系统　如图 6.9 所示, 这是发生微小正偏差的情况。图 6.9(a) 中, 虚线 (直线) 是符合 Raoult 定律的情况, 实线代表实际情况。图 6.9(b) 同时画出了气相线和液相线, 图 6.9(c) 则是相应的 $T-x$ 图。

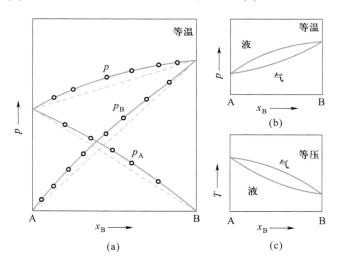

图 6.9　非理想系统的 $p-x$ 图和 $T-x$ 图 (示意图)

对于有负偏差的系统, 其情况与此类似。但实际所遇到的图形以正偏差类型居多。

非理想系统产生偏差的原因, 因具体情况各有不同, 但通常可有如下几种解释: ① 若组分 A 原为缔合分子 (associated molecule), 在组成混合物后发生解离或缔合度减小, 由于混合物中 A 分子的数目增多, 蒸气压增大, 因而产生正偏差。发生解离时常吸收热量, 所以形成这类混合物时常伴有温度降低和体积增加的效应。② 如果两个组分混合后, 部分分子形成化合物, 溶液中 A,B 的分子数都要减少, 其蒸气压要比用 Raoult 定律计算者小, 因而发生负偏差。在生成化合物时常有热量放出, 所以一般来说, 形成这类混合物时常伴有温度升高和体积缩小的效应。③ 由于各组分的引力不同, 如 B–A 间的引力小于 A–A 或 B–B 间的引力, 则把 B 分子掺入后就会减少 A 分子或 B 分子所受到的引力,A 分子和 B 分子都变得容易逸出, 所以 A 分子或 B 分子的蒸气压都产生正偏差。

(2) 正偏差很大, 在 $p-x$ 图上可产生最高点的系统   如图 6.10(a) 所示, 虚线代表理想情况, 实线代表实际情况。由于 p_A,p_B 偏离 Raoult 定律都较大, 因而在 $p-x$ 图上可形成最高点。在图 6.10(b) 中同时画出了液相线和气相线。图 6.10(c) 是 $T-x$ 图。蒸气压高, 沸点就低, 因此在 $p-x$ 图上有最高点者, 在 $T-x$ 图上就有最低点。这个最低点称为**最低恒沸点** (minimum azeotropic point)。图 6.10(c) 可以看成是由两个类似于简单的图 6.9(c) 所组合起来的。在最低恒沸点时组成为 x_1 的混合物称为**最低恒沸混合物** (minimum boiling azeotrope)。

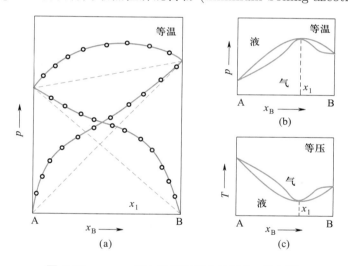

图 6.10 $p-x$ 图上具有最高点的系统 (示意图)

若原先混合物的组成在 $0 \sim x_1$[参阅图 6.10(c)], 则分馏的结果可以得到纯 A 和浓度为 x_1 的恒沸混合物。若原先混合物的组成在 $x_1 \sim 1$, 则分馏的结果可以得到纯 B 和恒沸混合物。这种系统不可能通过一次分馏同时将纯 A 和纯 B 分开。属于此类的系统有 $H_2O - C_2H_5OH$,$CH_3OH - C_6H_6$,$C_2H_5OH - C_6H_6$ 等。在压力为 101.325 kPa 时, $H_2O - C_2H_5OH$ 系统的最低恒沸点为 351.28 K, 恒沸混合物中乙醇的质量分数为 0.9557。所以, 开始时如用乙醇质量分数小于 0.9557 的混合物进行分馏, 则得不到无水乙醇 (或称为绝对乙醇,absolute ethyl alcohol)。

(3) 负偏差很大, 在 $p-x$ 图上可产生最低点的系统   如图 6.11 所示, 在 $p-x$ 图上有最低点, 在 $T-x$ 图上则相应地有最高点, 此点称为**最高恒沸点** (maximum

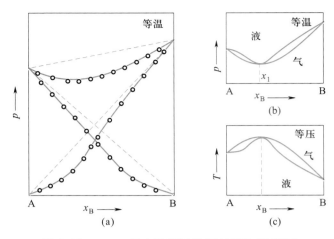

图 6.11 $p-x$ 图上具有最低点的系统 (示意图)

azeotropic point)。这类系统与前相同, 不能通过一次分馏得到纯 A 和纯 B。根据原始混合物的组成, 只能把混合物分离成一个纯组分和一个**最高恒沸混合物** (maximum boiling point azeotrope)。属于这一类的系统有 $H_2O - HNO_3$, $HCl - (CH_3)_2O$, $H_2O - HCl$ 等。其中, $H_2O - HCl$ 系统的最高恒沸点在压力 101.325 kPa 时为 381.65 K, 恒沸混合物中 HCl 的质量分数为 0.2024。

上述的恒沸物是混合物而不是化合物, 因为恒沸混合物的组成在一定的范围内随外压的连续改变而改变。图 6.11(c) 中的最高点, 在三度空间中 (垂直于纸面的坐标是压力), 实际上是空间曲线上的一个截点。

在一定的压力下, 恒沸混合物的组成有定值。例如, 盐酸和水的恒沸混合物甚至可以用来作为定量分析的标准溶液。

在以上所列出的几种非理想的二组分液态混合物中, 大多情况下, 若组分 A 为正 (负) 偏差, 则组分 B 亦为正 (负) 偏差。但也有些系统中一个组分是正偏差, 另一组分却为负偏差。

图 6.12 列出了各种类型二组分完全互溶系统的气-液平衡相图 (示意图)。图中包括 $p-x$ 图、$T-x$ 图和 $y_B - x_B$ 图的示意图, 其中有理想情况 (如 I 组所示), 有正、负偏差的情况 (如 II, III 组所示) 以及具有最高、最低点的情况 (如 IV, V 组所示)。

图中左边一竖列是等温下的 $p-x$ 图, 中间一列是等压下的 $T-x$ 图, 右边一列是等温下气相组成与液相组成的 $y_B - x_B$ 图。图中, 在对角的直线上的任一点, 都代表气相与液相的组成相同, 即 $y_B = x_B$。如果 $y_B - x_B$ 的曲线部分位于对角的直线之上, 则表示气相中物质 B 的含量大于它在液相中的含量。反之, 如果 $y_B - x_B$ 的曲线部分位于对角的直线之下, 则表示液相中物质 B 的含量大于它在气相中的含量。在 $y_B - x_B$ 曲线与对角线的交点处, 则表示气相的组成与液相的

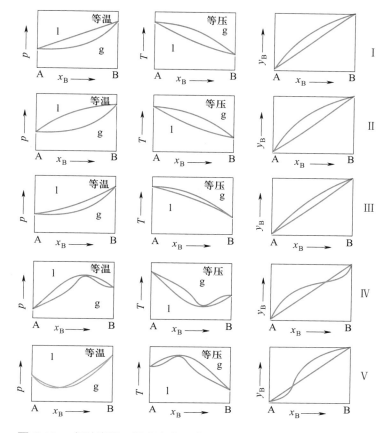

图 6.12　各种类型二组分完全互溶系统的气 – 液平衡相图 (示意图)

组成相同。这两个交点 (分别在 IV 和 V 组中) 分别对应于最大偏差系数的最高点和最低点。在讨论分馏问题时, 常使用 $y_B - x_B$ 图。

部分互溶的双液系

可分以下几种类型来讨论。

(1) 具有最高会溶温度的类型　图 6.13 是 $H_2O - C_6H_5NH_2$ 的溶解度图。在低温下二者部分互溶, 分为两层, 一层是水中饱和了苯胺 (左半支), 另一层是苯胺中饱和了水 (右半支)。如果温度升高, 则苯胺在水中的溶解度沿 $DA'B$ 线上升, 水在苯胺中的溶解度沿 $EA''B$ 线上升。两层的组成逐渐接近, 最后会聚于 B 点。此时两层的浓度一样而成为单相系统。在 B 点以上的温度, 水与苯胺能以任何比例均匀混合。B 点对应的温度 (T_B) 称为**会溶温度** (consolute temperature)。如图, 在帽形区内, 系统分为两相, 称为**共轭层** (conjugate layer)(有时称 A' 和 A'' 点为共轭配对点)。例如, 在 T_1(约 373 K) 时, 两相的组成分别为 A' 和 A''。在帽形区以外, 系统为单相。实验证明, 两共轭层组成的平均值与温度近似地成线性

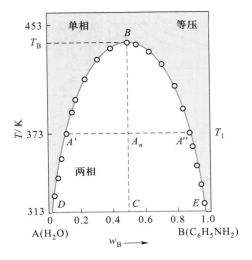

图 6.13　$H_2O - C_6H_5NH_2$ 的溶解度图

关系, 如图中 CA_nB 线 (不一定是垂直线), 该线与平衡曲线的交点 (B 点) 所对应的温度 T_B 即为会溶温度。

会溶温度的高低反映了一对液体间相互溶解能力的强弱。会溶温度越低, 两液体间的互溶性越好。因此, 可利用会溶温度的数据来选择优良的萃取剂。

(2) 具有最低会溶温度的类型　水和三乙基胺的双液系属于这种类型。如图 6.14 所示, 最低点 T_B 的温度约为 291 K, 在此温度以下, 能以任意比例互溶; 在 T_B 以上, 则温度增加反而使两液体的互溶度减低, 并出现两相, 图形上出现最低的会溶温度。

(3) 同时具有最高、最低会溶温度的类型　图 6.15 是水 – 尼古丁 (nicotine)

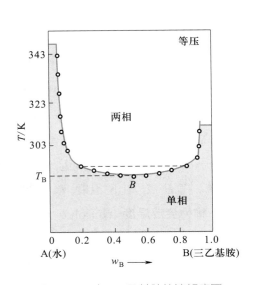

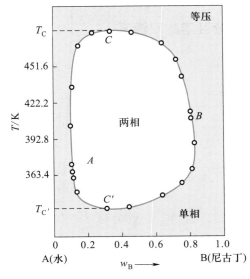

图 6.14　水 – 三乙基胺的溶解度图　　　　图 6.15　水 – 尼古丁的溶解度图

的溶解度曲线。这一对液体有完全封闭式的溶解度曲线。在最低点的温度 $T_{C'}$ 约为 334 K, 最高点的温度 T_C 约为 481 K。在 T_C 以下和 $T_{C'}$ 以上, 两液体能以任何比例互溶。在 T_C 和 $T_{C'}$ 之间, 根据不同的浓度区间, 系统分为两层。

(4) 不具有会溶温度的类型　即一对液体在它们存在的温度范围内, 一直是彼此部分互溶的。例如, 乙醚和水就没有会溶温度。

不互溶的双液系 —— 蒸汽蒸馏

如果两种液体彼此互溶的程度非常小, 以致可以忽略不计, 则可近似地看成是不互溶的。

当两种不互溶的液体 A 和 B 共存时, 各组分的蒸气压与单独存在时一样, 含两种液体系统的液面上总的压力等于两纯组分蒸气压之和, 即 $p = p_A^* + p_B^*$。

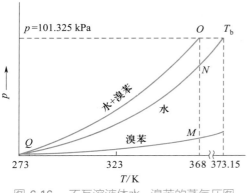

图 6.16　不互溶液体水–溴苯的蒸气压图

在这种系统中, 只要两种液体共存, 不管其相对数量如何, 系统的总蒸气压恒高于任一纯组分的蒸气压, 而沸点则恒低于任一纯组分的沸点。如图 6.16 所示, QM 为溴苯的蒸气压随温度的变化曲线, 若将 QM 延长, 使与压力 p(101.325 kPa) 的水平线相交, 就得到溴苯的正常沸点, 其温度约为 429 K(沸点应在 QM 的延长线与 $p=101.325$ kPa 水平线的交点, 图中未画出)。QN 是水的蒸气压曲线, T_b 点是压力为 101.325 kPa 时水的沸点, 等于 373.15 K。如果把每一温度时溴苯和水的蒸气压相加, 则得到 QO 线, 在 QO 线上所代表的压力为 $p = p^*(\text{H}_2\text{O}) + p^*(\text{溴苯})$。$QO$ 线与压力为 101.325 kPa 的水平线相交于 O 点, 所对应的温度约为 368 K。也就是说, 当水蒸气通入溴苯, 加热到 368 K 时, 系统即开始沸腾, 此时溴苯与水同时馏出。完全不互溶的二液相系统的沸点既低于溴苯的沸点, 也低于水的沸点。由于水和溴苯两者互不相溶, 所以很容易从馏出物中将它们分开。这种蒸馏法则称为**蒸汽蒸馏** (steam distillation)。

在馏出物中 A,B 两组分的质量比, 可如下求出:

$$p_A^* = p y_A = p \frac{n_A}{n_A + n_B}$$

$$p_B^* = p y_B = p \frac{n_B}{n_A + n_B}$$

p 是总压力; p_A^*, p_B^* 分别为纯 A 和纯 B 的分压, 也就是它们的饱和蒸气压; y_A 和

y_B 是 A, B 在气相中的摩尔分数; n_A 和 n_B 为气相中 A, B 的物质的量。两式相除得

$$\frac{p_A^*}{p_B^*} = \frac{n_A}{n_B} = \frac{m_A}{M_A} \cdot \frac{M_B}{m_B}$$

或

$$\frac{m_A}{m_B} = \frac{p_A^*}{p_B^*} \cdot \frac{M_A}{M_B} \tag{6.25}$$

式中 m_A, m_B 分别表示馏出物中 A, B 的质量; M_A, M_B 分别为 A, B 的摩尔质量。

一般而言, 有机化合物 (B) 的摩尔质量远比水 (A) 高, 而蒸气压则一般较低。虽然 $p_A^* > p_B^*$, 但因 $M_B > M_A$, 所以由水蒸气带出来的互不相溶的双液系中, 有机化合物的相对质量仍不会太低。由式 (6.25) 可以看出, 若有机化合物 B 的饱和蒸气压越大, 摩尔质量越大, 则馏出一定量的有机化合物所需的水量越少。随着真空技术的发展, 实验室及生产中已广泛采用减压蒸馏的方法来提纯有机化合物。但是蒸汽蒸馏由于设备操作简单, 所以仍具有重要的实际意义。

简单的低共熔二元相图

我们结合绘制简单低共熔物相图的方法, 介绍两种绘制相图的方法 —— 热分析法和溶解度法 (实验都是在等压下进行的)。

1. 热分析法

热分析法 (thermal analysis)[1]是绘制相图常用的基本方法之一 (特别是对固态熔融系统), 其基本原理是, 当将系统缓慢而均匀地冷却 (或加热) 时, 如果系统内不发生相的变化, 则温度将随时间均匀地 (或线性地) 慢慢改变; 当系统内有相的变化发生时, 由于相变时伴随吸热或放热现象, 所以, 温度–时间图上就会出现转折点或水平线段 (前者表示温度随时间的变化率发生了变化, 后者表示在水平线段内, 温度不随时间而变化)。

以 Cd–Bi 二元系统为例, 该系统的特点是, 在高温区, Cd 和 Bi 的熔液可以无限混溶, 形成液体混合物。在低温区, Cd(s) 和 Bi(s) 两者完全不互溶, 形成两个固相的机械混合物。在图 6.17(a) 中, a 线是纯 Bi 的步冷情况。将纯 Bi 熔融后, 停止加热。然后任其缓慢冷却, 每隔一定的时间记录一次温度。然后以温度为纵坐标, 时间为横坐标。画出温度–时间曲线, 这种线就称为**步冷曲线** (cooling curve)。图 6.17(a) 中 OA 段相当于纯 Bi 熔化物冷却的过程 (单相冷却)。到

---

[1] 凡是在温度程序控制下, 测量物质的物理性质 (参数) 变化的各种技术, 都可以归入热分析的范畴, 所以热分析包括的方法很多, 而且新的热分析方法还在不断地产生。

546 K 时, 开始有固态 Bi 从熔化物中结晶出来。此时系统为两相平衡, 根据相律, 单组分系统两相平衡时, $f^* = 1 + 1 - 2 = 0$, 所以当压力给定时有一定的熔点。由于在析出固态 Bi 的过程中, 有热量放出, 可以抵消系统散热的损失, 因而在步冷曲线上出现水平线段 AA', 等到 Bi 全部凝固, 系统成为单相后, 温度才继续下降 (图中为 $A'B$ 段)。纯 Cd 的步冷曲线 e 与纯 Bi 的相似, 也有一水平线段。纯 Bi(s) 和纯 Cd(s) 的熔点在图 6.17(b) 中分别用 A 和 H 点来表示。

图 6.17(a) 中, b 线是含 Cd 和 Bi 的质量分数分别为 0.2 和 0.8 的二元系统的步冷曲线。将熔化物冷却时, 温度沿着平滑的曲线 bC 下降。当冷到相当于 C 点的温度时, 熔化物对于组分 Bi 来说已达到饱和, 所以从熔化物中开始有纯 Bi 的晶体析出。同样由于放出凝固热, 使系统的冷却速度变慢, 步冷曲线的坡度改变, 在 C 点出现了转折。转折点 C 的虚线引线也标在图 6.17(b) 上。由于 Bi(s) 的析出, 使熔液中 Cd 的成分增高, 当温度一直降到 413 K(D 点), 固态 Cd 也开始析出。此时 Bi(s) 与 Cd(s) 同时析出, 二者同时放出凝固热, 所以在步冷曲线上出现了水平线段。在 413 K 以下, 系统完全凝固。从实验知道, 在 CD 段只有纯 Bi 晶体自熔化物中析出。根据相律, $C = 2, \varPhi = 2$, 所以 $f^* = (C+1) - \varPhi = 1$, 此时系统仍有一个自由度, 因此在结晶过程中温度逐渐下降。并且由于晶体 Bi 不断析出, 所以剩下的熔化物中 Cd 的相对含量增加, 其组成沿着液相区的边界曲线 AE 向 E 点的方向移动 [参阅图 6.17(b)]。当系统冷却到相当于 D 点的温度时, Bi(s) 与 Cd(s) 同时析出, 温度保持不变 (步冷曲线上的 DD' 段), 此时三相同时共存, $f^* = 0$。在图 6.17b 中, D 点是物系点, 熔液的组成用 E 点表示。一直到液相完全凝固后, 温度才继续下降 [E 点虽是三相共存, 但此时系统的自由度

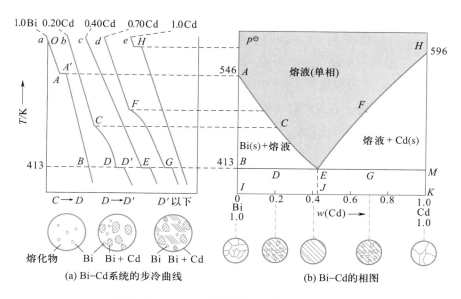

图 6.17　Bi–Cd 系统的步冷曲线和相图

$f = 1$, 在以 $T-p-x$ 为变量的立体坐标系中 (p 坐标线垂直于纸面), 它实际上是三相平衡系统的低共熔线在某一压力下的一个截点].

含 Cd 的质量分数为 0.7 的系统的步冷曲线 d 和上述步冷曲线 b 相似, 主要的不同是, 在 F 点先析出的固体是纯 Cd。如果开始取含 Cd 的质量分数为 0.4 的二元系统, 将其熔化物逐步冷却, 其步冷曲线为 c 线。直到 E 点时两种金属同时析出, 步冷曲线上出现水平线段, 在此以前并不先析出纯 Bi 或纯 Cd。

把上述五条步冷曲线中固体开始析出与全部凝固的温度绘在方格纸上 [即把图 6.17(a) 中的转折点用虚线表示在图 6.17(b) 中]。然后把开始有固态析出的点 (A, C, E, F, H) 和结晶终了的点 (D, E, G) 分别连接起来, 便得 Bi–Cd 的相图 [图 6.17(b)]。

图中 AEH 线以上是熔液的单相区, AE 线代表纯固态 Bi 与熔液呈平衡时, 熔液的组成与温度的关系曲线, 简称**液相线**。EH 线为纯固态 Cd 与熔液呈平衡时的液相线, E 点是三相共存。因为它比纯 Cd、纯 Bi 的熔点都低, 所以又称为**低共熔点** (eutectic point)。在该点析出的混合物称为**低共熔混合物** (eutectic mixture), 有时也用 E_{Bi}^{Cd} 表示。在 BEM 线以下没有液相, 是 Bi 和 Cd 两种固体同时存在的区域。由于 $BIJE$ 区域是较大的 Bi 晶体与 E_{Bi}^{Cd} 混合共存区域, 因而该区域也可以看作 Bi(s) 与 E_{Bi}^{Cd}(s) 的两固相平衡区 (E_{Bi}^{Cd} 代表微小的 Bi 和 Cd 的晶体均匀地混和在一起的两相机械混合物)。同理, $EJKM$ 区域是较大的 Cd 晶体与 E_{Bi}^{Cd}(s) 的两相平衡区。

如果物系点落在 ABE(或 HEM) 的两相共存区, 则固相与液相的相对数量可以由杠杆规则求得。BEM 是三相线, 落在这条线上的系统, 三个相的状态由 B, E, M 三点来描述。

图 6.17(a) 下面的小图代表含不同 Cd 的质量分数的二元系统在步冷过程中的结构示意图。在 CD 段有纯 Bi(s) 析出。在 DD' 段同时有 Bi(s) 和 Cd(s) 析出, 此时原先析出的 Bi(s) 与后来同时析出的 Bi(s) 和 Cd(s) 的低共熔混合物机械混合。在 D' 以下则固体全部凝固。图 6.17(b) 下面的小图是不同组成的机械混合物全部凝固后, 用金相显微镜 (metalloscope) 观测所得到的组织示意图。低共熔物一般具有比较特殊的致密结构, 两种固相总是呈片状或粒状均匀地交错在一起, 这时系统常有较好的强度。

在图 6.17(b) 中, AE 线和 EH 线是边界线, 标志着一个区的终结和另一个区的开始, 是一种极限, 它并不代表整个系统的状态。例如, 含 Cd 为 0.2 的熔化物从高温下冷却, 在析出固体 Bi 的前一瞬间, 系统仍处于单相区, 而当第一颗 Bi 的微晶出现后, 系统的物系点就进入 ABE 的两相共存区, 系统中的液相的状态

由 AE 线上的某一点来表示。如果忽略了 AB 线, 而仅只谈 AE 线上的自由度是多少, 这是没有意义的, 因为 AE 线不代表整个系统的状态。

2. 溶解度法

表 6.1 列出了不同温度下 $(NH_4)_2SO_4$ 的质量分数及相应的固相组成。

表 6.1 不同温度下 $(NH_4)_2SO_4$ 的质量分数及相应的固相组成

温度 T/K	$w[(NH_4)_2SO_4]/\%$	固相组成
268	16.7	冰
262	28.6	冰
255	37.5	冰
254	38.4	冰 + $(NH_4)_2SO_4(s)$
273	41.4	$(NH_4)_2SO_4(s)$
283	42.2	$(NH_4)_2SO_4(s)$
293	43.0	$(NH_4)_2SO_4(s)$
303	43.8	$(NH_4)_2SO_4(s)$
313	44.8	$(NH_4)_2SO_4(s)$
323	45.8	$(NH_4)_2SO_4(s)$
333	46.8	$(NH_4)_2SO_4(s)$
343	47.8	$(NH_4)_2SO_4(s)$
353	48.8	$(NH_4)_2SO_4(s)$
363	49.8	$(NH_4)_2SO_4(s)$
373	50.8	$(NH_4)_2SO_4(s)$
382	51.8	$(NH_4)_2SO_4(s)$

用表 6.1 中给出的实验数据作图, 得图 6.18。图中 AN 线是 $(NH_4)_2SO_4(s)$ 的饱和溶解度曲线, LA 线是在溶液中水的冰点下降曲线。在 A 点冰、组成为 A 的溶液和固态 $(NH_4)_2SO_4$ 三相共存。组成在 A 点以左的溶液冷却时, 首先析出的固体是冰; 在 A 点以右的溶液冷却时, 首先析出的固体是 $(NH_4)_2SO_4$。只有溶液组成恰好相当于 A 点时, 冷却后, 冰和 $(NH_4)_2SO_4(s)$ 同时析出并形成低共熔混合物。

类似的水盐系统有 $NaCl–H_2O$(低共熔点为 252.1 K), $KCl–H_2O$(低共熔点为 262.5 K), $CaCl_2–H_2O$(低共熔点为 218.2 K), $NH_4Cl–H_2O$(低共熔点为 257.8 K)。按照最低共熔点的组成来配冰和盐的量, 就可以获得较低的冷冻温度。在化工生产中, 经常用盐水溶液作为冷冻的循环液, 就是因为以最低共熔点的浓度配制盐水时, 在 252.1 K 以上都不会结冰。

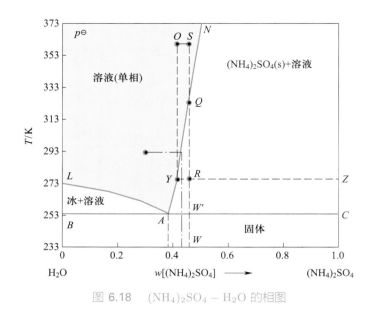

图 6.18 $(NH_4)_2SO_4 - H_2O$ 的相图

设系统在 S 点, 当冷却到 R 点时, 此时系统是两相平衡, 根据杠杆规则:

$$\frac{m(l)}{m(s)} = \frac{RZ}{RY}$$

$$\frac{m(l) + m(s)}{m(s)} = \frac{RZ + RY}{RY} = \frac{YZ}{RY}$$

式中 $m(l), m(s)$ 分别为液相和固相的质量。因此, 析出固态 $(NH_4)_2SO_4$ 占原系统总量的分数为

$$\frac{m(s)}{m(总)} = \frac{RY}{YZ}$$

根据相图还可以求出固体 $(NH_4)_2SO_4$ 的最大析出量。由于系统不能冷却到低共熔点以下, 在此温度以下将有两种固体同时析出, 这对分离或纯化不利。因此, 只能冷却到靠近低共熔点 (在图中即靠近 W' 点)。此时液相的组成也靠近 A。根据上式, 此时

$$\frac{析出的 m(s)_{max}}{m(总)} = \frac{AW'}{AC}$$

在用结晶法生产盐类时, 相图有指导意义。例如, 从含盐的质量分数为 0.3 的 $(NH_4)_2SO_4$ 溶液中提制 $(NH_4)_2SO_4$ 晶体, 从相图可知, 单凭冷却得不到纯 $(NH_4)_2SO_4$ 晶体, 因为在冷却过程中首先析出的是冰, 而冷到 254 K, 冰又与 $(NH_4)_2SO_4$ 同时析出, 并形成低共熔物。如果在 293 K 时, 将含盐的质量分数为 0.3 的硫酸铵水溶液等温浓缩, 则可使物系点沿 293 K 的水平线右移, 与 AN 线在含 $(NH_4)_2SO_4$ 的质量分数为 0.43 处相交, $(NH_4)_2SO_4$ 晶体就开始析出。在 293 K 等温浓缩过程中, 溶液的质量分数不可能超过 0.43。

对于某些不纯的原料可以用下法纯化。首先将原料制成溶液, 对不溶性杂质, 可以滤去。如果可溶性杂质含量不多, 则系统仍可当作水和有效组分的二组分系统处理 (如果可溶性杂质的量很多, 影响到主要产品的溶解度, 则系统要当作多组分系统处理)。若以 S 点代表所制成溶液的组成, 然后使其冷却到曲线上的 Q 点, 开始有固态 $(NH_4)_2SO_4$ 析出。如继续降温使物系点移到 R 点 (理论上 R 点越接近于 W' 点, 则固体的析出量越大, 但在实际生产中为避免有低共熔物生成, 常略高于 W' 点), 此时饱和溶液的浓度相当于 Y 点。过滤, 将晶体与母液分开, 加

热母液使之升温, 物系点从 Y 移到 O, 此时再溶入粗盐, 使物系点从 O 移到 S, 然后再从 S 冷到 R, 如此循环不已。每循环一次, 便可得到一些纯的 $(NH_4)_2SO_4$ 晶体, 并用掉一些粗盐。(但经若干次循环以后, 母液中杂质的量可能聚集得较多, 这时应对母液作一定处理或另换母液以减少杂质的含量。)

在考虑分离问题时, 气–液和液–固系统的相图有时可以联合并用。

例如, 对硝基氯苯 (B) 和邻硝基氯苯 (A) 形成简单低共熔混合物, 其相图如图 6.19 所示, 低共熔点 E 的温度为 287.85 K, 其中含对位的质量分数为 0.33。当原料氯苯进行硝化时, 粗产品中含对位 0.83, 相当于图中的 a 点, 当冷却时只能析出固体的对位化合物, 而得不到邻位化合物 (温度到达低共熔点时, 对位化合物和邻位化合物又同时析出)。设将系统冷到 b 点, 分离固体后, 溶液的成分为 c 点。可将此溶液升温蒸馏 (工业上或可采用减压蒸馏)。图 6.19 的上部是在高温下的气–液平衡图 (示意图)。从 c 点加热到 d 点开始汽化, 气相组成沿气相线变化, 其中含对位较多。液相组分沿液相线上升, 其中含邻位较多。待液相中含邻位的成分越过 E 点的成分时, 此时再冷却液相, 在冷却过程中就会碰到 AE 线而有邻位化合物固体析出。

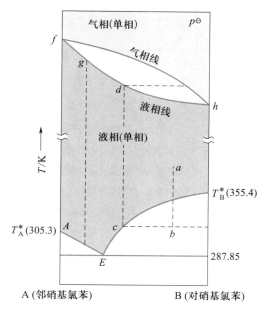

图 6.19 对硝基氯苯和邻硝基氯苯的相图 (示意图)

结晶与蒸馏联合使用, 就能使系统越过低共熔点, 而得到纯的邻位化合物。

上述相图, 如图 6.17 所示的 Bi–Cd 相图和图 6.18 所示的 $(NH_4)_2SO_4 - H_2O$ 相图, 都是定压下的相图。若以压力为垂直于纸面的轴, 考虑到压力的变化, 则图 6.17 实为定压下的截面图, 图中的 AE 线和 EH 线都是某一曲面在定压下的截线, 低共熔点 E 实为低共熔线 (空间中的连续曲线) 上的一个截点。试参阅 Na_2SO_4 和 Na_2S 的相图 (图 6.20)。图中曲线 $a'aa''$ 和 $b'bb''$ 分别是纯 $Na_2SO_4(s)$ 和纯 $Na_2S(s)$ 的熔点随压力变化曲线 (由于外压对熔点的影响一般不大, 所以这两根线基本是水平移动的)。曲面 $a'aa''e''ee'$ 是 $Na_2SO_4(s)$ 和熔化物的平衡面。曲面 $b'bb''e''ee'$ 是 $Na_2S(s)$ 和熔化物的平衡面。曲线 $e'ee''$ 表示低共熔点随压力的变化。由此也可以说明低共熔物是机械混合物而不是化合物, 因为化合物的组成不会随压力的改变而连续地变化。

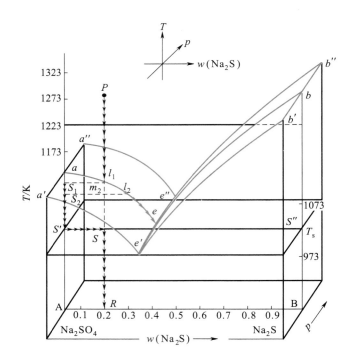

图 6.20   Na$_2$SO$_4$ 和 Na$_2$S 所成系统的组成－温度－压力图

若系统自 P 点冷却, 相的变化在图中用箭头表示。

在 aeS' (或 ebS'') 两相区域内的任何点 (如 m_2 点) 都只能是物系点, 而不是相点, 它只能代表系统总的组成, 而不能同时表示两个相的组成。两相的组成由 S_2 和 l_2 表示。在讨论步冷过程中相的变化时, 应区别物系点与代表相组成的相点。一个总组成确定的系统, 在步冷过程中, 物系点在 $T-x$ 图中随温度的变化总是垂直于组成坐标而变化的, 至于相点的变化则要看具体的图形才能确定。

形成化合物的系统

形成化合物的系统可以分为形成稳定化合物和形成不稳定化合物两种类型来讨论。

1. 形成稳定的化合物

A 和 B 形成稳定的化合物, 这种化合物一直到其熔点以上都是稳定的。化合物熔化时所生成的液相与其固相的组成相同。例如, CuCl(A) 与 FeCl$_3$(B) 的相图 (图 6.21), 图中 H 点为化合物 C(CuCl·FeCl$_3$) 的熔点。当在此化合物中加入组分 A 或 B 时, 都会使熔点降低。在分析此类相图时一般可以将其看成由两个简单低共熔二元相图合并而成。左边一半是化合物 C 与 A 所构成的相图, E_1 是 A 与 C 的低共熔点。右边一半是化合物 C 与 B 所构成的相图, E_2 点是 B 与化合物 C 的低共熔点。

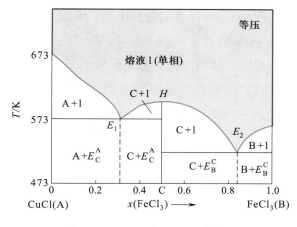

图 6.21 CuCl 与 FeCl$_3$ 的相图

这一类的二组分系统还有 Au – Fe(1:2), CuCl$_2$ – KCl(1:1), 酚 – 苯酚 (1:1) 等, 括号中的数字代表化合物中两组分的原子或分子的比例。有些盐类能形成几种水合物, 例如 FeCl$_3$ 与 H$_2$O 能形成 FeCl$_3$·2H$_2$O, FeCl$_3$·2.5H$_2$O, FeCl$_3$·3.5H$_2$O, FeCl$_3$·6H$_2$O; Mn(NO$_3$)$_2$ 与 H$_2$O 能形成 3 个和 6 个结晶水化合物等, 其相图都属于这一类型。

H$_2$O 与 H$_2$SO$_4$ 也能形成三种化合物, 如图 6.22 所示。通常质量分数为 0.98 的浓硫酸常用于炸药业、医药工业等。但是, 从图中可以看到, 质量分数为 0.98 的浓硫酸的结晶温度约为 283 K, 作为产品在冬季很容易冻结, 输送管道也容易

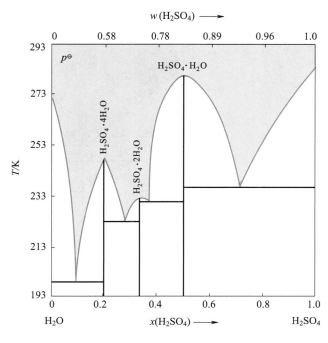

图 6.22 H$_2$SO$_4$ – H$_2$O 的相图

堵塞, 无论运输和使用都会遇到困难。因此, 冬季常以质量分数为 0.925 的硫酸作为产品 (有时简称为 0.93 酸), 这种酸的凝固点大约在 238 K (相当于 −35 ℃)。在一般的地区存放或运输都不至于冻结, 但是从运输的费用看, 运输浓酸总是比较经济一些。从图 6.22 还可以看到, 0.925 左右的 H_2SO_4 的结晶温度对浓度的变化较为显著。例如, 0.93 的硫酸如果因故变成 0.91, 则结晶温度将从 238 K 升到 255.9 K; 如果浓度降到 0.89, 则结晶温度升到 269 K, 在冬季也是很容易有晶体析出的。所以, 在冬季不能用同一条管道来输送不同浓度的 H_2SO_4, 以免因浓度改变而引起管道堵塞。

2. 形成不稳定的化合物

如图 6.23 所示, A 和 B 所形成的固态化合物 C, 在其熔点以下就分解为熔液和另一种固体 C_1。C_1 可以是 A, B 或另一种新的化合物。因此熔化后, 液相的组成和原来固态化合物的组成不同。分解反应可写作

$$C(s) \rightleftharpoons C_1(s) + 熔液$$

分解反应所对应的温度称为**异成分熔点** (incongruent melting point) 或**转熔温度** (peritectic temperature), 即相当于图 6.23 中 O 点所对应的温度, 在该点平衡时三相共存, $f^* = 0$, 温度、组成都不能变动。温度升高反应向右移, C 全部分解; 温度降低反应向左移, 生成化合物 C。图 6.23 所示的 CaF_2 – $CaCl_2$ 的相图, 就属于这种类型。

$$CaF_2 \cdot CaCl_2(s) \rightleftharpoons CaF_2(s) + 熔液$$

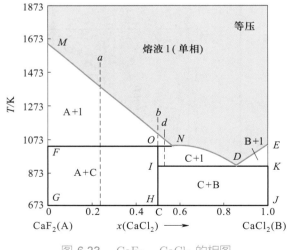

图 6.23　CaF_2 – $CaCl_2$ 的相图

这个相图各区所代表的相平衡如下:

$MNDE$ 以上: 熔液单相区

$MNOF$ 区: 两相平衡 [$CaF_2(s)$ 与熔液]

$NOID$ 区: 化合物 C(s) 与熔液两相平衡

EDK 区: CaCl$_2$(s) 与熔液两相平衡

$FOHG$ 区: CaF$_2$(s) 与化合物 C(s) 两相平衡

$KIHJ$ 区: 化合物 C(s) 与 CaCl$_2$(s) 两相平衡

NOF 线: 三相平衡 [CaF$_2$(s)–化合物 C(s)–组成为 N 的熔液]

IDK 线: 三相平衡 [CaCl$_2$(s)–化合物 C(s)–组成为 D 的熔液]

若原熔液的浓度介于 M 和 O 之间, 例如在 a 点冷却时, 首先析出固体 CaF$_2$, 熔液的组成沿 MN 线下降。当物系点落在 NF 线上时, 三相共存 [CaF$_2$(s) – CaCl$_2 \cdot$ CaF$_2$(s)–组成为 N 点的熔液], 继续冷却, 系统进入 $FOHG$ 区 (在进入这个区时, 由于熔液 N 中 CaCl$_2$ 的含量大于化合物中 CaCl$_2$ 的含量, 所以熔液与部分 CaF$_2$ 形成化合物而熔液消失)。若原始熔液的浓度恰相当于 O 点浓度, 例如从 b 点开始冷却, 在冷却过程中首先析出 CaF$_2$(s), 熔液的成分仍沿 MN 线下降, 当物系点落在 NF 线上时仍是三相平衡。如继续冷却, 物系点落在 OH 线上, 系统成单相的固体化合物 C。

若熔液的起始浓度介于 N 和 O 之间, 例如 d 点, 在冷却过程中首先析出的是 CaF$_2$(s), 然后是三相平衡。继续冷却, 物系点进入 $ONDI$ 区, 这是化合物 C(s) 和熔液的两相平衡区。当物系点落在 ID 线上时, 则又是三相平衡 [组成为 D 的熔液–化合物 C(s) – CaCl$_2$(s)]。再继续冷却, 物系进入 $KIHJ$ 区: 这个区是化合物 C(s) 与 CaCl$_2$(s) 两相平衡区。

若熔液的浓度在 N 点以右, 其步冷情况与前述的简单的低共熔点的相图大致相同。

在制备纯的化合物时, 也要考虑到系统冷却过程中所经历的过程。例如, 如欲制备化合物 C(s), 即 CaF$_2 \cdot$ CaCl$_2$, 原始熔液的浓度最好调节在 N 和 D 之间。如原始浓度在 N 和 O 之间, 虽然也可使系统在冷却后进入 $NOID$ 区, 但因冷却过程中系统曾经过 $MNOF$ 区, 已有 CaF$_2$ 晶体析出, 而固相的转变又较慢, 所以最后得到的晶体中难免混有固体的 CaF$_2$。

相图属于这一类的系统还有金–锑 (Au–Sb)、氯化钾–氯化铜 (KCl–CuCl$_2$)、钾–钠 (K–Na) 等。

具有转熔温度的相图也可以看成是由稳定化合物的相图演化而来的。图 6.24 中 (a) 是生成稳定化合物 BA$_2$ 的相图, 对于不同的系统, 若 A 的熔点升高, 则形成 (b) 图, 如物质 A 具有更高的熔点, 就会出现 (c) 图, 此时 A 的凝固点降低曲线 EH 不再与化合物 BA$_2$ 的凝固点降低曲线 (CE 线) 相交, 它跨过 C 点而直接相交于 G, 结果把 E 点取消了, BA$_2$ 成了不稳定化合物。

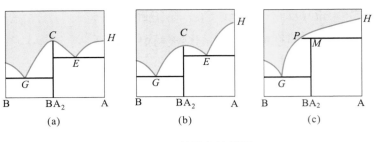

图 6.24   转熔点的起源

*气－固态的平衡图 —— 水合物 (固) 的解离平衡图

某些盐类能生成几种不同的含水盐, 例如硫酸铜能生成三种晶体水化物:

$$CuSO_4 \cdot 5H_2O, \quad CuSO_4 \cdot 3H_2O, \quad CuSO_4 \cdot H_2O$$

硫酸铜饱和溶液的脱水过程可分下列几个步骤依次进行。设在定温 50 ℃ 下:

(1) $CuSO_4$ 的饱和溶液 $\rightleftharpoons$ $CuSO_4 \cdot 5H_2O(s) + H_2O(g)$

$p(H_2O)$ 等于该温度下饱和溶液的蒸气压

(2) $CuSO_4 \cdot 5H_2O(s) \rightleftharpoons CuSO_4 \cdot 3H_2O(s) + 2H_2O(g)$

$$p(H_2O) = 6266\ Pa$$

(3) $CuSO_4 \cdot 3H_2O(s) \rightleftharpoons CuSO_4 \cdot H_2O(s) + 2H_2O(g)$

$$p(H_2O) = 4000\ Pa$$

(4) $CuSO_4 \cdot H_2O(s) \rightleftharpoons CuSO_4(s) + H_2O(g)$

$$p(H_2O) = 600\ Pa$$

把 $CuSO_4$ 的稀溶液放在密闭的容器内, 缓缓抽去容器中的水汽, 溶液逐渐失去水分而变成饱和溶液。以后如再继续失去水汽, 则成为各种含水盐。最后成为无水硫酸铜。图 6.25 是 50 ℃ 时 $CuSO_4 - H_2O$ 系统的压力－组成图。图中横坐标代表容器内的压力, 纵坐标表示晶体水化物中水的含量 (以质量分数表示)。假定在干燥器内, 脱水的速度很慢, 系统能够接近于平衡状态, 压力不变。干燥器内水蒸气的压力即为平衡系统的压力。

图 6.25 中 LM 线代表当不饱和 $CuSO_4$ 溶液失去水后溶液蒸气压的降低曲线。当溶液到达饱和时 (即 M 点) 建立了式 (1) 的平衡。此后再失去水汽, 平衡逐渐右移, 固态 $CuSO_4 \cdot 5H_2O(s)$ 与溶液的质量各有增减。物系点沿 MM' 线下降, 但压力保持不变 (因为恒温下, 饱和溶液的蒸气压不变), 直至溶液全部干涸后, 式 (1) 平衡不复存在为止。

若继续失去水气, 则压力很快从 M' 点下降至 N 点。此时开始有 $CuSO_4 \cdot$

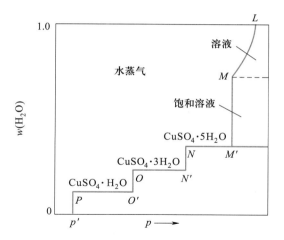

图 6.25   50 ℃ 时 CuSO$_4$ − H$_2$O 系统的压力−组成图

3H$_2$O(s) 出现。系统成为式 (2) 的三相平衡。只要 (2) 式的平衡存在, 在 NN' 线上压力仍然保持不变, 只是 CuSO$_4$ · 3H$_2$O(s) 和 CuSO$_4$ · 5H$_2$O(s) 的相对含量有所增减。物系点则沿 NN' 下降, 一直到全部晶体转变为 CuSO$_4$ · 3H$_2$O(s) 以后为止。

同理, OO' 线代表式 (3) 的平衡。PP' 线代表式 (4) 的平衡。在图 6.25 中, 凡在平衡过程中, 系统都处于垂直线上, 压力都保持不变。

以上是在定温 50 ℃ 时的情形。当温度改变时, 平衡各式的水蒸气压力也随着改变。图 6.26 是 CuSO$_4$ − H$_2$O 系统的压力和温度的关系图 (组成坐标垂直于纸面, 所以这是一个投影图)。图中用符号 A 代表不含水的 CuSO$_4$(s), 用 W 代表 H$_2$O(l), V 代表 H$_2$O(g)。

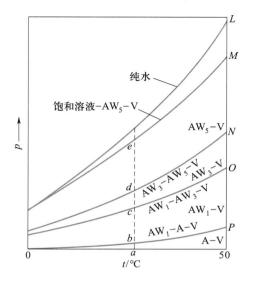

图 6.26   CuSO$_4$ − H$_2$O 系统的 $p-t$ 图

在定温下, 把 A [无水 CuSO₄(s)] 放在抽空的容器内, 如图相当于自 a 点开始, 逐渐缓缓通入水蒸气, 压力沿垂直的虚线上升。在 a, b 之间 A–V 共存。到了 b 点, 开始生成 AW₁, 系统处于 AW₁–A–V 三相平衡。继续通入水蒸气, 直到把所有的 A 全部变为 AW₁ 后, 式 (4) 平衡不复存在。然后系统沿 be 线上升, 在 b, c 之间 AW₁–V 共存。到了 c 点则开始式 (3) 的平衡。以此类推, 一直到 e 点成为饱和溶液。再通入水蒸气, 只能增加饱和溶液的质量。等到 AW₅ 全部溶解后, 饱和溶液就变成不饱和溶液了。

如果把图 6.26 中的三个坐标全部绘出, 则应得到如图 6.27 所示的立体图。前面的两个图即图 6.25 和图 6.26 都是图 6.27 的一个截面图。图 6.27 的前方区域 (即靠近读者的一方) 是气相区 (图中没有标明)。$ABML$ 是空间中的曲面, 它代表 CuSO₄ 溶液与其蒸气两相平衡。BM 线为空间的曲线, 是式 (1) 所代表的三相平衡。

图 6.28 所示为另一个截面图 ($t - w$ 图), 参阅图 6.27 中的虚线。

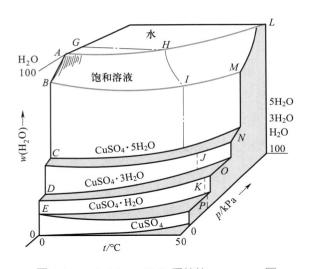

图 6.27　CuSO₄ – H₂O 系统的 $p - t - w$ 图

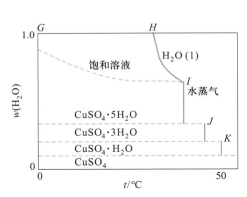

图 6.28　CuSO₄ – H₂O 系统的 $t - w$ 图

液、固相都完全互溶的相图

这类相图与以前所讨论的气–液平衡相图完全相似。两个组分在固态与液态时彼此能够以任意的比例互溶而不生成化合物, 并且没有低共熔点。举 Ag–Au 的相图为例 (图 6.29), 图中上方熔化物是 Ag(l) 与 Au(l) 的液态混合物 (熔液), 下方是 Ag(s) 与 Au(s) 的固态混合物, 习惯上称为**固溶体** (solid solution)。当组成相当于 a 的熔液冷却时, 在 A 点开始析出组成为 B 的固溶体。液态中 Ag 的相对含量增大。当温度继续下降时, 液相的组成沿 AA_1A_2 线变化, 对应的固相的

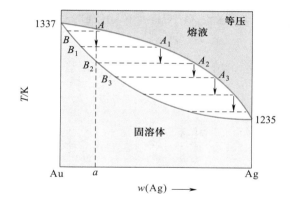

图 6.29 二组分在液、固态都完全互溶的相图及其结晶过程

组成沿 BB_1B_2 线变化。如果冷却过程进行得相当慢, 液、固两相可始终保持平衡。在达到 B_2 点所对应的温度时, 最后极少量组成为 A_2 的熔液将逐渐消失, 物系在 B_2 点所对应的温度之下全部进入固相区。

实际上在晶体析出时, 由于扩散作用在晶体内部进行得很慢, 所以较早析出来的晶体形成 "枝晶", 不易与熔液建立平衡。枝晶中含高熔点的组分较多。干枝之间的空间被后来析出的晶体所填充, 其中含低熔点的组分较多。这种现象称为 "枝晶偏析"。

固相组织的不均匀性常常会影响合金的性能。为了使固相的组成能较均匀, 可将固体的温度升高到接近熔化温度, 并在此温度保持一定的时间, 使固体内部各组分进行扩散, 趋于均匀和平衡。这种方法通称为金属的热处理, 它是金属工件在制造工艺过程中的一个重要工序, 通常称为**退火** (annealing)。退火不好的金属材料处于介稳状态, 在长期的使用过程中, 可能由于系统内部的扩散而引起金属强度的变化, 虽然这个扩散过程可能是漫长的, 但作为使用这种金属材料的设计者, 他必须考虑这一因素, 以及由于这一因素所可能引起的危害。**淬火** (quenching) 即快速冷却, 也属于热处理加工, 目的是使金属突然冷却, 来不及发生组成扩散, 虽温度降低, 但系统仍能保持高温时的结构状态。

从结构的不均匀性看, 枝晶偏析现象是不好的。但有时这种快速的冷却却常常能用来浓缩混合物中某一组分的浓度。当快速冷却时, 固体组成的变化滞后。例如在 Au-Ag 的相图中, 组成为 a 点的熔液, 快速冷却时, 液相的组成可以超过 A_2 点而继续下降, 使液相中含较丰富的 Ag, 相对来说固相中就含有较丰富的 Au。

像 Au-Ag 在全部浓度范围内都能形成混合物的例子并不多见。一般来说, 只有当两个组分的粒子大小 (即原子半径的大小) 和晶体结构都非常相似的条件下, 在晶格内一种质点可以由另一种质点来置换而不引起晶格的破坏时, 才能构成这种系统。

属于这一类型者还有 $NH_4SCN - KSCN$, $PbCl_2 - PbBr_2$, $Cu - Ni$, $Co - Ni$ 系统等。

固态完全互溶的二组分相图, 也有出现最高点或最低点者, 如图 6.30 及图 6.31 所示。

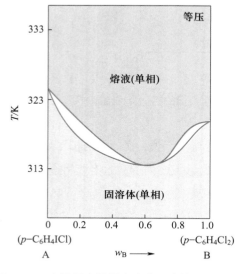

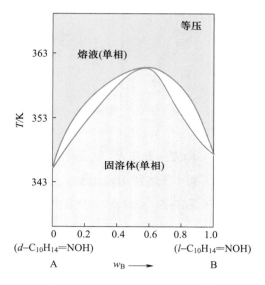

图 6.30　有最低点的固态完全互溶的二组分相图　　图 6.31　有最高点的固态完全互溶的二组分相图

符合图 6.30 者还有 $Na_2CO_3 - K_2CO_3$, $KCl - KBr$, $Ag - Sb$, $Cu - Au$ 系统等。符合图 6.31 者比较少见。

固态部分互溶的二组分相图

两个组分在液态可无限混溶, 而固态在一定的浓度范围内形成部分互溶的两相。对于这一类相图, 择其中的两种类型来讨论。

(1) 系统有一低共熔点　　如图 6.32 所示, AEB 线以上是熔液单相区, AE, BE 是液相组成曲线。$AHFJ$ 区是 B 溶解于 A 中形成的固溶体 (I), 是单相区, AJ 是固溶体 (I) 的组成曲线。$BCGI$ 区是 A 溶于 B 中形成的固溶体 (II), 也是单相区, BC 是固溶体 (II) 的组成曲线。AJE 区是固溶体 (I) 和熔液的两相共存区, ECB 区是固溶体 (II) 与熔液的两相共存区, $FJECG$ 区为固溶体 (I) 与 (II) 两相共存区, 在该区内系统分成两相, 这是两个互相共轭的固相 (conjugate solid phase), 其组成可分别从 JF 线和 CG 线上读出。

若系统从 a 点开始冷却, 则在 d 点后全部凝固。若从 j 点开始冷却, 最初析出的是固溶体 (I), 在继续冷却的过程中, 固相与液相的组成分别沿 iJ 线和 kE 线变化。到达 E 点的温度时, 熔液同时被固溶体 (I) 和 (II) 所饱和, E 点是低

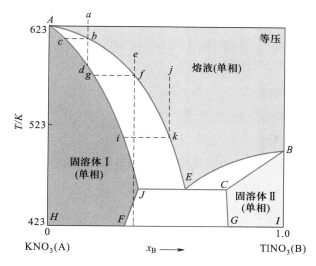

图 6.32 KNO₃ – TlNO₃ 的相图 (固态部分互溶且有低共熔点)

共熔点, 此时由 E, J, C 代表的三相平衡。此后若继续冷却, 则液相干涸, 固溶体 (Ⅰ) 和 (Ⅱ) 的组成分别沿 JF 线和 CG 线变化。

相图属于这一类的系统还有 KNO₃ – NaNO₃, AgCl – CuCl, Ag – Cu, Pb – Sb 系统等。

(2) 系统有一转熔温度 图 6.33 是 Hg – Cd 的相图。图中 BCE 区是固溶体 (Ⅱ) 与熔液的两相共存区, CDA 区是固溶体 (Ⅰ) 与熔液的两相共存区, $FDEG$ 区是固溶体 (Ⅰ) 与 (Ⅱ) 的两相共存区。在 455 K 时三相共存, 该温度即为**转熔温度** (peritectic temperature 或 incongruent melting point), 在此点有下述平衡

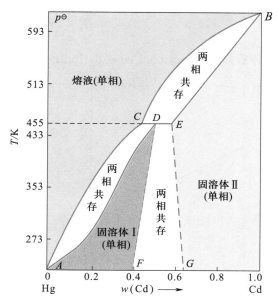

图 6.33 Hg – Cd 的相图 (固态部分互溶, 并有一转熔温度)

存在:

$$\text{固溶体}(\text{I}) \Longleftrightarrow \text{固溶体}(\text{II}) \Longleftrightarrow \text{熔液}$$
$$\text{(组成为 } D) \qquad \text{(组成为 } E) \qquad \text{(组成为 } C)$$

从 Hg-Cd 的相图可知, 在镉标准电池中, 镉汞齐电极中含 Cd 的质量分数要在 $0.05 \sim 0.14$ 的原因。在常温下, 此时系统处于熔液与固溶体 (I) 的两相平衡区, 就组分 Cd 而言, 它在两相中均有一定的浓度 (这两相也是共轭的)。此时, 即使系统中 Cd 的总量发生微小的变化, 也只不过改变两相的相对质量, 而不会改变两相的浓度。而标准电池的电动势只与镉汞齐的浓度有关, 因此电极电势在定温下可保持恒定的数值。

区域熔炼

由于科学技术不断发展, 对金属纯度的要求越来越高, 例如半导体材料锗和硅, 要求其纯度达 8 个 9 以上 (即 0.99999999 以上)。这样高的纯度, 用一般的化学方法是难以达到的。而区域熔炼 (zone melting) 则为制备高纯度物质提供了一种有效的方法。

由于微量杂质的存在, 金属 A 的熔点可以降低, 如图 6.34(a) 所示; 其熔点也可以升高, 如图 6.34(b) 所示。因为杂质不可能很多, 所以这些图都是放大的示意图。图中纵坐标代表温度, 横坐标表示杂质 B 的含量。在液相线和固相线之间是两相共存区。杂质在液相和固相中的浓度不同。如令 c_s 和 c_l 分别代表杂质在固相和液相中的浓度, 则

$$K_s = \frac{c_s}{c_l}$$

K_s 称为**分凝系数** (fractional coagulation coefficient)。图 6.34(a) 中 $K_s < 1$, 图

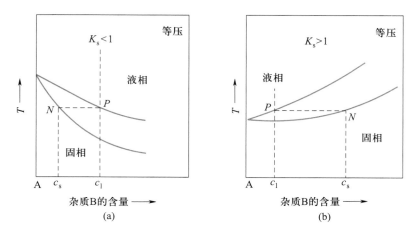

图 6.34   熔融液体凝固时固相中杂质含量的变化

6.34(b) 中 $K_s > 1$。

先讨论 $K_s < 1$ 的情况。

设将相当于 P 点的金属放在水平的管式炉中 (参看图 6.35), 管外绕以可以移动的加热环 (如可用高频加热环)。开始时, 把加热环放在最左端, 使该区的金属全部熔化成液体, 然后使加热环慢慢向右移动, 熔化区也慢慢随着向右移动。而最左端原先熔化的金属就渐渐再凝固。此时所析出的固相 N 中 [见图 6.34(a)] 杂质的含量就比原来金属中少。在 "再凝固区" 与熔化区的界面上, 杂质分配在液相的浓度恒比固相中大。所以, 随着熔化区向右端移动, 杂质也向右移动。当加热环移到最右端后, 再把它重新放到最左端, 重新使最左端的固体熔化, 同样使加热环右移, 这样在最左端析出的固体中杂质的含量又少了一些。如此多次重复上述手续, 就像一把扫帚一样, 最后能使杂质集中, "扫" 到最右端, 而在最左端则得到极纯的金属。所以, 对于 $K_s < 1$ 的系统, 其杂质向尾部集中。

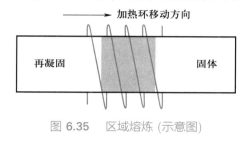

图 6.35　区域熔炼 (示意图)

对于 $K_s > 1$ 的系统, 其情况相反, 杂质集中于头部 (即最左端), 尾部为极纯的金属。

在硅中所有的杂质都是 $K_s < 1$, 所以经过区域熔炼后杂质集中在尾部。但在锗中, 硼和硅两种杂质的 $K_s > 1$, 其余杂质的 $K_s < 1$, 所以经过区域熔炼后的锗锭, 应除去前部和尾部后选用中间的部分。

应该指出, 区域熔炼的效率, 一方面取决于 K_s 的大小, 另一方面还取决于金属原来的纯度。原材料的纯度越高, 区域熔炼的效率也越高。所以, 在使用这种方法之前, 常常需要先用其他方法, 如化学法, 对原材料进行预处理以提高其纯度。

区域熔炼提纯也可用以提纯有机化合物。把有机化合物冷冻成固体, 然后进行区域熔炼。用这种方法得到纯度为 0.999 以上的有机化合物是很容易的, 这比一般的精馏法要好得多。如果重复熔炼, 也可把有机化合物提纯到 5 个 9 或 6 个 9 的纯度, 这更是精馏法所不能及的。

利用区域熔炼的方法, 也可使高聚物进行分级。高聚物的摩尔质量并不均一, 在一定范围内有一定的分布 (这种分布是决定高聚物性能的重要参数之一), 由于摩尔质量不同, 它们可以以不同的速度随熔化区而移动, 因此可以用区域熔炼法使之逐步分级。

6.6　三组分系统的相图及其应用

等边三角形坐标表示法

三组分系统 $C = 3$, $f + \Phi = 5$, 系统最多可能有四个自由度 (即温度、压力和两个浓度项), 用三维空间的立体模型已不足以表示这种相图。若维持压力不变, $f^* + \Phi = 4$, f^* 最多等于 3, 其相图可用立体模型表示。若压力、温度同时确定, 则 $f^{**} + \Phi = 3$, f^{**} 最多为 2, 可用平面图来表示。

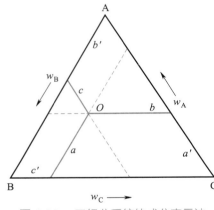

图 6.36　三组分系统的成分表示法

通常在平面图上用等边三角形 (对于水盐系统也常有用直角坐标表示者) 来表示各组分的浓度。如图 6.36 所示, 等边三角形的三个顶点分别代表纯组分 A, B 和 C。AB 线上的点代表 A 和 B 所形成的二组分系统, BC 线和 AC 线上的点分别代表 B 和 C, A 和 C 所形成的二组分系统。三角形内任一点都代表三组分系统。通过三角形内任一点 O, 引平行于各边的平行线 a, b 和 c, 根据几何学的知识可知, a, b 及 c 的长度之和应等于三角形一边之长, 即 $a + b + c = AB = BC = CA = 1$, 或

$$a' + b' + c' = 任一边的边长 = 1$$

因此, O 点的组成可由这些平行线在各边上的截距 a', b', c' 来表示。通常是沿着逆时针的方向 (但也有用顺时针方向者) 在三角形的三边上标出 A, B, C 三个组分的质量分数 (即从 O 点作与 BC 的平行线, 在 AC 线上得长度 a', 即为 A 的质量分数; 从 O 点作 AC 的平行线, 在 AB 线上得长度 b', 即为 B 的质量分数; 从 O 点作 AB 的平行线, 在 BC 线上得长度 c', 即为 C 的质量分数)。

用等边三角形表示组成, 有下列几个特点:

(1) 如果有一组系统, 其组成位于平行于三角形某一边的直线上, 则这一组系统所含由顶角所代表的组分的质量分数都相等。例如, 图 6.37 中代表三个不同系统的 d, e, f 三点都位于平行于底边 BC 的线上, 这三个系统中所含 A 的质量分数都相同。

(2) 凡位于通过顶点 A 的任一直线上的系统 (例如, 图 6.37 中 D 和 D' 两点所代表的系统), 其中 A 的含量不同 (D 中含 A 比 D' 中少), 但其他两组分 B 和 C 的质量分数之比相同。

这可由简单的几何关系来证明。图中 $\triangle AED'$ 与 $\triangle AFD$ 相似, 所以 $AE/AF = c''/c'$, 而 $ED'GB$ 和 $FDHB$ 均为等腰梯形。$c'' = BG$, $c' = BH$, 所以 $\dfrac{AE}{AF} = \dfrac{BG}{BH}$ 或 $\dfrac{AE}{BG} = \dfrac{AF}{BH}$, 即由 D' 和 D 两点所代表的系统中, 组分 B 和 C 的质量分数之比相同。

(3) 如果有两个三组分系统 D 与 E (图 6.38) 以任何比例混合所构成的一系列新系统, 其物系点必位于 D, E 两点之间的连线上。E 的量越多, 则代表新系统的物系点 O 的位置越接近于 E 点。杠杆规则在这里仍可使用, 即 $m_D \times \overline{OD} = m_E \times \overline{OE}$。可证明如下:

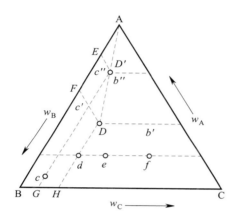

图 6.37　三组分系统组成表示法　　　图 6.38　三组分系统的杠杆规则

设 O, D, E 三点所代表的物系的质量分别为 m, m_D, m_E, 有

$$m = m_D + m_E$$

就组分 C 的含量而论, 系统中 C 的总量等于 m_D 和 m_E 中所含 C 的分量之和, 即

$$m \cdot \overline{ad} = m_D \cdot \overline{ab} + m_E \cdot \overline{af}$$

或

$$(m_D + m_E) \cdot \overline{ad} = m_D \cdot \overline{ab} + m_E \cdot \overline{af}$$

重排后得

$$m_D \cdot (\overline{ad} - \overline{ab}) = m_E \cdot (\overline{af} - \overline{ad})$$

$$\frac{m_D}{m_E} = \frac{\overline{df}}{\overline{bd}} = \frac{\overline{OE}}{\overline{OD}}$$

于是

$$m_D \cdot \overline{OD} = m_E \cdot \overline{OE}$$

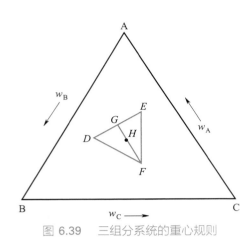

图 6.39   三组分系统的重心规则

(4) 由三个三组分系统 D, E, F (图 6.39) 混合而成的混合物, 其物系点在小三角形 DEF 内, 且可通过下法求得物系点的位置: 先用杠杆规则求出 D 和 E 两个三组分系统所成混合系统的物系点 G, 然后再依杠杆规则, 求出 G 和 F 所形成系统的物系点 H, H 点就是 D, E, F 三个三组分系统所构成的混合系统的物系点。

(5) 设 S 为三组分液相系统, 如果从液相 S 中析出纯组分 A 的晶体时 (图 6.38), 则剩余液相的组成将沿 AS 的延长线变化。假定在结晶过程中, 液相的浓度变化到 b 点, 则此时晶体 A 的量与剩余液体量之比, 等于线段 bS 与线段 SA 之比 (杠杆规则)。反之, 倘若在液相 b 中加入组分 A, 则物系点将沿 bA 的连线向接近 A 的方向移动。

对于三组分系统, 仅讨论几种比较简单的类型。以下的平面图均为定温定压下的相图。

部分互溶的三液体系统

这类系统中, 三对液体间可以是一对部分互溶的、两对部分互溶的或三对部分互溶的。

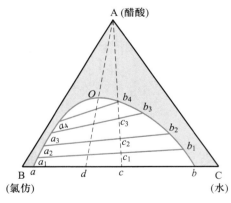

图 6.40   三对液体间有一对部分互溶的系统的相图

(1) 有一对部分互溶的系统   例如醋酸 (A)、氯仿 (B) 和水 (C) 所形成的系统。其中, A 和 B, A 和 C 均能以任意的比例互溶, 但 B 和 C 则只能有限度地互溶。如图 6.40 所示, B 和 C 的浓度在 Ba 或 bC 之间, 可以完全互溶, 组成介于 a 和 b 之间的系统分为两层, 一层是水在氯仿中的饱和溶液 (a 点), 另一层是氯仿在水中的饱和溶液 (b 点)。这对溶液称为共轭溶液。如在组成为 c 的双液系统中逐渐加入少许醋酸 (A), 由于醋酸在两层中并非等量分配, 因此代表两层浓度的各对应的点 $a_1b_1, a_2b_2, \cdots$ 的连线, 不一定和底边 BC 平行。这些连线称为连结线。如果已知物系点, 则可以根据连结线用杠杆规则求得共轭溶液数量的比值。继续加入 A, 物系点将沿 cA 线上升。由于醋酸的加入, 使得 B 和 C 的互溶度增加。当物系点接近 b_4 时, 含氯仿较多的一层 (接近 a_4) 数量渐减; 最后该层将逐渐消失, 系统进入帽形区以外, 成为单相区。在帽形区内系统分为两相, 其组成可由连结线的两端点读出。由图可见, 自下而上, 连结线越来越短, 两层溶液的组成逐渐靠近, 最后缩为一点 O。此时两层溶液的浓度完全一样, 两个共轭三组分溶液变成一个三组分溶液, O 点称为**等温会溶点** (isothermal consolute point) 或**褶点** (plait point)。曲线 aOb 则称为**双结点溶解度曲线** (binodal solubility curve), 或简称为双结线。

图 6.40 是定温下的相图。若以温度为垂直于纸面的坐标, 升高温度后不互溶的区域将逐渐缩小。图 6.41 中 $a'D'b'$ 是较高温度下的双结线。若温度继续升高, 曲线可缩成一点 K (K 点的投影位置随系统不同而不同)。把很多等温线组合起来, 便构成空间中的一个曲面。

每一个等温线有一个等温会溶点, 把等温会溶点连接起来, 便得到一条空间中的曲线。如果把立体模型中的等温线投影在平面上, 便得到图 6.42。相图属于这一类的系统还有乙醇 (A) – 苯 (B) – 水 (C) 等。

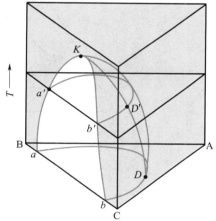

图 6.41　三液体有一对部分互溶的温度 – 组成图　　图 6.42　截面的投影图

(2) 有两对部分互溶的系统　图 6.43 是乙烯腈 (A) – 水 (B) – 乙醇 (C) 的相图。在 aDb 和 cFd 区域内两相共存, 各相的成分可自连结线上读出。在上述两个区域以外, 系统均为单相区。当温度降低时, 不互溶的区域逐渐扩大, 最后可互相叠合, 如图 6.44 所示, 在 $abdc$ 区中, 系统分为两相, 其他区域则均为单相。

(3) 有三对部分互溶的系统　图 6.45 是乙烯腈 (A) – 水 (B) – 乙醚 (C) 在定温定压下的相图, 三个有蓝色线连接的区域表示系统分为两相, 其余区域表示系统完全互溶。如果温度降得相当低, 三个不互溶区逐渐扩大, 便形成图 6.46。图 6.46 中区域 1 是单相, 区域 2 是两个液相共存区 (共轭线未画出), 中间的区域 3 是三个液相共存区。该三液相的成分由 D, E, F 三点来表示。因为根据相律, 当三相共存时, $f^{**} = 0$, 故三个相的浓度不能改变 (但三个相的相对数量根据

406   第六章   相平衡

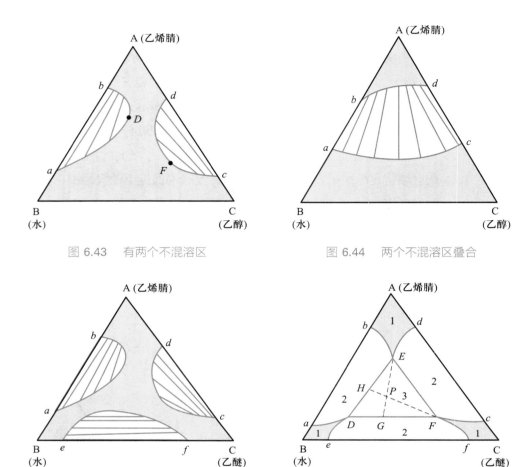

图 6.43   有两个不混溶区   图 6.44   两个不混溶区叠合

图 6.45   有三个不混溶区   图 6.46   三个不混溶区叠合

物系点的位置不同是可以改变的)。设若物系点在 P 点, 连接 E 点与 P 点, 并延长至 G 点, 连接 F 点与 P 点并延长到 H 点, 则三个相的相对质量之比, 仍可使用杠杆规则获得。即

$$\frac{m(D, l)}{m(E, l)} = \frac{\overline{HE}}{\overline{DH}}$$

$$\frac{m(D, l)}{m(F, l)} = \frac{\overline{GF}}{\overline{DG}}$$

式中 $m(D, l)$ 代表组成为 D 的液相的质量 (余类同)。

上述部分互溶系统的相图在液-液萃取过程中有重要的应用。例如, 芳烃和烷烃的分离, 在工业上就常采用液-液萃取法。

石油原油在常减压装置中初馏至 418 K, 得到轻汽油馏分。然后, 以此为原料进行铂重整, 即经过铂催化剂使分子内部发生结构的重新排列。铂重整的目的是得到较多的芳烃。铂重整的主要反应是环烷脱氢、烷烃环化脱氢、五元环烷异构化脱氢 (这些都是生成芳烃的反应), 此外还有烷烃的异构化和加氢裂化反应等。经铂重整后的产物再经预处理后, 其中含芳烃

($C_6 \sim C_8$) 的质量分数为 $0.3 \sim 0.5$, 非芳烃 ($C_6 \sim C_9$) 的质量分数为 $0.5 \sim 0.7$。由于这些产品的沸点相差不大, 且有共沸现象, 用蒸馏的方法难以分开。工业上一般采用溶剂萃取。常用的溶剂为二乙二醇醚 (其中含水 $0.05 \sim 0.08$)。

芳烃、非芳烃以及溶剂都是混合溶液, 它的组分数实际上大于 3。但为了讨论简便, 以苯作为芳烃的代表, 以正庚烷作为非芳烃的代表, 以二乙二醇醚为溶剂, 用三组分相图来说明工业上的连续多级萃取过程。

图 6.47 是苯 (A) − 正庚烷 (B) − 二乙二醇醚 (S) 在标准压力和 397 K 时的相图 (示意图)。由图可见, A 与 B, A 与 S 在给定的温度下都能完全互溶, B 与 S 则部分互溶。

设原始 A 与 B 组分的组成在 F 点, 加入溶剂 S 后, 系统沿 FS 线向 S 方向变化; 当总组成为 O 点时, 原料液与所用溶剂 (S) 的数量比可按杠杆规则计算。此时系统分为两相, 两相的组成分别为 x_1 和 y_1 (由通过 O 点的连结线的两个端点表示)。如果把这两层溶液分开, 分别蒸去溶剂, 则得到由 G, H 点所代表的两个溶液 (G 点在 Sy_1 的延长线上, H 点在 Sx_1 的延长线上)。这就是说, 经过一次萃取并除去溶剂后, 就能把 F 点的原溶液分成 H 和 G 两个溶液, G 中含苯比 F 多, H 中含正庚烷比 F 多。如果对浓度为 x_1 的那层溶液再加入溶剂进行第二次萃取, 此时的物系点将沿 x_1S 向 S 方向而变化, 设到达 O' 点, 此时系统呈两相, 其组成分别为 x_2 和 y_2。显然, x_2 所代表的系统中所含正庚烷又较 x_1 中的多。如此反复多次, 最后可得基本上不含苯的正庚烷, 从而实现了分离。工业上, 上述过程是在萃取塔中进行的 (如图 6.48 所示, 在塔中有多层筛板), 萃取剂二乙二醇醚从塔上部进料, 混合原料液从塔下部进料, 依靠密度的不同, 在塔内上升和下降的液相充分混合, 反复萃取, 最后芳烃就不断地溶解在二乙二醇醚中, 在塔底作为萃取相排出, 脱除芳烃的烷烃则作为萃余相从塔顶送出。

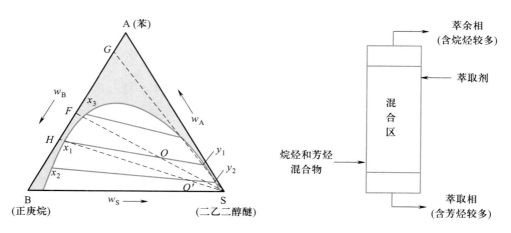

图 6.47 萃取过程的示意图 图 6.48 芳烃和烷烃的萃取分离示意图

二固体和一液体的水盐系统

属于此类的系统很多, 在本节中只讨论几种简单的类型, 且只讨论在两种盐类之中有一共同离子者, 否则由于交互作用可形成多于三个物种的系统 (如

NaNO₃ 与 KCl, 可以生成 NaCl 和 KNO₃, 这种系统又称为三元交互系统)。

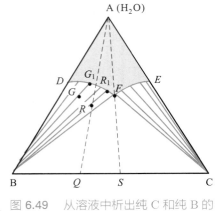

图 6.49　从溶液中析出纯 C 和纯 B 的相图

(1) 固态组分是 B, C, 另一组分是 H₂O　如图 6.49 所示, A 代表 H₂O, B 和 C 分别代表两种固体盐。D 和 E 表示该温度下纯 B 和纯 C 在水中饱和溶液的浓度。若在已经饱和了 B 的水溶液中加入组分 C, 则饱和溶液的浓度沿 DF 线改变。同样, 若在已经饱和了 C 的水溶液中加入组分 B, 则饱和溶液的浓度沿 EF 线改变。

DF 线是 B 在含有 C 的水溶液中的溶解度曲线。

EF 线是 C 在含有 B 的水溶液中的溶解度曲线。

F 点是三相点, 溶液中同时饱和了 B 和 C。

$ADFE$ 区域是不饱和溶液的单相区。

在 BDF 区域内, 固态纯 B 与其饱和溶液呈两相平衡。设系统的物系点为 G, 作 BG 连线并延长与 DF 相交于 G_1, G_1 点表示在含有 C 的溶液中 B 的饱和浓度, BG_1 线称为连结线。

在 CEF 区域内, 纯 C 和其饱和溶液两相平衡 (溶液中含有不饱和的 B)。

在 BFC 区域内, 固态纯 B、纯 C 和组成为 F 的饱和溶液三相共存 (此时溶液同时被 B 和 C 所饱和)。

相图属于这一类型的系统有 NH₄Cl−NH₄NO₃−H₂O, KNO₃−NaNO₃−H₂O, NaCl − NaNO₃ − H₂O, NH₄Cl − (NH₄)₂SO₄ − H₂O 等。

利用这类相图, 可以初步讨论一些有关盐类纯化方面的问题。例如, 若有固态 B 和 C 的混合物, 其组成相当于图 6.49 中的 Q 点, 今欲从其中把纯 B 分离出来。为此, 可以加水使系统的总组成 (即物系点) 沿 QA 线改变。当物系点进入 BDF 区后 (如 R 点), C 完全溶解, 余下固态纯 B 与饱和溶液两相共存。过滤并冲洗晶体, 然后使之干燥, 原则上就可得到固态纯 B。根据杠杆规则, 在加水溶解 (或稀释) 的过程中, 当物系点进入 BDF 区域后, 物系点越是接近于 BF 线, 则所得到的固体 B 的量越多。如果起初物系点在 AS 线之右 (连接 AF, 并延长直到与 BC 线相交于 S 点得 AS 线), 则无论用稀释还是浓缩法, 只能得到纯 C。同理, 若物系点在 AS 线之左, 则只能得到纯 B。有时为了要改变物系点的位置, 除了稀释、蒸发之外, 还可以加入固态纯 B 或 C 或含盐的水溶液, 以改变物系点的位置。

图 6.49 是水盐系统中最简单的相图, 在以下的几个图中常常包含此类相图。

(2) 有复盐形成的系统　B, C 两种盐类能化合成复盐 (B$_m$C$_n$), 图 6.50 中, 复盐用 D 点表示。FG 线为复盐在水溶液中的溶解度曲线, EF 线和 GH 线分别为 B 和 C 在水中的溶解度曲线, F 点和 G 点是三相点, 前者是溶液被固态的 B 和复

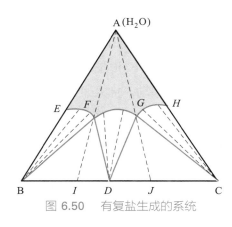

图 6.50　有复盐生成的系统

盐所饱和, 后者是溶液被固态的 C 和复盐所饱和。BFD 区域是固态 B、固态复盐 D 与其饱和溶液的三相平衡区。同样, CGD 区域是固态 C、固态复盐 D 及其饱和溶液的三相平衡区。$AEFGH$ 区域是不饱和溶液的单相区。关于连结线的说明与前一节相同。如连接 DA, 把 ABC 分成两半, 每一半都相当于一个简单的如图 6.49 所示的相图。

如果复盐的组成落在 I, J 之间 (I 点和 J 点分别是 AF 线和 AG 线的延长线与底边的交点), 则当复盐加水后, 物系点沿 D 与 A 的连线上升, 进入 FDG 区域可以得到纯的复盐和溶液。如果代表复盐组成的物系点在 B, I (或 J, C) 之间, 则当复盐逐渐加水, 在没有进入不饱和区以前, 必将与 BF 线 (或 GC 线) 相遇而发生分解 (读者试作图并说明稀释或浓缩过程中相的变化)。

相图属于这一类型的三组分系统有 $NH_4NO_3 - AgNO_3 - H_2O$, 所形成的复盐为 $(NH_4NO_3 \cdot AgNO_3)$; $Na_2SO_4 - K_2SO_4 - H_2O$, 所形成的复盐为 $3K_2SO_4 \cdot Na_2SO_4$ (又称为硫酸钾石) 等。

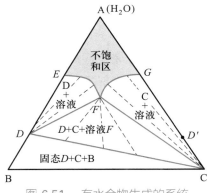

图 6.51　有水合物生成的系统

(3) 有水合物生成的系统　设组分 B 形成水合物。图 6.51 中 D 点表示水合物的组成, E 点是水合物在纯水中形成饱和溶液的组成点, EF 线是水合物在含有 C 的溶液中的溶解度曲线, F 是三相点, 此时溶液同时被 D 和 C 所饱和。在 DC 线以上, 其图形与 6.49 图相似。在 DC 线以下的 BDC 区域内, 三个固态 D, B, C 同时共存。

相图属于这一类型的系统有 $Na_2SO_4 - NaCl - H_2O$ (水合物为 $Na_2SO_4 \cdot 10H_2O$) 等。

如果组分 C 也形成水合物, 则 FGC 区域的连结线在 G, C 之间的某一点相交, 例如想象是 D' 点, 作 DD' 线。在 DD' 线以上相图类似图 6.49。DD' 线以下, 则得到四边形 $DD'CB$, 该四边形可以用对角线 BD' 或 DC 分成两个三角形。究竟哪一条对角线是稳定的, 只有通过实验来确定。属于这样的系统有 $MgCl_2 - CaCl_2 - H_2O$, 在 273 K 所形成的水合物为 $MgCl_2 \cdot 6H_2O$, $CaCl_2 \cdot 6H_2O$。

上述各节中已经讲过了相图的一些应用, 现在再以 $NaNO_3 - KNO_3 - H_2O$ 的相图 (见图 6.52) 为例, 利用不同温度下的相图逐步进行循环以达到分离的目的。图中 D 是 298 K 时的三相点, D'' 是 373 K 时的三相点, $M''D''$ 和 $D''L''$ 分别是 373 K 时 B 和 C 的饱和浓度曲线。该相图可分为以下两种情况来讨论。

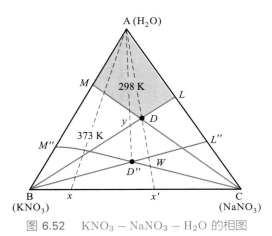

图 6.52　$KNO_3 - NaNO_3 - H_2O$ 的相图

(1) 系统中含 KNO_3 较多的情况　设图中 x 点的组成: KNO_3 的质量分数等于 0.75, $NaNO_3$ 的质量分数为 0.25。在 298 K 时加水使之溶解, 物系点沿 xA 线向 A 点移动。加入足够的水后, 使物系点进入 $M''D''$ 线以上的 MDB 区域。此时, $NaNO_3$ 全部溶解, 剩余的固体是 KNO_3, 但其中可能混有不溶性杂质如泥沙等。这时, 加热到 373 K, 在该温度时, 物系点位于液相区, 在高温下滤去杂质, 再把滤液冷到 298 K, 即有 KNO_3 的晶体析出。

(2) 系统中含 KNO_3 较少的情况　例如, 图中 x' 点的组成: KNO_3 的质量分数等于 0.3, $NaNO_3$ 的质量分数为 0.7。加水不能使物系点进入 KNO_3 的结晶区。但可以设法先去掉一些 $NaNO_3$, 以获得含钾较丰富的溶液。方法是, 加水并升温至 373 K, 使物系点恰好进入该温度的 $NaNO_3$ 结晶区 ($L''D''C$), 在图中设用 W 点表示 (实际上 W 点应稍高于 $D''C$ 线), 此时 KNO_3 全部溶解, 沉积的固体则为 $NaNO_3$。在 373 K 时滤去 $NaNO_3$, 得到组分为 D'' 的溶液, 其中含 KNO_3 较原来多, 但是在冷却后, 因 D'' 点在 298 K 的三相区, 仍得不到纯 KNO_3。所以, 需要再加水使物系点进入 298 K 的 KNO_3 结晶区, 设为 y 点 (实际上 y 点应稍高于 BD 线), 然后再冷却到 298 K 就有 KNO_3 析出, 所余母液的组成为 D。

经上述两个步骤, 初步分离了一部分 KNO_3 和 $NaNO_3$, 剩下的母液 D 可以再循环使用。

用母液 D 来溶解原料 (即 KNO_3 和 $NaNO_3$ 的混合物, 其中 KNO_3 和 $NaNO_3$ 的质量分数分别为 0.3 和 0.7) 使物系点移到 W 点, 然后再加热到 373 K 以除去固态 $NaNO_3$, 此时溶液的浓度为 D''。以后的操作与上述相同。这就构成一个沿 $WD''yD$ 的循环, 每循环一次就用掉一些原料, 得到一些纯固体的 KNO_3 和 $NaNO_3$ 以及浓度为 D 的母液。

在上述的循环操作中, 实际上少量的其他可溶性杂质可能聚积在母液里, 故循环到一定程度, 必须对母液加以处理。

总之, 在分离或提纯盐类的过程中, 总是希望使物系点进入所需要的区域。常用的方法是: 蒸发 (去水)、稀释 (加水)、加入一种盐或盐溶液、变更温度等。这几种方法在以上的示例中都用过了。前三种方法可以使物系点在相图中的位置移动, 后一种方法不变更物系点的位置, 但因温度改变, 相图的图形变化, 同样可以达到分离或提纯的目的。

三组分低共熔系统的相图

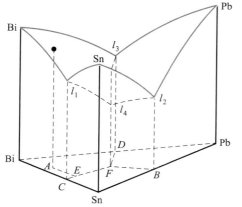

图 6.53　Bi–Sn–Pb 三组分低共熔系统相图

图 6.53 是 Bi–Sn–Pb 三组分低共熔系统相图, 纵坐标是温度。这个棱柱体的三个竖直面, 各代表一个二组分的简单低共熔系统的相图, 如右前方代表 Sn–Pb 的二组分相图, 它有一个低共熔点 l_2; 左前方代表 Bi–Sn 的二组分相图, 它有一个低共熔点 l_1; 后面代表 Bi–Pb 的二组分相图, 它有一个低共熔点 l_3。这三种组分在液相可完全互溶, 而在固相完全不互溶。

如开始时 Sn–Pb 系统已在 l_2 点 (l_2 是 Sn–Pb 系统的低共熔点), 当加入第三组分 Bi 后, 系统成为三组分系统, l_2 点将沿 l_2l_4 线下降, 达到 l_4 点时开始有固态 Bi 析出。同理, 在 Bi–Pb 系统的低共熔点 l_3 点, 当加入 Sn 后, l_3 点将沿 l_3l_4 线下降, 到达 l_4 点时, 开始有固体 Sn 析出。同样, 在 Bi–Sn 系统的低共熔点 l_1 点, 当加入 Pb 后, l_1 点将沿 l_1l_4 线下降, 到达 l_4 点时开始有固态 Pb 析出。l_2l_4, l_3l_4, l_1l_4 三条线汇聚于 l_4 点, 在该点四相共存, 即 Sn(s)–Pb(S)–Bi(s)–熔液四相同时平衡, l_4 点是三组分系统的低共熔点。

l_1l_4, l_2l_4, l_3l_4 三条线和三条纵轴 (分别代表纯物升温) 在空间中构成三个曲面, 在曲面 Bi–$l_3l_4l_1$ 上, 熔液和 Bi(s) 平衡, 在曲面 Pb–$l_2l_4l_3$ 上, 熔液和 Pb(s) 平衡, 在曲面 Sn–$l_1l_4l_2$ 上, 熔液和 Sn(s) 平衡。在上述三个曲面之上的空间, 则是单相的熔液。

设系统开始时是任一组成的熔液, 当冷却后, 根据这个相图就知道它在什么温度开始有什么固体析出。

通常使用立体图在底面上的投影图更为方便, 图 6.54 是图 6.53 的等温截面图在底面上的投影图。设熔液的最初的组成相当于图上的 A 点。当从高温冷却时, 在大约 470 K 时碰到 Bi–$l_1l_4l_3$ 曲面, 开始析出 Bi 的晶体, 由于晶体 Bi 的析出, 剩下的液态熔化物的组成将发生变化, 但它所含的 Sn 和 Pb 的相对比例不变, 所以熔化物的组成将沿 Bi–A 的延长线移动, 直至到达 E 点, E 点在 l_1l_4 线上, 所以又开始析出 Sn。再继续冷却, Bi 和 Sn 的晶体将同时析出, 熔化物的组成沿 l_1l_4 线下降, 直至到达三组分低共熔点 l_4, 又开始析出 Pb。此时系统是四相平衡。若继续冷却, 系统就在 l_4 (即 F 点) 全部凝固。上述冷却路线在图中用箭头表示。

相图的类型很多, 我们不可能一一介绍。通过以上对简单相图的分析, 应了

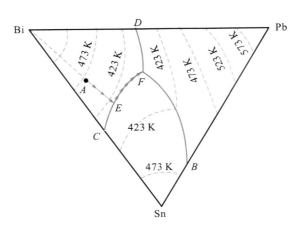

图 6.54   简单三组分系统的三角形状态图

解绘制相图的方法, 能看懂一些相图, 并能初步了解如何利用相图来解决一些实际问题。

本章所涉及的仅只是多相系统 T, p, x 和相的形态之间的关系。系统的性质远不止这些。例如, 一个平衡系统的物理化学性质 (ε) 可以是电阻、折射率、旋光度、热膨胀系数、硬度、黏度等, 这些性质都与温度、压力、浓度有关。这种依赖关系可以用表格的方式把具体的数据表达出来, 但表格的缺陷是缺乏明显性, 直接看不出变化的大小趋势, 有时还要利用内插法, 这样就易于引入误差。而当性质的变化不规则时, 更不易说明问题。另一种办法是表达为函数的形式, 即 $\varepsilon = f(x_1, x_2, \cdots, x_{k-1}, T, p)$。有了一定的公式, 便于求微分和积分, 但若性质的变化不连续, 公式的形式就要改变。而且遗憾的是, 在大多数情况下, 函数中的一些常数项不知道, 需要大量的实验数据才能进行总结。计算机广泛应用后, 对此类计算提供了极大的方便, 只要根据一定量的实验数据, 设计计算模型和程序, 就能很方便地求出模型中的经验常数。第三种方法是用图的方式来表达, 用物理的方法研究系统性质和组成的关系, 并用图来表示这种变化关系, 这种研究方法有时也叫作物理化学分析。研究系统的性质与组成的关系, 不仅有理论上的意义, 而且有很大的实用价值。例如, 随着工业的发展, 需要各种特殊的材料, 像耐高温材料、特殊合金等, 组成–性质图很有助于掌握制造这些材料的过程。

我们还要强调实践第一的观点, 相图都是根据一定的实验数据绘制出来的, 到目前为止, 根据理论的计算来绘制多组分系统相图的工作做得还不多。多组分系统的问题比较复杂, 相图只是从宏观的角度反映了系统某些性质之间的一些联系, 而要真正了解现象的本质, 单单依靠现象之间的外部联系还不够, 还必须在详细掌握资料的基础上, 根据物质结构的知识进一步深入探讨组分间的相互作用关系。

*直角坐标表示法

对于三组分系统, 除了用等边三角形的表示法之外, 还可以用直角坐标表示。通常用于含有相同正离子 (或相同负离子) 的水盐系统。图 6.55 是定温下 $H_2O-NaCl-KCl$ 三组分系统的直角坐标表示法, 图中直角坐标的原点 A 代表纯溶剂 (H_2O), 纵轴代表 NaCl 在水中的溶解度, 横轴代表 KCl 在水中的溶解度。溶解度通常以 100 g (或 1000 g) 水中溶解的 NaCl (或 KCl) 的质量 (单位 g) 表示, 溶剂的质量是固定的。

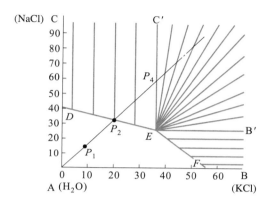

图 6.55　定温下三组分系统的直角坐标表示法

DE 线为含有 KCl 的溶液中 NaCl 的溶解度曲线;

EF 线为含有 NaCl 的溶液中 KCl 的溶解度曲线;

E 点是三相点, 溶液同时被 NaCl 和 KCl 所饱和;

$CDEC'$ 区域是固体 NaCl 与其饱和溶液 (溶液中含有 KCl) 的两相平衡区;

$BFEB'$ 区域是固体 KCl 与其饱和溶液 (溶液中含有 NaCl) 的两相平衡区;

$B'EC'$ 区域是溶液同时被 NaCl 和 KCl 所饱和的三相平衡区;

$ADEF$ 区域是单相的不饱和区。

若系统原来的物系点在 P_1 点 (系统处于单相不饱和区), 则浓缩时物系将沿 AP_1 的延长线向右上方移动。到 P_2 点时, 溶液被 NaCl 饱和, 在 P_2P_4 线上, 有固态 NaCl 析出。通过 P_4 点进入 $C'EB'$ 三相区, KCl 开始析出, 溶液同时被 NaCl 和 KCl 饱和。

直角坐标表示法也可用于设计如何从混合溶液中析出某一种盐的过程。

例如, 希望从 NaCl-KCl 的水溶液中分离出纯 KCl 固体。图 6.56 是 10 ℃ 和 100 ℃ 时 $H_2O-NaCl-KCl$ 系统的相图。图中各点、线的意义与图 6.55 相同, 只是 cE,bE 表示 10 ℃ 时的相平衡状态, 而 $c'E',b'E'$ 表示 100 ℃ 时的相平衡状态。若在 100 ℃ 时的物系点为 E' 点 (此时溶液被两种盐所饱和), 从 100 ℃

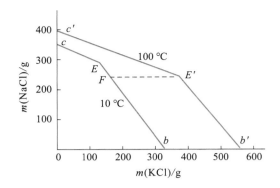

图 6.56   10 ℃ 和 100 ℃ 时 $H_2O - NaCl - KCl$ 系统的相图

冷却到 10 ℃ 的过程中, 不断有 KCl 析出, 物系点沿水平线 $E'F$ 左移, 但却没有 NaCl 析出, 从而达到纯化或浓缩的目的.

直角坐标表示法也有不足之处. 例如, 纯 NaCl 和纯 KCl 所组成的二组分系统在图中无法表示, 杠杆规则在图上也无法使用.

*6.7   二级相变

在以上所讲的相变, 如气相、液相和固相间的转变过程中 (如蒸发、熔化、升华等), 有焓的变化 (即有相变热)、比体积的突变和熵的变化, 即 $\Delta H \neq 0$, $\Delta V \neq 0$, $\Delta S \neq 0$ (后两者表示化学势的一级偏微分不等于零. 在相变过程中 $\Delta H = T\Delta S$, 因 $\Delta H \neq 0$, 所以 $\Delta S \neq 0$).

对于常见的相变, 当两相平衡时, 有

$$相 (\text{I}) \xrightleftharpoons[\mu_1 = \mu_2]{T,p} 相 (\text{II})$$

$$V_1 \neq V_2 \quad 即 \quad \left(\frac{\partial \mu_1}{\partial p}\right)_T \neq \left(\frac{\partial \mu_2}{\partial p}\right)_T$$

$$S_1 \neq S_2 \quad 即 \quad \left(\frac{\partial \mu_1}{\partial T}\right)_p \neq \left(\frac{\partial \mu_2}{\partial T}\right)_p$$

如图 6.57(a) 所示, 图中 T_Φ 为相变温度. 在相变过程中, $V_1 \neq V_2$, $H_1 \neq H_2$, $S_1 \neq S_2$, $C_{p,1} \neq C_{p,2}$, 化学势对温度的偏微分也是不连续的. 这种相变又称为 **一级相变** (first order phase transition), 这类相变过程中压力与温度的关系可由

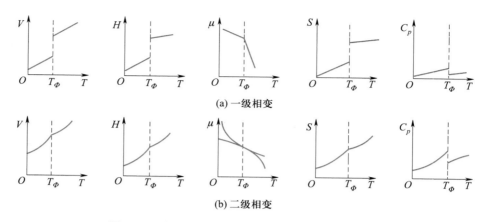

图 6.57 相变过程中化学势及其一级偏微分的变化

Clapeyron 方程式表示, 即

$$\frac{\mathrm{d}p}{\mathrm{d}T} = \frac{\Delta H}{T\Delta V}$$

实验中发现有另一类相变, 在相变过程中, 既没有焓变, 比体积也不改变, 但物质的膨胀系数 α, 压缩系数 κ 和热容发生突变。根据热力学的关系式:

$$C_p = \left(\frac{\partial H}{\partial T}\right)_p = -T\left(\frac{\partial^2 \mu}{\partial T^2}\right)_p$$

$$\alpha = \frac{1}{V}\left(\frac{\partial V}{\partial T}\right)_p = \frac{1}{V}\left[\frac{\partial}{\partial T}\left(\frac{\partial \mu}{\partial p}\right)_T\right]_p$$

$$\kappa = -\frac{1}{V}\left(\frac{\partial V}{\partial p}\right)_T = -\frac{1}{V}\left(\frac{\partial^2 \mu}{\partial p^2}\right)_T$$

则这类相变的特点可表示为

$$\mu_2 = \mu_1 \qquad H_1 = H_2$$

$$V_2 = V_1 \qquad \text{即} \quad \left(\frac{\partial \mu_2}{\partial p}\right)_T = \left(\frac{\partial \mu_1}{\partial p}\right)_T$$

$$S_2 = S_1 \qquad \text{即} \quad \left(\frac{\partial \mu_2}{\partial T}\right)_p = \left(\frac{\partial \mu_1}{\partial T}\right)_p$$

$$C_{p,2} \neq C_{p,1} \qquad \text{即} \quad \left(\frac{\partial^2 \mu_2}{\partial T^2}\right)_p \neq \left(\frac{\partial^2 \mu_1}{\partial T^2}\right)_p$$

$$\alpha_2 \neq \alpha_1 \qquad \text{即} \quad \left[\frac{\partial}{\partial T}\left(\frac{\partial \mu_2}{\partial p}\right)_T\right]_p \neq \left[\frac{\partial}{\partial T}\left(\frac{\partial \mu_1}{\partial p}\right)_T\right]_p$$

$$\kappa_2 \neq \kappa_1 \qquad \text{即} \quad \left(\frac{\partial^2 \mu_2}{\partial p^2}\right)_T \neq \left(\frac{\partial^2 \mu_1}{\partial p^2}\right)_T$$

也就是说, 化学势的二级偏微分所代表的性质发生了突变。为区别于前一类相变, Ehrenfest 把前一类相变称为一级相变, 把后一类相变称为**二级相变** (second order phase transition)。这两类相变的主要区别是: 在第一类相变过程中, 两相的化学势相等, 但其偏微分不等。而在第二类相变过程中, 两相的化学势相等, 化学势的一级偏微分也相等, 但化学势的二级偏微分不相等。

在二级相变过程中, $\Delta H = 0$, $\Delta V = 0$, Clapeyron 方程式失去意义。在这种相变过程中, 压力和温度的关系可从二级相变的现象出发, 即从 $V_1 = V_2$, $S_1 = S_2$ 出发来讨论。

当两相在相同的 p 和 T 的情况下达到平衡时, 此时比体积不变, $V_1 = V_2 = V$, 而在 $p + \mathrm{d}p$ 和 $T + \mathrm{d}T$ 的情况下达平衡时应有 $V_1 + \mathrm{d}V_1 = V_2 + \mathrm{d}V_2$, 即 $\mathrm{d}V_1 = \mathrm{d}V_2$。由于 V 是 T, p 的函数, 故

$$\mathrm{d}V_1 = \left(\frac{\partial V_1}{\partial T}\right)_p \mathrm{d}T + \left(\frac{\partial V_1}{\partial p}\right)_T \mathrm{d}p = \alpha_1 V_1 \mathrm{d}T - \kappa_1 V_1 \mathrm{d}p$$

$$\mathrm{d}V_2 = \left(\frac{\partial V_2}{\partial T}\right)_p \mathrm{d}T + \left(\frac{\partial V_2}{\partial p}\right)_T \mathrm{d}p = \alpha_2 V_2 \mathrm{d}T - \kappa_2 V_2 \mathrm{d}p$$

因为 $\mathrm{d}V_1 = \mathrm{d}V_2$, 所以等式右方相等, 整理后可得

$$\frac{\mathrm{d}p}{\mathrm{d}T} = \frac{\alpha_2 - \alpha_1}{\kappa_2 - \kappa_1} \tag{6.26}$$

同样, 当两相平衡时, $\mathrm{d}S_1 = \mathrm{d}S_2$, 因为 S 是 T, p 的函数, 故

$$\mathrm{d}S_1 = \left(\frac{\partial S_1}{\partial T}\right)_p \mathrm{d}T + \left(\frac{\partial S_1}{\partial p}\right)_T \mathrm{d}p = \frac{C_{p,1}}{T} \mathrm{d}T - \alpha_1 V_1 \mathrm{d}p$$

$$\mathrm{d}S_2 = \left(\frac{\partial S_2}{\partial T}\right)_p \mathrm{d}T + \left(\frac{\partial S_2}{\partial p}\right)_T \mathrm{d}p = \frac{C_{p,2}T}{\mathrm{d}} \mathrm{d}T - \alpha_2 V_2 \mathrm{d}p$$

上两式等式右方相等, 整理后得

$$\frac{\mathrm{d}p}{\mathrm{d}T} = \frac{C_{p,2} - C_{p,1}}{TV(\alpha_2 - \alpha_1)} \tag{6.27}$$

式 (6.26) 和式 (6.27) 称为 **Ehrenfest 方程式**, 是二级相变的基本方程式。

下面的几个例子属于二级相变。

1. 氦 (I) 和氦 (II) 的转变

液氦 (^{4}He) 的正常沸点是 4.2 K, 其汽化曲线的斜率 ($\mathrm{d}p/\mathrm{d}T$) 与多数的液体一样是正值, 即蒸气压随温度的降低而降低。若用真空泵抽去液氦上的蒸气, 则沸点下降 (类似于减压蒸馏)。在压力降低过程中, 可以观测到液氦 (^{4}He) 的蒸发和沸腾 (蒸发一般是指液面上的汽化, 而沸腾则是指液面下内部的液体也开始汽化, 在液面及液体内部产生许多气泡而呈激烈的沸腾状态)。但当液氦的沸点降低到 2.17 K 时, 液氦的沸腾突然停止, 整个液体变得非常平静, 而沸腾与静止状态

之间的温差仅仅在 0.01 K 之内。这是一个突变, 测定在这个温度附近系统的其他物理性质, 如压缩系数、热膨胀系数和热容等, 发现这些量在 2.17 K 附近都发生突变。图 6.58 是液体氦 (^{4}He) 的 $C_p - T$ 图, 曲线的形状很像希腊字母 "λ", 故称为 λ 曲线, 对应的相变也称为 **λ 相变** (λ transition)。在 λ 相变中, 没有体积的变化, 也没有相变热 (即无焓变)。这种相变不同于一般相变, 故称为二级相变。在高于 λ 点的液氦称为液氦 I, 低于 λ 点的液氦称为液氦 II。进一步发现, 在常压下即使温度接近 0 K, 氦 (^{4}He) 也不会变成固体, 只有加压到大气压力的 25 倍以上, ^{4}He 才有可能被固化。

　　图 6.59 是氦 (^{4}He) 的相图。从 C 点 (图中上面的三相点) 沿 λ 线从液氦 I 到液氦 II 的转变是一级相变, 而在 λ 点上两个液相间的转变是二级相变 ($\Delta V = 0, \Delta S = 0$), 在 λ 点上两个液相和气相三相共存。在图 6.59 中, 几个特殊点的温度和压力分别为: λ 点, 2.17 K, 5036 Pa; A 点 (正常沸点), 4.2 K, 101.325 kPa; B 点 (临界点), 5.20 K, 228 kPa; C 点 (上三相点, 1.76 K, 3×10^3 kPa)。在温度低于 T_λ 时, 液氦 II 的黏度几乎为零, 有特殊的流动性, 故称为**超流体** (super fluid)。流体 (包括气体和液体) 都具有黏度, 通常液体的黏度大于气体的黏度。Poiseuille 定律指出, 流过管径较小的流体, 流速与管径的平方成正比, 与管子两端的压差成正比, 而与液体的黏度成反比。即管子越细, 流速越小; 黏度越大, 流体的流速越小。而一般液体的黏度随温度的降低而增加。但在用管径为 7×10^{-5} cm 的毛细管测量液氦的流速时, 发现在 λ 点以上, 流速随温度的下降而下降, 这符合一般规律。但当温度降到 λ 点时, 流速突然增大, 并且随着温度的降低而迅速增大; 另外流速不仅不随毛细管管径的减小而减小, 反而流速更大, 即使容器壁有非常细微的裂纹也能畅通无阻。此时液氦 II 的黏度几乎等于零, 故称之为具有超流动性。

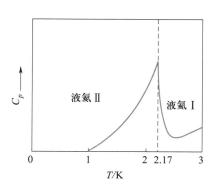

图 6.58　液体氦 (^{4}He) 的 $C_p - T$ 图

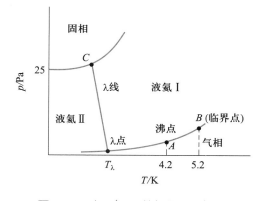

图 6.59　氦 (^{4}He) 的相图 (示意图)

2. 超导金属与普通金属之间的转变

某些金属当温度降低到某一温度 T_c 时, 其电阻突然消失, 金属由普通状态转变为**超导**状态。转变温度 T_c (也称为零电阻温度) 一般很低。金属的这种超导性是 1911 年首先由 Karmerlingh-Onnes 发现的, 以后又发现一些合金以及一些含有非金属元素的化合物也具有这种异常的超导性。

金属的转变温度 T_c 与磁场强度有关。在没有磁场时, 正常态到超导态的转变没有潜热放出来, 这种相变是二级相变。

超导现象有巨大的实用价值, 因此对超导体的研究有广阔的应用前景。我国对超导体的研究处于世界前列。例如, 1987 年我国物理学家赵忠贤、陈立泉和朱经武 (美籍华人) 分别独立地发现了 $T_c = 90$ K 的钇钡铜氧化物超导体, 首次实现了液氮温度 (77 K) 之上的超导研究等。

3. 铁磁体与顺磁体的转变

在顺磁体 (paramagnetic substance) 中, 各个分子的磁矩方向完全是无规则的, 所以总磁矩等于零。在铁磁体 (ferromagnetic substance) 中则分成很多小的被称为磁畴的区域, 在小磁畴内, 分子磁矩有相同的方向, 对于不同的磁畴, 则磁矩的方向不同。当外磁场不存在时, 铁磁体的总磁矩也等于零。顺磁体和铁磁体的区别在于后者有磁畴存在。当铁磁体的温度升高到某一温度, 磁畴被破坏, 铁磁体转变为顺磁体。这一转变属二级相变, 其转变温度称为 **Curie (居里) 点** (Curie point)。

4. 合金的有序和无序相变

由于合金的结晶点阵中, 金属原子的相互排列位置的改变, 可导致有序和无序的相变。例如, β – 黄铜 (Cu, Zn 的等物质的量的合金) 是体心立方点阵, 在低温时, 铜原子位于晶胞的体中心, 锌原子位于晶胞的顶角。当温度逐渐升高时, 这种有规则的排列局部受到破坏, 到达某一温度 T_Φ 时, 规则的排列完全被破坏, 铜原子和锌原子出现在体中心和顶角的机会一样, 合金由有序变为无序。这种相变也属于二级相变, T_Φ 也称为 Curie 点。

对于上述二级相变的奇异现象, 在理论上都有一定的解释, 这已超出本课程的范围。

*6.8   铁 – 碳系统的相图

这是一个具有实际意义的系统。铁–碳系统在固态中, 有多种转变, 有四种构型 $(\alpha, \beta, \gamma, \delta)$。768 ℃ 是 α 铁和 β 铁的转变点。当温度低于 768 ℃ 时存在的是

铁磁性的 α 铁, 高于 768 ℃ 时存在的是顺磁性的 β 铁 (这种转变与一般的相变不同)。通常对这两种铁不加区别, 笼统地称为 α 铁。在 910 ℃ 时, α 铁 (体心立方晶格) 转变为 γ 铁 (面心立方晶格)。γ 铁在 1390 ℃ 时转变为 δ 铁 (体心立方晶格)。1390 ℃ 以上一直到铁的熔点 (1540 ℃), δ 铁都是稳定的。

铁的几种构型都能与碳形成固溶体, 并且大多有特殊的名称, 如碳在 γ 铁里的固溶体称为奥氏体。这些固溶体有时也用简单的希腊字母表示。

图 6.60 是铁 – 碳的相图, 图 6.61 是图 6.60 左上角的放大图。

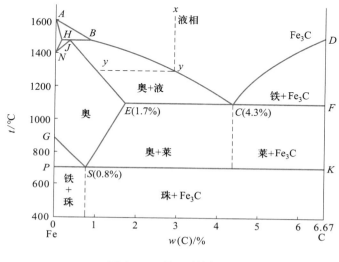

图 6.60　铁 – 碳的相图

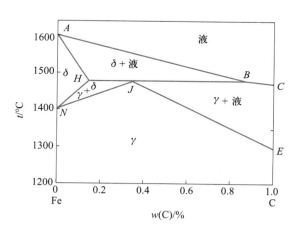

图 6.61　含碳较少时的铁 – 碳相图的放大图

在图 6.61 中, N 点代表 δ 铁与 γ 铁的转换点 (1400 ℃), H 点的含碳量约为 0.1%, AHN 区域代表 δ 铁与碳所成的固溶体, AHB 区域代表 δ 固溶体与液相两相平衡区。ABC 线以上的区域代表液相。HJB 水平线段的温度为 1494 ℃, J

点代表三相平衡 (液相、δ 固溶体和 γ 固溶体), B 点的含碳量为 0.71%。γ 铁与碳所成的固溶体又称奥氏体, 图中用符号 γ 表示。Fe_3C 也称为渗碳体或碳化铁体。若熔液开始时含碳量小于 0.1% (即 H 点左), 冷却时, 开始有 δ 固溶体析出, 液相消失后, 全部变为 δ 固溶体。以后冷却到达 HN 线, 则有奥氏体析出, 最后全部变为奥氏体。

若原熔液浓度在 0.1% ∼ 0.2% (即 H, J 之间), 开始时析出 δ 固溶体, 以后在 1494 °C 时出现三相点 ($\delta - \gamma -$ 液), 最后全部变为奥氏体。

图 6.60 中 C 点是低共熔点, 是由组成为 E 的奥氏体与 Fe_3C 所形成的低共熔混合物, 又称为莱氏体。S 点也是低共熔点, 是由 Fe_3C 与 α 铁所形成的低共熔混合物, 又称为珠光体。

若有含碳量为 3.0% (图中 x 点) 的熔液冷却, 到达与 BC 线相交时析出奥氏体。此后液相的成分沿 BC 线变化, 奥氏体的成分沿 JE 线变化 (均假定有足够的时间使系统达平衡)。当熔液到达 C 点时则成为三相点 (奥氏体–Fe_3C–液, 其中奥氏体与 Fe_3C 形成低共熔混合物, 又称为莱氏体), 此处温度为 1145 °C。继续冷却, 则液相消失。到达约 700 °C 时, 奥氏体的成分变到约含碳量 0.089%, 则奥氏体转变为珠光体。最后系统成为珠光体与 Fe_3C 的混合物。

根据相图可以给工业上所需的铁碳熔体加以分类。

含碳量低于 1.7% 的熔体 (即不含莱氏体) 称为钢 (暂不考虑其他物质)。钢又可分为两种, 其中含碳量在 0 ∼ 0.83% 的称为亚类低共熔钢, 含碳量在 0.83% ∼ 1.7% 的称为超类低共熔钢。

含碳量高于 1.7% 的熔体称为生铁。生铁又可分为两种, 含碳量低于 4.3% 者称为亚低共熔生铁, 含碳量高于 4.7% 者称为超低共熔生铁。

含碳量低于 0.2% 的熔体称为熟铁。

图 6.60 和图 6.61 都假定熔体中碳与铁结合成化合物 Fe_3C, 但这种碳化物在高温下不稳定, 能够再分解为石墨和铁 (石墨和铁的平衡图这里没有绘出)。

如果生铁中的碳全部以化合物 Fe_3C 的形式结合, 则该生铁称为白口铁。如果生铁中的碳全部以石墨的形式存在, 则该生铁称为灰口铁。

硅能促进碳成为石墨 (石墨是较柔软而抗张力较低的物质)。含硅量较高的生铁从其断口看呈灰色, 因此称为灰口铁。灰口铁能够承受车削加工, 是翻砂车间的主要原料。碳化铁本身是一种光亮、坚硬、性脆的物质。一般的低硅生铁的断口呈白色, 所以称为白口铁, 这种铁性硬而脆, 不能进行机械加工, 可以供炼钢用。

含碳量和冷却速度不同, 钢就会有不同的结构。例如, 在缓慢冷却时会产生铁素体、渗碳体与珠光体。铁素体和渗碳体的性质是截然相反的, 前者的特点是柔软而有韧性, 而后者是坚硬而有脆性。因此, 我们可以从相图上的区间来控制钢的性质。

例如, 高碳钢温度保持在奥氏体存在区域的温度下, 然后再急速冷却, 比如淬火的时候, 钢会得到一种结构, 它不同于普通的珠光体结构, 而是不平衡的针状结构, 称为马氏体。马氏体看来好像是碳在 α 铁中的过饱和熔体, 不过晶格发生了很大的形变而已。马氏体质地脆而硬, 因此可用回火的办法使马氏体转化为接近平衡状态, 即 α 铁素体与渗碳体的共晶组织, 成为具有很好机械性能的钢材。回火过程一般在 $200 \sim 300 \, ℃$ 下进行。控制马氏体的回火过程, 也可以控制形成铁素体和渗碳体的颗粒大小和组成等, 从而可以控制钢的机械性能, 这一原理是钢的热处理过程的理论基础。

含碳量小于 0.83% 的钢在冷却的时候, 它的结构是由 α 铁素体和珠光体所组成, 根据这些组成结构的相对数量就可以判断钢的性质。珠光体的含量越多, 钢的强度就越高。α 铁素体结构占多数的软钢可以用来制造锅炉板、管子、铆钉、螺栓等, 含珠光体较多的钢可以用来生产钢轨、轴等, 含珠光体更多的钢可以用来制造承受冲击荷重以及应力剧烈改变的机械零件。

钢铁的差别主要在于含碳量的高低。在铁碳固溶体中, 游离的碳是以石墨的片状存在于铁体的结晶间隙之间。片状石墨是一种很脆、强度低的物质, 它的存在能使钢组织相互间关系减弱。正因为这样, 含碳量很高的铸铁就成了强度低、脆, 没有延展性的物体。要增加铸铁的机械性能, 一方面可以将铸铁回炼成钢, 但另一方面也可以从铸铁中所含的石墨出发, 若将石墨的形状变成球状, 则它与铸铁组织相互间联系影响减低, 从而改变铸铁的性能。使铸铁中片状石墨变为球状的过程一般称为球化过程, 而最常用的球化剂为金属镁。球化后的铸铁在机械性能上大大地提高, 这种叫作球墨铸铁。

灰口铸铁的抗张强度一般只相当于同一基体钢抗张强度的 $20\% \sim 30\%$, 几乎没有延伸率, 冲击值也很低。把灰口铁的铁水加以处理, 使成球墨铸铁后, 它的抗张强度就相当于同一基体钢的 80%, 延伸率可由百分之几提高到百分之二十几, 可见球墨铸铁的性能比灰口铁高得多, 而接近于钢的性能。

拓展学习资源

重点内容及公式总结	
课外参考读物	
相关科学家简介	
教学课件	

复习题

6.1　判断下列说法是否正确, 为什么?

(1) 在一个密封的容器内, 装满了 373.2 K 的水, 一点空隙也不留, 这时水的蒸气压等于零;

(2) 在室温和大气压力下, 纯水的蒸气压为 p^*, 若在水面上充入 $N_2(g)$ 以增加外压, 则纯水的蒸气压下降;

(3) 小水滴与水汽混在一起成雾状, 因为它们都有相同的化学组成和性质, 所以是一个相;

(4) 面粉和米粉混合得十分均匀, 肉眼已无法分清彼此, 所以它们已成为一相;

(5) 将金粉和银粉混合加热至熔融, 再冷却至固态, 它们已成为一相;

(6) 1 mol NaCl(s) 溶于一定量的水中, 在 298 K 时, 只有一个蒸气压;

(7) 1 mol NaCl(s) 溶于一定量的水中, 再加少量的 $KNO_3(s)$, 在一定的外压下, 当达到气–液平衡时, 温度必有定值;

(8) 纯水在三相点和冰点时, 都是三相共存, 根据相律, 这两点的自由度都应该等于零。

6.2 指出下列平衡系统中的物种数、组分数、相数和自由度。

(1) $NH_4Cl(s)$ 在真空容器中, 分解成 $NH_3(g)$ 和 $HCl(g)$ 达平衡;

(2) $NH_4Cl(s)$ 在含有一定量 $NH_3(g)$ 的容器中, 分解成 $NH_3(g)$ 和 $HCl(g)$ 达平衡;

(3) $CaCO_3(s)$ 在真空容器中, 分解成 $CO_2(g)$ 和 $CaO(s)$ 达平衡;

(4) $NH_4HCO_3(s)$ 在真空容器中, 分解成 $NH_3(g)$, $CO_2(g)$ 和 $H_2O(g)$ 达平衡;

(5) NaCl 水溶液与纯水分置于某半透膜两边, 达渗透平衡;

(6) NaCl(s) 与其饱和溶液达平衡;

(7) 过量的 $NH_4Cl(s)$, $NH_4I(s)$ 在真空容器中达如下的分解平衡:

$$NH_4Cl(s) \Longrightarrow NH_3(g) + HCl(g)$$

$$NH_4I(s) \Longrightarrow NH_3(g) + HI(g)$$

(8) 含有 $Na^+, K^+, SO_4^{2-}, NO_3^-$ 四种离子的均匀水溶液。

6.3 回答下列问题。

(1) 在同一温度下, 某研究系统中有两相共存, 但它们的压力不等, 能否达成平衡?

(2) 为什么把 $CO_2(s)$ 叫作干冰? 什么时候能见到 $CO_2(l)$?

(3) 能否用市售的 60 度烈性白酒, 经多次蒸馏后, 得到无水乙醇?

(4) 在相图上, 哪些区域能使用杠杆规则? 在三相共存的平衡线上能否使用杠杆规则?

(5) 在下列物质共存的平衡系统中, 请写出可能发生的化学反应, 并指出有几个独立反应。

(a) $C(s), CO(g), CO_2(g), H_2(g), H_2O(l), O_2(g)$

(b) $C(s), CO(g), CO_2(g), Fe(s), FeO(s), Fe_2O_3(s), Fe_3O_4(s)$

(6) 在二组分固–液平衡系统相图中, 稳定化合物与不稳定化合物有何本质区别?

(7) 在室温与大气压力下, 用 $CCl_4(l)$ 萃取碘的水溶液, I_2 在 $CCl_4(l)$ 和 $H_2O(l)$ 中达成分配平衡, 无固体碘存在, 这时的独立组分数和自由度为多少?

(8) 在相图上, 试分析如下特殊点的相数和自由度: 熔点、低共熔点、沸点、恒沸点和临界点。

习题

6.1 $Ag_2O(s)$ 分解的反应方程式为 $Ag_2O(s) \rightleftharpoons 2Ag(s) + \dfrac{1}{2}O_2(g)$。

(1) 当 $Ag_2O(s)$ 分解达平衡时, 系统的组分数、自由度和可能平衡共存的最大相数各为多少?

(2) 当 $Ag_2O(s)$ 分解时, 测得不同温度下 $O_2(g)$ 的压力为

T/K	401	417	443	463	486
$p(O_2)$/kPa	10.1	20.3	50.7	101.3	202.6

则如果在空气中加热 $Ag(s)$ 粉, 在 413 K 和 423 K 时是否会有 $Ag_2O(s)$ 生成? 如何才能使 $Ag_2O(s)$ 加热到 443 K 而不分解?

6.2   指出如下各系统的组分数、相数和自由度各为多少。

(1) $NH_4HS(s)$ 与任意量的 $NH_3(g)$ 和 $H_2S(g)$ 混合, 达分解平衡;

(2) 在 900 K 时, $C(s)$ 与 $CO(g), CO_2(g), O_2(g)$ 达平衡;

(3) 在标准压力下, 固态 NaCl 和它的饱和水溶液达平衡;

(4) 水蒸气、固体 NaCl 和它的饱和水溶液达平衡;

(5) $TiCl_4$ 和 $SiCl_4$ 的溶液和它们的蒸气达平衡。

6.3   在制水煤气的过程中, 有五种物质: $C(s), CO(g), CO_2(g), O_2(g)$ 和 $H_2O(g)$ 建立如下三个平衡, 试求该系统的独立组分数。

$$C(s) + H_2O(g) \rightleftharpoons H_2(g) + CO(g) \tag{1}$$

$$CO_2(g) + H_2(g) \rightleftharpoons H_2O(g) + CO(g) \tag{2}$$

$$CO_2(g) + C(s) \rightleftharpoons 2CO(g) \tag{3}$$

6.4   已知 $Na_2CO_3(s)$ 和 $H_2O(l)$ 可以生成三种水合盐: $Na_2CO_3 \cdot H_2O(s)$, $Na_2CO_3 \cdot 7H_2O(s)$ 和 $Na_2CO_3 \cdot 10H_2O(s)$, 试求:

(1) 在常压下, 与 Na_2CO_3 水溶液和冰平衡共存的水合盐的最大数量;

(2) 在 298 K 时, 与水蒸气平衡共存的水合盐的最大数量;

(3) 在常压下, 与 Na_2CO_3 水溶液和 $Na_2CO_3(s)$ 平衡共存的水合盐是哪一种?

6.5   一个平衡系统如下图所示, 其中半透膜 aa' 只能允许 $O_2(g)$ 通过, bb' 不允许 $O_2(g), N_2(g), H_2O(g)$ 通过。

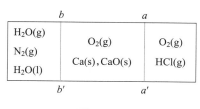

习题 6.5 图

(1) 给出系统的组分数和相数, 并指出相态;

(2) 写出所有平衡条件;

(3) 求系统的自由度。

6.6 通常在大气压力为 101.325 kPa 时, 水的沸点为 373 K, 而在海拔很高的高原上, 当大气压力降为 66.9 kPa 时, 水的沸点为多少? 已知水的标准摩尔蒸发焓为 40.67 kJ·mol^{-1}, 并设其与温度无关。

6.7 某种溜冰鞋下面冰刀与冰的接触面为: 长 7.62 cm, 宽 0.14 cm。若某运动员的体重为 60 kg, 试求:

(1) 运动员施加于冰面的总压力;

(2) 在该压力下冰的熔点。

已知冰的摩尔熔化焓为 6.01 kJ·mol^{-1} (设不随温度和压力而改变), 冰的正常熔点为 273.15 K, 冰和水的密度分别为 920 kg·m^{-3} 和 1000 kg·m^{-3}。

6.8 已知在 101.325 kPa 时, 正己烷的正常沸点为 342 K, 假定它符合 Trouton 规则, 即 $\Delta_{vap}H_m/T_b = 88$ J·mol^{-1}·K^{-1}, 试求 298 K 时正己烷的蒸气压。若在外压为 202.2 kPa 的空气中, 求正己烷的饱和蒸气压。设空气在正己烷中溶解的影响可忽略不计, 已知正己烷的密度为 0.66 g·cm^{-3}。

6.9 从实验测得乙烯的蒸气压与温度的关系为

$$\ln\frac{p}{Pa} = -\frac{1921\ K}{T} + 1.75\ln\frac{T}{K} - 1.928 \times 10^{-2}\frac{T}{K} + 12.26$$

试求乙烯在正常沸点 169.5 K 时的摩尔蒸发焓。

6.10 已知水的蒸气压与温度的关系为

$$\ln(p/Pa) = 24.62 - 4885\ K/T$$

(1) 将 1 mol 水引入体积为 15 dm^3 的真空容器中, 试计算在 333 K 时容器中剩余液态水的质量 $m(l)$。水蒸气可视作理想气体。

(2) 逐渐升高温度使水恰好全部变为水蒸气, 其温度为多少?

6.11 在 360 K 时, 水 (A) 与异丁醇 (B) 部分互溶, 异丁醇在水相中的摩尔分数为 $x_B = 0.021$。已知水相中的异丁醇符合 Henry 定律, Henry 定律常数

$k_{x,B} = 1.58 \times 10^6$ Pa。试计算在与之平衡的气相中, 水与异丁醇的分压。已知水的摩尔蒸发焓为 40.66 kJ·mol⁻¹, 且不随温度变化而变化。设气体为理想气体。

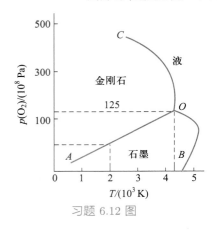

习题 6.12 图

6.12　根据左图所示碳的相图, 回答如下问题:

(1) 曲线 OA, OB, OC 分别代表什么意思?

(2) 指出 O 点的含义;

(3) 碳在常温常压下的稳定状态是什么?

(4) 在 2000 K 时, 增加压力, 使石墨转变为金刚石是一个放热反应, 试从相图判断两者的摩尔体积哪个大。

(5) 试从相图上估计, 在 2000 K 时, 将石墨转变为金刚石至少要加多大压力?

6.13　在外压 101.3 kPa 下, 将水蒸气通入固体 A(s) 与水的混合物中, 进行水蒸气蒸馏, 在 371.6 K 时收集馏出水蒸气冷凝, 分析馏出物的组成得知, 每 100 g 水中含 A(s) 81.9 g。试计算在 371.6 K 时 A 的蒸气压。如果在大气压力只有 88.2 kPa 的高原上进行水蒸气蒸馏, 在 360.7 K 时收集馏出水蒸气冷凝, 馏出物组成为每 100 g 水中含 A(s) 67.4 g。试计算在 360.7 K 时 A 的蒸气压以及 A 的平均摩尔蒸发焓。已知 A(s) 的摩尔质量为 254 g·mol⁻¹, 与水互不相溶。

6.14　水 (A) 与溴苯 (B) 互溶度极小, 故对溴苯进行水蒸气蒸馏。80 ℃ 时, 溴苯和水的蒸气压分别为 8.826 kPa 和 47.343 kPa, 溴苯的正常沸点为 156 ℃, 计算:

(1) 溴苯水蒸气蒸馏的温度, 已知实验室大气压为 101.325 kPa;

(2) 在这种水蒸气蒸馏的蒸气中, 溴苯的质量分数;

(3) 欲蒸出 10 kg 纯溴苯, 需要消耗多少水蒸气? 已知溴苯的摩尔质量为 156.9 g·mol⁻¹。

6.15　在 273 K 和 293 K 时, 固体苯的蒸气压分别为 3.27 kPa 和 12.30 kPa, 液体苯在 293 K 时的蒸气压为 10.02 kPa, 液体苯的摩尔蒸发焓为 34.17 kJ·mol⁻¹。试求:

(1) 303 K 时液体苯的蒸气压;

(2) 固体苯的摩尔升华焓;

(3) 固体苯的摩尔熔化焓。

6.16　在 298 K 时, 水 (A) 与丙醇 (B) 的二组分液相系统的蒸气压与组成的关系如下所示, 总蒸气压在 $x_B = 0.4$ 时出现极大值。

x_B	0	0.05	0.20	0.40	0.60	0.80	0.90	1.00
p_B/Pa	0	1440	1813	1893	2013	2653	2584	2901
$p_总$/Pa	3168	4533	4719	4786	4653	4160	3668	2901

(1) 请画出 $p-x-y$ 图，并指出各点、线和面的含义和自由度；

(2) 将 $x_B = 0.56$ 的丙醇水溶液在 4786 Pa 下进行精馏，精馏塔的顶部和底部分别得到什么产品？

(3) 若以 298 K 时的纯丙醇为标准态，求 $x_B = 0.2$ 的水溶液中，丙醇的相对活度和活度因子。

6.17 由锑和镉的步冷曲线得到下列数据：

w(Cd)/%	0	20	35	47.5	50	58.3	70	93	100
转折温度 t/°C	无	550	460	无	419	无	400	无	无
停顿温度 t/°C	630	410	410	410	410	439	295	295	321

(1) 作出相应的相图，并表明各区域的相态；

(2) 给出生成化合物的组成分子式。已知 M_r(Sb) = 121.76；M_r(Cd) = 112.41。

(3) 410 °C 时，1 kg 含 Cd 的质量分数为 47.5% 的物系和 1 kg 含 Cd 的质量分数为 80% 的物系混合，达到平衡后，能否得到该化合物？其质量约为多少？

6.18 在大气压力下，水 (A) 与苯酚 (B) 二元液相系统在 341.7 K 以下都是部分互溶。水层 (1) 和苯酚层 (2) 中，含苯酚 (B) 的质量分数 w_B 与温度的关系如下所示：

T/K	276	297	306	312	319	323	329	333	334	335	338
w_B(1)	6.9	7.8	8.0	7.8	9.7	11.5	12.0	13.6	14.0	15.1	18.5
w_B(2)	75.5	71.1	69.0	66.5	64.5	62.0	60.0	57.6	55.4	54.0	50.0

(1) 画出水与苯酚二元液相系统的 $T-w$ 图；

(2) 从图中指出最高会溶温度和在该温度下苯酚 (B) 的含量；

(3) 在 300 K 时，将水与苯酚各 1.0 kg 混合，达平衡后，计算此时水与苯酚共轭层中各含苯酚的质量分数及共轭水层和苯酚层的质量；

(4) 若在 (3) 中再加入 1.0 kg 水，达平衡后再计算此时水与苯酚共轭层中各含苯酚的质量分数及共轭水层和苯酚层的质量。

6.19　已知活泼的轻金属 Na(A) 和 K(B) 的熔点分别为 372.7 K 和 336.9 K，两者可以形成一种不稳定化合物 $Na_2K(s)$，该化合物在 280 K 时分解为纯金属 Na(s) 和含 K 的摩尔分数为 $x_B = 0.42$ 的熔化物。在 258 K 时，Na(s) 和 K(s) 有一个低共熔混合物，这时含 K 的摩尔分数为 $x_B = 0.68$。

(1) 试画出 Na(s) 和 K(s) 的二组分低共熔相图，并分析各点、线和面的相态和自由度；

(2) 画出含 K 的摩尔分数为 $x_B = 0.38$ 的熔化物的步冷曲线；

(3) 85 g $Na_2K(s)$ 从 260 K 升温到 280.1 K，估算系统中含有固体和熔液的质量分别为多少？

6.20　在大气压力下，NaCl(s) 与水组成的二组分系统在 252 K 时有一个低共熔点，此时 $H_2O(s)$，$NaCl \cdot 2H_2O(s)$ 和质量分数为 0.223 的 NaCl 水溶液三相共存。264 K 时，不稳定化合物 $NaCl \cdot 2H_2O(s)$ 分解为 NaCl(s) 和质量分数为 0.27 的 NaCl 水溶液。已知 NaCl(s) 在水中的溶解度受温度的影响不大，温度升高溶解度略有增大。

(1) 试画出 NaCl(s) 与水组成的二组分系统的相图，并分析各部分的相态；

(2) 若有 1.0 kg NaCl 的质量分数为 0.28 的水溶液，由 433 K 冷却到略高于 264 K 的温度，试计算能分离出纯的 NaCl(s) 的质量。

(3) 某工厂利用海水 [$w(NaCl) = 2.5\%$] 淡化制淡水，方法是泵取海水在装置中降温析出冰，然后将冰融化而得淡水，问冷冻至什么温度所得淡水最多？

(4) 以 273 K 纯水为标准态，求质量分数为 0.10 的 NaCl 水溶液降温至 263 K 时，饱和溶液中水的活度。已知水的凝固热为 $-6008 \text{ J} \cdot \text{mol}^{-1}$。

6.21　Zn(A) 与 Mg(B) 形成的二组分低共熔相图具有两个低共熔点。一个含 Mg 的质量分数为 0.032，温度为 641 K，另一个含 Mg 的质量分数为 0.49，温度为 620 K，在系统的熔液组成曲线上有一个最高点，含 Mg 的质量分数为 0.157，温度为 863 K。已知 Zn(s) 和 Mg(s) 的熔点分别为 692 K 和 924 K。

(1) 试画出 Zn(A) 与 Mg(B) 形成的二组分低共熔相图，并分析各区的相态和自由度；

(2) 分别用相律说明，含 Mg 的质量分数分别为 0.80 和 0.30 的熔化物，在从 973 K 冷却到 573 K 过程中的相变和自由度的变化；

(3) 分别画出含 Mg 的质量分数分别为 0.80、0.49 和 0.30 的熔化物，在从 973 K 冷却到 573 K 过程中的步冷曲线。

(4) 计算含 Mg 的质量分数为 0.032 的低共熔物中 Zn 的活度和活度因子。已知 Zn(s) 的摩尔熔化焓为 $7.32 \text{ kJ} \cdot \text{mol}^{-1}$。

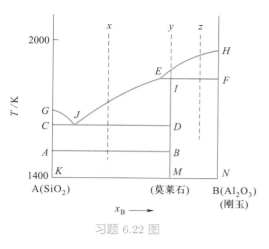

习题 6.22 图

6.22 $SiO_2 - Al_2O_3$ 二组分系统在耐火材料工业上有重要意义, 左图所示的相图是 $SiO_2 - Al_2O_3$ 二组分系统在高温区的相图, 莫莱石的组成为 $2Al_2O_3 \cdot 3SiO_2$, 在高温下 SiO_2 有白硅石和鳞石英两种变体, AB 线是两种变体的转晶线, 在 AB 线之上是白硅石, 在 AB 线之下是鳞石英。

(1) 指出各相区分别由哪些相组成?

(2) 图中三条水平线分别代表哪些相平衡共存?

(3) 分别画出从 x, y, z 点将熔化物冷却的步冷曲线。

6.23 分别指出下面三个二组分系统相图中各区域的平衡共存的相数、相态和自由度。

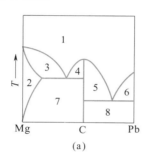

(a)

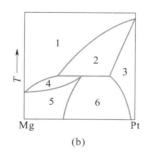

(b)

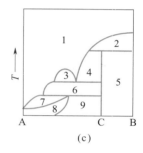

(c)

习题 6.23 图

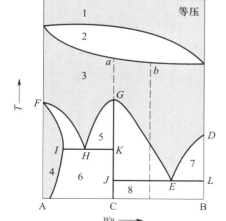

习题 6.24 图

6.24 根据左面的相图回答问题:

(1) 写出图中标号的各区的相态和自由度;

(2) 图中有几条三相平衡线, 分别由哪三相组成?

(3) C 是什么性质的化合物?

(4) 画出分别从 a, b 点冷却的步冷曲线。

(5) 有处于第 7 区的一物系, 如何操作可以得到纯化合物 C?

6.25 $UF_4(s), UF_4(l)$ 的蒸气压与温度的关系分别由如下两个方程表示:

$$\ln \frac{p(UF_4, s)}{Pa} = 41.67 - \frac{10017 \ K}{T}$$

$$\ln \frac{p(UF_4, l)}{Pa} = 29.43 - \frac{5899.5 \ K}{T}$$

(1) 试计算 $UF_4(s), UF_4(l), UF_4(g)$ 三相共存时的温度和压力。

(2) 计算 UF_4 的摩尔蒸发焓、摩尔熔化焓和摩尔升华焓。

6.26 乙醚在 0 ℃ 时的蒸气压为 133.3 Pa。若设一以干冰 (−78 ℃) 为冷却剂的冷阱来捕捉流动气体中的乙醚, 当温度为 0 ℃, 压力为 100 kPa, 流速为 $10 \, dm^3 \cdot min^{-1}$ 的含饱和乙醚的氮气流过此冷阱时, 试求 10 h 内此冷阱可冷凝下来多少乙醚。已知此时乙醚的 $\Delta_{vap}H = 420 \, J \cdot g^{-1}$, $M(乙醚) = 46 \, g \cdot mol^{-1}$。

6.27 电解熔融的 LiCl(s) 制备金属锂 Li(s) 时, 常常要加一定量的 KCl(s), 这样可节约电能。已知 LiCl(s) 的熔点为 878 K, KCl(s) 的熔点为 1048 K, LiCl(A) 与 KCl(B) 组成的二组分系统的低共熔点为 629 K, 这时含 KCl(B) 的质量分数 $w_B = 0.50$。在 723 K 时, KCl(B) 的质量分数为 $w_B = 0.43$ 的熔化物冷却时, 首先析出 LiCl(s), 而 $w_B = 0.63$ 的熔化物冷却时, 首先析出 KCl(s)。

(1) 绘出 LiCl(A) 与 KCl(B) 二组分系统的低共熔相图;

(2) 简述加一定量 KCl(s) 的原因;

(3) 电解槽的操作温度应高于哪个温度? 为什么?

(4) 要保证 LiCl 全部熔融, KCl(s) 的质量分数应控制在什么范围内?

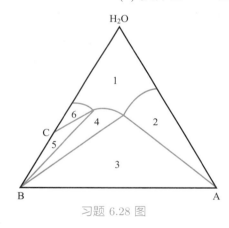

习题 6.28 图

6.28 左图所示为 $NaCl - Na_2SO_4 - H_2O$ 三组分系统在 25 ℃ 和 101 325 Pa 时的相图, A 代表 NaCl, B 代表 Na_2SO_4, C 代表 $Na_2SO_4 \cdot 10H_2O$。试问:

(1) 在相图中各区域存在哪些相?

(2) 讨论含有 5% NaCl, 5% Na_2SO_4, 90% H_2O 的溶液蒸发至干的相变情况。

6.29 经实验测得如下数据:

(a) 磷的三种状态: P(s,红磷), P(l) 和 P(g) 达三相平衡时的温度和压力分别为 863 K 和 4.4 MPa;

(b) 磷的另外三种状态: P(s,黑磷), P(s,红磷) 和 P(l) 达三相平衡时的温度和压力分别为 923 K 和 10.0 MPa;

(c) 已知 P(s,黑磷), P(s,红磷) 和 P(l) 的密度分别为 $2.70 \times 10^3 \, kg \cdot m^{-3}$, $2.34 \times 10^3 \, kg \cdot m^{-3}$ 和 $1.81 \times 10^3 \, kg \cdot m^{-3}$。

(d) P(s,黑磷) 转化为 P(s,红磷) 是吸热反应。

(1) 根据以上数据, 画出磷相图的示意图;

(2) P(s,黑磷) 与 P(s,红磷) 的熔点随压力如何变化?

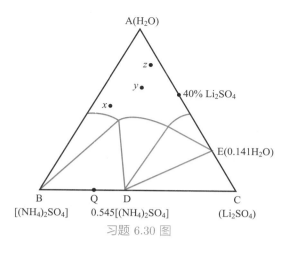

A(H$_2$O)

z·

y·

x· ·40% Li$_2$SO$_4$

E(0.141H$_2$O)

B   Q   D   C
[(NH$_4$)$_2$SO$_4$] 0.545[(NH$_4$)$_2$SO$_4$]   (Li$_2$SO$_4$)

习题 6.30 图

6.30 根据所示的 (NH$_4$)$_2$SO$_4$ – Li$_2$SO$_4$ – H$_2$O 三组分系统在 298 K 时的相图 (见左图),回答如下问题。

(1) 写出复盐 D 和水合盐 E 的分子式,并指出各区域存在的相和条件自由度;

(2) 若将组成相当于 x, y, z 点所代表的物系, 在 298 K 时等温蒸发, 最先析出哪种盐的晶体?

(3) 组成为 30% Li$_2$SO$_4$ 和 70% (NH$_4$)$_2$SO$_4$ 的混合物 Q, 在加入 40% Li$_2$SO$_4$ 水溶液后可以制备得到纯的 E, 方法步骤如何?

6.31 根据左图所示的 KNO$_3$ – NaNO$_3$ – H$_2$O 三组分系统在定温下的相图,回答如下问题。

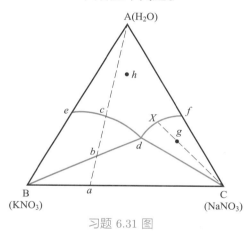

A(H$_2$O)

·h

e c   X   f
b   d   ·g

B   a   C
(KNO$_3$)   (NaNO$_3$)

习题 6.31 图

(1) 指出各相区存在的相和条件自由度;

(2) 有 10 kg KNO$_3$(s) 和 NaNO$_3$(s) 的混合盐, 含 KNO$_3$(s) 的质量分数为 0.70, 含 NaNO$_3$(s) 的质量分数为 0.30, 对混合盐加水搅拌, 最后留下的是哪种盐的晶体?

(3) 如果对混合盐加 10 kg 水, 所得的平衡物系由哪几相组成?

(4) 若 g 点代表某一原始的物系点, 试问 X 点代表什么? 这个系统的固相是什么? 系统中两相的质量比如何?

(5) 设一原始组成为 h 的溶液, 应如何蒸发才能得到最大产量的 KNO$_3$(s) 晶体?

6.32 利用隙流技术可以测定极低饱和蒸气压物质的蒸气压。Irving Langmuir 在其有关灯泡和真空管中钨丝的研究中, 测量了各种温度下钨的蒸气压 (Langmuir 当时为通用电器工作, 曾获 1932 年诺贝尔化学奖)。他通过称量每次实验前后钨丝的质量来估算溢流通量。Langmuir 在 1913 年前后做了这些实验, 但他的数据至今仍出现在 *CRC Handbook of Chemistry and Physics* 上。请用如下数据计算每个温度下钨的蒸气压, 并确定钨的摩尔蒸发焓。

温度 T/K	1200	1600	2000	2400	2800	3200
溢流通量/(g·m^{-2}·s^{-1})	3.21×10^{-23}	1.25×10^{-14}	1.76×10^{-9}	4.26×10^{-6}	1.10×10^{-3}	6.38×10^{-2}

6.33 碳酸钠在不同温度时的溶解度如下:

$t/℃$	0	10	20	30	32	35	40	70	100
$m(Na_2CO_3)/[g \cdot (100\ g溶液)^{-1}]$	6.4	10.7	17.9	28.4	31.5	33.0	32.7	31.8	30.8

饱和溶液的沸点在 101.325 kPa 时是 104.8 ℃。32 ℃ 以下的固体是 $Na_2CO_3 \cdot 10H_2O$, 在 32 ℃ 和 35 ℃ 之间的是 $Na_2CO_3 \cdot 7H_2O$, 35 ℃ 以上的是 $Na_2CO_3 \cdot H_2O$。101.325 kPa 时, $Na_2CO_3 \cdot H_2O$ 约在 110 ℃ 时与 Na_2CO_3 呈平衡。$w = 0.0476$ 的 Na_2CO_3 溶液在 -1.85 ℃ 时冻结。在低于 35 ℃ 时, 有水蒸气的分压, 此时, $Na_2CO_3 \cdot 7H_2O$ 和 $Na_2CO_3 \cdot H_2O$ 是稳定的。借助上述数据, 画出 $Na_2CO_3 - H_2O$ 的相图, 并指出每个区域存在多少相, 是哪些相的平衡。

6.34 萘和二苯胺形成低共熔混合物, 熔点为 32.45 ℃。当在 18.43 g 萘中加入 1.268 g 低共熔混合物后, 熔融物的凝固点比纯萘低 1.89 ℃。假设萘和二苯胺的凝固点降低常数分别为 6.78 K·kg·mol^{-1} 和 8.60 K·kg·mol^{-1}。求低共熔混合物中萘的质量分数。

6.35 在 $p^{\ominus}$ 下, Na 与 Bi 的熔点分别为 371 K 和 546 K。Na 与 Bi 可生成两种化合物, Na_3Bi 的熔点为 1048 K, NaBi 于 719 K 分解成熔液与 $Na_3Bi(s)$, 有两个低共熔点, 其温度分别为 370 K 和 491 K。各固态之间都不互溶, 而液态则完全互溶。

(1) 试画出该系统大致的等压相图;

(2) 试标出各个相区的相态及自由度;

(3) Bi(s) 与 $Na_3Bi(s)$ 能否一同结晶析出?

第七章

统计热力学基础

本章基本要求

(1) 了解统计系统的分类和统计热力学的基本假定。

(2) 了解最概然分布和撷取最大项原理。

(3) 了解配分函数的定义及其物理意义，知道配分函数与热力学函数的关系。

(4) 了解各种配分函数的计算方法，学会用配分函数计算简单分子的热力学函数，掌握理想气体简单分子平动熵的计算。

(5) 了解分子配分函数的分离和全配分函数的组成。

(6) 了解什么是自由能函数和热函函数，学会用自由能函数和配分函数计算平衡常数。

7.1   概论

统计热力学的研究方法和目的

热力学以大量粒子的集合体作为研究对象, 以实验归纳出来的两个定律为基础, 进而讨论平衡系统的宏观性质。由于热力学是研究能量转换及相伴随的物质状态变化的学科, 所以物理学家、化学家及工程技术人员都对这门科学十分重视。从热力学所得到的规律对于大量粒子组成的系统具有高度的可靠性和普遍性, 这对推动生产和科学研究起了很大的作用。由于它不是从物质的微观结构出发来考虑问题的, 所以热力学结论的正确性不受人们对物质微观结构认识的不断发展而有所影响。这是它的优点, 但同时也表现出它的局限性。物质的宏观性质归根结底是微观粒子运动的客观反映, 但热力学却不能给出微观性质与宏观性质之间的联系。而统计热力学正好在这里弥补了热力学的不足。统计热力学的研究对象也是大量粒子的集合体, 它根据物质结构的知识用统计的方法求出微观性质与宏观性质之间的联系; 从大量微观粒子的集合体中, 找出了单个粒子所没有的统计规律性。

我们知道, 一切粒子都在不停地运动, 每个粒子的运动都遵守力学规律。但是, 要想用力学中的微分方程去描述整个系统的运动状态, 既是不可能的, 同时也得不到统计的规律性。因此, 必须用统计学的方法, 不一一考虑个别粒子的运动, 而直接推求极大数目粒子运动的统计平均值。人们最早是用统计的方法来研究气体的行为, 现在通称为气体分子动理论。以后才发展为**统计力学** (statistical mechanics)。

统计力学的研究方法是微观的方法, 它根据统计单位的力学性质 (如速度、动量、位置、振动、转动等), 用统计的方法来推求系统的热力学性质 (如压力、热容、熵等热力学函数)。统计力学把系统的微观性质和宏观性质联系起来了。从这个意义上讲, 统计力学又可称为**统计热力学** (statistical thermodynamics)。

根据对物质结构的某些基本假定, 以及从实验所得到的光谱数据, 可以求出物质的一些基本常数, 如分子中原子之间的核间距离、键角、振动频率等。利用这些数据可以算出**配分函数** (partition function), 然后再求出物质的热力学性质, 这就是统计热力学的基本任务。统计热力学主要研究平衡系统, 但它的研究结果也可以用于化学动力学及对趋近于平衡的速率的研究。

利用统计热力学的方法, 不需要进行低温下的量热实验 (低温实验设备复杂,要求极高), 就能求得熵函数, 其结果甚至比热力学第三定律所求得的熵值更为准确。

对于简单分子, 使用统计热力学的方法进行运算, 其结果常是令人满意的。当然, 统计热力学也有其局限性。由于人们对于物质结构的认识不断深化, 不断地修改、充实物质结构的模型, 同时模型本身也有近似性, 所以由此所得到的结论也就具有近似性。例如, 对分子的结构常常要作出一些假设, 对于大的游离分子或凝聚系统, 应用统计热力学的结果也还存在着很大的困难, 因为复杂分子的振动频率、分子内旋转及非谐性振动等问题都还解决得不够完备, 所以计算这些分子的配分函数时, 还存在着很大的近似性。

统计热力学也可以看作统计物理学的一个分支, 后者还包含研究非平衡过程, 如扩散、热传导、黏滞性等。

从历史发展来看, 最早所用的是经典的统计方法。1900 年, Planck 提出了量子论, 引入了能量量子化的概念, 发展成为初期的量子统计。在这一时期中,Boltzmann 有很多贡献。1924 年以后, 开始有了量子力学, 在统计力学中不但力学的基础要改变, 而且所用的统计方法也需要改变。由此而产生了 Bose-Einstein (玻色–爱因斯坦) 统计和 Fermi-Dirac (费米–狄拉克) 统计, 分别适用于不同的系统。但是, 这两种统计都可以在一定的条件下通过适当的近似而得到 Boltzmann 统计。1902 年, Gibbs 出版了他的《统计力学的基本原理》一书, 把 Boltzmann 和 Maxwell 所创立的统计方法推广而发展成为系统的理论, 并创立了统计系综的方法 (关于系综理论, 可参考有关书籍[①])。

在本书中主要介绍 Boltzmann 统计, 但没有采用最原始的经典统计法, 而是采用 R. H. Fowler 处理问题的方法, 即先用能量量子化的概念, 建立一些公式, 然后再根据情况过渡到经典统计所能适用的公式。这种方法可用较简捷的途径给初学者以必要的统计热力学的基础知识 (本书中对 Boltzmann 统计的处理, 已经不是最原始的 Boltzmann 的推导方法, 而是按照后来的概念作了某些修正的 Boltzmann 统计)。对于在化学中所遇到的一般问题, 使用 Boltzmann 统计基本上可以说明一些问题。Boltzmann 统计, 有时也称为 Maxwell-Boltzmann 统计, 但习惯上简称为 Boltzmann 统计。

---

① 为了便于处理非独立粒子系统, Gibbs 于 1902 年建立了系综理论。系综 (ensemble) 的概念较为抽象, 在基础物理化学课程中对此不作介绍。因此, 这里我们仍把被研究的对象称为系统。由于我们只讨论在 (U, V, N) 一定 (即隔离系统) 条件下无分子间相互作用的理想系统, 因此这里的系统在系综理论中相当于微正则系综 (microcanonical ensemble)。

统计系统的分类

按照统计单位 (粒子) 是否可以分辨 (或区分), 把系统分为**定位系统** (localized system) 和**非定位系统** (non-localized system)(前者或称为定域子系统, 后者或称为离域子系统)。前者的粒子可以彼此分辨, 而后者的粒子彼此不能分辨。例如, 气体分子处于混乱运动之中, 彼此无法区别, 因此是非定位系统; 而晶体, 由于粒子是在固定的晶格位置上做振动运动, 每个位置可以想象给予编号而加以区别, 所以晶体是定位系统。

当粒子数目相同时, 定位系统与非定位系统的微观状态数是不同的。由于前者的粒子可以区分, 因此定位系统的微观状态数要比非定位系统的多得多。例如, 三个不同颜色的球, 其排列方式有 $3! = 6$ 种; 而三个颜色相同的球, 其排列方式只有一种。

按照统计单位之间有无相互作用, 又可把系统分为**近独立粒子系统** (assembly of independent particles) (或简称为**独立粒子系统**) 和**非独立粒子系统** [也称为**相依粒子系统** (assembly of interacting particles)]。前者粒子之间的相互作用非常微弱, 可以忽略不计, 系统的总能量等于各个粒子能量之和。后者粒子之间的作用能不能忽略, 总能量中应包含粒子间相互作用的位能项, 后者是各粒子坐标的函数, 即

$$U = \sum_i N_i E_i + \varepsilon_p(x_1, y_1, z_1, \cdots, x_N, y_N, z_N)$$

例如, 非理想气体就是非独立粒子系统。在本章中, 我们只讨论独立粒子系统, 以下如不特别注明, 都是指独立粒子系统而言的。

统计热力学的基本假定

系统的热力学概率 (Ω) 是指系统在一定宏观状态下的微态数。根据公式 $S = k\ln\Omega$, 知道了 Ω 就能求得 S。

熵函数 S 是 (U, V, N) 的函数, 所以系统的总微观状态数 Ω 也是 (U, V, N) 的函数。对于有 N 个分子的系统, 问题在于要找出在总能量 (U) 和体积 (V) 固定的条件下, 系统有多少微态数 (体积的大小可影响各能级之间的间距, 以后讨论平动能量时, 可以看到体积对能级的影响)。在统计热力学中有一个基本假定: 对于 (U, V, N) 确定的系统, 即宏观状态一定的系统, 任何一个可能出现的微观状态都具有相同的数学概率。即: 若系统的总微态数为 Ω, 则其中每一个微观状态出现的概率 (P) 都是 $P = 1/\Omega$。若某种分布的微态数是 Ω_x, 则这种分布的概率

(P_x) 为 $P_x = \Omega_x/\Omega$。例如, 在第三章中曾以 4 个不同的球在两个盒子中的分布为例, 一共有 16 种花样 (pattern), 每一种花样就代表一种微观状态。每一种花样出现的数学概率都一样, 都等于 1/16。但是, 就不同的分布来说, 它们出现的数学概率却不同, 其中均匀分布的概率为 6/16。

等概率的基本假定显然是合理的。我们没有理由认为, 在相同的 U, V, N 情况下, 某一个微观状态出现的机会与其他微观状态不同。当然, 科学上的任何假定, 其正确与否都要受到实践的检验。而实践已经证明, 根据这个假定所导出的结论是与实际情况一致的。

当我们对一个系统进行宏观测量时, 总是需要一定的时间, 而系统内的分子瞬息万变。即使在宏观看来很短的时间内, 但在微观看来却是足够长的。在这个时间内, 各种可能的状态都已出现, 而且出现了千万次。因此, 宏观测知的某种物理量实际上是很多微观量的平均值; 其中, 由每一种微观状态所提供的那种微观量在平均值内的贡献都是一样的。

7.2 Boltzmann 统计

定位系统的最概然分布

设有 N 个可以区分的分子, 分子间的作用可以不计。对于 U, V, N 固定的系统, 分子的能级是量子化的, 即为 $\varepsilon_1, \varepsilon_2, \cdots, \varepsilon_i$。由于分子在运动中互相交换能量, 所以 N 个分子可能有不同的分布方式。例如, 一种分布方式是, 在 ε_1 能级上分布了 N_1 个分子, 在 ε_2 能级上分布了 N_2 个分子, 等等。而在另一瞬间, 其分布方式可能是在 ε_1 能级上分布了 N_1' 个分子, 在 ε_2 能级上分布了 N_2' 个分子, 等等。即

$$\text{能级:} \quad \varepsilon_1, \varepsilon_2, \varepsilon_3, \cdots, \varepsilon_i$$
$$\text{一种分布方式:} \quad N_1, N_2, N_3, \cdots, N_i$$
$$\text{另一种分布方式:} \quad N_1', N_2', N_3', \cdots, N_i'$$

但无论哪一种分布方式都必须满足如下两个条件, 即

$$\sum_i N_i = N \quad \text{或} \quad \varphi_1 \equiv \sum_i N_i - N = 0 \tag{7.1}$$

$$\sum_i N_i \varepsilon_i = U \quad \text{或} \quad \varphi_2 \equiv \sum_i N_i \varepsilon_i - U = 0 \tag{7.2}$$

我们先考虑其中任一种分布方式。这个问题相当于将 N 个不同的球分成若干堆，每堆的数目分别为 $N_1, N_2, N_3, \cdots, N_i$。根据排列组合公式 (参阅附录 I)，实现这一种分布的方法数 t 为

$$t = \frac{N!}{\prod_i N_i!} \tag{7.3}$$

这是一种分布方式。在满足式 (7.1) 和式 (7.2) 的条件下，可以有各种不同的分布方式。所以，包括各种分布方式的总微观状态数 Ω 为

$$\Omega = \sum_{\substack{\sum_i N_i = N \\ \sum_i N_i \varepsilon_i = U}} t_i = \sum_{\substack{\sum_i N_i = N \\ \sum_i N_i \varepsilon_i = U}} \frac{N!}{\prod_i N_i!} \tag{7.4}$$

现在的问题是如何求 Ω。Boltzmann 认为，在式 (7.4) 的求和项中有一项的值最大，这一项用 t_m 表示，由于由 t_m 所提供的微观状态数目最多，因此可以忽略其他项所提供的贡献部分，用 t_m 近似地代表 Ω。这个假定也是合理的。若令 n 代表式 (7.4) 中求和的项数，如果每一项都当作 t_m，则显然 $\Omega \leqslant nt_\mathrm{m}$，或写作

$$t_\mathrm{m} \leqslant \Omega \leqslant nt_\mathrm{m}$$

上式取对数后，得

$$\ln t_\mathrm{m} \leqslant \ln \Omega \leqslant \ln t_\mathrm{m} + \ln n$$

由于 $n \ll t_\mathrm{m}$(在撷取最大项法的原理一节中还要说明)，所以

$$\ln t_\mathrm{m} \gg \ln n$$

在上式右方略去 $\ln n$ 项，则显然有

$$\ln \Omega \approx \ln t_\mathrm{m}$$

设式 (7.4) 中的任一项是

$$t = \frac{N!}{\prod_i N_i!} \tag{7.5}$$

在数学上这个问题就变成在式 (7.1) 和式 (7.2) 的限制条件下，如何选择 N_i 才能使式 (7.5) 的数值最大。在式 (7.5) 中变数 N_i 是以阶乘的形式出现。又因为 $\ln t$ 是 t 的单调函数，所以当 t 有极大值时，$\ln t$ 亦必为极大值。将式 (7.5) 取对数，并引用 Stirling 近似公式，得

$$\ln t = \ln N! - \sum \ln N_i!$$

$$= N\ln N - N - \sum N_i \ln N_i + \sum N_i \tag{7.6}$$

于是问题又归结为: 在式 (7.1) 和式 (7.2) 的限制条件下, 如何求式 (7.6) 中 $\ln t$ 的极大值。这可以采用 Lagrange 乘因子法 (参阅附录 I)。

$\ln t$ 是 N_i 的函数, 对 $\ln t$ 微分, 得

$$\mathrm{d}\ln t = \frac{\partial \ln t}{\partial N_1}\mathrm{d}N_1 + \frac{\partial \ln t}{\partial N_2}\mathrm{d}N_2 + \cdots + \frac{\partial \ln t}{\partial N_i}\mathrm{d}N_i \tag{7.7}$$

再对两个条件式即式 (7.1) 和式 (7.2) 微分, 得

$$\mathrm{d}N_1 + \mathrm{d}N_2 + \cdots + \mathrm{d}N_i = 0 \tag{7.8}$$

$$\varepsilon_1\mathrm{d}N_1 + \varepsilon_2\mathrm{d}N_2 + \cdots + \varepsilon_i\mathrm{d}N_i = 0 \tag{7.9}$$

式 (7.8) 乘以 α, 式 (7.9) 乘以 β, 再与式 (7.7) 相加。α, β 是待定的 Lagrange 因子。若 t 为极值, 则应有

$$\left(\frac{\partial \ln t}{\partial N_1}+\alpha+\beta\varepsilon_1\right)\mathrm{d}N_1+\left(\frac{\partial \ln t}{\partial N_2}+\alpha+\beta\varepsilon_2\right)\mathrm{d}N_2+\cdots+\left(\frac{\partial \ln t}{\partial N_i}+\alpha+\beta\varepsilon_i\right)\mathrm{d}N_i = 0$$

由于 α, β 是任意的, 可以选择 α, β 使上式中前两个括号等于零, 又由于 $N_3, \cdots, N_i$ 是独立变量, 所以上式中所有括号都等于零, 即

$$\frac{\partial \ln t}{\partial N_1} + \alpha + \beta\varepsilon_1 = 0 \tag{7.10a}$$

$$\frac{\partial \ln t}{\partial N_2} + \alpha + \beta\varepsilon_2 = 0 \tag{7.10b}$$

$$\cdots\cdots$$

$$\frac{\partial \ln t}{\partial N_i} + \alpha + \beta\varepsilon_i = 0 \tag{7.10c}$$

这些公式在形式上都一样, 只需解其中的一个。例如, 式 (7.6) 对 N_1 微商, 再代入式 (7.10a), 可得

$$\ln N_1^* = \alpha + \beta\varepsilon_1 \quad \text{或} \quad N_1^* = \mathrm{e}^{\alpha+\beta\varepsilon_1} \tag{7.11}$$

同理可证

$$N_i^* = \mathrm{e}^{\alpha+\beta\varepsilon_i} \tag{7.12}$$

当 N_i 适合于式 (7.12) 的那一种分布就是微观状态数最多的一种分布, 这种分布就叫作**最概然分布** (most probable distribution)。因为它不同于一般的分布, 故上标加 "$*$", 以示区别。在式 (7.12) 中还包含两个待定因子 α 和 β, 需要求

出来。

α, β 值的推导

在式 (7.12) 中先求 α。

已知 $\sum\limits_i N_i^* = N$, 所以

$$\mathrm{e}^\alpha \sum_i \mathrm{e}^{\beta\varepsilon_i} = N \quad \text{或} \quad \mathrm{e}^\alpha = \frac{N}{\sum\limits_i \mathrm{e}^{\beta\varepsilon_i}} \quad \text{或} \quad \alpha = \ln N - \ln \sum_i \mathrm{e}^{\beta\varepsilon_i}$$

代入式 (7.12) 后, 得

$$N_i^* = \frac{N\mathrm{e}^{\beta\varepsilon_i}}{\sum\limits_i \mathrm{e}^{\beta\varepsilon_i}} \tag{7.13}$$

在式 (7.13) 中虽已消去了 α, 但还要求出 β 值。已知

$$S = k_\mathrm{B}\ln\Omega = k_\mathrm{B}\ln t_\mathrm{m}$$

将式 (7.6) 和式 (7.13) 代入后, 得

$$S = k_\mathrm{B}\left[N\ln N - N - \sum_i N_i^*\ln N_i^* + \sum_i N_i^*\right]$$

$$= k_\mathrm{B}\left[N\ln N - \sum N_i^*\ln N_i^*\right] \quad \left(\sum N_i^* = N\right)$$

$$= k_\mathrm{B}\left[N\ln N - \sum N_i^*(\alpha + \beta\varepsilon_i)\right] \quad (N_i^* = \mathrm{e}^{\alpha+\beta\varepsilon_i})$$

$$= k_\mathrm{B}[N\ln N - \alpha N - \beta U] \quad \left(\sum N_i^* = N; \sum N_i^*\varepsilon_i = U\right)$$

$$= k_\mathrm{B}N\ln \sum \mathrm{e}^{\beta\varepsilon_i} - k\beta U \quad \left(\alpha = \ln N - \ln \sum \mathrm{e}^{\beta\varepsilon_i}\right) \tag{7.14}$$

式中 S 是 (N, U, β) 的函数, 因已知 S 是 (N, U, V) 的函数, 所以式 (7.14) 是一个复合函数, $S[N, U, \beta(U,V)]$。当 N 一定时, 根据复合函数的偏微分公式, 得

$$\left(\frac{\partial S}{\partial U}\right)_{V,N} = \left(\frac{\partial S}{\partial U}\right)_{\beta,N} + \left(\frac{\partial S}{\partial \beta}\right)_{U,N}\left(\frac{\partial \beta}{\partial U}\right)_{V,N}$$

对式 (7.14) 求偏微商, 代入上式得

$$\left(\frac{\partial S}{\partial U}\right)_{V,N} = -k_\mathrm{B}\beta + k_\mathrm{B}\left[\frac{\partial}{\partial \beta}\left(N\ln \sum \mathrm{e}^{\beta\varepsilon_i}\right) - U\right]_{U,N}\left(\frac{\partial \beta}{\partial U}\right)_{V,N}$$

上式中的方括号等于零, 证明如下。

$$\frac{\partial}{\partial\beta}\left(N\ln\sum\mathrm{e}^{\beta\varepsilon_i}\right)_{U,N} - U = N\frac{\dfrac{\partial}{\partial\beta}\left(\sum\limits_i\mathrm{e}^{\beta\varepsilon_i}\right)}{\sum\limits_i\mathrm{e}^{\beta\varepsilon_i}} - U$$

$$= N\frac{\sum\limits_i\varepsilon_i\mathrm{e}^{\beta\varepsilon_i}}{\sum\limits_i\mathrm{e}^{\beta\varepsilon_i}} - U$$

$$= N\frac{\sum\limits_i\varepsilon_i\mathrm{e}^{\beta\varepsilon_i}}{\sum\limits_i\mathrm{e}^{\beta\varepsilon_i}}\cdot\frac{\mathrm{e}^{\alpha}}{\mathrm{e}^{\alpha}} - U$$

$$= N\frac{\sum\limits_i\varepsilon_i N_i^{*}}{\sum\limits_i N_i^{*}} - U$$

$$= U - U = 0$$

所以

$$\left(\frac{\partial S}{\partial U}\right)_{V,N} = -k_{\mathrm{B}}\beta$$

根据热力学的基本公式, $\mathrm{d}U = T\mathrm{d}S - p\mathrm{d}V$, 所以

$$\left(\frac{\partial S}{\partial U}\right)_{V,N} = \frac{1}{T}$$

比较上面两式, 得

$$\beta = -\frac{1}{k_{\mathrm{B}}T} \tag{7.15}$$

代入式 (7.13), 得

$$N_i^{*} = N\frac{\mathrm{e}^{-\varepsilon_i/k_{\mathrm{B}}T}}{\sum\mathrm{e}^{-\varepsilon_i/k_{\mathrm{B}}T}} \tag{7.16}$$

这就是 Boltzmann 最概然分布的公式。

将式 (7.15) 代入式 (7.14), 得

$$S = k_{\mathrm{B}}N\ln\sum\mathrm{e}^{-\varepsilon_i/k_{\mathrm{B}}T} + \frac{U}{T} \tag{7.17}$$

又因

$$A = U - TS$$

所以

$$A = -Nk_{\mathrm{B}}T\ln\sum_i \mathrm{e}^{-\varepsilon_i/k_{\mathrm{B}}T} \tag{7.18}$$

式 (7.17) 和式 (7.18) 就是定位系统的熵和 Helmholtz 自由能的表示式。由于 ε_i 与体积有关, 所以在上式中 A 是 (T, V, N) 的函数, 因此由式 (7.18) 所表示的 A 是特性函数。

Boltzmann 公式的讨论——非定位系统的最概然分布

1. 简并度

以上推导 Boltzmann 公式时, 曾假定所有的能级都是非简并的, 即每一个能级只与一个量子状态相对应。实际上每一个能级中可有若干个不同的量子状态存在, 反映在光谱上是一根谱线常常由好几条非常接近的精细谱线所构成。在量子力学中, 我们把该能级可能有的微观状态数称为该能级的**简并度** (degeneracy, 也称为退化度或统计权重), 并用符号 g_i 来表示。举分子的平动能 ε_{t} 为例。根据量子理论, 气体分子的平动能为

$$\varepsilon_{\mathrm{t}} = \frac{h^2}{8mV^{2/3}}(n_x^2 + n_y^2 + n_z^2)$$

式中 m 为分子的质量; V 为容器的体积; h 是 Planck 常数; n_x, n_y, n_z 分别是 x, y, z 轴方向的平动量子数, 其数值是正整数 $1, 2, 3, \cdots$。

对于平动能量为 $\varepsilon_{\mathrm{t}} = \dfrac{h^2}{8mV^{2/3}} \times 3$ 的这一能级, 相应于 (n_x, n_y, n_z) 为 $(1,1,1)$, 它只有一种状态, 所以是非简并的。

但平动能量为 $\varepsilon_{\mathrm{t}} = \dfrac{h^2}{8mV^{2/3}} \times 6$ 的这一能级, 相应于 (n_x, n_y, n_z) 为 $(1,1,2)$; $(1,2,1)$; $(2,1,1)$。所以, 这一能级虽然总的平动能量相等, 但由于量子数 n_x, n_y, n_z 不同, 因而具有三种不同的微观状态, 也即这一能级的简并度等于 3。

今设有 N 个可区分的分子, 分子的能级是 $\varepsilon_1, \varepsilon_2, \cdots, \varepsilon_i$, 各能级又各有 g_1, $g_2, \cdots, g_i$ 个微观状态, 试问 N 个可区分分子的分布微观状态数有多少?

$$\text{能级：} \quad \varepsilon_1, \varepsilon_2, \cdots, \varepsilon_i$$
$$\text{各能级的简并度：} \quad g_1, g_2, \cdots, g_i$$
$$\text{各能级的分子数：} \quad N_1, N_2, \cdots, N_i$$

我们先从 N 个分子中选出 N_1 个放入 ε_1 能级, 共有 $\mathrm{C}_N^{N_1}$ 种取法 ($\mathrm{C}_N^{N_1}$ 是从 N 个分子中取出 N_1 个分子的组合符号)。但是, 在能级 ε_1 上还有 g_1 个不同的

状态; 第一个分子放在 ε_1 上有 g_1 种放法, 第二个分子也有 g_1 种放法 (每一能级上的分子数不限), 以此类推。所以, 把 N_1 个分子放在 ε_1 上共有 $g_1^{N_1}$ 种放法。因此, 从 N 个分子中取出 N_1 个分子放到 ε_1 能级上共有 $(g_1^{N_1} \cdot \mathrm{C}_N^{N_1})$ 种放法。

然后, 再从剩余的 $(N - N_1)$ 个分子中取出 N_2 个分子放到 ε_2 能级上, 共有 $(g_2^{N_2} \cdot \mathrm{C}_{N-N_1}^{N_2})$ 种放法。以此类推, 相当于上述一种分布的微观状态数为

$$
\begin{aligned}
t &= (g_1^{N_1} \cdot \mathrm{C}_N^{N_1})(g_2^{N_2} \cdot \mathrm{C}_{N-N_1}^{N_2}) \cdots \\
&= g_1^{N_1} \frac{N!}{N_1!(N - N_1)!} \cdot g_2^{N_2} \frac{(N - N_1)!}{N_2!(N - N_1 - N_2)!} \cdots \\
&= g_1^{N_1} g_2^{N_2} \cdots \frac{N!}{N_1! N_2! \cdots N_i!} \\
&= N! \prod_i \frac{g_i^{N_i}}{N_i!}
\end{aligned}
$$

同样, 由于分布方式有很多种, 所以在 U, V, N 一定的条件下, 所有可能分布方式的总微观状态数为

$$
\Omega(U, V, N) = \sum_i N! \prod_i \frac{g_i^{N_i}}{N_i!} \tag{7.19}
$$

求和的限制条件仍为

$$
\sum_i N_i = N \qquad \sum_i N_i \varepsilon_i = U
$$

仍旧采用最概然分布, 令

$$
\ln \Omega \approx \ln t_{\mathrm{m}}
$$

又因为

$$
t = N! \prod_i \frac{g_i^{N_i}}{N_i!}
$$

然后, 与以前的处理方法一样, 用 Lagrange 乘因子法, 在限制条件下, 选择 N_i 使 t 为极大值。结果得到 (演算过程如前, 读者可以自行演算) 定位系统的 Boltzmann 最概然分布 N_i^*, S 和 A 分别为

$$
N_i^* = N \frac{g_i \mathrm{e}^{-\varepsilon_i/k_{\mathrm{B}}T}}{\sum_i g_i \mathrm{e}^{-\varepsilon_i/k_{\mathrm{B}}T}} \tag{7.20}
$$

$$
S_{\text{定位}} = k_{\mathrm{B}} N \ln \sum_i g_i \mathrm{e}^{-\varepsilon_i/k_{\mathrm{B}}T} + \frac{U}{T} \tag{7.21}
$$

$$
A_{\text{定位}} = -N k_{\mathrm{B}} T \ln \sum_i g_i \mathrm{e}^{-\varepsilon_i/k_{\mathrm{B}}T} \tag{7.22}
$$

式 (7.20)∼式 (7.22) 和式 (7.16)∼式 (7.18) 基本上是一样的, 只是多了一个相应的 g_i 项。

经典热力学中没有能级和简并度的概念, 它认为能量是连续的。在 Boltzmann 最初推证最概然分布时也没有考虑到简并度。但是, Boltzmann 以前讨论分子能量的分布问题以及速率的分布问题, 所得到的结果在经典力学的范围内都与实验事实相符, 这是因为一些因子在公式中可以相互消去。不过, 当我们考虑到分子内部的运动, 如振动、转动等, 则简并度就不能不予以考虑了。

2. 非定位系统的 Boltzmann 最概然分布 —— 粒子等同性的修正

我们知道, 定位系统与非定位系统的区别在于前者的统计单位是可以区分的, 后者的统计单位不能区分。Boltzmann 一开始假定分子是可以区分的, 因此他所导出的公式只能用于定位系统。对于非定位系统, 应该作如下的修正。

设系统是 N 个不可区分的分子, 则其分布的总微观状态数为

$$\Omega(U, V, N) = \frac{1}{N!} \sum_{\substack{\sum N_i = N \\ \sum N_i \varepsilon_i = U}} N! \prod_i \frac{g_i^{N_i}}{N_i!} \tag{7.23}$$

即在定位系统的微观状态数 [式 (7.19)] 上除以 $N!$。我们不妨作简略的比喻, 将 N 个不同的球排列, 共有 $N!$ 种花样; 但是, 如果分子是等同不可区分的, 则 N 个相同分子就只有一种排列方法。前者是后者的 $N!$ 倍。

根据式 (7.23), 用上述同样的方法, 可以证得非定位系统的 N_i^*, S 和 A 的表示式分别为

$$N_i^* = N \frac{g_i e^{-\varepsilon_i/k_B T}}{\sum_i g_i e^{-\varepsilon_i/k_B T}} \tag{7.24}$$

$$S_{\text{非定位}} = k_B \ln \frac{\left(\sum_i g_i e^{-\varepsilon_i/k_B T}\right)^N}{N!} + \frac{U}{T} \tag{7.25}$$

$$A_{\text{非定位}} = -k_B T \ln \frac{\left(\sum_i g_i e^{-\varepsilon_i/k_B T}\right)^N}{N!} \tag{7.26}$$

从式 (7.24) 与式 (7.20) 可见, 无论定位或非定位系统, 最概然分布的公式是一样的。但在 S 和 A 的表示式中却不尽相同, 相差一些常数项, 而这些常数项在计算热力学函数的变化值时可以互相消去。

在本章中以讨论气体和气相反应为主。因此, 如不特别说明, 一般都是对非定位系统而言的。

Boltzmann 公式的其他形式

在不同的场合, Boltzmann 公式常被转化为各种不同的形式, 例如:

将两个能级上的粒子数进行比较, 根据式 (7.24) 可得

$$\frac{N_i^*}{N_j^*} = \frac{g_i \mathrm{e}^{-\varepsilon_i/k_\mathrm{B}T}}{g_j \mathrm{e}^{-\varepsilon_j/k_\mathrm{B}T}}$$

在经典统计中不考虑简并度, 则上式成为

$$\frac{N_i}{N_j} = \frac{\mathrm{e}^{-\varepsilon_i/k_\mathrm{B}T}}{\mathrm{e}^{-\varepsilon_j/k_\mathrm{B}T}} = \exp\left(-\frac{\varepsilon_i - \varepsilon_j}{k_\mathrm{B}T}\right) \tag{7.27}$$

通常略去上标 "$*$"。

假定最低能级为 ε_0, 在该能级上的粒子数为 N_0, 则式 (7.27) 又可写作

$$N_i = N_0 \mathrm{e}^{-\Delta\varepsilon_i/k_\mathrm{B}T} \tag{7.28}$$

式中 $\Delta\varepsilon_i = \varepsilon_i - \varepsilon_0$, 代表某一给定的能级 ε_i 与最低能级 ε_0 的差别。这个公式用于解决某些问题时常比较方便。例如, 讨论粒子在重力场中的分布, 立即可得

$$p = p_0 \mathrm{e}^{-mgh/k_\mathrm{B}T} \tag{7.29}$$

式中 p 是高度为 h 处的大气压力; p_0 是海平面 ($h = 0$) 处的大气压力; g 是重力加速度; m 是粒子的质量。在使用式 (7.29) 时需注意, 在高度 $0 \sim h$ 的区间内, 假定保持温度为 T 不变。

撷取最大项法及其原理

在推导 Boltzmann 公式时, 曾认为: ① 在所有的分布方式中, 有一种分布方式的热力学概率最大, 这种分布就称为最概然分布。② 最概然分布的微观状态数最多, 基本上可以用它来代替总的微观状态, 也就是说最概然分布实质上可以代表一切分布, 最概然分布实际上也就是平衡分布。这两点需要再给予说明。

(1) 设系统为定位系统, 根据式 (7.19), 其中一种分布方式的微观状态数为

$$t = N! \prod_i \frac{g_i^{N_i}}{N_i!}$$

取对数后, 得

$$\ln t = N\ln N - N + \sum_i N_i \ln g_i - \sum_i (N_i \ln N_i - N_i) \tag{7.30}$$

设另有一状态, 其分布与上述分布不同而稍有偏离。当 N_i 有 δN_i 的变动时, t 则有 δt 的变动, 即在上式中 $N_i \rightarrow N_i + \delta N_i, t \rightarrow t + \delta t$, 得

$$\ln(t + \delta t) = N \ln N - N + \sum_i (N_i + \delta N_i) \ln g_i -$$

$$\sum_i (N_i + \delta N_i) \ln(N_i + \delta N_i) + \sum_i (N_i + \delta N_i) \qquad (7.31)$$

式 (7.31) 减式 (7.30), 得

$$\ln\left(\frac{t + \delta t}{t}\right) = \sum_i \delta N_i \ln g_i - \sum_i N_i \ln\left(1 + \frac{\delta N_i}{N_i}\right) -$$

$$\sum_i \delta N_i \ln(N_i + \delta N_i) + \sum_i \delta N_i \qquad (7.32)$$

δN_i 代表各能级上分子数的微小变化, 其值可正可负, 由于分子的总数 N 是定值, 所以上式中 $\sum \delta N_i = 0$。若为最概然分布, t 应有极大值。

$$\delta \ln t = 0$$

根据式 (7.30), 应有

$$\sum_i \ln g_i \cdot \delta N_i - \sum \delta N_i \cdot \ln N_i^* = 0 \qquad (7.33)$$

将式 (7.33) 代入式 (7.32), 并把 t 换成 t_m, 得

$$\ln\left(\frac{t_m + \delta t}{t_m}\right) = \sum_i \delta N_i \ln N_i^* - \sum_i N_i^* \ln\left(1 + \frac{\delta N_i}{N_i^*}\right) - \sum_i \delta N_i \ln(N_i^* + \delta N_i)$$

$$= -\sum_i N_i^* \ln\left(1 + \frac{\delta N_i}{N_i^*}\right) - \sum_i \delta N_i \ln\left(1 + \frac{\delta N_i}{N_i^*}\right) \qquad (7.34)$$

因为 $\dfrac{\delta N_i}{N_i} \ll 1$, 引用级数公式

$$\ln(1 + x) = x - \frac{1}{2}x^2 + \frac{1}{3}x^3 - \cdots$$

得

$$\ln\left(\frac{t_m + \delta t}{t_m}\right) = -\sum_i \delta N_i + \frac{1}{2}\sum_i \frac{(\delta N_i)^2}{N_i^*} - \sum_i \frac{(\delta N_i)^2}{N_i^*}$$

式中已略去 $(\delta N_i)^3$ 以及更高次方项, 又因 $\sum_i \delta N_i = 0$, 所以

$$\ln\left(\frac{t_m + \delta t}{t_m}\right) = -\frac{1}{2}\sum_i \frac{(\delta N_i)^2}{N_i^*} \qquad (7.35)$$

式 (7.35) 表明: 不论偏差 δN_i 是正是负, 右方总是负值。所以, t_m 总是大于 $(t_m + \delta t)$。若 δN_i 的数值越大, 则偏离最概然分布的热力学概率越小。

可以用一个示例来说明。例如, 把标准情况下的理想气体分布在两个容积相等的联通容器中, 平衡时当然是均匀分布的。设若分子中有 1% 由于无秩序的运动而偶然地从一方扩散到另一方, 形成了不均匀, 这种现象叫作**涨落**。我们要问: 像这样的涨落所引起的不均匀分布概率与平衡的分布 (即最概然分布) 比较起来, 其大小如何?

设有一含大量分子的均匀系统, 放在一个长方形的盒子里, 想象将盒子等分为两部分。开始时是均匀分布的, 并设 $N_i^* = 3 \times 10^{19}$, 左右双方都是如此。设若由于分子运动, 分子数有 1% 的偏离, 即 $\dfrac{\delta N_i}{N_i^*} = 0.01$, 代入式 (7.35), 则得

$$
\begin{aligned}
\ln\left(\frac{t_{\mathrm{m}} + \delta t}{t_{\mathrm{m}}}\right) &= -\frac{1}{2}\sum_i \frac{(\delta N_i)^2}{N_i^*} \\
&= -\frac{1}{2}\left[\frac{(0.01 \times 3 \times 10^{19})^2}{3 \times 10^{19}} + \frac{(-0.01 \times 3 \times 10^{19})^2}{3 \times 10^{19}}\right] = -3 \times 10^{15}
\end{aligned}
$$

即

$$
\frac{t_{\mathrm{m}} + \delta t}{t_{\mathrm{m}}} = \exp(-3 \times 10^{15})
$$

这个数值是很小的, 而且 δN_i 越大, 这个数值就越小。这个结果表明: t_{m} 的数值是 "尖锐的极大", 即偏离最概然分布的概率是非常之小的。既然偏离最概然分布的概率很小, 则最概然分布的概率就最大, 这就回答了第一个问题。

(2) 我们再讨论第二个问题, 即是否可以采用最概然分布的微观状态数来代替总的微观状态数的问题。

在系统的 U, V, N 确定的情况下, 有确定的热力学状态, 即它的总微观状态数 Ω 也是确定的。但是系统中 $N \approx 10^{24}$ 个分子 (或粒子) 的运动状态却不断改变, 从而系统的微观状态也是瞬息万变的。在时间 τ 中, 系统在 Ω 个微观状态间已经经历了很多次。在此时间内, 系统先后在某一微观状态中度过的时间设为 $\Delta\tau$, 则该微观状态出现的概率 P 为

$$
P = \frac{\Delta\tau}{\tau} \tag{a}
$$

根据前述的基本假定, 各个微观状态具有相同的概率。对于一个总微观状态数是 Ω 的热力学系统, 它的每一个微观状态出现的概率为

$$
P = \frac{1}{\Omega} \tag{b}
$$

式 (a) 是从时间的平均概念来考虑的, 式 (b) 是从某一瞬间某一微观状态出现的概率来考虑的。这是对同一事物的两种不同考虑方法。

对于某一微观状态数为 t_x 的分布而言, 这种分布的概率当为

$$P_x = \frac{t_x}{\Omega}$$

这样, 微观状态数是最大的 Boltzmann 分布在给定的时间间隔中, 所占据的时间最长, 出现的机会最多, 所以应该是概率最大的分布, 从而是最概然分布。为了便于说明问题, 仍举一个简单的例子。设有 N 个不同的球分配在两个盒子中 (即相当于粒子在两个能级上的分布), 分配到 A 盒中的球数设为 M, 分配在 B 盒中的球数为 $(N-M)$, 则系统的总微观状态数为

$$\Omega = \sum_{M=0}^{N} t = \sum_{M=0}^{N} \frac{N!}{M!(N-M)!} \tag{7.36}$$

式 (7.36) 使我们联想到数学中的二项式公式求和项, 它很类似于二项式中各项的系数。已知二项式公式为

$$(x+y)^N = \sum_{M=0}^{N} \frac{N!}{M!(N-M)!} x^M y^{N-M}$$

将式 (7.36) 代入, 得

$$(x+y)^N = \sum_{M=0}^{N} t x^M y^{N-M}$$

在二项式中, 令 $x = y = 1$, 则得

$$2^N = \sum_{M=0}^{N} \frac{N!}{M!(N-M)!} = \sum_{M=0}^{N} t = \Omega \tag{7.37}$$

而二项式中最大的系数 (即求和项中贡献最多的部分) 是当 $M = \dfrac{N}{2}, (N-M) = \dfrac{N}{2}$ 时的系数, 这时其值最大。这就相当于最概然分布的微观状态数:

$$t_{\mathrm{m}} = \frac{N!}{\dfrac{N}{2}!\dfrac{N}{2}!} \tag{7.38}$$

在式 (7.36) 中的求和项共有 $(N+1)$ 项, 由于 $N \gg 1$, 故可看作 N 项。如果每一项都当作最大的, 则显然有

$$t_{\mathrm{m}} \leqslant \Omega \leqslant N t_{\mathrm{m}}$$

对上式取对数, 则得到

$$\ln t_{\mathrm{m}} \leqslant \ln \Omega \leqslant \ln t_{\mathrm{m}} + \ln N \tag{7.39}$$

对式 (7.38) 引用 Stirling 近似公式, 即

$$\ln n! = \ln\left[\sqrt{2\pi n}\left(\frac{n}{\mathrm{e}}\right)^n\right] \qquad (7.40)$$

得

$$\ln t_{\mathrm{m}} = \ln\sqrt{\frac{2}{\pi N}} + N\ln 2 \qquad (7.41)$$

设粒子数 $N \approx 10^{24}$, 代入上式, 得

$$\ln t_{\mathrm{m}} = \ln\sqrt{\frac{2}{\pi \times 10^{24}}} + 10^{24} \times \ln 2$$

$$= -27.857 + 10^{24} \times 0.693$$

$$\approx 10^{24} \times 0.693$$

这是一个很大的数目, 而

$$\ln N = \ln 10^{24} = 24 \times 2.303$$

相对来说是一个很小的数目。所以, 在式 (7.39) 中完全可以略去 $\ln N$ 项。即

$$\ln t_{\mathrm{m}} \leqslant \ln \Omega \leqslant \ln t_{\mathrm{m}}$$

或

$$\ln t_{\mathrm{m}} = \ln \Omega$$

由此可见, 当 N 足够大时, 最概然分布足以代表系统的一切分布。随着粒子数的增加, 偏离最概然分布的涨落现象越来越不显著。这就回答了第二个问题[①]

现在, 我们再进一步考虑上例中最概然分布的概率:

$$P\left(\frac{N}{2}\right) = \frac{t\left(\dfrac{N}{2}\right)}{\Omega} = \frac{t_{\mathrm{m}}}{\Omega}$$

将式 (7.37) 和式 (7.41), 即 $\Omega = 2^N$ 和 $t_{\mathrm{m}} = \sqrt{\dfrac{2}{\pi N}} \times 2^N$, 代入上式, 并设 $N \approx 10^{24}$, 得

$$P\left(\frac{N}{2}\right) = \sqrt{\frac{2}{\pi \times 10^{24}}} \approx 8 \times 10^{-13}$$

乍看起来这个结果是出乎意料的, 它表明即使是最概然分布, 它的概率也是很低的, 这又如何理解可以用最概然分布来代表一切分布呢?

如上所述, 两个能级上各有 $\dfrac{N}{2}$ 个粒子的分布是最概然分布。设另一种分布与最概然分布有一微小偏离 m, 则这一分布的概率为

---

① 可参阅: 唐有祺. 统计力学在物理化学中的应用. 北京: 科学出版社, 1964.

$$P\left(\frac{N}{2}\pm m\right)=\frac{t\left(\frac{N}{2}\pm m\right)}{\Omega}=\frac{1}{2^N}\cdot\frac{N!}{\left(\frac{N}{2}-m\right)!\left(\frac{N}{2}+m\right)!}$$

仍引用 Stirling 近似公式, 再经代数运算后, 可得

$$P\left(\frac{N}{2}\pm m\right)=\frac{1}{\sqrt{2\pi}}\sqrt{\frac{N}{\left(\frac{N}{2}-m\right)\left(\frac{N}{2}+m\right)}\cdot\frac{1}{\left(1-\frac{2m}{N}\right)^{(N/2)-m}\left(1+\frac{2m}{N}\right)^{(N/2)+m}}}$$

由于 $m\ll\frac{N}{2}$, 故

$$\frac{N}{2}\pm m\approx\frac{N}{2}\qquad\ln\left(1\pm\frac{2m}{N}\right)\approx\pm\frac{2m}{N}-\frac{1}{2}\left(\frac{2m}{N}\right)^2$$

代入上式, 进一步简化后得到

$$P\left(\frac{N}{2}\pm m\right)=\frac{1}{\sqrt{2\pi}}\cdot\frac{2}{\sqrt{N}}\cdot\exp\left(-\frac{2m^2}{N}\right)$$
$$=\sqrt{\frac{2}{\pi N}}\cdot\exp\left(-\frac{2m^2}{N}\right)$$

由误差函数

$$\mathrm{erf}(x)=\int_{-x}^{x}\frac{1}{\sqrt{\pi}}\mathrm{e}^{-y^2}\mathrm{d}y$$

令 $y=\sqrt{\frac{2}{N}}m$, 若选定 m 自 $m=-2\sqrt{N}$ 至 $m=2\sqrt{N}$, 根据误差函数表[①], 可以求得

$$\sum_{m=-2\sqrt{N}}^{m=+2\sqrt{N}}P\left(\frac{N}{2}-m\right)\approx\int_{-2\sqrt{N}}^{+2\sqrt{N}}\sqrt{\frac{2}{\pi N}}\cdot\exp\left(-\frac{2m^2}{N}\right)\mathrm{d}m$$
$$=\int_{-2\sqrt{2}}^{+2\sqrt{2}}\frac{1}{\sqrt{\pi}}\cdot\exp(-y^2)\mathrm{d}y=0.99993$$

这个结果给出了,当总粒子数为 $N\approx10^{24}$ 时, 若某一能态的粒子数处于 $\left(\frac{N}{2}-2\sqrt{N}\right)\sim\left(\frac{N}{2}+2\sqrt{N}\right)$ 间隔内, 即

$$(5\times10^{23}-2\times10^{12})\sim(5\times10^{23}+2\times10^{12})$$

也即

$$4.99999999998\times10^{23}\quad 至\quad 5.00000000002\times10^{23}$$

① 可参阅: 王竹溪著. 统计物理学导论. 北京: 高等教育出版社, 1956: 326. 也可参阅有关数学手册。

这个间隔是极其狭小的, 而在此间隔中, 各种分布微态的概率总和已非常接近于系统的全部分布微态总和的概率。由于偏离 $(\pm 2\sqrt{N})$ 和 $\left(\dfrac{N}{2}\right)$ 相比是如此之小, 所以在这狭区的分布与最概然分布 $\left(\dfrac{N}{2} = 5 \times 10^{23}\right)$ 在实质上并无区别。

由此可见, 当 N 足够大时, 最概然分布实际上包括了其附近的极微小偏离的情况, 足以代表系统的一切分布。我们说最概然分布实质上可以代表一切分布就是指的这种情况。一个热力学系统, 尽管它的微观状态瞬息万变, 而系统都在能用最概然分布代表的那些分布中度过几乎全部时间。从宏观上看, 系统达到热力学平衡态后, 系统的状态不再随时间而变化; 从微观上看, 系统是处于最概然分布的状态, 不因时间的推移而产生显著的偏离。所以, 最概然分布实际上就是平衡分布。

在统计热力学中所研究的对象是热力学的平衡系统, 总是引用最概然分布的结果。因此, 为了书写简便, 我们把 N_i^* 等符号中的上标 "$*$" 略去不写。

*7.3　Bose-Einstein 统计和 Fermi-Dirac 统计

在推导 Boltzmann 统计时, 我们曾假设在能级的任一量子状态上可以容纳任意个数的粒子, 而根据量子力学的原理, 我们知道这一假设是不完全正确的。已知基本粒子如电子、质子、中子和由奇数个基本粒子组成的原子和分子, 它们必须遵守 Pauli 不相容原理, 即每一个量子状态最多只能容纳一个粒子。但对光子和总数为偶数个基本粒子所构成的原子和分子则不受 Pauli 不相容原理的制约, 即每个量子状态所能容纳的粒子数没有限制。对于这两类粒子, 当由它们组成等同粒子系统时, 便产生了两种不同的量子统计法。由前一类粒子所组成的等同粒子系统服从 Fermi-Dirac 统计, 而由后一类粒子所组成的等同粒子系统, 则服从 Bose-Einstein 统计。

在推导 Boltzmann 统计最概然分布时, 我们先没有考虑各能级的简并度 (degeneracy)[①], 以后在考虑到简并度问题时作了相应的修正, 即在一种分布的微观状态数 t 上乘以 $(g_1^{N_1} \cdot g_2^{N_2} \cdot \cdots \cdot g_i^{N_i})$。例如, 在能级 ε_1 上有 g_1 个不同的微观状态, 第一个粒子放在 ε_1 上有 g_1 种不同的放法, 第二个粒子也有 g_1 种放法, 因此应乘以 $g_1^{N_1}$。以此类推, 在总的微观状态数上应乘以 $(g_1^{N_1} \cdot g_2^{N_2} \cdot \cdots \cdot g_i^{N_i})$。

---

①凡能量相同而量子数不全相同的状态称为简并态。简并态的数目称为简并度, 通常用 g 表示。

这种考虑问题的方法是近似的。

举一个简单的例子, 我们把两个全同的粒子放置在某一能级 ε_i 的三个简并能级上, 可能的分布方式如下:

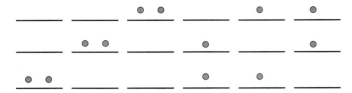

或者我们采用另一种等价的表达方式:

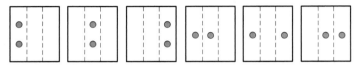

如图所示, 它相当于一个大房间用隔板分成三个小房间, 后者相当于这一能级的三个简并度。如果把隔板和粒子合在一起, 构成四件 "东西" 进行全排列, 共有 4! 种排列方式。但是, 两个隔板或两个粒子互相对调位置并不影响原来的分布 (即对调后并不构成新的微观状态), 因此它的不同的排列方法数应为 $\dfrac{4!}{2!2!} = 6$。另外, 根据原来修正 Boltzmann 公式时的考虑认为: 第一个粒子有三种放法, 第二个粒子也有三种放法, 共有 $3^2 = 9$ 种放法, 即排列数为 9。这两种结果显然是不同的。

在 Bose-Einstein 统计和 Fermi-Dirac 统计中, 对上述两种情况都作了考虑。

Bose-Einstein 统计

设有在 U, V, N 一定的条件下所构成的系统, 其中每个粒子所可能具有的能级是 $\varepsilon_1, \varepsilon_2, \cdots, \varepsilon_i$, 各能级的简并度相应为 $g_1, g_2, \cdots, g_i$, 一种分布在各能级的粒子数为 $N_1, N_2, \cdots, N_i$, 即

能级:	ε_1,	ε_2,	$\cdots$,	ε_i
各能级的简并度:	g_1,	g_2,	$\cdots$,	g_i
一种分布方式:	N_1,	N_2,	$\cdots$,	N_i

首先, 考虑其中任一能级 ε_i 的情况。可将 N_i 个粒子看成 N_i 个不可区分的球, 把简并度 g_i 看成 g_i 个房间。于是, 分布问题就成为把球往房间里放的问题。g_i 个房间有 $(g_i - 1)$ 个隔板。现在我们把 N_1 个球和 $(g_1 - 1)$ 个隔板合在一起, 看成是 $(N_1 + g_1 - 1)$ 种不同的 "东西" 作全排列, 又由于 N_1 个球互调和 $(g_1 - 1)$ 个隔板互调不产生新的微观状态数。所以, 把 N_1 个球分布到简并度为 g_1 的 ε_1 能级上的方式数为

$$\frac{(N_1 + g_1 - 1)!}{N_1!(g_1 - 1)!}$$

以此类推, 所以一种分布方式的微观状态数 t_1 为

$$t_1 = \frac{(N_1 + g_1 - 1)!}{N_1!(g_1 - 1)!} \cdot \cdots \cdot \frac{(N_i + g_i - 1)!}{N_i!(g_i - 1)!}$$

$$= \prod_i \frac{(N_i + g_i - 1)!}{N_i!(g_i - 1)!} \tag{7.42}$$

各种分布方式的总微观状态数为

$$\Omega = \sum_{\substack{\sum_i N_i = N \\ \sum_i N_i \varepsilon_i = U}} t_i = \sum_{\substack{\sum_i N_i = N \\ \sum_i N_i \varepsilon_i = U}} \prod_i \frac{(N_i + g_i - 1)!}{N_i!(g_i - 1)!} \tag{7.43}$$

在式 (7.43) 的求和项中必定有一项最大, 这种分布就是最概然分布。因此, 我们的问题是在满足下述两个限制条件 [即式 (7.1) 和式 (7.2)] 的情况下:

$$\sum_i N_i = N \qquad 或 \qquad \varphi_1 \equiv \sum_i N_i - N = 0$$

$$\sum_i N_i \varepsilon_i = U \qquad 或 \qquad \varphi_2 \equiv \sum_i N_i \varepsilon_i - U = 0$$

找出什么样的 N_i 能使式 (7.43) 中的 t_i 有极大值。借助 Lagrange 乘因子法和 Stirling 近似公式, 可以证明 (读者试自证之)。得

$$N_i^* = \frac{g_i}{\mathrm{e}^{-\alpha - \beta \varepsilon_i} - 1} \tag{7.44}$$

这就是 Bose-Einstein 统计中的最概然分布公式, 其中的因子 β 可以证明和 Boltzmann 统计是一样的, 而因子 α 则可从条件方程求得。在这种统计中熵的表示式为

$$S = k_B \ln \Omega \approx k_B \ln t_m = k_B \ln \prod_i \frac{(N_i^* + g_i - 1)!}{N_i^*!(g_i - 1)!}$$

把式 (7.44) 的 N_i^* 代入上式, 则得 (证明从略)

$$S = k_B \sum_i \left[g_i \ln \left(1 + \frac{N_i^*}{g_i} \right) + N_i^* \ln \left(1 + \frac{g_i}{N_i^*} \right) \right] \tag{7.45}$$

Fermi-Dirac 统计

它和 Bose-Einstein 统计不同之处在于每一个量子态上最多只能容纳一个粒子。对于能级 ε_i 上的 N_i 个粒子在其简并度 g_i 的分布问题, 就相当于从 g_i 个盒

子中取出 N_i 个盒子, 然后在取出的盒子中每一个盒子放一个粒子, 而没有被取出的盒子则空着没有粒子. 根据排列组合的公式, 从 g_i 个盒子取 N_i 个的方式数为 $C_{g_i}^{N_i} = \dfrac{g_i!}{N_i!(g_i - N_i)!}$ (参阅附录 I). 于是, 对于一种分布方式来说, 其微观状态数为

$$t_i = \frac{g_1!}{N_1!(g_1 - N_1)!} \cdot \frac{g_2!}{N_2!(g_2 - N_2)!} \cdot \cdots \cdot \frac{g_i!}{N_i!(g_i - N_i)!}$$

$$= \prod_i \frac{g_i!}{N_i!(g_i - N_i)!} \tag{7.46}$$

各种分布方式的总微观状态数为

$$\Omega = \sum_{\substack{\sum_i N_i = N \\ \sum_i N_i \varepsilon_i = U}} t_i = \sum_{\substack{\sum_i N_i = N \\ \sum_i N_i \varepsilon_i = U}} \prod_i \frac{g_i!}{N_i!(g_i - N_i)!} \tag{7.47}$$

在式 (7.47) 的求和项中, 其中有一项最大. 问题仍归结为在两个限制条件下求式 (7.47) 的最大项 t_m 的问题, 即什么样的 N_i 才能使式 (7.46) 的 t_i 有极大值. 同样, 借助 Lagrange 乘因子法和 Stirling 近似公式,可以证明 (读者试自证之):

$$N_i^* = \frac{g_i}{\mathrm{e}^{-\alpha - \beta \varepsilon_i} + 1} \tag{7.48}$$

这就是 Fermi-Dirac 统计的最概然分布表达式, 式中 β 可以证明和 Boltzmann 统计是一样的, 而因子 α 则可从条件方程求得. 在这种分布中熵的表达式为

$$S = k_\mathrm{B} \ln\Omega \approx k_\mathrm{B} \ln t_\mathrm{m} = k_\mathrm{B} \ln \prod_i \frac{g_i!}{N_i^*!(g_i - N_i^*)!}$$

代入式 (7.48),并简化后得

$$S = k_\mathrm{B} \sum_i \left[N_i^* \ln\left(\frac{g_i}{N_i^*} - 1 \right) - g_i \ln\left(1 - \frac{N_i^*}{g_i} \right) \right] \tag{7.49}$$

这就是 Fermi-Dirac 统计的熵的表达式.

三种统计的比较

三种统计的最概然分布并列于下, 以资比较.

Bose-Einstein 统计

$$N_i = \frac{g_i}{\mathrm{e}^{-\alpha - \beta \varepsilon_i} - 1} \quad 或 \quad \frac{g_i}{N_i} = \mathrm{e}^{-\alpha - \beta \varepsilon_i} - 1$$

Fermi-Dirac 统计

$$N_i = \frac{g_i}{\mathrm{e}^{-\alpha-\beta\varepsilon_i}+1} \quad 或 \quad \frac{g_i}{N_i} = \mathrm{e}^{-\alpha-\beta\varepsilon_i}+1$$

Boltzmann 统计

$$N_i = \frac{g_i}{\mathrm{e}^{-\alpha-\beta\varepsilon_i}} \quad 或 \quad \frac{g_i}{N_i} = \mathrm{e}^{-\alpha-\beta\varepsilon_i}$$

它们只在分母上差了一个 ± 1, 由于 $g_i \gg N_i$, $\dfrac{g_i}{N_i}$ 是一个很大的数值, 所以

$$\mathrm{e}^{-\alpha-\beta\varepsilon_i}+1 \approx \mathrm{e}^{-\alpha-\beta\varepsilon_i}-1 \approx \mathrm{e}^{-\alpha-\beta\varepsilon_i}$$

这样前面两种统计就都还原为 Boltzmann 统计了。实验事实也表明, 当温度不太低或压力不太高时, 上述条件容易满足。因此, 在实验观测的范围内, 一般采用 Boltzmann 统计就能解决问题了。只有在特殊情况下才考虑其他两种统计 (例如, 金属和半导体中的电子分布遵守 Fermi-Dirac 统计, 空腔辐射的频率分布问题遵守 Bose-Einstein 统计等)。

但是, 客观世界中的物质不是由奇数个基本粒子所组成就是由偶数个基本粒子所组成, 只存在遵守 Fermi-Dirac 统计和 Bose-Einstein 统计的系统, 这两种统计中的一些公式是建立在量子力学的基础上, 因此通称为**量子统计**; 而 Boltzmann 统计最初是根据经典力学的概念而导出, 所以又称为**经典统计**。然而, 如上所述, 量子统计的结果都能近似到 Boltzmann 统计。在通常的情况下, 用 Boltzmann 统计也可以得到很好的结果, 故在本书中只讨论 Boltzmann 统计。

7.4 配分函数

配分函数的定义

根据式 (7.20), 已知最概然分布公式为

$$N_i = N \frac{g_i \mathrm{e}^{-\varepsilon_i/k_{\mathrm{B}}T}}{\sum\limits_i g_i \mathrm{e}^{-\varepsilon_i/k_{\mathrm{B}}T}}$$

令分母

$$\sum_i g_i \mathrm{e}^{-\varepsilon_i/k_\mathrm{B}T} \equiv q \tag{7.50}$$

q 称为粒子的**配分函数** (partition function), 是量纲一的量, 指数项通常称为 Boltzmann 因子。配分函数 q 是对系统中一个粒子的所有可能状态的 Boltzmann 因子求和, 因此又称为状态和。由于是独立粒子系统, 任何粒子不受其他粒子存在的影响, 所以 q 这个量是属于一个粒子的, 与其余粒子无关, 故称为粒子的配分函数。在本书中简称为配分函数。从上式可得

$$\frac{N_i}{N} = \frac{g_i \mathrm{e}^{-\varepsilon_i/k_\mathrm{B}T}}{q} \tag{7.51}$$

$$\frac{N_i}{N_j} = \frac{g_i \mathrm{e}^{-\varepsilon_i/k_\mathrm{B}T}}{g_j \mathrm{e}^{-\varepsilon_j/k_\mathrm{B}T}} \tag{7.52}$$

从式 (7.51) 可见, q 中的任一项即 $g_i \mathrm{e}^{-\varepsilon_i/k_\mathrm{B}T}$ 与 q 之比, 等于粒子分配在 i 能级上的分数。从式 (7.52) 可见, q 中任两项之比等于在该两能级上最概然分布的粒子数之比。这正是 q 被称为 "配分函数" 的由来。配分函数在统计力学中占有极重要的地位, 系统的各种热力学性质都可以用配分函数来表示, 而统计热力学的最重要的任务之一就是要通过配分函数来计算系统的热力学函数。

配分函数与热力学函数的关系

先讨论 N 个粒子所组成的非定位系统的热力学函数。

(1) Helmholtz 自由能 (A) 前已证得式 (7.26), 再根据配分函数的定义, 可得

$$A_{\text{非定位}} = -kT\ln\frac{\left(\sum_i g_i \mathrm{e}^{-\varepsilon_i/k_\mathrm{B}T}\right)^N}{N!} = -k_\mathrm{B}T\ln\frac{q^N}{N!} \tag{7.53}$$

(2) 熵 (S) 已知

$$\mathrm{d}A = -S\mathrm{d}T - p\mathrm{d}V \tag{7.54}$$

$$\left(\frac{\partial A}{\partial T}\right)_{V,N} = -S$$

所以

$$S_{\text{非定位}} = k_\mathrm{B}\ln\frac{q^N}{N!} + Nk_\mathrm{B}T\left(\frac{\partial \ln q}{\partial T}\right)_{V,N} \tag{7.55}$$

或直接根据式 (7.25), 得

$$S_{非定位} = k_B \ln \frac{q^N}{N!} + \frac{U}{T} \tag{7.56}$$

(3) 热力学能 (U)　根据 $U = A + TS$, 代入 A 和 S, 得

$$U = A + TS = -k_B T \ln \frac{q^N}{N!} + k_B T \ln \frac{q^N}{N!} + N k_B T^2 \left(\frac{\partial \ln q}{\partial T} \right)_{V,N}$$

$$= N k_B T^2 \left(\frac{\partial \ln q}{\partial T} \right)_{V,N} \tag{7.57}$$

或者直接将式 (7.55) 和式 (7.56) 相比, 也可以得到式 (7.57)。

(4) Gibbs 自由能 (G)　从式 (7.54) 可得

$$p = -\left(\frac{\partial A}{\partial V} \right)_{T,N} = N k_B T \left(\frac{\partial \ln q}{\partial V} \right)_{T,N} \tag{7.58}$$

根据定义 $G = A + pV$, 将 A, p 之值代入, 得

$$G_{非定位} = -k_B T \ln \frac{q^N}{N!} + N k_B T V \left(\frac{\partial \ln q}{\partial V} \right)_{T,N} \tag{7.59}$$

(5) 焓 (H)　根据 H 的定义, 代入 G 和 S 的表达式, 得

$$H = G + TS = N k_B T V \left(\frac{\partial \ln q}{\partial V} \right)_{T,N} + N k_B T^2 \left(\frac{\partial \ln q}{\partial T} \right)_{V,N} \tag{7.60}$$

(6) 定容热容 C_V

$$C_V = \left(\frac{\partial U}{\partial T} \right)_V = \frac{\partial}{\partial T} \left[N k_B T^2 \left(\frac{\partial \ln q}{\partial T} \right)_{V,N} \right]_V \tag{7.61}$$

从以上的表达式可以看出, 只要知道配分函数 q , 就能求出诸热力学函数。对于定位系统, 用同样的方法也可以导出其热力学函数:

$$A_{定位} = -k_B T \ln q^N \tag{7.62}$$

$$S_{定位} = N k_B \left[\frac{\partial}{\partial T} (T \ln q) \right]_{V,N} = N k_B \ln q + N k_B T \left(\frac{\partial \ln q}{\partial T} \right)_{V,N} \tag{7.63}$$

$$U_{定位} = N k_B T^2 \left(\frac{\partial \ln q}{\partial T} \right)_{V,N} \tag{7.64}$$

$$G_{定位} = A + pV = A - V \left(\frac{\partial A}{\partial V} \right)_{T,N}$$

$$= -k_B T \ln q^N + N k_B T V \left(\frac{\partial \ln q}{\partial V} \right)_{T,N} \tag{7.65}$$

$$H_{\text{定位}} = G + TS = U + pV$$

$$= Nk_{\mathrm{B}}T^2 \left(\frac{\partial \ln q}{\partial T}\right)_{V,N} + Nk_{\mathrm{B}}TV \left(\frac{\partial \ln q}{\partial V}\right)_{T,N} \tag{7.66}$$

$$C_{V,\text{定位}} = \frac{\partial}{\partial T}\left[Nk_{\mathrm{B}}T^2 \left(\frac{\partial \ln q}{\partial T}\right)_{V,N}\right]_V \tag{7.67}$$

由上述公式可见, 无论是定位系统或非定位系统, U, H, C_V 的表示式是一样的, 只是在热力学函数 A, S, G 上相差一些常数项。而在求热力学函数的变化值时, 这些常数项互相消去了。

配分函数的分离

一个分子的能量可以认为是分子整体运动的能量即平动能 $(\varepsilon_{\mathrm{t}})$ 与分子内部运动的能量之和。分子内部运动的能量包括转动能 $(\varepsilon_{\mathrm{r}})$、振动能 $(\varepsilon_{\mathrm{v}})$、电子运动的能量 $(\varepsilon_{\mathrm{e}})$ 及核运动的能量 $(\varepsilon_{\mathrm{n}})$, 各能量可看作独立无关。分子处于某能级的总能量等于各种能量之和, 即

$$\varepsilon_i = \varepsilon_{i,\mathrm{t}} + \varepsilon_{i,\text{内}}$$

$$= \varepsilon_{i,\mathrm{t}} + (\varepsilon_{i,\mathrm{n}} + \varepsilon_{i,\mathrm{e}} + \varepsilon_{i,\mathrm{v}} + \varepsilon_{i,\mathrm{r}}) \tag{7.68}$$

这几个能级的大小次序是

$$\varepsilon_{\mathrm{n}} > \varepsilon_{\mathrm{e}} > \varepsilon_{\mathrm{v}} > \varepsilon_{\mathrm{r}} > \varepsilon_{\mathrm{t}}$$

平动能的数量级约为 $4.2 \times 10^{-21}\,\mathrm{J \cdot mol^{-1}}$, 转动能为 $42 \sim 420\,\mathrm{J \cdot mol^{-1}}$, 振动能为 $4.2 \sim 42\,\mathrm{kJ \cdot mol^{-1}}$, 而电子能级和核能级则更高。

各不同能量各有相应的简并度 $g_{i,\mathrm{t}}, g_{i,\mathrm{r}}, g_{i,\mathrm{v}}, g_{i,\mathrm{e}}, g_{i,\mathrm{n}}$。当总能量是 ε_i 时, 总的简并度 (g_i) 等于各个能级上简并度的乘积, 即

$$g_i = g_{i,\mathrm{t}} \cdot g_{i,\text{内}} = g_{i,\mathrm{t}} \cdot g_{i,\mathrm{r}} \cdot g_{i,\mathrm{v}} \cdot g_{i,\mathrm{e}} \cdot g_{i,\mathrm{n}} \tag{7.69}$$

式中 $g_{i,\text{内}}$ 是分子内部运动所相应的简并度。根据配分函数的定义, 得

$$q = \sum_i g_i \exp\left(-\frac{\varepsilon_i}{k_{\mathrm{B}}T}\right)$$

$$= \sum_i g_{i,\mathrm{t}} \cdot g_{i,\mathrm{r}} \cdot g_{i,\mathrm{v}} \cdot g_{i,\mathrm{e}} \cdot g_{i,\mathrm{n}} \exp\left(-\frac{\varepsilon_{i,\mathrm{t}} + \varepsilon_{i,\mathrm{r}} + \varepsilon_{i,\mathrm{v}} + \varepsilon_{i,\mathrm{e}} + \varepsilon_{i,\mathrm{n}}}{k_{\mathrm{B}}T}\right)$$

从数学上可以证明, 几个独立变数乘积之和等于各自求和的乘积。于是, 上式可以写作

$$q = \left[\sum_i g_{i,\mathrm{t}} \exp\left(-\frac{\varepsilon_{i,\mathrm{t}}}{k_\mathrm{B}T}\right) \right] \cdot \left[\sum_i g_{i,\mathrm{r}} \exp\left(-\frac{\varepsilon_{i,\mathrm{r}}}{k_\mathrm{B}T}\right) \right] \cdot$$

$$\left[\sum_i g_{i,\mathrm{v}} \exp\left(-\frac{\varepsilon_{i,\mathrm{v}}}{k_\mathrm{B}T}\right) \right] \cdot \left[\sum_i g_{i,\mathrm{e}} \exp\left(-\frac{\varepsilon_{i,\mathrm{e}}}{k_\mathrm{B}T}\right) \right] \cdot \left[\sum_i g_{i,\mathrm{n}} \exp\left(-\frac{\varepsilon_{i,\mathrm{n}}}{k_\mathrm{B}T}\right) \right]$$

$$\tag{7.70}$$

如令

$$\sum_i g_{i,\mathrm{t}} \exp\left(-\frac{\varepsilon_{i,\mathrm{t}}}{k_\mathrm{B}T}\right) = q_\mathrm{t} \quad \text{称为平动配分函数}$$

$$\sum_i g_{i,\mathrm{r}} \exp\left(-\frac{\varepsilon_{i,\mathrm{r}}}{k_\mathrm{B}T}\right) = q_\mathrm{r} \quad \text{称为转动配分函数}$$

$$\sum_i g_{i,\mathrm{v}} \exp\left(-\frac{\varepsilon_{i,\mathrm{v}}}{k_\mathrm{B}T}\right) = q_\mathrm{v} \quad \text{称为振动配分函数}$$

$$\sum_i g_{i,\mathrm{e}} \exp\left(-\frac{\varepsilon_{i,\mathrm{e}}}{k_\mathrm{B}T}\right) = q_\mathrm{e} \quad \text{称为电子配分函数}$$

$$\sum_i g_{i,\mathrm{n}} \exp\left(-\frac{\varepsilon_{i,\mathrm{n}}}{k_\mathrm{B}T}\right) = q_\mathrm{n} \quad \text{称为原子核配分函数}$$

则式 (7.70) 可以写作

$$q = q_\mathrm{t} \cdot q_\mathrm{r} \cdot q_\mathrm{v} \cdot q_\mathrm{e} \cdot q_\mathrm{n} \tag{7.71}$$

上式也可以写作 $q = q_\mathrm{t} \cdot q_{内}$,$q_{内}$ 称为粒子的内配分函数。

$$q_{内} = \sum_i g_{i,\,内} \exp\left(-\frac{\varepsilon_{i,\,内}}{k_\mathrm{B}T}\right)$$

式中 $\varepsilon_{i,内}$ 是内部能量的总和。

对于定位系统, 已知

$$A_{定位} = -Nk_\mathrm{B}T\ln q$$

$$= -Nk_\mathrm{B}T\ln q_\mathrm{t} - Nk_\mathrm{B}T\ln q_\mathrm{r} - Nk_\mathrm{B}T\ln q_\mathrm{v} - Nk_\mathrm{B}T\ln q_\mathrm{e} - Nk_\mathrm{B}T\ln q_\mathrm{n}$$

$$= A_\mathrm{t} + A_\mathrm{r} + A_\mathrm{v} + A_\mathrm{e} + A_\mathrm{n} \tag{7.72}$$

对于非定位系统, 有

$$A_{非定位} = -k_\mathrm{B}T\ln\frac{q^N}{N!}$$

$$= -k_\mathrm{B}T\ln\frac{(q_\mathrm{t})^N}{N!} - Nk_\mathrm{B}T\ln q_\mathrm{r} - Nk_\mathrm{B}T\ln q_\mathrm{v} - Nk_\mathrm{B}T\ln q_\mathrm{e} - Nk_\mathrm{B}T\ln q_\mathrm{n}$$

$$\tag{7.73}$$

由此可见, 在 Helmholtz 自由能的表示式中, 定位系统和非定位系统只在第一项上差了 $k_B T \ln N!$ 项。如令

$$-k_B T \ln \frac{(q_t)^N}{N!} = A_t$$

即把 $-k_B T \ln \dfrac{1}{N!}$ 并入平动项, 则

$$A_{非定位} = A_t + A_r + A_v + A_e + A_n \tag{7.74}$$

以后的问题在于如何求出配分函数。在式 (7.72) 和式 (7.74) 中, 可以把总的 Helmholtz 自由能看作各种运动所提供的贡献之和 (即每一种运动提供各自的 Helmholtz 自由能)。其他几个热力学函数也是这样。

7.5 各配分函数的求法及其对热力学函数的贡献

原子核配分函数

$$q_n = g_{n,0} \exp\left(-\frac{\varepsilon_{n,0}}{k_B T}\right) + g_{n,1} \exp\left(-\frac{\varepsilon_{n,1}}{k_B T}\right) + \cdots$$

$$= g_{n,0} \exp\left(-\frac{\varepsilon_{n,0}}{k_B T}\right)\left[1 + \frac{g_{n,1}}{g_{n,0}} \exp\left(-\frac{\varepsilon_{n,1} - \varepsilon_{n,0}}{k_B T}\right) + \cdots\right]$$

式中 $\varepsilon_{n,0}$ 是基态的能量。由于原子核的能级间隔相差很大, 所以在通常情况下, 上式中的第二项及以后的项都可以忽略不计, 即

$$q_n = g_{n,0} \exp\left(-\frac{\varepsilon_{n,0}}{k_B T}\right) \tag{7.75}$$

事实上, 除了核反应外, 在通常的化学和物理过程中, 原子核总是处于基态而没有变化。若核基态的能量选作零, 则上式又可写作

$$q_n = g_{n,0} \tag{7.76}$$

核能级的简并度来源于原子核有自旋作用。它在外加磁场中, 有不同的取向, 但核自旋的磁矩很小, 所以自旋方向不同的各态之间不会有显著的能量差别, 只有在超精细结构中, 才能反映出这一点微小的差别。若核自旋量子数为 s_n, 则核自旋的简并度为 $(2s_n + 1)$。对于多原子分子, 核的总配分函数等于各原子的核配分

函数的乘积, 即

$$q_{n,总} = (2s_n + 1)(2s_n' + 1)(2s_n'' + 1)\cdots = \prod_i (2s_n + 1)_i \tag{7.77}$$

由于核自旋配分函数与温度、体积无关, 所以根据前已证明的式 (7.57)、式 (7.60) 和式 (7.61)(均为非定位系统), q_n 对热力学能、焓和热容没有贡献, 但在熵、Helmholtz 自由能、Gibbs 自由能的表示式中 [参阅式 (7.55)、式 (7.53) 和式 (7.59), 均为非定位系统], 则 q_n 相应地有所贡献。但从化学反应的角度来看, 在总的配分函数中, 往往可以忽略 q_n 这个因子。这是因为在化学反应前后, q_n 的数值保持不变, 并且在计算 ΔG 等热力学函数的差值时消去了。当然, 在计算规定熵时, 还是要考虑它的贡献部分的。对于定位系统, 其情况相同。

由于核配分函数来源于自旋, 所以核配分函数又称为核自旋配分函数。

电子配分函数

电子能级的间隔也很大, 从基态到第一激发态, 约有几电子伏特, 相当于 $400\,\text{kJ}\cdot\text{mol}^{-1}$。

$$q_e = g_{e,0} \exp\left(-\frac{\varepsilon_{e,0}}{k_B T}\right) + g_{e,1} \exp\left(-\frac{\varepsilon_{e,1}}{k_B T}\right) + \cdots$$

$$= g_{e,0} \exp\left(-\frac{\varepsilon_{e,0}}{k_B T}\right)\left[1 + \frac{g_{e,1}}{g_{e,0}} \exp\left(-\frac{\varepsilon_{e,1} - \varepsilon_{e,0}}{k_B T}\right) + \cdots\right]$$

一个粗略的估计是, 若 $\dfrac{\Delta\varepsilon}{k_B T} > 5$ 或 $\exp\left(-\dfrac{\Delta\varepsilon}{k_B T}\right) \approx \text{e}^{-5} = 0.0067$, 则上式中的第二项就可以忽略不计。对于电子能级的基态和第一激发态来说, $\Delta\varepsilon \approx 400\,\text{kJ}\cdot\text{mol}^{-1}$, 所以除非在相当高的温度, 一般说来, 电子总是处于基态, 而且当增加温度时常常在电子未被激发之前分子就分解了。所以第二项也常是可以略去不计的。倘若我们把最低能态的能量规定为零, 则电子配分函数就等于最低能态的简并度, 即

$$q_e = g_{e,0}$$

电子绕核运动的总动量矩也是量子化的, 动量矩沿某一选定的轴上的分量, 可以取 $-j \sim +j$, 即 $(2j + 1)$ 个不同的取向, 所以基态的简并度为 $(2j + 1)$, 即

$$q_e = 2j + 1$$

式中 j 为量子数。根据上面的公式, 电子配分函数对热力学函数的贡献为

$$U_e = H_e = C_{V,e} = 0 \tag{7.78}$$

$$A_{\mathrm{e}} = -Nk_{\mathrm{B}}T\ln q_{\mathrm{e}} \tag{7.79}$$

$$G_{\mathrm{e}} = -Nk_{\mathrm{B}}T\ln q_{\mathrm{e}} \tag{7.80}$$

$$S_{\mathrm{e}} = Nk_{\mathrm{B}}\ln q_{\mathrm{e}} \tag{7.81}$$

但也应注意到, 在有些原子中, 电子的基态与第一激发态之间的间隔并不是太大, 则在 q_{e} 表示式中的第二项就不能忽略。相应地它对各种热力学函数的贡献部分也就不能忽略。例如, 表 7.1 给出了 1000 K 时, 单原子氟的实验数据。其中, σ 是波数, c 是光速, λ 是波长, ν 是频率, $\sigma = \dfrac{1}{\lambda} = \dfrac{\nu}{c} = \dfrac{h\nu}{hc} = \dfrac{\varepsilon}{hc}$, 此式表示波数与能量的关系[①]:

表 7.1　单原子氟的简并度和能量

	j	$g_{\mathrm{e}}(= 2j+1)$	$\sigma\left(= \dfrac{\varepsilon}{hc}\right)/\mathrm{cm}^{-1}$
基态	$\dfrac{3}{2}$	4	0.00
第一激发态	$\dfrac{1}{2}$	2	404.0
第二激发态	$\dfrac{5}{2}$	6	102406.5

$$
\begin{aligned}
q_{\mathrm{e}} &= g_{\mathrm{e},0}\exp\left(-\frac{\varepsilon_{\mathrm{e},0}}{k_{\mathrm{B}}T}\right) + g_{\mathrm{e},1}\exp\left(-\frac{\varepsilon_{\mathrm{e},1}}{k_{\mathrm{B}}T}\right) + g_{\mathrm{e},2}\exp\left(-\frac{\varepsilon_{\mathrm{e},2}}{k_{\mathrm{B}}T}\right) + \cdots \\
&= 4\exp\left(-\frac{\varepsilon_{\mathrm{e},0}}{hc}\cdot\frac{hc}{k_{\mathrm{B}}T}\right) + 2\exp\left(-\frac{\varepsilon_{\mathrm{e},1}}{hc}\cdot\frac{hc}{k_{\mathrm{B}}T}\right) + 6\exp\left(-\frac{\varepsilon_{\mathrm{e},2}}{hc}\cdot\frac{hc}{k_{\mathrm{B}}T}\right) + \cdots \\
&= 4\mathrm{e}^0 + 2\mathrm{e}^{-0.5813} + 6\mathrm{e}^{-147.4} = 5.118
\end{aligned}
$$

根据

$$\frac{N_i}{N} = \frac{g_i\exp\left(-\dfrac{\varepsilon_i}{k_{\mathrm{B}}T}\right)}{q}$$

电子分配在基态上的分数为

[①] 当能量差为1 eV (电子伏特) 时, 反映在光谱线上的波数为

$$\sigma = \frac{\varepsilon}{hc} = \frac{1.602\times10^{-19}\ \mathrm{J}}{6.626\times10^{-34}\ \mathrm{J\cdot s}\times2.9979\times10^8\ \mathrm{m\cdot s^{-1}}} = 8.065\times10^5\ \mathrm{m^{-1}}$$

$$\frac{N_0}{N} = \frac{g_0}{q} = \frac{4}{5.118} = 0.782$$

电子分配在第一激发态上的分数为

$$\frac{N_1}{N} = \frac{g_1 \exp\left(-\dfrac{\varepsilon_1}{k_{\mathrm{B}}T}\right)}{q} = \frac{2 \times \mathrm{e}^{-0.5813}}{5.118} = 0.219$$

电子分配在第二激发态上的分数为

$$\frac{N_2}{N} = \frac{g_2 \exp\left(-\dfrac{\varepsilon_2}{k_{\mathrm{B}}T}\right)}{q} = \frac{6 \times \mathrm{e}^{-147.4}}{5.118} \approx 0$$

平动配分函数

设粒子的质量为 m, 在边长为 $a \times b \times c$ 的方盒中运动, 根据波动方程可以解出平动能的能量公式为 (对波动方程求解可参阅一般的物质结构教科书)

$$\varepsilon_{i,\mathrm{t}} = \frac{h^2}{8m}\left(\frac{n_x^2}{a^2} + \frac{n_y^2}{b^2} + \frac{n_z^2}{c^2}\right) \tag{7.82}$$

式中 h 是 Planck 常数; n_x, n_y, n_z 分别是 x, y, z 轴上的平动量子数, 它只能是从 1 到无穷的正整数, 而不能采取任意的值。这说明分子的平动能也是量子化的。平动配分函数为

$$q_{\mathrm{t}} = \sum_i g_{i,\mathrm{t}} \exp\left(-\frac{\varepsilon_{i,\mathrm{t}}}{k_{\mathrm{B}}T}\right) \tag{7.83}$$

或

$$
\begin{aligned}
q_{\mathrm{t}} &= \sum_{n_x=1}^{\infty} \sum_{n_y=1}^{\infty} \sum_{n_z=1}^{\infty} \exp\left[-\frac{h^2}{8mk_{\mathrm{B}}T}\left(\frac{n_x^2}{a^2} + \frac{n_y^2}{b^2} + \frac{n_z^2}{c^2}\right)\right] \\
&= \sum_{n_x=1}^{\infty} \exp\left(-\frac{h^2}{8mk_{\mathrm{B}}T} \cdot \frac{n_x^2}{a^2}\right) \cdot \sum_{n_y=1}^{\infty} \exp\left(-\frac{h^2}{8mk_{\mathrm{B}}T} \cdot \frac{n_y^2}{b^2}\right) \cdot \\
&\quad \sum_{n_z=1}^{\infty} \exp\left(-\frac{h^2}{8mk_{\mathrm{B}}T} \cdot \frac{n_z^2}{c^2}\right)
\end{aligned}
\tag{7.84}
$$

当能量为 ε_i 时, 由于 n_x, n_y, n_z 不同, 而有不同的微观状态数, 因此式 (7.80) 中的 $g_{i,\mathrm{t}}$ 是该能级的简并度。在式 (7.84) 中是对所有的 n_x, n_y, n_z 求和, 它已经包括了全部可能的微观状态, 因此就不再出现 $g_{i,\mathrm{t}}$ 项了。

式 (7.84) 由完全相似的三项组成, 只需解其中的一个, 其余的可以类推。

如令

$$\frac{h^2}{8mk_BTa^2} = \alpha^2$$

则

$$\sum_{n_x=1}^{\infty} \exp\left(-\frac{h^2}{8mk_BTa^2} \cdot n_x^2\right) = \sum_{n_x=1}^{\infty} \exp(-\alpha^2 \cdot n_x^2)$$

α^2 是一个很小的数值。例如, 在 300 K, $a = 0.01$ m 时, 对氢原子来说, 有

$$\alpha^2 = \frac{h^2}{8mk_BTa^2}$$

$$= \frac{(6.626 \times 10^{-34}\ \text{J} \cdot \text{s})^2}{8 \times 1.67 \times 10^{-27}\ \text{kg} \times 1.38 \times 10^{-23}\ \text{J} \cdot \text{K}^{-1} \times 300\ \text{K} \times (0.01\ \text{m})^2}$$

$$= 7.9 \times 10^{-17}$$

对于一般的分子, 则 m 更大, 而且 a 也可能比 0.01 m 大, 所以 α^2 的值更小。当 $\alpha^2 \ll 1$ 时, 一系列连续相差很小的数值求和, 在数学上可以看作是连续的, 因此可用积分号代替求和号。即

$$\sum_{n_x=1}^{\infty} \exp(-\alpha^2 \cdot n_x^2) = \int_0^{\infty} \exp(-\alpha^2 \cdot n_x^2)\mathrm{d}n_x$$

根据积分公式 $\int_0^{\infty} \exp(-\alpha x^2)\mathrm{d}x = \frac{1}{2}\sqrt{\frac{\pi}{\alpha}}$, 得

$$\int_0^{\infty} \exp(-\alpha^2 n_x^2)\mathrm{d}n_x = \frac{1}{\alpha} \cdot \frac{\sqrt{\pi}}{2} = \left(\frac{2\pi mk_BT}{h^2}\right)^{1/2} \cdot a$$

所以

$$q_t = \int_0^{\infty} \exp\left(-\frac{h^2}{8mk_BTa^2} \cdot n_x^2\right)\mathrm{d}n_x \cdot \int_0^{\infty} \exp\left(-\frac{h^2}{8mk_BTb^2} \cdot n_y^2\right)\mathrm{d}n_y \cdot$$

$$\int_0^{\infty} \exp\left(-\frac{h^2}{8mk_BTc^2} \cdot n_z^2\right)\mathrm{d}n_z$$

$$= \left(\frac{2\pi mk_BT}{h^2}\right)^{3/2} \cdot a \cdot b \cdot c = \left(\frac{2\pi mk_BT}{h^2}\right)^{3/2} \cdot V \tag{7.85}$$

例 7.1

计算 298.15 K, 101.325 kPa 下, 1 mol N_2 的平动配分函数。

解   已知 N_2 的摩尔质量为 $14.007 \times 2 \times 10^{-3}$ kg·mol^{-1}, 所以

$$m = \frac{14.007 \times 2 \times 10^{-3} \text{ kg} \cdot \text{mol}^{-1}}{6.023 \times 10^{23} \text{ mol}^{-1}} = 4.6512 \times 10^{-26} \text{ kg}$$

Planck 常数

$$h = 6.626 \times 10^{-34} \text{ J} \cdot \text{s}$$

Boltzmann 常数

$$k_{\text{B}} = 1.38 \times 10^{-23} \text{ J} \cdot \text{K}^{-1}$$

在给定条件下

$$V = \frac{298.15}{273.15} \times 0.0224 \text{ m}^3 = 0.02445 \text{ m}^3$$

$$q_{\text{t}} = \frac{(2\pi m k_{\text{B}} T)^{3/2}}{h^3} V$$

$$= \frac{(2 \times 3.1416 \times 4.6512 \times 10^{-26} \text{ kg} \times 1.38 \times 10^{-23} \text{ J} \cdot \text{K}^{-1} \times 298.15 \text{ K})^{3/2}}{(6.626 \times 10^{-34} \text{ J} \cdot \text{s})^3} \times 0.02445 \text{ m}^3$$

$$= 3.5 \times 10^{30}$$

平动配分函数对热力学函数的贡献, 可如下求出。

$$A_{\text{t}} = -k_{\text{B}} T \ln \frac{(q_{\text{t}})^N}{N!}$$

$$= -N k_{\text{B}} T \ln \left[\left(\frac{2\pi m k_{\text{B}} T}{h^2} \right)^{3/2} V \right] + N k_{\text{B}} T \ln N - N k_{\text{B}} T \tag{7.86}$$

$$S_{\text{t}} = -\left(\frac{\partial A_{\text{t}}}{\partial T} \right)_{V,N}$$

$$= N k_{\text{B}} \left\{ \ln \left[\left(\frac{2\pi m k_{\text{B}} T}{h^2} \right)^{3/2} V \right] - \ln N + \frac{5}{2} \right\}$$

$$= N k_{\text{B}} \left(\ln \frac{q_{\text{t}}}{N} + \frac{5}{2} \right) \tag{7.87a}$$

这个公式称为 **Sackur-Tetrode 公式**, 可用来计算理想气体的平动熵。对于 1 mol 理想气体, Sackur-Tetrode 公式可以写作

$$S_{\text{t,m}} = R \ln \left[\frac{(2\pi m k_{\text{B}} T)^{3/2}}{L h^3} V_{\text{m}} \right] + \frac{5}{2} R \tag{7.87b}$$

根据 $U = A + TS$, 可求得 U_{t} 为

$$U_{\text{t}} = N k_{\text{B}} T^2 \left(\frac{\partial \ln q_{\text{t}}}{\partial T} \right)_{V,N} = \frac{3}{2} N k_{\text{B}} T \tag{7.88}$$

则

$$C_{V,\mathrm{t}} = \left(\frac{\partial U_\mathrm{t}}{\partial T}\right)_V = \frac{3}{2}Nk_\mathrm{B} \qquad \cdot (7.89)$$

同法, 根据式 (7.59) 和式 (7.60) 可求出 G_t 和 H_t。

单原子理想气体的热力学函数

单原子理想气体的分子内部运动没有振动和转动, 因而可以用上面已经讲过的几个配分函数来求出其热力学函数。

(1) Helmholtz 自由能 (A)　根据式 (7.26), 对于非定位系统, 有

$$
\begin{aligned}
A ={}& - k_\mathrm{B}T\ln\frac{q^N}{N!} \\
={}& - k_\mathrm{B}T\ln\left(q_\mathrm{n}\right)^N - kT\ln\left(q_\mathrm{e}\right)^N - kT\ln\frac{\left(q_\mathrm{t}\right)^N}{N!} \\
={}& - k_\mathrm{B}T\ln\left[g_{\mathrm{n},0}\exp\left(-\frac{\varepsilon_{\mathrm{n},0}}{k_\mathrm{B}T}\right)\right]^N - k_\mathrm{B}T\ln\left[g_{\mathrm{e},0}\exp\left(-\frac{\varepsilon_{\mathrm{e},0}}{k_\mathrm{B}T}\right)\right]^N - {} \\
& Nk_\mathrm{B}T\ln\frac{(2\pi mk_\mathrm{B}T)^{3/2}}{h^3} - Nk_\mathrm{B}T\ln V + Nk_\mathrm{B}T\ln N - Nk_\mathrm{B}T \\
={}& \left(N\varepsilon_{\mathrm{n},0} + N\varepsilon_{\mathrm{e},0}\right) - Nk_\mathrm{B}T\ln\left(g_{\mathrm{n},0}g_{\mathrm{e},0}\right) - Nk_\mathrm{B}T\ln\frac{(2\pi mk_\mathrm{B}T)^{3/2}}{h^3} - {} \\
& Nk_\mathrm{B}T\ln V + Nk_\mathrm{B}T\ln N - Nk_\mathrm{B}T
\end{aligned} \tag{7.90}
$$

式中第一项是核和电子处于基态时的能量, 第二项是与简并度有关的项。在讨论热力学变量时, 这些量是常量, 都可以消去。

(2) 熵

$$
\begin{aligned}
S ={}& -\left(\frac{\partial A}{\partial T}\right)_{V,N} \\
={}& Nk_\mathrm{B}\left[\ln\left(g_{\mathrm{n},0}g_{\mathrm{e},0}\right) + \ln\left(\frac{2\pi mk_\mathrm{B}T}{h^2}\right)^{3/2} + \ln V - \ln N + \frac{5}{2}\right]
\end{aligned} \tag{7.91}
$$

这个公式也称为 **Sackur-Tetrode 公式**, 可用来计算单原子理想气体的熵。

(3) 热力学能

$$U = Nk_\mathrm{B}T^2\left(\frac{\partial\ln q}{\partial T}\right)_{V,N} = \frac{3}{2}Nk_\mathrm{B}T \tag{7.92}$$

(4) 定容热容 C_V

$$C_V = \left(\frac{\partial U}{\partial T}\right)_{V,N} = \frac{3}{2}Nk_{\mathrm{B}} \tag{7.93}$$

这个结论与经典理论是一致的。按照经典的理论, 单原子分子只有三个平动自由度, 每个自由度的能量是 $\frac{1}{2}k_{\mathrm{B}}T$, 相应地每一个自由度的定容热容是 $\frac{1}{2}k_{\mathrm{B}}$, 所以对于 N 个粒子所组成的系统, $C_V = \frac{3}{2}Nk_{\mathrm{B}}$。由于在处理问题时, 把平动能级看作是连续的而不是量子化的, 所以量子理论的结果与经典理论趋于一致。

(5) 化学势 μ

$$\mu = \left(\frac{\partial A}{\partial N}\right)_{T,V}$$

$$= (\varepsilon_{\mathrm{n},0} + \varepsilon_{\mathrm{e},0}) - k_{\mathrm{B}}T\ln(g_{\mathrm{n},0}g_{\mathrm{e},0}) - k_{\mathrm{B}}T\ln\frac{(2\pi mk_{\mathrm{B}}T)^{3/2}}{h^3} - kT\ln(k_{\mathrm{B}}T) + k_{\mathrm{B}}T\ln p$$

$$\text{(对于理想气体 } V = \frac{Nk_{\mathrm{B}}T}{p}) \tag{7.94}$$

对 1 mol 气体而言, 粒子数 $N = L$, 所以式 (7.94) 可以写为

$$\mu = L(\varepsilon_{\mathrm{n},0} + \varepsilon_{\mathrm{e},0}) - RT\ln(g_{\mathrm{n},0}g_{\mathrm{e},0}) - RT\ln\frac{(2\pi mk_{\mathrm{B}}T)^{3/2}}{h^3} - RT\ln(k_{\mathrm{B}}T) + RT\ln p \tag{7.95}$$

若气体的压力为标准压力 $p^{\ominus}$, 则标准态的化学势 $\mu^{\ominus}$ 可以写为

$$\mu^{\ominus} = L(\varepsilon_{\mathrm{n},0} + \varepsilon_{\mathrm{e},0}) - RT\ln(g_{\mathrm{n},0}g_{\mathrm{e},0}) - RT\ln\frac{(2\pi mk_{\mathrm{B}}T)^{3/2}}{h^3} - RT\ln(k_{\mathrm{B}}T) + RT\ln p^{\ominus} \tag{7.96}$$

对一定的系统来说, 式 (7.96) 的右方都仅是温度的函数。所以, 标准态的化学势写作 $\mu^{\ominus}(T)$。将式 (7.95) 和式 (7.96) 相减, 则得

$$\mu = \mu^{\ominus}(T) + RT\ln\frac{p}{p^{\ominus}} \tag{7.97}$$

这就是气体组分化学势的表示式, 这里也可以具体地看出 $\mu^{\ominus}(T)$ 中包含着哪些项。

(6) 状态方程式

$$p = -\left(\frac{\partial A}{\partial V}\right)_{T,N} = \frac{Nk_{\mathrm{B}}T}{V} \tag{7.98}$$

用统计热力学的方法可以导出气体的状态方程式。式 (7.95) 对任意的理想

气体分子都可以使用。对于双原子分子或多原子分子的理想集合, 需要考虑到振动和转动的能量项, Helmholtz 自由能 A 的表示式虽然要复杂一些, 但其中除了平动项中含有体积项 V 外, 其他各项均不含 V; 当对 V 微分时, 其他各项均不出现。所以, 双原子或多原子理想气体的状态方程式也都是 $pV = Nk_BT$。

根据热力学第一定律和第二定律, 经过严密的推理, 可以得到许多普遍性的公式, 但在使用这些公式时, 还必须知道系统的状态方程。而对于状态方程, 经典的热力学却无能为力, 它连最简单的状态方程也推不出来, 只能靠经验获得。统计热力学采用微观的处理方法, 原则上它能导出状态方程, 对于理想气体, 获得式 (7.98) 并不困难。

同法, 利用式 (7.59) 和式 (7.60) 可求出 G 和 H 的表示式。

例 7.2

试计算 298.15 K, 101.325 kPa 下, 1 mol 氩 (Ar) 的统计熵值, 设其核和电子的简并度均等于 1。

解 氩原子的质量为

$$m = \frac{39.95 \times 10^{-3} \text{ kg} \cdot \text{mol}^{-1}}{6.023 \times 10^{23} \text{ mol}^{-1}} = 6.633 \times 10^{-26} \text{ kg}$$

在给定条件下

$$V = \frac{298.15}{273.15} \times 0.0224 \text{ m}^3 = 0.02445 \text{ m}^3$$

代入式 (7.91), 得

$$S_m^{\ominus} = R \left\{ \ln \left[\frac{(2\pi m k_B T)^{3/2}}{Lh^3} \cdot V \right] + \frac{5}{2} \right\}$$

$$= 8.314 \text{ J} \cdot \text{mol}^{-1} \cdot \text{K}^{-1} \times$$

$$\left\{ \ln \left[\frac{(2\pi \times 6.633 \times 10^{-26} \times 1.38 \times 10^{-23} \times 298.15)^{3/2}}{6.023 \times 10^{23} \times (6.626 \times 10^{-34})^3} \times 0.02445 \right] + \frac{5}{2} \right\}$$

$$= 154.71 \text{ J} \cdot \text{mol}^{-1} \cdot \text{K}^{-1}$$

转动配分函数

先讨论双原子分子。双原子分子除了质心的整体平动以外, 在内部运动中还有转动和振动。这两种运动互有影响, 为简便起见, 其彼此的影响忽略不计。并把转动看作刚性转子绕质心的转动, 振动则看作线性谐振子。

转动能级的公式为

$$\varepsilon_{\mathrm{r}} = J(J+1)\frac{h^2}{8\pi^2 I} \qquad J = 0, 1, 2, \cdots$$

式中 J 是转动能级的量子数; I 是转动惯量, 对于双原子分子, 有

$$I = \frac{m_1 m_2}{m_1 + m_2} r^2$$

m_1, m_2 是两个原子的质量; r 是两个核间的距离。由于转动运动的角动量在空间取向是量子化的, 所以能级的简并度为 $g_{\mathrm{r,i}} = 2J+1$, 故

$$q_{\mathrm{r}} = \sum_{J=0}^{\infty} (2J+1) \exp\left[-\frac{J(J+1)h^2}{8\pi^2 I k_{\mathrm{B}} T}\right] \qquad (7.99)$$

令

$$\Theta_{\mathrm{r}} = \frac{h^2}{8\pi^2 I k_{\mathrm{B}}} \qquad (7.100)$$

Θ_{r} 称为**转动特征温度** (因为在上式等号右边 $\dfrac{h^2}{8\pi^2 I k_{\mathrm{B}}}$ 具有温度的单位), 从分子的转动惯量 I 可求得 Θ_{r}。表 7.2 中列出了一些双原子分子的转动特征温度。

表 7.2　一些双原子分子的转动特征温度、振动特征温度、转动惯量、核间距和基态的振动频率

气体	转动特征温度 $\Theta_{\mathrm{r}}/\mathrm{K}$	振动特征温度 $\Theta_{\mathrm{v}}/(10^3\ \mathrm{K})$	转动惯量 $I/(10^{-46}\ \mathrm{kg\cdot m^2})$	核间距 r/nm	基态的振动频率 $\nu_0/(10^{12}\ \mathrm{s^{-1}})$
H_2	85.4	6.10	0.0460	0.0742	131.8
N_2	2.86	3.34	1.394	0.1095	70.75
O_2	2.07	2.23	1.935	0.1207	47.38
CO	2.77	3.07	1.449	0.1128	65.05
NO	2.42	2.69	1.643	0.1151	57.09
HCl	15.2	4.4	0.2645	0.1275	80.63
HBr	12.1	3.7	0.331	0.1414	—
HI	9.0	3.2	0.431	0.1604	69.24

由表可见, 除了 H_2 外, 大多数气体分子的转动特征温度均很低。在常温下, $\dfrac{\Theta_{\mathrm{r}}}{T} \ll 1$。因此, 可以用积分号代替求和号来计算 q_{r} (一般来说, 当 T 大于转动特征温度的 5 倍时, 就能满足这个条件)。所以

$$q_{\rm r} = \int_0^\infty (2J+1) \exp\left[-\frac{J(J+1)\Theta_{\rm r}}{T}\right] {\rm d}J$$

令 $x = J(J+1)$, ${\rm d}x = (2J+1){\rm d}J$, 代入上式后, 得

$$q_{\rm r} = \int_0^\infty \exp\left(-\frac{x\Theta_{\rm r}}{T}\right) {\rm d}x = -\frac{T}{\Theta_{\rm r}}\exp\left(-\frac{\Theta_{\rm r}x}{T}\right)\bigg|_0^\infty = \frac{T}{\Theta_{\rm r}} = \frac{8\pi^2 I k_{\rm B}T}{h^2} \quad (7.101)$$

对于转动特征温度较高的分子, 应该使用下式:

$$q_{\rm r} = \frac{T}{\Theta_{\rm r}}\left(1 + \frac{\Theta_{\rm r}}{3T} + \cdots\right)$$

由此可见, 对于转动特征温度较高的分子, 常需考虑激发态的量子状态。

式 (7.101) 只适用于异核双原子分子。对于同核双原子分子, 每转动180°, 分子的位形就复原一次, 也就是说每转动一周 360°, 它的微观状态就要重复两次。所以对于同核双原子分子, 其配分函数还要除以 2。或者一般地写作

$$q_{\rm r} = \frac{8\pi^2 I k_{\rm B}T}{\sigma h^2} \quad (7.102)$$

σ 称为**对称数** (symmetry number), 它是分子经过刚性转动一周后, 所产生的不可分辨的几何位置数。对于同核双原子分子, $\sigma = 2$。

对于非线形多原子分子, 可以证明 (证明从略) 其转动配分函数为

$$q_{\rm r} = \frac{8\pi^2 (2\pi k_{\rm B}T)^{3/2}}{\sigma h^3}(I_x \cdot I_y \cdot I_z)^{1/2} \quad (7.103)$$

式中 I_x, I_y, I_z 分别是三个轴上的转动惯量。对于线形多原子分子, 其转动配分函数与式 (7.102) 相同。

有了配分函数的表达式, 就不难求出转动配分函数对热力学函数的贡献。

例 7.3

CO 的转动惯量 $I = 1.45 \times 10^{-46}$ kg·m², 计算 298.15 K 时的转动配分函数。

解 $q_{\rm r} = \dfrac{8\pi^2 I k_{\rm B}T}{h^2} = \dfrac{8\pi^2 \times 1.45 \times 10^{-46} \times 1.38 \times 10^{-23} \times 298.15}{(6.626 \times 10^{-34})^2}$

$\qquad = 107.3$

振动配分函数

仍先讨论双原子分子, 因为它比较简单, 只有一种振动频率, 并可看作简谐振动。分子的振动能为

$$\varepsilon_{\mathrm{v}} = \left(v + \frac{1}{2} \right) h\nu \tag{7.104}$$

式中 ν 是振动频率; v 是振动量子数, 其值可以是 $0, 1, 2, \cdots$。当 $v = 0$ 时, $\varepsilon_{\mathrm{v},0} = \frac{1}{2}h\nu$, 称为**零点振动能** (zero point energy)。故

$$
\begin{aligned}
q_{\mathrm{v}} &= \sum_{v=0,1,2,\cdots} \exp\left[-\frac{\left(v + \frac{1}{2} \right) h\nu}{k_{\mathrm{B}}T} \right] \quad (\text{振动是非简并的}, g_{\mathrm{v},i} = 1) \\
&= \exp\left(-\frac{1}{2}\frac{h\nu}{k_{\mathrm{B}}T} \right) + \exp\left(-\frac{3}{2}\frac{h\nu}{k_{\mathrm{B}}T} \right) + \exp\left(-\frac{5}{2}\frac{h\nu}{k_{\mathrm{B}}T} \right) + \cdots \\
&= \exp\left(-\frac{1}{2}\frac{h\nu}{k_{\mathrm{B}}T} \right) \cdot \left[1 + \exp\left(-\frac{h\nu}{k_{\mathrm{B}}T} \right) + \exp\left(-\frac{2h\nu}{k_{\mathrm{B}}T} \right) + \cdots \right]
\end{aligned} \tag{7.105}
$$

$\dfrac{h\nu}{k_{\mathrm{B}}}$ 也具有温度的单位。令

$$\Theta_{\mathrm{v}} = \frac{h\nu}{k_{\mathrm{B}}} \tag{7.106}$$

Θ_{v} 称为**振动特征温度**。一些气体的振动特征温度见表 7.2。振动特征温度是物质的重要性质之一。Θ_{v} 越高表示分子处于激发态的百分数越小。例如, CO 的 $\Theta_{\mathrm{v}} = 3070$ K, 因此在常温 300 K 时, $\Theta_{\mathrm{v}}/T = 10.2$, 则式 (7.105) 中的第二项为

$$\exp\left(-\frac{\Theta_{\mathrm{v}}}{T} \right) = \exp(-10.2) = 3.7 \times 10^{-5}$$

这个数值很小, 可以忽略不计。也有分子的 Θ_{v} 较低, 例如, 在常温 300 K 下固态碘的 $\Theta_{\mathrm{v}} = 310$ K, $\Theta_{\mathrm{v}}/T = 1.03$, 在式 (7.105) 中代表第一激发态的项为

$$\exp(-1.03) = 0.357$$

就不能忽略。

在低温时, $\dfrac{\Theta_{\mathrm{v}}}{T} \gg 1$, $\exp\left(-\dfrac{\Theta_{\mathrm{v}}}{T} \right) \ll 1$, 则式 (7.105) 可以写为

$\left(\text{引用公式, 当 } x \ll 1 \text{ 时}, 1 + x + x^2 + \cdots = \dfrac{1}{1-x} \right)$

$$q_{\mathrm{v}} = \exp\left(-\frac{1}{2}\frac{h\nu}{k_{\mathrm{B}}T} \right) \cdot \frac{1}{1 - \mathrm{e}^{-h\nu/kT}} \tag{7.107}$$

$\dfrac{1}{2}h\nu$ 是基态的振动能 (即零点振动能), 如果把基态的能量看作等于零, 则根据式 (7.105), 有

$$q_{\rm v}' = \sum_{v=0,1,2,\cdots} \exp\left(-\frac{vh\nu}{k_{\rm B}T}\right)$$

$$= \left(1 + {\rm e}^{-h\nu/k_{\rm B}T} - {\rm e}^{-2h\nu/k_{\rm B}T} + \cdots\right)$$

$$= \frac{1}{1 - {\rm e}^{-h\nu/k_{\rm B}T}} \tag{7.108}$$

$q_{\rm v}'$ 是把振动基态的能量作为零时的振动配分函数。

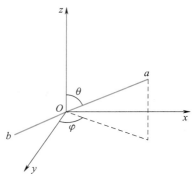

图 7.1　双原子分子在空间中的取向

对于多原子分子, 则需要考虑自由度。所谓分子的自由度可以看作描述分子的空间位形所必需的独立坐标的数目。决定一个原子在空间的位置需要三个坐标参数 (x, y, z), 故分子中 n 个原子看作各自独立时, 总的自由度为 $3n$ 个。决定分子质心的平动需要三个自由度, 所以内部运动的自由度为 $(3n - 3)$。

对于线形分子 ab, 如图 7.1 所示, 只要知道 θ, φ 两个角度, 就决定了分子整体的空间取向, 余下 $(3n - 3 - 2)$ 个则为振动自由度。

对于非线形多原子分子, 需要知道三个角度 (即欧勒角, 其证明从略) 才能决定分子整体骨架的空间取向。所以, 转动自由度为 3, 余下 $(3n - 3 - 3)$ 个是振动自由度。

据此, 对于线形多原子分子, 其 $q_{\rm v}$ 为

$$q_{\rm v} = \prod_{i=1}^{3n-5} \frac{{\rm e}^{-h\nu_i/2k_{\rm B}T}}{1 - {\rm e}^{-h\nu_i/k_{\rm B}T}} \tag{7.109}$$

对于非线形多原子分子, 则

$$q_{\rm v} = \prod_{i=1}^{3n-6} \frac{{\rm e}^{-h\nu_i/2k_{\rm B}T}}{1 - {\rm e}^{-h\nu_i/k_{\rm B}T}} \tag{7.110}$$

同样, 也可以把基态的能量当作等于零而求出相应的 $q_{\rm v}'$。

*7.6　晶体的热容问题

经典理论认为, 晶体中的原子在晶格上做简谐振动。按照能量均分原理, 每

一个自由度的能量是 $\frac{1}{2}k_BT$, 平均动能与平均位能各为 $\frac{1}{2}k_BT$, 每一个振动的原子有三个独立的振动自由度。因此, 平均能量为

$$\varepsilon = 3 \times \left(\frac{1}{2}k_BT + \frac{1}{2}k_BT\right) = 3kT$$

对于 1 mol 原子, 应有能量 $U = L \times 3k_BT = 3RT$。由此, 推出其摩尔热容为

$$C_{V,m} = \left(\frac{\partial U}{\partial T}\right)_V = 3R = 24.94 \text{ J} \cdot \text{mol}^{-1} \cdot \text{K}^{-1}$$

这就解释了 **Dulong-Petit 定律**。这是一个经验定律, 它指出 "固体物质的摩尔热容大致相等, 其值约为 24.94 J·mol^{-1}·K^{-1}"。根据这个定律, 摩尔热容应不随温度而变化。但实际情况是, 当温度渐低, 摩尔热容逐渐减小, 并且原子的摩尔热容与 T^3 成正比, 而在极低的温度接近于 0 K 时, 摩尔热容趋于零。不同的单质 (如 Pb, Al, Si 等) 其摩尔热容随温度的变化率也互不相同。对于这些现象, 经典的理论不能作出解释。

1907 年, Einstein 用量子论来解释晶体的热容。他认为: ① 固体中的原子在平衡位置的附近作热振动; ② 振动的频率只有一种; ③ 每一个粒子的运动可以用三个坐标来描述, 并把一个原子的振动抽象地看成相当于三个独立的谐振子。因此, 对于 N 个粒子, 就相当于 $3N$ 个谐振子。

已知

$$q_v = \sum_{v=0}^{\infty} g_{v,i} \exp\left[\frac{-\left(v+\frac{1}{2}\right)h\nu}{k_BT}\right] \quad (\text{谐振子的 } g_{v,i}=1)$$

$$= \frac{\exp\left(-\frac{1}{2}\frac{h\nu}{k_BT}\right)}{1-\exp\left(-\frac{h\nu}{k_BT}\right)}$$

统计单位是 $3N$ 个定位的谐振子, 所以

$$A = -k_BT\ln q^{3N} = -k_BT\ln\left[\frac{\exp\left(-\frac{1}{2}\frac{h\nu}{k_BT}\right)}{1-\exp\left(-\frac{h\nu}{k_BT}\right)}\right]^{3N}$$

$$= \frac{3}{2}Nh\nu + 3Nk_BT\ln\left[1-\exp\left(-\frac{h\nu}{k_BT}\right)\right] \tag{7.111}$$

$$S = -\left(\frac{\partial A}{\partial T}\right)_{V,N}$$

$$= -3Nk_\text{B}\ln\left[1 - \exp\left(-\frac{h\nu}{k_\text{B}T}\right)\right] - \frac{3Nk_\text{B}T}{1 - \exp\left(-\frac{h\nu}{k_\text{B}T}\right)} \cdot \frac{\text{d}}{\text{d}T}\left[1 - \exp\left(-\frac{h\nu}{k_\text{B}T}\right)\right]$$

$$= -3Nk_\text{B}\ln\left[1 - \exp\left(-\frac{h\nu}{k_\text{B}T}\right)\right] + 3N\frac{h\nu}{T}\frac{1}{\exp\left(\frac{h\nu}{k_\text{B}T}\right) - 1} \tag{7.112}$$

$$U = A + TS = \frac{3}{2}Nh\nu + 3Nh\nu\frac{1}{\exp\left(\frac{h\nu}{k_\text{B}T}\right) - 1} \tag{7.113}$$

以上几个热力学函数 A, S, U 均应加下标 "v", 但由于固态没有平动和转动, 同时电子和核均处于基态, 不予考虑, 故而均略去下标 "v"。因此

$$C_V = \left(\frac{\partial U}{\partial T}\right)_{V,N} = 3Nk_\text{B}\left(\frac{h\nu}{k_\text{B}T}\right)^2\frac{\exp\left(\frac{h\nu}{k_\text{B}T}\right)}{\left[\exp\left(\frac{h\nu}{k_\text{B}T}\right) - 1\right]^2} \tag{7.114}$$

由此可见, C_V 并不是常数, 而是随温度而变的。图 7.2 给出了低温时简单晶体热容的实验值。

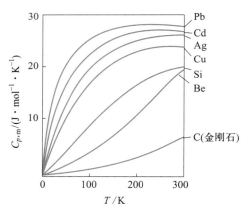

图 7.2　低温时简单晶体热容的实验值

在式 (7.114) 中, 如令

$$\frac{h\nu}{k_\text{B}T} = \frac{\Theta_\text{v}}{T} = x \quad \text{且} \quad N = L$$

则摩尔热容为

$$C_{V,\text{m}} = 3Rx^2\frac{\text{e}^x}{(\text{e}^x - 1)^2} \tag{7.115}$$

热力学能及热容公式中 x 的函数 $\dfrac{x}{\text{e}^x - 1}$ 及 $\dfrac{1}{(\text{e}^x - 1)^2}$ 称为 **Einstein 函数** (Einstein function), 从一些手册上可以查出它们在不同 x 时的数值。

(1) 当温度足够高时:

$$x = \frac{\Theta_\text{v}}{T} \to 0 \qquad \text{e}^x \approx 1 + x$$

故

$$C_{V,\text{m}} = 3R\left(1 + \frac{\Theta_\text{v}}{T}\right) \approx 3R$$

这就是 Dulong-Petit 定律。

(2) 当温度很低或趋近于 0 K 时，$\Theta_{\mathrm{v}} \gg T$，$x \to \infty$，则

$$\frac{x^2 \mathrm{e}^x}{(\mathrm{e}^x - 1)^2} \approx \frac{x^2}{\mathrm{e}^x} \approx 0$$

则

$$\lim_{T \to 0\,\mathrm{K}} C_{V,\mathrm{m}} = 0$$

在高温和低温下，Einstein 的结果都与实验相吻合；中间一段，$C_{V,\mathrm{m}}$ 虽与 T 有关，但理论曲线与实验曲线不尽相合。此外，Einstein 理论不能说明为什么在低温下 $C_{V,\mathrm{m}}$ 与 T^3 成正比 (这个关系常简称为 T 三次方定律)。Einstein 理论的主要缺陷在于：振动频率不能看作是单一的，也不能把振动看作彼此完全独立的振动。后来，Debye 对此提出了修正，认为原子的振动频率互不相等，且其中有一极大值。据此可得到相应的热力学函数：

$$A = -kT \ln \prod_{i=1}^{3N} \frac{\exp\left(-\dfrac{1}{2}\dfrac{h\nu_i}{k_{\mathrm{B}}T}\right)}{1 - \exp\left(-\dfrac{h\nu_i}{k_{\mathrm{B}}T}\right)}$$

$$U = \frac{1}{2}\sum_{i=1}^{3N} h\nu_i + \sum_{i=1}^{3N} \frac{h\nu_i \exp\left(-\dfrac{h\nu_i}{k_{\mathrm{B}}T}\right)}{1 - \exp\left(-\dfrac{h\nu_i}{k_{\mathrm{B}}T}\right)}$$

$$C_V = k \sum_{i=1}^{3N} \left(\frac{h\nu_i}{k_{\mathrm{B}}T}\right)^2 \frac{\exp\left(\dfrac{h\nu_i}{k_{\mathrm{B}}T}\right)}{\left[\exp\left(\dfrac{h\nu_i}{k_{\mathrm{B}}T}\right) - 1\right]^2}$$

余下的问题是如何求和的问题 (运算过程较繁，可参阅有关专著)。当温度趋于零时，其结果为

$$C_{V,\mathrm{m}} = 1943 \left(\frac{T}{\Theta_{\mathrm{D}}}\right)^3 \ \mathrm{J \cdot mol^{-1} \cdot K^{-1}}$$

$$= 常数 \times T^3$$

这就是有名的 $\boldsymbol{T^3}$ **定律**。式中 Θ_{D} 称为 **Debye 温度**，$\Theta_{\mathrm{D}} = \dfrac{h\nu_{\mathrm{m}}}{k_{\mathrm{B}}}$，$\nu_{\mathrm{m}}$ 是最大的振动频率。根据 Debye 所导得的 $C_{V,\mathrm{m}}$ 公式，计算值与实验值是一致的。这就说明 Debye 处理问题方法的正确性。

7.7　分子的全配分函数

综上所述, 我们已经讨论过几种配分函数的表示式。现在, 把它们合并起来, 就得到分子的全配分函数。根据配分函数的定义, 有

$$
\begin{aligned}
q_{\text{总}} &= \sum_i g_i \exp\left(-\frac{\varepsilon_i}{k_{\text{B}}T}\right) \\
&= \sum g_{\text{n},i} g_{\text{e},i} g_{\text{t},i} g_{\text{r},i} g_{\text{v},i} \exp\left(-\frac{\varepsilon_{\text{n},i} + \varepsilon_{\text{e},i} + \varepsilon_{\text{t},i} + \varepsilon_{\text{r},i} + \varepsilon_{\text{v},i}}{k_{\text{B}}T}\right) \\
&= \sum g_{\text{n},i} \exp\left(-\frac{\varepsilon_{\text{n},i}}{k_{\text{B}}T}\right) \cdot \sum g_{\text{e},i} \exp\left(-\frac{\varepsilon_{\text{e},i}}{k_{\text{B}}T}\right) \cdot \sum g_{\text{t},i} \exp\left(-\frac{\varepsilon_{\text{t},i}}{k_{\text{B}}T}\right) \cdot \\
&\quad \sum g_{\text{r},i} \exp\left(-\frac{\varepsilon_{\text{r},i}}{k_{\text{B}}T}\right) \cdot \sum g_{\text{v},i} \exp\left(-\frac{\varepsilon_{\text{v},i}}{k_{\text{B}}T}\right) \\
&= q_{\text{n}} \cdot q_{\text{e}} \cdot q_{\text{t}} \cdot q_{\text{r}} \cdot q_{\text{v}}
\end{aligned}
$$

对于单原子分子, 有

$$
q_{\text{总}} = \left[g_{\text{n},0} \exp\left(-\frac{\varepsilon_{\text{n},0}}{k_{\text{B}}T}\right)\right] \cdot \left[g_{\text{e},0} \exp\left(-\frac{\varepsilon_{\text{e},0}}{k_{\text{B}}T}\right)\right] \cdot \left[\frac{(2\pi m k_{\text{B}}T)^{3/2}}{h^3} V\right] \tag{7.116}
$$

对于双原子分子, 有

$$
\begin{aligned}
q_{\text{总}} &= \left[g_{\text{n},0} \exp\left(-\frac{\varepsilon_{\text{n},0}}{k_{\text{B}}T}\right)\right] \cdot \left[g_{\text{e},0} \exp\left(-\frac{\varepsilon_{\text{e},0}}{k_{\text{B}}T}\right)\right] \cdot \left[\frac{(2\pi m k_{\text{B}}T)^{3/2}}{h^3} V\right] \cdot \\
&\quad \frac{8\pi^2 I k_{\text{B}}T}{\sigma h^2} \cdot \frac{\exp\left(-\frac{1}{2}\frac{h\nu}{k_{\text{B}}T}\right)}{1 - \exp\left(-\frac{h\nu}{k_{\text{B}}T}\right)}
\end{aligned} \tag{7.117}
$$

对于线形多原子分子, 有

$$
\begin{aligned}
q_{\text{总}} &= \left[g_{\text{n},0} \exp\left(-\frac{\varepsilon_{\text{n},0}}{k_{\text{B}}T}\right)\right] \cdot \left[g_{\text{e},0} \exp\left(-\frac{\varepsilon_{\text{e},0}}{k_{\text{B}}T}\right)\right] \cdot \left[\frac{(2\pi m k_{\text{B}}T)^{3/2}}{h^3} V\right] \cdot \\
&\quad \frac{8\pi^2 I k_{\text{B}}T}{\sigma h^2} \cdot \prod_{i=1}^{3n-5} \frac{\exp\left(-\frac{1}{2}\frac{h\nu_i}{k_{\text{B}}T}\right)}{1 - \exp\left(-\frac{h\nu_i}{k_{\text{B}}T}\right)}
\end{aligned} \tag{7.118}
$$

对于非线形多原子分子, 有

$$q_{\text{总}} = \left[g_{n,0} \exp\left(-\frac{\varepsilon_{n,0}}{k_B T} \right) \right] \cdot \left[g_{e,0} \exp\left(-\frac{\varepsilon_{e,0}}{k_B T} \right) \right] \cdot \left[\frac{(2\pi m k_B T)^{3/2}}{h^3} V \right] \cdot$$

$$\left[\frac{8\pi^2 (2\pi k_B T)^{3/2}}{\sigma h^3} (I_x \cdot I_y \cdot I_z)^{1/2} \right] \cdot \prod_{i=1}^{3n-6} \frac{\exp\left(-\frac{1}{2} \dfrac{h\nu_i}{k_B T} \right)}{1 - \exp\left(-\dfrac{h\nu_i}{k_B T} \right)} \qquad (7.119)$$

这些公式中包含着一些微观物理量, 如振动频率、转动惯量和各能级的简并度等, 这些数据可以从光谱中获得, 从而可以求出配分函数。然后, 再通过如下的两个公式与热力学函数挂起钩来。

$$A = -k_B T \ln q^N \qquad \text{(定位系统)}$$

$$A = -k_B T \ln \frac{q^N}{N!} \qquad \text{(非定位系统)}$$

由于这里的 Helmholtz 自由能 A 是 (T, V, N) 的函数, 具有特性函数的性质, 因此, 有了 Helmholtz 自由能就能进一步求出其他热力学函数。这就是统计热力学的重要任务。

7.8 用配分函数计算 $\Delta_r G_m^\ominus$ 和反应的平衡常数

从统计热力学的观点来看, 化学平衡是系统中不同粒子的运动状态之间达成的平衡, 宏观状态的改变必定伴随着能量的变化。因此, 化学平衡的计算在统计力学中归结为计算粒子的各种运动状态和能量的问题, 而配分函数正是反映了粒子的各种运动状态和能量的分布。由于粒子之间的作用力是十分复杂的, 因此, 我们只能引用近独立粒子系统的一些结果, 即只处理理想系统。

化学平衡系统的公共能量标度

在前面计算粒子的配分函数时, 曾规定不同粒子各自的各种运动形态的基态作为选取能值的参考。这样选取能量, 实际上是 "各自为政" 互不相同。对于只有一种物质存在时, 无论零点选在哪里, 都不会影响求变化值。而当几种物质共同存在时, 就不能容许各种物质有各自的能量坐标原点, 而必须有一个公共的能量标度。如图 7.3 所示, A, B 两种分子各有自己的能量坐标。其坐标原点是当振动、

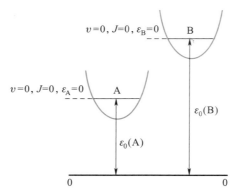

图 7.3   粒子的能量零点和公共能量零点的关系

转动都为最低能级 ($v = 0, J = 0$) 时, 分子的能量 ε_A 和 ε_B 都规定为零。显然, 它们的起点不在一条水平线上。如果我们采用公共的起点 (图中的 00 线), 此时 A, B 分子的能量分别为 $\varepsilon_0(A)$ 和 $\varepsilon_0(B)$, 或一般写作 ε_0。于是, 按公共能量零点计算的各分子的能量:

$$\varepsilon = \varepsilon_j + \varepsilon_0 \tag{7.120}$$

式中 ε 为按公共能量零点计算的各种分子的能量; ε_j 为按各自的能量零点计算的能量; ε_0 为各自的能量零点到公共能量零点的差值。这样, 按公共能量标度计算的配分函数 q' 应为

$$q' = \sum_j g_j e^{-(\varepsilon_0 + \varepsilon_j)/k_B T} = e^{-\varepsilon_0/k_B T} \sum_j g_j e^{-\varepsilon_j/k_B T} = e^{-\varepsilon_0/k_B T} \cdot q \tag{7.121}$$

式中 q 是按各自的能量零点而没有考虑到公共能量标度时的配分函数, 就是我们在本章 7.4 节讨论的配分函数。如按照新的公共能量零点, 对非定位系统来说, A 应为

$$A = -k_B T \ln \frac{(q')^N}{N!} = -k_B T \ln \frac{q^N}{N!} + U_0 \tag{7.122}$$

式中

$$U_0 = N\varepsilon_0 \tag{7.123}$$

其他的热力学函数:

$$S = -\left(\frac{\partial A}{\partial T}\right)_{V,N} = k_B \ln \frac{q^N}{N!} + N k_B T \left(\frac{\partial \ln q}{\partial T}\right)_{V,N} \tag{7.124}$$

$$U = N k_B T^2 \left(\frac{\partial \ln q'}{\partial T}\right)_{V,N} = N k_B T^2 \left(\frac{\partial \ln q}{\partial T}\right)_{V,N} + U_0 \tag{7.125}$$

$$C_V = \frac{\partial}{\partial T}\left[N k_B T^2 \left(\frac{\partial \ln q'}{\partial T}\right)_{V,N}\right]_V = \frac{\partial}{\partial T}\left[N k_B T^2 \left(\frac{\partial \ln q}{\partial T}\right)_{V,N}\right]_V \tag{7.126}$$

$$p = -\left(\frac{\partial A}{\partial V}\right)_{T,N} = \frac{Nk_BT}{V} \tag{7.127}$$

$$G = A + pV = -k_BT\ln\frac{q^N}{N!} + U_0 + Nk_BT = -Nk_BT\ln\frac{q}{N} + U_0 \tag{7.128}$$

$$H = U + pV = Nk_BT^2\left(\frac{\partial\ln q}{\partial T}\right)_{V,N} + U_0 + Nk_BT \tag{7.129}$$

由这些公式可见, 无论采用何种标度, 对 S, C_V 和 p 没有影响, 它们的表示式和以前一样。而在采用了公共能量零点后, A, G, H 和 U 的表示式中均多了一个 U_0 项 $(U_0 = N\varepsilon_0)$, 这是 N 个粒子在最低能级时的能量。在统计热力学中, 常选择处在 0 K 的能级作为最低能级。因此, U_0 就是 N 个分子在 0 K 时的能量。

当分子混合并且发生了化学变化时, 必须使用公共能量标度。

从自由能函数计算平衡常数

将式 (7.128) 重排后, 得

$$\frac{G(T) - U_0}{T} = -Nk_B\ln\frac{q}{N}$$

$\dfrac{G(T) - U_0}{T}$ 称为**自由能函数** (free energy function)。由于 0 K 时 $U_0 = H_0$, 所以自由能函数也写作 $\dfrac{G(T) - H_0}{T}$。对于 1 mol 分子, 且在标准态下, 则自由能函数写作

$$\frac{G_m^{\ominus}(T) - H_m^{\ominus}(0)}{T} = -R\ln\frac{q}{L} \tag{7.130}$$

由此可见, 根据配分函数, 即可求得自由能函数。各种物质在不同温度时的自由能函数可以编造成表, 以资备用 (参阅附录 IV 的表 17)。原则上, 有了自由能函数, 就能计算反应的平衡常数。例如, 若反应为

$$D + E \Longleftrightarrow G + H$$

$$\Delta_r G_m^{\ominus}(T) = -RT\ln K^{\ominus}$$

或

$$-R\ln K^{\ominus} = \frac{\Delta_r G_m^{\ominus}(T)}{T}$$

$$= \sum_B \nu_B\left[\frac{G_m^{\ominus}(T) - H_m^{\ominus}(0)}{T}\right]_B + \frac{\Delta_r U_m^{\ominus}(0)}{T} \tag{7.131}$$

式中等号右方第一项是反应前后各物质的自由能函数的差值, 第二项中 $\Delta_r U_m^{\ominus}(0)$ 是在标准态下, 0 K 时该反应的热力学能变化值。在 0 K 时, $U_0 = H_0$; 所以 $\Delta_r U_m^{\ominus}(0)$ 也可以写作 $\Delta_r H_m^{\ominus}(0)$。在自由能函数的表值中也同时列出了这个数值。

关于 $\Delta_r U_m^{\ominus}(0)$ 的求法, 大致可以列出如下几种:

(1) 对于给定的反应, 若已知其 $K^{\ominus}$ 值, 然后又知道参加反应各物质的自由能函数, 则可用式 (7.131) 倒算 $\Delta_r U_m^{\ominus}(0)$。如果反应是由稳定单质生成 1 mol 的化合物, 则此反应的 $\Delta_r U_m^{\ominus}(0)$ 就作为该化合物的 $\Delta U_m^{\ominus}(0)$ 列入表中备用。

(2) 已知

$$\Delta_r G_m^{\ominus}(T) = \Delta_r H_m^{\ominus}(T) - T\Delta_r S_m^{\ominus}(T)$$

即

$$-\Delta_r G_m^{\ominus}(T) + \Delta_r H_m^{\ominus}(T) - T\Delta_r S_m^{\ominus}(T) = 0$$

等号两边同时加上 $\Delta_r H_m^{\ominus}(0)$, 整理后得

$$-T\left\{\sum_B \nu_B \left[\frac{G_m^{\ominus}(T) - H_m^{\ominus}(0)}{T}\right] + \Delta_r S_m^{\ominus}(T)\right\} + \Delta_r H_m^{\ominus}(T) = \Delta_r H_m^{\ominus}(0)$$

上式等号左方的数值易于求得, 从而可求得 $\Delta_r H_m^{\ominus}(0)$。

(3) 根据热化学中的 Kirchhoff 公式:

$$\Delta_r H_m^{\ominus}(T) = \Delta_r H_m^{\ominus}(0) + \int_0^T \Delta_r C_p dT$$

可得

$$\Delta_r U_m^{\ominus}(0) = \Delta_r H_m^{\ominus}(0) = \Delta_r H_m^{\ominus}(T) - \int_0^T \Delta_r C_p dT$$

式中 $\Delta_r H_m^{\ominus}(T)$ 和 $\int_0^T \Delta_r C_p dT$ 都可从热化学和量热学的数据求得。

(4) 由分子的解离能 D 来计算。图 7.4 表示各物质都处于基态时的能量关系。

$$\Delta_r U_m^{\ominus}(0) = \left[U_m^{\ominus}(0, G) + U_m^{\ominus}(0, H)\right] - \left[U_m^{\ominus}(0, D) + U_m^{\ominus}(0, E)\right]$$

$$= (D_D + D_E) - (D_G + D_H) = \Delta D$$

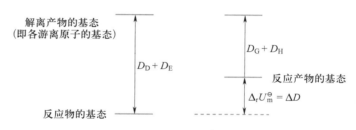

图 7.4   从解离能求 $\Delta_r U_m^{\ominus}(0)$ 的示意图

双原子分子的解离能数据积累较多, 可用此法来计算 $\Delta_r U_m^\ominus(0)$。

(5) 通过下节所讨论的热函函数来求 $\Delta_r U_m^\ominus(0)$。

热函函数

对于 1 mol 物质, 且在标准态下, 式 (7.129) 移项后得

$$\frac{H_m^\ominus(T) - U_m^\ominus(0)}{T} = RT\left(\frac{\partial \ln q}{\partial T}\right)_{V,N} + R \tag{7.132}$$

式中 $\dfrac{H_m^\ominus(T) - U_m^\ominus(0)}{T}$ 称为**热函函数** (heat content function)。通过配分函数可以求得热函函数。各温度时的热函函数也可以列成表备用, 附录中列有 298.15 K 时的 $H_m^\ominus(298.15\ \text{K}) - U_m^\ominus(0)$ 值。

从热函函数可以计算化学反应热:

$$\Delta_r H_m^\ominus(T) = T\sum_B \nu_B \left[\frac{H_m^\ominus(T) - U_m^\ominus(0)}{T}\right]_B + \Delta_r U_m^\ominus(0) \tag{7.133}$$

如再知道 $\Delta_r U_m^\ominus(0)$ (见附录), 则就能根据式 (7.133) 计算 $\Delta_r H_m^\ominus(T)$。反之, 如从光谱数据求得 $\sum_B \nu_B\left[\dfrac{H_m^\ominus(T) - U_m^\ominus(0)}{T}\right]_B$, 再知道该反应的反应热 $\Delta_r H_m^\ominus(T)$, 就能从式 (7.133) 推算 $\Delta_r U_m^\ominus(0)$。

例 7.4

利用自由能函数, 求水煤气反应在 800 K 时的平衡常数。

$$CO(g) + H_2O(g) \Longrightarrow CO_2(g) + H_2(g)$$

解 经查表知 800 K 时的下列数据:

	H_2 (g)	CO_2 (g)	CO (g)	H_2O (g)
$\dfrac{G_m^\ominus(T) - H_m^\ominus(0)}{T}\Big/(\text{J}\cdot\text{mol}^{-1}\cdot\text{K}^{-1})$	-130.5	-213.7	-197.6	-188.8
$\Delta H_m^\ominus(0)/(\text{kJ}\cdot\text{mol}^{-1})$	0	-393.2	-113.8	-239.0

$$\sum_B \nu_B \left[\frac{G_m^\ominus(T) - H_m^\ominus(0)}{T}\right]_B$$

$$= [(-213.7) + (-130.5) - (-197.6) - (-188.8)]\ \text{J}\cdot\text{mol}^{-1}\cdot\text{K}^{-1}$$

$$= 42.2\ \text{J}\cdot\text{mol}^{-1}\cdot\text{K}^{-1}$$

$$\Delta_r H_m^{\ominus}(0) = [0 + (-393.2) - (-113.8) - (-239.0)] \text{ kJ} \cdot \text{mol}^{-1}$$

$$= -40.4 \text{ kJ} \cdot \text{mol}^{-1}$$

$$-R\ln K^{\ominus} = \sum_B \nu_B \left[\frac{G_m^{\ominus}(T) - H_m^{\ominus}(0)}{T} \right]_B + \frac{\Delta_r H_m^{\ominus}(0)}{T}$$

$$= 42.2 \text{ J} \cdot \text{mol}^{-1} \cdot \text{K}^{-1} + \frac{-40.4 \times 10^3 \text{ J} \cdot \text{mol}^{-1}}{800 \text{ K}}$$

$$= -8.3 \text{ J} \cdot \text{mol}^{-1} \cdot \text{K}^{-1}$$

$$K^{\ominus} = 2.71$$

例 7.5

利用热函函数, 计算上题中反应 (即水煤气反应) 在 800 K 时的反应焓变。

解　经查表知, 800 K 时数据如下:

	H_2 (g)	CO_2 (g)	CO (g)	H_2O (g)
$\dfrac{H_m^{\ominus}(T) - U_m^{\ominus}(0)}{T} \Big/ (\text{J} \cdot \text{mol}^{-1} \cdot \text{K}^{-1})$	28.88	40.13	29.74	34.79
$\Delta H_m^{\ominus}(0)/(\text{kJ} \cdot \text{mol}^{-1})$	0	-393.2	-113.8	-239.0

$$\Delta_r H_m^{\ominus}(T) = T \sum_B \nu_B \left[\frac{H_m^{\ominus}(T) - H_m^{\ominus}(0)}{T} \right]_B + \Delta_r H_m^{\ominus}(0)$$

$$= 800 \text{ K} \times (4.48 \text{ J} \cdot \text{mol}^{-1} \cdot \text{K}^{-1}) - 40.4 \times 10^3 \text{ J} \cdot \text{mol}^{-1}$$

$$= -36.8 \text{ kJ} \cdot \text{mol}^{-1}$$

从配分函数求平衡常数

以上我们介绍了如何利用自由能函数来计算平衡常数。这一节介绍如何用统计热力学的方法导出平衡常数的表示式, 并从配分函数直接求平衡常数的方法。

设在定温定容下有下列的气相平衡。起始时 D, E 的分子数分别为 N_D^0 和 N_E^0; 时间 t 后, 有 N_G 个 G 分子生成。

$$
\begin{array}{cccccc}
& \text{D} & + & \text{E} & \Longrightarrow & \text{G} \\
t = 0 & N_D^0 & & N_E^0 & & 0 \\
t = t & N_D & & N_E & & N_G
\end{array}
$$

各分子数之间应有 $N_D = N_D^0 - N_G$, $N_E = N_E^0 - N_G$ 的关系。或写作

$$\phi_1 = N_D + N_G - N_D^0 = 0$$

$$\phi_2 = N_E + N_G - N_E^0 = 0$$

系统的 Helmholtz 自由能 A 为

$$A = A_D + A_E + A_G = -k_B T\ln\frac{(q_D')^{N_D}}{N_D!} - k_B T\ln\frac{(q_E')^{N_E}}{N_E!} - k_B T\ln\frac{(q_G')^{N_G}}{N_G!}$$

$$= -k_B T\ln\frac{(q_D')^{N_D}(q_E')^{N_E}(q_G')^{N_G}}{N_D!N_E!N_G!}$$

式中 q' 是按公共能量零点计算的配分函数。平衡时 A 有最小值, 所以问题为: 在 ϕ_1 和 ϕ_2 的限制条件下, N_D, N_E 和 N_G 需要满足什么条件, 才能使 A 有最小值。利用求极值的 Lagrange 乘因子法, 这些条件是

$$\frac{\partial A}{\partial N_D} - \lambda_1\frac{\partial \phi_1}{\partial N_D} - \lambda_2\frac{\partial \phi_2}{\partial N_D} = 0$$

$$\frac{\partial A}{\partial N_E} - \lambda_1\frac{\partial \phi_1}{\partial N_E} - \lambda_2\frac{\partial \phi_2}{\partial N_E} = 0$$

$$\frac{\partial A}{\partial N_G} - \lambda_1\frac{\partial \phi_1}{\partial N_G} - \lambda_2\frac{\partial \phi_2}{\partial N_G} = 0$$

式中 λ_1 和 λ_2 是 Lagrange 因子。对 A, ϕ_1, ϕ_2 微分后, 代入上式, 得

$$kT\ln\frac{N_D^*}{q_D'} = \lambda_1 \qquad 或 \quad N_D^* = q_D'\exp\left(\frac{\lambda_1}{k_B T}\right)$$

$$kT\ln\frac{N_E^*}{q_E'} = \lambda_2 \qquad 或 \quad N_E^* = q_E'\exp\left(\frac{\lambda_2}{k_B T}\right)$$

$$kT\ln\frac{N_G^*}{q_G'} = \lambda_1 + \lambda_2 \qquad 或 \quad N_G^* = q_G'\exp\left(\frac{\lambda_1 + \lambda_2}{k_B T}\right)$$

在分子数 N_B 上标注 "$*$" 表示这是采用 Lagrange 乘因子法后得到的 N_B, 它不同于一般的 N_B, 它能使 A 具有最小值。

当平衡时, 有

$$\frac{N_G^*}{N_D^* N_E^*} = \frac{q_G'}{q_D' q_E'} = K_N \tag{7.134}$$

K_N 是用分子数来表示的平衡常数, 已知

$$q' = q\cdot\exp\left(-\frac{\varepsilon_0}{k_B T}\right)$$

这里 q 仍是总配分函数, 不过是以各自的基态的能量选定为零。在 q 中包括核、电子、平动、转动、振动等配分函数, 其中只有平动配分函数中含有 V 的一次方

项。如果在 q 中提出 V，并用符号 f 表示提出 V 后的配分函数，则

$$q' = V \cdot f \cdot \exp\left(-\frac{\varepsilon_0}{k_{\mathrm{B}}T}\right)$$

代入式 (7.134) 后，得

$$\frac{N_{\mathrm{G}}^*}{N_{\mathrm{D}}^* N_{\mathrm{E}}^*} = \frac{f_{\mathrm{G}}}{f_{\mathrm{D}} f_{\mathrm{E}}} \cdot \frac{V}{V \cdot V} \cdot \exp\left(-\frac{\varepsilon_0^{\mathrm{G}} - \varepsilon_0^{\mathrm{D}} - \varepsilon_0^{\mathrm{E}}}{k_{\mathrm{B}}T}\right)$$

上式重排后，并令分子浓度 $C = \dfrac{N}{V}$，代表单位体积中的分子数，则得

$$K_C = \frac{C_{\mathrm{G}}^*}{C_{\mathrm{D}}^* C_{\mathrm{E}}^*} = \frac{f_{\mathrm{G}}}{f_{\mathrm{D}} f_{\mathrm{E}}} \exp\left(-\frac{\Delta\varepsilon_0}{k_{\mathrm{B}}T}\right) \qquad (7.135)$$

在化学动力学中常常要用到此公式。式中 $\Delta\varepsilon_0$ 是反应前后分子最低能级的差值，$\Delta\varepsilon_0$ 并不等于反应热，因为通常反应时分子并不都处于最低能级。

对于理想气体，$p = Ck_{\mathrm{B}}T$，则

$$K_p = K_C(k_{\mathrm{B}}T)^{\sum\limits_{\mathrm{B}} \nu_{\mathrm{B}}} = \frac{f_{\mathrm{G}}}{f_{\mathrm{D}} f_{\mathrm{E}}} \cdot \exp\left(-\frac{\Delta\varepsilon_0}{k_{\mathrm{B}}T}\right) \cdot (k_{\mathrm{B}}T)^{\sum\limits_{\mathrm{B}} \nu_{\mathrm{B}}}$$

若气体反应是 $2\mathrm{D} + \mathrm{E} \rightleftharpoons \mathrm{G}$，则不难证明平衡后有如下的关系：

$$K_N = \frac{N_{\mathrm{G}}^*}{\left(N_{\mathrm{D}}^*\right)^2 N_{\mathrm{E}}^*} = \frac{q_{\mathrm{G}}'}{(q_{\mathrm{D}}')^2 q_{\mathrm{E}}'}$$

$$K_C = \frac{C_{\mathrm{G}}^*}{\left(C_{\mathrm{D}}^*\right)^2 C_{\mathrm{E}}^*} = \frac{f_{\mathrm{G}}}{f_{\mathrm{D}}^2 f_{\mathrm{E}}} \exp\left(-\frac{\Delta\varepsilon_0}{k_{\mathrm{B}}T}\right)$$

在使用上述公式时需注意单位的换算。在配分函数中浓度 C 的单位是 m^{-3} （即 $1\ \mathrm{m}^3$ 中的分子数）。若浓度单位用 $\mathrm{mol} \cdot \mathrm{dm}^{-3}$，则平衡常数值应作相应的换算。（若用标准态时的配分函数，可计算标准平衡常数，方法与此类似。）

例 7.6

已知气态 H_2, I_2 和 HI 的一些常数如下：

分子	电子能级的简并度 g	对称数 σ	转动惯量I $\dfrac{}{10^{-47}\ \mathrm{kg} \cdot \mathrm{m}^2}$	振动频率ν_0 $\dfrac{}{10^{12}\ \mathrm{s}^{-1}}$
HI	1	1	4.31	69.24
H_2	1	2	0.460	131.8
I_2	1	2	750	6.4235

已知反应的 $\Delta_r U_m^{\ominus}(0) = 12.30\,\mathrm{kJ\cdot mol^{-1}}$, 求如下反应在 717 K 时的平衡常数。

$$2\mathrm{HI(g)} =\!=\!= \mathrm{H_2(g)} + \mathrm{I_2(g)}$$

解 这是 $2\mathrm{AB} =\!=\!= \mathrm{A_2} + \mathrm{B_2}$ 型的反应, 反应前后反应方程式的化学计量系数之差 $\sum\limits_{\mathrm{B}} \nu_{\mathrm{B}} = 0$。因此, 平衡常数的数值与浓度的单位无关。若略去核运动的简并度, 则

$$K = \frac{[\mathrm{H_2}][\mathrm{I_2}]}{[\mathrm{HI}]^2} = \frac{f_{\mathrm{H_2}} f_{\mathrm{I_2}}}{f_{\mathrm{HI}}^2} \exp\left(-\frac{\Delta\varepsilon_0}{k_{\mathrm{B}}T}\right)$$

$$= \left(\frac{g_{\mathrm{H_2}} g_{\mathrm{I_2}}}{g_{\mathrm{HI}}^2}\right)_{\text{电子}} \left(\frac{m_{\mathrm{H_2}} m_{\mathrm{I_2}}}{m_{\mathrm{HI}}^2}\right)^{3/2} \left(\frac{\sigma_{\mathrm{HI}}^2}{\sigma_{\mathrm{H_2}}\sigma_{\mathrm{I_2}}}\right) \left(\frac{I_{\mathrm{H_2}} I_{\mathrm{I_2}}}{I_{\mathrm{HI}}^2}\right) \cdot$$

$$\frac{\left[1 - \exp\left(-\dfrac{h\nu_{\mathrm{HI}}}{k_{\mathrm{B}}T}\right)\right]^2}{\left[1 - \exp\left(-\dfrac{h\nu_{\mathrm{H_2}}}{k_{\mathrm{B}}T}\right)\right]\left[1 - \exp\left(-\dfrac{h\nu_{\mathrm{I_2}}}{k_{\mathrm{B}}T}\right)\right]} \exp\left[-\frac{\Delta_r U_m^{\ominus}(0)}{RT}\right]$$

代入表中的数据, 并令 $T = 717$ K, 解得 $K = 9.04\times 10^{-3}$。这个数据与实验值并不十分相符, 其误差系来自 $\Delta_r U_m^{\ominus}(0)$。准确的 $\Delta_r U_m^{\ominus}(0)$ 数值不易获得, 稍有误差则对平衡常数 K 产生较大影响。

例 7.7

反应

$$\mathrm{H_2(g)} + \mathrm{D_2(g)} =\!=\!= 2\mathrm{HD(g)}$$

根据光谱数据找出解离的振动频率, 从而可求得 $\Delta_r U_m^{\ominus}(0) = 656.9\,\mathrm{J\cdot mol^{-1}}$, 在 1000 K 以下可以略去核自旋效应和激发态的振动能。试计算 195 K, 298 K 和 670 K 时的平衡常数。

解
$$K = \frac{[\mathrm{HD}]^2}{[\mathrm{H_2}][\mathrm{D_2}]} = \frac{f_{\mathrm{HD}}^2}{f_{\mathrm{H_2}} f_{\mathrm{D_2}}} \exp\left(-\frac{\Delta\varepsilon_0}{k_{\mathrm{B}}T}\right)$$

$$= \left(\frac{m_{\mathrm{HD}}^2}{m_{\mathrm{H_2}} m_{\mathrm{D_2}}}\right)^{3/2} \left(\frac{\sigma_{\mathrm{H_2}}\sigma_{\mathrm{D_2}}}{\sigma_{\mathrm{HD}}^2}\right) \left(\frac{I_{\mathrm{HD}}^2}{I_{\mathrm{D_2}} I_{\mathrm{H_2}}}\right) \exp\left[-\frac{\Delta_r U_m^{\ominus}(0)}{RT}\right]$$

已知

$$\sigma_{\mathrm{H_2}} = 2, \qquad \sigma_{\mathrm{D_2}} = 2, \qquad \sigma_{\mathrm{HD}} = 1$$

再根据转动惯量等数据, 算得

$$K = 4.24 \times \exp\left(-\frac{656.9}{RT}\right)$$

代入不同的 T , 就得到不同温度下的平衡常数:

T/K	平衡常数 K(实验值)	平衡常数 K (计算值)
195	2.95	2.88
298	3.28	3.27
670	3.78	3.78

由以上数据可知, 计算值基本上与实验值一致。

拓展学习资源

重点内容及公式总结	
课外参考读物	
相关科学家简介	
教学课件	

复习题

7.1　设有三个穿绿色、两个穿灰色和一个穿蓝色制服的军人一起列队。

(1) 试问有多少种队形?

(2) 现设穿绿色制服的军人有三种不同的肩章, 可从中任选一种佩戴; 穿灰色制服的军人有两种不同的肩章, 可从中任选一种佩戴; 穿蓝色制服的军人有四种不同的肩章, 可从中任选一种佩戴, 试问有多少种队形?

7.2 在公园的猴舍中陈列着三只金丝猴和两只长臂猿, 金丝猴有红、绿两种帽子, 可任意选戴一种, 长臂猿可在黄、灰和黑三种帽子中选戴一种, 试问在陈列时可出现多少种不同的情况, 并列出计算公式。

7.3 混合晶体可看作在晶格点阵中, 随机放置 N_A 个 A 分子和 N_B 个 B 分子而组成的晶体, 试证明:

(1) 分子能够占据格点的花样数为 $\Omega = \dfrac{(N_A + N_B)!}{N_A! N_B!}$;

(2) 若 $N_A = N_B = \dfrac{N}{2}$, 利用 Stirling 近似公式证明 $\Omega = 2^N$;

(3) 若 $N_A = N_B = 2$, 利用上式计算得 $\Omega = 2^4 = 16$, 但实际上只能排出 6 种花样, 这是为什么?

7.4 欲做一个体积为 1.0 m^3 的圆柱形铁皮筒, 试用 Lagrange 乘因子法, 求出圆柱体半径 R 与柱高 L 之间成什么关系时, 所用的铁皮最少。并计算所用铁皮的面积。

7.5 设 $CO_2(g)$ 可视作理想气体, 并设其各个自由度均服从能量均分原理。已知 $CO_2(g)$ 的 $\gamma = \dfrac{C_{p,m}}{C_{V,m}} = 1.15$, 试用计算的方法判断 $CO_2(g)$ 是否为线形分子。

7.6 指出下列分子的对称数。

(1) O_2; (2) CH_3Cl; (3) CH_2Cl_2; (4) C_6H_6(苯); (5) $C_6H_5CH_3$(甲苯);
(6) 顺丁二烯; (7) 反丁二烯; (8) SF_6。

7.7 从以下数据判断某 X 分子的结构。

(1) 它是理想气体, 含有 n 个原子;

(2) 在低温时, 振动自由度不激发, 它的 $C_{p,m}$ 与 $N_2(g)$ 的相同;

(3) 在高温时, 它的 $C_{p,m}$ 比 $N_2(g)$ 的高 $25.1 \text{ J} \cdot \text{mol}^{-1} \cdot \text{K}^{-1}$。

7.8 请定性说明下列各种气体的 $C_{V,m}$ 值随温度的变化规律。

T/K	298	800	2000
$C_{V,m}(\text{He})/(\text{J} \cdot \text{mol}^{-1} \cdot \text{K}^{-1})$	12.48	12.48	12.48
$C_{V,m}(\text{N}_2)/(\text{J} \cdot \text{mol}^{-1} \cdot \text{K}^{-1})$	20.81	23.12	27.68
$C_{V,m}(\text{Cl}_2)/(\text{J} \cdot \text{mol}^{-1} \cdot \text{K}^{-1})$	25.53	28.89	29.99
$C_{V,m}(\text{CO}_2)/(\text{J} \cdot \text{mol}^{-1} \cdot \text{K}^{-1})$	28.81	43.11	52.02

7.9 在同温同压下, 根据下面的数据判断: 哪种分子的 $S_{t,m}$ 最大? 哪种分子的 $S_{r,m}$ 最大? 哪种分子的振动频率最小?

分子	M_r	Θ_r/K	Θ_v/K
H_2	2	87.5	5976
HBr	81	12.2	3682
N_2	28	2.89	3353
Cl_2	71	0.35	801

习题

7.1　设某分子有 $0, 1\varepsilon, 2\varepsilon, 3\varepsilon$ 四个能级, 系统中共有 6 个分子, 试问:

(1) 如果能级是非简并的, 当总能量是 3ε 时, 6 个分子在四个能级上有几种分布方式? 总的微观状态数为多少? 每一种分布的热力学概率是多少?

(2) 如果 $0, 1\varepsilon$ 两个能级是非简并的, 2ε 能级的简并度为 6, 3ε 能级的简并度为 10, 则有几种分布方式? 总的微观状态数为多少? 每一种分布的热力学概率是多少?

7.2　设有由 N 个独立定域子构成的系统, 总能量为 3ε, 许可能级为 $0, \varepsilon, 2\varepsilon$ 和 3ε, 简并度皆为 1。

(1) 试举出不同的分布方式, 求每一分布所拥有的微观状态数;

(2) 当 N 分别为 $10, 100, 1000$ 和 6×10^{23} 时, 求各分布的微观状态数 t 以及最概然分布的微观状态数 t_{max} 与总微观状态数 $\sum t$ 之比;

(3) 当 $N \to \infty$ 时, $t_{max}/\sum t$ 趋于什么数值?

7.3　设某分子的一个能级的能量和简并度分别为 $\varepsilon_1 = 6.1 \times 10^{-21}$ J, $g_1 = 3$, 另一个能级的能量和简并度分别为 $\varepsilon_2 = 8.4 \times 10^{-21}$ J, $g_2 = 5$。试分别计算在 300 K 和 3000 K 时, 这两个能级上分布的粒子数之比 N_1/N_2。

7.4　设有一个由极大数目的三维平动子组成的粒子系统, 运动于边长为 a 的立方容器内, 系统的体积、粒子质量和温度的关系为 $\dfrac{h^2}{8ma^2} = 0.10k_B T$。现有两个能级的能量分别为 $\varepsilon_1 = \dfrac{9h^2}{4ma^2}$, $\varepsilon_2 = \dfrac{27h^2}{8ma^2}$, 试计算处于这两个能级上的粒子数之比 N_1/N_2。

7.5　某气体的第一电子激发态能量比基态能量高 $400 \text{ kJ} \cdot \text{mol}^{-1}$, 试计算:

(1) 在 300 K 时, 第一电子激发态分子所占的分数;

(2) 若要使第一电子激发态分子所占的分数为 0.10, 则这时的温度为多少?

7.6 1 mol 纯物质的理想气体, 设分子的某内部运动形式只有三个可及的能级, 它们的能量和简并度分别为 $\varepsilon_1 = 0$, $g_1 = 1$; $\varepsilon_2/k_B = 100$ K, $g_2 = 3$; $\varepsilon_3/k_B = 300$ K, $g_3 = 5$; 其中 k_B 为 Boltzmann 常数。试计算:

(1) 200 K 时的分子配分函数;

(2) 200 K 时能级 ε_2 上的最概然分子数;

(3) 当 $T \to \infty$ 时, 三个能级上的最概然分子数之比。

7.7 对于定域、独立子系统, 试证明其 Boltzmann 分布的微观状态数 Ω 与粒子配分函数 q 的关系为 $\Omega = q^N e^{U/k_B T}$, 式中 $q = \sum_i g_i \exp\left(-\dfrac{\varepsilon_i}{k_B T}\right)$, $U = \sum_i N_i \varepsilon_i$, $N = \sum_i N_i$。

7.8 已知质子的磁量子数 $m_l = \pm 1/2$, 在磁场中可有两种取向, 即与磁场方向平行和反平行, 对应的两个能级 (非简并) 的能量可由公式 $\varepsilon = -\hbar \gamma m_l B_0$ 给出。式中 γ 为磁旋比; B_0 为磁场强度。对于由一裸露质子组成的简单系统:

(1) 写出质子的配分函数。

(2) 导出在一磁场中的平均能量的表达式, 并证明当 $T \to 0$ K 时, $\bar{\varepsilon} = -\dfrac{h\gamma B_0}{4\pi}$; 当 $T \to \infty$ 时, $\bar{\varepsilon} = 0$。

(3) 将结果推广至一个自旋为 1 的核, 并确定平均能量的高、低温极限值。

(4) 如果 N_w 是与磁场 B_0 平行的质子数, N_o 是与磁场 B_0 相反的质子数, 证明 $\dfrac{N_o}{N_w} = e^{-\hbar \gamma B_0/k_B T}$。假设对于一个质子 $\gamma = 26.7522 \times 10^{-7}$ rad·T^{-1}·s^{-1}, 现磁场强度为 5.0 T, 试给出 N_o/N_w 与温度 T 的函数关系式, 并说明在什么温度时有 $N_o = N_w$?

7.9 已知一个分子中的电子有单重态 (singlet) 和三重态 (triplet) 两种能态。单重态能量比三重态的高 4.11×10^{-21} J, 单重态和三重态的简并度分别为 $g_{e,1} = 1$, $g_{e,0} = 3$。试计算 298.15 K 时:

(1) 此两种状态的电子配分函数;

(2) 三重态与单重态上分子数之比。

7.10 Si(g) 在 5000 K 时有下列数据:

能级	$^3P_0$	$^3P_1$	$^3P_2$	$^1D_2$	$^1S_0$
简并度	1	3	5	5	1
$\varepsilon_i/k_B T$	0.0	0.022	0.064	1.812	4.430

试计算 5000 K 时:

(1) Si(g) 的电子配分函数;

(2) 在 $^1D_2$ 能级上最概然分布的原子分数。

7.11 $N_2(g)$ 分子在电弧中加热, 光谱观察到 $N_2(g)$ 分子振动激发态对基态的相对分子数如下所示:

υ(振动量子数)	0	1	2	3
N_υ/N_0 (N_0 为基态分子数)	1.00	0.26	0.07	0.018

已知 $N_2(g)$ 分子的振动频率 $\nu = 6.99\times10^{13}$ s^{-1}。

(1) 试通过计算, 说明气体处于振动能级分布的平衡态;

(2) 计算气体的温度;

(3) 计算振动能在总能量 (平动 + 转动 + 振动) 中所占的百分数。

7.12 Cl(g) 的电子运动基态是四重简并的, 其第一激发态能量比基态能量高 87540 m^{-1} (波数), 且为二重简并。试计算:

(1) 1000 K 时 Cl(g) 的电子配分函数;

(2) 基态上的分子数与总分子数之比;

(3) 电子运动对摩尔熵的贡献 (提示: $\varepsilon = hc\sigma$, 其中 σ 是波数, 光速 $c = 2.998\times10^8$ $m \cdot s^{-1}$)。

7.13 在 300 K 时, 已知 F 原子的电子配分函数 $q_e = 4.288$。试计算:

(1) 标准压力下的总配分函数 (忽略核配分函数的贡献);

(2) 标准压力下的摩尔熵值。

已知 F 原子的摩尔质量 $M = 18.998$ $g \cdot mol^{-1}$。

7.14 (1) 对于粒子在各转动能级上的分布,证明粒子数最多的能级所对应的转动量子数 $J = \sqrt{\dfrac{T}{2\Theta_r}} - \dfrac{1}{2}$;

(2) 已知 CO(g) 的转动特征温度为 $\Theta_r = 2.8$ K, 试计算在 240 K 时 CO(g) 最可能出现的量子态对应的转动量子数 J。

7.15 计算 HBr 理想气体分子在 1000 K 时处于状态 $\upsilon = 2, J = 5$ 和状态 $\upsilon = 1, J = 2$ 的分子数之比。已知 $\Theta_v = 3700$ K, $\Theta_r = 12.1$ K。

7.16 已知 HBr 分子的核间平均距离 $r = 0.1414$ nm, 试计算:

(1) HBr 的转动特征温度;

(2) 在 298 K 时, HBr 分子占据转动量子数 $J = 1$ 的能级的百分数;

(3) 在 298 K 时, HBr 理想气体的摩尔转动熵。

7.17 已知 $H_2(g)$ 和 $I_2(g)$ 的摩尔质量、转动特征温度和振动特征温度如下所示。试计算 298 K 时:

(1) $H_2(g)$ 和 $I_2(g)$ 分子的平动摩尔热力学能、转动摩尔热力学能和振动摩尔热力学能;

(2) $H_2(g)$ 和 $I_2(g)$ 分子的平动摩尔定容热容、转动摩尔定容热容和振动摩尔定容热容 (忽略电子和核运动对热容的贡献)。

物质	$M/(\text{kg} \cdot \text{mol}^{-1})$	Θ_r/K	Θ_v/K
H_2	2.0×10^{-3}	85.4	6100
I_2	253.8×10^{-3}	0.054	310

7.18 双原子分子 Cl_2 的振动特征温度 $\Theta_v = 803.1$ K, 试用统计热力学方法求算 1 mol 氯气在 50 ℃ 时的 $C_{V,m}$ 值 (电子处在基态)。

7.19 I_2 分子的振动基态能量选为零, 在激发态的振动波数为 213.30 cm^{-1}, 425.39 cm^{-1}, 636.27 cm^{-1}, 845.93 cm^{-1} 和 1054.38 cm^{-1}。

(1) 用直接求和的方法, 计算 298 K 时 I_2 分子的振动配分函数;

(2) 计算在 298 K 时, 基态和第一激发态上 I_2 分子数占总分子数的比例。

(3) 计算在 298 K 时, I_2 的平均振动能。

7.20 已知 $CO(g)$ 分子的转动特征温度 $\Theta_r = 2.77$ K, 振动特征温度 $\Theta_v = 3070$ K, 求 $CO(g)$ 气体在 500 K 时的标准摩尔熵 $S_m^{\ominus}$ 和摩尔定压热容 $C_{p,m}$。

7.21 已知 $NO(g)$ 的转动特征温度为 2.42 K, 振动特征温度为 2690 K, 电子基态与第一激发态的简并度均为 2, 两能级间的能量差为 $\Delta\varepsilon = 2.473 \times 10^{-21}$ J。在 298 K, 100 kPa 时, 求 1 mol $NO(g)$ (设为理想气体) 的:

(1) 标准摩尔统计熵值;

(2) 标准摩尔残余熵值和标准摩尔量热熵值。

已知 $NO(s)$ 晶体是由 N_2O_2 二聚分子组成的, 在晶格中有两种排列方式。

7.22 NO 分子的电子配分函数可简单表示为 $q_e = 2 + 2\exp(-\Delta\varepsilon_0/k_B T)$, 式中 $\Delta\varepsilon_0 = 2.4734 \times 10^{-21}$ J, 是电子基态和第一激发态的能量之差。又 NO 分子的核间距及振动波数分别为 $r_0 = 1.154 \times 10^{-10}$ m 和 $\sigma = 1904$ cm^{-1}。

(1) 试导出室温下气态 NO 的摩尔定容热容的表达式;

(2) 在 $T = 20 \sim 300$ K 范围内, 上述 NO 的 C_V-T 曲线出现一极值, 试证明此极值的存在并确定该极值所处的温度。

7.23 已知 $CO_2(g)$ 为线形多原子分子, 有 4 个振动自由度, 对应 4 个简正模式, 每个简正模式相应于一个独立的谐振子。其中, 2 个弯曲振动模式对应的波数为 667 cm^{-1}, 1 个不对称伸缩振动模式对应的波数为 2349 cm^{-1}, 1 个对称伸

缩振动模式对应的波数为 1388 cm^{-1}。试计算:

(1) CO$_2$ 气体在 298.15 K 时的标准摩尔振动熵;

(2) 振动配分函数对 $C_{V,m}$ 的贡献。

7.24 H$_2$O 分子的简正振动波数和在三个主轴方向的转动惯量分别为 $\sigma_1 = 3652$ cm^{-1}, $\sigma_2 = 1592$ cm^{-1}, $\sigma_3 = 3756$ cm^{-1}, $I_A = 1.024 \times 10^{-47}$ kg $\cdot$ m^2, $I_B = 1.921 \times 10^{-47}$ kg $\cdot$ m^2, $I_C = 2.947 \times 10^{-47}$ kg $\cdot$ m^2, 摩尔质量为18.02 g $\cdot$ mol^{-1}。试求 298.15 K, 10^5 Pa 下的摩尔平动熵、转动熵和振动熵。

7.25 计算 298 K 时 HI, H$_2$ 和 I$_2$ 的标准 Gibbs 自由能函数。已知 HI 的转动特征温度为 9.0 K, 振动特征温度为 3200 K, 摩尔质量为127.9$\times 10^{-3}$ kg $\cdot$ mol^{-1}。I$_2$ 在零点时的总配分函数为 $q_0 = q_{t,0} q_{r,0} q_{v,0} = 4.143 \times 10^{35}$, H$_2$ 在零点时的总配分函数为 $q_0 = q_{t,0} q_{r,0} q_{v,0} = 1.185 \times 10^{29}$。

7.26 计算 298 K 时 HI(g), H$_2$(g) 和 I$_2$(g) 的标准热函函数。已知 HI(g), H$_2$(g) 和 I$_2$(g) 的振动特征温度分别为 3200 K, 6100 K 和 610 K。

7.27 试由下列数据计算反应 CO(g) + 2H$_2$(g) $\Longleftrightarrow$ CH$_3$OH(g) 在 1000 K 时的平衡常数 $K_p^\ominus$。

	CO(g)	H$_2$(g)	CH$_3$OH(g)
$\dfrac{G_m^\ominus(T) - H_m^\ominus(0)}{T}$/(J $\cdot$ mol^{-1} $\cdot$ K^{-1}) ($T = 1000$ K)	-204.05	-136.98	-257.65
$\Delta_f H_m^\ominus(0)$/(kJ $\cdot$ mol^{-1})	-113.813	0	-190.246

7.28 试由下列数据计算反应 N$_2$(g) + 3H$_2$(g) $\Longleftrightarrow$ 2NH$_3$(g) 在 1000 K 时的平衡常数 $K_p^\ominus$。

	N$_2$(g)	H$_2$(g)	NH$_3$(g)
$\dfrac{G_m^\ominus(T) - H_m^\ominus(0)}{T}$/(J $\cdot$ mol^{-1} $\cdot$ K^{-1}) ($T = 1000$ K)	-197.9	-137.0	-203.5
$\dfrac{H_m^\ominus(T) - U_m^\ominus(0)}{T}$/(J $\cdot$ mol^{-1} $\cdot$ K^{-1}) ($T = 298$ K)	29.09	28.42	33.29
$\Delta_f H_m^\ominus(B)$/(kJ $\cdot$ mol^{-1}) ($T = 298$ K)	0	0	-45.9

7.29 已知反应 2H$_2$(g) + S$_2$(g) $\Longleftrightarrow$ 2H$_2$S(g) 在 298.15 K 时的 $[\Delta_r G_m^\ominus(T)/ T] = -493.126$ J $\cdot$ mol^{-1} $\cdot$ K^{-1}, 试计算:

(1) $\Delta_r U_m^\ominus(0)$;

(2) 在 1000 K 时的 $K_p^\ominus$。

	$H_2(g)$	$S_2(g)$	$H_2S(g)$
$\dfrac{G_m^{\ominus}(T) - H_m^{\ominus}(0)}{T}/(J \cdot mol^{-1} \cdot K^{-1})$ ($T = 1000$ K)	-136.98	-236.312	-214.388
$\dfrac{G_m^{\ominus}(T) - H_m^{\ominus}(0)}{T}/(J \cdot mol^{-1} \cdot K^{-1})$ ($T = 298.15$ K)	-102.17	-197.661	-172.272

7.30 计算 300 K 时, 反应 $H_2(g) + D_2(g) \Longrightarrow 2HD(g)$ 的标准平衡常数。已知 298 K 时, $\Delta_r U_m^{\ominus}(0) = 656.9$ J$\cdot$mol^{-1}, $H_2(g)$, $D_2(g)$ 和 HD(g) 的有关数据如下所示:

	H_2	HD	D_2
$\sigma/(10^3 \text{ cm}^{-1})$	4.371	3.786	3.092
$I/(10^{-47} \text{ kg} \cdot \text{cm}^2)$	0.458	0.613	0.919

7.31 用统计力学方法计算解离反应 $Cl_2(g) \Longrightarrow 2Cl(g)$ 在 12000 K 时的标准逸度平衡常数 $K_f^{\ominus}$。已知单原子气体氯的电子配分函数 $q_e = 4 + 2\exp(-\varepsilon/k_B T)$, 其中 $\varepsilon = 0.11$ eV, Cl_2 气体分子的电子配分函数 $q_e = 1$, Cl_2 分子的转动惯量 $I = 1.165 \times 10^{-45}$ kg$\cdot$m^2, 振动波数 $\sigma = 565$ cm^{-1}, Cl_2 分子的解离能为 2.48 eV。

7.32 下列理想气体反应 $A_2(g) + B_2(g) \Longrightarrow 2AB(g)$, 已知摩尔质量 $M_A \approx M_B \approx 36$ g$\cdot$mol^{-1}, 且 A_2, B_2 及 AB 分子中的原子核间距 $r_{AA} \approx r_{BB} \approx r_{AB} \approx 10^{-10}$ m; 振动特征频率 $\nu_{AA} \approx \nu_{BB} \approx \nu_{AB} \approx 10^{13}$ s^{-1}; 产物分子与反应物分子的基态能量之差 $\Delta_r U_m^{\ominus}(0) \approx -8.314$ kJ$\cdot$mol^{-1}。试计算:

(1) 上述反应在 500 K 下的平衡常数 $K_p^{\ominus}$;

(2) 设反应的标准焓变与温度无关, 且 $\Delta_r H_m^{\ominus} \approx L\Delta\varepsilon \approx \Delta_r U_m^{\ominus}(0)$, 求反应熵变 $\Delta_r S_m^{\ominus}$。

7.33 本章我们曾用统计力学的方法导出了由配分函数直接计算任一理想气体化学反应 $0 = \sum\limits_B \nu_B B$ 标准平衡常数的表达式, 即 $K_p^{\ominus} = \prod\limits_B \left(\dfrac{q_B^{\ominus}}{L}\right)^{\nu_B} \cdot \exp\left[-\dfrac{\Delta_r U_m^{\ominus}(0)}{RT}\right]$。试从该式及本章中由配分函数计算 Gibbs 自由能 G 的表达式, 导出化学平衡一章的热力学关系式 $\Delta_r G_m^{\ominus}(T) = \sum\limits_B \nu_B \mu_B^{\ominus}(T) = -RT\ln K_p^{\ominus}$。

7.34 试以两种理想气体 A 和 B 的等温混合为例, 用统计热力学方法来说明隔离系统中的熵增加原理, 并导出该混合过程中系统熵变的计算表达式为 $\Delta_{mix}S = -n_A R\ln\dfrac{V_A}{V_A + V_A} - n_B R\ln\dfrac{V_B}{V_A + V_A}$, 式中 n_A 和 V_A 为气体 A 的物质的量和体积, n_B 和 V_B 为气体 B 的物质的量和体积。

主要参考书目

1. 韩德刚, 高执棣, 高盘良. 物理化学. 2 版. 北京: 高等教育出版社, 2009.

2. 胡英. 物理化学. 6 版. 北京: 高等教育出版社, 2014.

3. 天津大学物理化学教研室. 物理化学. 6 版. 北京: 高等教育出版社, 2017.

4. 范康年, 周鸣飞. 物理化学. 3 版. 北京: 高等教育出版社, 2021.

5. 朱志昂, 阮文娟. 物理化学. 6 版. 北京: 科学出版社, 2018.

6. Atkins P, Paula J, Keeler J. Physical Chemistry. 11th ed. Oxford: Oxford University Press, 2018. 侯文华 等译. 物理化学. 11 版. 北京: 高等教育出版社, 2021.

7. Levine I N. Physical Chemistry. 6th ed. New York: McGraw Hill, 2009.

8. Silbey R J, Alberty R A, Bawendi M G. Physical Chemistry. 4th ed. New York: John Wiley & Sons, 2005.

9. 韩德刚, 高执棣. 化学热力学. 北京: 高等教育出版社, 1997.

10. 傅献彩, 姚天扬, 沈文霞. 平衡态统计热力学. 北京: 高等教育出版社, 1994.

11. 韩德刚, 高盘良. 化学动力学基础. 北京: 北京大学出版社, 1987.

12. 郭鹤桐, 覃奇贤. 电化学教程. 2 版. 天津: 天津大学出版社, 2000.

13. 沈钟, 赵振国, 康万利. 胶体与表面化学. 4 版. 北京: 化学工业出版社, 2012.

14. 侯文华, 淳远, 姚天扬. 物理化学习题集. 北京: 高等教育出版社, 2009.

15. 孙德坤, 沈文霞, 姚天扬, 等. 物理化学学习指导. 北京: 高等教育出版社, 2007.

16. Denbigh K G. The Principles of Chemical Equilibrium with Applications in Chemistry and Chemical Engineering. 4th ed. London: Cambridge University Press, 1981. 戴冈夫, 谭曾振, 韩德刚, 译. 北京: 化学工业出版社, 1985.

17. Eyring H, Lin S H, Lin S M. Basic Chemical Kinetics. New York: John Wiley & Sons, 1980. 王作新, 潘强余, 译. 北京: 科学出版社, 1984.

18. 傅鹰. 化学热力学导论. 北京: 科学出版社, 1963.

19. 伏义路, 许澍谦, 邱联雄. 化学热力学与统计热力学基础. 上海: 上海科学技术出版社, 1984.

20. 屈松生. 化学热力学问题 300 例. 北京: 人民教育出版社, 1981.

21. Klotz I M, Rosenberg R M. Chemical Thermodynamics: Basic Theory and Methods. 3rd ed. Menlo Park: W A Benjamin, Inc, 1972. 鲍银堂, 苏企华, 译. 北京: 人民教育出版社, 1981.

22. 高盘良. 物理化学考研攻略. 北京: 科学出版社, 2004.

23. 理科化学教材编审委员会物理化学编审小组. 物理化学教学文集. 北京: 高等教育出版社, 第一集 (1986), 第二集 (1991).

24. McGlashan M L. Chemical Thermodynamics. London: Academic Press, 1979. 刘天和, 刘芸, 译. 化学热力学. 北京: 中国计量出版社, 1989.

25. Lewis G N, Randall M(Revised by Pitzeretc K S). Thermodynamics. 1961.

26. Klotz I M, Rosenberg R M. Chemical Thermodynamics: Basic Concepts and Methods. 7th ed. New York: John Wiley & Sons, 2008.

附录

I　数学复习

在普通物理化学中所用到的数学公式并不太多, 这个附录只是为了便于读者复习和查阅。

1. 微分

若 $y = f(x)$, 则　　$y' = f'(x) = \dfrac{\mathrm{d}y}{\mathrm{d}x}$

$$\frac{\mathrm{d}y}{\mathrm{d}x} = \frac{1}{\dfrac{\mathrm{d}x}{\mathrm{d}y}} \qquad\qquad \frac{\mathrm{d}}{\mathrm{d}x}\left(\frac{\mathrm{d}y}{\mathrm{d}x}\right) = \frac{\mathrm{d}^2 y}{\mathrm{d}x^2}$$

$$\frac{\mathrm{d}y}{\mathrm{d}t} = \frac{\mathrm{d}y}{\mathrm{d}x}\cdot\frac{\mathrm{d}x}{\mathrm{d}t} \qquad\qquad [x = \phi(t)]$$

当 $x = \phi(t)$, $y = \psi(t)$ 时, 有

$$\frac{\mathrm{d}y}{\mathrm{d}x} = \frac{\mathrm{d}y/\mathrm{d}t}{\mathrm{d}x/\mathrm{d}t} = \frac{\psi'(t)}{\phi'(t)}$$

2. 偏微分和全微分

函数 $A = f(x, y)$, x, y 是 A 的独立变数。若固定 y, 则 A 仅为 x 的函数, 当 x 变动时, 有

$$\left(\frac{\partial A}{\partial x}\right)_y = \lim_{\Delta x \to 0}\frac{f(x + \Delta x, y) - f(x, y)}{\Delta x}$$

同理, 若固定 x 而改变 y 时, 有

$$\left(\frac{\partial A}{\partial y}\right)_x = \lim_{\Delta y \to 0} \frac{f(x, y + \Delta y) - f(x, y)}{\Delta y}$$

$\left(\dfrac{\partial A}{\partial x}\right)_y$ 和 $\left(\dfrac{\partial A}{\partial y}\right)_x$ 称为偏微分系数。

推而广之, 若 A 是以 $(x, y, z, \cdots)$ 为独立变量的连续函数, 则 A 的全微分 (total differential) 为

$$\mathrm{d}A = \left(\frac{\partial A}{\partial x}\right)_{y,z,\cdots} \mathrm{d}x + \left(\frac{\partial A}{\partial y}\right)_{x,z,\cdots} \mathrm{d}y + \left(\frac{\partial A}{\partial z}\right)_{x,y,\cdots} \mathrm{d}z + \cdots$$

3. 几种常用偏微分之间的关系式

(1) 联系系统变量 p, V, T, n 之间的关系, 设为 $V = f(T, p, n_i)$。对于 n_i 为定值或组成不变的系统, $V = f(T, p)$, 则

$$\mathrm{d}V = \left(\frac{\partial V}{\partial T}\right)_p \mathrm{d}T + \left(\frac{\partial V}{\partial p}\right)_T \mathrm{d}p$$

在上式中, 若保持 V 为常数, 即 $\mathrm{d}V = 0$, 则

$$\left(\frac{\partial V}{\partial T}\right)_p \mathrm{d}T + \left(\frac{\partial V}{\partial p}\right)_T \mathrm{d}p = 0$$

移项后得

$$\left(\frac{\partial p}{\partial T}\right)_V = -\frac{\left(\dfrac{\partial V}{\partial T}\right)_p}{\left(\dfrac{\partial V}{\partial p}\right)_T} \tag{1}$$

由于

$$\left(\frac{\partial V}{\partial T}\right)_p = 1 \Big/ \left(\frac{\partial T}{\partial V}\right)_p$$

所以移项后得

$$\left(\frac{\partial p}{\partial T}\right)_V \left(\frac{\partial V}{\partial p}\right)_T \left(\frac{\partial T}{\partial V}\right)_p = -1 \tag{2}$$

式 (1) 和式 (2) 表示三个偏微分之间的关系, 式 (2) 很容易记, 只需将三个变量按照 "上、下、外" 的次序循环就行了。例如, 式 (2) 就是 $(pTV)(VpT)(TVp)$。

(2) 复合函数的偏微分。设热力学能 U 是 (T, V) 的函数, 其中 V 又是 (T, p) 的函数 (设 n 维持为常量, 故可不考虑), 即

$$U = U(T, V) \qquad V = V(T, p)$$

$$\mathrm{d}U = \left(\frac{\partial U}{\partial T}\right)_V \mathrm{d}T + \left(\frac{\partial U}{\partial V}\right)_T \mathrm{d}V$$

$$\mathrm{d}V = \left(\frac{\partial V}{\partial T}\right)_p \mathrm{d}T + \left(\frac{\partial V}{\partial p}\right)_T \mathrm{d}p$$

将下式代入上式, 得

$$\mathrm{d}U = \left(\frac{\partial U}{\partial T}\right)_V \mathrm{d}T + \left(\frac{\partial U}{\partial V}\right)_T \left[\left(\frac{\partial V}{\partial T}\right)_p \mathrm{d}T + \left(\frac{\partial V}{\partial p}\right)_T \mathrm{d}p\right]$$

$$= \left(\frac{\partial U}{\partial V}\right)_T \left(\frac{\partial V}{\partial p}\right)_T \mathrm{d}p + \left[\left(\frac{\partial U}{\partial T}\right)_V + \left(\frac{\partial U}{\partial V}\right)_T \left(\frac{\partial V}{\partial T}\right)_p\right] \mathrm{d}T \qquad (3)$$

由于 $U = U(T, V) = U[T, V(T, p)]$, 所以实际上 U 是 T, p 的函数 (p 是隐函数), 即 $U = U(T, p)$。故

$$\mathrm{d}U = \left(\frac{\partial U}{\partial p}\right)_T \mathrm{d}p + \left(\frac{\partial U}{\partial T}\right)_p \mathrm{d}T \qquad (4)$$

比较 (3)、(4) 两式, 则得

$$\left(\frac{\partial U}{\partial T}\right)_p = \left(\frac{\partial U}{\partial T}\right)_V + \left(\frac{\partial U}{\partial V}\right)_T \left(\frac{\partial V}{\partial T}\right)_p \qquad (5)$$

此式的意义是: 恒压时, 热力学能随温度的变化率是由两部分所组成的, 一部分是恒容时改变温度所引起的, 另一部分是为了维持压力不变需要改变体积而引起的。

在式 (5) 中, 左方和右方第一项仅下标不同, $\left(\frac{\partial U}{\partial T}\right)_p \neq \left(\frac{\partial U}{\partial T}\right)_V$。

式 (5) 的结论可以一般化。设 F 是 (x, z) 的函数, 而 z 又是 (x, y) 的函数, $F[x, z(x, y)]$, 则应有如下的关系:

$$\left(\frac{\partial F}{\partial x}\right)_y = \left(\frac{\partial F}{\partial x}\right)_z + \left(\frac{\partial F}{\partial z}\right)_x \left(\frac{\partial z}{\partial x}\right)_y \qquad (6)$$

(3) $$\left(\frac{\partial x}{\partial y}\right)_z = \left(\frac{\partial x}{\partial t}\right)_z \left(\frac{\partial t}{\partial y}\right)_z \qquad (7)$$

$$\frac{\partial}{\partial p}\left(\frac{\partial F}{\partial T}\right)_p = \frac{\partial^2 F}{\partial p \partial T} = \frac{\partial}{\partial T}\left(\frac{\partial F}{\partial p}\right)_T \qquad (8)$$

上述几个公式在热力学中常常用到。一方面, 通过这些关系式可以用易于实验测定的物理量来表达那些不易直接进行实验的量。另一方面, 在运算过程中, 通过这些关系式可使公式得以简化。

4. 完全微分

设 z 是 (x, y) 的函数:

$$\mathrm{d}z = \left(\frac{\partial z}{\partial x}\right)_y \mathrm{d}x + \left(\frac{\partial z}{\partial y}\right)_x \mathrm{d}y \tag{9}$$

若 M, N 也是 (x, y) 的函数, 且有如下的关系:

$$M(x, y) = \left(\frac{\partial z}{\partial x}\right)_y \qquad N(x, y) = \left(\frac{\partial z}{\partial y}\right)_x \tag{10}$$

将式 (10) 代入式 (9), 得

$$\mathrm{d}z = M\mathrm{d}x + N\mathrm{d}y \tag{11}$$

如果

$$\frac{\partial M}{\partial y} = \frac{\partial N}{\partial x} \tag{12}$$

也成立, 则式 (11) 就称为完全微分 (complete differential, 或称为恰当微分, exact differential)。换言之, 式 (12) 是完全微分的必要和充分条件。式 (12) 的成立是没有问题的, 因为 M 对 y 再微分, N 对 x 再微分, 得

$$\frac{\partial M}{\partial y} = \frac{\partial^2 z}{\partial x \partial y} \qquad \frac{\partial N}{\partial x} = \frac{\partial^2 z}{\partial x \partial y}$$

在热力学中的 Maxwell 关系式, 就是根据式 (12) 得来的, 即从

$$\left.\begin{aligned} \mathrm{d}U &= T\mathrm{d}S - p\mathrm{d}V \\ \mathrm{d}H &= T\mathrm{d}S + V\mathrm{d}p \\ \mathrm{d}A &= -S\mathrm{d}T - p\mathrm{d}V \\ \mathrm{d}G &= -S\mathrm{d}T + V\mathrm{d}p \end{aligned}\right\} \text{分别得到} \left\{\begin{aligned} \left(\frac{\partial T}{\partial V}\right)_S &= -\left(\frac{\partial p}{\partial S}\right)_V \\ \left(\frac{\partial T}{\partial p}\right)_S &= \left(\frac{\partial V}{\partial S}\right)_p \\ \left(\frac{\partial S}{\partial V}\right)_T &= \left(\frac{\partial p}{\partial T}\right)_V \\ \left(\frac{\partial S}{\partial p}\right)_T &= -\left(\frac{\partial V}{\partial T}\right)_p \end{aligned}\right.$$

5. 热力学基本关系式的记忆法

均匀物质的热力学关系式是研究热力学性质的基本方程, 但这些用全微分或偏微分表示的关系式在形式上非常相似, 稍不留意就会出错。为了便于记忆, 曾经有人提出过不少方法, 下面仅提供一种方法供参考, 读者也可以自行设计出更好的记忆方法。

把 8 个热力学变量从 G 到 T 依次排列成正方形, 其四个顶角分别为 G, H, U

和 A, 四个边分别依次为 p, S, V 和 T, 这个次序是按照精心设计的一句英语中每一个词的字首依次排成, 即: "Good physicists have studied under very active teacher", 意思是 "杰出的物理学家都曾受到极为优秀教师的教诲"。

图中四个热力学函数 G, H, U 和 A 的全微分以各自相邻的两个函数为独立变量 (例如, G 的变量是 p 和 T, H 的变量是 p 和 S 等), 并以各自独立变量对边的函数为相应的系数 (例如, 对 G 而言, 变量 p 的对边是 V, 变量 T 的对变是 S, 故 $\mathrm{d}G = V\mathrm{d}p - S\mathrm{d}T$), 独立变量在上方或右方者取正值, 在下或左者取负值, 且独立变量和其系数总是 p, V 联系在一起, S, T 联系在一起。于是, 就有

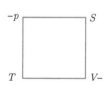

$$\begin{cases} \mathrm{d}G = V\mathrm{d}p - S\mathrm{d}T \\ \mathrm{d}H = V\mathrm{d}p + T\mathrm{d}S \\ \mathrm{d}U = T\mathrm{d}S - p\mathrm{d}V \\ \mathrm{d}A = -p\mathrm{d}V - S\mathrm{d}T \end{cases}$$

再根据几个基本定义: $H = U + pV$, $A = U - TS$, $G = H - TS$, 又可以得到

$$\left(\frac{\partial G}{\partial T}\right)_p = \frac{G - H}{T} \qquad \left(\frac{\partial G}{\partial p}\right)_T = \frac{G - A}{p}$$

$$\left(\frac{\partial H}{\partial p}\right)_S = \frac{H - U}{p} \qquad \left(\frac{\partial H}{\partial S}\right)_p = \frac{H - G}{S}$$

$$\left(\frac{\partial U}{\partial V}\right)_S = \frac{U - H}{V} \qquad \left(\frac{\partial U}{\partial S}\right)_V = \frac{U - A}{S}$$

$$\left(\frac{\partial A}{\partial T}\right)_V = \frac{A - U}{T} \qquad \left(\frac{\partial A}{\partial V}\right)_T = \frac{A - G}{V}$$

Maxwell 关系式的记忆法也可直接利用前面的图形, 或以四个边的 p, S, V 和 T 依次另画一个四边形, 并注以正、负号。例如, 以 p 为起点, 依顺时针方向前进, 依次写出 $\left(\dfrac{\partial p}{\partial S}\right)_V$ (第三个字母作为注脚), 又因从 p 的起点上有负号, 故应写作 $-\left(\dfrac{\partial p}{\partial S}\right)_V$。然后, 前进一步, 反向依次写出 $\left(\dfrac{\partial T}{\partial V}\right)_S$, 于是即得

$$-\left(\frac{\partial p}{\partial S}\right)_V = \left(\frac{\partial T}{\partial V}\right)_S$$

简言之, 即: (1) 从 p 或 V 开始者均应加负号, (2) 第三个字母作为注脚后, 再前进一步, 依次倒退写出另一个偏微分, 同样把最后一个字母作为注脚。

因此可得

$$\left(\frac{\partial S}{\partial V}\right)_T = \left(\frac{\partial p}{\partial T}\right)_V$$

$$-\left(\frac{\partial V}{\partial T}\right)_p = \left(\frac{\partial S}{\partial p}\right)_T$$

$$\left(\frac{\partial T}{\partial p}\right)_S = \left(\frac{\partial V}{\partial S}\right)_p$$

6. Bridgman 的偏微分等式表示法

在热力学中, 组成不变系统的热力学变量通常是 p, T, V, U, H, G, A 和 S, 共 8 个变量, 任取其中 3 个就构成一个偏微分 $\left[例如 \left(\frac{\partial x}{\partial y}\right)_z\right]$, 这样的一级偏微分共 $8 \times 7 \times 6 = 336$ 个。Bridgman 研究了这些偏微分, 将其归纳为 28 个公式, 就可以获得所有一级偏微分的表示式, 只需知道系统的 $\left(\frac{\partial V}{\partial T}\right)_p$, $\left(\frac{\partial V}{\partial p}\right)_T$, $C_p = \left(\frac{\partial H}{\partial T}\right)_p$ 和 S。

使用时只需将两个下标相同者相除即可。即

$$\frac{(\partial y)_z}{(\partial x)_z} = \left(\frac{\partial y}{\partial x}\right)_z$$

例如

$$(\partial T)_H = -(\partial H)_T = V - T\left(\frac{\partial V}{\partial T}\right)_p$$

$$(\partial p)_H = -(\partial H)_p = -C_p$$

所以

$$\frac{(\partial T)_H}{(\partial p)_H} = \left(\frac{\partial T}{\partial p}\right)_H = \frac{1}{C_p}\left[T\left(\frac{\partial V}{\partial T}\right)_p - V\right]$$

以下给出 Bridgman 的 28 个公式:

$$(\partial T)_p = -(\partial p)_T = 1$$

$$(\partial V)_p = -(\partial p)_V = \left(\frac{\partial V}{\partial T}\right)_p$$

$$(\partial S)_p = -(\partial p)_S = \frac{C_p}{T}$$

$$(\partial U)_p = -(\partial p)_U = C_p - p\left(\frac{\partial V}{\partial T}\right)_p$$

$$(\partial H)_p = -(\partial p)_H = C_p$$

$$(\partial G)_p = -(\partial p)_G = -S$$

$$(\partial A)_p = -(\partial p)_A = -\left[S + p\left(\frac{\partial V}{\partial T}\right)_p\right]$$

$$(\partial V)_T = -(\partial T)_V = -\left(\frac{\partial V}{\partial p}\right)_T$$

$$(\partial S)_T = -(\partial T)_S = \left(\frac{\partial V}{\partial T}\right)_p$$

$$(\partial U)_T = -(\partial T)_U = T\left(\frac{\partial V}{\partial T}\right)_p + p\left(\frac{\partial V}{\partial p}\right)_T$$

$$(\partial H)_T = -(\partial T)_H = -V + T\left(\frac{\partial V}{\partial T}\right)_p$$

$$(\partial G)_T = -(\partial T)_G = -V$$

$$(\partial A)_T = -(\partial T)_A = p\left(\frac{\partial V}{\partial p}\right)_T$$

$$(\partial S)_V = -(\partial V)_S = \frac{1}{T}\left[C_p\left(\frac{\partial V}{\partial p}\right)_T + T\left(\frac{\partial V}{\partial T}\right)_p^2\right]$$

$$(\partial U)_V = -(\partial V)_U = C_p\left(\frac{\partial V}{\partial p}\right)_T + T\left(\frac{\partial V}{\partial T}\right)_p^2$$

$$(\partial H)_V = -(\partial V)_H = C_p\left(\frac{\partial V}{\partial p}\right)_T + T\left(\frac{\partial V}{\partial T}\right)_p^2 - V\left(\frac{\partial V}{\partial T}\right)_p$$

$$(\partial G)_V = -(\partial V)_G = -\left[V\left(\frac{\partial V}{\partial T}\right)_p + S\left(\frac{\partial V}{\partial p}\right)_T\right]$$

$$(\partial A)_V = -(\partial V)_A = -S\left(\frac{\partial V}{\partial p}\right)_T$$

$$(\partial U)_S = -(\partial S)_U = \frac{p}{T}\left[C_p\left(\frac{\partial V}{\partial p}\right)_T + T\left(\frac{\partial V}{\partial T}\right)_p^2\right]$$

$$(\partial H)_S = -(\partial S)_H = -\frac{VC_p}{T}$$

$$(\partial G)_S = -(\partial S)_G = -\frac{1}{T}\left[VC_p - ST\left(\frac{\partial V}{\partial T}\right)_p\right]$$

$$(\partial A)_S = -(\partial S)_A = \frac{1}{T}\left\{p\left[C_p\left(\frac{\partial V}{\partial p}\right)_T + T\left(\frac{\partial V}{\partial T}\right)_p^2\right] + ST\left(\frac{\partial V}{\partial T}\right)_p\right\}$$

$$(\partial H)_U = -(\partial U)_H = -V\left[C_p - p\left(\frac{\partial V}{\partial T}\right)_p\right] - p\left[C_p\left(\frac{\partial V}{\partial p}\right)_T + T\left(\frac{\partial V}{\partial T}\right)_p^2\right]$$

$$(\partial G)_U = -(\partial U)_G = -V\left[C_p - p\left(\frac{\partial V}{\partial T}\right)_p\right] + S\left[T\left(\frac{\partial V}{\partial T}\right)_p + p\left(\frac{\partial V}{\partial p}\right)_T\right]$$

$$(\partial A)_U = -(\partial U)_A = p\left[(C_p + S)\left(\frac{\partial V}{\partial p}\right)_T + T\left(\frac{\partial V}{\partial T}\right)_p^2\right] + ST\left(\frac{\partial V}{\partial T}\right)_p$$

$$(\partial G)_H = -(\partial H)_G = -V(C_p + S) + TS\left(\frac{\partial V}{\partial T}\right)_p$$

$$(\partial A)_H = -(\partial H)_A = -\left[S + p\left(\frac{\partial V}{\partial T}\right)_p\right]\left[V - T\left(\frac{\partial V}{\partial T}\right)_p\right] + pC_p\left(\frac{\partial V}{\partial p}\right)_T$$

$$(\partial A)_G = -(\partial G)_A = -S\left[V + p\left(\frac{\partial V}{\partial p}\right)_T\right] - pV\left(\frac{\partial V}{\partial T}\right)_p$$

7. Stirling(斯特林) 近似公式

当 N 很大时 ($N \gg 1$), 有

$$\ln N! = N\ln N - N \tag{13}$$

式 (13) 称为 Stirling 近似公式。可简单证明如下。

$$\ln N! = \ln[N(N-1)(N-2)\cdots 1]$$

$$= \ln 1 + \ln 2 + \cdots + \ln(N-1) + \ln N \tag{14}$$

$\ln x$-x (示意图)

如左图, 绘出宽度为 $\Delta x = 1$, 高度分别为 $\ln 1, \ln 2, \ln 3, \cdots$ 的一系列小长方形。当 N 很大时, Δx 可写作 $\mathrm{d}x$ (即把 x 看作是连续变化的)。这些小长方形的面积之和即 $(\ln 1 + \ln 2 + \ln 3 + \cdots + \ln N)$ 就接近于整个曲线 ab 下的面积, 即式 (14) 的求和号可写作积分式:

$$\ln N! = \int_1^N \ln x \,\mathrm{d}x$$

用分部积分法, 令 $u = \ln x$, $v = x$。则 $\mathrm{d}u = \mathrm{d}\ln x$, $\mathrm{d}v = \mathrm{d}x$

$$\int_1^N \ln x \,\mathrm{d}x = [x\ln x]_1^N - \int_1^N x\frac{1}{x}\mathrm{d}x$$

$$= N\ln N - N + 1$$

$$= N \ln N - N$$

所以

$$\ln N! \approx N \ln N - N \tag{15}$$

式 (15) 也可写作

$$N! \approx N^N \mathrm{e}^{-N} = \left(\frac{N}{\mathrm{e}}\right)^N$$

更精确的结果是

$$N! = N^N \mathrm{e}^{-N} \sqrt{2\pi N} \left[1 + \frac{1}{12N} + \frac{1}{288N^2} + \cdots \right]$$

8. Euler(欧勒) 齐函数定理

设有一函数为

$$u = ax^2 + bxy + cy^2 \tag{16}$$

如将各变数 x, y 换为 $\lambda x, \lambda y, \lambda$ 是一个参数。也可以看成是将原变数各增加了 λ 倍。则

$$u^* = a(\lambda x)^2 + b(\lambda x)(\lambda y) + c(\lambda y)^2$$
$$= \lambda^2(ax^2 + bxy + cy^2)$$
$$= \lambda^2 u$$

如原函数具备上述性质, 我们就称原函数 u 为二次齐函数。同理, 若 $f(\lambda x, \lambda y, \lambda z) = \lambda^n f(x, y, z)$, 则称 $f(x, y, z)$ 为 n 次齐函数。

齐函数 (homogeneous function) 有如下几个重要的性质:

(1) 若 $F(x, y, z)$ 是 m 次齐函数, $\phi(x, y, z)$ 是 n 次齐函数, 则 $\dfrac{F(x, y, z)}{\phi(x, y, z)}$ 为 $(m - n)$ 次齐函数。证明如下:

$$\frac{F(\lambda x, \lambda y, \lambda z)}{\phi(\lambda x, \lambda y, \lambda z)} = \frac{\lambda^m F(x, y, z)}{\lambda^n \phi(x, y, z)} = \lambda^{m-n} \frac{F(x, y, z)}{\phi(x, y, z)}$$

所以, $\dfrac{F(x, y, z)}{\phi(x, y, z)}$ 是 $(m - n)$ 次齐函数。

例如, $f(x, y, z) = \dfrac{x^3 + xy^2 + y^3 + yz^2 + z^3}{x + y - z}$, 分母是一次齐函数, 分子为三次齐函数。所以, $f(x, y, z)$ 是二次齐函数。

又例如 $f(x, y, z) = \dfrac{x^2 + 2xy + 3y^2}{x^2 - 2xy}$ 则为零次齐函数, 而 $f(x, y, z) = x^3 +$

$x^2 + xy + z^3$ 则不是齐函数。

(2) Euler 定理: 这是齐函数的重要性质, 设 $f(x,y)$ 是 n 次齐函数, 则有

$$x\left(\frac{\partial f}{\partial x}\right)_y + y\left(\frac{\partial f}{\partial y}\right)_x = nf(x,y) \tag{17}$$

式 (17) 就称为 **Euler 定理** (Euler's theorem)。证明如下:

如令

$$x^* = \lambda x \qquad y^* = \lambda y \tag{18}$$

由于 $f(x,y)$ 是 n 次齐函数, 则

$$f^* = f(x^*, y^*) = f(\lambda x, \lambda y) = \lambda^n f(x,y) \tag{19}$$

f^* 的全微分为

$$\mathrm{d}f^* = \frac{\partial f^*}{\partial x^*}\mathrm{d}x^* + \frac{\partial f^*}{\partial y^*}\mathrm{d}y^*$$

所以

$$\frac{\mathrm{d}f^*}{\mathrm{d}\lambda} = \frac{\partial f^*}{\partial x^*}\frac{\mathrm{d}x^*}{\mathrm{d}\lambda} + \frac{\partial f^*}{\partial y^*}\frac{\mathrm{d}y^*}{\mathrm{d}\lambda} \tag{20}$$

根据式 (18)

$$\frac{\mathrm{d}x^*}{\mathrm{d}\lambda} = x \qquad \frac{\mathrm{d}y^*}{\mathrm{d}\lambda} = y$$

故式 (20) 可写作

$$\frac{\mathrm{d}f^*}{\mathrm{d}\lambda} = \frac{\partial f^*}{\partial x^*}x + \frac{\partial f^*}{\partial y^*}y$$

又从式 (19) 得

$$\frac{\mathrm{d}f^*}{\mathrm{d}\lambda} = \frac{\mathrm{d}f(x^*y^*)}{\mathrm{d}\lambda} = \frac{\mathrm{d}[\lambda^n f(x,y)]}{\mathrm{d}\lambda} = n\lambda^{n-1}f(x,y)$$

比较上二式, 则得

$$x\frac{\partial f^*}{\partial x^*} + y\frac{\partial f^*}{\partial y^*} = n\lambda^{n-1}f(x,y)$$

式中 λ 是一个给定的参数, 可以是任意值。当 $\lambda = 1$ 时, 上式仍应成立, 故上式可写作

$$x\frac{\partial f}{\partial x} + y\frac{\partial f}{\partial y} = nf(x,y) \tag{21}$$

式 (21) 即是我们所要证明的结果。

例如, 两种理想气体混合后, 其体积 $V = \dfrac{n_1 + n_2}{p}RT$, 在定温定压下, $V = f(n_1, n_2)$, 所以 V 是 n_i 的一次齐函数。根据式 (21), 显然应有

$$n_1\left(\frac{\partial V}{\partial n_1}\right)_{T,p,n_2} + n_2\left(\frac{\partial V}{\partial n_2}\right)_{T,p,n_1} = V$$

若令 $\left(\dfrac{\partial V}{\partial n_1}\right)_{T,p,n_2} = V_1$, $\left(\dfrac{\partial V}{\partial n_2}\right)_{T,p,n_1} = V_2$, 则上式可写作

$$n_1 V_1 + n_2 V_2 = V \tag{22}$$

推而广之, 得

$$\sum_{\mathrm{B}} n_{\mathrm{B}} V_{\mathrm{B}} = V$$

(3) 若 $F(x, y)$ 是 n 次齐函数, 则该函数对任一变数偏微分后所得的函数为 $(n-1)$ 次。

仍以体积为例, 如上所述, V 是 n_{B} 的一次齐函数, 则 $V_{\mathrm{B}}\left(= \dfrac{\partial V}{\partial n_{\mathrm{B}}}\right)$ 是零次齐函数。这可证明如下。

式 (22) 对 n_1 微分得

$$V_1 + n_1\left(\frac{\partial V_1}{\partial n_1}\right)_{T,p,n_2} + n_2\left(\frac{\partial V_2}{\partial n_1}\right)_{T,p,n_2} = V_1$$

所以

$$n_1\left(\frac{\partial V_1}{\partial n_1}\right)_{T,p,n_2} + n_2\left(\frac{\partial V_2}{\partial n_1}\right)_{T,p,n_2} = 0 \tag{23}$$

或

$$\sum n_{\mathrm{B}}\left(\frac{\partial V_{\mathrm{B}}}{\partial n_j}\right) = 0$$

故 V_{B} 是零次齐函数。

9. Lagrange(拉格朗日) 乘因子法

设有一函数 $F = F(x_1, x_2, \cdots, x_n), x_1, x_2, \cdots, x_n$ 是独立变数。如果这一函数有一极值, 则

$$\mathrm{d}F = \frac{\partial F}{\partial x_1}\mathrm{d}x_1 + \frac{\partial F}{\partial x_2}\mathrm{d}x_2 + \cdots + \frac{\partial F}{\partial x_n}\mathrm{d}x_n = 0 \tag{24}$$

由于式中 $dx_1, dx_2, \cdots, dx_n$ 都是独立变量的微变量, 所以 F 为极值的条件是

$$\frac{\partial F}{\partial x_1} = 0, \qquad \frac{\partial F}{\partial x_2} = 0, \qquad \cdots, \qquad \frac{\partial F}{\partial x_n} = 0 \tag{25}$$

从这 n 个方程, 可解出 n 个变量 $x_1, x_2, \cdots, x_n$ 的值, 这一套 x_i 可使 F 为极值。

如果求 F 的极值, 而 $F(x_1, x_2, \cdots, x_n)$ 同时还要满足两个限制条件

$$G(x_1, x_2, \cdots, x_n) = 0 \tag{26}$$

$$H(x_1, x_2, \cdots, x_n) = 0 \tag{27}$$

则函数 F 的 n 个变量只有 $(n-2)$ 个是独立的, 情况与上不同, 就不能直接用式 (25) 来求 F 的极值。

求带有附加条件时某一函数的极值, 一种简便方法是 Lagrange 乘因子法 (Lagrange's method of undetermined multipliers)。这种方法是用待定的乘数 α, β 分别乘条件方程, 然后再与原方程线性组合成一个新的方程, 即造一个新的函数 Z。

$$Z = F(x_1, x_2, \cdots, x_n) + \alpha G(x_1, x_2, \cdots, x_n) + \beta H(x_1, x_2, \cdots, x_n)$$

新函数 Z 的微分为

$$dZ = d(F + \alpha G + \beta H) = dF + \alpha dG + \beta dH \tag{28}$$

如果有一套 $x_1, x_2, \cdots, x_n$ 能满足限制条件式 (26)、式 (27), 同时又能使新函数 Z 具有极值, 则这一套 x_i 就是我们所要求的解。这一套解, 既能使 Z 为极值, 也必使 F 为极值。Z 为极值的条件是

$$dZ = dF + \alpha dG + \beta dH = 0 \tag{29}$$

式 (29) 可写作

$$\begin{aligned} dZ &= \left(\frac{\partial F}{\partial x_1} dx_1 + \frac{\partial F}{\partial x_2} dx_2 + \cdots + \frac{\partial F}{\partial x_n} dx_n \right) + \\ &\quad \alpha \left(\frac{\partial G}{\partial x_1} dx_1 + \frac{\partial G}{\partial x_2} dx_2 + \cdots + \frac{\partial G}{\partial x_n} dx_n \right) + \\ &\quad \beta \left(\frac{\partial H}{\partial x_1} dx_1 + \frac{\partial H}{\partial x_2} dx_2 + \cdots + \frac{\partial H}{\partial x_n} dx_n \right) \\ &= \left[\frac{\partial F}{\partial x_1} + \alpha \frac{\partial G}{\partial x_1} + \beta \frac{\partial H}{\partial x_1} \right] dx_1 + \left[\frac{\partial F}{\partial x_2} + \alpha \frac{\partial G}{\partial x_2} + \beta \frac{\partial H}{\partial x_2} \right] dx_2 + \cdots + \\ &\quad \left[\frac{\partial F}{\partial x_n} + \alpha \frac{\partial G}{\partial x_n} + \beta \frac{\partial H}{\partial x_n} \right] dx_n = 0 \end{aligned} \tag{30}$$

或写作

$$dZ = \sum_{i=1}^{n} \left[\frac{\partial F}{\partial x_i} + \alpha \frac{\partial G}{\partial x_i} + \beta \frac{\partial H}{\partial x_i} \right] dx_i = 0$$

在式 (30) 中的 x_i 只有 $(n-2)$ 个是独立变数。由于 α, β 是待定的, 如果我们选择适当的 α 和 β, 使式 (30) 中的任两个系数等于零, 例如

$$\frac{\partial F}{\partial x_1} + \alpha \frac{\partial G}{\partial x_1} + \beta \frac{\partial H}{\partial x_1} = 0 \tag{31}$$

$$\frac{\partial F}{\partial x_2} + \alpha \frac{\partial G}{\partial x_2} + \beta \frac{\partial H}{\partial x_2} = 0 \tag{32}$$

则式 (30) 中的其余 $(n-2)$ 项, 由于相应的变数都是独立变数, 所以每一个系数都等于零, 即

$$\frac{\partial F}{\partial x_3} + \alpha \frac{\partial G}{\partial x_3} + \beta \frac{\partial H}{\partial x_3} = 0 \tag{33}$$

$$\cdots\cdots$$

$$\frac{\partial F}{\partial x_n} + \alpha \frac{\partial G}{\partial x_n} + \beta \frac{\partial H}{\partial x_n} = 0 \tag{34}$$

从式 (31) $\sim$ 式 (34) 共有 n 个方程式, 再加上原来的附加条件

$$G(x_1, x_2, \cdots, x_n) = 0$$

$$H(x_1, x_2, \cdots, x_n) = 0$$

共有 $(n+2)$ 个方程式, 就可以解出 $x_1, x_2, \cdots, x_n$ 和 α, β, 共 $(n+2)$ 个变数的值。这一套 x_i 的数值既能满足限制条件, 又能使 F 为极值。这就是 Lagrange 乘因子法。

　　通常我们并不需要对这 $(n+2)$ 个方程求解, 只要得到式 (31) $\sim$ 式 (34), 在讨论玻耳兹曼最概然分布时就够用了。

10. Taylor(泰勒) 级数

　　设函数 u 是独立变数 x, y 的连续函数, $u = f(x, y)$。若 x 增加一微小量 $h, f(x, y)$ 变为 $f(x + h, y)$。根据 Taylor 级数, 可展开如下 (这是一个收敛级数, 展开式的证明从略):

$$f(x+h, y) = f(x, y) + \frac{\partial f(x, y)}{\partial x} h + \frac{\partial^2 f(x, y)}{\partial x^2} \frac{h^2}{2!} + \frac{\partial^3 f(x, y)}{\partial x^3} \frac{h^3}{3!} + \cdots \tag{35}$$

同理, 若 x 变为 $x + h$, y 变为 $y + k$, 两个独立变量均有微小量的变化, 则

$$f(x+h, y+k) = f(x, y) + \left[\frac{\partial f(x, y)}{\partial x} h + \frac{\partial f(x, y)}{\partial y} k \right] +$$

$$\frac{1}{2} \left[\frac{\partial^2 f(x, y)}{\partial x^2} h^2 + \frac{\partial^2 f(x, y)}{\partial y^2} k^2 + 2 \frac{\partial^2 f(x, y)}{\partial x \, \partial y} hk \right] + \cdots \tag{36}$$

由于 h, k 很小, 所以高级项常可略去。

11. 排列组合公式

在统计热力学中讨论分子在不同能级上的分配微态数, 在数学上相当于排列组合问题。

(1) 在 N 个不同的物体中, 取 r 个排列, 可有多少种不同的排列花样。排列在数学上用符号 P_N^r 表示。

在序列中的第一个物体有 N 种不同的选择法, 余下 $(N-1)$ 个物体, 因此序列中的第二个物体有 $(N-1)$ 个选择法。所以, 在序列中头两个物体的选择法共有 $N(N-1)$ 种, 一种选法就导致一种花样。以此类推, 在 $(r-1)$ 个位置占满以后, 尚剩余 $(N-r+1)$ 个物体, 第 r 位置上的物体有 $(N-r+1)$ 个选择法。因此, 我们得到

$$P_N^r = N(N-1)(N-2)\cdots(N-r+1) \tag{37}$$

若 N 个不同的物体, 全排列, 则

$$P_N^N = N! \tag{38}$$

(2) 若在 N 个物体中有 s 个是彼此相同的, 另有 t 个也是彼此相同的, 今取 N 个全排列, 共有多少排列方式 (或多少不同的花样)。

假定 N 个物体是完全不相同的, 则排列的花样数为 $N!$。今其中 s 个物体相同, 这 s 个物体彼此互换位置, 并不能导致一种新的花样。这 s 种物体的全排列为 $s!$。同理, t 个物体互换位置, 也不能导致一种新花样, 这 t 种物体的全排列为 $t!$, 所以, 当有相同物体时, 排列的花样数为

$$\frac{N!}{s!t!} \tag{39}$$

(3) 从一定数目的不同物体中每次选取若干个编为一组, 即相当于分为若干堆, 而不考虑其顺序, 这就是组合问题。例如从 N 个不同的物体中, 每次取出 m 个的方法即组合组, 用符号 C_N^m 表示。

分组时并不考虑排列, 现在在 C_N^m 种不同的组合中, 任取其中的一组, 将其中 m 个物体进行排列, 可以得到 $m!$ 种排法, 如果把各组都进行排列, 则总花样数为 $C_N^m \cdot m!$。显然这个数目应与直接从 N 个不同的物体中, 每次取 m 个进行排列的花样数是一样的, 即

$$C_N^m \cdot m! = P_N^m$$

所以

$$C_N^m = \frac{P_N^m}{m!} = \frac{N(N-1)\cdots(N-m+1)}{m!}$$

分子分母上同乘以 $(N-m)!$, 而

$$(N-m)! = (N-m)(N-m-1)\cdots\cdots 3\cdot 2\cdot 1$$

则上式变为

$$\mathrm{C}_N^m = \frac{N!}{m!(N-m)!} \tag{40}$$

这就是组合数的公式。

(4) 如果把 N 个不同的物体分为若干堆, 第一堆为 N_1 个, 第二堆为 N_2 个……第 k 堆为 N_k 个 (把全部物体都分成堆)。则分堆方法的总数, 可如下算出。

分出第一堆的方法数为 $\mathrm{C}_N^{N_1}$, 剩余 $(N-N_1)$ 个物体; 然后, 从 $(N-N_1)$ 个中取出 N_2 个, 作为第二堆; 以此类推, 最后是从 $[N-N_1-N_2-\cdots-(N_k+1)]$ 个中, 取出 N_k 个作为第 k 堆。所以, 总的分堆方式为

$$\mathrm{C}_N^{N_1}\cdot \mathrm{C}_{N-N_1}^{N_2}\cdot \mathrm{C}_{N-N_1-N_2}^{N_3}\cdots \mathrm{C}_{N-N_1-\cdots-(N_{k-1})}^{N_k}$$

$$= \frac{N!}{N_1!(N-N_1)!}\cdot \frac{(N-N_1)!}{N_2!(N-N_1-N_2)!}\cdot \frac{(N-N_1-N_2)!}{N_3!(N-N_1-N_2-N_3)!}\cdot\cdots\cdot$$

$$\frac{[N-N_1-N_2-\cdots-(N_k+1)]!}{N_k!(N-N_1-\cdots-N_k)!}$$

$$= \frac{N!}{N_1!N_2!\cdots N_k!}$$

$$= \frac{N!}{\prod\limits_i N_i!}$$

II   常用的数学公式

1. 微分

u 和 v 是 x 的函数, a 为常数。

$$\frac{\mathrm{d}(a)}{\mathrm{d}x} = 0 \qquad\qquad \frac{\mathrm{d}(au)}{\mathrm{d}x} = a\frac{\mathrm{d}u}{\mathrm{d}x}$$

$$\frac{\mathrm{d}x^n}{\mathrm{d}x} = nx^{n-1} \qquad\qquad \frac{\mathrm{d}(u^n)}{\mathrm{d}x} = nu^{n-1}\frac{\mathrm{d}u}{\mathrm{d}x}$$

$$\frac{\mathrm{d}e^x}{\mathrm{d}x} = e^x \qquad\qquad \frac{\mathrm{d}e^u}{\mathrm{d}x} = e^u\frac{\mathrm{d}u}{\mathrm{d}x}$$

$$\frac{\mathrm{d}a^x}{\mathrm{d}x} = a^x \ln a \qquad\qquad \frac{\mathrm{d}\ln x}{\mathrm{d}x} = \frac{1}{x}$$

$$\frac{\mathrm{d}a^u}{\mathrm{d}x} = a^u \ln a \cdot \frac{\mathrm{d}u}{\mathrm{d}x} \qquad\qquad \frac{\mathrm{d}\lg x}{\mathrm{d}x} = \frac{1}{2.3026} \cdot \frac{1}{x}$$

$$\frac{\mathrm{d}\ln u}{\mathrm{d}x} = \frac{1}{u} \cdot \frac{\mathrm{d}u}{\mathrm{d}x} \qquad\qquad \frac{\mathrm{d}\lg u}{\mathrm{d}x} = \frac{1}{2.3026u} \cdot \frac{\mathrm{d}u}{\mathrm{d}x}$$

$$\frac{\mathrm{d}(u+v)}{\mathrm{d}x} = \frac{\mathrm{d}u}{\mathrm{d}x} + \frac{\mathrm{d}v}{\mathrm{d}x}$$

$$\frac{\mathrm{d}(uv)}{\mathrm{d}x} = u\frac{\mathrm{d}v}{\mathrm{d}x} + v\frac{\mathrm{d}u}{\mathrm{d}x}$$

$$\frac{\mathrm{d}(u/v)}{\mathrm{d}x} = \frac{v\dfrac{\mathrm{d}u}{\mathrm{d}x} - u\dfrac{\mathrm{d}v}{\mathrm{d}x}}{v^2}$$

$$\frac{\mathrm{d}(\sin x)}{\mathrm{d}x} = \cos x \qquad\qquad \frac{\mathrm{d}\sin u}{\mathrm{d}x} = \cos u \frac{\mathrm{d}u}{\mathrm{d}x}$$

$$\frac{\mathrm{d}(\cos x)}{\mathrm{d}x} = -\sin x \qquad\qquad \frac{\mathrm{d}(\cos u)}{\mathrm{d}x} = -\sin u \frac{\mathrm{d}u}{\mathrm{d}x}$$

2. 积分

$$\int \mathrm{d}x = x + C \qquad\qquad \int x^n \mathrm{d}x = \frac{x^{n+1}}{n+1} + C$$

$$\int \frac{\mathrm{d}x}{x} = \ln x + C \qquad\qquad \int \mathrm{e}^x \mathrm{d}x = \mathrm{e}^x + C$$

$$\int a^x \mathrm{d}x = \frac{a^x}{\ln a} + C \qquad\qquad \int \ln x \mathrm{d}x = x\ln x - x + C$$

$$\int au\,\mathrm{d}x = a\int u\,\mathrm{d}x \qquad\qquad \int (u+v)\mathrm{d}x = \int u\,\mathrm{d}x + \int v\,\mathrm{d}x$$

$$\int u\,\mathrm{d}v = uv - \int v\,\mathrm{d}u \qquad\qquad \int (ax+b)^n \mathrm{d}x = \frac{(ax+b)^{n+1}}{a(n+1)} + C \quad (n \neq 1)$$

$$\int \frac{\mathrm{d}x}{ax+b} = \frac{\ln(ax+b)}{a} + C$$

$$\int \frac{x\,\mathrm{d}x}{ax+b} = \frac{x}{a} - \frac{b}{a^2}\ln(ax+b) + C$$

$$\int \frac{x^2\,\mathrm{d}x}{ax+b} = \frac{1}{a^3}\left[\frac{(ax+b)^2}{2} - 2b(ax+b) + b^2\ln(ax+b) \right] + C$$

$$\int \mathrm{e}^{ax}x^n \mathrm{d}x = \frac{n!\mathrm{e}^{ax}}{a^{n+1}}\left[\frac{(ax)^n}{n!} - \frac{(ax)^{n-1}}{(n-1)!} + \frac{(ax)^{n-2}}{(n-2)!} + \cdots + (-1)^r\frac{(ax)^{n-r}}{(n-r)!} + \cdots + (-1)^n \right] + C$$

定积分 $\displaystyle\int_0^\infty \mathrm{e}^{-ax^2}x^n \mathrm{d}x$ 的数值, 当 n 为偶数或奇数时不同, 见下表。

	偶数		奇数
$n=0$	$\int_0^\infty \mathrm{e}^{-ax^2}\mathrm{d}x = \dfrac{1}{2}\sqrt{\pi/a}$	$n=1$	$\int_0^\infty \mathrm{e}^{-ax^2}x\,\mathrm{d}x = \dfrac{1}{2a}$
$n=2$	$\int_0^\infty \mathrm{e}^{-ax^2}x^2\mathrm{d}x = \dfrac{1}{4}\sqrt{\pi/a^3}$	$n=3$	$\int_0^\infty \mathrm{e}^{-ax^2}x^3\mathrm{d}x = \dfrac{1}{2a^2}$
$n=4$	$\int_0^\infty \mathrm{e}^{-ax}x^4\mathrm{d}x = \dfrac{3}{8}\sqrt{\pi/a^5}$	$n=5$	$\int_0^\infty \mathrm{e}^{-ax^2}x^5\mathrm{d}x = 1/a^3$
……	……	……	……
通式	$\int_0^\infty \mathrm{e}^{-ax}x^n\mathrm{d}x = 1\cdot 3\cdot 5\cdot\cdots\cdot(n-1)\dfrac{(\pi a)^{1/2}}{(2a)^{(n+2)/2}}$	通式	$\int_0^\infty \mathrm{e}^{-ax^2}x^n\mathrm{d}x = \dfrac{\left[\frac{1}{2}(n-1)\right]!}{2a^{(n+1)/2}}$

$$\int_{-\infty}^{\infty} f(x)\mathrm{d}x = 2\int_0^\infty f(x)\mathrm{d}x$$

3. 函数展成级数形式

二项式

$$(1+x)^n = 1 + nx + \frac{n(n-1)}{2!}x^2 + \frac{n(n-1)(n-2)}{3!}x^3 + \cdots$$

$$(1-x)^n = 1 - nx + \frac{n(n-1)}{2!}x^2 - \frac{n(n-1)(n-2)}{3!}x^3 + \cdots$$

$$(1+x)^{-n} = 1 - nx + \frac{n(n+1)}{2!}x^2 - \frac{n(n+1)(n+2)}{3!}x^3 + \cdots$$

$$(1-x)^{-n} = 1 + nx + \frac{n(n+1)}{2!}x^2 + \frac{n(n+1)(n+2)}{3!}x^3 + \cdots$$

$$(1+x)^{-1} = 1 - x + x^2 - x^3 + \cdots$$

$$(1-x)^{-1} = 1 + x + x^2 + x^3 + \cdots$$

对数

$$\ln(1+x) = x - \frac{1}{2}x^2 + \frac{1}{3}x^3 - \frac{1}{4}x^4 + \cdots$$

$$\ln(1-x) = -\left(x + \frac{1}{2}x^2 + \frac{1}{3}x^3 + \frac{1}{4}x^4 + \cdots\right)$$

$$\ln\frac{1+x}{1-x} = 2\left(x + \frac{x^3}{3} + \frac{x^5}{5} + \cdots\right)$$

指数

$$\mathrm{e}^x = 1 + x + \frac{x^2}{2!} + \frac{x^3}{3!} + \cdots$$

$$\mathrm{e}^{-x} = 1 - x + \frac{x^2}{2!} - \frac{x^3}{3!} + \cdots$$

$$\mathrm{e}^{ix} = 1 + ix - \frac{x^2}{2!} - \frac{ix^3}{3!} + \frac{x^4}{4!} + \frac{ix^5}{5!} + \cdots$$

$$\mathrm{e}^{-ix} = 1 - ix - \frac{x^2}{2!} + \frac{ix^3}{3!} + \frac{x^4}{4!} - \frac{ix^5}{5!} + \cdots$$

三角函数

$$\sin x = x - \frac{x^3}{3!} + \frac{x^5}{5!} - \cdots$$

$$\cos x = 1 - \frac{x^2}{2!} + \frac{x^4}{4!} - \cdots$$

$$\tan x = x + \frac{1}{3}x^3 + \frac{2}{15}x^5 + \cdots$$

$$\cot x = \frac{1}{x}\left(1 - \frac{1}{3}x^3 - \frac{1}{45}x^5 - \cdots\right)$$

$$\sec x = 1 + \frac{1}{2}x^2 + \frac{5}{24}x^4 + \cdots$$

$$\csc x = \frac{1}{x}\left(1 + \frac{1}{6}x^2 + \frac{7}{360}x^4 + \cdots\right)$$

超越函数

$$\sinh x = \frac{1}{2}(\mathrm{e}^x - \mathrm{e}^{-x}) = x + \frac{x^3}{3!} + \frac{x^5}{5!} + \cdots$$

$$\cosh x = \frac{1}{2}(\mathrm{e}^x + \mathrm{e}^{-x}) = 1 + \frac{x^2}{2!} + \frac{x^4}{4!} + \cdots$$

$$\tanh x = x - \frac{1}{3}x^3 + \frac{2}{15}x^5 - \cdots$$

$$\mathrm{csch}\, x = \frac{1}{x}\left(1 - \frac{1}{6}x^2 + \frac{7}{360}x^4 - \cdots\right)$$

$$\mathrm{sech}\, x = 1 - \frac{1}{2}x^2 + \frac{5}{24}x^4 - \cdots$$

$$\coth x = \frac{1}{x}\left(1 + \frac{1}{3}x^2 - \frac{1}{45}x^4 + \cdots\right)$$

Ⅲ   国际单位制

国际单位制 (SI) 是我国法定计量单位的基础, 一切属于国际单位制的单位都是我国的法定计量单位。

国际单位制的构成:

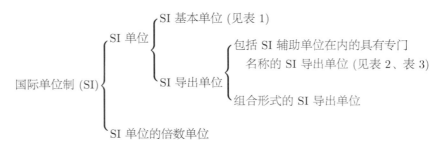

国际单位制以表 1 中的 7 个基本单位为基础。

表 1　国际单位制基本单位

量的名称	单位名称	单位符号	单位定义
长度	米	m	等于在真空中光传播 1/299792458 s 的长度
质量	千克	kg	等于国际千克原器的质量
时间	秒	s	等于 Cs–133 原子基态的两个超精细能级之间跃迁的辐射周期的 9192631770 倍的持续时间
电流	安 [培]	A	安培是一恒定电流, 若保持在处于真空中相距一米的两根无限长的圆截面极小的平行直导线间, 每米长度上产生 2×10^{-7} 牛顿的力
热力学温度	开 [尔文]	K	等于水的三相点热力学温度的 1/273.16
物质的量	摩 [尔]	mol	等于物系的物质的量, 该物系中所含基本单元数与 0.012 千克 C–12 的原子数相等
发光强度	坎 [德拉]	cd	等于某光源发射频率为 540×10^{12} 赫兹的单色光, 在某方向上的辐射强度是每球面度 1/683 瓦时的发光强度

注: 1. 圆括号中的名称, 是它前面的名称的同义词。下同。

2. 无方括号的量的名称与单位名称均为全称。方括号中的字, 在不致引起混淆、误解的情况下, 可以省略。去掉方括号中的字即为其名称的简称。下同。

3. 本标准所称的符号除特殊指明外, 均指我国法定计量单位中所规定的符号以及国际符号。下同。

4. 人民生活贸易中, 质量习惯称为重量。

5. 关于国家标准可以参看: 国家技术监督局, 中华人民共和国国家标准, GB 3100～3102—93 量和单位.1993. 12. 27 发布. 北京: 中国标准出版社, 1994.

6. 单位定义摘自 Haynes W M. CRC Handbook of Chemistry and Physics. 97th ed. Boca Raton: CRC Press Inc, 2016—2017: 20.

表 2　国际单位制辅助单位

量的名称	单位名称	单位符号	单位定义
平面角	弧度	rad	等于一个圆内两条半径之间的平面角, 这两条半径在圆周上截取的弧长与半径相等
立体角	球面度	sr	等于一个立体角, 其顶点位于球心, 而它在球面上所截取的面积等于以球半径为边长的正方形面积

表 3 具有专门名称的 SI 导出单位

量的名称	SI 导出单位		
	名称	符号	用 SI 基本单位和 SI 导出单位表示
力	牛 [顿]	N	$1\ \text{N}=1\ \text{m}\cdot\text{kg}\cdot\text{s}^{-2}$
压力, 压强, 应力	帕 [斯卡]	Pa	$1\ \text{Pa}=1\ \text{N}\cdot\text{m}^{-2}$
能 [量], 功, 热	焦 [耳]	J	$1\ \text{J}=1\ \text{N}\cdot\text{m}$
功率, 辐 [射能] 通量	瓦 [特]	W	$1\ \text{W}=1\ \text{J}\cdot\text{s}^{-1}$
电荷 [量]	库 [仑]	C	$1\ \text{C}=1\ \text{A}\cdot\text{s}$
电压, 电动势, 电位 (电势)	伏 [特]	V	$1\ \text{V}=1\ \text{W}\cdot\text{A}^{-1}$
电容	法 [拉]	F	$1\ \text{F}=1\ \text{C}\cdot\text{V}^{-1}$
电阻	欧 [姆]	Ω	$1\ \Omega=1\ \text{V}\cdot\text{A}^{-1}$
电导	西 [门子]	S	$1\ \text{S}=1\ \Omega^{-1}$
磁通 [量]	韦 [伯]	Wb	$1\ \text{Wb}=1\ \text{V}\cdot\text{s}$
磁通 [量] 密度, 磁感应强度	特 [斯拉]	T	$1\ \text{T}=1\ \text{Wb}\cdot\text{m}^{-2}$
电感	亨 [利]	H	$1\ \text{H}=1\ \text{Wb}\cdot\text{A}^{-1}$
摄氏温度	摄氏度	℃	$1\ ℃=1\ \text{K}$
光通量	流 [明]	lm	$1\ \text{lm}=1\ \text{cd}\cdot\text{sr}$
[光] 照度	勒 [克斯]	lx	$1\ \text{lx}=1\ \text{lm}\cdot\text{m}^{-2}$
频率	赫 [兹]	Hz	$1\ \text{Hz}=1\ \text{s}^{-1}$

表 4 由于人类健康安全防护需要而确定的具有专门名称的 SI 导出单位

量的名称	SI 导出单位		
	名称	符号	用 SI 基本单位和 SI 导出单位表示
[放射性] 活度	贝可 [勒尔]	Bq	$1\ \text{Bq}=1\ \text{s}^{-1}$
吸收剂量 比授 [予] 能 比释动能	戈 [瑞]	Gy	$1\ \text{Gy}=1\ \text{J}\cdot\text{kg}^{-1}$
剂量当量	希 [沃特]	Sv	$1\ \text{Sv}=1\ \text{J}\cdot\text{kg}^{-1}$

用 SI 基本单位和具有专门名称的 SI 导出单位或 (和)SI 辅助单位以代数形式表示的单位称为组合形式的 SI 导出单位。

词头符号与所紧接的单位符号[①]应作为一个整体对待, 它们共同组成一个新单位 (十进倍数或分数单位), 并具有相同的幂次, 而且还可以和其他单位构成组合单位。

---

① 这里的单位符号一词仅指 SI 基本单位和 SI 导出单位, 而不是组合单位整体。

表 5 SI 词 头

因数	词头名称		符号
	英文	中文	
10^{24}	yotta	尧 [它]	Y
10^{21}	zetta	泽 [它]	Z
10^{18}	exa	艾 [可萨]	E
10^{15}	peta	拍 [它]	P
10^{12}	tera	太 [拉]	T
10^{9}	giga	吉 [咖]	G
10^{6}	mega	兆	M
10^{3}	kilo	千	k
10^{2}	hecto	百	h
10^{1}	deca	十	da
10^{-1}	deci	分	d
10^{-2}	centi	厘	c
10^{-3}	milli	毫	m
10^{-6}	micro	微	μ
10^{-9}	nano	纳 [诺]	n
10^{-12}	pico	皮 [可]	p
10^{-15}	femto	飞 [母托]	f
10^{-18}	atto	阿 [托]	a
10^{-21}	zepto	仄 [普托]	z
10^{-24}	yocto	幺 [科托]	y

表 6 国家选定的非国际单位制单位

量的名称	单位名称	单位符号	换算关系和说明
时间	分	min	1 min=60 s
	[小] 时	h	1 h=60 min=3600 s
	天 (日)	d	1 d=24 h=86400 s
平面角	[角] 秒	(″)	$1'' = (\pi/648000)\mathrm{rad}$ (π 为圆周率)
	[角] 分	(′)	$1' = 60'' = (\pi/10800)\mathrm{rad}$
	度	(°)	$1° = 60' = (\pi/180)\mathrm{rad}$
旋转速度	转每分	$\mathrm{r \cdot min^{-1}}$	$1\ \mathrm{r \cdot min^{-1}} = (1/60)\mathrm{s^{-1}}$
长度	海里	nmile	1 nmile=1852 m (只用于航程)
速度	节	kn	$1\ \mathrm{kn}=1\ \mathrm{nmile \cdot h^{-1}} = (1852/3600)\ \mathrm{m \cdot s^{-1}}$ (只用于航行)

续表

量的名称	单位名称	单位符号	换算关系和说明
质量	吨	t	$1\ \mathrm{t}=10^3\ \mathrm{kg}$
	原子质量单位	u	$1\ \mathrm{u}\approx 1.6605655\times 10^{-27}\ \mathrm{kg}$
体积	升	L, (l)	$1\ \mathrm{L}=1\ \mathrm{dm}^3=10^{-3}\ \mathrm{m}^3$
能	电子伏	eV	$1\ \mathrm{eV}\approx 1.6021892\times 10^{-19}\ \mathrm{J}$
级差	分贝	dB	
线密度	特 [克斯]	tex	$1\ \mathrm{tex}=1\ \mathrm{g}\cdot\mathrm{km}^{-1}$

注: 1. 周、月、年 (年的符号为 a), 为一般常用时间单位。

2. 方括号内的字, 是在不致混淆的情况下, 可以省略的字。

3. 圆括号内的字为前者的同义语。

4. 角度单位度分秒的符号不处于数字后时, 用括弧。

5. 升的符号中, 小写字母 l 为备用符号。

6. r 为 "转" 的符号。

7. 人民生活和贸易中, 质量习惯称为重量。

8. 公里为千米的俗称, 符号为 km。

9. 10^4 称为万, 10^8 称为亿, 10^{12} 称为万亿, 这类数词的使用不受词头名称的影响, 但不应与词头混淆。

IV 其他表值

表 7 希腊字母表

名称	正体		斜体	
	大写	小写	大写	小写
alpha	A	α	A	α
beta	B	β	B	β
gamma	Γ	γ	Γ	γ
delta	Δ	δ	Δ	δ
epsilon	E	ϵ	E	ϵ
zeta	Z	ζ	Z	ζ
eta	H	η	H	η
theta	Θ	θ,ϑ	Θ	θ,ϑ
iota	I	ι	I	ι
kappa	K	κ	K	κ

名称	正体		斜体	
	大写	小写	大写	小写
lambda	Λ	λ	Λ	λ
mu	M	μ	M	μ
nu	N	ν	N	ν
xi	Ξ	ξ	Ξ	ξ
omicron	O	o	O	o
pi	Π	π	Π	π
rho	P	ρ	P	ρ
sigma	Σ	σ	Σ	σ
tau	T	τ	T	τ
upsilon	Υ	υ	Υ	υ
phi	Φ	φ, φ	Φ	ϕ, φ
chi	X	χ	X	χ
psi	Ψ	ψ	Ψ	ψ
omega	Ω	ω	Ω	ω

表 8 基本物理化学常数

量的名称	符号	数值及单位
自由落体加速度或重力加速度	g	$9.80665 \ \mathrm{m \cdot s^{-2}}$ (准确值)
真空介电常数 (真空电容率)	ε_0	$8.854187817 \times 10^{-12} \ \mathrm{F \cdot m^{-1}}$ (准确值)
真空中光速	c	$299792458 \ \mathrm{m \cdot s^{-1}}$ (准确值)
阿伏加德罗常数	L, N_{A}	$6.022140857(74) \times 10^{23} \ \mathrm{mol^{-1}}$
摩尔气体常数	R	$8.3144598(48) \mathrm{J \cdot K^{-1} \cdot mol^{-1}}$
玻尔兹曼常数	k, k_{B}	$1.38064852(79) \times 10^{-23} \ \mathrm{J \cdot K^{-1}}$
基本电荷	e	$1.6021766208(98) \times 10^{-19} \ \mathrm{C}$
法拉第常数	F	$9.648533289(59) \times 10^4 \ \mathrm{C \cdot mol^{-1}}$
普朗克常数	h	$6.626070040(81) \times 10^{-34} \ \mathrm{J \cdot s}$
原子质量单位	u	$1.660539040(20) \times 10^{-27} \ \mathrm{kg}$
电子静质量	m_{e}	$9.10938356(11) \times 10^{-31} \ \mathrm{kg}$
质子静质量	m_{p}	$1.672621898(21) \times 10^{-27} \ \mathrm{kg}$
万有引力常数	G	$6.67408(31) \times 10^{-11} \ \mathrm{N \cdot m^2 \cdot kg^{-2}}$
电子伏特	eV	$1.6021766208(98) \times 10^{-19} \ \mathrm{J}$

量的名称	符号	数值及单位
理想气体的摩尔体积 RT/p ($T = 273.15$ K, $p = 100$ kPa)	V_m	$22.710947(13) \times 10^{-3}$ m$^3 \cdot$ mol^{-1}

注: 本表数据摘自 Haynes W M. CRC Handbook of Chemistry and Physics. 97th ed. Boca Raton: CRC Press Inc, 2016—2017: 1.

表 9 压力、体积和能量的单位及其换算

压 力

压力的定义: 系统作用于单位面积环境上的法向 (即垂直方向) 力的大小。即

$$p \stackrel{\mathrm{def}}{=\!=} F/A$$

国际单位制 (SI) 是在米制的基础上发展起来的。在 c·g·s 制中压力的单位是: 达因每平方厘米 (dyn/cm^2); 在 SI 中, 压力的单位是牛顿每平方米 (N/m^2), 也叫帕斯卡 (pascal), 缩写为 "帕"(Pa)。因为 1 N=10^5 dyn, 故

$$1 \text{ Pa} \stackrel{\mathrm{def}}{=\!=} 1 \text{ N/m}^2 = 10^5 \text{ dyn}/(10^2\text{cm})^2 = 10 \text{ dyn/cm}^2$$

过去的文献中, 也常用毫米汞柱 (mmHg) 或托 (torr) 来表示压力 (1 torr=1 mmHg), 它是 0 ℃ 时当重力场的重力加速度具有标准值 $g = 980.665$ cm/s^2 时, 1 mmHg 所施加的压力。当汞柱高度为 h, 质量为 m, 横截面积为 A, 体积为 V, 以及密度为 ρ 时, 它所施加的压力 p 可按下式求出:

$$p = mg/A = \rho V g/A = \rho A h g/A = \rho g h$$

在 0 ℃ 和 1 atm 下汞的密度是 13.5951 g/cm^3, 因此

$$1 \text{ torr} = (13.5951 \text{ g/cm}^3) \times (980.665 \text{ cm/s}^2) \times (10^{-1} \text{ cm})$$

$$= 1333.22 \text{ dyn/cm}^2$$

$$= 133.322 \text{ N/m}^2$$

一大气压 (atm) 定义为 760 torr。

$$1 \text{ atm} = 760 \text{ torr} = 1.01325 \times 10^6 \text{ dyn/cm}^2$$

$$= 101325 \text{ N/m}^2$$

$$= 101.325 \text{ kPa}$$

但也有一些科学家推荐压力的单位用巴 (bar), 因为 1 bar 与 1 atm 在数值上极为相近。

$$1 \text{ bar} = 10^6 \text{ dyn/cm}^2 = 10^5 \text{ N/m}^2 = 0.986923 \text{ atm} = 10^5 \text{ Pa}$$

(参照压力的换算因数表。)

常见的体积单位是立方厘米 (cm^3)、立方分米 (dm^3)、立方米 (m^3) 和升 (L 或 l)。过去把升定义为 1000 g 水在 3.98 ℃ 和 1 atm 压力下的体积, 这样定义的升等于 1000.028 cm^3。1964 年, 国际计量大会重新定义升为 1 L = 1 dm^3。按这个新定义, 则原来的升就等于 1.000028 dm^3。在两种定义内很容易引起混淆, 所以最好避免使用升, 而用 dm^3 或 cm^3 表示。按新定义:

$$1 \text{ L} = 1 \text{ dm}^3 = 1000 \text{ cm}^3$$

能量的单位及换算

	J	cal	erg	$cm^3 \cdot atm$	eV
1 J	1	0.2390	10^7	9.869	6.242×10^{18}
1 cal	4.184	1	4.184×10^7	41.29	2.612×10^{19}
1 erg	10^{-7}	2.390×10^{-3}	1	9.869×10^{-7}	6.242×10^{11}
1 $cm^3 \cdot atm$	0.1013	2.422×10^{-2}	1.013×10^5	1	6.325×10^{17}
1 eV	1.602×10^{-19}	3.829×10^{-20}	1.602×10^{-12}	1.581×10^{-18}	1

压力的单位及换算

	Pa	atm	mmHg	bar (巴)	$dyn \cdot cm^{-2}$ (达因·厘米$^{-2}$)	$lbf \cdot in^{-2}$ (磅力·英寸$^{-2}$)
1 Pa	1	9.869×10^{-5}	7.501×10^{-3}	10^{-5}	10	1.450×10^{-4}
1 atm	1.013×10^{-5}	1	760.0	1.013	1.013×10^6	14.70
1 mmHg (Torr)	133.3	1.316×10^{-3}	1	1.333×10^{-3}	1333	1.934×10^{-2}
1 bar	10^5	0.9869	750.1	1	10^6	14.50
1 $dyn \cdot cm^{-2}$	10^{-1}	9.869×10^{-7}	7.501×10^{-4}	10^{-6}	1	1.450×10^{-5}
1 $lbf \cdot in^{-2}$	6895	6.805×10^{-2}	51.71	6.895×10^{-2}	6.895×10^4	1

表 10 元素的相对原子质量表 (2013 年)

原子序数	中文名称	英文名称	符号	相对原子质量
1	氢	Hydrogen	H	1.008
2	氦	Helium	He	4.002602(2)
3	锂	Lithium	Li	6.94
4	铍	Beryllium	Be	9.0121831(5)
5	硼	Boron	B	10.81
6	碳	Carbon	C	12.011
7	氮	Nitrogen	N	14.007
8	氧	Oxygen	O	15.999
9	氟	Fluorine	F	18.998403163(6)
10	氖	Neon	Ne	20.1797(6)
11	钠	Sodium	Na	22.98976928(2)

原子序数	中文名称	英文名称	符号	相对原子质量
12	镁	Magnesium	Mg	24.305
13	铝	Aluminum	Al	26.9815385(7)
14	硅	Silicon	Si	28.085
15	磷	Phosphorus	P	30.973761998(5)
16	硫	Sulfur	S	32.06
17	氯	Chlorine	Cl	35.45
18	氩	Argon	Ar	39.948(1)
19	钾	Potassium	K	39.0983(1)
20	钙	Calcium	Ca	40.078(4)
21	钪	Scandium	Sc	44.955908(5)
22	钛	Titanium	Ti	47.867(1)
23	钒	Vanadium	V	50.9415(1)
24	铬	Chromium	Cr	51.9961(6)
25	锰	Manganese	Mn	54.938044(3)
26	铁	Iron	Fe	55.845(2)
27	钴	Cobalt	Co	58.933194(4)
28	镍	Nickel	Ni	58.6934(4)
29	铜	Copper	Cu	63.546(3)
30	锌	Zinc	Zn	65.38(2)
31	镓	Gallium	Ga	69.723(1)
32	锗	Germanium	Ge	72.630(1)
33	砷	Arsenic	As	74.921595(6)
34	硒	Selenium	Se	78.971(8)
35	溴	Bromine	Br	79.904
36	氪	Krypton	Kr	83.798(2)
37	铷	Rubidium	Rb	85.4678(3)
38	锶	Strontium	Sr	87.62(1)

原子序数	中文名称	英文名称	符号	相对原子质量
39	钇	Yttrium	Y	88.90584(2)
40	锆	Zirconium	Zr	91.224(2)
41	铌	Niobium	Nb	92.90637(2)
42	钼	Molybdenum	Mo	95.95(1)
43	锝	Technetium	Tc	[97.90721]
44	钌	Ruthenium	Ru	101.07(2)
45	铑	Rhodium	Rh	102.90550(2)
46	钯	Palladium	Pd	106.42(1)
47	银	Silver	Ag	107.8682(2)
48	镉	Cadmium	Cd	112.414(4)
49	铟	Indium	In	114.818(1)
50	锡	Tin	Sn	118.710(7)
51	锑	Antimony	Sb	121.760(1)
52	碲	Tellurium	Te	127.60(3)
53	碘	Iodine	I	126.90447(3)
54	氙	Xenon	Xe	131.293(6)
55	铯	Cesium	Cs	132.90545196(6)
56	钡	Barium	Ba	137.327(7)
57	镧	Lanthanum	La	138.90547(7)
58	铈	Cerium	Ce	140.116(1)
59	镨	Praseodymium	Pr	140.90766(2)
60	钕	Neodymium	Nd	144.242(3)
61	钷	Promethium	Pm	[144.91276]
62	钐	Samarium	Sm	150.36(2)
63	铕	Europium	Eu	151.964(1)
64	钆	Gadolinium	Gd	157.25(3)
65	铽	Terbium	Tb	158.92535(2)

原子序数	中文名称	英文名称	符号	相对原子质量
66	镝	Dysprosium	Dy	162.500(1)
67	钬	Holmium	Ho	164.93033(2)
68	铒	Erbium	Er	167.259(3)
69	铥	Thulium	Tm	168.93422(2)
70	镱	Ytterbium	Yb	173.045(10)
71	镥	Lutetium	Lu	174.9668(1)
72	铪	Hafnium	Hf	178.49(2)
73	钽	Tantalum	Ta	180.94788(2)
74	钨	Tungsten	W	183.84(1)
75	铼	Rhenium	Re	186.207(1)
76	锇	Osmium	Os	190.23(3)
77	铱	Iridium	lr	192.217(3)
78	铂	Platinum	Pt	195.084(9)
79	金	Gold	Au	196.966569(5)
80	汞	Mercury	Hg	200.592(3)
81	铊	Thallium	Tl	204.38
82	铅	Lead	Pb	207.2(1)
83	铋	Bismuth	Bi	208.98040(1)
84	钋	Polonium	Po	[208.98243]
85	砹	Astatine	At	[209.98715]
86	氡	Radon	Rn	[222.01758]
87	钫	Francium	Fr	[223.01974]
88	镭	Radium	Ra	[226.02610]
89	锕	Actinium	Ac	[227.02770]
90	钍	Thorium	Th	232.0377(4)
91	镤	Protactinium	Pa	231.03588(2)
92	铀	Uranium	U	238.02891(3)

原子序数	中文名称	英文名称	符号	相对原子质量
93	镎	Neptunium	Np	[237.04817]
94	钚	Plutonium	Pu	[244.06421]
95	镅	Americium	Am	[243.06138]
96	锔	Curium	Cm	[247.07035]
97	锫	Berkelium	Bk	[247.07031]
98	锎	Californium	Cf	[251.07959]
99	锿	Einsteinium	Es	[252.0830]
100	镄	Fermium	Fm	[257.09511]
101	钔	Mendelevium	Md	[258.09843]
102	锘	Nobelium	No	[259.1029]
103	铹	Lawrencium	Lr	[262.1097]
104	𬬻	Rutherfordium	Rf	[261.1088]
105	𬭊	Dubnium	Db	[262.114]
106	𬭳	Seaborgium	Sg	[266.122]
107	𬭛	Bohrium	Bh	[264.125]
108	𬭶	Hassium	Hs	[277.152]
109	鿏	Meitnerium	Mt	[268.139]
110	𫟼	Darmstadtium	Ds	[281.165]
111	𬬭	Roentgenium	Rg	[272.153]
112	鿔	Copernicium	Cn	[285.177]
114	𫓧	Flerovium	Fl	[289.190]
116	𫟷	Livermorium	Lv	[293.204]

注: 1. 本表数据摘自 Haynes W M . CRC Handbook of Chemistry and Physics. 97th ed. Boca Raton: CRC Press Inc, 2016—2017: 1–11 ~ 1–12,11–5.

2. 相对原子质量后面括号中的数字表示末尾数的误差范围。

表 11　一些气体的 van der Waals 常数

气体		$a/(10^{-3}\ \mathrm{Pa \cdot m^6 \cdot mol^{-2}})$	$b/(10^{-6}\ \mathrm{m^3 \cdot mol^{-1}})$
Ar	氩	133.7	32.0
H_2	氢	24.20	26.5
N_2	氮	135.2	38.7
O_2	氧	136.4	31.9
Cl_2	氯	626.0	54.2
H_2O	水	546.4	30.5
NH_3	氨	416.9	37.1
HCl	氯化氢	371.6	40.8
H_2S	硫化氢	448.4	43.4
CO	一氧化碳	145.3	39.5
CO_2	二氧化碳	361.0	42.9
SO_2	二氧化硫	677.5	56.8
CH_4	甲烷	227.3	43.1
C_2H_6	乙烷	550.7	65.1
C_3H_8	丙烷	877.9	84.4
C_2H_4	乙烯	455.2	58.2
C_3H_6	丙烯	849.0	82.7
C_2H_2	乙炔	444.8	51.4
$CHCl_3$	氯仿	1537	102.2
CCl_4	四氯化碳	2066	138.2
CH_3OH	甲醇	964.9	67.02
C_2H_5OH	乙醇	1218	84.07
$(C_2H_5)_2O$	乙醚	1761	134.4
$(CH_3)_2CO$	丙酮	1409	99.4
C_6H_6	苯	1857	119.3

注: 本表数据摘自 Atkins P, Paula J, Keeler J. Physical Chemistry. 11th ed. Oxford: Oxford University Press, 2018: Table 1C.3.

表 12　一些物质的临界参数

物质		临界温度 $T_c/°C$	临界压力 p_c/MPa	临界密度* $\rho_c/(kg \cdot m^{-3})$	临界压缩因子** Z_c
He	氦	−267.955	0.2275	69.8	0.305
Ar	氩	−122.46	4.863	536	0.292
H_2	氢	−240.212	1.2858	31.0	0.305
N_2	氮	−146.96	3.3958	313	0.292
O_2	氧	−118.57	5.043	436	0.308
F_2	氟	−128.74	5.1724	574	0.288
Cl_2	氯	143.85	7.991	573	0.276
Br_2	溴	314.85	10.34	1184	0.287
H_2O	水	373.95	22.06	325	0.227
NH_3	氨	132.41	11.357	235	0.242
HCl	氯化氢	51.55	8.31	450	0.248
H_2S	硫化氢	100.0	9.00	310	0.284
CO	一氧化碳	−140.29	3.494	301	0.295
CO_2	二氧化碳	30.98	7.375	468	0.275
SO_2	二氧化硫	157.5	7.884	524	0.268
CH_4	甲烷	−82.59	4.60(1)	163	0.288
C_2H_6	乙烷	32.21	4.88(1)	204	0.285
C_3H_8	丙烷	96.75	4.25(1)	214	0.285
C_2H_4	乙烯	9.19	5.06(1)	215	0.270
C_3H_6	丙烯	91.75	4.59(2)	233	0.275
C_2H_2	乙炔	35.25	6.24(4)	231	0.271
$CHCl_3$	氯仿	262.85	5.5(2)	491	0.201
CCl_4	四氯化碳	283.35	4.57(7)	557	0.272
CH_3OH	甲醇	239.55	8.01(3)	272	0.224
C_2H_5OH	乙醇	241.85	6.25(4)	276	0.240
C_6H_6	苯	288.85	4.90(2)	306	0.274
$C_6H_5CH_3$	甲苯	318.75	4.13(2)	290	0.266

注: 本表数据摘自 Haynes W M. CRC Handbook of Chemistry and Physics. 97th ed. Boca Raton: CRC Press Inc, 2016—2017: 67–93.

* 部分 ρ_c 数据摘自 Speight J G. Lange's Handbook of Chemistry. 17th ed. New York: McGraw-Hill Companies Inc, 2017: Table 1.57.

** 部分 Z_c 数据摘自 Atkins P, Paula J, Keeler J. Physical Chemistry. 11th ed. Oxford: Oxford University Press, 2018: Table 1C.2.

表 13 一些气体的摩尔定压热容与温度的关系

$$(C_{p,m} = a + bT + cT^2)$$

物质		$\dfrac{a}{\text{J} \cdot \text{mol}^{-1} \cdot \text{K}^{-1}}$	$\dfrac{B}{10^{-3} \text{ J} \cdot \text{mol}^{-1} \cdot \text{K}^{-2}}$	$\dfrac{c}{10^{-6} \text{ J} \cdot \text{mol}^{-1} \cdot \text{K}^{-3}}$	$\dfrac{温度范围}{\text{K}}$
H_2	氢	28.948	−0.584	1.888	$298 \sim 1500$
Cl_2	氯	31.690	9.919	−3.960	$298 \sim 1500$
Br_2	溴	35.048	4.456	−1.610	$298 \sim 1500$
O_2	氧	25.750	12.936	−3.843	$298 \sim 1500$
N_2	氮	27.313	5.190	−0.0016	$298 \sim 1500$
HCl	氯化氢	28.409	1.301	1.780	$298 \sim 1500$
H_2O	水	30.406	9.549	1.292	$298 \sim 1500$
NH_3	氨	24.192	40.13	8.161	$298 \sim 1500$
CO	一氧化碳	26.874	6.939	−0.8237	$298 \sim 1500$
CO_2	二氧化碳	25.976	43.614	−14.940	$298 \sim 1500$
CH_4	甲烷	13.925	75.114	−15.717	$298 \sim 1500$
C_2H_6	乙烷	9.222	159.894	−46.255	$298 \sim 1500$
C_2H_4	乙烯	11.035	119.556	−36.166	$298 \sim 1500$
C_3H_6	丙烯	−2.880	225.037	−73.366	$298 \sim 1500$
C_2H_2	乙炔	30.134	55.070	−16.653	$298 \sim 1500$
C_6H_6	苯	−1.802	329.738	−113.648	$298 \sim 1500$
CH_3OH	甲醇	15.995	102.304	−28.648	$298 \sim 1500$
C_2H_5OH	乙醇	17.882	180.188	−55.295	$298 \sim 1500$
HCHO	甲醛	18.776	59.080	−16.109	$298 \sim 1500$
CH_3CHO	乙醛	19.302	134.250	−40.699	$298 \sim 1500$
$(CH_3)_2CO$	丙酮	19.203	207.324	−63.759	$298 \sim 1500$

注: 本表数据由 CRC 数据拟合得到。Haynes W M. CRC Handbook of Chemistry and Physics. 97th ed. Boca Raton: CRC Press Inc, 2016—2017: 910-930.

表 14　一些有机化合物的标准摩尔燃烧焓

(标准压力 $p^{\ominus} = 100$ kPa, 298.15 K)

物质		$\dfrac{-\Delta_c H_m^{\ominus}}{\text{kJ} \cdot \text{mol}^{-1}}$	物质		$\dfrac{-\Delta_c H_m^{\ominus}}{\text{kJ} \cdot \text{mol}^{-1}}$
$C_{10}H_8(s)$	萘	5157	$C_7H_8(l)$	甲苯	3910
$C_{12}H_{22}O_{11}(s)$	蔗糖	5641	$C_5H_5N(l)$	吡啶	2782
$C_2H_2(g)$	乙炔	1300	$C_6H_{12}(l)$	环己烷	3920
$C_2H_4(g)$	乙烯	1411	$C_6H_{14}(l)$	正己烷	4163
$C_2H_5CHO(l)$	丙醛	1822	$C_6H_4(COOH)_2(s)$	邻苯二甲酸	3223.5
$C_2H_5COOH(l)$	丙酸	1527.3	$C_6H_5CHO(l)$	苯甲醛	3527.9
$C_6H_5COOH(s)$	苯甲酸	3228.2	$C_6H_5COCH_3(l)$	苯乙酮	4148.9
$C_2H_5NH_2(l)$	乙胺	1713.3	$C_6H_5COOCH_3(l)$	苯甲酸甲酯	3957.6
$C_2H_5OH(l)$	乙醇	1367	$C_6H_5OH(s)$	苯酚	3054
$C_2H_6(g)$	乙烷	1561	$C_6H_6(l)$	苯	3268
$C_3H_6(g)$	环丙烷	2091	$CH_2(COOH)_2(s)$	丙二酸	861.15
$C_3H_7COOH(l)$	正丁酸	2183.5	$CH_3CHO(l)$	乙醛	1167
$C_3H_7OH(l)$	正丙醇	2021	$CH_3COC_2H_5(l)$	甲乙酮	2444.2
$C_3H_8(g)$	丙烷	2220	$CH_3COOH(l)$	乙酸	874
$C_4H_8(l)$	环丁烷	2720.5	$CH_3NH_2(l)$	甲胺	1086
$C_4H_9OH(l)$	正丁醇	2673	$CH_3OC_2H_5(g)$	甲乙醚	2107.4
$C_5H_{10}(l)$	环戊烷	3291	$CH_3OH(l)$	甲醇	726
$C_5H_{12}(l)$	正戊烷	3509	$CH_4(g)$	甲烷	891
$(C_2H_5)_2O(l)$	二乙醚	2724	$HCHO(l)$	甲醛	571
$(CH_3)_2CO(l)$	丙酮	1790	$HCOOCH_3(l)$	甲酸甲酯	973
$(CH_3CO)_2O(l)$	乙酸酐	1806.2	$HCOOH(l)$	甲酸	254
$(CH_2COOH)_2(s)$	丁二酸	1491	$(NH_2)_2CO(s)$	尿素	632.7

注: 本表数据摘自 Haynes W M. CRC Handbook of Chemistry and Physics. 97th ed. Boca Raton: CRC Press Inc, 2016—2017: 5–67.

表 15 一些物质的热力学数据表值

物质的标准摩尔生成焓、标准摩尔熵、标准摩尔生成 Gibbs 自由能及标准摩尔定压热容 ($p^\ominus = 100$ kPa)

物质	$\Delta_f H_m^\ominus (298\ K)$ / kJ·mol⁻¹	$S_m^\ominus (298\ K)$ / J·mol⁻¹·K⁻¹	$\Delta_f G_m^\ominus (298\ K)$ / kJ·mol⁻¹	$C_{p,m}^\ominus$/(J·mol⁻¹·K⁻¹)								
				298 K	300 K	400 K	500 K	600 K	700 K	800 K	900 K	1000 K
Ag(s)	0	42.6	0	25.351	25.36	25.79	26.36	26.99				
AgBr(s)	−100.4	107.1	−96.90	52.384								
AgCl(s)	−127.0	96.3	−109.8	50.79								
AgI(s)	−61.84	115.5	−66.19	56.82								
AgNO₃(s)	−124.4	140.9	−33.41	93.05								
Ag₂CO₃(s)	−505.8	167.4	−436.8	112.26								
Ag₂O(s)	−31.05	121.3	−11.20	65.86								
Al₂O₃(s, 刚玉)	−1675.7	50.92	−1582.3	79.04	79.45	96.14	106.17	112.55				
Br₂(l)	0	152.23	0	75.689								
Br₂(g)	30.907	245.5	3.110	36.02		36.71	37.06	37.27	37.42	37.53	37.62	37.70
C(s, 石墨)	0	5.740	0	8.527	8.58	11.81	14.6362	16.84	18.54	19.87	20.84	21.51
C(s, 金刚石)	1.895	2.377	2.900	6.113								
CO(g)	−110.525	197.674	−137.168	29.142	29.16	29.33	29.79	30.46	31.17	31.88	32.59	33.18
CO₂(g)	−393.509	213.8	−394.359	37.11	37.2	41.3	44.6	47.32	49.54	51.42	52.97	54.27
CS₂(g)	116.7	237.84	67.12	45.4	45.61	49.45	52.22	54.27	55.86	57.07	57.99	58.70
CaC₂(s)	−59.8	69.96	−64.9	62.72								
CaCO₃(s, 方解石)	−1207.6	91.7	−1129.1	81.88	83.82	96.97	104.52	109.86				

续表

物质	$\Delta_f H_m^\ominus(298\ K)$ / $kJ\cdot mol^{-1}$	$S_m^\ominus(298\ K)$ / $J\cdot mol^{-1}\cdot K^{-1}$	$\Delta_f G_m^\ominus(298\ K)$ / $kJ\cdot mol^{-1}$	$C_{p,m}^\ominus/(J\cdot mol^{-1}\cdot K^{-1})$								
				298 K	300 K	400 K	500 K	600 K	700 K	800 K	900 K	1000 K
$CaCl_2(s)$	−795.4	108.4	−748.8	72.59								
$CaO(s)$	−634.9	38.1	−603.3	42.8	42.18	46.98	49.33	50.72				
$Cl_2(g)$	0	223.066	0	33.907	33.97	35.3	36.08	36.57	36.91	37.15	37.33	37.47
$CuO(s)$	−157.3	42.63	−129.7	42.30	42.41	46.78	49.19	50.83				
$CuSO_4(s)$	−771.36	109.2	−662.2	99.1	99.25	114.93	127.19	136.31				
$Cu_2O(s)$	−168.6	93.14	−146.0	63.64								
$F_2(g)$	0	202.78	0	31.3	31.37	33.05	34.34	35.27	35.94	36.46	36.85	37.17
$Fe_{0.974}O(s,\ 方铁矿)$	−266.27	57.49	245.12	48.12								
$FeO(s)$	−272.0											
$FeS_2(s)$	−178.2	52.93	−166.9	62.17								
$Fe_2O_3(s)$	−824.2	87.4	−742.2	103.85								
$Fe_3O_4(s)$	−1118.4	146.4	−1015.4	143.43								
$H_2(g)$	0	130.684	0	28.824	28.85	29.18	29.26	29.32	29.43	29.61	29.87	30.2
$HBr(g)$	−36.3	198.695	−53.4	29.14	29.16	29.2	29.41	29.79	30.29	30.88	31.51	32.13
$HCl(g)$	−92.307	186.908	−95.299	29.12	29.12	29.16	29.29	29.58	30	30.5	31.05	31.63
$HF(g)$	−273.3	173.779	−275.4	29.12	29.12	29.16	29.16	29.25	29.37	29.54	29.83	30.17
$HI(g)$	26.48	206.594	1.7	29.158	29.16	29.33	29.75	30.33	31.05	31.88	32.51	33.14
$HCN(g)$	135.1	201.78	124.7	35.9	36.02	39.41	42.01	44.18	46.15	47.91	49.5	50.96

续表

物质	$\Delta_f H_m^{\ominus}(298\ \mathrm{K})$ / kJ·mol⁻¹	$S_m^{\ominus}(298\ \mathrm{K})$ / J·mol⁻¹·K⁻¹	$\Delta_f G_m^{\ominus}(298\ \mathrm{K})$ / kJ·mol⁻¹	$C_{p,m}^{\ominus}$/(J·mol⁻¹·K⁻¹) 298 K	300 K	400 K	500 K	600 K	700 K	800 K	900 K	1000 K
HNO₃(l)	−174.10	155.6	−80.71	109.87								
HNO₃(g)	−133.9	266.9	−73.5	54.1	54.5	63.64	71.5	77.7	82.47	86.36	89.41	91.84
H₂O(l)	−285.830	69.91	−237.129	75.291								
H₂O(g)	−241.818	188.825	−228.572	33.577	33.6	34.27	35.23	36.32	37.45	38.7	39.96	41.21
H₂O₂(l)	−187.78	109.6	−120.35	89.1								
H₂O₂(g)	−136.31	232.7	−105.57	43.1	43.22	48.45	52.55	55.69	57.99	59.83	61.46	62.84
H₂S(g)	−20.63	205.79	−33.4	34.23	34.23	35.61	37.24	38.99	40.79	42.59	44.31	45.9
H₂SO₄(l)	−813.989	156.904	−690.003	138.91	139.33	153.55	161.92	167.36	171.96			
HgCl₂(s)	−224.3	146	−178.6									
HgO(s, 正交)	−90.83	70.29	−58.539	44.1								
Hg₂Cl₂(s)	−265.4	191.6	−210.745									
Hg₂SO₄(s)	−743.12	200.66	−625.815	131.96								
I₂(s)	0	116.135	0	54.438	54.51							
I₂(g)	62.438	260.69	19.327	36.9			37.44	37.57	37.68	37.76	37.84	37.91
KCl(s)	−436.75	82.6	−408.5	51.3	51.37	53.08	54.71	56.35				
KI(s)	−327.900	106.32	−324.892	52.93								
KNO₃(s)	−494.63	133.1	−394.86	96.4								
K₂SO₄(s)	−1437.79	175.56	−1321.37	130.46								

续表

物质	$\Delta_f H_m^{\ominus}(298\text{ K})$ / kJ·mol^{-1}	$S_m^{\ominus}(298\text{ K})$ / J·mol^{-1}·K^{-1}	$\Delta_f G_m^{\ominus}(298\text{ K})$ / kJ·mol^{-1}	$C_{p,m}^{\ominus}$ / (J·mol^{-1}·K^{-1}) 298 K	300 K	400 K	500 K	600 K	700 K	800 K	900 K	1000 K
KHSO$_4$(s)	-1160.6	138.1	-1031.3									
N$_2$(g)	0	191.61	0	29.12	29.12	29.25	29.58	30.11	30.76	31.43	32.1	32.7
NH$_3$(g)	-45.9	192.8	-16.4	35.1	35.69	38.66	42.01	45.23	48.28	51.17	53.85	56.36
NH$_4$Cl(s)	-314.43	94.6	-202.87	84.1								
(NH$_4$)$_2$SO$_4$(s)	-1180.85	220.1	-901.67	187.49								
NO(g)	91.3	210.761	87.6	29.83	29.83	29.96	30.5	31.25	32.05	32.76	33.43	33.97
NO$_2$(g)	33.18	240.1	51.31	37.2	37.34	40.33	43.43	46.11	48.37	50.21	51.67	52.84
N$_2$O(g)	81.6	220	103.7	38.6	38.7	42.68	45.81	48.37	50.46	52.22	53.64	54.85
N$_2$O$_4$(g)	11.1	304.4	99.8	79.2								
N$_2$O$_5$(g)	13.3	355.7	117.1	95.3								
NaCl(s)	-411.2	72.13	-384.138	50.2	50.21	52.14	53.96	55.81				
NaNO$_3$(s)	-467.85	116.52	-367.00	92.88								
NaOH(s)	-425.8	64.4	-379.7	59.54								
Na$_2$CO$_3$(s)	-1130.68	134.98	-1044.44	112.3								
NaHCO$_3$(s)	-950.81	101.7	-851.0	87.61								
Na$_2$SO$_4$(s, 正交)	-1387.08	149.58	-1270.16	128.2								
O$_2$(g)	0	205.138	0	29.355	29.37	30.1	31.08	32.09	32.99	33.74	34.36	34.87
O$_3$(g)	142.7	238.93	163.2	39.2	39.29	43.64	47.11	49.66	51.46	52.8	53.81	54.56

续表

物质	$\Delta_f H_m^\ominus(298\ K)$ /kJ·mol⁻¹	$S_m^\ominus(298\ K)$ /J·mol⁻¹·K⁻¹	$\Delta_f G_m^\ominus(298\ K)$ /kJ·mol⁻¹	$C_{p,m}^\ominus/(J·mol⁻¹·K⁻¹)$ 298 K	300 K	400 K	500 K	600 K	700 K	800 K	900 K	1000 K
PCl₃(g)	−287.0	311.78	−267.8	71.841								
PCl₅(g)	−374.9	364.58	−305.0	112.8								
S(s, 正交)	0	32.1	0	22.64								
SO₂(g)	−296.830	248.22	−300.1	39.9	39.96	43.47	46.57	49.04	50.96	52.43	53.6	54.48
SO₃(g)	−395.72	256.76	−371.06	50.67	50.75	58.83	65.52	70.71	74.73	78.86	80.46	82.68
SiO₂(s, α−石英)	−910.7	41.5	−856.3	44.43	44.77	53.43	59.64	64.42				
ZnO(s)	−350.5	43.7	−320.5	40.3								
CH₄(g) 甲烷	−74.6	186.264	−50.5	35.7	35.77	40.63	46.53	52.51	58.2	63.51	68.37	72.8
C₂H₆(g) 乙烷	−84.0	229.2	−32.0	52.5	52.89	65.61	78.07	89.33	99.24	108.07	115.85	122.72
C₃H₈(g) 丙烷	−103.85	270.3	−23.37	73.6	73.89	94.31	113.05	129.12	143.09	155.14	165.73	175.02
C₄H₁₀(g) 正丁烷	−125.7	310.23	−17.02	97.45	97.91	123.85	147.86	168.62	186.4	201.79	215.22	226.86
C₄H₁₀(g) 异丁烷	−134.2	294.75	−20.75	96.82	97.28	124.56	149.03	169.95	187.65	202.88	216.1	227.61
C₅H₁₂(g) 正戊烷	−146.9	349.06	−8.21	120.21	120.79	152.84	183.47	207.69	229.41	248.11	264.35	278.45
C₅H₁₂(g) 异戊烷	−153.6	343.2	−14.65	118.78	119.41	152.67	182.88	208.74	230.91	249.83	266.35	280.83
C₆H₁₄(g) 正己烷	−166.9	388.51	−0.05	143.09	143.8	181.88	216.86	246.81	272.38	294.39	313.51	330.08
C₇H₁₆(g) 庚烷	−187.6	428.01	8.22	165.98	166.77	210.96	251.33	285.89	315.39	340.7	362.67	381.58
C₈H₁₈(g) 辛烷	−208.45	466.84	16.66	188.87	189.74	239.99	285.85	324.97	358.4	387.02	411.83	433.46
C₂H₄(g) 乙烯	52.4	219.3	68.4	42.9	43.72	53.97	63.43	71.55	78.49	84.52	89.79	94.43

物质	$\Delta_f H_m^\ominus(298\ \text{K})$ kJ·mol⁻¹	$S_m^\ominus(298\ \text{K})$ J·mol⁻¹·K⁻¹	$\Delta_f G_m^\ominus(298\ \text{K})$ kJ·mol⁻¹	$C_{p,m}^\ominus/(\text{J·mol}^{-1}\cdot\text{K}^{-1})$								
				298 K	300 K	400 K	500 K	600 K	700 K	800 K	900 K	1000 K
$C_3H_6(g)$ 丙烯	20	267.05	62.79	63.89	64.18	79.91	94.64	107.53	118.7	128.37	136.82	144.18
$C_4H_8(g)$1-丁烯	-0.13	305.71	71.4	85.65	86.06	108.95	129.41	147.03	161.96	174.89	186.15	195.89
$C_4H_6(g)$1,3-丁二烯	110	278.85	150.74	79.54	79.96	101.63	119.33	133.22	144.56	154.14	162.38	169.54
$C_2H_2(g)$ 乙炔	227.4	200.9	209.9	44	44.06	50.08	54.27	57.45	60.12	62.47	64.64	66.61
$C_3H_4(g)$ 丙炔	190.5	248.22	194.46	60.67	60.88	72.51	82.59	91.21	98.66	105.19	110.92	115.94
$C_3H_6(g)$ 环丙烷	53.3	237.5	104.5	55.6	56.23	76.61	94.77	109.41	121.42	131.59	140.46	148.07
$C_6H_{12}(g)$ 环己烷	-123.4	298.35	31.92	106.27	107.03	149.87	190.25	225.22	254.68	279.32	299.91	317.15
$C_6H_{10}(g)$ 环己烯	-5.36	310.86	106.99	105.02	105.77	144.93	178.99	206.9	229.79	248.91	265.01	278.74
$C_6H_6(l)$ 苯	49.1	173.4	124.5	136								
$C_6H_6(g)$ 苯	82.93	269.2	129.73	82.4	82.8	111.88	137.24	157.9	174.68	188.53	200.12	209.87
$C_7H_8(l)$ 甲苯	12.4	220.96	113.89	157.3								
$C_7H_8(g)$ 甲苯	50.5	320.77	122.11	103.64	104.35	140.08	171.46	197.48	218.95	236.86	252	264.93
$C_8H_{10}(l)$ 乙苯	-12.3	255.18	119.86	183.2								
$C_8H_{10}(g)$ 乙苯	29.9	360.56	130.71	128.41	129.2	170.54	206.48	236.14	260.58	280.96	298.19	312.84
$C_8H_{10}(l)$ 间二甲苯	-25.4	252.17	107.81	183								
$C_8H_{10}(g)$ 间二甲苯	17.3	357.8	119	127.57	128.28	167.49	202.63	232.25	257.02	277.86	295.52	310.58
$C_8H_{10}(l)$ 邻二甲苯	-4.4	246.02	110.62	186.1								
$C_8H_{10}(g)$ 邻二甲苯	19.1	352.86	122.22	133.26	133.97	171.67	205.48	234.22	258.4	278.82	296.23	311.08

续表

物质	$\Delta_f H_m^\ominus$(298 K) / kJ·mol⁻¹	$S_m^\ominus$(298 K) / J·mol⁻¹·K⁻¹	$\Delta_f G_m^\ominus$(298 K) / kJ·mol⁻¹	$C_{p,m}^\ominus$/(J·mol⁻¹·K⁻¹)								
				298 K	300 K	400 K	500 K	600 K	700 K	800 K	900 K	1000 K
C_8H_{10}(l) 对二甲苯	-24.43	247.69	110.12	181.5								
C_8H_{10}(g) 对二甲苯	18	352.53	121.26	126.86	127.57	166.1	201.08	230.79	255.73	276.73	294.51	309.7
C_8H_8(l) 苯乙烯	103.8	237.57	202.51	182								
C_8H_8(g) 苯乙烯	147.9	345.21	213.9	122.09	122.8	160.33	192.21	218.15	239.37	256.9	271.67	284.18
$C_{10}H_8$(s) 萘	78.5	167.4	201.6	165.7	167.8							
$C_{10}H_8$(g) 萘	150.6	333.1	224.1	131.9	133.43	179.2	218.11	249.66	275.18	296.1	313.42	327.94
C_2H_6O(g) 甲醚	-184.1	266.4	-112.5	64.39	66.07	79.58	93.01	105.27	116.15	125.69	134.06	141.38
C_3H_8O(g) 甲乙醚	-216.44	309.2	-117.54	93.3		109.12	127.74	144.68	159.45	172.34	183.55	193.22
$C_4H_{10}O$(l) 乙醚	-279.5	253.5	-122.75	172.5								
$C_4H_{10}O$(g) 乙醚	-252.1	342.7	-112.19	119.5		138.11	162.21	183.76	202.46	218.66	232.67	244.81
C_2H_4O(g) 环氧乙烷	-52.63	242.53	-13.01	47.91	48.53	62.55	75.44	86.27	95.31	102.93	109.41	114.93
C_3H_6O(g) 环氧丙烷	-94.7	286.9	-25.69	72.6	72.72	92.72	110.71	125.81	138.53	149.29	158.53	166.48
CH_4O(l) 甲醇	-239.2	126.8	-166.6	81.1								
CH_4O(g) 甲醇	-201.0	239.9	-162.3	44.1	44.2	51.42	59.5	67.03	73.72	79.66	84.89	89.45
C_2H_6O(l) 乙醇	-277.6	160.7	-174.8	112.3								
C_2H_6O(g) 乙醇	-234.8	281.6	-167.9	65.6	65.73	81	95.27	107.49	117.95	126.9	134.68	141.54
C_3H_8O(l) 丙醇	-302.6	193.6	-170.52	143.9								
C_3H_8O(g) 丙醇	-255.1	322.6	-162.86	85.6	87.49	108.2	127.65	144.6	159.12	171.71	182.6	192.17

续表

物质	$\Delta_f H_m^\Theta(298\ \text{K})$ / kJ·mol⁻¹	$S_m^\Theta(298\ \text{K})$ / J·mol⁻¹·K⁻¹	$\Delta_f G_m^\Theta(298\ \text{K})$ / kJ·mol⁻¹	$C_{p,m}^\Theta$ / (J·mol⁻¹·K⁻¹) 298 K	300 K	400 K	500 K	600 K	700 K	800 K	900 K	1000 K
C₃H₈O(l) 异丙醇	-318.1	181.1	-180.26	156.5								
C₃H₈O(g) 异丙醇	-272.59	309.2	-173.48	89.3		112.05	133.43	149.62	164.05	176.27	186.73	195.89
C₄H₁₀O(l) 丁醇	-327.3	225.8	-160.00	177.2								
C₄H₁₀O(g) 丁醇	-274.9	363.28	150.52	110.5	111.67	137.24	162.17	183.68	202.13	218.03	231.79	243.76
C₂H₆O₂(l) 乙二醇	-460.0	163.2	-323.08	148.6								
C₂H₆O₂(g) 乙二醇	-392.2	303.8		82.7	97.4	113.22	125.94	136.9	146.44	154.39	158.99	166.86
CH₂O(g) 甲醛	-108.57	218.77	-102.53	35.4	35.44	39.25	43.76	48.2	52.26	56.36	59.25	61.97
C₂H₄O(l) 乙醛	-192.20	160.2	-127.6	89								
C₂H₄O(g) 乙醛	-166.19	263.8	-133.0	55.3		65.81	76.44	85.86	94.14	101.25	107.45	112.8
C₃H₆O(l) 丙酮	-248.4	199.8	-133.28	126.3								
C₃H₆O(g) 丙酮	-217.1	295.3	-152.97	74.5	75.19	92.05	108.32	122.76	135.31	146.15	155.6	163.8
CH₂O₂(l) 甲酸	-425.0	128.95	-361.4	99								
CH₂O₂(g) 甲酸	-378.7				45.35	53.76	61.17	67.03	72.47	76.78	80.37	83.47
C₂H₄O₂(l) 乙酸	-484.3	159.8	-389.9	123.3								
C₂H₄O₂(g) 乙酸	-432.2	283.5	-374.2	63.4	63.82	81.67	94.56	105.23	114.43	121.67	128.03	133.85
C₄H₆O₃(l) 乙酐	-624.4	268.61	-488.67	99.5								
C₄H₆O₃(g) 乙酐	-572.5	390.06	-476.57		100.04	129.12	153.89	174.14	191.38	204.61	216.06	226.4
C₃H₄O₂(l) 丙烯酸	-383.8			145.7								

续表

物质	$\Delta_f H_m^\ominus(298\ \text{K})$ /kJ·mol⁻¹	$S_m^\ominus(298\ \text{K})$ /J·mol⁻¹·K⁻¹	$\Delta_f G_m^\ominus(298\ \text{K})$ /kJ·mol⁻¹	$C_{p,m}^\ominus$ /(J·mol⁻¹·K⁻¹) 298 K	300 K	400 K	500 K	600 K	700 K	800 K	900 K	1000 K
C₃H₄O₂(g) 丙烯酸	-336.23	315.12	-285.99	77.78	78.12	95.98	111.13	123.43	133.89	141.96	148.99	155.31
C₇H₆O₂(s) 苯甲酸	-385.2	167.57	-245.14	146.8	147.4							
C₇H₆O₂(g) 苯甲酸	-294.0	369.1	-210.31	103.47	104.01	138.36	170.54	196.73	217.82	234.89	248.95	260.66
C₂H₄O₂(l) 甲酸甲酯	-386.1			119.1								
C₂H₄O₂(g) 甲酸甲酯	-357.4	285.3		64.4	66.94	81.59	94.56	105.44	114.64	121.75	128.87	133.89
C₄H₈O₂(l) 乙酸乙酯	-479.3	257.7	-332.55	170.7								
C₄H₈O₂(g) 乙酸乙酯	-443.6	362.86	-327.27	113.64	113.97	137.4	161.92	182.63	199.53	213.43	224.89	234.51
C₆H₆O(s) 苯酚	-165.1	144	-50.31	127.4								
C₆H₆O(g) 苯酚	-96.36	315.71	-32.81	103.55	104.18	135.77	161.67	182.17	198.49	211.79	222.84	232.17
C₇H₈O(l) 间甲酚	-194.0	212.6		224.9								
C₇H₈O(g) 间甲酚	-132.3	356.88	-40.43	122.47	125.14	162.09	198.8	218.66	239.28	256.35	271.67	286.6
C₇H₈O(s) 邻甲酚	-204.6	165.4		154.6								
C₇H₈O(g) 邻甲酚	-128.62	357.72	-36.96	130.33	131	166.27	196.27	220.79	240.83	257.53	273.01	287.94
C₇H₈O(s) 对甲酚	-199.3	167.3		150.2								
C₇H₈O(g) 对甲酚	-125.39	347.76	-30.77	124.47	125.14	161.71	192.76	217.99	238.61	255.68	271.33	286.19
CH₅N(l) 甲胺	-47.3	150.21	35.7	102.1								
CH₅N(g) 甲胺	-22.5	242.9	32.7	50.1	50.25	60.17	70	78.91	86.86	93.89	100.16	105.69
C₂H₇N(l) 乙胺	-74.1			130								

续表

物质	$\Delta_f H_m^\ominus(298\ \text{K})$ / kJ·mol⁻¹	$S_m^\ominus(298\ \text{K})$ / J·mol⁻¹·K⁻¹	$\Delta_f G_m^\ominus(298\ \text{K})$ / kJ·mol⁻¹	$C_{p,m}^\ominus$/(J·mol⁻¹·K⁻¹) 298 K	300 K	400 K	500 K	600 K	700 K	800 K	900 K	1000 K
C₂H₇N(g) 乙胺	-47.5	283.8	36.3	71.5	72.97	90.58	106.44	120	131.67	141.8	150.71	158.49
C₄H₁₁N(l) 二乙胺	-103.73			169.2								
C₄H₁₁N(g) 二乙胺	-72.2	352.32	72.25	115.73	116.27	145.94	173.59	197.23	217.78	234.97	250.25	263.22
C₅H₅N(l) 吡啶	100.2	177.9	181.43	132.7								
C₅H₅N(g) 吡啶	140.4	282.91	190.27	78.12	78.66	106.36	130.16	149.45	165.02	177.78	188.45	197.36
C₆H₇N(l) 苯胺	31.6			191.9								
C₆H₇N(g) 苯胺	87.5	317.9	-7.0	107.9	109.08	142.97	162.84	170.75	210.54	225.06	237.27	247.61
C₂H₃N(l) 乙腈	40.6	149.6	86.5	91.5								
C₂H₃N(g) 乙腈	74	243.4	91.9	52.22	52.38	61.17	69.41	76.78	83.26	88.95	93.93	98.32
C₃H₃N(l) 丙烯腈	147.1											
C₃H₃N(g) 丙烯腈	180.6	274.04	195.34	63.76	64.02	76.82	87.65	96.69	104.18	110.58	116.11	120.83
CH₃NO₂(l) 硝基甲烷	-112.6	171.8	-14.4	106.6								
CH₃NO₂(g) 硝基甲烷	-80.8	282.9	-6.84	55.5	55.57	70.29	81.84	91.71	100	106.94	112.84	117.86
C₆H₅NO₂(l) 硝基苯	12.5			185.8								
CH₃F(g) 一氟甲烷		222.91		37.49	37.61	44.18	51.3	57.86	63.72	68.83	73.26	77.15
CH₂F₂(g) 二氟甲烷	-452.3	246.71	-419.2	42.9	43.01	51.13	58.99	65.77	71.46	76.23	80.21	83.6
CHF₃(g) 三氟甲烷	-695.4	259.68	-653.9	51	51.21	62.26	69.25	75.86	81	85.06	87.82	90.96
CF₄(g) 四氟化碳	-933.6	261.61	-879	61.09	61.63	72.84	81.3	87.49	92.01	95.56	97.99	100.04

续表

物质	$\Delta_f H_m^\ominus$(298 K)/kJ·mol⁻¹	$S_m^\ominus$(298 K)/J·mol⁻¹·K⁻¹	$\Delta_f G_m^\ominus$(298 K)/kJ·mol⁻¹	$C_{p,m}^\ominus$/(J·mol⁻¹·K⁻¹)								
				298 K	300 K	400 K	500 K	600 K	700 K	800 K	900 K	1000 K
C_2F_6(g) 六氟乙烷	-1344.2	332.3	-1213	106.7	106.82	125.48	139.16	148.7	155.44	160.33	163.89	166.44
CH_3Cl(g) 一氯甲烷	-81.9	234.58	-57.37	40.75	40.88	48.2	55.19	61.34	66.65	71.3	75.35	78.91
CH_2Cl_2(l) 二氯甲烷	-124.2	177.8	-67.26	101.2								
CH_2Cl_2(g) 二氯甲烷	-95.4	270.2	-65.87	51	51.3	61.46	66.4	72.63	77.28	81.09	84.31	87.03
$CHCl_3$(l) 氯仿	-134.1	201.7	-73.7	114.2								
$CHCl_3$(g) 氯仿	-102.7	295.71	6	65.69	65.94	74.6	80.92	85.52	88.99	91.67	93.85	95.65
CCl_4(l) 四氯化碳	-128.2	216.4	-65.21	130.7								
CCl_4(g) 四氯化碳	-95.7	309.85	-60.59	83.3	84.01	92.22	97.4	100.71	102.97	104.6	105.81	106.78
C_2H_5Cl(l) 氯乙烷	-136.8	190.79	-59.31	104.35								
C_2H_5Cl(g) 氯乙烷	-112.1	276	-60.39	62.8	62.97	77.66	90.71	101.71	111	118.91	125.77	131.71
$C_2H_4Cl_2$(l)1,2-二氯乙烷	-166.8	208.53	-79.53	128.4								
$C_2H_4Cl_2$(g)1,2-二氯乙烷	-129.79	308.39	-73.78	78.7	79.5	92.05	103.34	112.55	120.5	127.19	133.05	138.07
C_2H_3Cl(l) 氯乙烯	14.6	263.99	51.9	37.2								
C_6H_5Cl(l) 氯苯	11.1	209.2	89.3	150.1								
C_6H_5Cl(g) 氯苯	52	313.58	99.23	98.03	98.62	128.11	152.67	172.21	187.69	200.37	210.87	219.58
CH_3Br(g) 溴甲烷	-35.4	246.4	-26.3	42.43	42.55	49.92	56.74	62.63	67.74	72.17	76.11	79.5
CH_3I(g) 碘甲烷	14.4	254.12	14.7	44.1	44.27	51.71	58.37	64.06	68.95	73.26	76.99	80.33
CH_4S(g) 甲硫醇	-22.9	255.17	-9.30	50.25	50.42	58.74	66.57	73.51	79.62	85.02	89.79	94.06

续表

物质	$\dfrac{\Delta_f H_m^\ominus (298\ \text{K})}{\text{kJ} \cdot \text{mol}^{-1}}$	$\dfrac{S_m^\ominus (298\ \text{K})}{\text{J} \cdot \text{mol}^{-1} \cdot \text{K}^{-1}}$	$\dfrac{\Delta_f G_m^\ominus (298\ \text{K})}{\text{kJ} \cdot \text{mol}^{-1}}$	$C_{p,m}^\ominus/(\text{J} \cdot \text{mol}^{-1} \cdot \text{K}^{-1})$								
				298 K	300 K	400 K	500 K	600 K	700 K	800 K	900 K	1000 K
$C_2H_6S(l)$ 乙硫醇	−73.6	207	−5.5	117.9								
$C_2H_6S(g)$ 乙硫醇	−46.1	296.2	−4.8	72.7	72.97	88.2	101.92	113.85	124.18	133.18	141.04	148.03

注: 本表数据摘自 Haynes W M. CRC Handbook of Chemistry and Physics. 97th ed. Boca Raton: CRC Press Inc, 2016—2017: 3-42; 215.

表 16　一些物质的自由能函数

(标准压力 $p^\ominus = 100\ \text{kPa}$)

物质	$\dfrac{-[G_m^\ominus(T) - H_m^\ominus(0\ \text{K})]/T}{\text{J} \cdot \text{mol}^{-1} \cdot \text{K}^{-1}}$					$\dfrac{\Delta_f H_m^\ominus (298.15\ \text{K})}{\text{kJ} \cdot \text{mol}^{-1}}$	$\dfrac{\Delta_f H_m^\ominus (298.15\ \text{K}) - U_m^\ominus(0\ \text{K})}{\text{kJ} \cdot \text{mol}^{-1}}$	$\dfrac{H_m^\ominus(0\ \text{K})}{\text{kJ} \cdot \text{mol}^{-1}}$
	298 K	500 K	1000 K	1500 K	2000 K			
$Br(g)$	154.14	164.89	179.28	187.82	193.97		6.197	112.93
$Br_2(g)$	212.76	230.08	254.39	269.07	279.62		9.728	35.02
$Br_2(l)$	104.6						13.556	0
C(石墨)	2.22	4.85	11.63	17.53	22.51		1.050	0
$Cl(g)$	144.06	155.06	170.25	179.20	185.52		6.272	119.41
$Cl_2(g)$	192.17	208.57	231.92	246.23	256.65		9.180	0
$F(g)$	136.77	148.16	163.43	172.21	178.41		6.519	77.0±4
$F_2(g)$	173.09	188.70	211.01	224.85	235.02		8.828	0
$H(g)$	93.81	104.56	118.99	127.40	133.39		6.197	215.98

续表

物质	$-[G_m^{\ominus}(T) - H_m^{\ominus}(0\,K)]/T$ $J \cdot mol^{-1} \cdot K^{-1}$					$\dfrac{\Delta H_m^{\ominus}(298.15\,K)}{kJ \cdot mol^{-1}}$	$\dfrac{\Delta H_m^{\ominus}(298.15\,K) - U_m^{\ominus}(0\,K)}{kJ \cdot mol^{-1}}$	$\dfrac{H_m^{\ominus}(0\,K)}{kJ \cdot mol^{-1}}$
	298 K	500 K	1000 K	1500 K	2000 K			
$H_2(g)$	102.17	117.13	136.98	148.91	157.61		8.468	0
$I(g)$	159.91	170.62	185.06	193.47	199.49		6.197	107.15
$I_2(g)$	226.69	244.60	269.45	284.34	295.06		8.987	65.52
$I_2(s)$	71.88						13.196	0
$N_2(g)$	162.42	177.49	197.95	210.37	219.58		8.669	0
$O_2(g)$	175.98	191.13	212.13	225.14	234.72		8.660	0
$S(s,斜方)$	17.11	27.11					4.406	0
$CO(g)$	168.41	185.51	204.05	216.65	225.93	-110.525	8.673	-113.81
$CO_2(g)$	182.26	199.45	226.40	244.68	258.80	-393.514	9.364	-393.17
$CS_2(g)$	202.00	221.92	253.17	273.80	289.11	115.269	10.669	114.60±8
$CH_4(g)$	152.55	170.50	199.37	221.08	238.91	-74.852	10.029	-66.90
$CH_3Cl(g)$	198.53	217.82	250.12	274.22		-82.0	10.414	-74.1
$CHCl_3(g)$	248.07	275.35	321.25	352.96		-100.42	14.184	-96
$CCl_4(g)$	251.67	285.01	340.62	376.39		-106.7	17.200	-104
$COCl_2(g)$	240.58	264.97	304.55	331.08	351.12	-219.53	12.866	-217.82
$CH_3OH(g)$	201.38	222.34	257.65			-201.17	11.427	-190.25
$CH_2O(g)$	185.14	203.09	230.58	250.25	266.02	-115.9	10.012	-112.13
$HCOOH(g)$	212.21	232.63	267.73	293.59	314.39	-378.19	10.883	-370.91

续表

物质	$-[G_m^{\ominus}(T) - H_m^{\ominus}(0\,\mathrm{K})]/T$ $\mathrm{J\cdot mol^{-1}\cdot K^{-1}}$					$\dfrac{\Delta H_m^{\ominus}(298.15\,\mathrm{K})}{\mathrm{kJ\cdot mol^{-1}}}$	$\dfrac{\Delta H_m^{\ominus}(298.15\,\mathrm{K}) - U_m^{\ominus}(0\,\mathrm{K})}{\mathrm{kJ\cdot mol^{-1}}}$	$\dfrac{H_m^{\ominus}(0\,\mathrm{K})}{\mathrm{kJ\cdot mol^{-1}}}$
	298 K	500 K	1000 K	1500 K	2000 K			
HCN(g)	170.79	187.65	213.43	230.75	243.97	130.5	9.25	130.1
C_2H_2(g)	167.28	186.23	217.61	239.45	256.60	226.73	10.008	227.32
C_2H_4(g)	184.01	203.93	239.70	267.52	290.62	52.30	10.565	60.75
C_2H_6(g)	189.41	212.42	255.68	290.62		-84.68	11.950	-69.12
C_2H_5OH(g)	235.14	262.84	314.97	356.27		-236.92	14.18	-219.28
CH_3CHO(g)	221.12	245.48	288.82			-165.98	12.845	-155.44
CH_3COOH(g)	236.40	264.60	317.65	357.10		-434.3	13.81	-420.5
C_3H_6(g)	221.54	248.19	299.45	340.17		20.42	13.544	35.44
C_3H_8(g)	220.62	250.25	310.03	359.24		-103.85	14.694	-81.50
$(CH_3)_2CO$(g)	240.37	272.09	331.46	378.82		-216.40	16.272	-199.74
正-C_4H_{10}(g)	244.93	284.14	362.33	426.56		-126.15	19.435	-99.04
异-C_4H_{10}(g)	234.64	271.94	348.86	412.71		-134.52	17.891	-105.86
正-C_5H_{12}(g)	269.95	317.73	413.67	492.54		-146.44	13.162	-113.93
异-C_5H_{12}(g)	269.28	314.97	409.86	488.61		-154.47	12.083	-120.54
C_6H_6(g)	221.46	252.04	320.37	378.44		82.93	14.230	100.42
环-C_6H_{12}(g)	238.78	277.78	371.29	455.2		-123.14	17.728	-83.72
Cl_2O(g)	228.11	248.91	280.50	300.87		75.7	11.380	77.86
ClO_2(g)	215.20	234.72	264.72	284.30		104.6	10.782	107.07

续表

物质	$-[G_m^\ominus(T) - H_m^\ominus(0\,\mathrm{K})]/T$ $\mathrm{J\cdot mol^{-1}\cdot K^{-1}}$					$\dfrac{\Delta H_m^\ominus(298.15\,\mathrm{K})}{\mathrm{kJ\cdot mol^{-1}}}$	$\dfrac{\Delta H_m^\ominus(298.15\,\mathrm{K}) - U_m^\ominus(0\,\mathrm{K})}{\mathrm{kJ\cdot mol^{-1}}}$	$\dfrac{H_m^\ominus(0\,\mathrm{K})}{\mathrm{kJ\cdot mol^{-1}}}$
	298 K	500 K	1000 K	1500 K	2000 K			
HF(g)	144.85	159.79	179.91	191.92	200.62	−268.6	8.598	−268.6
HCl(g)	157.82	172.84	193.13	205.35	214.35	−92.312	8.640	−92.127
HBr(g)	169.58	184.60	204.97	217.41	226.53	−36.24	8.650	−33.9
HI(g)	177.44	192.51	213.02	225.57	234.82	25.9	8.659	28.0
HClO(g)	201.84	220.05	246.92	264.20	269.5		10.220	
PCl₃(g)	258.05	288.22	335.09			−278.7	16.07	−275.8
H₂O(g)	155.56	172.80	196.74	211.76	223.14	−241.885	9.910	−238.993
H₂O₂(g)	196.49	216.45	247.54	269.01		−136.14	10.84	−129.90
H₂S(g)	172.30	189.75	214.65	230.84	243.1	−20.151	9.981	16.36
NH₃(g)	158.99	176.94	203.52	221.93	236.70	−46.20	9.92	−39.21
NO(g)	179.87	195.69	217.03	230.01	239.55	90.40	9.182	89.89
N₂O(g)	187.86	205.53	233.36	252.23		81.57	9.588	85.00
NO₂(g)	205.86	224.32	252.06	270.27	284.08	33.861	10.316	36.33
SO₂(g)	212.68	231.77	260.64	279.64	293.8	−296.97	10.542	−294.46
SO₃(g)	217.16	239.13	276.54	302.99	322.7	−395.27	11.59	−389.46

表 17　水溶液中某些离子的标准摩尔生成焓、标准摩尔生成 Gibbs 自由能、标准摩尔熵及标准摩尔定压热容

(标准压力 $p^{\ominus} = 100 \text{ kPa}, 298.15 \text{ K}$)

物质	$\dfrac{\Delta_f H_m^{\ominus}}{\text{kJ} \cdot \text{mol}^{-1}}$	$\dfrac{\Delta_f G_m^{\ominus}}{\text{kJ} \cdot \text{mol}^{-1}}$	$\dfrac{S_m^{\ominus}}{\text{J} \cdot \text{mol}^{-1} \cdot \text{K}^{-1}}$	$\dfrac{C_{p,m}}{\text{J} \cdot \text{mol}^{-1} \cdot \text{K}^{-1}}$
H^+	0	0	0	0
Li^+	−278.5	−293.3	13.4	68.6
Na^+	−240.1	−261.9	59.0	46.4
K^+	−252.4	−283.3	102.5	21.8
NH_4^+	−132.5	−79.3	113.4	79.9
Tl^+	5.4	−32.4	125.5	
Ag^+	105.6	77.1	72.7	21.8
Cu^+	71.7	50.0	40.6	
Cs^+	−258.3	−292.0	133.1	−10.5
Hg_2^{2+}	172.4	153.5	84.5	
Hg^{2+}	171.1	164.4	−32.2	
Mg^{2+}	−466.9	−454.8	−138.1	
Ca^{2+}	−542.8	−553.6	−53.1	
Ba^{2+}	−537.6	−560.8	9.6	
Be^{2+}	−382.8	−379.7	−129.7	
Zn^{2+}	−153.9	−147.1	−112.1	46.0
Cd^{2+}	−75.9	−77.6	−73.2	
Pb^{2+}	−1.7	−24.4	10.5	
Cu^{2+}	64.8	65.5	−99.6	
Fe^{2+}	−89.1	−78.90	−137.7	
Ni^{2+}	−54.0	−45.6	−128.9	
Co^{2+}	−58.2	−54.4	−113.0	
Mn^{2+}	−220.8	−228.1	−73.6	50
Cr^{2+}	−143.5			
Pd^{2+}	149.0	176.5	−184.0	
Pt^{2+}		254.8		
Al^{3+}	−531.0	−485.0	−321.7	

物质	$\dfrac{\Delta_f H_m^{\ominus}}{\text{kJ} \cdot \text{mol}^{-1}}$	$\dfrac{\Delta_f G_m^{\ominus}}{\text{kJ} \cdot \text{mol}^{-1}}$	$\dfrac{S_m^{\ominus}}{\text{J} \cdot \text{mol}^{-1} \cdot \text{K}^{-1}}$	$\dfrac{C_{p,m}}{\text{J} \cdot \text{mol}^{-1} \cdot \text{K}^{-1}}$
Fe^{3+}	-48.5	-4.7	-315.9	
Co^{3+}	92.0	134.0	-305.0	
Bi^{3+}		82.8		
Ga^{3+}	-211.7	-159.0	-331.0	
La^{3+}	-707.1	-683.7	-217.6	-13.0
Ce^{3+}	-696.2	-672.0	-205.0	
Ce^{4+}	-537.2	-503.8	-301.0	
Th^{4+}	-769.0	-705.1	-422.6	
VO^{2+}	-486.6	-446.4	-133.9	
$[Ag(NH_3)_2]^+$	-111.3	-17.1	245.2	
$[Co(NH_3)_6]^{2+}$	-145.2	-92.4	13.0	
$[Co(NH_3)_6]^{3+}$	-584.9	-157.0	14.6	
$[Cu(NH_3)]^{2+}$	-38.9	15.6	12.1	
$[Cu(NH_3)_2]^{2+}$	-142.3	-30.4	111.3	
$[Cu(NH_3)_3]^{2+}$	-245.6	-73.0	199.6	
$[Cu(NH_3)_4]^{2+}$	-348.5	-111.1	273.6	
F^-	-332.6	-278.8	-13.8	-106.7
Cl^-	-167.2	-131.2	56.5	-136.4
Br^-	-121.6	-104.0	82.4	-141.8
I^-	-55.19	-51.57	111.3	-142.3
S^{2-}	33.1	85.8	-14.6	
OH^-	-230.0	-157.2	-10.8	-148.5
ClO^-	-107.1	-36.8	42.0	
ClO_2^-	-66.5	17.2	101.3	
ClO_3^-	-104.0	-8.0	162.3	
ClO_4^-	-129.3	-8.5	182.0	
SO_3^{2-}	-635.5	-486.5	-29.0	
SO_4^{2-}	-909.3	-744.5	20.1	-293.0
$S_2O_3^{2-}$	-652.3	-522.5	67.0	

物质	$\dfrac{\Delta_f H_m^{\ominus}}{kJ \cdot mol^{-1}}$	$\dfrac{\Delta_f G_m^{\ominus}}{kJ \cdot mol^{-1}}$	$\dfrac{S_m^{\ominus}}{J \cdot mol^{-1} \cdot K^{-1}}$	$\dfrac{C_{p,m}}{J \cdot mol^{-1} \cdot K^{-1}}$
HS^-	−17.6	12.1	62.8	
HSO_3^-	−626.2	−527.7	139.7	
NO_2^-	−104.6	−32.2	123.0	−97.5
NO_3^-	−207.4	−111.3	146.4	−86.6
PO_4^{3-}	−1277.4	−1018.7	−220.5	
$P_2O_7^{4-}$	−2271.1	−1919.0	−117.0	
CO_3^{2-}	−677.1	−527.8	−56.9	
HCO_3^-	−692.0	−586.8	91.2	
CN^-	150.6	172.4	94.1	
SCN^-	76.4	92.7	144.3	−40.2
$HC_2O_4^-$	−818.4	−698.3	149.4	
$C_2O_4^{2-}$	−825.1	−673.9	45.6	
$HCOO^-$	−425.6	−351.0	92.0	−87.9
CH_3COO^-	−486.0	−369.3	86.6	−6.3
MnO_4^-	−541.4	−447.2	191.2	−82.0
$Cr_2O_7^{2-}$	−1490.3	−1301.1	261.9	
MoO_4^{2-}	−997.9	−836.3	27.2	
WO_4^{2-}	−1075.7			
$[Fe(CN)_6]^{3-}$	561.9	729.4	270.3	
$[Fe(CN)_6]^{4-}$	455.6	695.1	95.0	
$S_2O_8^{2-}$	−1344.7	−1114.9	244.3	

注: 本表数据摘自 Haynes W M. CRC Handbook of Chemistry and Physics. 97th ed. Boca Raton: CRC Press Inc, 2016—2017: 5 - 65~5 - 66.

郑重声明

高等教育出版社依法对本书享有专有出版权。任何未经许可的复制、销售行为均违反《中华人民共和国著作权法》，其行为人将承担相应的民事责任和行政责任；构成犯罪的，将被依法追究刑事责任。为了维护市场秩序，保护读者的合法权益，避免读者误用盗版书造成不良后果，我社将配合行政执法部门和司法机关对违法犯罪的单位和个人进行严厉打击。社会各界人士如发现上述侵权行为，希望及时举报，我社将奖励举报有功人员。

反盗版举报电话 （010）58581999　58582371

反盗版举报邮箱　dd@hep.com.cn

通信地址　北京市西城区德外大街4号　高等教育出版社法律事务部

邮政编码　100120

读者意见反馈

为收集对教材的意见建议，进一步完善教材编写并做好服务工作，读者可将对本教材的意见建议通过如下渠道反馈至我社。

咨询电话　400-810-0598

反馈邮箱　hepsci@pub.hep.cn

通信地址　北京市朝阳区惠新东街4号富盛大厦1座　高等教育出版社理科事业部

邮政编码　100029

防伪查询说明

用户购书后刮开封底防伪涂层，使用手机微信等软件扫描二维码，会跳转至防伪查询网页，获得所购图书详细信息。

防伪客服电话 （010）58582300

图书在版编目（CIP）数据

物理化学.上册/傅献彩，侯文华编. -- 6版. -- 北京：
高等教育出版社，2022.8（2024.8重印）

ISBN 978-7-04-058604-6

Ⅰ.①物… Ⅱ.①傅… ②侯… Ⅲ.①物理化学－高
等学校－教材 Ⅳ.①O64

中国版本图书馆CIP数据核字（2022）第066691号

WULI HUAXUE

策划编辑	李　颖	出版发行	高等教育出版社
责任编辑	李　颖	社　　址	北京市西城区德外大街4号
封面设计	王凌波	邮政编码	100120
版式设计	王凌波	购书热线	010-58581118
责任绘制	杜晓丹	咨询电话	400-810-0598
责任校对	陈　杨	网　　址	http://www.hep.edu.cn
责任印制	高　峰		http://www.hep.com.cn
		网上订购	http://www.hepmall.com.cn
			http://www.hepmall.com
			http://www.hepmall.cn

印　　刷	天津市银博印刷集团有限公司
开　　本	787mm×1092mm　1/16
印　　张	35.75
字　　数	690千字
版　　次	1961年8月第1版
	2022年8月第6版
印　　次	2024年8月第4次印刷
定　　价	68.00元

本书如有缺页、倒页、脱页等质量问题，
请到所购图书销售部门联系调换。

版权所有　侵权必究

物 料 号　58604-00